TRAITÉ
D'OPTIQUE

PAR

M. E. MASCART,

MEMBRE DE L'INSTITUT,
PROFESSEUR AU COLLÈGE DE FRANCE,
DIRECTEUR DU BUREAU CENTRAL MÉTÉOROLOGIQUE.

TOME PREMIER.

PARIS,

GAUTHIER-VILLARS ET FILS, IMPRIMEURS-LIBRAIRES
DU BUREAU DES LONGITUDES, DE L'ÉCOLE POLYTECHNIQUE,
Quai des Grands-Augustins, 55.

1889

TRAITÉ
D'OPTIQUE.

PARIS. — IMPRIMERIE GAUTHIER-VILLARS ET FILS,

13051   Quai des Grands-Augustins, 55.

TRAITÉ
D'OPTIQUE

PAR

M. E. MASCART,

MEMBRE DE L'INSTITUT,
PROFESSEUR AU COLLÈGE DE FRANCE,
DIRECTEUR DU BUREAU CENTRAL MÉTÉOROLOGIQUE

TOME PREMIER.

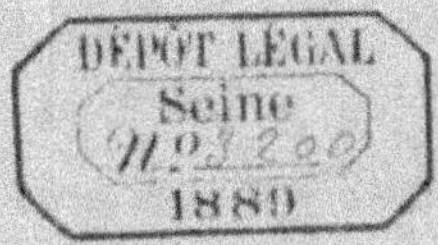

PARIS,

GAUTHIER-VILLARS ET FILS, IMPRIMEURS-LIBRAIRES

DU BUREAU DES LONGITUDES, DE L'ÉCOLE POLYTECHNIQUE,

Quai des Grands-Augustins, 55.

1889

PRÉFACE.

Quelques explications sont peut-être nécessaires pour indiquer le caractère de cet Ouvrage, où j'ai traité, sous la forme qui convient au livre, la plupart des questions d'Optique qui ont fait, à différentes reprises, l'objet de mon enseignement au Collège de France.

Un premier aperçu semble montrer que, dans un milieu homogène, la lumière se propage en ligne droite et que la direction de ces rayons change brusquement, suivant des lois déterminées, à la surface de séparation de deux milieux différents. On peut, en se plaçant à ce point de vue, constituer une science particulière dans laquelle on ramène à de simples questions d'Analyse l'étude des faisceaux de rayons émanés primitivement d'une même source. Toutefois l'expérience montre aisément que le rayon de lumière n'a pas d'existence physique et qu'il s'évanouit dès qu'on cherche à l'isoler ; il est impossible de connaître les propriétés réelles des faisceaux de rayons et des images qu'ils produisent dans les systèmes optiques sans faire intervenir les dimensions des ouvertures par lesquelles ils sont limités.

La théorie des ondulations, complétée par le principe des interférences, définit au contraire le jeu de la propagation, explique la réflexion et la réfraction et permet de calculer l'influence des ouvertures; elle est ainsi la base naturelle de ce qu'on appelle l'*Optique géométrique* et présente, en outre, l'avantage que les théorèmes généraux relatifs aux faisceaux de rayons s'y démontrent souvent d'une manière plus directe et presque intuitive, sous la réserve des conditions dans lesquelles ils sont applicables.

Le principe des interférences suffit également pour l'explication d'un grand nombre de phénomènes où l'on doit combiner deux ou plusieurs systèmes d'ondes de même origine qui ont suivi des routes ou éprouvé des modifications différentes. Il m'a paru préférable d'examiner dans un Chapitre spécial les caractères des vibrations simples, les transformations qu'elles peuvent subir, les différentes manières de les combiner, et d'établir toutes les expressions analytiques dont on doit faire usage dans la suite. On peut ainsi reconnaître plusieurs propriétés générales, alléger singulièrement l'étude des cas particuliers, en supprimant la répétition de calculs identiques, et mettre tout d'abord en évidence les relations qui existent entre les phénomènes.

Pour la double réfraction, j'ai suivi d'abord la méthode admirable par laquelle Fresnel a montré qu'un seul ellipsoïde suffit pour représenter la marche de la lumière dans les cristaux à un axe et qu'en généralisant la forme de cet ellipsoïde on obtient l'équation de la surface d'onde dans le cas des cristaux à deux axes optiques.

Si l'on y ajoute l'hypothèse, ou plutôt le fait expérimental, que certains milieux transmettent sans altération des vibrations circulaires ou elliptiques avec des vitesses différentes suivant le sens de la vibration, on peut rendre compte de tous les phénomènes de polarisation chromatique et de polarisation rotatoire sans le secours d'aucune vue particulière sur la structure mécanique des milieux.

La plus grande partie du programme que je m'étais proposé de remplir repose ainsi, conformément à l'histoire de la Science, sur des considérations purement physiques et devient d'une lecture très facile; elle correspond à la première partie de l'œuvre de Fresnel qui comprend la confirmation des vues de Thomas Young, ainsi que leur vérification dans les circonstances les plus variées, et qui a entraîné l'adoption définitive de la théorie des ondulations.

Il reste ensuite à serrer de plus près le rôle des surfaces dans la diffraction, la réflexion et la réfraction, en étudiant les modifications qu'elles impriment à la lumière polarisée, puis à chercher les relations qui peuvent exister entre la constitution moléculaire des corps et le milieu capable de transmettre les vibrations lumineuses, pour expliquer la double réfraction, la polarisation rotatoire naturelle ou magnétique et l'influence du mouvement des corps sur la propagation de la lumière.

Ici l'expérience a été souvent provoquée par la théorie et il paraît nécessaire de conserver entre elles la connexité qui se présente dans leur développement historique.

Les idées de Fresnel sur ces questions délicates ont servi de point de départ pour les travaux des géomètres et des physiciens. Il y a encore aujourd'hui beaucoup à apprendre dans ses Mémoires, dont la lecture attentive est indispensable aux physiciens; la marche la plus fructueuse était sans doute de leur emprunter beaucoup et de suivre les progrès de la théorie jusqu'à l'époque actuelle, dans les limites où je pouvais en développer l'exposition.

Cet Ouvrage comprend deux Volumes. Il s'adresse aux élèves des Facultés et des Écoles d'enseignement supérieur. J'espère aussi que les physiciens et les professeurs trouveront quelque intérêt dans le mode d'exposition, le groupement des phénomènes, la discussion des expériences, et dans l'examen de certaines questions spéciales que les publications analogues n'ont pas l'habitude de traiter.

Je dois dire, en terminant, que j'ai tiré le plus grand profit des Leçons d'Optique faites par Verdet à l'École Normale supérieure et auxquelles j'ai eu la bonne fortune d'assister autrefois. Tous ceux qui ont connu ce professeur éminent apprécieront avec quel sentiment de reconnaissance un de ses élèves est heureux de rendre hommage à sa mémoire.

1ᵉʳ juin 1869.

TRAITÉ D'OPTIQUE.

TOME PREMIER.

CHAPITRE I.

PRÉLIMINAIRES.

1. *Phénomènes principaux.* — Quand on laisse pénétrer la lumière dans une chambre obscure par un orifice étroit, l'expérience montre qu'elle se propage en ligne droite, ou en *rayons rectilignes*, depuis la source jusqu'à l'objet éclairé, sans contourner les corps opaques, au moins d'une manière sensible. En d'autres termes, la lumière ne pénètre pas en quantité appréciable dans l'ombre géométrique, c'est-à-dire dans l'espace limité par une droite partant de l'orifice et qui s'appuie sur le contour des corps opaques.

Les rayons lumineux sont de natures différentes, définies par l'impression de *couleur* qu'ils produisent sur l'œil.

Les rayons qui tombent sur une surface polie se *réfléchissent* en changeant brusquement de direction à la surface, et les lois qui règlent la direction des rayons réfléchis sont indépendantes de la couleur.

Enfin, si les rayons lumineux tombent sur la surface de séparation de deux milieux transparents, une partie d'entre eux s'y réfléchit, l'autre y pénètre dans une direction nouvelle; ces derniers sont *réfractés* suivant une loi déterminée, et la réfraction n'est pas la même pour les différentes couleurs.

Un rayon de lumière blanche se divise ainsi par réfraction en une série de rayons de couleurs différentes, inégalement déviés, de sorte que la lumière primitive est *dispersée* dans une certaine ouverture angulaire.

Telles sont les propriétés dont on a cherché d'abord à rendre compte et qui ont donné lieu dans la science à deux théories principales, la théorie de l'*émission* et la théorie des *ondulations*.

2. *Théorie de l'émission.* — Ce premier aperçu des phénomènes fait naître l'idée naturelle que la lumière est due à un transport de molécules matérielles, mais impondérables, émises par les sources; ces molécules sont de natures différentes qui correspondent aux différentes couleurs, elles se propagent avec une vitesse constante particulière à chaque couleur, comme le feraient des projectiles dans un milieu sans frottement.

À la rencontre d'un nouveau milieu, les molécules se partagent en deux groupes : les unes rebondissent à sa surface et reviennent dans le premier milieu, les autres pénètrent dans le second milieu pour s'y propager avec une vitesse différente et dans une autre direction.

On admet que les masses pondérables exercent sur les molécules lumineuses des actions attractives ou répulsives, qui diminuent très rapidement à mesure que la distance augmente pour devenir insensibles à une distance physiquement appréciable. L'absence de frottement implique la conséquence que ces actions sont indépendantes de la vitesse relative, de sorte que dans un même milieu la résultante est toujours nulle; la propagation de la lumière est donc rectiligne et uniforme ([1]).

3. *Lois de réflexion et de réfraction.* — Lorsqu'une molécule lumineuse, qui se propage dans la direction SA (*fig.* 1), arrive à la séparation Σ de deux milieux différents, les actions des masses pondérables sont altérées dans l'espace compris entre deux surfaces Σ_1 et Σ' situées de part et d'autre de la surface Σ; la molécule suit un chemin curviligne pour arriver par une courbe de raccordement de très petite étendue, AA, ou AA', à une autre

---

[1] Newton, *New Theory of light and colours* (*Phil. Trans. L. R. S.,* 1672).

trajectoire rectiligne $A_1 S_1$ dans le premier milieu ou $A'S'$ dans le second, suivant qu'elle subit la réflexion ou la réfraction.

La forme des courbes de raccordement dépend de la loi des actions moléculaires, mais ces courbes ne sont pas observables et il n'est pas nécessaire de les faire intervenir pour trouver les directions finales des rayons.

Il est évident d'abord, par raison de symétrie, au moins pour les milieux qui jouissent des mêmes propriétés dans toutes les directions, que le rayon réfléchi $A_1 S_1$ et le rayon réfracté $A'S'$ sont dans le plan qui passe par le rayon incident SA et la normale à la surface Σ, ou dans le plan d'incidence.

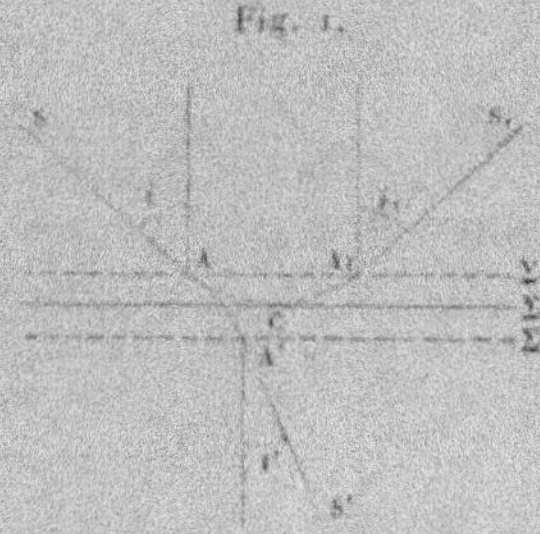

Fig. 1.

Soient i, i_1 et i' les angles d'incidence, de réflexion et de réfraction, c'est-à-dire les angles des rayons incident, réfléchi et réfracté avec la normale à la surface Σ; V, V_1 et V' les vitesses de propagation des rayons incident, réfléchi et réfracté, ou celles des molécules lumineuses correspondantes.

Si l'on remplace ces vitesses par leurs composantes parallèles et perpendiculaires à la surface, il est clair que les composantes parallèles à la surface conservent la même valeur dans tous les cas, puisque la résultante des actions des masses pondérables des deux milieux reste normale à leur direction. On a donc

$$(1) \qquad V \sin i = V_1 \sin i_1 = V' \sin i'.$$

Pour les molécules réfléchies, le travail final des actions moléculaires est nul, puisque ces travaux étaient de signes contraires dans les deux portions AC et CA_1 de la courbe de raccordement. La force vive de la molécule réfléchie n'a donc pas changé et l'on a

$$V_1^2 = V^2 \qquad \text{ou} \qquad V_1 = V;$$

il en résulte

$$i_1 = i.$$

Ainsi la réflexion ne change pas la vitesse de propagation et l'angle de réflexion est égal à l'angle d'incidence.

Ce sont les lois connues de la réflexion.

Pour les molécules réfractées, la résultante des actions des deux milieux a produit sur une molécule entre les surfaces Σ_1 et Σ un travail positif ou négatif, qui est indépendant du chemin parcouru et qui peut dépendre de la nature de la lumière.

Pour une couleur déterminée, l'accroissement de force vive ou du carré de la vitesse $V'^2 - V^2$ est donc une constante. Par suite, la vitesse V' de propagation dans le milieu inférieur est indépendante de l'angle d'incidence des rayons primitifs.

L'équation (1) donne alors

$$\frac{\sin i}{\sin i'} = \frac{V'}{V} = n.$$

Le rapport des sinus des angles d'incidence et de réfraction est constant; c'est l'indice de réfraction n du second milieu par rapport au premier. On retrouve donc la loi connue de la réfraction ou *loi de Descartes* ([1]).

4. *Pouvoir réfringent. Puissance réfractive.* — Dans le vide des espaces planétaires, toutes les couleurs se propagent avec la même vitesse. Comme la différence $V'^2 - V^2$ est constante, si l'on suppose que le milieu supérieur soit le vide, on peut écrire

$$V'^2 - V^2 = k V^2, \qquad k = \frac{V'^2}{V^2} - 1 = n^2 - 1.$$

Le facteur k exprime le rapport de l'accroissement de force vive de la molécule à la force vive primitive; il est proportionnel au travail des actions des masses pondérables. Newton appelle

---

([1]) DESCARTES, *Dioptrica* (Lugd. Batav., 1637).

pouvoir réfringent d'un milieu ce rapport k, ou l'excès $n^2 - 1$ du carré de l'indice de réfraction sur l'unité.

Si le second milieu change de densité, sans changer de nature, ou, d'une manière plus générale, si les forces agissantes conservent la même forme pour deux milieux différents, le travail des masses pondérables est proportionnel à la densité d du milieu et l'on peut écrire

$$k = n^2 - 1 = hd \qquad \text{ou} \qquad \frac{n^2 - 1}{d} = h.$$

Le rapport $\dfrac{n^2 - 1}{d}$ est le *pouvoir réfringent spécifique*, ramené à l'unité de densité pour le milieu considéré, ou la *puissance réfractive*.

Ce rapport serait constant pour tous les milieux si les forces agissantes étaient simplement proportionnelles aux masses.

5. *Difficultés de la théorie.* — La théorie de l'émission permet d'expliquer très simplement, comme on le voit, les lois géométriques de la réflexion et de la réfraction; mais il ne suffit pas, pour une théorie valable, qu'elle rende compte de quelques faits, il faut encore, sinon qu'elle les explique tous, au moins qu'elle ne soit contradictoire avec aucun d'eux. Le véritable caractère d'une théorie exacte consiste même à en faire prévoir de nouveaux comportant des vérifications numériques.

Nous remarquerons d'abord que la théorie de l'émission est muette sur les raisons pour lesquelles une molécule lumineuse subira de préférence la réflexion ou la réfraction, ainsi que sur le partage des molécules initiales entre le rayon réfléchi et le rayon réfracté.

On échappe à cette première difficulté par l'hypothèse des *accès*. Les molécules lumineuses ne se présentent pas toujours de la même manière à la surface de séparation de deux milieux : par suite d'un état particulier, tel que l'orientation si elles ne sont pas sphériques, elles se trouvent dans une suite de phases périodiques que Newton appelle *accès de facile réflexion* ou de *facile transmission*. Si T est la période, on peut appeler longueur d'accès l'espace $\lambda = \mathrm{VT}$ parcouru par la lumière pendant une période. Ces accès n'indiquent d'ailleurs qu'une disposition des molécules qui n'a rien de déterminant, puisque la succession des accès est évidemment indépendante de l'angle d'incidence, tandis que, d'après l'expérience, le rapport des intensités des rayons réfléchi et réfracté, c'est-à-dire le rapport du nombre des molécules de même espèce qui ont subi l'une ou l'autre des deux opérations, varie, dans de grandes limites, avec l'angle d'incidence et avec la nature du second milieu.

D'autres difficultés analogues pourront être levées par de nouvelles hypothèses qui ne seront qu'une manière de spécifier plus complètement les propriétés des molécules lumineuses, sans qu'on soit autorisé à les présenter comme des objections à la théorie; mais nous trouvons dès le début une conséquence qui peut être soumise au contrôle de l'expérience. On doit avoir $V' > V$, si l'indice de réfraction n est plus grand que l'unité. En d'autres termes, la vitesse de propagation de la lumière doit être plus grande dans les milieux plus réfringents. Les expériences célèbres de Foucault et de M. Fizeau, sur lesquelles nous reviendrons plus tard, montrent que cette conséquence est exactement le contraire de la vérité. La théorie de l'émission se trouve donc infirmée d'une manière définitive par cette contradiction avec l'expérience sur un fait aussi capital et elle ne présente plus aujourd'hui qu'un intérêt historique, malgré l'autorité des savants qui l'ont soutenue avec le plus d'ardeur.

6. *Principe de la moindre action.* — On arrive au même résultat plus rapidement en appliquant le *principe de la moindre action* (¹). Lorsque les actions qui s'exercent sur un mobile sont dirigées vers des points fixes et ne dépendent que des distances, c'est-à-dire que les forces sont *centrales*, les équations du mouvement peuvent se traduire d'une manière synthétique en disant qu'entre deux points P et P_1 l'intégrale $\int c\, ds$ est un minimum, c désignant la vitesse du mobile sur l'élément ds de la trajectoire.

Si, pour une molécule lumineuse, les points P et P_1 sont pris dans le milieu supérieur sur le rayon incident et le rayon réfléchi, la vitesse a la même valeur V dans les portions rectilignes s et s_1

(¹) LAPLACE, *Mémoires de la première Classe de l'Institut*, t. X, p. 300; 1807.

des trajectoires. En appelant $d\sigma$ un élément de la courbe de raccordement, l'intégrale se réduit à

$$V(s + s_1) + \int c\, d\sigma.$$

Le dernier terme de cette expression est extrêmement petit, et négligeable en présence du premier, de sorte que le problème se réduit à chercher les chemins rectilignes s et s_1 dont la somme est minimum pour aller du point P au point P' en touchant la surface Σ. C'est évidemment, au moins dans le cas où la surface Σ est plane, la route définie par la loi de réflexion.

Si les points P et P' sont situés de part et d'autre de la surface Σ, que nous supposerons plane, l'intégrale se réduit encore, en négligeant le terme relatif à la courbe de raccordement, à $Vs + V's'$, s et s' étant les chemins rectilignes comptés jusqu'au point M de la surface où le mobile change de milieu. Par raison de symétrie, ce point M (*fig.* 2) est dans le plan normal à la surface Σ qui

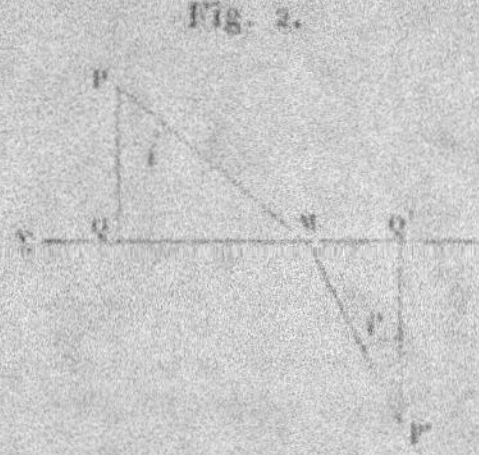

Fig. 2.

passe par les points donnés. Abaissant des perpendiculaires $PQ = p$ et $P'Q' = p'$ sur la surface S, appelant i et i' les angles d'incidence et de réfraction, et q la distance QQ', on a d'abord

$$(2) \qquad q = p\,\operatorname{tang} i + p'\,\operatorname{tang} i',$$

d'où

$$(2)' \qquad 0 = \frac{p\,di}{\cos^2 i} + \frac{p'\,di'}{\cos^2 i'}.$$

D'autre part,

$$\int v\,ds = Vs + V's' = \frac{Vp}{\cos i} + \frac{V'p'}{\cos i'}.$$

Pour que cette dernière expression soit un minimum, il faut qu'on ait

$$(3) \qquad \frac{V p \sin i \, di}{\cos^2 i} + \frac{V' p' \sin i' \, di'}{\cos^2 i'} = 0.$$

La comparaison des équations $(2)'$ et (3) donne

$$(1)' \qquad\qquad V \sin i = V' \sin i',$$

c'est-à-dire l'équation (1).

7. *Théorème de Fermat* ([1]). — On peut chercher aussi quel est le chemin que doit parcourir la lumière pour aller d'un point à un autre pendant le temps minimum. Si l'on applique ce principe au rayon réfléchi, les molécules lumineuses ne changeant pas de milieu, il en résulte encore que la somme des chemins rectilignes s et s_1 doit être un minimum, ce qui donne la loi de la réflexion.

Pour les rayons réfractés, on doit rendre minimum la somme des temps $\frac{s}{V} + \frac{s'}{V'}$ que met la molécule à aller de P en M et de M en P' dans deux milieux différents avec les vitesses respectives V et V'. Il suffit donc de remplacer dans le calcul qui précède les vitesses V et V' par leurs inverses, et l'équation $(1)'$ devient

$$(4) \qquad \frac{\sin i}{V} = \frac{\sin i'}{V'} \qquad \text{ou} \qquad \frac{\sin i}{\sin i'} = \frac{V}{V'} = n.$$

Les sinus des angles d'incidence et de réfraction sont encore proportionnels, mais avec la condition $V > V'$ lorsque $n > 1$, contrairement au résultat donné par la théorie de l'émission.

La considération du temps minimum conduit donc à une conséquence conforme à l'observation et paraît ainsi devoir s'appliquer plutôt aux phénomènes optiques que l'hypothèse de l'émission.

8. *Théorie des ondulations.* — Nous n'avons pas fait intervenir jusqu'à présent les phénomènes de *diffraction*, c'est-à-dire la pénétration réelle, si faible qu'elle soit, de la lumière dans l'ombre

---

([1]) FERMAT, Lettre de 1639. *Varia opera math.*, p. 156; Tolose, 1679.

géométrique des corps opaques, qui présente des difficultés insurmontables dans la théorie de l'émission. Cette expansion latérale devait conduire à l'idée d'un mouvement vibratoire analogue aux mouvements qui produisent le son. L'hypothèse des ondulations a trouvé, pour ainsi dire, une démonstration irréfutable dans les expériences par lesquelles Young et Fresnel ont montré que les effets lumineux peuvent s'exalter réciproquement ou s'entre-détruire, et elle se prête d'une manière si merveilleuse à l'explication de tous les phénomènes d'optique qu'elle est aujourd'hui universellement adoptée.

9. *Première idée des ondes.* — Les phénomènes que l'on observe à la surface d'une eau tranquille donnent une première idée des ondes. Quand une pierre tombe dans l'eau, la surface est déprimée au point de chute, et il se forme tout autour un bourrelet liquide. Le bourrelet s'agrandit aussitôt suivant une circonférence dont le rayon est proportionnel au temps; il est suivi par une dépression circulaire qui se propage avec la même vitesse, et la surface générale revient sensiblement au repos, en chaque point. après le passage apparent du bourrelet et de la dépression.

Tous les points du liquide qui, à un moment donné, sont dans le même état de mouvement par rapport au centre forment une *onde*, qui se réduit dans le cas actuel à une circonférence. Les molécules liquides qui participent au mouvement appartiennent ainsi successivement à des ondes différentes pour revenir à l'état de repos, et chacune d'elles a décrit une courbe fermée. On peut dire qu'un mouvement déterminé s'est propagé à partir du centre avec une vitesse constante U, qui dépend de la densité et de la profondeur du liquide.

10. *Principe d'Huygens.* — Si l'on imagine qu'un effet analogue, au lieu d'être limité aux couches supérieures d'un liquide, se produit dans toute la masse d'un milieu où les ondes seront des sphères concentriques, on aura l'image de la manière dont Huygens se représentait les phénomènes lumineux.

Lorsque le bourrelet liquide qui provient de la chute d'une pierre dans l'eau forme à l'époque t une circonférence S de rayon R (*fig.* 3), il est clair que l'effet direct de la pierre a disparu et

que la formation d'une onde S′ de plus grand rayon R′, à l'époque
t′, est la conséquence directe de l'état actuel du liquide. On obtiendrait évidemment le même résultat si, par un moyen quelconque,
on avait donné à chacune des molécules liquides M qui constituent
l'onde S le déplacement et la vitesse qui lui sont propres. On peut
donc considérer une onde S′, à l'époque t′, comme l'effet résultant

Fig. 3.

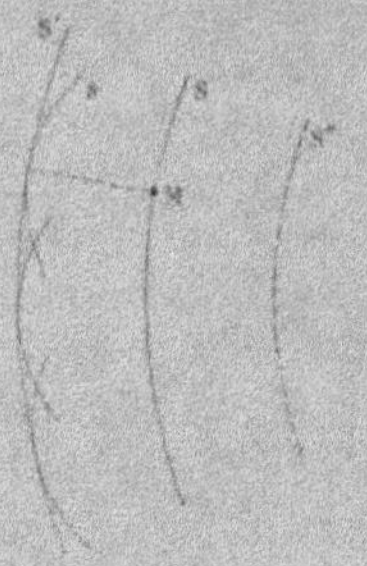

des ondes élémentaires s qui seraient produites par le mouvement,
à l'époque t, des différentes molécules M du liquide qui font partie
de l'onde générale S dans un état antérieur et qui seront considérées comme des centres d'ébranlement. Ces ondes élémentaires se
propageant avec la même vitesse U, leur rayon à l'époque t′ est
$U(t′ - t)$ et l'onde générale résultante S′, dont l'accroissement de
rayon est aussi $R′ - R = U(t′ - t)$, est l'enveloppe de ces ondes
élémentaires.

Il reste à expliquer toutefois pourquoi l'onde S ne produit pas
aussi bien une onde rétrograde S″ à la même distance et surtout
pourquoi tout mouvement appréciable disparaît à une très petite
distance de la surface S′.

On peut bien remarquer que le déplacement des molécules qui
constituent l'onde S a lieu dans un plan normal et que sur l'onde
élémentaire propagée le mouvement doit être aussi maximum sur
la normale; qu'en outre les ondes élémentaires sont beaucoup
plus serrées dans le voisinage de la surface enveloppe et doivent
y produire le maximum de mouvement.

Cette dernière raison est moins démonstrative qu'elle ne le paraît sur une figure plane, quand on considère le phénomène dans

l'espace avec des ondes sphériques. Dans tous les cas, le mouvement des ondes élémentaires est loin d'être insensible à une distance notable de l'enveloppe et l'on ne voit pas comment il est possible d'expliquer le repos absolu auquel arrive le milieu après le passage de l'onde ([1]).

Il est nécessaire, en effet, de compléter le principe d'Huygens et de faire intervenir la composition des mouvements des ondes élémentaires, c'est-à-dire le *principe des interférences*. En outre, quand il s'agit de phénomènes vibratoires comme les effets d'acoustique ou de lumière, on ne doit pas considérer une onde unique, mais une série d'ondes de caractères différents qui se succèdent périodiquement en chaque point. Si l'ébranlement central, au lieu d'être unique comme nous l'avons supposé d'abord, est lui-même périodique, les ondes qui en émanent se suivront avec le même caractère de périodicité ; dans ce cas il n'est pas évident, et il est même inexact, que la vitesse de propagation pour chacune d'elles soit la même que si elle provenait d'un ébranlement unique.

11. *Notion du mouvement vibratoire.* — Considérons un milieu *homogène* et *isotrope*, c'est-à-dire tel que deux éléments de volume pris en des points quelconques soient identiques et qu'autour d'un point les propriétés soient les mêmes dans toutes les directions. Sans faire aucune hypothèse particulière sur la constitution du milieu, si ce n'est qu'il soit élastique, il suffira de remarquer que, lorsqu'il est en repos, la résultante de toutes les actions qui s'exercent sur chacune des molécules qui le constituent est nulle. Quand on déplace une ou plusieurs molécules de leur position d'équilibre, les réactions élastiques qui en résultent tendent à les ramener vers leur position primitive.

([1]) « L'on voit de plus que l'onde S' est déterminée par l'extrémité du mouvement, qui est sorti du point A (source) en certain espace de temps ; n'y ayant point de mouvement au delà de cette onde, quoy qu'il y en ait bien dans l'espace qu'elle enferme, scavoir dans les parties des ondes particulières, lesquelles parties ne touchent point la sphère S'. Et tout cecy ne doit pas sembler estre recherché avec trop de soin, ni de subtilité ; puisque l'on verra dans la suite que toutes les proprietez de la lumière, et tout ce qui appartient à sa reflexion et à sa refraction s'explique principalement par ce moyen. » HUYGENS, *Traité de la lumière*, p. 18 ; Leide, 1690.

12. *Période.* — Nous supposerons d'abord que l'ébranlement central, étant limité dans un espace très petit ou dans le voisinage d'une surface fixe, a un caractère *périodique*, en d'autres termes, qu'à deux époques quelconques séparées par un intervalle de temps T appelé *période*, une molécule se retrouve exactement dans le même état, c'est-à-dire au même point et avec la même vitesse. Ce mouvement se communiquera au milieu environnant et, une fois le régime permanent établi, on retrouvera la même périodicité en chaque point du milieu, c'est-à-dire dans le mouvement propagé. Toutefois les déplacements et les vitesses diminuent à mesure que la force vive de l'ébranlement central se communique à des surfaces plus étendues.

Si l'ébranlement central était symétrique, comme le seraient les vibrations produites par les contractions et les dilatations d'une sphère, il est clair que la même symétrie existerait dans le milieu et que tous les points d'une surface sphérique concentrique à la première auraient des mouvements identiques, c'est-à-dire des oscillations dans le sens du rayon, de part et d'autre de leur position d'équilibre. Tous ces points formeraient une onde.

Ce cas est tout à fait exceptionnel. En réalité, l'ébranlement central est loin de satisfaire en général à cette condition de symétrie, soit parce qu'étant même renfermés dans un espace très petit les déplacements sont de nature quelconque, soit que la surface, au voisinage de laquelle ils sont limités, ait une forme différente de la sphère. Alors on ne peut plus trouver dans le milieu une série de points formant une surface continue et animés de mouvements identiques en toute rigueur, mais cette condition sera sensiblement remplie pour tous les points d'une aire infiniment petite, surtout lorsqu'elle est située à une grande distance du centre d'ébranlement.

13. *Définition des ondes.* — On définira donc l'*onde* comme une surface telle que les points infiniment voisins aient des mouvements identiques, ou comme le lieu des points dont les mouvements diffèrent le moins possible les uns des autres quand on les considère de proche en proche. C'est la surface de déformation minimum des vibrations.

14. *Longueur d'onde.* — Soit S (*fig.* 4) une surface présentant ce caractère et menons la normale au point M. C'est suivant cette normale que les mouvements des points successifs diffèrent le plus les uns des autres, mais en s'éloignant de la surface S on trouvera un premier point M′ dont le mouvement est identique à celui du point M, sauf un petit changement de grandeur dû à l'inégale distance à la source. La surface d'onde S′ passant par le point M′ présentera le même caractère que la surface S, en ce sens

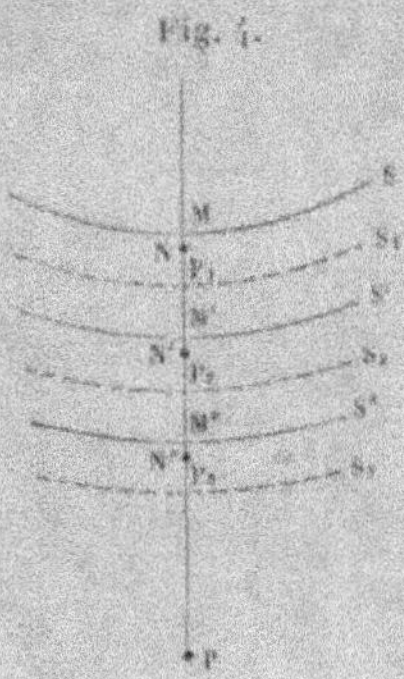

Fig. 4.

que deux points de ces surfaces situés sur la même normale ou sur des normales infiniment voisines seront dans des états vibratoires à peu près identiques. On trouvera, de même, un point M″ et une surface S″ jouissant des mêmes propriétés, et ainsi de suite.

Si ces ondes successives sont des surfaces planes, il est clair, par raison de symétrie, qu'elles sont équidistantes, et leur distance normale MM′ est la longueur d'onde λ du mouvement vibratoire. Cette équidistance n'est plus aussi évidente quand les ondes ne sont pas planes, mais il doit en être ainsi tant que les rayons de courbure des surfaces sont très grands par rapport à la longueur d'onde, et l'on peut admettre cette propriété comme générale, au moins en ce qui concerne les phénomènes d'optique où la longueur d'onde n'atteint jamais un millième de millimètre.

15. *Propagation.* — *Vitesse.* — A une certaine époque t, les mouvements des points M, M′ et M″ sont identiques, sauf l'affaiblissement dû au changement de distance à la source. Un instant après, ce même état se retrouve en des points N, N', N'', ... à des distances égales MN, $M'N'$, $M''N''$, ..., et revient de nouveau aux points M', M'', ... au bout du temps T, c'est-à-dire à l'époque $t + T$, puisque ces différents points auront alors repris leur état primitif. C'est dans ce sens que l'on peut dire qu'il y a *propagation* d'une onde S, qui occupe successivement aux époques t, $t + T$, $t + 2T$, ... les positions S, S', S'', ...; comme l'espace parcouru pendant une période T est égal à la longueur d'onde λ, la vitesse de propagation V est donnée par la relation

$$V = \frac{\lambda}{T}, \qquad \text{ou} \qquad \lambda = VT.$$

Il n'existe, *a priori*, aucune relation simple entre cette vitesse V et la vitesse U qui correspond à la propagation d'un ébranlement unique.

Pour la lumière, la longueur d'onde est variable avec la couleur, plus grande pour le rouge que pour le bleu, et sa valeur moyenne est d'environ $\frac{1}{2}$ millième de millimètre, ou $0^\mu,5$. Comme la vitesse de propagation V dans l'air est voisine de $300\,000^{km}$ par seconde, la période de vibration est une fraction de seconde donnée par l'expression

$$T = \frac{\lambda}{V} = \frac{0,5}{300.10^{12}} = \frac{5}{3} 10^{-15}.$$

16. *Phase.* — Le mouvement au point M à l'époque t est le même qu'au point M' à l'époque $t + T = t + \frac{\lambda}{V}$, le même aussi qu'en M'' à l'époque $t + 2T = t + 2\frac{\lambda}{V}$ et, en général, qu'en un point quelconque P à l'époque $t + \frac{MP}{V}$.

La distance $MP = \Delta$ est la *différence de marche* des vibrations aux points M et P ou le *retard* de la seconde sur la première; c'est le chemin parcouru par l'onde pour aller de M en P. On appelle *différence de phase*, ou quelquefois *anomalie*, des mouvements des points P et M la quantité

$$\delta = \frac{2\pi}{T}\frac{\Delta}{V} = 2\pi\frac{\Delta}{\lambda}.$$

Les vibrations de deux points situés sur une même normale aux ondes, ou sur deux normales voisines, sont concordantes lorsque le retard est d'un nombre entier de longueurs d'onde ou la différence de phase d'un nombre entier de fois 2π.

17. *Modification d'amplitude.* — Lorsque la distance des points que l'on compare est de même ordre que leur distance à la source, leurs mouvements ont des amplitudes très inégales.

Si l'on considère toutes les ondes concordantes à un instant donné et sur chacune d'elles une couche d'épaisseur ε très petite par rapport à la longueur d'onde, la force vive du mouvement compris dans cette couche est la même pour toutes les ondes, puisque cette force vive correspond à l'énergie dépensée par la source pendant un même temps $\theta = T\dfrac{\varepsilon}{\lambda}$. En appelant c^2 le carré moyen de la vitesse du mouvement vibratoire dans une de ces couches et m la masse correspondante, on aura donc une série de valeurs égales

$$mc^2 = m'c'^2 = m''c''^2 = \ldots$$

Pour des ondes sphériques, les masses m, m', m'', ... sont proportionnelles aux surfaces des ondes correspondantes, et, par suite, aux carrés de leurs rayons R, ce qui donne

$$R^2 c^2 = R'^2 c'^2 = \ldots$$

ou

$$Rc = \text{const.}$$

L'énergie du milieu, par unité de volume, est proportionnelle au carré moyen de la vitesse et, par suite, en raison inverse du carré de la distance de la source. Pour les phénomènes optiques, en particulier, cette énergie représente la quantité de lumière reçue; c'est le principe de la *photométrie*.

18. *Mouvement périodique à centre.* — Nous admettrons encore que les différents points de la source décrivent des trajectoires à centre, c'est-à-dire qu'à deux époques distantes d'une demi-période $\dfrac{T}{2}$ les déplacements et les vitesses sont symétriques par rapport à la position d'équilibre. Le mouvement propagé dans le milieu aura le même caractère. Dans ce cas, tous les points P_1, P_2, P_3, ... situés à égale distance, entre deux ondes consécutives, appartiendront à des ondes S_1, S_2, S_3, ... (*fig.* 4) sur lesquelles l'état vibratoire sera le même et de signe contraire que pour les surfaces S, S', S'', ...

On voit, d'après cela, que les mouvements de deux points sont concordants ou discordants suivant que leur différence de marche est égale à un nombre pair ou impair de demi-longueurs d'onde, suivant aussi que leur différence de phase est égale à un nombre pair ou impair de fois π.

19. *Représentation analytique du mouvement vibratoire.* — La projection sur un axe du mouvement vibratoire d'un point est une fonction périodique dont la période est T.

En posant, pour abréger l'écriture, $\omega = \dfrac{2\pi}{T}$, il résulte d'un théorème de Fourier ([1]) que toute fonction de cette nature peut être exprimée par une série de termes de la forme suivante

$$x = a_1 \sin(\omega t + \alpha_1) + a_2 \sin(2\omega t + \alpha_2) + \ldots + a_n \sin(n\omega t + \alpha_n) + \ldots$$

Si la trajectoire du mouvement périodique est une courbe à centre, la valeur de x doit changer de signe quand on remplace t par $t + \dfrac{T}{2}$, c'est-à-dire ωt par $\omega t + \pi$, et les coefficients des termes d'ordre pair doivent être nuls.

Le mouvement le plus simple est donné par le premier terme de la série et l'expérience montre qu'il suffit pour rendre compte de tous les phénomènes d'optique. La projection sur un axe du mouvement vibratoire, que nous appellerons souvent *vibration* pour abréger, peut donc être représentée par l'expression

$$x = a \sin\left(\frac{2\pi}{T} t + \alpha\right) = a \sin(\omega t + \alpha).$$

Le facteur a est l'*amplitude* de la vibration, ou l'écart maximum à partir de la position d'équilibre; T est la *période*, et l'angle

---

[1] Fourier, *Théorie de la chaleur* (*Œuvres*, t. I, p. 208).

$\frac{2\pi}{T} t + \alpha = \omega t + \alpha$ la *phase* à l'époque t, α étant la phase à l'origine du temps. Si l'on imagine qu'un mobile décrive une circonférence de rayon a de gauche à droite avec une vitesse angulaire uniforme ω, la valeur de x représente l'abscisse de la projection du mobile et $\omega t + \alpha$ l'angle que fait le rayon vecteur avec un axe perpendiculaire à x, α étant la valeur de cet angle à l'origine du temps.

Pour deux points P et P′ situés sur des ondes différentes dont la distance normale, ou la *différence de marche*, est Δ, la vibration en P à l'époque t est la même, sauf la variation d'amplitude, que la vibration au point P à l'époque antérieure $t' = t - \dfrac{\Delta}{V}$, et leur différence de phase est

$$\delta = 2\pi \frac{\Delta}{\lambda} = \omega \frac{\Delta}{V}.$$

Si la vibration en P, à l'époque t, est $a \sin(\omega t + \alpha)$, la vibration au point P′, à la même époque t, est

$$a \sin\left[\omega\left(t - \frac{\Delta}{V}\right) + \alpha\right] = a \sin(\omega t + \alpha - \delta).$$

20. *Principe des petits mouvements. — Interférences.* — Lorsqu'un milieu est soumis à l'action de différentes sources de vibrations, le déplacement d'un point peut être considéré comme la résultante géométrique des déplacements qui seraient produits séparément par les différentes sources. En d'autres termes, la nature du mouvement que fait naître une source dans un milieu déjà troublé par d'autres sources est la même que si elle agissait seule, pourvu que les mouvements considérés soient très petits. C'est le principe de la superposition des petits mouvements, ou le principe des *interférences*, dont l'application aux phénomènes lumineux est due à Thomas Young ([1]).

Différentes sources, par exemple, agissant séparément sur un milieu donneraient à un même point, à une époque déterminée,

---

[1] Th. Young, *On the theory of Light and Colours* (*Phil. Trans. L. R. S.*, p. 12; 1802).

des déplacements OA, OB, OC, ... (*fig.* 5); pour obtenir le déplacement réel dû à l'action simultanée des sources, il suffira de joindre le point O à l'extrémité du polygone formé en ajoutant bout à bout ces déplacements OA, AB' = OB, B'C' = OC, ...

La projection du déplacement résultant OC' sur un axe est la somme algébrique des projections des mouvements composants OA, OB, OC, ... Si l'on considère, par exemple, un milieu discontinu formé de points matériels distincts, exerçant les uns sur les autres des actions attractives ou répulsives qui varient avec leur distance réciproque, le principe ne sera applicable que si les

Fig. 5.

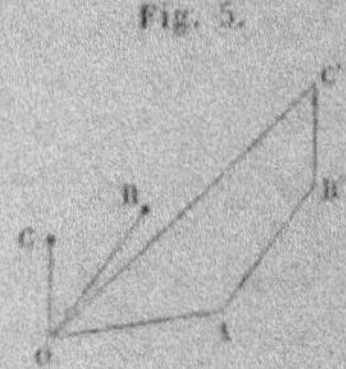

déplacements des points matériels restent très petits par rapport à leur distance moyenne.

Pour la lumière en particulier, l'expérience indique que toutes les lois sont indépendantes de l'intensité et, par suite, de l'amplitude des mouvements, de sorte que le principe peut être admis en toute rigueur.

Les vitesses se composent suivant la même loi. En effet, les projections sur un axe des mouvements composants étant x_1, x_2, x_3, ..., la projection x du mouvement résultant est

$$x = x_1 + x_2 + x_3 + \ldots,$$

ce qui donne

$$\frac{dx}{dt} = \frac{dx_1}{dt} + \frac{dx_2}{dt} + \frac{dx_3}{dt} + \ldots.$$

Il peut arriver qu'à toute époque le mouvement résultant soit nul ou perpendiculaire à l'axe de projection. Il y a alors *interférence* complète des mouvements élémentaires, ou seulement interférence partielle pour les projections sur l'axe considéré.

21. *Cas de deux sources identiques.* — Supposons que les

sources se réduisent à deux points O et O' (*fig*. 6) ayant des vibrations identiques et séparées par un intervalle d. Pour un point P,
situé à une très grande distance par rapport à d, les vibrations émanées des sources O et O' ont sensiblement la même grandeur, mais

Fig. 6.

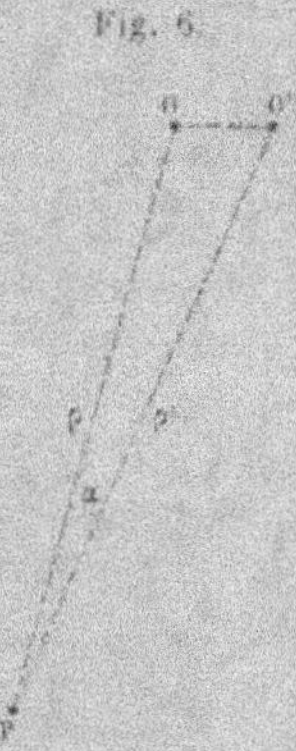

des phases différentes. L'angle α étant très petit, la différence de
marche relative aux deux sources a pour valeur

$$\Delta = \rho' - \rho = d \sin \alpha,$$

et la différence de phase

$$\zeta = 2\pi \frac{\Delta}{\lambda} = 2\pi \frac{d \sin \alpha}{\lambda}.$$

Les deux vibrations sont concordantes ou discordantes suivant
que la différence de marche Δ est égale à un nombre pair ou impair
de demi-longueurs d'onde, $2p \dfrac{\lambda}{2}$ ou $(2p + 1) \dfrac{\lambda}{2}$.

Les points qui correspondent à un retard Δ déterminé se trouvent sur un hyperboloïde ayant pour foyers les sources O et O'.

Dans le premier cas, $\Delta = p\lambda = 2p \dfrac{\lambda}{2}$, la vibration résultante est
double de celle que donnerait chacune des deux sources; la vitesse
est aussi double et la force vive du milieu aux points considérés
est quatre fois plus grande.

Dans le second cas, $\Delta = (2p+1)\dfrac{\lambda}{2}$, la vibration résultante est nulle; il y a interférence.

Sous l'influence des deux sources, l'énergie du milieu prend aux différents points toutes les valeurs depuis zéro jusqu'à 4 fois celle qui correspondrait à une source unique. Le calcul montre, comme on le verra plus loin, que l'énergie moyenne est exactement double de celle que donnerait une source.

22. *Principe d'Huygens rectifié par Fresnel.* — Fresnel [1] a montré que la notion des interférences permet de donner au principe d'Huygens sa véritable signification.

Supposons que dans un phénomène d'optique la surface d'onde ait une forme quelconque S et considérons la vibration en un point P situé du côté vers lequel se propage la lumière. Les vibrations émanant de la source traversent cette surface S avant de parvenir au point P. Si, par un moyen quelconque, on entretient cette surface S dans l'état de vibration qu'elle a réellement et qu'on supprime la source, la vibration du point P ne sera évidemment pas modifiée.

Toutefois il est encore nécessaire de faire une remarque importante. Quand on substitue ainsi l'action des différents points d'une onde à celle du centre d'ébranlement, chacun de ces points étant considéré comme une source indépendante, on doit supposer à ces sources nouvelles, non pas l'état de vibration réel des points correspondants, mais un état *fictif* tel que, par leurs réactions réciproques, elles reproduisent précisément le mouvement vibratoire de la surface S. Toutes ces sources, considérées isolément, sont encore identiques entre elles, au moins de proche en proche, mais elles peuvent différer par la phase et l'amplitude de l'état vibratoire réel qui existe sur la surface d'onde.

Cette substitution d'une surface d'onde S à la source primitive n'est légitime d'une manière évidente que si la surface est entièrement fermée, mais il suffit, comme on le verra plus loin, qu'elle forme une calotte d'ouverture angulaire très petite de part et d'autre de la normale aux ondes qui passe par le point P.

---

[1] FRESNEL, *Œuvres*, t. I, p. 174; 1818.

Le principe d'Huygens est en réalité plus général. En effet, si l'on considère une surface quelconque Σ, qui n'est plus une surface d'onde, et un point P situé du côté vers lequel se fait la propagation, la vibration en P est la résultante des vibrations qui seraient produites par les différents points de la surface Σ considérés comme des centres d'ébranlement, ces sources nouvelles étant définies par la condition que leurs réactions réciproques entretiennent sur la surface Σ l'état vibratoire qui s'y trouve réellement. Les différences de phase de ces sources fictives, au moins en des points peu éloignés, seront les mêmes que les différences de phase qui existent entre les vibrations des points correspondants.

Cette extension du principe d'Huygens permettra d'expliquer les phénomènes de *réflexion* et de *réfraction*.

Enfin, si l'on couvre une partie de la surface Σ par un écran opaque, l'action de la région correspondante est supprimée; la vibration du point P peut n'être plus la même que sous l'influence de la surface entière. On rend compte ainsi des phénomènes de *diffraction*.

23. *Propagation de la lumière.* — *Zones élémentaires.* — Pour évaluer l'action d'une onde S sur le point P (*fig.* 7), on divi-

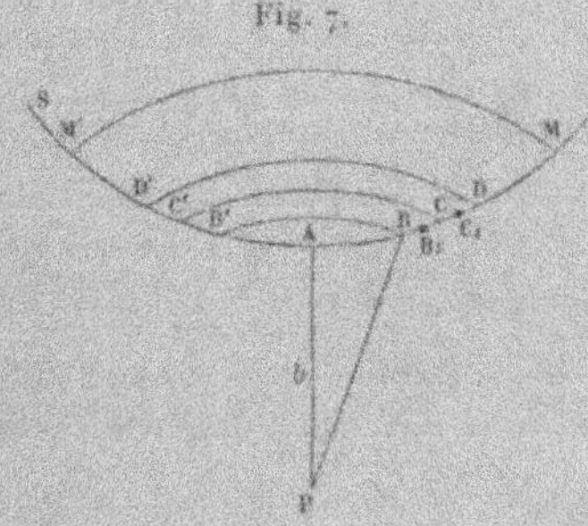

Fig. 7.

sera cette surface en un certain nombre de parties ou zones successives définies par la condition que leurs actions sur le point P soient alternativement de sens contraires.

On appelle *pôle du point* P le pied A de la perpendiculaire PA (supposée unique) abaissée de ce point sur la surface; soit PA $= b$.

Du point P comme centre, avec un rayon égal à $b + \dfrac{\lambda}{2}$, on décrit une sphère, dont l'intersection avec la surface S détermine une courbe BB'. On détermine, de même, les intersections CC', DD', ..., MM' de cette surface avec des sphères dont les rayons sont successivement $b + 2\,\dfrac{\lambda}{2}$, $b + 3\,\dfrac{\lambda}{2}$, ..., $b + m\,\dfrac{\lambda}{2}$. La surface comprise entre deux de ces courbes consécutives est une *zone élémentaire* de la surface S par rapport au point P.

Les projections sur un axe des vibrations produites en ce point par deux zones consécutives sont de signes contraires. En effet, la différence de marche des vibrations produites en P par les points B et C de deux zones consécutives BC et CD est d'une demi-longueur d'onde; elle est de même d'une demi-longueur d'onde pour le point B_1 et un point correspondant C_1. Les deux zones sont donc formées d'éléments de surfaces pour lesquelles les différences de marche relatives au point P sont deux à deux d'une demi-longueur d'onde et qui produisent des vibrations de sens contraires. Les vibrations résultantes de chacune de ces zones sont donc aussi de signes contraires.

Si l'on appelle u_0, u_1, u_2, ..., u_m les valeurs absolues des composantes parallèles des vibrations produites en P par les zones successives, la résultante est

$$u = u_0 - u_1 + u_2 - u_3 + \ldots \mp u_m.$$

Soient AS (*fig.* 8) une courbe continue menée par le point A sur la surface de l'onde, M et M' deux points correspondants de deux zones voisines, c'est-à-dire tels que l'on ait, en appelant ρ et ρ' leurs distances au point P,

$$\rho' - \rho = \frac{\lambda}{2}.$$

La distance ρ est une fonction de la longueur s de l'arc AM, et l'on peut écrire, en la développant en série,

$$(5) \qquad \rho = f(s) = f(o) + s f'(o) + \frac{s^2}{2} f''(o) + \ldots$$

Comme cette fonction passe par un minimum b pour $s = o$,

on a

$$f(o) = b \quad \text{et} \quad f'(o) = o.$$

Si la distance b est très grande par rapport à la longueur d'onde, laquelle est très petite pour la lumière, un arc très petit s contiendra un grand nombre d'arcs élémentaires, de sorte que, même pour une zone d'un ordre assez élevé, le second membre de l'équation (5) se réduit sensiblement à ses trois premiers termes, et l'on peut écrire

$$\rho = b + H s^2;$$

Fig. 8.

on a donc, pour deux points correspondants consécutifs M et M',

$$(6) \qquad \rho' - \rho = H(s'^2 - s^2) = \frac{\lambda}{2}.$$

La sphère de rayon ρ coupe la surface S suivant une courbe qui passe par le point M. L'aire σ, limitée par cette courbe, est aussi une fonction de l'arc s qu'on peut écrire

$$\sigma = \varphi(s) = \varphi(o) + s\varphi'(o) + \frac{s^2}{2}\varphi''(o) + \ldots$$

On a ici

$$\varphi(o) = o \quad \text{et} \quad \varphi'(o) = o;$$

dans les mêmes conditions que plus haut, il reste simplement

$$\sigma = K s^2$$

et la surface d'une zone élémentaire a pour expression

$$(7) \qquad \sigma' - \sigma = K(s'^2 - s^2).$$

les arcs s et s' satisfaisant à l'équation (6). On en déduit

$$s' - s = \frac{K}{H} \frac{\lambda}{2}.$$

Les zones élémentaires ont donc des aires égales.

24. *Onde efficace.* — Les vibrations $u_0, u_1, u_2, \ldots, u_m$ sont décroissantes. Cette décroissance tient à plusieurs causes :

1° Toutes choses égales, l'amplitude de la vibration produite par une source est en raison inverse de la distance (17) et les zones successives sont de plus en plus éloignées du point P. Toutefois, la surface S pourrait avoir une forme telle que les zones élémentaires seraient, au contraire, de plus en plus rapprochées du point considéré P.

2° Sans rien préciser sur la forme de la vibration, il est clair, par raison de symétrie, que l'effet des vibrations émises par un élément de la surface S est maximum suivant la normale, et l'angle θ de la normale avec la droite MP augmente de plus en plus à mesure qu'on s'éloigne du point A.

3° Par suite des défauts de symétrie de la source (13) et de sa constitution physiquement complexe, les vibrations des différents points d'une onde ne peuvent être considérées comme identiques que dans une étendue restreinte. Or une même zone renferme des points d'autant plus éloignés les uns des autres qu'elle est elle-même d'un ordre plus élevé. Les vibrations dues à ces différents points sont de moins en moins concordantes et, dès que la zone est d'un ordre élevé, la vibration résultante finit par devenir nulle d'elle-même.

Cette dernière cause d'affaiblissement des vibrations est, sans doute, la plus efficace. L'étendue d'une surface d'onde sur laquelle les vibrations sont concordantes est, en réalité, d'un ordre de petitesse imprévu ([1]), et l'on peut se borner, pour déterminer les phé-

---

([1]) Prenons comme exemple les ondes de la lumière solaire sur la Terre. Ces ondes sont circulaires, mais elles doivent être considérées comme la résultante des vibrations émises par tous les points du Soleil, au moins par les parties visibles.

Soient M (*fig.* 9) un point du Soleil, P et P' deux points de l'onde aux distances ρ et ρ' du point M. En appelant a le rayon du Soleil, R la distance du Soleil à la

nomènes, à la considération d'un nombre relativement petit de zones élémentaires.

On appelle *partie efficace* de l'onde, pour le point P, la portion de cette surface autour du pôle A qui renferme l'ensemble des premières zones élémentaires.

Les vibrations produites au point P par les zones élémentaires successives décroissent d'abord lentement; on peut les représenter par les termes d'une progression géométrique décroissante et écrire

$$u = u_0(1 - q + q^2 - q^3 + \ldots),$$

la raison q de la progression étant très voisine de l'unité.

Terre, le triangle OMP donne

$$\rho^2 = a^2 + R^2 - 2a \times OQ,$$
$$\rho'^2 = a^2 + R^2 - 2a \times OQ'.$$

Fig. 9.

On en déduit

$$\rho^2 - \rho'^2 = 2a \times QQ',$$
$$\rho - \rho' = \frac{2a}{\rho + \rho'} \times QQ',$$

ou sensiblement

$$\rho - \rho' = \frac{a}{R} \times QQ'.$$

Pour que les vibrations envoyées aux points P et P' par le point M soient concordantes, à un quart près de période, il faut que la différence de marche $\rho - \rho'$ soit inférieure à un quart de longueur d'onde, ce qui donne

$$QQ' < \frac{R}{a} \frac{\lambda}{4}.$$

La moindre valeur de PP' correspondant à cette condition a lieu quand on

La série peut même être continuée indéfiniment, parce qu'à partir d'un certain ordre les vibrations u_m deviennent négligeables et les termes correspondants de la progression sont eux-mêmes très petits.

Quand on borne la série au $m^{\text{ième}}$ terme u_{m-1}, l'erreur commise est plus petite que

$$u_m(1 - q + q^2 - q^3 + \ldots) = \frac{u_m}{1 + q},$$

c'est-à-dire plus petite que la moitié du terme auquel on s'arrête.

Si donc on prend seulement la première zone élémentaire, l'erreur commise est moindre que la vibration produite par la moitié de la deuxième zone. Par suite, la vibration résultante au point P est à peu près égale à celle qui serait produite par la moitié de la première zone.

On pouvait arriver directement à ce résultat en remarquant que la deuxième zone annule sensiblement l'effet produit par

---

considère un point N du Soleil situé dans un plan perpendiculaire à OP, c'est-à-dire au bord de l'astre apparent, auquel cas on a

$$PP' = QQ'.$$

Si l'on décrit, du point P comme centre sur la surface de l'onde, un cercle dans l'étendue duquel les vibrations ne diffèrent pas d'un quart de période, le rayon r de ce cercle satisfait donc à la condition

$$r < \frac{R}{a}\frac{\lambda}{4} \qquad \text{ou} \qquad 2r < \frac{R}{2a}\lambda.$$

Le rapport $\frac{2a}{R}$ est l'angle apparent du Soleil, c'est-à-dire environ un demi-degré, ou $\frac{\pi}{360}$. En prenant la valeur moyenne $0^{\mu},5$ pour la longueur d'onde λ, il en résulte

$$2r < \frac{360}{\pi}0^{\mu},5 = 57^{\mu},3.$$

La partie qui renferme des vibrations concordantes sur une onde solaire n'a donc pas un diamètre de $\frac{5}{100}$ de millimètre.

Sous la forme $\frac{2r}{R} < \frac{\lambda}{2a}$, on voit que l'angle apparent de la région efficace, vue de la source, ne dépend que de la longueur d'onde et du diamètre de la source. Pour donner à cet angle une valeur appréciable, il faut employer des sources de dimensions très petites, comme des trous d'aiguille ou des fentes étroites.

la moitié de la première et la moitié de la troisième; de même la quatrième annule la moitié de la troisième et la moitié de la cinquième, et ainsi de suite. En mettant à part la moitié de la première zone, tout le reste de la surface efficace donne une vibration résultante sensiblement nulle.

Remarquons encore que la moitié de la première zone, qui se trouve seule conservée, renferme des vibrations dont la différence de marche au point P atteint $\frac{\lambda}{4}$, et, par suite, la différence de phase $2\pi\frac{1}{4} = \frac{\pi}{2}$. La phase de la vibration au point P est donc en retard, d'une quantité comprise entre 0 et $\frac{\pi}{2}$, sur la phase qui serait produite par la source fictive placée au pôle A. Comme la différence de phase des vibrations réelles en A et P ne doit tenir qu'à la différence des chemins, on voit que, dans l'application du principe d'Huygens (22), il faut remplacer chacun des points d'une onde par une source qui présente avec la vibration réelle une différence de phase comprise entre 0 et $\frac{\pi}{2}$ $\left(\text{en réalité la différence de phase est}\right.$ égale à $\frac{\pi}{4}$, ce qui correspond à une différence de marche de $\left.\frac{\lambda}{8}\right)$.

On a supposé, dans tous les raisonnements qui précèdent, que la normale PA est une distance minimum; cette circonstance a lieu quand le point P est du côté convexe de la surface d'onde S. Si le point P est du côté concave, ou si les lignes de courbure sont de sens contraires, la distance PA sera supposée petite par rapport aux rayons de courbure. La démonstration ne s'appliquerait pas, sans des restrictions particulières, si cette distance était un maximum, ou si plusieurs normales aboutissaient au point P.

Ces préliminaires établis, les théorèmes qui suivent en résultent presque immédiatement.

25. THÉORÈMES GÉNÉRAUX.

THÉORÈME I. — *L'action d'une onde complète en un point P est identique, sauf une différence de phase, à celle d'une demi-zone ayant pour centre le pôle A.*

Théorème II. — *L'onde S_1 qui passe par le point P est l'enveloppe des ondes élémentaires émises par les différents points A, A', ... de l'onde S, pour un même chemin b.*

En effet, les vibrations des points A et A' (*fig.* 10) sont concordantes; celles des points P et P' doivent être aussi concordantes si ces points appartiennent à une même onde, et $A'P' = AP = b$, puisque les vibrations de P et de P' peuvent être considérées, au même titre, comme produites respectivement par les pôles A et A' de l'onde primitive S.

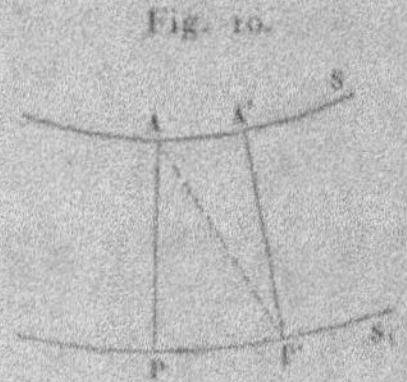
Fig. 10.

Les distances PA et P'A' sont des minima par rapport à la surface S; on a donc

$$P'A > P'A' \qquad \text{ou} \qquad P'A > PA.$$

La distance AP du point A à la surface S_1 est donc un minimum, c'est-à-dire une normale, et l'onde S_1 est l'enveloppe des ondes élémentaires décrites des différents points de la surface S avec un rayon b. Le raisonnement serait le même si la distance PA était un maximum par rapport à la surface S.

On peut énoncer la même propriété sous une autre forme qui se généralise plus facilement.

Corollaire I. — *L'onde S_1 est le lieu des points où les vibrations de l'onde S se propagent au bout d'intervalles de temps égaux $\theta = t_1 - t$, chacun d'eux étant un minimum, ou par des chemins égaux $b = V(t_1 - t)$, chacun d'eux étant aussi minimum.*

Corollaire II. — *On peut considérer l'onde S dans une*

quelconque de ses positions, réelle ou virtuelle, antérieures à l'onde S_1 *et à une époque quelconque.*

Supposons, par exemple, que la lumière émise par une source O (*fig.* 11) tombe sur un système optique qui la fasse converger en un point O'.

Fig. 11.

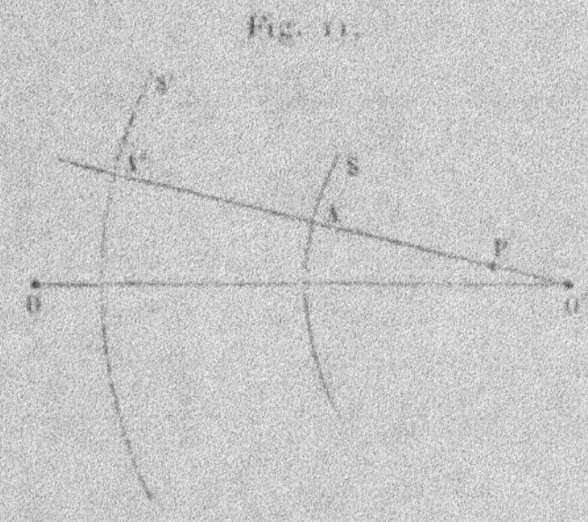

Les ondes émanées du point O sont sphériques et s'éloignent de leur centre ; après avoir traversé le système optique, elles sont encore sphériques et se propagent vers le nouveau centre O'.

On peut évidemment déterminer la vibration du point P, à l'époque t, soit par l'onde réelle S à l'époque $t - \dfrac{PA}{V}$, soit par une onde fictive S' à l'époque $t - \dfrac{PA'}{V}$. Dans certains cas, cette complication apparente simplifiera les raisonnements.

THÉORÈME III. — *On peut remplacer une onde par l'ensemble de ses plans tangents, ou par un ensemble quelconque de surfaces tangentes.*

L'onde S est l'enveloppe de ses plans tangents. Imaginons une infinité de systèmes d'ondes planes respectivement parallèles à tous ces plans tangents, et prenons dans chacun des systèmes l'onde tangente à la surface S. Au bout du temps $\theta = t_1 - t$, ces ondes planes se seront propagées à la même distance normale b et seront tangentes à la surface S_1. La surface S_1 est donc l'enveloppe de toutes les ondes planes tangentes à l'onde primitive S.

Sous cette forme, la propriété pourra s'étendre immédiatement à la réflexion, à la réfraction, à la double réflexion et à la double réfraction.

Le même raisonnement s'applique au cas où l'on remplacerait l'onde S par un ensemble quelconque de surfaces dont elle serait l'enveloppe.

Théorème IV. — *Propagation rectiligne de la lumière.*

On peut dire que la vibration se propage en ligne droite, du point A au point P, suivant une normale à l'onde S, car la vibration du point P n'est pas modifiée si l'on supprime par un écran toute l'onde S, sauf la *partie efficace*, voisine du pôle A.

L'étendue de l'onde efficace est d'ailleurs extrêmement petite. Sur une onde plane, par exemple, en supposant que l'arc $AM = s$ (*fig.* 12) corresponde à 4000 zones élémentaires, pour une dis-

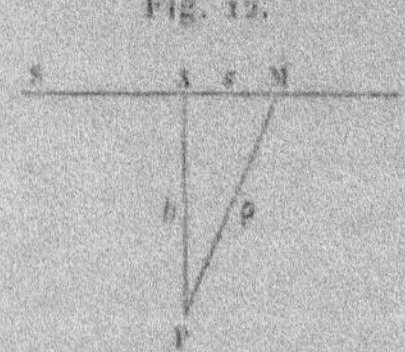

Fig. 12.

tance b de $5o^{mm}$, on a

$$\rho - b = 4000\,\frac{\lambda}{2} = 2000\lambda = 1^{mm}.$$

Le triangle PAM donne

$$s^2 = \rho^2 - b^2 = (\rho + b)(\rho - b) = 100,$$

$$s = 10^{mm}.$$

Un cercle d'un centimètre de rayon renferme donc 4000 zones élémentaires et l'onde efficace en contient un nombre beaucoup moindre, surtout quand on tient compte de l'angle apparent de la source (**24**, en note).

En résumé, il est légitime de supposer que la lumière se propage en *rayons rectilignes*, dans tous les cas où les ondes efficaces sont respectées, c'est-à-dire où l'on considère des points situés à quelque distance de l'ombre géométrique des écrans. Lorsque l'onde efficace est interceptée en partie ou en totalité par des écrans, il n'est plus permis de substituer les rayons aux ondes et l'on observe des phénomènes de *diffraction*.

26. *Réflexion.* — Supposons que deux milieux transparents et isotropes, dans lesquels la lumière se propage avec des vitesses différentes V et V′, soient séparés par une surface Σ (*fig.* 13), et

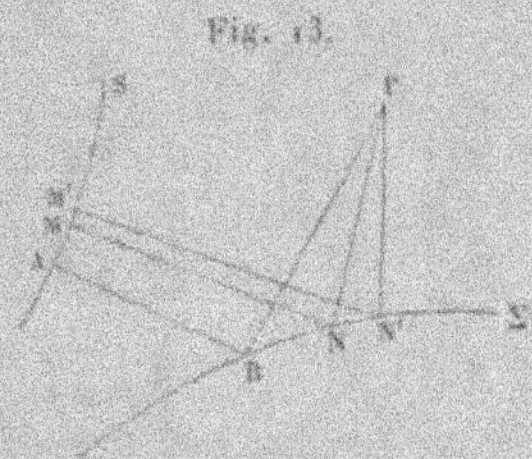

Fig. 13.

qu'une source située dans le premier milieu produise des ondes S qui viennent frapper la surface de séparation. Ces ondes retourneront en partie dans le premier milieu après avoir touché la surface Σ pour produire la lumière *réfléchie*, et pénétreront en partie dans le second milieu pour produire la lumière transmise ou *réfractée*.

Pour connaître la vibration réfléchie en P, on considère une onde incidente S, et l'on détermine le pôle A par la condition que le chemin PBA soit un minimum. Ce chemin minimum est évidemment, par raison de symétrie, dans un plan qui passe par la normale à la surface Σ au point B. Posons $AB + BP = b$.

Les zones élémentaires seront déterminées de la manière suivante.

Au point M d'une courbe continue tracée par le point A sur la surface d'onde, on mène la normale MN et l'on joint NP; on répète la même opération pour un point M′ choisi de telle manière que la différence des chemins M′N′P — MNP soit égale à une demi-longueur d'onde : ces deux points sont correspondants sur deux zones élémentaires voisines.

La distance $\rho = MB + BP$ est encore une fonction de l'arc $AM = s$, qui passe par un minimum égal à b pour $s = o$; tant que l'arc s reste très petit, on peut donc écrire (23)

$$\rho = b + Hs^2,$$

et, pour les deux points M et M′,

$$\rho' - \rho = \mathrm{H}\,(s'^2 - s^2) = \frac{\lambda}{2}.$$

D'autre part, l'aire de la surface limitée par le lieu des points M, pour lesquels la distance ρ est constante, est aussi, par les mêmes raisons que précédemment, proportionnelle à s^2. L'aire d'une zone élémentaire a pour expression

$$\sigma' - \sigma = \mathrm{K}\,(s'^2 - s^2) = \frac{\mathrm{K}}{\mathrm{H}}\,\frac{\lambda}{2}.$$

Toutes les zones élémentaires ont encore la même surface. Aux motifs invoqués plus haut (24) pour expliquer l'action décroissante des zones successives au point P, on peut ajouter que la réflexion sur la surface Σ modifie la vibration ; cette modification tient d'abord à ce qu'une partie seulement de la force vive des vibrations incidentes passe dans la lumière réfléchie ; en outre, la vibration est transformée d'une manière progressive au voisinage de la surface géométrique de séparation Σ et le résultat final est le même que si elle avait éprouvé sur cette surface un changement brusque qu'il n'est pas nécessaire de préciser pour le moment. Dans tous les cas, le changement produit dépend des angles que font avec la surface les droites MN et NP et, à mesure que l'ordre de la zone augmente, il arrive bientôt que les changements sont très inégaux aux différents points d'une même zone.

Remarquons encore qu'à une zone limitée aux points M et M′ sur la surface S correspond sur la surface Σ une zone dont les contours passent par les points N et N′.

Sans qu'il soit nécessaire de répéter les raisonnements, on peut donc énoncer les théorèmes suivants :

THÉORÈME V. — *La vibration réfléchie en P est identique, sauf une différence de phase, à celle qui serait produite par une demi-zone ayant pour pôle le point A, ou par la demi-zone correspondante ayant pour pôle le point B.*

THÉORÈME VI. — *L'onde réfléchie S, est l'enveloppe des ondes élémentaires décrites des points B, B′, . . . de la surface Σ et qui correspondent à des chemins égaux.*

En effet, les vibrations des points P et P′ (*fig.* 14) étant concordantes sur l'onde réfléchie S_1, on doit avoir

$$AB + BP = A'B' + B'P' = h = V(t_1 - t).$$

Fig. 14.

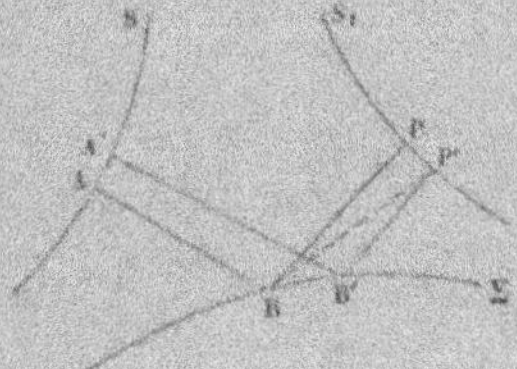

D'autre part, le chemin P′B′A′ est un minimum par rapport à la surface S, ce qui donne

$$P'B + BA > P'B' + B'A' = PB + BA \qquad \text{ou} \qquad P'B > PB.$$

Le chemin BP est donc un minimum par rapport à la surface S_1, de sorte que cette surface est l'enveloppe des sphères décrites avec les rayons BP, B′P′, etc.

COROLLAIRE I. — *La surface S_1 est le lieu des points où la vibration, après avoir touché la surface Σ, arrive au bout de temps égaux $\theta = t_1 - t$, chacun d'eux étant minimum, ou par des chemins égaux, chacun d'eux étant minimum.*

COROLLAIRE II. — *Le rayon réfléchi BP est normal à l'onde réfléchie S_1, comme le rayon incident AB est normal à l'onde incidente.*

27. *Lois de la réflexion.* — Nous avons déjà vu que le rayon incident et le rayon réfléchi sont dans un même plan normal à la surface Σ au point où se fait la réflexion.

Si l'on considère dans ce plan deux rayons incidents, AB, A′B′ (*fig.* 15) qui tombent en des points B et B′ dont la distance ε est infiniment petite, les angles d'incidence seront i et $i + di$, et les angles de réflexion des rayons correspondants BR et B′R′, i_1 et $i_1 + di_1$.

L'onde incidente S qui touche la surface Σ au point B est normale

aux rayons AB et A'B'. L'onde incidente réfléchie S_1 qui passe par
le point B' est normale aux rayons B'R' et BR. En abaissant les
perpendiculaires BQ sur A'B' et $B'Q_1$ sur BR, les points Q et Q_1
sont, à des infiniment petits du second ordre près, situés sur les

Fig. 15.

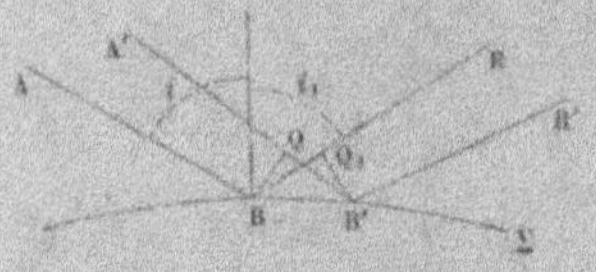

ondes S et S_1; pour que les vibrations des points B' et Q_1 soient
concordantes, il faut qu'on ait $QB' = BQ_1$, c'est-à-dire

$$z \sin(i + di) = z \sin i_1 \qquad \text{ou} \qquad \sin i = \sin i_1.$$

L'angle de réflexion est donc égal à l'angle d'incidence, quelles que
soient la forme de la surface réfléchissante et celle des ondes incidentes.

CoROLLAIRE III. — *Si l'onde incidente est plane, ainsi que la
surface réfléchissante, il est clair que les ondes réfléchies sont
planes.*

28. *Réfraction.* — Dans le calcul des phénomènes de réfraction, il faut faire intervenir, non pas les chemins parcourus, mais
la durée de propagation.

Soient V et V' les vitesses de propagation dans le premier et dans
le second milieu, Σ la surface de séparation (*fig.* 16) et S une
onde incidente.

Pour déterminer la vibration d'un point P dans le second milieu, nous déterminerons sur la surface Σ un point B, tel que le
chemin AB + BP, pour aller de l'onde S au point P, soit parcouru
pendant un temps minimum

$$\theta_0 = \frac{AB}{V} + \frac{BP}{V'}.$$

Une zone élémentaire MM' sera définie par la condition que la différence des temps

$$\theta = \frac{MN}{V} + \frac{NP}{V'},$$

et

$$\theta' = \frac{M'N'}{V} + \frac{N'P}{V'}$$

soit égale à une demi-période $\frac{T}{2}$.

Fig. 16.

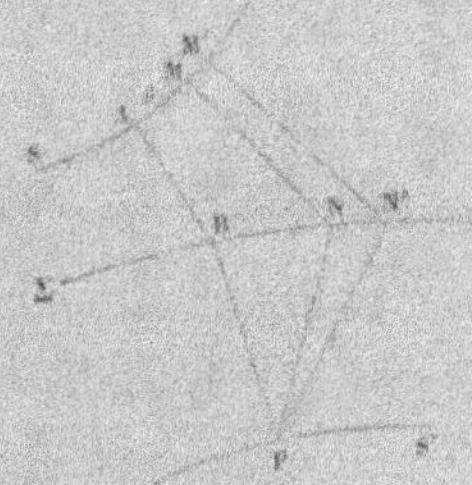

Le temps θ est une fonction de l'arc $AM = s$ d'une courbe quelconque menée par le point A sur la surface d'onde, et ce temps passe par un minimum θ_0 pour $s = 0$; on a donc

$$\theta = \theta_0 + H s^2,$$
$$\theta' - \theta = H(s'^2 - s^2) = \frac{T}{2}.$$

L'aire d'une zone élémentaire est encore

$$\sigma' - \sigma = K(s'^2 - s^2) = \frac{K}{H}\frac{T}{2}.$$

Les zones élémentaires successives sont égales et l'on appliquera tous les raisonnements qui précèdent, ce qui permet d'énoncer les théorèmes suivants :

THÉORÈME VII. — *La vibration du point P est identique, sauf une différence de phase, à celle qui serait produite par la demi-zone ayant pour pôle le point A ou le point B.*

THÉORÈME VIII. — *L'onde réfractée S' est l'enveloppe des*

ondes élémentaires décrites des différents points de la surface de séparation des deux milieux, avec des rayons tels que tous les chemins soient parcourus pendant le même temps à partir d'une onde incidente S.

CorOLLAIRE I. — *L'onde réfractée est le lieu des points où les vibrations émanant de l'onde* S *arrivent au bout de temps égaux, chacun d'eux étant un minimum.*

COROLLAIRE II. — *Le rayon réfracté est normal à l'onde réfractée.*

29. *Lois de Descartes.* — La condition du temps minimum montre que la réfraction obéit au théorème de Fermat (7). On arrive au même résultat par la considération de la concordance des vibrations sur les ondes réfractées.

Les rayons incident et réfracté sont également, par raison de symétrie, situés dans le plan normal à la surface de séparation au point d'incidence.

Considérons encore dans ce plan deux rayons incidents infiniment voisins AB et A′B′ (*fig.* 17) dont les angles d'incidence sont

Fig. 17.

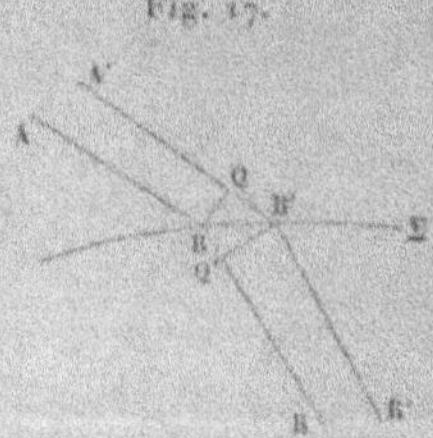

i et $i + di$, les angles de réfraction pour les rayons correspondants BR et B′R′ étant i' et $i' + di'$. En abaissant les perpendiculaires BQ et B′Q′, les points B et Q sont, à un infiniment petit du second ordre près, situés sur la même onde incidente, les points B′ et Q′ sur une onde réfractée. La concordance des vibrations en B′ et Q′ exige que l'on ait $\dfrac{B'Q}{V} = \dfrac{BQ'}{V'}$, c'est-à-dire

$$\frac{s \sin(i + di)}{V} = \frac{s \sin i'}{V'}, \quad \text{ou} \quad \frac{\sin i}{V} = \frac{\sin i'}{V'}.$$

Cette loi est indépendante de la forme des ondes incidentes et de la surface de séparation des deux milieux.

COROLLAIRE I. — *Si l'onde incidente est plane, ainsi que la surface de séparation, les ondes réfractées sont également planes.*

COROLLAIRE II. — *Il peut arriver que l'onde S' n'existe pas quand V' > V. Dans ce cas il n'y a pas de durée de propagation minimum du point P à l'onde incidente S (fig. 16) et toute l'énergie des ondes incidentes se retrouve dans les ondes réfléchies. C'est le cas de la* réflexion totale.

30. *Variation de longueur d'onde par réfraction.* — Si l'on met à part les phénomènes de *fluorescence*, dans lesquels la lumière réfléchie ou réfractée par une surface change de nature et devient diffuse, la période T de vibration reste la même pour les rayons réfléchis ou réfractés que pour les rayons incidents. Les longueurs d'onde dans les deux milieux étant λ et λ', on a

$$T = \frac{\lambda}{V} = \frac{\lambda'}{V'};$$

ces longueurs d'onde sont donc proportionnelles aux vitesses de propagation. Si V est la vitesse de propagation dans le vide, λ la longueur d'onde correspondante et $n = \dfrac{V}{V'}$, l'indice de réfraction du second milieu par rapport au vide, il en résulte

$$\lambda' = \lambda \frac{V'}{V} = \frac{\lambda}{n}.$$

De même, lorsqu'un rayon parcourt un chemin e du second milieu, il parcourrait dans le vide, pendant le même temps, un chemin x satisfaisant à la relation

$$\frac{x}{V} = \frac{e}{V'} \qquad \text{ou} \qquad x = ne.$$

La distance $x = ne$ s'appelle quelquefois la *longueur optique* du rayon, ou de l'onde correspondante, pour un chemin e parcouru dans un milieu d'indice de réfraction n.

31. *Nature des images au foyer des lunettes ou des miroirs.*
— Lorsque les ondes sont sphériques et convergent vers leur
centre, ce qui a lieu pour la formation de l'image d'un point
lumineux au foyer des lunettes ou des miroirs, il est important de
remarquer que le faisceau correspondant des rayons forme toujours
un angle assez petit, limité par l'ouverture du système optique.

Au point de convergence O (*fig.* 18), les vibrations émises par

Fig. 18.

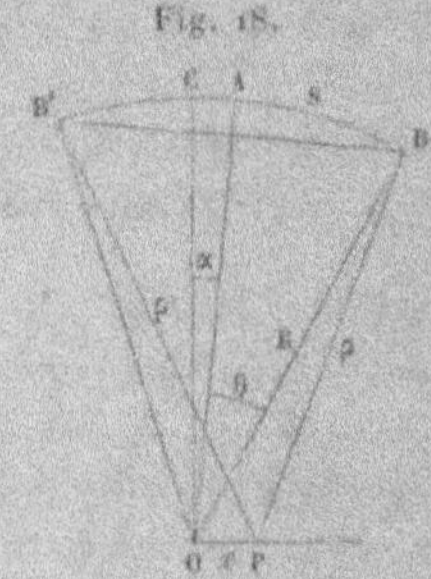

les différents points d'une onde sphérique S antérieure sont concordantes; l'amplitude de la vibration résultante est donc proportionnelle à l'étendue S de la surface libre et l'intensité proportionnelle au carré S^2 de cette surface.

La vibration est maximum en ce point, mais elle ne s'annule
pas aussitôt pour un point P voisin, car on est alors dans le
voisinage de l'ombre géométrique, où se produisent des phénomènes de diffraction.

Prenons le point P sur une droite perpendiculaire à la direction
moyenne CO du faisceau, c'est-à-dire à la droite qui passe par le
centre de gravité de la surface S. En s'éloignant du point O, on
trouve bientôt une distance $OP = x$ pour laquelle le mouvement
résultant est nul, par suite d'une interférence totale entre les vibrations émises par les différents éléments de l'onde libre S.

Le lieu des points P, déterminés par cette condition, limite une
tache centrale dont la forme dépend du contour de la surface S
et qui est d'une étendue finie. Cette tache est ensuite bordée par
une série d'anneaux alternativement brillants et obscurs pour
lesquels l'intensité des maxima diminue très rapidement. Il y a
donc un obstacle physique absolument inévitable à la netteté des

images dans les lunettes, et cet obstacle tient à la constitution même de la lumière.

Lorsqu'il y a interférence complète au point P, la différence de marche des rayons extrêmes, dans le même plan, est égale à un nombre déterminé p, entier ou fractionnaire, de demi-longueurs d'onde; en appelant ρ et ρ' les distances PB et PB', on a donc

$$\rho' - \rho = p\frac{\lambda}{2}.$$

Soient

 A le milieu de l'arc BB';
 R le rayon CO de l'onde;
 α l'angle ACO;
 θ l'angle BOA.

Les triangles BOP et B'OP donnent

$$\rho^2 = R^2 + x^2 - 2Rx\sin(\theta + \alpha),$$
$$\rho'^2 = R^2 + x^2 + 2Rx\sin(\theta - \alpha);$$

par suite

$$\rho'^2 - \rho^2 = 2Rx[\sin(\theta - \alpha) + \sin(\theta + \alpha)] = 4Rx\sin\theta\cos\alpha,$$
$$\rho' - \rho = \frac{2R}{\rho + \rho'}\, 2x\sin\theta\cos\alpha.$$

La distance x étant très petite en général, à moins que la surface S n'ait une forme tout à fait particulière, on peut remplacer sans erreur sensible dans le second membre la somme $\rho + \rho'$ par $2R$, et il reste simplement

$$\rho' - \rho = 2x\sin\theta\cos\alpha = p\frac{\lambda}{2}.$$

Le diamètre D = BB' de la surface S dans le plan de la figure est égal à $2R\sin\theta$, et l'on peut écrire

$$\rho' - \rho = x\frac{D}{R}\cos\alpha = p\frac{\lambda}{2}.$$

Il est clair que, si l'on change les conditions de l'expérience, sans modifier la forme de la courbe qui limite la surface S, l'interférence aura lieu à la distance x donnée par cette équation, dans laquelle p est un nombre déterminé. Il en résulte les conséquences suivantes :

1° Le rayon vecteur x de la tache centrale est proportionnel à la longueur d'onde λ. Il est plus petit pour la lumière bleue que pour la lumière rouge.

2° Cette longueur d'onde est relative au milieu dans lequel se fait le propagation, de sorte que, si le milieu a un indice de réfraction n, on doit remplacer la longueur d'onde par $\dfrac{\lambda}{n}$; le rayon vecteur x est donc en raison inverse de l'indice de réfraction du milieu.

3° Le rayon vecteur x de la tache centrale est proportionnel au rayon R de l'onde et en raison inverse du diamètre D de la surface de l'onde utilisée.

Le rapport $\dfrac{x}{R}$ est la tangente de l'angle très petit ε sous lequel le rayon vecteur x est vu du point C. On peut dire plus simplement que l'angle ε est proportionnel à la longueur d'onde λ, en raison inverse de l'indice de réfraction n et du diamètre D de la surface utilisée, et écrire

$$\varepsilon = \frac{p\lambda}{2n\mathrm{D}} = \frac{k}{n\mathrm{D}}.$$

32. *Pouvoir optique.* — Le cas le plus simple est celui où la surface S est une calotte sphérique, ce qui a lieu dans les instruments d'optique ordinaires, où les lentilles et les miroirs ont des bords circulaires; la *tache centrale* de l'image d'un point est alors circulaire, par raison de symétrie, et son rayon r est donné par la relation

$$\varepsilon = \frac{r}{\mathrm{R}} = \frac{p\lambda}{2\mathrm{D}}.$$

Pour que les images de deux points voisins, de deux étoiles par exemple, puissent se distinguer l'une de l'autre, il faut évidemment que leurs taches centrales n'empiètent pas trop.

Comme l'intensité de la lumière sur chacune d'elles diminue lentement d'abord, puis d'une manière rapide, à mesure qu'on s'éloigne du centre, on peut admettre que l'œil appréciera l'existence de deux taches distinctes quand le bord de l'une passera par le centre de l'autre, c'est-à-dire quand l'angle apparent $\frac{x}{R} = \varepsilon$ du rayon de la tache vue de l'objectif (lentille ou miroir) sera précisément égal à l'angle apparent des deux étoiles. Cet angle mesure la *pénétration* de l'instrument, qu'on appelle quelquefois le *pouvoir optique*; il est simplement en raison inverse du diamètre de l'objectif.

D'après les expériences de Foucault ([1]), la pénétration d'un objectif de 13^{cm} de diamètre est d'une seconde; un tel instrument permet de résoudre une étoile double d'une seconde quand les étoiles composantes ont des éclats peu différents.

Comme la valeur d'une seconde est d'environ $\frac{1}{200000} = \frac{1}{2}\, 10^{-5}$, si l'on prend pour longueur d'onde moyenne de la lumière la valeur $\lambda = \frac{1^{mm}}{2000} = \frac{1}{2}\, 10^{-4}$, il en résulte

$$p = \frac{D}{\lambda} 2^{\prime\prime} = \frac{2D}{2\lambda} 2^{\prime\prime} = 26.10^{-1} = 2,6.$$

Le premier anneau noir correspondrait alors à une différence de marche de 2,6 demi-longueurs d'onde entre les rayons extrêmes; nous verrons plus loin que ce résultat est confirmé par la théorie.

33. *Construction d'Huygens.* — Pour trouver le rayon réfléchi et le rayon réfracté qui correspondent à un rayon incident, Huygens a indiqué la construction suivante :

Supposons que la surface de séparation Σ soit plane (*fig.* 19), et prenons pour plan de figure le plan normal à cette surface qui passe par un rayon incident.

Du point A où le rayon incident touche la surface de séparation pris comme centre, on décrit :

1° Une sphère de rayon égal à la vitesse de propagation V dans le milieu supérieur;

---

[1] FOUCAULT, *Annales de l'observatoire de Paris*, t. V, p. 197; 1859.

2° Une sphère de rayon égal à la vitesse de propagation V' dans le milieu inférieur.

On prolonge le rayon SA jusqu'à sa rencontre en M avec la première sphère. Du point M on mène à cette sphère un plan tangent dont la droite d'intersection avec la surface Σ coupe le plan de la figure au point T. Par cette droite on mène deux plans tangents, l'un à la sphère de rayon V dans le premier milieu, l'autre à la sphère de rayon V' dans le second milieu.

Fig. 19.

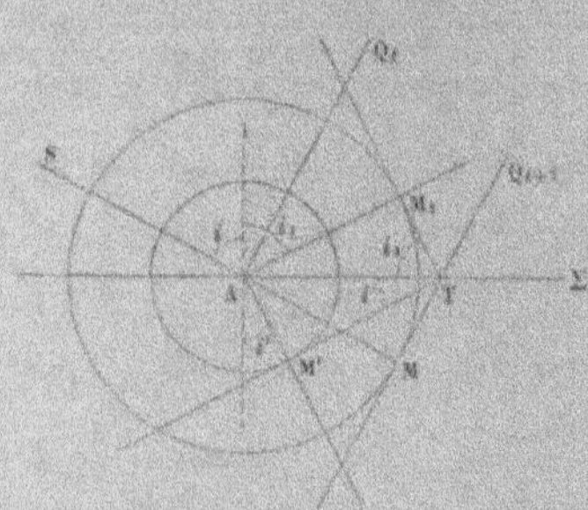

Les droites AM_1 et AM', qui joignent le point A aux deux points de contact, sont, la première le rayon réfléchi, la seconde le rayon réfracté. On voit, en effet, sur la figure, que l'on a

$$AT = \frac{AM}{\sin i} = \frac{AM_1}{\sin i_1} = \frac{AM'}{\sin i'}$$

ou

$$AT = \frac{V}{\sin i} = \frac{V}{\sin i_1} = \frac{V'}{\sin i'},$$

et ces relations ne sont autres que les lois de la réflexion et de la réfraction.

La construction d'Huygens n'est qu'un cas particulier de la règle générale.

Si les rayons incidents sont parallèles entre eux, ils correspondent à une onde plane Q_t au temps t, qui se transportera en Q_{t+1} à l'époque $t+1$.

La droite T qui appartient à l'onde incidente à l'époque $t+1$ appartient également aux ondes réfléchies et réfractées à la même époque. D'autre part, la sphère de rayon V dans le premier milieu est tangente à l'onde réfléchie et la sphère de rayon V′ dans le second milieu est tangente à l'onde réfractée; TM₁ est donc l'onde réfléchie et TM′ l'onde réfractée.

On verrait d'ailleurs directement que les ondes élémentaires décrites des différents points de la surface Σ pour une même époque $t + \tau$ sont tangentes respectivement aux plans TM₁ et TM′.

Cette construction d'Huygens présente de grands avantages pour une généralisation ultérieure.

34. *Milieux anisotropes.* — Cauchy a distingué les milieux en plusieurs catégories, d'après leurs propriétés élastiques.

Un milieu est *homogène* lorsque deux éléments de volumes égaux, pris en des points quelconques, sont identiques; dans le cas contraire, il est *hétérogène*.

Un milieu homogène est *homoédrique* lorsque ses propriétés sont symétriques par rapport à certains plans. Il est *hémiédrique* lorsque cette symétrie fait défaut. (Tel serait le cas d'une structure hélicoïdale.)

Un milieu homogène et homoédrique est *isotrope* lorsque ses propriétés sont les mêmes dans toutes les directions. (Tel est un cristal cubique ou une substance amorphe). Il est *anisotrope* lorsque les propriétés ne sont pas les mêmes dans les différentes directions. La plupart des cristaux rentrent dans cette dernière catégorie.

Au point de vue d'une propriété quelconque, pourvu qu'elle corresponde en chaque point à une déformation linéaire infiniment petite, ou à une modification infiniment petite de nature quelconque, ayant une grandeur et une direction, les phénomènes dans un milieu anisotrope sont symétriques par rapport à trois plans rectangulaires qu'on appelle *plans principaux.* Les intersections de ces plans deux à deux déterminent dans le milieu trois *directions principales.*

Lorsqu'il s'agit d'un cristal appartenant à un système qui a trois plans de symétrie rectangulaires, ces trois plans sont naturellement les plans principaux relatifs à toutes les propriétés physiques, élasticité, dilatation par la chaleur, conductibilité calorifique ou électrique, induction électrostatique ou magnétique, etc.

Si ces caractères de symétrie n'existent pas dans la cristallisation, il n'y a plus de lien nécessaire entre la distribution des propriétés de natures différentes et, pour un même phénomène, tel que les vibrations lumineuses, les plans principaux peuvent varier avec la période du mouvement vibratoire.

Lorsque deux des plans de symétrie sont identiques, leur intersection est un *axe de symétrie* et le milieu est dit à *un axe*. Dans le cas où les trois plans de symétrie sont différents, le milieu est dit *à deux axes* pour des raisons sur lesquelles nous reviendrons plus loin.

35. *Surface d'onde caractéristique.* — On appelle *onde caractéristique* d'un milieu le lieu des points où les vibrations d'une source unique se propagent au bout de l'unité de temps. Cette surface, qui est sphérique pour les milieux isotropes, a nécessairement une autre forme pour les milieux anisotropes; elle peut même consister en plusieurs surfaces distinctes ou plusieurs nappes d'une surface continue.

Huygens ([1]) a montré que, dans les milieux à un axe, l'onde caractéristique est formée de deux surfaces, dont l'une est sphérique et l'autre un ellipsoïde de révolution autour de l'axe, tangent à la sphère sur l'axe. Les ondes planes parallèles à une direction déterminée sont de deux *espèces* différentes, suivant qu'elles correspondent à la sphère ou à l'ellipsoïde. Les premières se propagent avec une vitesse constante, elles suivent donc les mêmes lois que pour les milieux isotropes; on les appelle ondes *ordinaires*. Pour les autres, la vitesse de propagation dépend de l'angle que fait la normale avec l'axe de symétrie; ce sont les ondes *extraordinaires*.

L'expérience montre aussi qu'un milieu à deux axes ne propage que deux espèces d'ondes planes, dont aucune ne correspond à une vitesse constante; pour certaines directions particulières, elles jouissent de propriétés analogues à celles des ondes ordinaire et extraordinaire des milieux à un axe.

Dans une direction déterminée, le rayon vecteur U de l'onde

([1]) Huygens, *Traité de la lumière*, p. 60.

caractéristique a donc deux valeurs différentes, qui sont des fonctions des angles de ce rayon vecteur avec les directions principales du milieu.

36. *Propagation.* — Il est clair que dans un milieu homogène un système d'ondes planes d'espèce déterminée se transmet sans altération avec une vitesse constante.

Soient Q, Q_1, Q_2, ... (*fig.* 20) les positions successives d'une onde plane aux époques t, t_1, t_2, ...

Fig. 20.

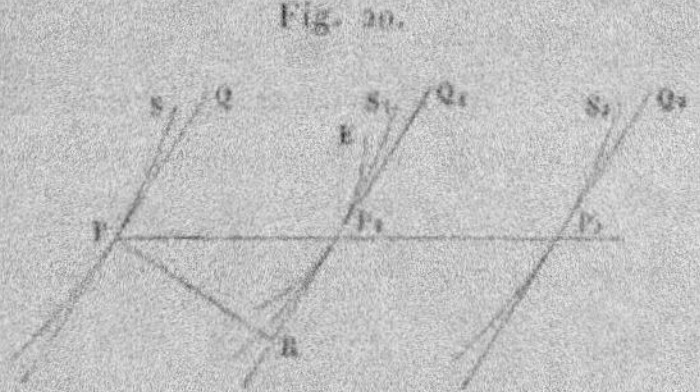

Pour avoir la vibration en un point P_1 de l'onde Q_1 on appliquera le principe d'Huygens à une onde antérieure Q, dont les points seront pris comme centres d'ébranlement.

Des différents points de l'onde Q comme centres, on décrit les ondes caractéristiques E du milieu (ou du moins les nappes correspondant à l'espèce des ondes Q) pour le temps $t_1 - t$, et l'onde Q_1 est l'enveloppe de toutes ces ondes caractéristiques.

Le pôle P du point P_1 est déterminé par la condition que le temps $t_1 - t = \dfrac{PP_1}{U}$, nécessaire pour que le chemin $PP_1 = \rho$ soit parcouru par la vibration, ait une valeur minimum.

Par les mêmes raisonnements que plus haut, on voit que la vibration du point P_1 est déterminée par celle du point P et que l'onde caractéristique E est tangente en P_1 à l'onde Q_1. Le point P_1 sera aussi le pôle du point P_2 situé sur la même droite.

La vibration se propage donc suivant une droite PP_1 et, avec les mêmes restrictions que précédemment relatives à l'étendue de l'onde, on peut dire encore que la lumière se propage en *rayons rectilignes.*

Si l'onde, au point P, au lieu d'être plane, était formée par une surface quelconque S dont le plan tangent est Q, elle donnerait encore, comme dans les milieux isotropes (25), à l'époque t_1, une onde S_1 tangente en P_1 au plan Q_1, à l'époque t_2 une onde S_2 tangente en P_2 au plan Q_2, etc.

En d'autres termes, l'onde à une époque quelconque est l'enveloppe des ondes planes qui seraient produites par des ondes planes qui l'enveloppent dans une position antérieure. On peut donc énoncer le théorème suivant :

THÉORÈME IX. — *L'onde S_1 à l'époque t_1 est l'enveloppe des ondes caractéristiques relatives aux différents points de l'onde S pour le temps $t_1 - t$. C'est le lieu des points où les vibrations de l'onde S arrivent au bout d'intervalles de temps égaux $t_1 - t$, chacun d'eux étant un minimum.*

Dans le cas actuel, le rayon lumineux $PP_1 = U(t_1 - t)$ n'est plus nécessairement normal aux ondes.

La vitesse de propagation V des ondes planes doit se compter sur la normale PR. L'angle θ du rayon avec la normale dépend de sa direction, et l'on a évidemment

$$V = U \cos\theta.$$

La vitesse V est ainsi une fonction des angles que fait, avec les directions principales, soit la normale PR aux ondes planes, soit le rayon lui-même PP_1.

37. *Plan et rayon conjugués.* — Le plan Q_1 étant aussi tangent à l'onde caractéristique E et à la surface S_1, on voit que l'angle θ d'un rayon avec la normale au plan tangent à l'onde S_1 au point correspondant est indépendant de la forme de cette surface : il est défini par la direction du rayon et son espèce ; le rayon et le plan correspondant sont dits *conjugués*. *L'angle de conjugaison* θ et le *plan de conjugaison*, c'est-à-dire le plan du rayon et de la normale à l'onde, sont donnés par la forme de l'onde caractéristique : ce sont des fonctions des angles de la normale avec les directions principales.

38. *Réflexion et réfraction.* — Le problème de la réflexion et de la réfraction se traitera comme précédemment par l'appli-

cation du principe d'Huygens, à la seule condition d'introduire partout la considération du temps minimum pour la propagation des vibrations élémentaires.

Lorsque des ondes d'une certaine espèce rencontrent la surface de séparation de deux milieux anisotropes, elles peuvent donner, dans le cas général, deux espèces d'ondes réfléchies et deux espèces d'ondes réfractées. Si l'onde réfléchie ou réfractée est de même espèce que l'onde incidente, la réflexion ou la réfraction est dite *homologue*; elle est *antilogue* quand le rayon change d'espèce.

40. *Construction d'Huygens.* — On peut appliquer immédiatement la construction d'Huygens.

La surface de séparation Σ étant plane et les ondes incidentes planes, prenons le plan d'incidence comme plan de figure et soit Q_t l'onde incidente à l'époque t (*fig.* 21). Du point A comme

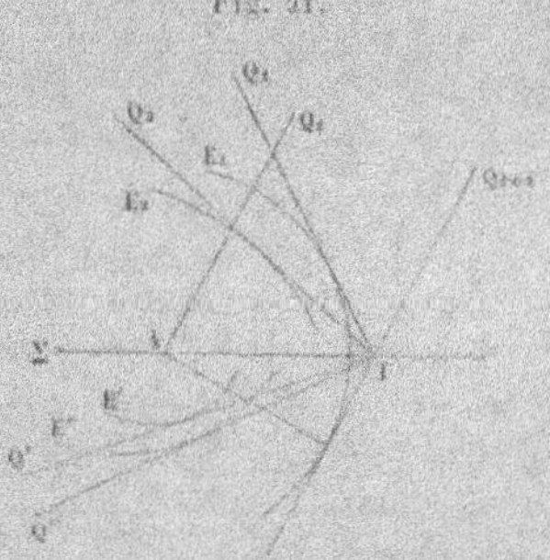

centre on décrit les deux nappes E_1 et E_2 de l'onde caractéristique du milieu supérieur, ainsi que les deux nappes E' et E'' de l'onde caractéristique du milieu inférieur.

L'onde $Q_{t+\tau}$ à l'époque $t+\tau$, parallèle à Q_t, est tangente à l'une des nappes E_1 de l'onde caractéristique du premier milieu et coupe la surface Σ suivant une droite T perpendiculaire au plan de figure. Par cette droite on mène les plans tangents Q_1 et Q_2 aux nappes E_1 et E_2 dans le premier milieu, puis les plans tangents Q' et Q'' aux nappes E' et E'' dans le deuxième milieu.

Appelant V, V_1, V_2, V', V'' les perpendiculaires abaissées du point A sur les plans $Q_{t+\tau}$, Q_1, Q_2, Q' et Q'', ces perpendiculaires représentent les vitesses de propagation des ondes planes parallèles à ces différents plans, et sont dans le plan de la figure.

On voit déjà que les normales aux ondes incidente, réfléchies et réfractées sont toutes dans le même plan.

Appelant i, i_1, i_2, i', i'' les angles de la normale à la surface Σ avec les normales à ces différents plans, on a

$$\mathrm{AT} = \frac{\mathrm{V}}{\sin i} = \frac{\mathrm{V}_1}{\sin i_1} = \frac{\mathrm{V}_2}{\sin i_2} = \frac{\mathrm{V}'}{\sin i'} = \frac{\mathrm{V}''}{\sin i''}.$$

Les différentes vitesses étant variables avec la direction de la normale aux ondes dans le milieu, la loi de Descartes n'est plus applicable que dans des cas particuliers.

Toutefois, à cause des phénomènes de polarisation, il n'y a généralement qu'une onde réfléchie et il peut n'exister aussi qu'une onde réfractée.

Quant aux rayons, ils sont déterminés par les droites qui joignent le point A aux points de contact de ces différents plans avec les ondes caractéristiques correspondantes; ils ne sont pas en général dans le plan d'incidence.

40. La période de vibration reste la même pour les ondes réfléchies et réfractées que pour les ondes incidentes. Les longueurs d'onde λ_1, λ_2, λ', λ'' et λ relatives à ces différentes ondes, c'est-à-dire les espaces parcourus normalement pendant une période, satisfont donc aux relations

$$\mathrm{T} = \frac{\lambda_1}{\mathrm{V}_1} = \frac{\lambda_2}{\mathrm{V}_2} = \frac{\lambda'}{\mathrm{V}'} = \frac{\lambda''}{\mathrm{V}''} = \frac{\lambda}{\mathrm{V}},$$

et les chemins équivalents relatifs à une durée quelconque sont proportionnels aux longueurs d'onde.

Si V_0 est la vitesse de propagation dans le vide, et λ_0 la longueur d'onde correspondante, la *longueur optique* x (30) de la distance e de deux ondes planes qui se propagent avec une vitesse V' dans un milieu anisotrope est

$$x = \frac{\mathrm{V}_0}{\mathrm{V}'} e = ne.$$

Le rapport $\dfrac{\mathrm{V}_0}{\mathrm{V}'}$ peut encore être considéré comme un indice de réfraction n, mais ce rapport est une fonction de la direction des ondes dans le milieu.

41. *Effets d'une lame à faces parallèles. — Retards par réfraction.* — Lorsqu'une lame isotrope à faces parallèles est placée dans un milieu sur le trajet d'un système d'ondes planes, une onde AQ (*fig.* 22) qui tombe sur la première surface sous un

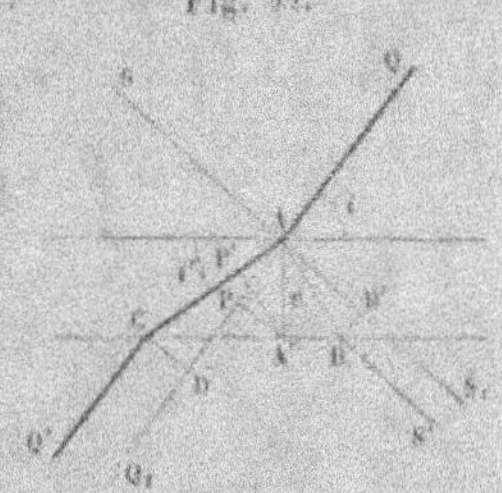

Fig. 22.

angle d'incidence i donne dans la lame une onde réfractée AC, sous l'angle i', et celle-ci, à la sortie, se transforme en une onde CQ' parallèle à la première. Les trois portions de plan QA, AC et CQ' représentent trois parties d'une même onde.

L'onde émergente CQ' qui se retrouve dans le milieu primitif est en *retard* d'une longueur $CD = \Delta$ sur la position AQ, qu'elle occuperait si la lame n'existait pas. Menons la normale AA' dont la longueur est égale à l'épaisseur e de la lame. Le retard Δ est évidemment égal à la différence des longueurs optiques, rapportées au milieu primitif, des chemins A'P' et A'P que doivent parcourir les ondes AC et AQ, pour arriver au même point A'. L'indice de réfraction de la lame par rapport au milieu qui l'entoure étant $n = \dfrac{V}{V'}$, le retard a pour expression

$$\Delta = n\,\mathrm{A'P'} - \mathrm{AP} = e(n\cos i' - \cos i) = e\left(\sqrt{n^2 - \sin^2 i} - \cos i\right).$$

Ce retard croît avec l'angle d'incidence, car on a

$$d\Delta = e(\sin i\,di - n\sin i'\,di') = e\sin i(di - di').$$

La loi de Descartes $\sin i = n\sin i'$ donne d'ailleurs

$$\cos i\,di = n\cos i'\,di';$$

M. — I.

4

il en résulte

$$d\Delta = e \sin i \left(1 - \frac{\cos i}{n \cos i'}\right) di = \Delta \frac{\sin i}{n \cos i'} di.$$

Le retard a une valeur minimum pour l'incidence normale

$$\Delta_0 = e(n-1),$$

et une valeur maximum pour l'incidence rasante

$$\Delta_1 = e\sqrt{n^2-1}.$$

Un rayon incident SA éprouve, après avoir traversé la lame, un *déplacement latéral*

$$L = BB' = AB \sin(i-i') = e\frac{\sin(i-i')}{\cos i'},$$

ou

$$L = e \sin i \left(1 - \frac{\cos i}{n \cos i'}\right) = \Delta \frac{\sin i}{n \cos i'} = \frac{d\Delta}{di}.$$

Ce déplacement est nul pour l'incidence normale et égal à l'épaisseur e de la lame pour l'incidence rasante.

42. — Si la lame e est composée de deux parties différentes juxtaposées d'indices n' et n'', le retard des deux ondes réfractées l'une sur l'autre est la différence $\Delta' - \Delta''$ des retards de chacune d'elles sur l'onde primitive, c'est-à-dire

$$\Delta = \Delta' - \Delta'' = e(n' \cos i' - n'' \cos i'').$$

Ce retard croît encore avec l'angle d'incidence, car on a

$$d\Delta = e \sin i (di'' - di') = \Delta \frac{\sin i \cos i}{n' n'' \cos i' \cos i''} di.$$

Sa valeur minimum, pour l'incidence normale, est

$$\Delta_0 = e(n' - n''),$$

et sa valeur maximum, pour l'incidence rasante,

$$\Delta_1 = e\left(\sqrt{n'^2-1} - \sqrt{n''^2-1}\right).$$

Le déplacement relatif des deux rayons réfractés qui proviennent d'un même rayon incident au point d'intersection des deux lames.

$$L = e \sin i \cos i \left(\frac{1}{n'^2 \cos i'} - \frac{1}{n'' \cos i''} \right) = \Delta \frac{\sin i \cos i}{n' n'' \cos i' \cos i''} = \frac{d\Delta}{di},$$

est nul pour l'incidence normale et pour l'incidence rasante; il passe par un maximum pour la condition

$$\frac{d^2 \Delta}{di^2} = 0.$$

43. — Ce dédoublement des ondes réfractées se produit naturellement quand la lame est anisotrope. La différence de marche de deux ondes ordinaire et extraordinaire, qui proviennent d'une même onde incidente, est

$$\Delta = e \left(\frac{V}{V'} \cos i' - \frac{V}{V''} \cos i'' \right).$$

Comme on a aussi

$$\frac{\sin i}{V} = \frac{\sin i'}{V'} = \frac{\sin i''}{V''},$$

on peut écrire

$$\Delta = e \sin i (\cot i' - \cot i'').$$

Dans ce cas, les rayons réfractés ne sont plus en général dans le plan d'incidence.

Si l'on appelle

z' l'angle de conjugaison d'un rayon,
φ' l'angle du plan de conjugaison avec le plan d'incidence,
l' la longueur de ce rayon dans la lame,
α' l'angle qu'il fait avec le plan d'incidence,
β' l'angle de sa projection sur ce plan avec la normale AB à
   l'onde correspondante,

on a évidemment

$$\sin \alpha' = \sin z' \sin \varphi',$$
$$e = l' \cos \alpha' \cos(i' - \beta') = l' (\cos z' \cos i' + \sin z' \sin i' \cos \varphi').$$

Les valeurs de l', α' et β' étant déterminées par ces trois équations, les composantes L'_1 et L'_2 du déplacement parallèle et perpendiculaire au plan d'incidence sont

$$L'_1 = l' \cos \alpha' \sin(i - i' - \beta'),$$
$$L'_2 = l' \tan \alpha'.$$

On pourra ainsi calculer les composantes $L_1 = L'_1 - L''_1$ et $L_2 = L'_2 - L''_2$ du déplacement relatif des deux rayons réfractés.

44. *Expérience de Monge.* — Dans tous les cas, quelle que soit la nature de la réfraction, les rayons à la sortie de la lame sont parallèles aux rayons incidents. Cette remarque permet d'expliquer une expérience curieuse de Monge.

Lorsqu'on regarde un objet S (*fig.* 23), de petites dimensions,

Fig. 23.

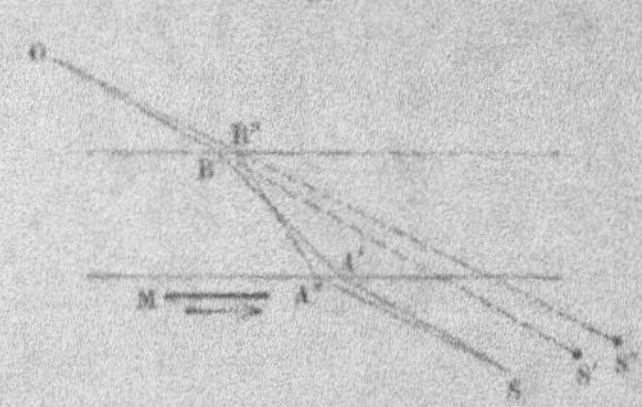

à travers une lame anisotrope, par exemple un morceau de spath d'Islande, les rayons réfractés restent dans le plan d'incidence si ce dernier est parallèle à l'une des sections principales du cristal. L'œil étant placé en O, on voit l'objet dans deux directions OB′ et OB″, qui correspondent à deux rayons incidents respectivement parallèles SA′ et SA″. Les deux images S′ et S″ proviennent de rayons réfractés A′B′ et A″B″ qui se sont nécessairement croisés dans l'intérieur du cristal. En faisant marcher un écran M sous la lame dans le sens de la flèche, on intercepte d'abord le rayon SA″, puis le rayon SA′; on voit donc disparaître l'image S″ la plus éloignée de l'écran avant l'image S′, circonstance qui peut paraître au premier abord paradoxale.

45. *Retards par réflexion.* — Il est utile de comparer aussi, en vue d'applications importantes, la marche des ondes réfléchies sur la première surface d'une lame avec celle des ondes qui se sont réfléchies une ou plusieurs fois sur les surfaces intérieures.

L'onde plane AQ (*fig. 24*), qui tombe sur une lame isotrope, est concordante avec l'onde réfléchie AQ_1 et l'onde réfractée AC.

Fig. 24.

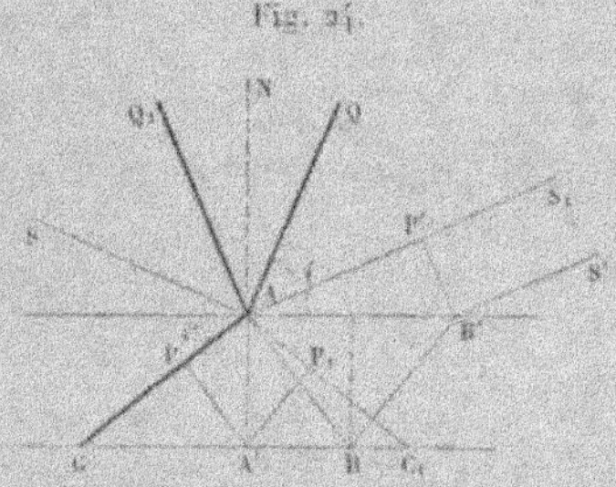

Pour que cette dernière revienne au point A, dans la direction AC_1, après s'être réfléchie sur la seconde surface, elle doit parcourir dans le second milieu le chemin $PA' + A'P_1 = 2e\cos i'$ dont la longueur optique est $2ne\cos i'$. L'onde réfléchie AQ_1 et l'onde réfractée dans le premier milieu qui correspond à AC_1 seront ensuite superposées et chemineront parallèlement entre elles. Le retard des deux ondes réfléchies sur la seconde et sur la première surface, qui proviennent d'une même onde incidente, est donc

$$\Delta = 2ne\cos i' = 2e\sqrt{n^2 - \sin^2 i}.$$

Ce retard diminue évidemment quand l'angle d'incidence i (et l'angle correspondant i') augmente; il est maximum $\Delta_0 = 2ne$ pour l'incidente normale et minimum $\Delta_1 = 2e\sqrt{n^2 - 1}$ pour l'incidente rasante.

On doit remarquer aussi que ce retard Δ rapporté au vide est indépendant du milieu supérieur et ne dépend que de l'angle i.

Si l'onde AC_1, au lieu de se réfracter immédiatement sur la première surface, s'y réfléchit de nouveau pour se réfléchir encore sur la seconde surface et retourner finalement dans le milieu supérieur, elle aura subi un retard double ou $2(2ne\cos i')$. En général, pour un nombre $2m + 1$ de réflexions intérieures, le retard sur l'onde réfléchie à la première surface sera

$$\Delta = m(2ne\cos i').$$

Le rayon B'S', qui provient d'une réflexion sur la seconde surface, a éprouvé par rapport au rayon AS, réfléchi sur la première un déplacement latéral

$$L = B'P' = AB'\cos i = 2\,e\,\tang i'\,\cos i = \frac{e}{n}\,\frac{\sin 2 i}{\cos i'}.$$

Ce déplacement est nul pour les incidences normale et rasante. La condition du maximum est

$$\tang^{2} i = \frac{n}{\sqrt{n^{2} - 1}} \qquad \text{ou} \qquad \sin^{2} i = n\,(\,n - \sqrt{n^{2} - 1}\,);$$

le déplacement est alors

$$L = \frac{2e}{n + \sqrt{n^{2} - 1}},$$

et le retard correspondant

$$\Delta = 2e\sqrt{n\sqrt{n^{2} - 1}}.$$

46. *Retards par transmission.* — Le résultat est le même pour deux ondes qui traversent la lame, l'une directement en subissant deux réfractions, l'autre en subissant deux réfractions séparées par deux réflexions intérieures. On peut supposer, en effet, que l'onde AC_1 provient d'une onde incidente qui s'est réfractée d'abord sur la face inférieure de la lame, et que cette onde se partage en deux parties, dont l'une est réfractée et l'autre réfléchie deux fois. Le retard de la seconde serait encore $2ne\cos i'$ et il serait $m(2ne\cos i')$ pour un nombre $2m$ de réflexions intérieures.

47. — Si la lame est anisotrope, le phénomène est plus complexe. En supposant toujours qu'elle soit placée dans un milieu isotrope, une onde incidente AQ donne deux ondes réfractées sous les angles i' et i''. Chacune d'elles devrait donner par réflexion sur la seconde surface deux ondes réfléchies, d'espèces différentes, sous les angles i_1 et i_2, $\bar{i}_1$ et $\bar{i}_2$, et toutes les ondes en se réfractant de nouveau à la première surface se retrouveront dans le milieu supérieur sous le même angle i.

Par suite des phénomènes de polarisation, et à moins que la surface inférieure ne jouisse de propriétés tout à fait spéciales (réflexion métallique), chacune des ondes réfractées ne fournit qu'une onde réfléchie de même espèce. Le retard Δ' des ondes d'une espèce réfléchies à la seconde surface sur celle qui s'est réfléchie à la première est donc

$$\Delta' = e \left(\frac{V}{V'} \cos i' + \frac{V}{V'_1} \cos i_1 \right).$$

qu'on peut écrire, par suite de la relation $\dfrac{\sin i}{V} = \dfrac{\sin i'}{V'} = \dfrac{\sin i_1}{V_1}$,

$$\Delta' = e \sin i \, (\cot i' + \cot i_1).$$

On aurait de même, pour les ondes de la seconde espèce.

$$\Delta'' = e \left(\frac{V}{V''} \cos i'' + \frac{V}{V'_1} \cos i_1 \right) = e \sin i \, (\cot i'' + \cot i_1).$$

48. *Double réfraction uniaxe.* — Un corps qui cristallise dans le système du prisme droit à base carrée a deux plans de symétrie identiques rectangulaires passant par l'axe du prisme ; il constitue un milieu à un axe. Il en est de même pour un rhomboèdre dont la forme cristalline présente des plans de symétrie également inclinés l'un sur l'autre et passant par une même droite.

Dans les milieux à un axe, l'une des ondes se propage avec une vitesse constante $V' = b$; la nappe correspondante de l'onde caractéristique est une sphère de rayon $V' = b$, et la loi de Descartes est applicable. Si la réfraction a lieu du vide, où la vitesse de propagation est V_0, dans ce milieu, l'indice de réfraction *ordinaire* du milieu est $n' = \dfrac{V_0}{V'} = \dfrac{V_0}{b}$.

La deuxième nappe de la surface d'onde caractéristique est un ellipsoïde de révolution autour de l'axe, dont l'axe polaire est b et l'axe équatorial a.

Quand on étudie la réflexion ou la réfraction à la surface d'un milieu de cette nature, on appelle *section principale* un plan passant par l'axe et normal à la surface.

Lorsque le milieu extérieur est isotrope, le rayon réfracté extraordinaire reste dans le plan d'incidence, par raison de symétrie, si celui-ci est une section principale ; la construction d'Huygens se ramène alors à une figure plane.

Supposons d'abord que la surface soit parallèle à l'axe.

Si le plan d'incidence est perpendiculaire à l'axe, l'intersection de l'ellipsoïde caractéristique par ce plan est l'équateur de cette surface, ou une circonférence de rayon a. Dans ce cas, le rayon extraordinaire suit également la loi de Descartes et son indice de réfraction est $n'' = \dfrac{V_0}{a}$. Ces deux valeurs de n' et de n'' sont les *indices principaux* du milieu anisotrope.

Si le plan d'incidence est parallèle à l'axe, c'est-à-dire une section principale, l'intersection de l'onde caractéristique par le plan d'incidence est une circonférence de rayon b et une ellipse dont les axes sont b et a, ce dernier perpendiculaire à la surface.

La construction d'Huygens (39), relative à un rayon incident SA (*fig.* 25) ou à une onde plane AQ dans un milieu supérieur

Fig. 25.

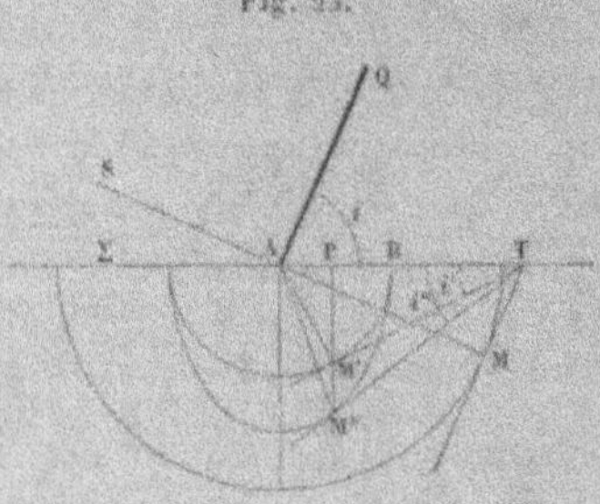

isotrope où la vitesse de propagation est V, se réduit à prendre $AM = V$, à mener la droite MT tangente à la sphère de rayon V, et à mener du point T les tangentes TM' et TM'' au cercle de rayon b et à l'ellipse.

Les deux points M' et M'', qui donnent les directions AM' et AM'' des rayons réfractés, sont dans le cas actuel sur une même perpendiculaire $M''P$ à la droite AT ou à la surface Σ, ce qui donne

$$\frac{PM'}{PM''} = \frac{\tang i'}{\tang i''} = \frac{b}{a} = \frac{n''}{n'} \qquad \text{ou} \qquad n' \tang i' = n'' \tang i''.$$

La vitesse de propagation V'' de l'onde extraordinaire est la perpendiculaire abaissée du point A sur la droite TM'' et l'on a, conformément à la loi générale,

$$\frac{\sin i}{V} = \frac{\sin i''}{V''};$$

cette vitesse est une fonction de l'angle i'' ou de l'angle $\frac{\pi}{2} - i''$ que fait sa direction avec l'axe du cristal.

49. *Milieux positifs et négatifs.* — Lorsqu'on a $a > b$, comme sur la figure, l'ellipse est extérieure au cercle et le rayon extraordinaire AM″ est plus éloigné de l'axe AB que le rayon ordinaire AM′; l'inverse a lieu pour $a < b$. Tout se passe comme si le rayon extraordinaire était *attiré* par l'axe dans le second cas et *repoussé* par cet axe dans le premier.

Pour distinguer ces deux espèces de doubles réfractions à un axe, on dit que le milieu est

$$\text{attractif ou } positif \text{ quand } a < b, \qquad n'' > n',$$
$$\text{répulsif ou } négatif \text{ quand } a > b, \qquad n'' < n'.$$

Le *quartz* est le type des cristaux positifs, le *spath d'Islande* celui des cristaux négatifs.

Dans le spath d'Islande, les axes de l'ellipse sont très différents l'un de l'autre; la double réfraction est donc très énergique et c'est la substance que l'on emploie le plus généralement pour les expériences de cette nature.

50. *Vitesses de l'onde et du rayon extraordinaires.* — La vitesse de propagation V′ d'une onde plane extraordinaire est la perpendiculaire abaissée du centre de l'ellipsoïde sur le plan tangent parallèle à l'onde.

En prenant le plan xy perpendiculaire au plan de l'onde et l'axe des x parallèle à l'axe du cristal, l'intersection de l'ellipsoïde et du plan tangent par le plan de figure donne une ellipse

$$\frac{x^2}{b^2} + \frac{y^2}{a^2} = 1$$

et une tangente MT à l'ellipse (*fig.* 26).

Soient x et y les coordonnées du point de contact M, ε l'angle de conjugaison MOP, θ l'angle de la normale OP à l'onde avec l'axe de cristal, X et Y les coordonnées courantes de la tangente. L'équation de cette tangente peut s'écrire sous les deux formes

$$\frac{Xx}{b^2} + \frac{Yy}{a^2} = 1,$$

$$X\cos\theta + Y\sin\theta = V';$$

il en résulte la condition

$$\frac{x}{b^2\cos\theta} = \frac{y}{a^2\sin\theta} = \frac{1}{V'},$$

et, en portant ces valeurs de x et y dans l'équation de l'ellipse,

$$V'^2 = b^2\cos^2\theta + a^2\sin^2\theta = b^2 + (a^2 - b^2)\sin^2\theta.$$

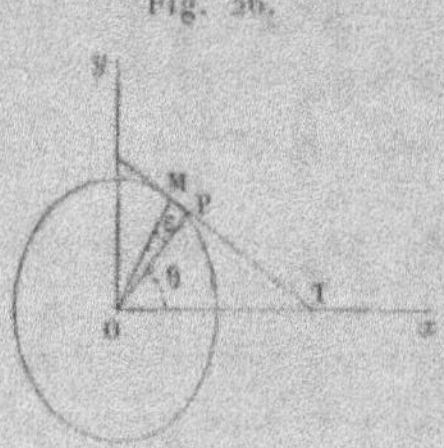

Fig. 26.

La vitesse de propagation $U = OM$, suivant le rayon, est

$$U^2 = x^2 + y^2 = \frac{b^4\cos^2\theta + a^4\sin^2\theta}{V'^2} = V'^2 + \frac{(a^2 - b^2)^2}{V'^2}\sin^2\theta\cos^2\theta,$$

ce qui donne

$$MP = \frac{a^2 - b^2}{V'}\sin\theta\cos\theta,$$

et l'angle de conjugaison ε est

$$\tan\varepsilon = \frac{a^2 - b^2}{V'^2}\sin\theta\cos\theta = \frac{(a^2 - b^2)\tan\theta}{b^2 + a^2\tan^2\theta} = \frac{(n'^2 - n''^2)\tan\theta}{n''^2 + n'^2\tan^2\theta}.$$

51. *Retard relatif des ondes dans une lame cristalline.* — Le retard de l'onde ordinaire sur l'onde extraordinaire, après avoir

traversé une lame à faces parallèles (43), peut s'écrire

$$\Delta = e\left(\frac{V}{V'}\cos i' - \frac{V}{V''}\cos i''\right) = e(u' - u''),$$

avec la condition

$$\frac{\sin i}{V} = \frac{\sin i'}{V'} = \frac{\sin i''}{V''}.$$

En supposant que le milieu extérieur soit le vide ou l'air et qu'on prenne

$$V = V_0 = 1,$$

on a d'abord

$$u''^2 = \frac{1}{b^2}\cos^2 i'' = \frac{1 - \sin^2 i''}{b^2} = \frac{1 - b^2\sin^2 i}{b^2}.$$

Soient xy (*fig.* 27) la surface de la lame, OA l'axe du cristal,

Fig. 27.

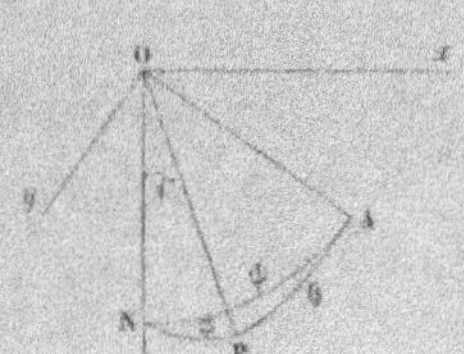

ψ l'angle qu'il fait avec la normale ON à la lame, φ l'angle de la section principale NOA avec le plan d'incidence NOx, OP la normale à l'onde extraordinaire, θ l'angle POA. Le triangle sphérique ANP donne

$$\cos\theta = \cos\psi\cos i'' + \sin\psi\sin i''\cos\varphi.$$

Si l'on écrit

$$V''^2 = a^2 + (b^2 - a^2)\cos^2\theta = a^2(\cos^2 i'' + \sin^2 i'') + (b^2 - a^2)\cos^2\theta,$$

et qu'après avoir substitué à $\cos^2\theta$ sa valeur précédente on remplace $\dfrac{\cos i''}{V''}$ par u'' et $\dfrac{\sin i''}{V''}$ par $\sin i$, il vient

$$(8) \quad 1 = a^2(u''^2 + \sin^2 i) + (b^2 - a^2)(u''\cos\psi + \sin\psi\cos\varphi\sin i)^2,$$

équation du second degré dont une seule racine convient au problème physique.

Lorsque la lame est perpendiculaire à l'axe, $\psi = 0$ et il reste simplement

$$b^2 u''^2 = 1 - a^2 \sin^2 i.$$

Lorsque la lame est parallèle à l'axe, $\psi = \dfrac{\pi}{2}$, et

$$a^2 u''^2 = 1 - (a^2 \sin^2 \varphi + b^2 \cos^2 \varphi) \sin^2 i.$$

Dans le cas général, l'équation (8) devient

$$(a^2 \sin^2 \psi + b^2 \cos^2 \psi) u''^2 + 2(b^2 - a^2) \sin \psi \cos \psi \cos \varphi \sin i \, u''$$
$$+ [a^2 + (b^2 - a^2) \sin^2 \psi \cos^2 \varphi] \sin^2 i - 1 = 0.$$

Le terme indépendant de u'' étant négatif, puisque les quantités b et a sont plus petites que l'unité, les deux racines de cette équation sont de signes contraires et la racine positive est la seule qui convienne au problème.

Comme on a

$$a^2 (1 - \sin^2 \psi \cos^2 \varphi) = a^2 \cos^2 \psi \cos^2 \varphi + a^2 \sin^2 \varphi,$$

on peut écrire

$$(a^2 \sin^2 \psi + b^2 \cos^2 \psi) u''^2 + 2(b^2 - a^2) \sin \psi \cos \psi \cos \varphi \sin i \, u''$$
$$+ [(a^2 \cos^2 \psi + b^2 \sin^2 \psi) \cos^2 \varphi + a^2 \sin^2 \varphi] \sin^2 i - 1 = 0.$$

Si l'on remarque que

$$(b^2 - a^2)^2 \sin^2 \psi \cos^2 \psi$$
$$- (a^2 \sin^2 \psi + b^2 \cos^2 \psi)(a^2 \cos^2 \psi + b^2 \sin^2 \psi) = - a^2 b^2,$$

l'expression comprise sous le radical, en posant

$$c^2 = a^2 \sin^2 \psi + b^2 \cos^2 \psi,$$

se réduit à

$$c^2 (1 - a^2 \sin^2 \varphi \sin^2 i) - a^2 b^2 \cos^2 \varphi \sin^2 i :$$

par suite

$$u'' = \frac{(a^2 - b^2) \sin 2\psi \cos \varphi \sin i}{2 c^2} + \frac{1}{c} \sqrt{1 - a^2 \sin^2 \varphi \sin^2 i - \frac{a^2 b^2}{c^2} \cos^2 \varphi \sin^2 i}.$$

CHAPITRE II.
SYSTÈMES OPTIQUES.

---

52. *Des rayons de lumière.* — La considération des rayons de lumière est légitime toutes les fois que la partie efficace des ondes est respectée pour tous les points dont on veut déterminer l'état vibratoire. Les propriétés géométriques des rayons, déduites des lois de réflexion et de réfraction, représentent donc les phénomènes réels, sauf cette restriction que l'ensemble des rayons doit former un faisceau assez large et qu'on tiendra compte des effets de diffraction dans certains cas, en particulier pour la formation des images (31).

Les rayons sont dits *isogènes* lorsqu'ils partent primitivement d'un même point ou, plus généralement, lorsqu'ils appartiennent à une même onde. Dans un milieu isotrope, des rayons isogènes sont normaux à une même surface, qui est une des positions réelle ou virtuelle de l'onde correspondante. Dans un milieu anisotrope, les rayons isogènes de même espèce sont conjugués de leurs plans tangents à une même surface, qui est également une des positions réelle ou virtuelle de l'onde correspondante.

Un *système optique* est un ensemble quelconque de surfaces qui modifient par réflexion ou réfraction la direction des rayons lumineux.

53. *Retour des rayons.* — Une des propriétés les plus simples est ce qu'on appelle quelquefois le *principe du retour des rayons.*

Un rayon partant d'un point S suivant la direction SA dans un premier milieu subit un nombre quelconque de réflexions ou de réfractions dans des milieux différents et aboutit dans un dernier milieu au point S′ suivant la direction A′S′. Réciproquement, si un rayon part du point S′ dans le dernier milieu, suivant la direction initiale S′A′, et subit à chaque surface de séparation des réflexions ou des réfractions de même espèce que le précédent, il reviendra finalement au point de départ S dans le premier milieu suivant la direction AS. Les deux chemins seront superposés dans toute leur étendue.

Cette propriété est évidente, parce que la réflexion ou la réfraction sur une surface, quand on se donne l'espèce du phénomène, est indépendante du sens de propagation de la lumière.

54. Théorème de Malus [1]. — *Dans des milieux isotropes, un faisceau de rayons isogènes, c'est-à-dire partant du même point ou normaux à une même surface S, restent encore normaux à une même surface S' après avoir subi un nombre quelconque de réflexions ou de réfractions.*

On peut déduire ce théorème des lois géométriques de la réflexion et de la réfraction en montrant qu'il a lieu pour chaque phénomène en particulier, mais il est évident dans la théorie des ondulations, puisque les surfaces S et S' ne sont autre chose que les positions réelles ou virtuelles d'une même onde, respectivement dans le premier et dans le dernier milieu, à deux époques t et t', différentes ou non.

Le même théorème s'applique aux milieux anisotropes avec une légère modification.

Si les rayons primitifs sont conjugués d'une même surface S, ils restent, après un nombre quelconque de réflexions ou réfractions d'espèces arbitraires, conjugués d'une même surface S'.

Les surfaces S et S' ne sont autre chose que les positions réelles ou virtuelles d'une même onde dans le premier et le dernier milieu aux époques t et t'.

55. Théorème de Gergonne [2]. — *Un nombre quelconque de réflexions ou de réfractions, pour un faisceau de rayons isogènes, peut être remplacé par une seule opération, réflexion*

---

[1] Malus, *Journal de l'École Polytechnique.* Cah. XIV, p. 1; 1808.
[2] Gergonne, *Ann. de Math.*, t. XIV, p. 129; 1823.

ou réfraction, suivant que le milieu final est identique au milieu primitif ou de nature différente.

Lorsque le premier et le dernier milieu dans lesquels se propagent les rayons sont isotropes, le faisceau est d'abord normal à une surface S (*fig.* 28), puis normal à une surface S', ces surfaces

Fig. 28.

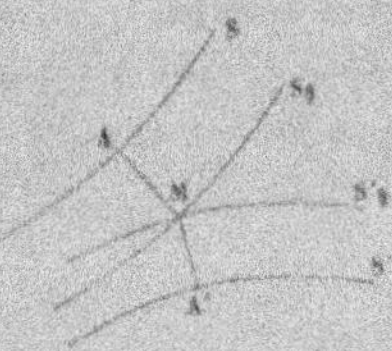

étant les positions qu'occuperait l'onde respectivement dans les deux milieux aux époques t et t'.

Soient V et V' les vitesses de propagation dans ces deux milieux. Traçons pour une époque quelconque θ la position S_θ qu'occuperait l'onde S dans le premier milieu et la position S'_θ qu'occuperait l'onde S' dans le dernier. Les perpendiculaires MA et MA' abaissées sur les surfaces S et S' d'un point M de l'intersection des surfaces S_θ et S'_θ sont respectivement

$$MA = V(\theta - t), \qquad MA' = V'(t' - \theta).$$

Le lieu des intersections des surfaces d'onde de même époque est une surface Σ telle que, si elle séparait les deux milieux extrêmes, l'onde S s'y transformerait par réfraction en une onde S', puisque le temps nécessaire pour que la vibration se propage de l'onde S à cette surface Σ et à l'onde S' est constant.

Le phénomène unique équivalent à l'ensemble des opérations est une réflexion quand les milieux extrêmes sont identiques.

Le théorème s'applique également aux milieux anisotropes quand on se donne l'espèce des rayons dans le premier et le dernier milieu, avec cette seule différence que les droites MA, MA', qui représentent les rayons, ne sont plus normales respectivement aux surfaces S et S_θ, S' et S'_θ, mais conjuguées de leurs plans tangents (37).

Il peut arriver cependant que la surface Σ ainsi définie ne corresponde pas à un phénomène physique réel, lorsque les angles d'incidence ou de réfraction qui en résultent sont supérieurs à un angle droit, mais il suffit de changer le sens de la propagation dans un des systèmes pour retrouver un phénomène réel. En d'autres termes, le théorème de Gergonne permet d'obtenir par une seule opération la transformation des ondes initiales dans les ondes finales, ou les trajectoires des rayons dans le dernier milieu, sans donner le sens de la propagation.

Supposons, par exemple, qu'un faisceau de rayons parallèles, IA et IB (*fig.* 29), soit transformé par un système optique (lentille)

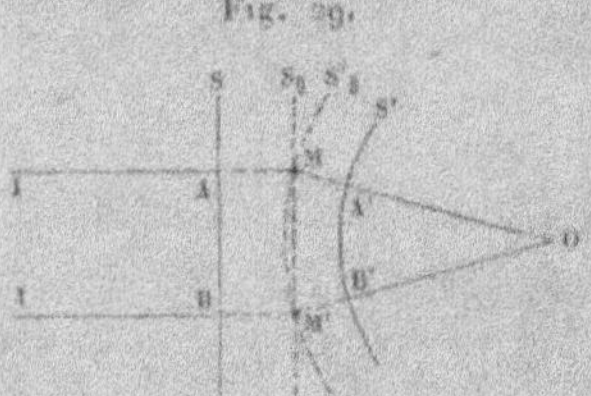

Fig. 29.

en rayons qui convergent au point O dans le même milieu. La surface S est un plan et la surface S' sphérique.

L'intersection MM' des deux surfaces de même époque θ est une circonférence ayant pour axe la parallèle aux rayons primitifs menée par le point O, et la surface Σ sera de révolution autour de cet axe, mais le phénomène physique n'est pas possible. Si ces rayons primitifs marchent dans la direction IA, les rayons réfléchis sur la surface Σ semblent émaner du point O qui est une *source virtuelle*; si l'on change au contraire le sens de propagation des rayons primitifs, les rayons réfléchis marchent vers le point O.

56. *Des caustiques.* — Quand un système d'ondes primitives donne, après un certain nombre de réflexions ou réfractions, des ondes sphériques, les rayons correspondants sont concourants et reproduisent des images nettes, sauf les effets de diffraction (31). On dit alors que le système optique est *aplanétique*.

Lorsque les rayons ne sont pas concourants, ils sont tangents à une même surface appelée *caustique*. Si l'on mène sur la caustique une courbe tangente à un ensemble de rayons, la distance de deux rayons tangents en des points infiniment voisins est ou nulle ou un infiniment petit du troisième ordre, suivant que la courbe caustique est plane ou gauche. Dans le premier cas, les deux rayons sont concordants en leur point de rencontre; dans le second cas, ils sont concordants sur la droite qui mesure leur plus courte distance. C'est dans ce sens que l'on doit entendre que deux rayons infiniment voisins sont concordants sur la surface caustique.

D'après le théorème de Gergonne, lorsqu'un faisceau de rayons isogènes n'est pas concourant, une seule réflexion ou réfraction sur une surface convenable permettait donc de le transformer en un faisceau concourant et, par conséquent, de rendre le système aplanétique.

57. Théorème de Sturm (¹). — *Un faisceau infiniment petit de rayons rencontre deux lignes focales, et ces lignes sont situées dans des plans rectangulaires si le milieu est isotrope.*

Considérons les rayons correspondant à une étendue infiniment petite d'une surface d'onde S, au voisinage du point M. Soient AB et GH (*fig.* 30) les sections principales de la surface au point M, MO et MC leurs rayons de courbure.

Par un point infiniment voisin M′ menons, de même, les sections principales A′B′ et G′H′; les rayons correspondant aux points M,

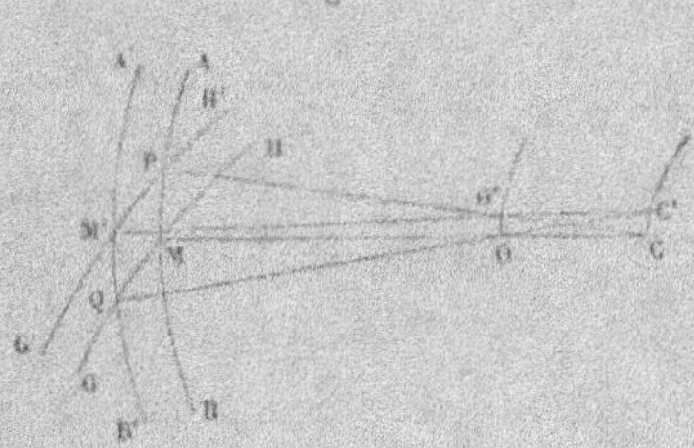

Fig. 30.

M′, P et Q sont les normales à la surface d'onde. A un infiniment petit près du troisième ordre, la normale en P passe par le point C et la normale en Q passe par le point O.

(¹) Sturm, *Comptes rendus de l'Académie des Sciences*, t. XX, p. 554, 761 et 1238; 1848.

Quant à la normale en M′, elle rencontre, au même ordre d'approximation, la normale PC en un point O′ infiniment voisin du point O, puisque les sections principales G′H′ et GH appartiennent au même système; elle rencontre aussi la normale QO en un point C′ infiniment voisin du point C. L'élément de courbe OO′ est situé dans le plan osculateur PMC de la section principale AB; l'élément CC′ est dans le plan QMO osculateur de la deuxième section principale GH. Ces deux éléments sont donc situés dans les plans rectangulaires, normaux à la surface d'onde.

Les normales aux différents points d'une étendue infiniment petite de surface d'onde, c'est-à-dire les rayons qui forment un faisceau infiniment petit, rencontrent ainsi, à un infiniment petit près du troisième ordre, deux lignes OO′ et CC′ situées dans des plans rectangulaires normaux à la surface d'onde et passant par les centres de courbure des sections principales de la surface. Les lignes OO′ et CC′ sont les *lignes focales* du faisceau; elles sont situées du même côté de la surface S, ou de part et d'autre, suivant que les rayons de courbure principaux de la surface S sont de même signe ou de signes contraires.

Si l'une des sections principales AB est dans un plan de symétrie de la surface, ou simplement si l'un des rayons de courbure MC est maximum ou minimum, la droite CC′ est perpendiculaire au rayon MC.

Si la surface présente deux plans de symétrie ou si les deux rayons de courbure sont en même temps maximum ou minimum, les deux lignes focales sont perpendiculaires au rayon.

Les rayons de courbure R_1 et R_2 représentent les rayons de deux surfaces d'onde caractéristiques du milieu qui seraient osculatrices de la surface S, et l'osculation aurait lieu suivant les sections principales.

Cette remarque permet d'étendre le théorème de Sturm aux milieux anisotropes. Menons une surface d'onde caractéristique S′ du milieu, tangente au point M à l'onde S, ce qui est toujours possible, puisque l'onde S correspondant à des rayons isogènes est l'enveloppe d'une série d'ondes caractéristiques; coupons alors les deux surfaces par un plan parallèle au plan tangent et infiniment voisin. Les indicatrices des deux surfaces sont deux coniques E et E′ concentriques (*fig.* 31).

Les côtés du parallélogramme mené par les points d'intersection sont respectivement parallèles aux axes conjugués communs AB et GH des deux indicatrices.

Le centre de l'onde caractéristique S′ est situé sur le rayon (conjugué du plan tangent) qui passe au point M. On peut donner au rayon vecteur R de cette surface deux valeurs R_1 et R_2, telles que la caractéristique E′ soit tangente sur le diamètre AB ou sur le diamètre GH à l'indicatrice E de la surface S; l'onde caractéristique S′ est ainsi osculatrice à la surface S suivant les sections AB ou GH par des plans qui comprennent le rayon.

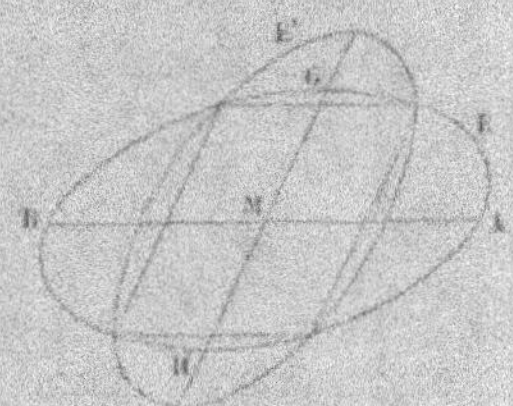

Fig. 31.

Il suffit alors de répéter le raisonnement qui précède en remplaçant les sections principales par les sections ainsi définies, le rayon MO (*fig.* 30) n'étant plus normal à la surface S, mais conjugué du plan tangent. Tous les rayons qui forment un faisceau infiniment petit rencontrent encore deux lignes focales, l'une OO′ située dans le plan qui passe par le rayon et l'un des diamètres conjugués AB commun aux deux indicatrices, l'autre CC′ dans le plan du rayon et de l'autre diamètre.

Les deux lignes focales ne sont plus dans des plans rectangulaires; chacune d'elles est encore perpendiculaire au rayon quand le rayon vecteur correspondant R passe par un maximum ou un minimum.

Un système optique est dit *astigmate* (στίγμα, point) lorsqu'il transforme ainsi les rayons partis d'un point en un faisceau ayant deux lignes focales; les plans qui passent par le rayon moyen et les lignes focales sont les *plans principaux d'astigmatisme*.

58. *Réflexion sur les miroirs plans.* — Dans un milieu iso-

trope, les rayons partis d'une source S (*fig.* 32) qui tombent sur un miroir plan P se comportent, après la réflexion, comme s'ils émanaient d'un point A symétrique du premier par rapport au miroir et qui en forme une *image*; un miroir plan est donc *aplanétique* (56). L'image A n'est visible, bien entendu, que dans l'étendue du cône qui a pour sommet le point A et pour base le contour du miroir. L'image d'un objet réel est le symétrique de l'objet par rapport au plan du miroir et *virtuelle*.

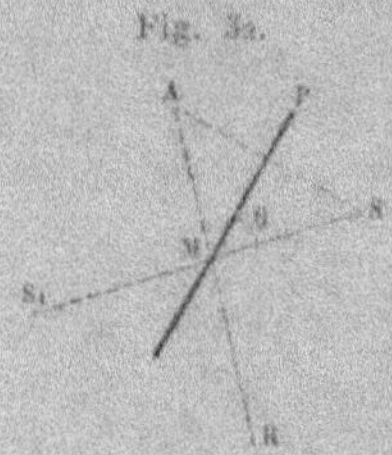

Fig. 32.

Si l'on imagine que les rayons marchent en sens contraire, c'est-à-dire que le miroir reçoive des rayons convergeant vers le point A, ils iront, après réflexion, converger au point S. Un faisceau de rayons convergents dirigés de manière à former une image réelle en arrière d'un miroir formera donc, après réflexion, une image réelle symétrique de la première en avant du miroir.

Remarquons que le rayon réfléchi MR a tourné de l'angle S_1MR que fait ce rayon avec le prolongement MS_1 du rayon incident; cette rotation est évidemment double de l'angle θ que fait le rayon incident SM avec la surface du miroir.

Quand on fait tourner le miroir d'un angle δ, le rayon réfléchi se déplace d'un angle double 2δ.

On utilise cette propriété pour mesurer l'angle des prismes et, dans la méthode du miroir imaginée par Poggendorff, pour évaluer la rotation des appareils mobiles.

59. *Deux miroirs plans.* — Considérons deux miroirs plans P et Q (*fig.* 33) dont les faces réfléchissantes font l'angle

$$\varphi = \pi - \omega;$$

supposons qu'un point lumineux S soit situé dans l'angle φ, et prenons pour plan de figure le plan perpendiculaire à l'arête O d'intersection des miroirs qui passe par la source S.

L'image A par rapport au miroir P est symétrique de S et, par suite, à la même distance du point O; l'image B par rapport au miroir Q est aussi symétrique de S. Les trois points S, A et B sont donc situés sur une même circonférence, ayant pour centre le point O.

Fig. 33.

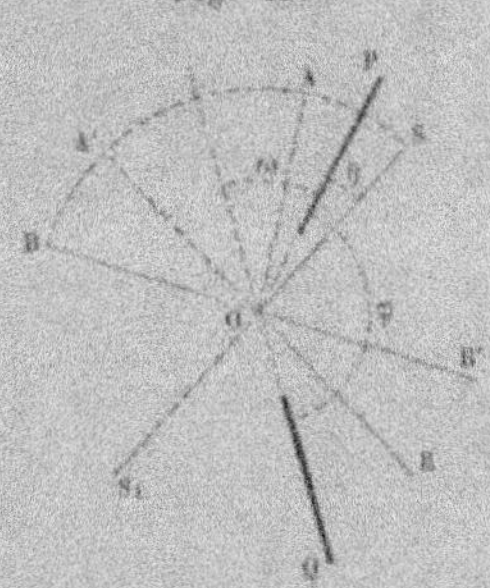

Imaginons que les miroirs soient prolongés jusqu'à leur intersection et que les rayons se réfléchissent sur l'un et sur l'autre au voisinage de cette arête; la rotation est 2θ pour le premier miroir et $2(\omega + \theta)$ pour le second. L'angle apparent AOB des deux images A et B vues du point O est donc

$$2(\omega + \theta) - 2\theta = 2\omega,$$

c'est-à-dire le double de l'angle supplémentaire des miroirs; cet angle apparent est indépendant de l'angle θ et, par suite, de la position de la source.

Si les rayons émanés de la source S, après s'être réfléchis sur le miroir P, peuvent éprouver une seconde réflexion sur le miroir Q, ce qui exige que la première image A soit en avant du second miroir, la nouvelle image A' sera également située sur la même circonférence.

En supposant encore que ces deux réflexions ont lieu dans le voisinage de l'arête O, le premier rayon, réfléchi dans la direction AO, a éprouvé une rotation 2θ et fait avec le miroir Q l'angle $\omega - \theta$; à la seconde réflexion la rotation est $2(\omega - \theta)$, ce qui donne pour rotation totale $2\theta + 2(\omega - \theta) = 2\omega$. L'angle du rayon doublement réfléchi OR avec le prolongement OS, du rayon incident est donc double de l'angle supplémentaire ω des miroirs et indépendant de la position de la source.

On utilise cette propriété dans les sextants, les cercles à réflexion et les prismes à double réflexion intérieure.

Lorsqu'on a $\omega = \dfrac{\pi}{2}$, c'est-à-dire que les miroirs sont à angle droit, les rayons reviennent sur la direction des rayons incidents.

L'image d'un objet vu par double réflexion, étant symétrique du symétrique de l'objet, est identique à l'objet lui-même et lui est superposable.

Avec deux miroirs à angle droit, cette image est symétrique de l'objet par rapport à l'arête d'intersection.

Lorsque l'angle $\varphi = \pi - \omega$ des faces polies est plus petit qu'un droit, on peut observer ainsi plusieurs images produites par des réflexions multiples, et qui sont toutes situées sur une même circonférence ayant pour centre l'arête des miroirs.

Les rayons réfléchis d'abord sur le miroir P (*fig.* 34) donnent

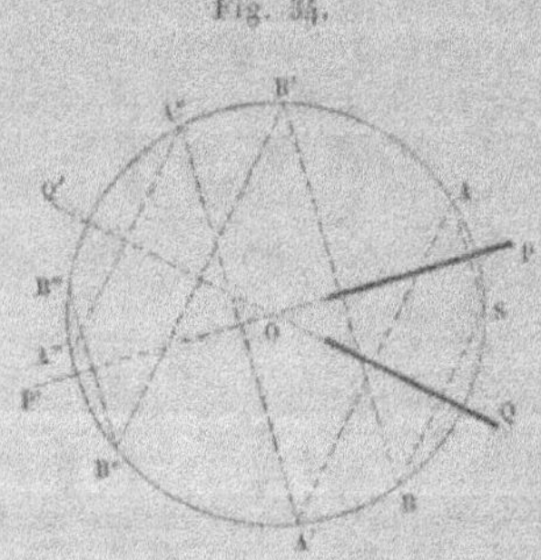

Fig. 34.

une série d'images A, A′, A″, ..., dans des directions qui font alternativement avec les faces postérieures des miroirs P et Q les angles θ, $\theta + \varphi$, $\theta + 2\varphi$, ..., $\theta + (p-1)\varphi$. Les rayons réfléchis d'abord sur le miroir Q donnent des images B, B′, B″, ..., dont les directions font avec les faces postérieures des miroirs Q et P les angles $\varphi - \theta$, $2\varphi - \theta$, $3\varphi - \theta$, ..., $q\varphi - \theta$. Les images deviennent *improductives* ([1]) d'images nouvelles quand elles se trouvent, telles que A''' et B''', dans l'angle $P'OQ'$ opposé à l'angle des miroirs, c'est-à-dire quand l'une des directions considérées correspond à un angle supérieur à $\pi - \varphi$; on doit donc avoir

$$\pi \gtrless \theta + (p-1)\varphi \gtrless \pi - \varphi,$$
$$\pi \gtrless q\varphi - \theta \gtrless \pi - \varphi.$$

Il en résulte que le nombre total $N = p + q$ des images est compris entre les deux limites

$$\frac{2\pi}{\varphi} + 1 \gtrless N \gtrless \frac{2\pi}{\varphi} - 1.$$

Si l'angle φ est contenu n fois dans la circonférence, on a

$$n + 1 > \frac{2\pi}{\varphi} \gtrless n$$

et, par suite,

$$n + 2 > N \gtrless n - 1.$$

Le nombre des images peut être, suivant les cas, $n - 1$, n ou $n + 1$. C'est le principe du *kaléidoscope*.

On voit aisément que, pour $\varphi = 0$, c'est-à-dire pour des miroirs parallèles, les images sont en ligne droite et en nombre illimité sur une perpendiculaire aux miroirs.

Dans ce cas, en appelant d la distance de la source S au miroir P et D la distance des deux miroirs, les distances successives AB', $B'A''$, ... des images situées derrière le miroir P sont alternativement $2(D - d)$ et $2d$.

Les images d'un objet sont alternativement identiques à l'objet ou symétriques, suivant qu'elles correspondent à un nombre pair ou impair de réflexions.

60. *Miroirs sphériques.* — Lorsque la face polie du miroir appartient à la surface d'une sphère de rayon R, les rayons émis par une source A (*fig.* 35) et qui tombent sur une petite étendue de miroir au point M forment après réflexion un faisceau qui rencontre en général deux lignes focales (57).

([1]) BERTIN, *Ann. de Chim. et de Phys.*, [3], t. XXIX, p. 257; 1850.

Si l'on prend pour plan de figure le plan qui passe par le rayon moyen AM du faisceau considéré et le centre O de la sphère, l'une des lignes focales est perpendiculaire au plan de la figure, par raison de symétrie, et l'autre dans ce plan.

Tous les rayons qui ont le même angle d'incidence i forment un cône circulaire autour de la droite AO, ou de l'*axe* du point A, et les rayons réfléchis forment un cône circulaire de même axe dont le sommet est en A_1.

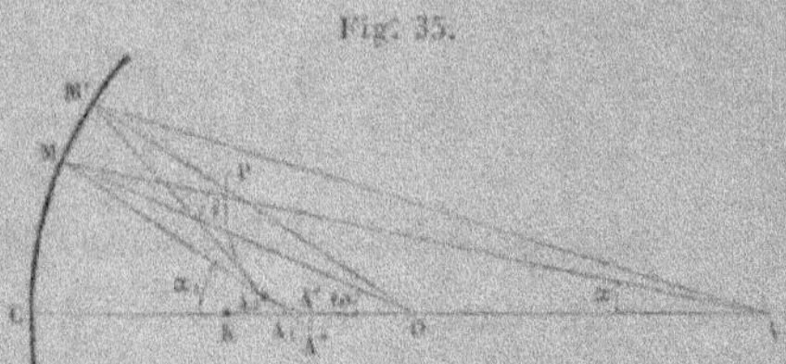

Fig. 35.

L'une des lignes focales est donc une droite $A_1 A'$. La seconde ligne focale est perpendiculaire au plan de figure et passe par le point de rencontre A_2 des rayons MA_2 et $M'A_2$ réfléchis en deux points infiniment voisins. L'enveloppe de ces rayons réfléchis est la *caustique par réflexion*.

Pour déterminer la position du point A_1, nous appellerons a et a_1 les distances OA et OA_1, b et b_1 les distances MA et MA_1, ω l'angle MOC, α et α_1 les angles MAC et MA_1C. On a, par les triangles MOA et MOA_1,

$$(1) \quad \begin{cases} \dfrac{a}{\sin i} = \dfrac{b}{\sin \omega} = \dfrac{R}{\sin \alpha}, \\[2ex] \dfrac{a_1}{\sin i} = \dfrac{b_1}{\sin \omega} = \dfrac{R}{\sin \alpha_1}; \end{cases}$$

il en résulte d'abord

$$(2) \quad \frac{a}{a_1} = \frac{b}{b_1}.$$

La projection de ces différentes droites sur le rayon MO donne

$$(3) \quad R = b \cos i - a \cos \omega = b_1 \cos i + a_1 \cos \omega,$$

d'où, en éliminant les longueurs b et b_1 ou a et a_1 entre les équations (2) et (3),

$$(4) \qquad \frac{1}{a_1} - \frac{1}{a} = \frac{2\cos\omega}{R},$$

$$(5) \qquad \frac{1}{b_1} - \frac{1}{b} = \frac{2\cos i}{R},$$

On déduit aussi des équations (1)

$$(6) \qquad b\sin\alpha = b_1 \sin\alpha_1 = R\sin\omega.$$

Les distances a_1 et b_1 diminuent avec l'angle ω, c'est-à-dire à mesure que le rayon incident se rapproche de l'axe AO. Leurs valeurs limites a' et b', correspondant à $\omega = o$, donnent

$$R = a' + b';$$

elles déterminent un point A' qui est le *foyer conjugué* ou l'*image* du point A pour les rayons voisins de l'axe. On a d'ailleurs

$$\frac{1}{a'} - \frac{1}{a} = \frac{2}{R}$$

et, par suite,

$$(7) \qquad \frac{1}{a'} - \frac{1}{a_1} = \frac{2}{R}(1 - \cos\omega) = \frac{a_1 - a'}{a_1 a'}.$$

Quand on fait $a = \infty$, c'est-à-dire quand les rayons sont parallèles à l'axe, les distances a' et b' ont pour valeur commune $F = \dfrac{R}{2}$. Le point de concours K des rayons réfléchis, ou le *foyer principal*, est au milieu du rayon et sa distance au point C, ou la *longueur focale* F du miroir, est la moitié du rayon.

61. — Pour trouver le point A_2, nous remarquerons qu'en considérant les variations des différents angles, quand on passe de M en M', et appelant ρ la distance MA_2, le triangle $M'A_2M$, où le côté MM' est égal à $R\,d\omega$, donne

$$\frac{R\,d\omega}{\rho} = \frac{d\alpha_1}{\cos(i + di)} = \frac{di + d\omega}{\cos i}.$$

D'autre part, on a par les relations (1)

$$R\cos i\,di = a\cos\alpha\,d\alpha = a\cos\alpha(d\omega - di).$$

En éliminant le rapport $\dfrac{di}{d\omega}$ entre ces deux équations, il vient

$$\frac{\mathrm{R}\cos i}{\rho} - 1 = \frac{a\cos\alpha}{\mathrm{R}\cos i + a\cos\alpha} = \frac{b - \mathrm{R}\cos i}{b},$$

ou

$$(8) \qquad \frac{1}{\rho} + \frac{1}{b} = \frac{2}{\mathrm{R}\cos i}$$

et, en comparant avec l'équation (5),

$$\frac{1}{\rho} - \frac{1}{b_1} = \frac{2}{\mathrm{R}}\left(\frac{1}{\cos i} - \cos i\right) = \frac{2}{\mathrm{R}}\frac{\sin^2 i}{\cos i}.$$

Pour $i = 0$, on a $\rho = b' = \mathrm{R} - a'$; le foyer conjugué A' est un point de rebroussement de la caustique.

62. — Les miroirs sphériques ne sont donc pas aplanétiques, ce qui était évident *a priori*, puisque le miroir qui ferait converger en un même point A' tous les rayons primitivement émis par le point A est la surface d'un ellipsoïde de révolution ayant pour foyers les points A et A'.

Pour des sources très éloignées, le miroir aplanétique doit avoir une section parabolique.

On appelle *aberrations* de *sphéricité* les erreurs de convergence des rayons réfléchis au foyer conjugué. L'aberration *longitudinale* est la distance

$$l = \mathrm{A}'\mathrm{A}_1 = a_1 - a';$$

l'aberration *latérale* est la distance

$$\lambda = \mathrm{A}'\mathrm{A}'' = l\,\mathrm{tang}\,\alpha_1,$$

déterminée par la rencontre du rayon MA_1 avec la perpendiculaire à l'axe au point A'.

Les aberrations sont dites *principales* lorsque la source est très éloignée ou les ondes incidentes sensiblement planes. En remplaçant dans le dernier terme de l'équation (7) le produit $a_1 a'$ par F^2, on voit que les aberrations principales sont

$$l = \mathrm{F}(1 - \cos\omega),$$
$$\lambda = l\,\mathrm{tang}\,2\omega = \mathrm{F}(1 - \cos\omega)\,\mathrm{tang}\,2\omega.$$

Les miroirs sont habituellement formés par une calotte sphérique. L'*axe principal* est la droite qui joint le centre O de la sphère au milieu de la calotte.

Les images fournies par les miroirs sphériques ne sont bonnes que si, l'ouverture angulaire du miroir étant très petite, les rayons restent peu écartés de l'axe principal; pour toute autre direction, les aberrations sont sensibles et dissymétriques.

63. — Quand on néglige les aberrations, les formules se simplifient. En appelant f et f' les distances CA et CA' (*fig.* 36) du

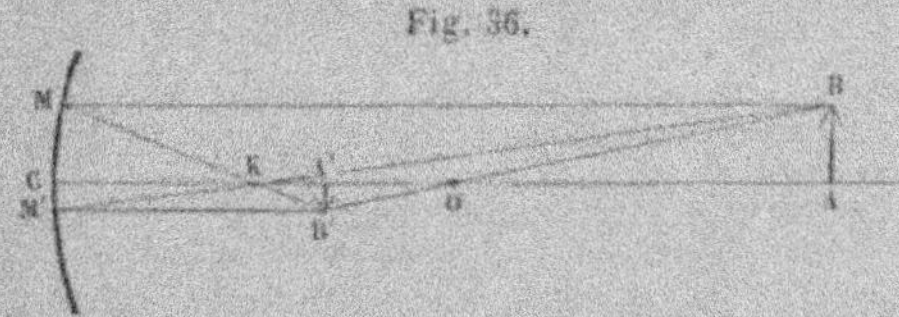

Fig. 36.

miroir à un point A situé sur l'axe principal et à son image A', la relation (5) devient

$$\frac{1}{f'} + \frac{1}{f} = \frac{2}{R} = \frac{1}{F},$$

ce qu'on peut écrire

$$(9) \qquad \frac{F}{f'} + \frac{F}{f} = 1.$$

Si l'on appelle φ et φ' les distances KA et KA' du foyer principal au point A et à son image, on a

$$f = \varphi + F, \qquad f' = \varphi' + F.$$

Substituant ces valeurs dans l'équation (9), il reste simplement

$$(10) \qquad \varphi\varphi' = F^2.$$

Les équations (9) et (10) sont les expressions que l'on donne habituellement à la formule des miroirs; nous n'insisterons pas sur leur discussion.

64. — Quand un objet AB est perpendiculaire à l'axe principal, son image A' B' est située sur une surface qui coupe cet axe nor-

malement; l'image peut aussi, dans les limites indiquées, être considérée comme plane et perpendiculaire à l'axe. Le foyer conjugué B' du point B se trouve sur trois directions remarquables : l'axe *secondaire* BO relatif au point B, le rayon réfléchi MK qui passe par le foyer principal et provient d'un rayon BM primitivement parallèle à l'axe principal, le rayon M'B' réfléchi parallèlement à l'axe et qui provient d'un rayon BM' passant par le foyer. On utilise deux quelconques de ces directions pour construire géométriquement les images.

Si l'on appelle I et I' les grandeurs de l'objet AB et de son image A'B' et qu'on les considère comme positives ou négatives, suivant qu'elles sont comptées au-dessus ou au-dessous de l'axe, on a, d'après la figure et en tenant compte de l'équation (2),

$$\frac{-\mathrm{I}'}{\mathrm{I}} = \frac{a'}{a} = \frac{f'}{f},$$

ou

$$(11) \qquad \frac{\mathrm{I}'}{f'} + \frac{\mathrm{I}}{f} = 0.$$

Le rapport $\dfrac{\mathrm{I}'}{\mathrm{I}}$ est le *grossissement* de l'image. On peut écrire aussi, d'après les équations (9) et (10),

$$\frac{-\mathrm{I}'}{\mathrm{I}} = \frac{f'-\mathrm{F}}{\mathrm{F}} = \frac{\varphi'}{\mathrm{F}} = \frac{\mathrm{F}}{\varphi} = \frac{\mathrm{F}}{f-\mathrm{F}} = \sqrt{\frac{\varphi'}{\varphi}}.$$

Enfin l'équation (6), qui se réduit à $f\alpha = f'\alpha'$, α' désignant la valeur limite de l'angle α_1, donne encore

$$(12) \qquad \mathrm{I}\alpha + \mathrm{I}'\alpha' = 0.$$

Ces différentes expressions se généralisent pour le cas d'un appareil optique quelconque.

65. *Réfraction sur une surface plane.* — Deux milieux isotropes étant séparés par une surface plane Σ (*fig.* 37), les rayons partis d'un point S dans le premier milieu qui se réfractent sur un élément de la surface Σ forment encore un faisceau qui a deux lignes focales.

Le plan mené par le rayon moyen SM normalement à la surface

Σ est un plan de symétrie; l'une des lignes focales est perpendiculaire à ce plan et l'autre située dans ce plan.

Soient h la distance SQ du point S à la surface, i l'angle d'incidence du rayon SM, r l'angle de réfraction du rayon correspondant MM' et n l'indice de réfraction du second milieu par rapport au premier.

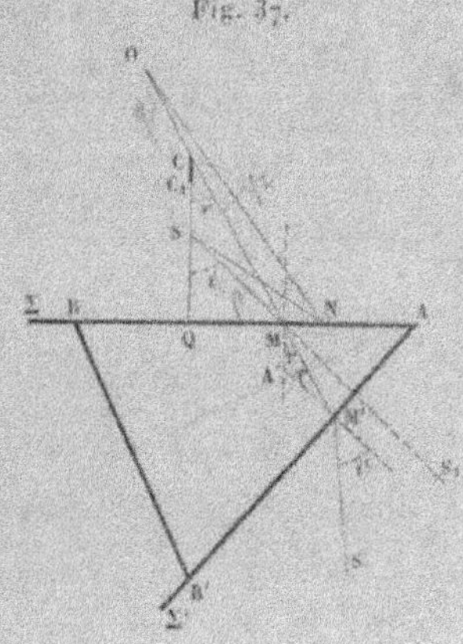

Fig. 37.

Tous les rayons qui ont le même angle d'incidence i appartiennent à un cône circulaire autour de la droite SQ, dont l'angle au sommet est $2i$; les rayons réfractés forment un cône circulaire de même axe, dont l'angle est $2r$ et qui a pour sommet un point C.

En appelant ρ et p les distances SM et CM, on a

$$QM = \rho \sin i = p \sin r = \frac{p}{n} \sin i,$$

ou

$$(13) \qquad p = n\rho = \frac{nh}{\cos i}.$$

La distance $CQ = k$ est

$$k = p \cos r = h \frac{n \cos r}{\cos i} = h \frac{\sqrt{n^2 - \sin^2 i}}{\cos i}.$$

Cette distance est minimum et égale à nh pour l'incidence normale; la ligne focale CC_1 qui passe par le point C est normale à la surface Σ.

Pour avoir la position O de la seconde ligne focale, qui est perpendiculaire au plan de la figure, nous considérerons un rayon SN infiniment voisin du premier. Les variations di et dr des angles d'incidence et de réfraction satisfont à la relation

$$(14) \qquad \cos i \, di = n \cos r \, dr.$$

Appelant q la distance OM, les triangles SMN et OMN donnent

$$\frac{MN}{\rho} = \frac{di}{\cos i}, \qquad \frac{MN}{q} = \frac{dr}{\cos r},$$

ou

$$\frac{\rho}{\cos^2 i} \cos i \, di = \frac{q}{\cos^2 r} \cos r \, dr,$$

et, en tenant compte de l'équation (14),

$$(15) \qquad q = n\rho \frac{\cos^2 r}{\cos^2 i} = \frac{\rho}{n} \frac{n^2 - \sin^2 i}{\cos^2 i}.$$

Les deux lignes focales ne sont sensiblement à la même distance $p = q = n\rho$ du point M que si les angles i et r sont extrêmement petits. Une surface plane n'est donc pas aplanétique par réfraction et ne donne de bonnes images d'un objet que pour des rayons très voisins de la normale.

Comme le rapport

$$\frac{d(i-r)}{di} = 1 - \frac{\cos i}{n \cos r}$$

est toujours positif pour $n > 1$ et augmente avec la valeur de i, la réfraction $i - r$ du rayon croît avec l'angle d'incidence et d'autant plus rapidement que le rayon est plus *écarté* de la normale.

66. *Prisme.* — On appelle *prisme* en Optique un milieu terminé par deux plans Σ et Σ' (*fig.* 37). La droite d'intersection de ces plans est l'*arête* du prisme, l'angle du dièdre qu'ils forment est l'*angle* du prisme et la section droite du dièdre est la *section principale* du prisme.

En outre, le milieu est habituellement limité par une face BB' parallèle à l'arête A, qu'on appelle la *base* du prisme, et par deux sections perpendiculaires à l'arête.

Considérons un point lumineux S et supposons que les rayons

sont très peu écartés de la section principale menée par le point S, que nous prendrons pour plan de figure.

Pour un faisceau incident SMM′ dont le rayon moyen est dans le plan de la figure, la seconde réfraction donnera encore, par raison de symétrie, une ligne focale perpendiculaire au plan de figure située en un point O′ et une ligne $C′C_t$ située dans ce plan.

Soient ε la distance MM′, $r′$ et $i′$ les angles du rayon MM′ et du rayon réfracté correspondant M′S′ avec la normale à la face de sortie $\Sigma′$. On obtiendra la distance $M′C′ = p′$ en remplaçant dans les équations précédentes ρ par $p + \varepsilon$ et n par $\dfrac{1}{n}$, ce qui donne

$$p′ = \frac{1}{n}(p + \varepsilon) = \rho + \frac{\varepsilon}{n}.$$

La distance $q′ = M′O′$ s'obtiendra, de même, en remplaçant ρ par $q + \varepsilon$, n par $\dfrac{1}{n}$, i et r par $r′$ et $i′$; il en résulte

$$q′ = \frac{q + \varepsilon}{n}\,\frac{\cos^2 i′}{\cos^2 r′} = \rho\,\frac{\cos^2 r}{\cos^2 i}\,\frac{\cos^2 i′}{\cos^2 r′} + \frac{\varepsilon}{n}\,\frac{\cos^2 i′}{\cos^2 r′}.$$

Lorsque la distance ε est très petite par rapport à la distance ρ, c'est-à-dire quand la réfraction se fait au voisinage de l'arête du prisme, il reste sensiblement

$$(16) \qquad \begin{cases} p′ = \rho, \\[2mm] q′ = \rho\,\dfrac{\cos^2 r}{\cos^2 i}\,\dfrac{\cos^2 i′}{\cos^2 r′}. \end{cases}$$

On voit par le triangle MM′A′ que la somme des angles $r + r′$ est égale à l'angle A du prisme.

67. *Déviation du rayon.* — Le rayon a tourné de l'angle $i - r$ à la première réfraction et de l'angle $i′ - r′$ à la seconde. La *déviation* D du rayon réfracté M′S′, par rapport au prolongement MS, du rayon incident, est donc

$$D = i - r + i′ - r′ = i + i′ - A.$$

Le rayon émergent se rapproche ou s'éloigne de la base du

prisme suivant que l'indice de réfraction relative n est plus grand ou plus petit que l'unité.

Lorsque les angles i et i' sont assez petits pour qu'on puisse remplacer la loi de réfraction par la relation simple $i = nr$, ce qui suppose que l'angle A est également très petit, la déviation

$$D = (n-1)(r+r') = (n-1)A$$

est indépendante de l'angle d'incidence et proportionnelle à l'angle du prisme.

D'une manière générale, la déviation dans un prisme est une fonction symétrique des angles i et i' ou des angles r et r' correspondants. Comme la somme $r+r'$ est constante, cette déviation passe par un maximum ou un minimum quand les angles r et r' sont égaux entre eux et à $\dfrac{A}{2}$; le rayon intermédiaire MM' est alors perpendiculaire au plan bissecteur de l'angle du prisme.

Des relations

$$(17) \qquad \begin{cases} \sin i = n \sin r, \\ \sin i' = n \sin r', \end{cases}$$

on déduit, par addition,

$$\sin \frac{i+i'}{2} \cos \frac{i-i'}{2} = n \sin \frac{r+r'}{2} \cos \frac{r-r'}{2},$$

équation que l'on peut écrire sous la forme

$$\frac{\sin \dfrac{A+D}{2}}{n \sin \dfrac{A}{2}} = \frac{\cos \dfrac{r-r'}{2}}{\cos \dfrac{i-i'}{2}}.$$

Le second membre de cette équation passe par une valeur minimum égale à l'unité pour $i = i'$; car, si l'angle i est le plus grand des deux angles i et i', on a (65)

$$i - r > i' - r'$$

et, par suite,

$$i - i' > r - r'.$$

L'égalité des angles i et i' (ou r et r') correspond donc à un *minimum de déviation*.

Il en serait de même pour $n < 1$, la déviation étant comptée de l'autre côté du rayon incident.

Pour le minimum de déviation, les équations (16) donnent $q' = p' = \rho$; l'angle apparent de deux points voisins situés dans une section principale reste le même après la réfraction, et le prisme constitue un système aplanétique. L'image d'un objet de petites dimensions apparentes est alors la même que si les rayons s'étaient réfléchis sur un miroir plan passant par l'arête et perpendiculaire au plan bissecteur de l'angle du prisme.

Il y a des cas où les aberrations d'un prisme n'ont pas d'inconvénient grave. Si l'objet est, par exemple, une fente rectiligne parallèle à l'arête du prisme, on obtiendra encore une image nette en observant la ligne focale O′ parallèle à l'arête du prisme, laquelle est toujours à la même distance ρ que la source.

68. — Les prismes sont souvent utilisés pour déterminer l'indice de réfraction de la matière qui les constitue.

Dans le cas général, on peut mesurer l'angle A du prisme et les angles i et i', ou remplacer l'une de ces dernières mesures par celle de la déviation D qu'il est plus facile d'observer.

Le calcul de l'indice peut se faire alors de plusieurs manières. Si l'on élimine, par exemple, l'angle r entre les équations (17), après avoir remplacé r' par $A - r$, on obtient

$$n^2 = \sin^2 i + \left(\frac{\sin i' + \sin i \cos A}{\sin A}\right)^2 = \frac{\sin^2 i + \sin^2 i' + 2\sin i \sin i' \cos A}{\sin^2 A}.$$

Pour le minimum de déviation, l'expérience se réduit à la mesure des angles A et D, car on a simplement

$$n = \frac{\sin \dfrac{A + D}{2}}{\sin \dfrac{A}{2}}.$$

69. *Prisme à gaz.* — Lorsque l'indice de réfraction diffère très peu de l'unité, si l'on pose $n = 1 + \mu$, l'équation

$$\sin i = (1 + \mu) \sin r$$

donne

$$\mu \sin r = \sin i - \sin r = 2 \sin \frac{i - r}{2} \cos \frac{i + r}{2},$$

M. — I. 6

ou sensiblement, la rotation $i - r$ du rayon étant très petite,

$$i - r = \mu \tang r.$$

La réfraction à la sortie donne, de même,

$$i' - r' = \mu \tang r',$$

et la déviation est

$$D = \mu (\tang r + \tang r') = \mu \frac{\sin A}{\cos r \cos r'};$$

cette déviation a pour valeur minimum

$$D = \mu \frac{\sin A}{\cos^2 \dfrac{A}{2}} = 2 \mu \tang \frac{A}{2}.$$

La direction des rayons incidents peut alors varier dans des limites très étendues sans que la déviation change d'une manière appréciable. Lorsque l'angle A, par exemple, est égal à 120°, le produit $\cos r \cos r'$ ne diffère pas de 0,03 de sa valeur maximum $\cos^2 \dfrac{A}{2}$, quand la direction des rayons incidents fait un angle de 5° avec celle qui correspond au minimum de déviation.

Telles sont les conditions du *prisme à gaz*.

Cet appareil se compose habituellement d'un tube large, coupé par deux faces obliques à l'axe, que l'on ferme au moyen de lames de verre à faces parallèles; une tubulure latérale permet d'y faire le vide ou d'y introduire un gaz quelconque, dont les conditions physiques, température et pression, sont déterminées. La déviation D donne directement l'excès μ sur l'unité, positif ou négatif, de l'indice de réfraction du gaz par rapport à l'air extérieur. D'une manière plus générale, le changement de direction du rayon, d'une expérience à une autre, est simplement proportionnel à la variation correspondante de l'indice de réfraction.

70. *Cas général.* — Le problème de la réfraction dans un prisme est plus complexe lorsque le faisceau incident n'est pas perpendiculaire à l'arête. Si l'on mène par un point des parallèles aux rayons, on voit d'abord que les rayons réfractés à la première surface sont compris dans un cône circulaire autour de la normale N, dont le demi-angle θ au sommet est donné par la condi-

tion $n \sin \theta = 1$. Les rayons ne peuvent sortir de la seconde face que s'ils sont compris dans un cône de même angle autour de la normale correspondante N'. Tous les rayons intérieurs sont situés dans la portion commune à ces deux cônes. Comme l'angle des normales N et N' est égal à l'angle A du prisme, il ne peut exister de rayons émergents que si l'on a $A > 2\theta$ ou $\sin \dfrac{A}{2} > \dfrac{1}{n}$.

Traçons une sphère de rayon égal à l'unité et menons par le centre des droites parallèles aux différentes directions, comptées dans le sens de la propagation; chacune d'elles sera représentée par un point de la surface sphérique.

Soient N et N' (*fig*. 38) les normales aux faces d'entrée et de

Fig. 38.

sortie: le plan NON' représente la section principale, l'arc NN' l'angle A du prisme et OO' l'arête du prisme; S étant la direction des rayons incidents, S' celle des rayons réfractés, l'arc de grand cercle SN est l'angle d'incidence i, S'N' l'angle i' à la sortie, RN et RN' les angles r et r' du rayon intermédiaire avec les normales aux faces d'entrée et de sortie. Les plans menés par l'arête OO' et les points S, S' et R coupent la section principale aux points P, P' et Q; nous appellerons h, h' et k les angles SP, S'P' et RQ de ces rayons avec la section principale, x, x' et y les angles CP, CP' et CQ de leurs projections sur la section principale avec la bissectrice OC de l'angle des normales.

En appelant φ l'angle SNN', les triangles sphériques rectangles SNP et RNQ donnent les relations

$$\sin \varphi = \frac{\sin k}{\sin r} = \frac{\sin h}{\sin i},$$

c'est-à-dire

$$(18) \qquad \sin h = n \sin k.$$

Comme le plan NON' pour la première réfraction est un plan quelconque passant par la normale N à la surface, il en résulte le théorème suivant ([1]) :

THÉORÈME I. — *Les angles des rayons réfléchi et réfracté avec leurs projections sur un plan normal à la surface de séparation de deux milieux suivent la loi de réfraction.*

Les triangles rectangles S'N'P' et RN'Q donnent, de même,

$$\sin h' = n \sin k ;$$

par suite

$$h' = h.$$

THÉORÈME II. — *Dans un prisme, le rayon incident et le rayon émergent sont également inclinés sur la section principale.*

Les angles de ces deux rayons avec l'arête sont respectivement complémentaires des angles h et h', c'est-à-dire égaux entre eux.

Le rayon réfracté deux fois dans le prisme se comporte donc comme s'il s'était réfléchi sur l'arête du prisme ou, plus exactement, sur un plan passant par cette droite.

La direction du rayon primitif étant déterminée par les angles h et x, si l'on représente par $2a$ l'angle A du prisme, les mêmes triangles donnent

$$(19) \qquad \begin{cases} \cos i = \cos h \cos(a + x), \\ \cos r = \cos k \cos(a - y) ; \\ \cos r' = \cos h \cos(a - y), \\ \cos i' = \cos h \cos(a + x'). \end{cases}$$

En tenant compte de l'équation (18) et de la loi de réfraction, on peut ainsi déterminer successivement les angles i, r, y, r', i' et x'.

---

[1] BRAVAIS, *Journal de l'École Polytechnique*, t. XVIII, p. 79, 1845.

On a aussi

$$\tan(a + x) = \tan i \cos \varphi,$$
$$\tan(a + y) = \tan r \cos \varphi,$$

d'où

$$\frac{\tan(a + x)}{\tan(a + y)} = \frac{\tan i}{\tan r} = \frac{n \cos r}{\cos i}$$

et, en tenant compte des équations (19),

$$(20) \qquad \frac{\sin(a + x)}{\sin(a + y)} = \frac{n \cos k}{\cos h} = \frac{\sqrt{n^2 - \sin^2 h}}{\cos h};$$

on obtiendrait de même

$$\frac{\sin(a + x')}{\sin(a - y)} = \frac{n \cos k}{\cos h} = \frac{\sin(a + x)}{\sin(a + y)}.$$

Tant que l'angle h est très petit, on a sensiblement

$$n = \frac{\sin(a + x)}{\sin(a + y)} = \frac{\sin(a + x')}{\sin(a - y)}.$$

Dans ce cas, la loi de réfraction s'applique aux projections des rayons sur la section principale et l'angle x' ne dépend que de l'angle x. Lorsque les rayons incidents sont situés dans un plan parallèle à l'arête, les rayons émergents qui leur correspondent sont aussi sensiblement dans un même plan.

La déviation D du rayon est représentée par l'arc de grand cercle SS′. Le triangle isocèle SO′S′ donne

$$\sin \frac{D}{2} = \cos h \sin \frac{x + x'}{2}.$$

Pour une valeur donnée de h, cette déviation est une fonction symétrique des angles x et x' et, par suite, des angles i et i'. Elle est minimum quand $x = x'$, c'est-à-dire $y = o$, ce qui donne

$$\sin \frac{D}{2} = \cos h \sin x,$$

avec la condition

$$\sin(a + x) = \frac{n \cos k}{\cos h} \sin a.$$

71. *Réflexions intérieures.* — Considérons un prisme à base

polygonale dont les angles successifs sont A_1, A_2, A_3, ..., et supposons qu'un rayon situé dans la section principale éprouve entre l'entrée et la sortie une série de réflexions intérieures; soient i et r les angles d'incidence et de réfraction sur la première surface, r' et i' les angles analogues à la sortie. Si r_1 est l'angle d'incidence à la seconde surface où se fait une première réflexion, ce rayon fait avec la surface l'angle $\frac{\pi}{2} - r_1$ et éprouve une rotation

$$2\left(\frac{\pi}{2} - r_1\right) = \pi - 2 r_1.$$

Les angles d'incidence relatifs aux réflexions suivantes étant r_2, r_3, ..., la déviation totale du rayon émergent a pour expression

$$D = i - r + \Sigma(\pi - 2 r_1) + i' - r'$$

ou, s'il y a p réflexions intérieures,

$$D = i + i' + p\pi - [2\Sigma r_1 + r + r'].$$

Or on a successivement

$$(21) \qquad \begin{cases} r + r_1 = A_1, \\ r_1 + r_2 = A_2, \\ \dotfill \\ r_{p-1} + r' = A_p, \end{cases}$$

ce qui donne

$$2\Sigma r_1 + r + r' = A_1 + A_2 + \ldots + A_p = \Sigma A,$$
$$D = i + i' + p\pi - \Sigma A.$$

72. — Lorsque tous les angles dièdres sont égaux, on a

$$D = i + i' + p\pi - (p + 1)A.$$

Dans ce cas, les angles r, r_2, r_4, ... sont égaux entre eux, ainsi que les angles r_1, r_3, r_5, ...

Si le nombre des réflexions intérieures est impair, l'angle r' est d'ordre pair et égal à r; les angles i et i' sont aussi égaux entre eux, et il reste simplement

$$D = 2i + p\pi - (p + 1)A.$$

La déviation est indépendante de la nature du prisme et de la nature de la lumière; elle est la même que si le rayon éprouvait une seule réflexion sur une surface plane P parallèle aux arêtes, et faisant un angle φ avec la face d'entrée.

L'angle du rayon incident avec ce plan est $\frac{\pi}{2} - \varphi + i$, ce qui donne la condition

$$D = 2\left(\frac{\pi}{2} - \varphi + i\right) = 2i + p\pi - (p+1)A,$$

$$\varphi = (p+1)\frac{A}{2} - (p-1)\frac{\pi}{2}.$$

La direction du plan fictif de réflexion est donc indépendante de la direction des rayons incidents.

Le prisme se comporte alors comme un miroir, et cette propriété est indépendante de la direction de la lumière. En effet, pour une seule réflexion, si la projection du rayon incident sur la section principale fait avec la normale à la face d'entrée l'angle $a + x$, la projection du rayon réfléchi à la seconde face fait avec la normale comptée vers l'intérieur du prisme l'angle $a - y$, la valeur de y étant donnée par l'équation (20), et avec la normale à la troisième face l'angle $2a - (a - y) = a + y$; par suite, l'angle d'émergence sera le même $a + x$ que l'angle primitif, et ces deux directions seront également inclinées sur le plan P. Comme, d'autre part, les rayons incident et émergent font le même angle h avec la section principale de part et d'autre, tout se passe comme s'il y avait simplement réflexion sur un plan P. Il en serait de même pour un nombre impair quelconque de réflexions intérieures.

Avec un prisme dont la section est un triangle isocèle, par exemple, le plan fictif P de réflexion unique est parallèle à la base ; car on a, pour $p = 1$,

$$\varphi = A.$$

En choisissant l'angle A et la direction des rayons incidents de manière que la réflexion soit totale, on obtient ainsi l'équivalent d'un miroir dont la surface réfléchissante est inaltérable et qui donne beaucoup d'éclat aux images. Ces *prismes à réflexion totale* sont très souvent utilisés.

Si le nombre des réflexions est pair, l'angle r' est d'ordre impair et égal à r_4 ou $A - r$. La déviation D est alors une fonction symétrique des angles i et i', ou des angles r et r' dont la somme est constante, et cette déviation passe par un minimum pour $r = r'$; elle dépend de l'indice de réfraction et, pour un même rayon incident, varie avec la couleur de la lumière.

73. — Dans un prisme dont la section est un triangle équilatéral, par exemple, $A = \dfrac{\pi}{3}$. La déviation pour un nombre pair de réflexions prend les valeurs suivantes

$$p = 0, \qquad D = i + i' - \frac{\pi}{3},$$

$$p = 2, \qquad D = i + i' + 3\frac{\pi}{3},$$

$$p = 4, \qquad D = i + i' + 7\frac{\pi}{3},$$

$$\ldots\ldots; \qquad \ldots\ldots\ldots\ldots;$$

elle correspond à des directions pour lesquelles les différentes couleurs, issues d'un même rayon de lumière blanche, sont séparées les unes des autres.

Pour un nombre impair de réflexions, on a

$$p = 1, \qquad D = 2i + \frac{\pi}{3},$$

$$p = 3, \qquad D = 2i + 5\frac{\pi}{3},$$

$$p = 5, \qquad D = 2i + 9\frac{\pi}{3},$$

$$\ldots\ldots; \qquad \ldots\ldots\ldots\ldots;$$

les directions correspondantes donnent un rayon blanc.

74. — Supposons encore, dans le cas de deux réflexions, que les angles A_1 et A_3 soient égaux; on déduit des relations (21)

$$r - r_3 = A_1 - A_2,$$
$$r_2 + r' = A_1$$

ou

$$r + r' = 2A_1 - A_2.$$

Si l'on a $2A_1 = A_2$, c'est-à-dire si le second angle est le double du premier, il en résulte $r + r' = 0$, par suite $i + i' = 0$, et la déviation est

$$D = 2\pi - (2A_1 + A_2).$$

Cette déviation est constante et égale à l'angle B que font entre elles les faces d'entrée et de sortie.

Un prisme ainsi constitué équivaut encore, par réflexion double, à deux miroirs plans (59) dont l'angle ω est égal à $\dfrac{B}{2}$; les images sont identiques aux objets et la déviation est indépendante de la direction des rayons incidents.

75. *Lame à faces parallèles.* — Pour obtenir la réfraction produite par une lame à faces parallèles d'épaisseur e (*fig.* 39), il suffira, dans les calculs relatifs à la réfraction par un prisme, de faire $A = 0$ et, par suite, $i' = i$ et $r' = r$.

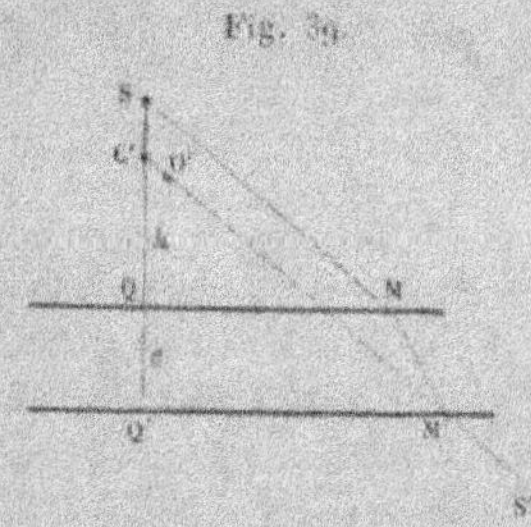

Fig. 39.

La source étant en S, l'une des lignes focales est perpendiculaire à la lame et située en C'; l'autre ligne focale O' est perpendiculaire au plan moyen de réfraction du faisceau, et l'on a

$$O'M' = q' = ? + \frac{e}{n}\,\frac{\cos^2 i}{\cos^3 r};$$

La distance des deux lignes focales O' et C' sur le rayon émergent est

$$C'O' = p' - q' = \frac{e}{n}\left(1 - \frac{\cos^2 i}{\cos^2 r}\right) = \frac{e}{n\cos r}\left(1 - \frac{\cos^2 i}{\cos^2 r}\right).$$

Cette distance est très petite pour les lames peu épaisses, de sorte que les ondes émergentes sont sensiblement sphériques.

La distance k' de la ligne focale C' à la face inférieure est

$$k' = (k + e)\frac{\cos i}{n\cos r} = h + e\frac{\cos i}{n\cos r},$$

ce qui donne, pour la distance de la source S à la ligne focale C',

$$\mathrm{SC'} = h + e - k' = e\left(1 - \frac{\cos i}{n\cos r}\right).$$

Le déplacement latéral du rayon a pour expression, comme on l'a vu déjà (41),

$$\mathrm{L} = e\sin(i - r) = e\frac{\sin(i - r)}{\cos r} = e\sin i\left(1 - \frac{\cos i}{n\cos r}\right);$$

on en déduit

$$\left(1 - \frac{\mathrm{L}}{e\sin i}\right)^2 = \frac{\cos^2 i}{n^2 - \sin^2 i},$$

équation qui permet de déterminer l'indice de réfraction n par la mesure des quantités e, L et i.

Supposons encore qu'après s'être réfractés sur la face supérieure de la lame les rayons se réfléchissent sur la face inférieure pour retourner dans le premier milieu par une nouvelle réfraction.

La ligne focale de première espèce C, fournie par la première réfraction, est à une distance de la face inférieure égale à $k + e$; son image par réflexion est à une distance de la face supérieure égale à $k + 2e$ et la réfraction la ramène à la distance

$$(k + 2e)\frac{\cos i}{n\cos r} = h + 2e\frac{\cos i}{n\cos r}.$$

La distance de la source S à cette figure focale C_1 est

$$\mathrm{SC_1} = 2\left(h + e\frac{\cos i}{n\cos r}\right).$$

La direction des rayons est la même que s'il n'y avait qu'une seule réflexion sur un miroir fictif situé dans la lame à une profondeur $e\dfrac{\cos i}{n\cos r}$.

La ligne focale C se trouve à la distance $n\rho$ du point M, à la distance $n\rho + \varepsilon$ du point M', et sa distance au point M'' où le rayon réfléchi revient à la face supérieure est $n\rho + 2\varepsilon$; après la nouvelle réfraction, cette distance devient

$$C_1 M'' = \frac{1}{n}(n\rho + 2\varepsilon) = \rho + 2\frac{\varepsilon}{n}.$$

Pour les lignes focales de seconde espèce, la distance OM' est $q + \varepsilon$; son image par réflexion est à la distance $q + 2\varepsilon$ du point M''; après la nouvelle réfraction, la distance de cette ligne focale O_1 au point M'' est

$$O_1 M'' = (q + 2\varepsilon)\frac{\cos^2 i}{n\cos^2 r} = \rho + 2\frac{\varepsilon}{n}\frac{\cos^2 i}{\cos^2 r}.$$

La distance des lignes focales O_1 et C_1 est donc

$$C_1 O_1 = 2\frac{\varepsilon}{n}\left(1 - \frac{\cos^2 i}{\cos^2 r}\right) = 2\frac{e}{n\cos r}\left[1 - \frac{\cos^2 i}{\cos^2 r}\right],$$

c'est-à-dire double de celle qui correspond aux rayons transmis.

Tel est le cas des *miroirs ordinaires* formés par une lame de verre étamée ou argentée sur sa face postérieure. Les images ne sont sensiblement aplanétiques que pour des rayons très voisins de la normale.

Ces miroirs donnent aussi, surtout quand on les observe très obliquement, une série d'images différentes : la première est faible et provient des rayons réfléchis sur la face antérieure, la seconde très brillante est fournie par réflexion sur la face métallique; les suivantes, qui sont de plus en plus pâles, sont formées par des rayons qui ont subi un nombre impair de réflexions sur les deux faces de la lame.

76. *Dispersion de la lumière.* — Lorsque la lumière émise par la source n'est pas homogène, les différentes couleurs qui correspondent à des valeurs particulières de l'indice de réfraction n se séparent ou se *dispersent* dans la réfraction sur une surface et, à plus forte raison, dans leur passage au travers d'un prisme.

Si l'on prend comme source une fente S parallèle à l'arête du prisme, les images de la fente correspondant aux lignes focales O' et relatives aux différentes couleurs sont d'autant plus distinctes les unes des autres que la fente est plus étroite; la lumière est étalée en *spectre*. La déviation est généralement croissante pour les couleurs disposées dans l'ordre suivant : rouge, orangé, jaune, vert, bleu, indigo et violet.

Remarquons d'abord que, si l'on observe dans le plan des lignes focales O', le spectre ne sera bordé nettement sur les côtés perpendiculaires à la fente que si le prisme est au minimum de déviation pour les couleurs considérées, quoique les lignes parallèles à la fente soient toujours très distinctes.

Il est important d'examiner dans quel cas la séparation des couleurs par un prisme sera la plus complète.

Pour un angle d'incidence i donné, si n et $n + dn$ sont les indices de réfraction relatifs aux longueurs d'onde λ et $\lambda + d\lambda$, i' et $i' + \delta i'$ les angles des rayons émergents avec la normale à la surface de sortie Σ', le changement de déviation δD, quand on passe d'une longueur d'onde à l'autre, est $\delta i'$.

Les relations (17), avec la condition

$$A = r + r'_1$$

donnent alors

$$o = dr + dr',$$
$$o = n \cos r \, dr + \sin r \, dn,$$
$$\cos i' \, \delta i' = n \cos r' \, dr' + \sin r' \, dn,$$

On en déduit

$$\frac{\cos r}{\cos r'} \cos i' \, \delta i' = \left(\sin r + \sin r' \frac{\cos r}{\cos r'} \right) dn$$

ou

$$(22) \qquad \delta D = \delta i' = \frac{\sin A}{\cos r \cos i'} \, dn,$$

expression qui devient, pour le minimum de déviation,

$$\delta D = \frac{\sin A}{\cos \frac{A}{2} \sqrt{1 - n^2 \sin^2 \frac{A}{2}}} \, dn = 2 \frac{\sin \frac{A}{2}}{\sqrt{1 - n^2 \sin^2 \frac{A}{2}}} \, dn.$$

On voit que, dans le cas général, l'*angle de dispersion* δD de deux couleurs voisines n'est pas indépendant du sens dans lequel la lumière traverse le prisme; cet angle de dispersion est d'autant plus grand que l'angle A du prisme est plus grand (à la condition toutefois que les rayons ne subissent pas la réflexion totale) et que le produit $\cos r \cos i'$ est plus petit.

Comme l'angle r est inférieur à $\frac{\pi}{2}$ si $n > 1$, la condition du maximum de dispersion serait réalisée pour $i' = \frac{\pi}{2}$, c'est-à-dire pour la réfraction rasante à la sortie du prisme.

Toutefois la pureté des images diminue alors par suite des phénomènes de diffraction (31), parce que, pour un même faisceau incident, la largeur du faisceau émergent diminue quand on se rapproche de l'incidence rasante.

Si L est la largeur, perpendiculairement à l'arête, de la surface Σ du prisme utilisée par le faisceau incident, L' la largeur correspondante de la surface de sortie, la largeur du faisceau dans le prisme est

$$L \cos r = L' \cos r'$$

et celle du faisceau émergent est $L' \cos i'$. En recevant ce faisceau sur un appareil optique, l'angle apparent ε, dans le plan de dispersion, de l'image d'un point ou d'une fente infiniment étroite est en raison inverse de la largeur du faisceau, et l'on peut écrire

$$\varepsilon = \frac{k}{L' \cos i'}, \qquad di' = \frac{\varepsilon L'}{k} \frac{\sin A}{\cos r} \, dn.$$

La séparation des différentes couleurs est d'autant plus parfaite que le rapport $\frac{di'}{\varepsilon}$ est plus grand; il faut donc que le rapport $\frac{L' \sin A}{\cos r}$ ou $\frac{L \sin A}{\cos r'}$ ait une valeur maximum.

On retrouve ici la propriété générale du retour des rayons, car pour un faisceau dont le trajet est déterminé le résultat est indépendant du sens de la propagation.

Pour un prisme donné, la condition la plus avantageuse correspond à la valeur maximum de l'angle r ou de l'angle r', c'est-à-dire à l'incidence ou à la sortie rasante.

Cependant on est bientôt arrêté dans la pratique, quand on cherche à s'approcher de cette limite, parce que les défauts des surfaces et de la matière du prisme ne tardent pas à déformer les images et à faire perdre le bénéfice que l'on pourrait trouver dans l'accroissement de dispersion.

Dans la plupart des cas, il est préférable d'utiliser le prisme au voisinage du minimum de déviation. C'est alors que les défauts des surfaces ont le moins d'inconvénients et que les rayons parcourent dans l'intérieur du prisme le moindre trajet. Comme le système est en outre aplanétique, le réglage est plus facile, surtout si l'on prend plusieurs prismes successifs, disposés dans le même sens, pour ajouter leurs dispersions.

77. *Systèmes de prismes.* — Supposons qu'un faisceau de rayons traverse une série de prismes parallèles. Désignons par les indices 1, 2, 3, ..., m les quantités relatives aux prismes successifs, par α_1 l'angle de la face de sortie du premier prisme avec la face d'entrée du second et, de même, par α_2, α_3, ..., α_{m-1} les angles analogues pour les prismes suivants.

La déviation du rayon est la somme des déviations produites par chacun des prismes et peut s'écrire

$$D = \Sigma(i + i' - A) = \Sigma(i + i') - \Sigma A.$$

Les relations

$$(23) \qquad \begin{cases} i'_1 + i_2 = \alpha_1, \\ i'_2 + i_3 = \alpha_2, \\ \dots\dots\dots\dots \\ i'_{m-1} + i_m = \alpha_{m-1} \end{cases}$$

donnent, par addition des termes membre à membre,

$$\Sigma(i + i') - i_1 - i'_m = \Sigma\alpha;$$

par suite,

$$D = i_1 + i'_m + \Sigma\alpha - \Sigma A.$$

Si l'ensemble des prismes constitue un système de forme invariable, la déviation est encore minimum pour la condition

$$(24) \qquad di_1 - di'_m = 0,$$

et l'on déduit des équations (23)

$$(25) \qquad \begin{cases} di'_1 + di_2 = 0, \\ di'_2 + di_3 = 0, \\ \dots\dots\dots\dots \\ di'_{m-1} + di_m = 0. \end{cases}$$

D'autre part, on a, pour chacun des prismes,

$$dr + dr' = 0,$$
$$\cos i\, di = n \cos r\, dr,$$
$$\cos i'\, di' = n \cos r'\, dr';$$

par suite,

$$(26) \qquad \frac{\cos i}{\cos r}\, di + \frac{\cos i'}{\cos r'}\, di' = 0.$$

En désignant par f le facteur $\dfrac{\cos r}{\cos i}\dfrac{\cos i'}{\cos r'}$, on obtient ainsi successivement

$$di_1 + f_1\, di'_1 = 0,$$
$$di_2 + f_2\, di'_2 = 0,$$
$$\cdots\cdots\cdots\cdots\cdots$$
$$di_m + f_m\, di'_m = 0,$$

ou, en tenant compte des équations (24) et (25),

$$di_1 = f_1\, di_2,$$
$$di_2 = f_2\, di_3,$$
$$\cdots\cdots\cdots\cdots$$
$$di_m = f_m\, di_1;$$

il en résulte

$$(27) \qquad 1 = f_1 f_2 f_3 \ldots f_m.$$

Telle est la condition du minimum de déviation dans le système ; cette équation (27) permettra de déterminer l'angle d'incidence initial i_1 correspondant en fonction des données du problème.

Si les dimensions du système de prismes sont négligeables par rapport à la distance de la source, la ligne focale de première espèce C se trouve toujours à la même distance $p = \rho$ que la source ; la distance q de la ligne focale de seconde espèce O s'obtient, d'après l'équation (16), en multipliant ρ par le produit des carrés des facteurs f pour le passage dans les prismes successifs. Ce produit étant égal à l'unité, d'après l'équation (27), il en résulte

$$q = p = \rho.$$

Le système des prismes est donc encore aplanétique pour le minimum de déviation.

Si tous les prismes sont identiques et tous les angles z égaux entre eux ou, plus généralement, si le système est symétrique par rapport à un plan médian parallèle aux arêtes, il est évident que les rayons doivent traverser normalement le plan de symétrie pour le minimum de déviation.

78. — Dans le cas de deux prismes, la condition (27) du minimum de déviation se réduit à

$$1 = f_1 f_2.$$

La dispersion du premier prisme est (76)

$$\delta i_1' = \frac{\sin A_1}{\cos r_1 \cos i_1'} dn_1.$$

La dispersion dans le second prisme se compose du terme analogue $\dfrac{\sin A_2}{\cos r_2 \cos i_2'} dn_2$, auquel on doit ajouter le changement de déviation produit par la variation $di_2 = -\delta i_1'$ de l'angle d'incidence, c'est-à-dire, d'après l'équation (26),

$$\frac{1}{f_2} \delta i_1' = \frac{\cos i_2 \, \cos r_2'}{\cos r_2 \, \cos i_2'} \frac{\sin A_1}{\cos r_1 \, \cos i_1'} dn_1,$$

de sorte qu'à la sortie du système la dispersion des deux rayons considérés est

$$\delta D = \frac{1}{\cos r_2 \cos i_2'} \left(\sin A_2 \, dn_2 + \frac{\cos i_2 \, \cos r_2'}{\cos r_1 \, \cos i_1'} \sin A_1 \, dn_1 \right).$$

Si les deux prismes sont identiques, ils constituent ce que Thollon [1] appelle un *couple*; le minimum de déviation a lieu quand le rayon intermédiaire est perpendiculaire au plan bissecteur de l'angle z des faces en regard. Dans ce cas, les conditions $i_1 = i_2'$ et $i_1' = i_2$ montrent que le facteur $\dfrac{\cos i_2 \, \cos r'}{\cos r_1 \, \cos i_1} = 1$ et la dispersion est

$$\delta D = \frac{2 \sin A}{\cos r_2 \cos i_2'} dn = \frac{2 \sin A}{\cos r_1' \cos i_1} dn.$$

Lorsque les angles A ou z sont choisis de façon que l'entrée et

___

[1] Thollon, *Journal de Physique*, t. VII, p. 141; 1878.

la sortie des rayons dans le système soient normales aux faces correspondantes, les conditions $i_1 = i_2' = 0$, $r_1' = r_2 = A$ donnent

$$\delta D = 2 \, \mathrm{tang} \, A \, dn.$$

Dans la région du spectre voisine du point qui correspond au minimum de déviation, la dispersion est alors proportionnelle à la variation de l'indice de réfraction; on peut dire que le spectre est *normal par rapport à l'indice.*

79. *Prismes inverses.* — Les considérations qui précèdent s'appliquent à tous les cas, si l'on donne aux différents angles des valeurs positives ou négatives.

Pour deux prismes parallèles dont les angles réfringents A_1 et A_2 sont dirigés en sens contraires, il suffira de changer les signes des angles A_2, i_2 et i_2' et la déviation devient

$$D = i_1 - i_2 + \alpha - A_1 + A_2.$$

Lorsque tous les angles sont très petits (67), cette relation se réduit à

$$D = (n_1 - 1)A_1 - (n_2 - 1)A_2.$$

Plusieurs cas sont utiles à signaler :

1° La déviation est nulle quand on a

$$(28) \qquad i_1 - i_2' = A_1 - A_2 = \alpha.$$

Comme l'angle i_2' est une fonction de l'angle d'incidence i_1 et des données relatives aux deux prismes, cette équation définit la direction primitive du faisceau, à la condition toutefois que le problème soit possible.

Pour des angles très petits, on a simplement

$$(n_1 - 1)A_1 = (n_2 - 1)A_2.$$

2° La dispersion relative à une variation $d\lambda$ de longueur d'onde est nulle pour la condition (78)

$$(29) \qquad \frac{\sin A_2}{\cos i_2 \cos r_2} \frac{dn_2}{d\lambda} = \frac{\sin A_1}{\cos r_1 \cos i_1} \frac{dn_1}{d\lambda}.$$

La dispersion du prisme composé est alors nulle; le prisme

est dit *achromatique* pour les rayons dont la longueur d'onde est voisine de λ.

Dans ce cas, la déviation passe par un maximum ou un minimum relatif à la longueur d'onde λ. La dispersion croît ou décroît avec la longueur d'onde pour les rayons dont les longueurs d'onde sont situées de part et d'autre de λ, tandis que la déviation varie dans le même sens pour tous les rayons. En d'autres termes, le spectre est replié sur lui-même à partir des rayons λ et, pour toute autre direction, deux rayons de natures différentes se trouvent superposés.

Si l'achromatisme a lieu pour les rayons jaunes, par exemple, l'image d'une fente sera bordée de jaune d'un côté et, de l'autre, par une teinte pourpre provenant de la superposition des rayons rouges et violets. On obtient ainsi un spectre *secondaire*, dont l'ouverture angulaire est en général très petite, de sorte que le système est sensiblement achromatique pour toutes les couleurs et donne des images à peu près blanches, quoique les rayons éprouvent une déviation notable.

On peut réaliser cette condition d'achromatisme, soit avec des prismes de même nature dont les angles réfringents A_1 et A_2 et l'angle intermédiaire α satisferont à l'équation (29), soit plutôt avec des prismes de natures différentes pour lesquels les dérivées $\frac{dn_1}{d\lambda}$ et $\frac{dn_2}{d\lambda}$ ont des valeurs très inégales.

Avec trois prismes différents alternativement en sens contraires, on peut établir l'égalité de déviation pour trois rayons distincts. Dans ce cas, la déviation a un maximum et un minimum en fonction de la longueur d'onde; le spectre est replié deux fois sur lui-même. L'image d'une fente étroite donnerait alors un spectre *tertiaire* d'étendue encore plus faible. Si le maximum et le minimum de déviation ont lieu, par exemple, pour le jaune et le bleu, l'image d'une fente étroite serait bordée d'un côté par les rayons d'extrême rouge et de l'autre par ceux du violet.

L'emploi de m prismes permet d'égaler la déviation de m rayons différents et donne un spectre de $m^{\text{ième}}$ ordre; la perfection de l'achromatisme croît ainsi avec le nombre des prismes.

L'achromatisme s'obtient habituellement avec deux prismes de natures différentes, l'un en *crown* (verre à base d'alcalis, peu dis-

persif), qui produit la plus grande déviation, et l'autre en *flint*
(verre à base de plomb, très dispersif), d'angle plus faible, qui
réduit la dispersion sans annuler la déviation.

Lorsque les angles des deux prismes sont très petits, la condition d'achromatisme se réduit à

$$A_1\, dn_1 = -A_2\, dn_2.$$

La déviation est alors proportionnelle à $\dfrac{n_1-1}{dn_1} - \dfrac{n_2-1}{dn_2}$; pour
qu'elle ne s'annule pas, il faut que la dispersion soit différente
dans les deux prismes, c'est-à-dire qu'on ait

$$\frac{dn_1}{n_1-1} > \frac{dn_2}{n_2-1}.$$

On appelle souvent *pouvoir dispersif* d'un milieu le rapport
$\dfrac{n'-n''}{n-1}$, dans lequel n' et n'' désignent les indices de réfraction des
rayons extrêmes, violet et rouge, et n l'indice de réfraction du
rayon moyen. Deux prismes d'angles très petits ne peuvent être
achromatisés, en conservant une déviation au rayon, que si leurs
pouvoirs dispersifs sont différents.

3° On peut, au contraire, chercher à rendre la dispersion
maximum, quand la déviation est nulle pour la longueur d'onde λ.
Si l'on se donne, par exemple, la nature des prismes et l'angle A_1
du premier, l'équation (28) établit une première relation entre
les angles A_2 et α.

L'expression

$$\frac{\delta D}{d\lambda} = \frac{1}{\cos r_2 \cos i_2}\left(\frac{\cos i_2 \cos r_1}{\cos r_1 \cos i_1}\sin A_1\,\frac{dn_1}{d\lambda} - \sin A_2\,\frac{dn_2}{d\lambda}\right)$$

est alors une fonction de l'angle A_2, ou de l'angle α, dont on égalera
la dérivée à zéro. Cette seconde équation, jointe à la première,
déterminera les angles A_2 et α.

On obtient ainsi un *prisme à vision directe*, qui conserve la
propriété de disperser la lumière.

L'angle α est habituellement nul, les prismes étant appliqués
l'un sur l'autre et réunis par un collage, pour diminuer la perte

de lumière par les réflexions, et l'on choisit, pour les deux prismes, des milieux dont les pouvoirs dispersifs sont très différents.

Avec un prisme de flint et un prisme de crown qui donnent la même déviation moyenne, il est clair que le spectre résultant provient de l'excès de la dispersion du premier prisme sur celle du second.

Un ensemble de prismes alternativement en flint et en crown et de sens contraires peut constituer un prisme résultant très dispersif à déviation nulle pour les rayons moyens.

80. *Spectroscopie.* — Lorsque Newton fit ses mémorables expériences pour démontrer que la lumière blanche est composée de couleurs distinctes ayant des réfrangibilités inégales, et que la superposition nouvelle des couleurs séparées par un prisme reproduit la lumière blanche, il indiqua les précautions à prendre, au point de vue expérimental, pour séparer autant que possible les rayons d'espèces différentes qui existent dans un faisceau de lumière. La méthode consiste à faire passer la lumière par une fente étroite dont on produit une image réelle avec une lentille convergente. On place ensuite sur le trajet du faisceau, près de la lentille, un prisme parallèle à la fente et on l'oriente par tâtonnements de manière que les rayons émergents soient au minimum de déviation. Sur un écran placé dans cette direction à la même distance que l'image primitive, on observe alors un *spectre* formé par la succession des images de la fente relatives aux différentes radiations simples qui existent dans la lumière.

Les défauts d'homogénéité des verres dont se servait Newton ne lui ont pas permis d'apercevoir les particularités remarquables qui existent dans le spectre solaire; mais il suffit aujourd'hui de répéter l'expérience dans les mêmes conditions pour constater l'existence d'une série de lignes noires, qu'on a appelées les *raies obscures* du spectre, correspondant à des radiations qui n'existent pas dans la lumière solaire ou du moins dont l'intensité est beaucoup moindre que celles des radiations voisines.

Ces raies ont été découvertes par Wollaston ([1]). Fraunhofer ([2]).

([1]) WOLLASTON, *Phil. Trans. L. R. S.*, p. 365; 1802.
([2]) FRAUNHOFER, *Gilbert's Ann.*, t. LVI, p. 264; 1817.

qui cherchait dans le spectre des points de repère pour la mesure des indices de réfraction, les découvrit de nouveau par un mode d'observation plus délicat sur lequel nous reviendrons : il a désigné quelques-unes d'entre elles par des lettres (*Pl. I, fig.* 1). Nous y remarquerons, en particulier, la double raie D et le groupe des trois raies *b*.

Fraunhofer reconnut aussi dans les flammes ordinaires, et surtout dans la flamme de l'alcool, l'existence d'une double raie brillante jaune, exactement à la position occupée par les raies D, indiquant ainsi l'existence de radiations spéciales d'une intensité exceptionnelle par rapport aux radiations voisines. Enfin les étincelles électriques produites entre des électrodes de métal donnent des spectres encore plus discontinus, formés seulement d'un certain nombre de *raies brillantes*; la lumière ne renferme alors qu'un nombre limité de radiations différentes.

Les beaux travaux de MM. Kirchhoff et Bunsen ([1]) ont mis en évidence les relations des raies obscures du spectre solaire avec les raies brillantes des spectres de vapeurs métalliques; les raies D en particulier correspondent au sodium et le groupe *b* au magnésium. La composition de la lumière des astres et de celle qui provient des différentes sources artificielles, l'absorption élective produite par des milieux solides, liquides ou gazeux, la propriété dont jouissent certains corps de transformer les radiations qu'ils reçoivent et d'émettre ensuite des radiations différentes (*phosphorescence* et *fluorescence*), etc., cet ensemble de phénomènes, qui constitue l'*analyse spectrale* de la lumière, forme aujourd'hui une science nouvelle que nous ne pouvons pas aborder ici.

81. — La Photographie a montré que les radiations lumineuses sont capables, à des degrés très différents, de produire des réactions chimiques. On a pu, à l'aide de la photographie, étudier le spectre solaire au delà du violet et l'on y a constaté la même constitution, c'est-à-dire l'existence d'un grand nombre de raies inactives, dont quelques-unes ont été désignées par des lettres comme points de repère. Dans les spectres prismatiques de la

---

([1]) Kirchhoff et Bunsen, *Ann. de Chim. et de Phys.*, (3), t. LVIII, p. 254, t. LXII, p. 452, etc.

lumière solaire, la région ultra-violette a ainsi une étendue à peu près égale à celle de la région lumineuse. La *fig.* 1, *Pl. I*, indique la position des principales raies du spectre lumineux et du spectre ultra-violet pour le rayon ordinaire du spath d'Islande, dans un prisme de 60°.

Les radiations plus réfrangibles sont sans doute absorbées par l'atmosphère, car les sources artificielles, particulièrement les vapeurs métalliques que l'on obtient dans l'arc électrique, ont un spectre cinq ou six fois plus étendu ([1]) et fournissent de nouveaux repères; la vapeur de cadmium est celle qui convient le mieux, parce qu'elle donne une série de raies intenses dans toute l'étendue de la région observable.

Il est même digne de remarque que l'œil est affecté par ces radiations extrêmes. Avec des précautions particulières, certaines vues peuvent distinguer les raies brillantes du cadmium aussi loin que la photographie est capable de les reproduire ([2]).

Les rayons lumineux sont en même temps calorifiques. Si l'on promène un thermomètre très sensible dans un spectre prismatique, à partir du violet, l'élévation de température, d'abord insensible, ne commence à devenir manifeste que dans le jaune; elle augmente ensuite rapidement jusqu'au rouge extrême et continue de se produire en dehors du spectre lumineux jusqu'à une distance presque égale à celle du violet au rouge. On retrouve encore, dans cette région infra-rouge, des minima pour les radiations solaires et des maxima pour les sources artificielles.

Les radiations observables s'étendent donc beaucoup au delà de la région qui affecte l'œil; pour les radiations qui correspondent à une réfraction déterminée, les trois propriétés distinctes, chaleur, lumière et action chimique, ne sont que des manifestations différentes d'une même source d'énergie, très inégales en apparence, mais inséparables, et elles conservent les mêmes rapports dans tous les phénomènes.

L'impression lumineuse est un effet physiologique qui dépend

([1]) Stokes, *Phil. Trans. L. R. S.*, p. 599; 1862.

([2]) Mascart, *Comptes rendus de l'Académie des Sciences*, t. LXVIII, p. 402; 1869.

de la constitution de l'œil et ne peut servir pour évaluer l'énergie relative des radiations. Les actions chimiques sont elles-mêmes électives; leurs rapports varient avec la nature et l'état physique des substances employées pour les révéler. Ces distinctions n'existent pas pour les expériences calorifiques; il paraît donc légitime de prendre, comme mesure de l'énergie d'une radiation, la quantité de chaleur qu'elle est capable de dégager sur un corps en un temps déterminé.

Il est assez difficile de comparer entre elles les intensités lumineuses de deux sources qui n'ont pas la même teinte. Fraunhofer a pu néanmoins, par une méthode ingénieuse, déterminer, au moins d'une manière approximative, le rapport des éclats des différentes parties du spectre solaire. Le maximum (*Pl. I, fig.* 1) se montre dans le jaune un peu plus réfrangible que la raie D et, à partir de ce point, la lumière s'affaiblit rapidement vers les deux extrémités du spectre.

Il n'y a pas lieu de tracer de courbe analogue pour les actions chimiques, parce que les résultats varient dans de très grandes proportions avec la nature des corps soumis à l'expérience.

La courbe des intensités calorifiques a été tracée d'après les expériences de M. Langley (*); elle présente une série de minima localisés, par exemple en regard des raies C, B, *a* et A, qui correspondent sans doute, au moins en partie, à des effets d'absorption par l'atmosphère. La courbe enveloppe, marquée en traits pointillés, indique mieux la marche continue du phénomène : le maximum du spectre lumineux a lieu pour les rayons les moins réfrangibles et le maximum absolu se trouve dans les radiations invisibles.

82. *Spectre normal.* — La *loi de dispersion* pour un milieu est la relation qui existe entre l'indice de réfraction et la longueur d'onde correspondante. Comme la longueur d'onde est plus petite pour le bleu que pour le rouge, la réfraction varie en sens inverse de la longueur d'onde pour la plupart des milieux.

Dans certains corps cependant on observe des dispersions dites

---

(*) LANGLEY, *Ann. de Chim. et de Phys.*, 5ᵉ série, t. XXIX, p. 497; 1883.

anormales, où la distribution des couleurs se fait en sens contraire ; quelquefois même la déviation est maximum pour une couleur déterminée, comme dans les spectres secondaires que produit l'achromatisation des prismes (79).

Les distances relatives des raies dépendent de la loi de dispersion, de sorte que la forme des spectres varie avec le corps qui sert à constituer le prisme.

Billet ([1]) désignait sous le nom de spectre *type*, et l'on appelle aujourd'hui *normal*, un spectre dans lequel la distance des raies est proportionnelle à la différence de leurs longueurs d'onde, ce qui permet d'obtenir dans tous les cas une échelle uniforme en relation avec la nature physique des vibrations.

La *fig.* 2, *Pl. I*, indique la distribution des raies obscures de la lumière solaire dans un spectre normal. Si on le compare avec le spectre prismatique, on voit combien les raies sont plus écartées dans la lumière rouge, plus resserrées dans la lumière violette et surtout dans l'ultra-violet.

La moindre longueur d'onde des radiations chimiques observées pour le cadmium est d'environ $0^\mu,210$; celle de la raie H à l'extrémité du violet est $0^\mu,396$, celle de la raie A à la limite du rouge $0^\mu,761$, et l'on peut voir jusqu'à la longueur d'onde $0^\mu,81$. L'étendue, dans un spectre normal, de la région ultra-violette observée jusqu'à présent n'est donc pas supérieure à celle de la région lumineuse, et chacune d'elles renferme des longueurs d'onde dont les extrêmes sont à peu près dans le rapport de 1 à 2, ce qui constitue deux octaves successives.

Si l'on voulait représenter à la même échelle le spectre infrarouge, il aurait une étendue considérable par rapport à celle du spectre lumineux, car M. Langley a pu observer des radiations calorifiques dont la longueur d'onde atteignait $2^\mu,80$ pour le Soleil et qui dépassaient 5^μ pour les sources terrestres.

Il est logique de rapporter également les courbes d'intensité au spectre normal et la déformation du système montre que les points d'intensité maximum se rapprocheront du violet.

D'une manière générale, si l'on représente par x la distance

([1]) BILLET, *Traité d'Optique*, t. I, p. 477 ; 1858.

M N   T   V

T   H   V I

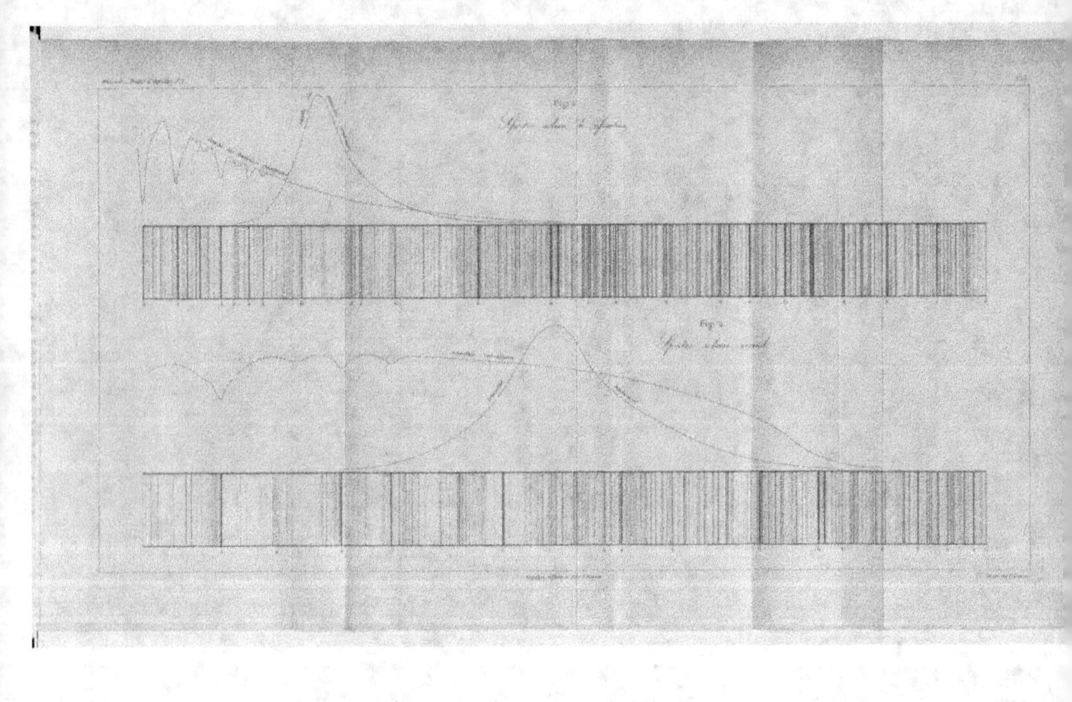

d'une raie à un point situé du côté du violet dans un spectre quelconque, dQ la quantité totale de chaleur (ou de lumière) des radiations dont les longueurs d'onde sont comprises entre λ et $\lambda + d\lambda$
et qui sont situées aux distances x et $x + dx$, l'intensité dans
cette région peut être représentée par $i = \dfrac{dQ}{dx}$.

Si le spectre est normal, on peut remplacer dx par $d\lambda$; enfin,
si les distances primitives x sont exprimées en fonction de
l'indice de réfraction, l'intensité I dans le spectre normal pourra
se déduire de l'intensité i relative à un spectre quelconque par
l'une des relations

$$I = \frac{dQ}{dx}\frac{dx}{d\lambda} = i\frac{dx}{d\lambda} = i\frac{dx}{dn}\frac{dn}{d\lambda},$$

les facteurs $\dfrac{dx}{d\lambda}$, ou $\dfrac{dx}{dn}$ et $\dfrac{dn}{d\lambda}$, étant fournis par l'expérience [1].

On voit sur la *fig.* 2, *Pl. 1*, que la courbe des intensités lumineuses dans le spectre normal de la lumière solaire a son maximum
à peu près à égale distance des raies D et E, et que le maximum
des énergies calorifiques est situé cette fois dans le spectre lumineux, entre les raies B et C. Toutefois, cette dernière courbe indique seulement la marche du phénomène, qui dépend beaucoup
des conditions de l'atmosphère, car M. Langley a donné depuis
des nombres très différents et M. Mouton plaçait le maximum
calorifique très près du maximum de lumière.

83. *Réfraction sur une surface sphérique.* — Lorsque des
rayons lumineux partis d'un point A, dans un premier milieu dont
l'indice de réfraction est n, sont réfractés par une surface sphérique S (*fig.* 40) de rayon R et de centre O, qui limite un second
milieu dont l'indice est n', le faisceau réfracté sur un élément de
surface dS, au point M, a encore deux lignes focales, l'une $A_1 A'$
sur l'axe AO, l'autre qui passe au point A_2 et qui est perpendiculaire au plan moyen de réfraction AMO.

Nous supposerons immédiatement que la surface S est une calotte de la sphère et que la droite AO passe par le milieu C de la

---

[1] MOUTON, *Comptes rendus de l'Académie des Sciences*, t. LXXXIX,
p. 295; 1879.

cadotte, c'est-à-dire que le point A est situé sur l'*axe principal* du système.

Soient

a et a_1 les distances OA et OA$_1$ comptées respectivement vers les deux milieux ;

b et b_1 les distances MA et MA$_1$;

i et i' les angles d'incidence et de réfraction ;

ω l'angle MOC ;

z et z_1 les angles MAO et MA$_1$O.

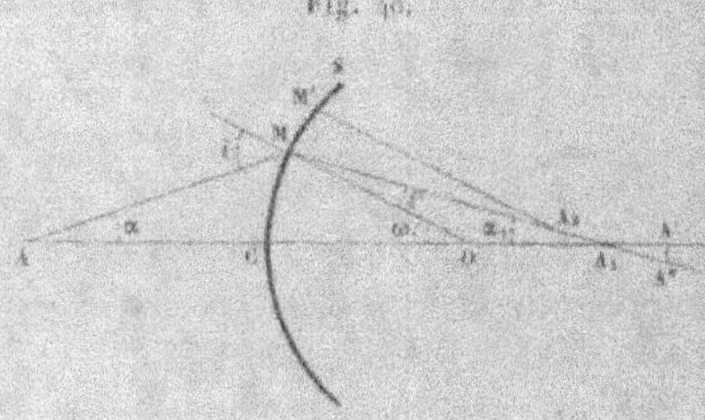

Fig. 40.

On a, par les triangles MOA et MOA$_1$,

$$(1)' \quad \begin{cases} \dfrac{a}{\sin i} = \dfrac{b}{\sin \omega} = \dfrac{R}{\sin z}, \\[2mm] \dfrac{a_1}{\sin i'} = \dfrac{b_1}{\sin \omega} = \dfrac{R}{\sin z_1}; \end{cases}$$

par suite

$$(2)' \quad \frac{b}{b_1} = \frac{a}{a_1}\,\frac{\sin i'}{\sin i} = \frac{na}{n'a_1}.$$

Si l'on élimine de cette équation les longueurs b et b_1, ou a et a_1, à l'aide de la relation

$$(3)' \quad R = a\cos\omega - b\cos i = b_1\cos i' - a_1\cos\omega,$$

il reste

$$(4)' \quad \frac{n\cos i}{a_1} + \frac{n'\cos i'}{a} = (n'\cos i' - n\cos i)\frac{\cos\omega}{R},$$

$$(5)' \quad \frac{n'}{b_1} + \frac{n}{b} = \frac{n'\cos i' - n\cos i}{R}.$$

On retrouverait ainsi les équations correspondantes relatives aux miroirs sphériques (60) en faisant $n' = -n$ et remplaçant R par $-$ R.

On déduit aussi des équations (1)$'$

$$(6)' \qquad b \sin \alpha = b_1 \sin \alpha_1 = \mathrm{R} \sin \omega.$$

Les distances a_1 et b_1 varient avec l'angle ω; leurs valeurs limites a' et b', pour $\omega = 0$, donnent

$$\mathrm{R} = b' - a'$$

et

$$(7)' \qquad \frac{n}{a'} + \frac{n'}{a} = \frac{n'-n}{\mathrm{R}};$$

cette équation détermine le *foyer conjugué* A$'$ du point A pour les rayons voisins de l'axe.

Le point A$_2$ se déterminera, de même, par la réfraction en un point M$'$ infiniment voisin du premier et situé dans le plan de la figure.

On a encore dans le triangle MM$'$A$_2$, en posant MA$_2 = \rho$,

$$\frac{\mathrm{R}\,d\omega}{\rho} = \frac{d\alpha_1}{\cos(i'+di')} = \frac{d\omega - di}{\cos i'}$$

Les relations (1)$'$ donnent

$$\mathrm{R} \cos i\, di = a \cos \alpha\, d\alpha = a \cos \alpha\,(di - d\omega),$$

et la loi de réfraction

$$n \cos i\, di = n' \cos i'\, di.$$

Il en résulte

$$1 - \frac{\mathrm{R}\cos i'}{\rho} = \frac{n \cos i}{n' \cos i'}\,\frac{a \cos \alpha}{a \cos \alpha - \mathrm{R}\cos i} = \frac{n \cos i}{n' \cos i'}\,\frac{b + \mathrm{R}\cos i}{b}$$

ou

$$(8)' \qquad \frac{n' \cos^2 i'}{\rho} + \frac{n \cos^2 i}{b} = \frac{n' \cos i' - n \cos i}{\mathrm{R}}.$$

Les différentes expressions qui précèdent permettront de calculer l'aberration longitudinale $l = \mathrm{A}_1\mathrm{A}' = a' - a_1$ et l'aberration latérale $\lambda = \mathrm{A}'\mathrm{A}'' = l \tang \alpha_1$. Le problème des aberrations de

sphéricité est beaucoup plus complexe que dans le cas de la réflexion. En outre, la déviation varie avec la couleur ; il en résulte
une nouvelle espèce d'aberrations, dites *de réfrangibilités*, qui
ont pour effet de colorer les images sur les bords. Il se présente
donc, au point de vue pratique, une nouvelle difficulté que l'on
résout encore d'une manière approchée en combinant des verres
dont les pouvoirs dispersifs sont très différents, afin d'obtenir des
systèmes *achromatiques* (79).

84. — Le cas le plus important à considérer est celui où les
angles i et i' restent très petits ; on peut alors remplacer la loi de
réfraction par la relation plus simple $ni = n'i'$, ce qui revient
à négliger le cube des angles i et i', et il en sera de même pour
l'angle ω qui définit l'ouverture angulaire de la surface utilisée.

Si l'on néglige les aberrations, et qu'on appelle f et f' les distances du sommet C de l'axe aux points conjugués A et A' (*fig.* 41),
la relation (5)' devient

$$\frac{n'}{f'} - \frac{n}{f} = \frac{n'-n}{R}.$$

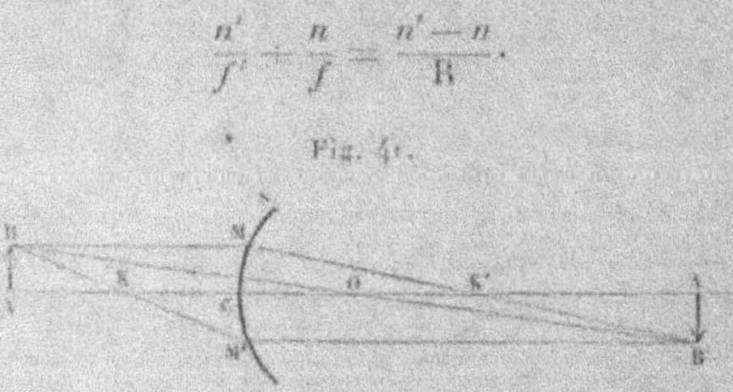

Fig. 41.

Il y a ici deux foyers principaux K et K' correspondant à $f' = \infty$
et $f = \infty$. Les distances F et F' du point C aux foyers principaux,
c'est-à-dire les *longueurs focales* du système, sont

$$F = \frac{n}{n'-n} R, \qquad F' = \frac{n'}{n'-n} R;$$

il en résulte

$$\frac{F'}{n'} = \frac{F}{n} = \frac{R}{n'-n}, \qquad F' - F = R.$$

La relation précédente peut donc s'écrire

$$(9)' \qquad\qquad \frac{F'}{f'} + \frac{F}{f} = 1.$$

Appelant φ et φ' les distances des foyers K et K' aux points A et A', comptées vers les milieux respectifs, on a

$$f = F + \varphi, \qquad f' = F' + \varphi',$$

et l'équation (9)' devient

$$(10)' \qquad \varphi\varphi' = FF' = \frac{nn'}{(n'-n)^2} R^2.$$

85. — Un objet $AB = I$ de petites dimensions, situé dans un plan perpendiculaire à l'axe, donne une image $A'B' = -I'$, également perpendiculaire à l'axe. Le point B' se trouve sur trois directions remarquables : l'*axe secondaire* BO, le rayon réfracté MK' qui provient d'un rayon incident BM parallèle à l'axe, le rayon réfracté M'B' qui provient d'un rayon incident BK dirigé vers le premier foyer K. Les triangles MCK' et K'B'A' donnent

$$\frac{-I'}{I} = \frac{\varphi'}{F'} = \frac{F}{\varphi} = \sqrt{\frac{\varphi'F}{\varphi F'}} = \sqrt{\frac{n\varphi}{n'\varphi'}}$$

ou

$$\frac{-I'}{I} = \frac{f'-F'}{F'} = \frac{Ff'}{F'f},$$

$$(11)' \qquad \frac{I'F'}{f'} + \frac{IF}{f} = 0.$$

Si l'on appelle $-\alpha'$ la limite de l'angle α_1, pour tenir compte de ce que l'angle α_1 du rayon réfracté MA' (*fig.* 40) avec l'axe AA' est compté au-dessous de l'axe, l'équation (6)' donne

$$f\alpha = -f'\alpha' = R\omega.$$

Remplaçons enfin dans l'équation (11)' les longueurs focales F' et F par les indices n' et n qui leur sont proportionnels, et les distances f' et f par α et $-\alpha'$, il vient

$$(12)' \qquad n'\alpha'I' = n\alpha I.$$

86. *Surfaces centrées sur un même axe.* — Les rayons émanés d'un point A peuvent, après une première réfraction, rencontrer la surface de séparation d'un troisième milieu. Nous supposerons que les deux surfaces de séparation S_1 et S_2, de rayons R_1 et R_2, sont sphériques, que le point A est situé sur la droite de leurs

centres O_1 et O_2 et que les portions utilisées de ces surfaces sont des calottes d'ouverture très petite dont les milieux sont sur la même droite, qui est l'*axe principal* du système.

Soient n_1, n_2, n_3 les indices de réfraction des trois milieux successifs; K_1 et K'_1, K_2 et K'_2 (*fig.* 42) les foyers principaux relatifs aux surfaces S_1 et S_2 qui coupent l'axe aux points C_1 et C_2.

Les longueurs focales correspondantes sont

$$(30) \quad \begin{cases} \dfrac{F'_1}{n_2} = \dfrac{F_1}{n_1} = \dfrac{R_1}{n_2 - n_1}, & F'_1 - F_1 = R_1; \\[2ex] \dfrac{F'_2}{n_3} = \dfrac{F_2}{n_2} = \dfrac{R_2}{n_3 - n_2}, & F'_2 - F_2 = R_2. \end{cases}$$

Le point A donne une première image A_1 dans le second milieu et une image A' dans le troisième. On les obtient géométriquement par le tracé des images d'un point voisin B situé sur une même perpendiculaire à l'axe. La première image B_1 est donnée par le trajet des rayons BM'_1 et BM''_1, dont l'un est parallèle à l'axe

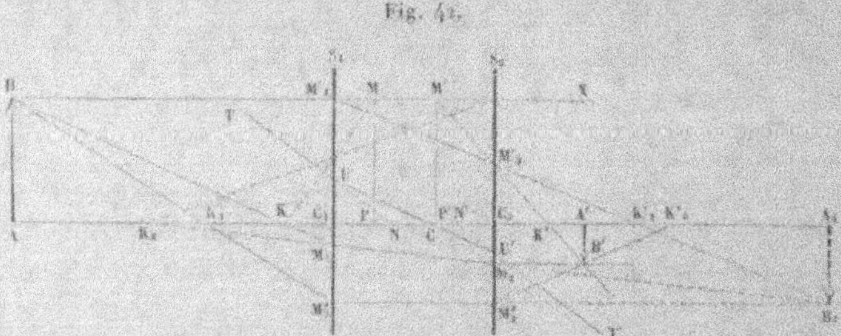

Fig. 42.

et l'autre dirigé vers le foyer antérieur K_1. Dans le second milieu, le rayon $M'_1M'_2$ se réfracte sur la surface S_2 vers le foyer K'_2; le rayon M_1B_1 qui passe par le foyer K_2 se réfracte parallèlement à l'axe et sa rencontre avec le précédent donne la seconde image B'. Les foyers K et K' du système résultant sont déterminés par les points où les droites BM_1 et M'_2B' coupent l'axe.

Les distances $\varphi_1 = K_1A$ et $\varphi'_1 = K'_1A_1$ des foyers K_1 et K'_1 aux points A et A_1 et les distances $\varphi_2 = -K_2A_1$ et $\varphi'_2 = -K'_2A'$ des foyers K_2 et K'_2 aux points A_1 et A' satisfont aux relations

$$\varphi_1 \varphi'_1 = F_1 F'_1, \qquad \varphi_2 \varphi'_2 = F_2 F'_2.$$

En appelant D la distance $K_2 K'_1 = K_2 A_1 - K_1 A_1 = -\varphi_2 - \varphi'_1$, on a

$$(31) \qquad -D = \frac{F_1 F_1}{\varphi_1} + \frac{F_2 F_2}{\varphi_2}.$$

Les distances $\Phi = K_1 K$ ou $\Phi' = K' K_2$ sont respectivement les valeurs de $-\varphi_1$ ou $-\varphi'_2$ pour $\varphi'_2 = \infty$ ou $\varphi_1 = \infty$, ce qui donne

$$\Phi = \frac{F_1 F_1}{D}, \qquad \Phi' = \frac{F_2 F_2}{D},$$

et l'équation (31) peut s'écrire

$$(32) \qquad -1 = \frac{\Phi}{\varphi_1} + \frac{\Phi'}{\varphi_2}.$$

Les distances φ et φ' des foyers K et K' aux points correspondants A et A' sont $\varphi = \varphi_1 + \Phi$, $\varphi' = \varphi'_2 + \Phi'$. Remplaçant φ_1 et φ'_2 par ces valeurs dans l'équation (32), il reste

$$(33) \qquad \varphi \varphi' = \Phi \Phi' = \frac{F_1 F_1 F_2 F_2}{D^2}.$$

87. *Plans principaux.* — Un objet $AB = I$ donne une première image $A_1 B_1 = -I_1$, et une seconde image $A'B' = -I'$. On a, par la comparaison des triangles semblables BKA et $C_1 K M_1$, $C_1 K_2 M_1$ et $C_2 K_2 M_2$.

$$\frac{I}{\varphi} = \frac{C_1 M_1}{K C_1} = \frac{C_1 M_1}{F_1 - \Phi},$$

$$\frac{-I'}{F_2} = \frac{C_1 M_1}{K_2 C_1} = \frac{C_1 M_1}{D - F_1};$$

par suite,

$$(34) \qquad \frac{I'}{I} = \frac{F_2}{\varphi} \frac{F_1 - \Phi}{F_1 - D} = \frac{F_1 F_2}{\varphi} \frac{1 - \dfrac{F_1}{D}}{F_1 - D} = -\frac{F_1 F_2}{\varphi D} = -\frac{\varphi' D}{F_1 F_2}.$$

Lorsque l'objet AB se déplace parallèlement à l'axe, l'image $A'B'$ est toujours dans l'angle $B'K'A'$ défini par la marche du rayon BM_1 parallèle à l'axe; cette image, pouvant prendre toutes les grandeurs positives ou négatives, passe donc une fois et une seule par une valeur égale à l'objet. Si P et P' sont les positions des points conjugués A et A' satisfaisant à cette condition, nous appellerons F et F' leurs distances aux foyers K et K', comptées respectivement vers le premier et le dernier milieu. Ces distances sont les valeurs que prennent $-\varphi$ et $-\varphi'$ dans l'équation (34) quand le premier membre est égal à l'unité; on a ainsi

$$F = \frac{F_1 F_2}{D}, \qquad F' = \frac{F'_1 F'_2}{D}.$$

En tenant compte des équations (30), il en résulte

$$\frac{F}{F'} = \frac{F_1 F_2}{F'_1 F'_2} = \frac{n_1 n_2}{n_2 n_3} = \frac{n_1}{n_3}.$$

Les équations (33) et (34) deviennent alors

(33)'
$$\varphi\varphi' = FF'.$$

(34)'
$$-\frac{F'}{I} = \frac{F}{\varphi} = \frac{\varphi'}{F'} = \sqrt{\frac{n_1 \varphi'}{n_3 \varphi}}.$$

Les plans PM et P'M' jouissent de la propriété que deux points M et M' situés à la même distance de l'axe et du même côté sont conjugués. Ce sont les *plans principaux* du système résultant.

On voit aisément sur la figure que l'intersection M' des droites K'M'_2 et BX est l'image du point M déterminé de la même manière par un rayon XB marchant en sens contraire.

Les valeurs de F et F' sont les *longueurs focales* du système; ces longueurs sont proportionnelles aux indices de réfraction des milieux extrêmes et toujours de même signe.

Les plans principaux sont donc situés dans l'intervalle des foyers principaux ou de part et d'autre de ces foyers.

Appelant enfin f et f' les distances respectives $\varphi + F$ et $\varphi' + F'$ des plans principaux aux points conjugués correspondants A et A', on a, comme pour une seule réfraction,

$$\frac{F'}{f'} + \frac{F}{f} = 1,$$

$$\frac{F'F'}{f'} + \frac{F F}{f} = 0.$$

La distance e des surfaces S_1 et S_2 est

$$(35) \qquad e = F_1 + F_2 - D = n_2\left(\frac{R_1}{n_2 - n_1} + \frac{R_2}{n_3 - n_2}\right) - D.$$

En posant

$$\Sigma F = F_1 + F'_1 + F_2 + F'_2,$$

la distance Δ des foyers principaux K et K$'$ est

$$\Delta = e + F_1 + F'_2 - \Phi - \Phi' = \Sigma F - D - \frac{F_1 F_1 + F_2 F'_2}{D}.$$

La distance $p = PP'$ des plans principaux est

$$p = \Delta - F - F' = \Sigma F - D - \frac{F_1 F_1 + F_2 F_2 + F_1 F_2 + F'_1 F'_2}{D}$$

$$= \Sigma F - D - \frac{(F_1 + F'_1)(F_1 + F_2)}{D},$$

ou, en remplaçant D par sa valeur en fonction de la distance e des surfaces,

$$p = e + F_1 + F'_2 + \frac{(F_1 + F'_2)(F_1 + F_2)}{e - (F_1 + F_2)}$$

$$= e \frac{e - (F_1 - F_1) - (F_2 - F'_2)}{e - (F_1 + F_2)};$$

par suite,

$$(36) \qquad p = e \frac{e - R_1 - R_2}{e - n_2 \left(\dfrac{R_1}{n_2 - n_1} = \dfrac{R_2}{n_3 - n_2} \right)} = e \frac{e - R_1 + R_2}{D}.$$

88. *Points nodaux.* — Si l'on considère un rayon, partant du point A, qui fait successivement avec l'axe AA$'$ dans les trois milieux les angles α, α_1 et α', on aura, d'après l'équation $(12)'$ appliquée successivement aux deux réfractions,

$$n_1 \alpha I = n_2 \alpha_1 I_1 = n_3 \alpha' I'.$$

Pour que les angles extrêmes α et α' soient égaux, c'est-à-dire que les rayons émergents soient parallèles aux rayons incidents, il faut qu'on ait

$$\frac{I'}{I} = \frac{n_1}{n_3};$$

par suite, d'après l'équation $(34)'$,

$$\varphi = - \frac{n_3}{n_1} F = - F', \qquad \varphi' = - \frac{n_1}{n_3} F' = - F.$$

M. — I. 8

Les points correspondants N et N' sont les *points nodaux* du système. Comme on a $PN = P'N' = F' - F$, la distance NN' des points nodaux est égale à la distance p des plans principaux.

Le point C, image des points nodaux par rapport aux deux surfaces S_1 et S_2, est le *centre optique* du système. Quand un rayon TU est dirigé vers le premier point nodal N, il passe par le centre optique après la première réfraction et émerge ensuite en U'T' du second point nodal N', parallèlement à sa direction primitive.

Les triangles semblables CUN et CU'N' donnent

$$\frac{CN}{CU} = \frac{CN'}{CU'} \qquad \text{ou} \qquad \frac{CN}{CC_1} = \frac{CN'}{CC_2} = \frac{NN'}{C_1 C_2}.$$

89. *Plans de Bravais.* — M. Martin ([1]) a désigné ainsi deux plans remarquables, signalés déjà par Bravais ([2]) et qui jouissent de la propriété de contenir en même temps l'objet et son image. Il faut qu'on ait alors

$$\varphi + \Delta + \varphi' = 0.$$

Un point Q de l'axe, qui satisfait à cette condition, est lui-même son foyer conjugué. En appelant q et q' ses distances QK et QK' aux foyers K et K', les équations

$$q + q' = \Delta = F + F' - p,$$
$$qq' = FF',$$

qui sont symétriques par rapport à q et q', déterminent deux points Q et Q' ([3]) à égale distance respective des foyers K et K'.

Si l'un des plans perpendiculaires à l'axe qui passent par les points Q et Q' contient un objet, il contient aussi son image; ce sont les *plans de Bravais*.

Les distances q et q' sont les racines de l'équation du second degré

$$x^2 - \Delta x + FF' = 0.$$

Comme on a

$$\Delta^2 - 4FF' = (F - F')^2 + 2p(F + F') + p^2,$$

([1]) Martin, *Annales de Chimie et de Physique*, (4), t. X, p. 426; 1867.

([2]) Bravais, *Annales de Chimie et de Physique*, (3), t. XXXIII, p. 498; 1835.

([3]) Points symptotiques de Listing.

les plans de Bravais n'existent que si la distance p des plans principaux n'est pas comprise entre les racines toujours réelles de l'équation

$$x^2 + 2x(F + F') + (F - F')^2 = 0.$$

La distance des plans de Bravais $b = QQ'$ est

$$b^2 = \Delta^2 - 4FF' = (F - F')^2 + 2\mu(F + F') - p^2.$$

Dans le cas d'une seule surface, les plans principaux et les plans de Bravais se confondent avec le plan tangent avec la surface S (*fig.* 41), les points nodaux et le centre optique avec le centre de courbure O. Il en est de même pour la réflexion sur un miroir sphérique (*fig.* 36).

90. *Système résultant de deux autres.* — On pourrait, en appliquant la même méthode, considérer encore le cas d'une nouvelle réfraction, et continuer de proche en proche, mais les résultats qui précèdent se généralisent sans difficulté.

Considérons deux systèmes optiques quelconques centrés sur un axe et séparés par un même milieu, dont les longueurs focales sont F_1 et F'_1, F_2 et F'_2, les foyers principaux étant en K_1 et K'_1, K_2 et K'_2, et les plans principaux en P_1 et P'_1, P_2 et P'_2 (*fig.* 43).

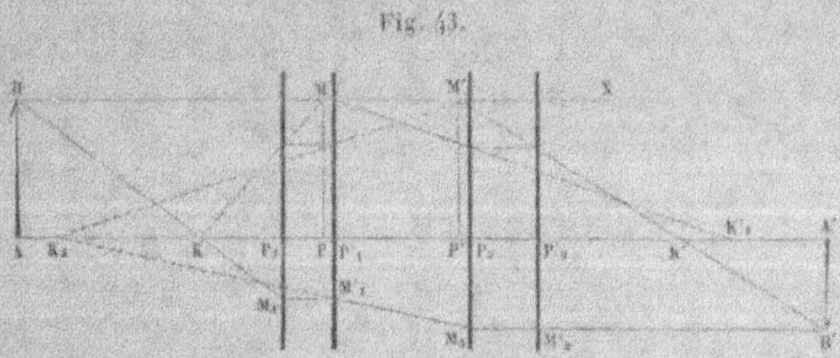

Fig. 43.

En appelant D la distance $K_2 K'_1$, φ_1 et φ'_2 les distances $K_1 A$ et $K'_2 A'$ relatives à deux points conjugués A et A' du système résultant, on a encore

$$(31)' \qquad D = \frac{F_1 F'_1}{\varphi_1} + \frac{F_2 F'_2}{\varphi'_2};$$

par la même transformation, on voit que les distances $\varphi = KA$ et $\varphi' = K'A'$ des foyers principaux du système résultant aux points conjugués A et A' satisfont à la relation

$$(33)' \qquad\qquad \varphi\varphi' = \frac{F_1 F'_1 F_2 F'_2}{D^2}.$$

Si l'on mène le rayon BK qui passe par le foyer antérieur K et aboutit au point M_1 du plan principal P_1, ce rayon émane ensuite du point M'_1, passe par le foyer K_2 du second système, coupe en M_2 le plan principal P_2 et émerge parallèlement à l'axe en passant par le point M'_2.

On a donc à comparer les mêmes triangles que précédemment, avec cette seule différence que chacun des points M_1 et M_2 de la première figure a été pour ainsi dire dédoublé en deux autres situés à la même distance de l'axe.

Le système résultant a deux plans principaux, en P et P', et les longueurs focales $F = PK$ et $F' = P'K'$, comptées respectivement vers les milieux extrêmes, sont

$$F = \frac{F_1 F_2}{D}, \qquad F' = \frac{F'_1 F'_2}{D};$$

il en résulte

$$\varphi\varphi' = FF',$$

et, en appelant n et n' les indices de réfraction des milieux extrêmes,

$$\frac{F}{F'} = \frac{n}{n'}.$$

On retrouve ainsi les mêmes équations générales

$$-\frac{l'}{l} = \frac{F}{\varphi} = \frac{\varphi'}{F'} = \sqrt{\frac{n\varphi'}{n'\varphi}},$$

$$\frac{F'}{f'} + \frac{F}{f} = 1,$$

$$\frac{l'F'}{f'} + \frac{lF}{f} = 0.$$

En désignant par p_1 et p_2 les distances des plans principaux $P_1 P'_1$ et $P_2 P'_2$ des deux systèmes proposés, la distance des foyers principaux K et K' est

$$\Delta = \Sigma F + p_1 + p_2 - D - \frac{F_1 F'_1 + F_2 F'_2}{D},$$

et la distance des plans principaux $p = $ PP' du système résultant

$$p = \Delta - F - F' = \Sigma F + p_1 + p_2 - D - \frac{(F_1 + F'_2)(F'_1 + F_2)}{D}.$$

Les distances des points nodaux N et N' aux foyers sont encore

$$\varphi = - F', \qquad \varphi' = - F.$$

Enfin les plans de Bravais seront déterminés par la même condition que précédemment.

91. *Couples de points conjugués.* — Considérons encore, dans un système centré quelconque, deux couples de points conjugués deux à deux A et A', G et G', situés sur l'axe.

Si l'on désigne par H et H' les distances des foyers K et K' aux points G et G', par h et h' les distances AG et A'G' des points correspondants, ces distances étant respectivement comptées vers les milieux extrêmes, on a d'abord

$$HH' = \varphi\varphi' = FF'.$$

En y remplaçant φ et φ' par leurs valeurs H $- h$ et H' $- h'$, on en déduit

$$(37) \qquad \frac{H}{h} + \frac{H'}{h'} = 1.$$

Cette relation importante, dont l'équation (9)' n'est qu'un cas particulier, est souvent mise à profit pour déterminer les éléments des systèmes optiques (¹).

92. — Remarquons enfin qu'un système centré quelconque, compris entre deux milieux d'indices n_1 et n_3, peut être remplacé par deux surfaces sphériques.

Si l'on se donne, en effet, l'une des longueurs focales F du

(¹) La théorie des systèmes optiques que l'on vient d'exposer est due particulièrement aux travaux de Biot, de Gauss et de Lisling.

système et la distance p des plans principaux, on a

$$F' = \frac{n_3}{n_1} F,$$

$$(38) \qquad FD = F_1 F_2 = \frac{n_1 n_3 R_1 R_2}{(n_2 - n_1)(n_3 - n_2)},$$

$$(39) \qquad -pD = e(e - R_1 + R_2).$$

avec la condition

$$-D = e - (F_1 + F_2) = e - n_2 \left(\frac{R_1}{n_2 - n_1} + \frac{R_2}{n_3 - n_2} \right).$$

Comme il n'existe que deux équations (38) et (39) pour déterminer les quatre inconnues R_1, R_2, e et n_2, on voit qu'il y a une infinité de manières de remplacer un système centré par deux surfaces.

Si l'on fait, par exemple, $R_1 = R_2 = R$ et $n_2 - n_1 = n_3 - n_2$, c'est-à-dire si les rayons de courbure sont égaux et de même sens, et l'indice du milieu intermédiaire la moyenne des indices des milieux extrêmes, il en résulte

$$FD = 2n_1(n_1 + n_3) \left(\frac{R}{n_3 - n_1} \right)^2 = \frac{2n_1}{n_1 - n_3} \left(\frac{n_1 + n_3}{n_3 - n_1} R \right)^2,$$

$$-D = e - 2 \frac{n_1 + n_3}{n_3 - n_1} R = \frac{e^2}{p}.$$

L'épaisseur e du milieu intermédiaire est alors déterminée par l'équation

$$\left(1 - \frac{e}{p} \right)^2 = -2 \frac{n_1 + n_3}{n_3} \frac{F}{p};$$

le problème n'est possible dans ces conditions que si les longueurs F et p sont de signes contraires.

93. *Caractères d'un système optique*. — Le produit des longueurs focales d'une surface (80)

$$F_1 F_1 = \frac{n_1 n_2}{(n_2 - n_1)^2} R_1^2$$

étant toujours positif, il en sera de même pour le produit des longueurs focales F et F' d'un système quelconque de surfaces centrées ; ces deux longueurs sont donc toujours de même signe et proportionnelles aux indices de réfraction n et n' des milieux extrêmes.

Les distances φ et φ' des points conjugués aux foyers correspondants sont aussi toujours de même signe.

Les propriétés d'un système optique sont définies par la position respective des foyers et des plans principaux, et son caractère ne dépend que du signe des distances focales.

Si ces distances sont positives, les foyers K et K' (*fig.* 44) sont respectivement à gauche et à droite des plans principaux P et P', c'est-à-dire vers les milieux correspondants.

Fig. 44.

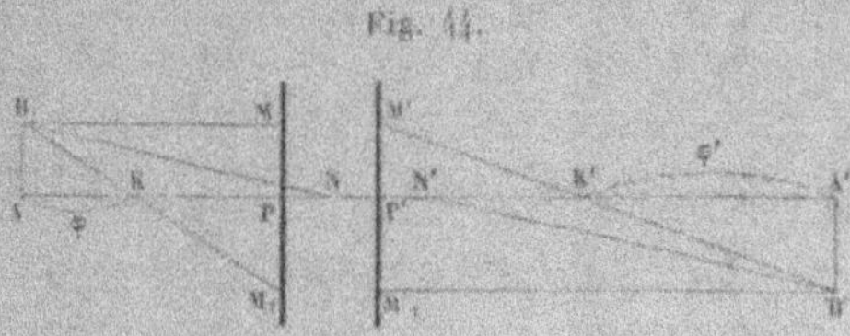

Les rayons BM parallèles à l'axe dans le premier milieu *convergent* après réfraction au foyer K' dans la direction M'K' ; le système est *convergent*.

Le foyer conjugué B' d'un point B est situé encore sur trois directions remarquables : le rayon M'K' qui provient d'un rayon incident BM parallèle à l'axe, le rayon M₁B' parallèle à l'axe qui provient d'un rayon incident BM₁ passant par le premier foyer K, enfin le rayon N'B' qui passe par le second point nodal N' et provient d'un rayon BN dirigé vers le premier point nodal.

Le rapport de l'image I' = A'B' à l'objet AB = I est

$$ -\frac{I'}{I} = \frac{F}{\varphi} = \frac{\varphi'}{F'} . $$

L'image I' est renversée et *réelle* quand $\varphi > 0$; elle est droite et *virtuelle* quand $\varphi < 0$.

La distance p des plans principaux peut être d'ailleurs positive ou négative, c'est-à-dire qu'en suivant la marche des rayons on rencontre d'abord le premier ou le second plan principal.

Lorsque les longueurs focales sont négatives (*fig.* 45), les rayons BM parallèles à l'axe dans le premier milieu, *divergent* après réfraction du foyer K' dans la direction K'M'; le système est alors *divergent*.

Le foyer conjugué B' d'un point B est sur trois directions remarquables, déterminées par les rayons BM, BK ou BN, qui sont l'un parallèle à l'axe et les autres dirigés vers le premier foyer K ou le premier point nodal N.

Le rapport de l'image à l'objet est

$$\frac{I'}{I} = \frac{F}{\varphi} = \frac{\varphi'}{F'};$$

l'image I' est droite et *virtuelle* quand $\varphi > 0$.

Fig. 43.

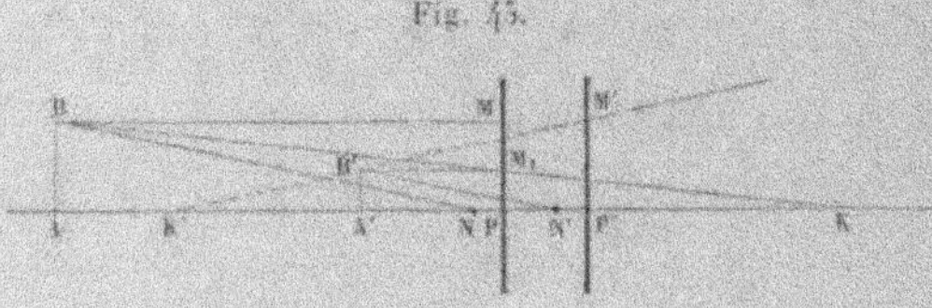

Si l'image A'B' était formée par un faisceau convergent de rayons marchant en sens contraire, le système la transformerait en une image droite et réelle AB.

Toutefois le rôle d'un système optique n'est pas suffisamment déterminé, au point de vue expérimental, par le signe des longueurs focales et il faut tenir compte de la position des foyers par rapport aux milieux extrêmes.

Dans le cas, par exemple, de deux surfaces qui séparent trois milieux différents, la distance $x' = C_2 K'$ de la seconde surface au foyer K' est

$$x' = C_2 K_2' - K' K_2' = F_2' - \frac{F_2 F_2'}{D} = F_2' \frac{D - F_2}{D},$$

ou, en tenant compte de l'équation (35),

$$x' = F_2' \frac{F_1' - e}{D} = F' - F_2 \frac{e}{D}.$$

Or, cette distance peut être négative, quoique la longueur focale F' soit positive. Les rayons primitivement parallèles à l'axe émergent alors d'un point situé dans le second milieu et, de ce côté au moins, le système se comporte comme s'il était divergent.

On trouverait, de même, pour la distance $x = C_1 K$ de la première surface au foyer antérieur,

$$x = F_1 \frac{F_2 - e}{D} = F - F_1 \frac{e}{D}.$$

Le *champ* d'un système optique est l'angle dans lequel doivent se trouver les objets pour que les images n'aient pas d'aberrations exagérées; on mesure habituellement ce champ par le double de l'angle BNA que font les rayons extrêmes avec l'axe principal.

94. *Pureté des images.* — Les systèmes optiques composés de surfaces sphériques donnent lieu à des aberrations de sphéricité et de réfrangibilités. On corrige ces dernières en combinant des verres différents de manière que la distance de l'image au système passe par un maximum (ou un minimum) pour une couleur déterminée. Si l'achromatisme est réalisé pour la région moyenne du spectre, les images d'un même point relatives aux différentes couleurs forment encore une ligne repliée sur elle-même et, en les examinant avec un prisme de faible dispersion, on observerait un spectre secondaire comme dans l'achromatisme des prismes (79).

Indépendamment des aberrations de toute nature, il y a une cause physique qui limite la pureté des images.

Supposons qu'un système optique soit constitué de telle façon que toute la lumière émanant d'un objet qui tombe sur la première surface rencontre toutes les autres surfaces, et appelons D le diamètre de l'étendue utile du premier plan principal. L'image d'un point A situé sur l'axe est formée par un faisceau conique de diamètre D et de longueur $F' + \varphi' = f'$; l'angle apparent ε' de la tache centrale est alors (32)

$$\varepsilon' = \frac{k}{n'D}.$$

Si $-l'$ désigne la grandeur de l'image qui correspond à cet angle et l la longueur correspondante de l'objet, on a

$$\frac{k}{n'D} = \frac{-l'}{f'} = \frac{l}{f}\frac{F}{F'} = \frac{n}{n'}\frac{l}{f};$$

il en résulte

$$\frac{1}{f} = \frac{k}{n\mathrm{D}} = \iota.$$

Pour une ouverture déterminée du système optique, la distance I des deux points de l'objet dont les images peuvent être distinctes ne dépend que du premier milieu; elle est proportionnelle à la distance de l'objet au plan principal. Le rapport $\dfrac{1}{f} = \iota$, ou l'angle de pénétration du système optique, est indépendant de la distance de l'objet; il est défini uniquement par le diamètre de la surface utilisée des plans principaux.

C'est donc souvent une illusion de croire que le grossissement des images en améliore les qualités optiques.

95. *Clarté des images.* — Si l'objet, de surface σ, a un *éclat intrinsèque* E, c'est-à-dire que l'unité de surface envoie à l'unité de distance sur l'unité de surface une quantité E de lumière, la quantité de lumière envoyée par l'objet sur la surface S du premier plan principal est

$$Q = \frac{\sigma E S}{f^2}.$$

Cette lumière, qui émane de la même surface S du second plan principal, se trouve répandue sur la surface σ' de l'image, en supposant qu'il n'y ait ni absorption dans les milieux, ni fluorescence, et qu'on néglige la lumière réfléchie. L'éclat intrinsèque E' de l'image dans le cône des rayons émergents satisfait donc à la condition

$$Q = \frac{\sigma E S}{f^2} = \frac{\sigma' E' S}{f'^2},$$

qui donne

$$\frac{E'}{E} = \frac{\sigma f'^2}{\sigma' f^2} = \left(\frac{\mathrm{V} f'}{\mathrm{V}' f}\right)^2 = \left(\frac{F'}{F}\right)^2 = \frac{n'^2}{n^2},$$

et ce rapport est égal à l'unité quand les milieux extrêmes sont identiques.

L'éclat intrinsèque de l'image est donc égal à celui de l'objet, l'accroissement de lumière sur un plus petit espace étant compensé par l'augmentation d'ouverture des faisceaux.

Ce raisonnement suppose que l'objet a un angle apparent assez
grand pour que l'on puisse négliger les phénomènes de diffraction
et appliquer les propriétés géométriques de la lumière. Il en résulte que les lunettes ne peuvent augmenter l'éclat apparent des
objets terrestres, du Soleil, de la Lune et des Planètes.

96. — Les résultats sont tout différents quand il s'agit des objets
dont l'angle apparent est inappréciable, comme les Étoiles.

En appelant *éclat* d'un point A la quantité de lumière e qu'il
envoie sur l'unité de surface à l'unité de distance, la quantité de
lumière reçue par un système optique est

$$Q = \frac{eS}{f^2}$$

Cette lumière est répandue au foyer conjugué sur la tache centrale correspondante dont la surface est

$$a' = \pi f'^2 \varepsilon'^2 = \frac{\pi f'^2 k^2}{n'^2 D^2} = \left(\frac{\pi k f'}{2 n'} \right)^2 \frac{1}{S}.$$

Si e' est l'éclat intrinsèque moyen de l'image pour l'angle $\frac{S}{f'^2}$
dans lequel se propagent les rayons, on aura

$$Q = \frac{eS}{f^2} = \frac{e' a' S}{f'^2} = e' \left(\frac{\pi k}{2 n'} \right)^2,$$
$$e' = Q \left(\frac{2 n'}{\pi k} \right)^2 = \frac{eS}{f^2} \left(\frac{2 n'}{\pi k} \right)^2.$$

Cet éclat est proportionnel à la quantité Q de lumière reçue par
le système, ou au produit de la surface S par la quantité $\frac{e}{f^2}$ qui représente l'éclairement du point sur l'unité de surface

Si E représente l'éclat intrinsèque de la région du ciel sur laquelle se détache une étoile, le rapport des éclats intrinsèques des
images de l'étoile et du ciel est, en faisant $n' = 1$,

$$\frac{e'}{E'} = \frac{e}{f^2 E} \left(\frac{2}{\pi k} \right)^2 S.$$

Ce rapport est proportionnel à la surface S du système optique.
On comprend ainsi que l'emploi des lunettes permette d'aug-

menter la visibilité des étoiles et même d'en distinguer un grand nombre pendant le jour ([1]).

97. *Lentilles*. — Lorsque les milieux extrêmes sont identiques ($n = n'$), les longueurs focales F et F' sont égales et les points nodaux sont situés sur les plans principaux correspondants.

Tel est le cas des *lentilles*, qui sont composées d'un corps transparent compris entre deux surfaces sphériques et placé dans un milieu de nature différente. L'axe du système est la droite qui joint les centres des deux sphères; nous supposerons qu'on n'utilise que la portion des lentilles voisine de l'axe.

En appelant n l'indice de réfraction de la lentille par rapport au milieu qui l'entoure, on fera dans les expressions générales relatives à deux surfaces (86) $n_1 = n_3 = 1$ et $n_2 = n$.

La position du centre optique se détermine directement.

Si les centres de courbure des surfaces S_1 et S_2 (*fig.* 46)

Fig. 46.

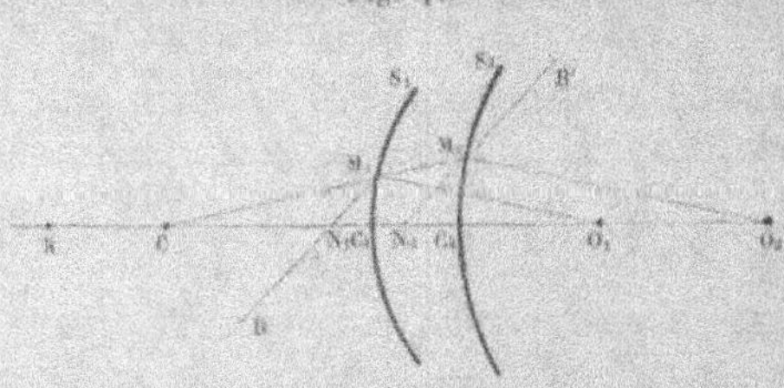

sont en O_1 et O_2, il est clair qu'un rayon intermédiaire $M_1 M_2$ passe par le centre optique C de la lentille quand les angles de ce rayon avec les surfaces sont les mêmes aux points M_1 et M_2, c'est-à-dire quand les normales $O_1 M_1$ et $O_2 M_2$ sont parallèles, auquel cas le rayon émergent $M_2 B'$ est parallèle au rayon incident BM_1.

Les triangles $CM_1 O_1$ et $CM_2 O_2$ donnent les relations

$$\frac{CM_1}{R_1} = \frac{CM_2}{R_2} = \frac{M_1 M_2}{R_2 - R_1},$$

([1]) ARAGO, *Œuvres complètes*, t. X, p. 509.

qui deviennent, pour les directions voisines de l'axe,

$$\frac{CC_1}{R_1} = \frac{CC_2}{R_2} = \frac{C_1 C_2}{R_2 - R_1} = \frac{e}{R_2 - R_1}.$$

Les distances de centre optique aux deux surfaces sont proportionnelles aux rayons de courbure.

Le centre optique se trouve en dehors ou dans l'épaisseur de la lentille suivant que les rayons R_1 et R_2 sont de même signe ou de signes contraires.

On déterminerait de la même manière la position des points nodaux N_1 et N_2, qui sont conjugués du point C par rapport aux surfaces S_1 et S_2.

On a d'ailleurs

$$F_1 = \frac{F'_1}{n} = \frac{R_1}{n-1},$$

$$\frac{F_2}{n} = F'_2 = \frac{-R_2}{n-1},$$

et les formules déjà trouvées pour deux surfaces (87) donnent

$$-D = \frac{n}{n-1}(R_2 - R_1) - e = \frac{n}{n-1}(R_2 - R_1)\left[1 + \frac{n-1}{n}\frac{e}{R_2 - R_1}\right],$$

$$\frac{1}{F} = \frac{1}{F_1 F_2} = (n-1)\left(\frac{1}{R_1} - \frac{1}{R_2}\right)\left[1 + \frac{n-1}{n}\frac{e}{R_2 - R_1}\right],$$

$$p = e\frac{e - R_1 + R_2}{-D} = \frac{n-1}{n}e\frac{1 + \dfrac{e}{R_2 - R_1}}{1 + \dfrac{n-1}{n}\dfrac{e}{R_2 - R_1}}.$$

La distance des foyers principaux est

$$\Delta = 2F + p = \frac{2nR_1 R_2 + (n-1)^2 e(e - R_1 + R_2)}{n(n-1)(R_2 - R_1) + (n-1)^2 e},$$

et la distance des plans de Bravais (89)

$$b^2 = p(4F + p).$$

Si les surfaces S_1 et S_2 sont concentriques, le centre optique est au centre commun des surfaces, et la condition $e = R_1 - R_2$ donne

$$D = \frac{e}{n-1} \qquad \text{ou} \qquad F = -\frac{n-1}{n}\frac{e}{R_1 R_2}.$$

98. — La lentille est convergente ou divergente suivant que F est positif ou négatif.

Supposons, par exemple, avec $n > 1$, que $R_1 > 0$ et $R_2 < 0$, c'est-à-dire que la lentille soit biconvexe. Les longueurs focales des deux surfaces sont alors positives et la lentille est pratiquement convergente quand $D > 0$, c'est-à-dire, en mettant en évidence les signes des rayons de courbure, pour la condition

$$\frac{n-1}{n} e < R_1 + R_2.$$

Les distances des surfaces aux foyers correspondants (93) sont

$$x = \frac{R_1}{n-1} \cdot \frac{n R_1 - (n-1)e}{n(R_1 + R_2) - (n-1)e},$$

$$x' = \frac{R_2}{n-1} \cdot \frac{n R_2 - (n-1)e}{n(R_1 + R_2) - (n-1)e}.$$

Le système est convergent et les deux foyers situés dans l'intérieur de la lentille quand la quantité $\frac{n-1}{n} e$ est plus grande que chacun des rayons de courbure et plus petite que leur somme.

99. — Il est surtout utile d'examiner le cas où le rapport de l'épaisseur e de la lentille à la différence $R_2 - R_1$ des rayons de courbure est très petit.

Si l'on peut négliger le carré de ce rapport, on a simplement

$$p = \frac{n-1}{n} e$$

et, en appelant F_0 la longueur focale qui correspondrait à une épaisseur nulle,

$$\frac{1}{F_0} = (n-1)\left(\frac{1}{R_1} - \frac{1}{R_2}\right),$$

$$\frac{1}{F} = \frac{1}{F_0}\left(1 + \frac{p}{R_2 - R_1}\right),$$

$$F = F_0\left(1 - \frac{p}{R_2 - R_1}\right).$$

Lorsque $n > 1$, le signe de F_0 et, par conséquent, le caractère de la lentille est donné par le signe de la différence $\dfrac{1}{R_1} - \dfrac{1}{R_2}$. La lentille est convergente ou divergente suivant que l'épaisseur est plus grande ou plus petite au milieu que sur les bords.

L'inverse aurait lieu si la lentille avait un indice de réfraction moindre ($n < 1$) que le milieu extérieur.

100. *Structure de l'OEil.* — L'œil se compose d'une série de milieux transparents renfermés dans une enveloppe de forme ovoïde, la *sclérotique*, à peu près de révolution autour du diamètre horizontal *antéro-postérieur*. Cette enveloppe, qui constitue le *globe de l'œil*, est transparente en avant et forme une sorte de fenêtre circulaire, la *cornée*; elle est percée en arrière d'une ouverture par laquelle passent le *nerf optique* et une partie des vaisseaux destinés à la nutrition de l'organe. Une lentille biconvexe, le *cristallin*, de structure feuilletée, est suspendue dans cette cavité et le partage en deux chambres, l'une *antérieure* remplie d'*humeur aqueuse*, l'autre *postérieure* remplie d'une masse gélatineuse qui est l'*humeur vitrée*. Le fond de la cavité est tapissé par l'épanouissement du nerf optique qui forme la *rétine*; les images des objets extérieurs se dessinent sur la rétine et donnent une vision d'autant plus nette qu'elles sont elles-mêmes plus pures. Enfin un diaphragme, l'*iris*, situé en avant du cristallin, est percé d'une ouverture circulaire de grandeur variable, la *pupille*, qui permet de limiter l'étendue des surfaces utilisées pour la production des images.

Cet ensemble de plusieurs milieux successifs constitue un système optique convergent.

Dans un œil normal, d'après les mesures de M. Helmholtz, les plans principaux sont situés dans la chambre antérieure et à la distance de $6^{mm},42$. Les points nodaux, séparés par la même distance, sont au voisinage de la face postérieure du cristallin; on peut, sans erreur sensible, supposer qu'ils se confondent et que les rayons correspondants sont superposés; ces rayons constituent des *lignes de direction*.

Les longueurs focales sont sensiblement, d'après Listing,

$$F = 15^{mm}, \qquad F' = 20^{mm}.$$

et la distance d'un plan principal au point nodal correspondant

$$p' = \mathrm{F}' - \mathrm{F} = 5^{mm}.$$

101. *Vision.* — Lorsque l'œil est en repos, la rétine se trouve généralement dans le plan focal principal et reçoit une image nette des objets situés à une très grande distance; mais, sous l'action de muscles particuliers dont l'effet le plus important est de modifier le cristallin, l'œil peut s'*accommoder* de manière à voir nettement à volonté les objets dont la distance varie depuis l'infini jusqu'à une valeur plus petite P. Un point situé sur l'axe principal à la distance limite P de vision rapprochée porte le nom de *punctum proximum*. Ce qu'on appelle quelquefois *distance de vision distincte* est une longueur mal définie comprise entre la distance P et l'infini.

Le plus grand travail d'accommodation équivaut à l'interposition en avant de l'œil d'une lentille convergente capable de donner à l'infini l'image virtuelle d'un objet situé à la distance P, c'est-à-dire dont la longueur focale A serait égale à P.

L'inverse $\frac{1}{A}$ de cette longueur focale peut être considéré comme la mesure de l'accommodation; chez les enfants la distance A est de $0^m,15$ ou même $0^m,10$.

Un œil ainsi constitué est *normal* ou *emmétrope* (ἐν μέτρον, dans la mesure). Il voit sans effort le croissant de la Lune limité par des bords nets; il peut voir aussi, par accommodation, les objets plus rapprochés jusqu'à une distance P.

Il arrive souvent, surtout par suite d'habitudes défectueuses prises dans le travail du jeune âge, que la rétine se trouve au delà du foyer principal. L'œil est dit alors *myope* ou *brachymétrope* (βραχύς, court); il ne voit pas nettement les objets très éloignés, mais seulement ceux qui sont situés en deçà d'une certaine distance R, qui est celle du *punctum remotum*. Si l'accomodation est la même dans les deux cas, la vision reste nette à une plus courte distance que pour l'œil normal, car la distance P à laquelle doit être un objet pour qu'une lentille convergente de longueur focale A donne une image virtuelle à la distance R est

$$\frac{1}{P} = \frac{1}{A} + \frac{1}{R}.$$

Enfin l'œil est *hypermétrope* (ὑπέρ, au delà) quand la rétine est en avant du foyer principal. En l'absence de toute accommodation, les images ne sont nettes sur la rétine que si elles correspondent à un faisceau de rayons déjà convergents, produit, par exemple, par une lentille placée en avant de l'œil. On peut faire alors R < o et la distance du *punctum proximum* devient

$$\frac{1}{P} = \frac{1}{A} - \frac{1}{R};$$

elle peut elle-même être négative.

La faculté d'accommodation, qui est très grande pour des organes jeunes, diminue peu à peu ; la *presbytie*, d'après l'étymologie du mot (πρεσδύς, vieillard), correspond à la perte plus ou moins complète de cette faculté.

Les oculistes ont l'habitude d'appeler *presbyte* une vue pour laquelle la vision rapprochée est à une distance plus grande ($0^m,50$ par exemple) que celle qui sert habituellement pour la lecture, de sorte qu'il soit nécessaire d'armer l'œil d'un verre convergent pour le travail ordinaire.

La vision n'est pas également nette sur toute l'étendue de la rétine ; le maximum de pénétration a lieu lorsque les images se forment sur une région spéciale, la *tache jaune*, et particulièrement sur une petite cavité de cette tache, *fovea centralis*, où les éléments anatomiques du nerf optique se terminent par des cônes qui forment une sorte de pavage extrêmement serré. La *fovea centralis* est très rapprochée de l'axe principal du système optique ; la *ligne visuelle*, qu'on appelle souvent *axe optique* de l'œil, est la ligne de direction qui passe par la *fovea centralis* ; c'est la direction suivant laquelle se fait la vision attentive.

Le *champ* qui correspond à la vision attentive, ou au maximum de pénétration, est ainsi extrêmement restreint ; mais le champ pratique est en réalité très grand, puisqu'il s'étend presque jusqu'à 90° autour de l'axe principal.

102. *Aberrations.* — Les surfaces qui limitent les milieux successifs de l'œil ne sont pas rigoureusement centrées sur un même axe ; elles ne sont pas non plus de révolution et ne jouissent pas des mêmes propriétés dans tous les azimuts. Outre les défauts ordinaires, aberrations de sphéricité et de réfrangibilités, des images fournies au voisinage de l'axe par les systèmes optiques centrés, on y trouve aussi l'astigmatisme (57) et même des altérations de symétrie plus complexes.

Il est digne de remarque cependant que, pour un œil bien constitué et une ouverture convenable de la pupille, les erreurs de réfraction qui proviennent de tous ces défauts n'apportent pas de troubles sérieux dans la vision et que l'angle de pénétration correspond encore sensiblement à l'ouverture de la pupille.

L'ouverture de la pupille se règle d'une manière spontanée par la quantité de lumière qui pénètre dans l'œil; elle s'agrandit pour un éclairage faible et se rétrécit quand la lumière est plus vive.

Lorsque les images se forment en avant ou en arrière de la rétine, le faisceau de rayons qui correspond à un point est coupé par la rétine suivant un cercle plus ou moins grand, qu'on appelle quelquefois d'une manière impropre *cercle de diffusion*. La vision n'est pas nette, mais on peut l'améliorer, soit en rétrécissant l'ouverture du faisceau par un écran percé d'un trou, soit même en approchant les objets de l'œil, afin que les cercles de deux points différents soient aussi séparés que possible. Nous nous bornons à signaler ces différentes particularités; l'étude de la vision exigerait beaucoup de développements.

103. *Acuité visuelle*. — Si l'on appelle d le diamètre de la pupille, on voit, en faisant $n = 1$ (94), que l'angle apparent visible par l'œil est $\frac{k}{d}$, c'est-à-dire en raison inverse du diamètre de la pupille.

Si l'on suppose que la pupille ait un diamètre de 4^{mm} et qu'on adopte la constante de Foucault, l'œil pourrait résoudre une étoile double dont l'angle serait

$$\frac{12}{0,4} 1'' = 30'',$$

La distance du second point nodal de l'œil à la rétine étant de 15^{mm}, cet angle correspond sur la rétine à une longueur de

$$15 \frac{30}{200000} = 0^{mm},00225,$$

qui représente très sensiblement le diamètre moyen des cônes sur la *fovea centralis*. La structure anatomique de la rétine est donc en harmonie avec la pureté des images que comporte l'ouverture de la pupille.

Toutefois cette limite n'est jamais atteinte. D'après les observations de Hooke, on ne peut pas résoudre à l'œil nu une étoile double dont l'angle est inférieur à $60''$ ou $1'$, et Bergman cite le cas exceptionnel d'un enfant qui distinguait des lignes parallèles distantes seulement de $50''$. On doit donc considérer la minute d'arc comme la limite pratique de l'acuité visuelle, ce qui correspond à un diamètre utile de 2^{mm} pour la pupille.

Un œil normal, dont la moindre distance P de vision distincte est de 20^{cm}, est ainsi capable de distinguer sur un objet des détails dont la distance x serait

$$\frac{x}{200} = 1' = \frac{60}{200000}$$

ou

$$x = 0^{mm},06,$$

c'est-à-dire un peu moins de $\frac{1}{16}$ de millimètre. Une vue myope qui vise à 10^{cm} distinguerait $\frac{3}{100}$ de millimètre.

104. *Éclat apparent*. — L'éclat apparent d'un objet peut être défini par la quantité de lumière qu'il produit sur l'unité de surface de la rétine. Cette quantité n'est autre chose que l'éclat intrinsèque de l'image dans le cône des rayons réfractés.

Si l'objet a un angle apparent notable, cet éclat apparent E' (95) est indépendant de sa distance.

S'il n'a pas de dimensions apparentes appréciables, comme une étoile, il produit sur la rétine une tache centrale (96) dont l'éclat intrinsèque est proportionnel à la surface s de la pupille.

Le rapport de l'éclat apparent d'une étoile à celui de la région du ciel qui l'entoure,

$$\frac{e'}{E} = \frac{e}{f^2 E}\left(\frac{2}{\pi\lambda}\right)^2 s,$$

est proportionnel à l'éclairement $\dfrac{e}{f^2}$ de l'étoile et à la surface s de la pupille.

L'ouverture plus grande de la pupille pendant la nuit contribue donc, en même temps que l'affaiblissement de l'éclat du ciel, à faciliter la visibilité des étoiles à l'œil nu.

105. *Vision dans les lunettes.* — Lorsque l'œil observe les images produites dans un système optique, l'angle de pénétration est uniquement défini par le système (94), pourvu que l'œil puisse distinguer les dimensions correspondantes de l'image; cet angle est en raison inverse du diamètre D de la surface utile. Le bénéfice de l'instrument est le même que si l'ouverture de la pupille avait l'étendue de cette surface.

Pour un objet de dimensions apparentes appréciables, l'éclat apparent n'est jamais supérieur à celui de l'objet.

Pour une étoile, si la tache centrale correspondante est assez grande, son éclat apparent (96) est proportionnel à la surface utile S du système, et le bénéfice de la lunette est représenté par le rapport $\dfrac{S}{s} = \left(\dfrac{D}{d}\right)^2$; c'est encore comme si l'ouverture de la pupille était égale à celle de l'instrument. Si l'on fait $d = 2^{mm}$, on voit que, dans une lunette de 20^{cm}, le rapport de l'éclat apparent d'une étoile et du ciel sera 10000 fois plus grand qu'à l'œil nu.

Toutefois, lorsque l'angle apparent de la tache centrale pour l'œil est plus petit que l'acuité visuelle, l'image de l'étoile se comporte plutôt comme un point lumineux et le rapport des éclats apparents de l'étoile et du ciel diminue.

106. *Loupe.* — Lorsqu'on veut examiner les détails d'un objet, on l'approche de l'œil à la plus petite distance P de vision distincte, afin que les images produites sur la rétine soient aussi grandes que possible et que, par suite, la distance des points que l'on pourra distinguer soit diminuée.

On améliore la vision en plaçant entre l'œil et l'objet une lentille convergente, ou *loupe*, qui permet de rapprocher l'objet et d'augmenter ainsi son angle apparent.

L'objet AB $= 1$ (*fig.* 47) est placé entre le foyer K et le plan principal correspondant, à la distance x du foyer, afin que l'image A'B' $= 1'$ soit virtuelle et à une distance de vision distincte.

L'œil ou, plus exactement, son premier point nodal, étant placé

en O, soient δ sa distance au second foyer K′ et Δ sa distance A′O
à l'image. La distance A′K′ de l'image au second foyer K′ étant
Δ — δ, on a, en appelant f la longueur focale de la loupe,

$$\frac{I'}{I} = \frac{f}{x} = \frac{\Delta - \delta}{f},$$

et l'angle apparent de l'image est

$$\frac{I'}{\Delta} = \frac{1}{f}\frac{\Delta - \delta}{\Delta} = \frac{1}{f}\left(1 - \frac{\delta}{\Delta}\right).$$

Fig. 47.

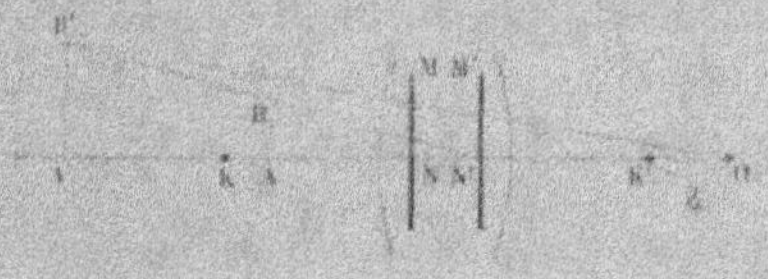

Lorsque l'œil est situé au delà du foyer K′ ($\delta > 0$), l'angle apparent est maximum quand Δ a la plus grande valeur possible R, c'est-à-dire quand l'image est située au *punctum remotum*. L'inverse a lieu quand l'œil est situé entre la loupe et le foyer K′ ($\delta < 0$) et Δ doit prendre alors la moindre valeur P. C'est habituellement dans ces conditions que l'on observe en mettant la loupe aussi près que possible de l'œil.

Cette expression se réduit à $\frac{1}{f}$ pour $\delta = 0$ ou $\Delta = \infty$, c'est-à-dire quand l'œil est au foyer principal K′ ou quand la vue est normale sans accommodation.

On appelle quelquefois *puissance* de la loupe l'inverse $\frac{1}{f}$ de sa longueur focale; c'est l'angle apparent dans la loupe d'un objet de longueur égale à l'unité, pour un œil normal.

Il est important de ne pas confondre l'angle apparent de l'image avec l'agrandissement qu'elle paraît prendre à mesure que l'œil s'écarte de la loupe. Ce dernier effet est une illusion qui tient à ce que l'étendue de l'objet visible dans la loupe diminue de plus en plus.

On peut appeler *grossissement* G de la loupe le rapport des angles apparents d'un même objet vu à la loupe ou à l'œil nu;

c'est la mesure du bénéfice que l'on trouve dans l'emploi de cet instrument. Le grossissement ainsi défini dépend des conditions de l'expérience; en supposant que la vision directe se fasse à la moindre distance P, on aura

$$G = \frac{l'}{\Delta}\frac{P}{l} = \frac{P}{f}\left(1 - \frac{\delta}{\Delta}\right).$$

Pour la vision normale, cette expression est indépendante de la position de l'œil; dans les autres cas, le grossissement croît de la même manière que l'angle apparent de l'image.

Le grossissement d'une loupe est d'ailleurs une quantité qui ne présente pas d'intérêt; ce qu'il importe de connaître est l'angle apparent sous lequel on voit l'image d'une longueur très petite l d'un objet, c'est-à-dire sensiblement $\frac{l}{f}$.

La moindre distance des détails que l'on peut distinguer à la loupe sur un objet est proportionnelle à sa longueur focale; elle serait de $\frac{1}{1000}$ de millimètre pour une longueur focale de 1^{cm}.

107. — L'étendue de la loupe utilisée pour la vision d'un point B est définie par le cône de rayons émanant de l'image B' qui aboutissent à la pupille. On peut considérer que le *champ* est limité par la condition que la droite B'O passe au bord de la loupe, ou plus généralement au bord de la surface utilisée des plans principaux. En appelant d le diamètre de cette surface, l le champ ou l'angle de sommet N dans lequel se trouve l'étendue visible de l'objet, on aura

$$\frac{d}{2(f+\delta)} = \frac{l'}{\Delta},$$

$$\operatorname{tang}\frac{l}{2} = \frac{l}{f-x} = \frac{l'}{\Delta - f - \delta} = \frac{d}{2(f+\delta)}\frac{\Delta}{\Delta - f - \delta}$$

ou, sensiblement,

$$\operatorname{tang}\frac{l}{2} = \frac{d}{2(f+\delta)}.$$

Le champ est maximum quand l'œil est aussi rapproché que possible de la loupe.

Les aberrations de toute nature ne permettent en réalité de profiter du maximum de pénétration que dans une étendue beaucoup moindre des images. Cet inconvénient n'est pas grave quand on utilise la loupe pour examiner les détails d'un objet, parce qu'on amène successivement les différents points au milieu du champ; mais, si l'on veut viser les divisions d'un vernier, par exemple, dans les instruments de précision, il est préférable de limiter le champ à la partie réellement utile. La loupe est alors montée à l'extrémité d'un tube de longueur convenable fermé à l'autre bout par un diaphragme à ouverture circulaire, ou *œilleton*, qui marque la place de l'œil.

On diminue beaucoup les aberrations en substituant à la lentille simple l'ensemble de deux ou plusieurs lentilles assez rapprochées pour constituer un système convergent.

108. *Oculaires.* — La loupe simple est quelquefois employée, comme *oculaire*, pour examiner les images fournies par un système optique, mais les oculaires sont formés souvent de deux lentilles différentes. Pour apprécier les propriétés d'un système de deux lentilles, dont les longueurs focales sont f_1 et f_2, séparées par la distance d, nous négligerons les épaisseurs de ces lentilles. Les relations générales du n° 90 donnent alors

$$D = f_1 + f_2 - d,$$
$$\Sigma P - D = f_1 + f_2 + d;$$

par suite, la longueur focale f du système résultant, la distance Δ des foyers et la distance p des plans principaux ont pour expressions

$$f = \frac{f_1 f_2}{f_1 + f_2 - d},$$
$$\Delta = \frac{2 f_1 f_2 - d^2}{f_1 + f_2 - d} = f \frac{2 f_1 f_2 - d^2}{f_1 f_2},$$
$$p = \frac{-d^2}{f_1 + f_2 - d} = -f \frac{d^2}{f_1 f_2}.$$

Les valeurs de f_1 et f_2 étant positives, le système est convergent quand la distance d des verres est inférieure à la somme $f_1 + f_2$ des longueurs focales, mais la distance des plans principaux est alors négative, c'est-à-dire que le second plan principal est placé en avant du premier.

La distance x du foyer antérieur à la première lentille est

$$x = f_1 - \frac{f_1^2}{D} = f_1 \frac{f_1 - d}{f_1 + f_2 - d} = f \frac{f_2 - d}{f_2};$$

ce foyer n'est en dehors de l'intervalle des verres que pour la condition $f_2 > d$.

L'oculaire *positif* de Ramsden est formé de deux lentilles égales dont la distance est environ les $\frac{2}{3}$ de leur longueur focale; on a alors

$$f = \frac{3}{4} f_1, \qquad p = -\frac{f_1}{3}, \qquad x = \frac{f_1}{4}.$$

Les lentilles sont plan-convexes et les deux surfaces planes à l'extérieur du système, conditions très avantageuses pour réduire les aberrations.

On emploie souvent, surtout pour les microscopes, un oculaire imaginé par Huygens et dit *négatif*, quoiqu'il soit encore convergent, parce que le foyer antérieur se trouve dans l'intervalle des deux verres; on a alors

$$f_1 > d > f_2.$$

Les rayons fournis par un système optique doivent alors être interceptés par l'oculaire avant la formation des images, pour que ces images se trouvent auprès du foyer principal et que l'œil les aperçoive nettement. Le second foyer est en dehors de l'intervalle des verres, de sorte que cet appareil retourné se comporte comme un oculaire positif de Ramsden.

Lorsque les lentilles sont plan-convexes, il est préférable, pour diminuer les aberrations, que les surfaces planes soient toutes deux du côté où le foyer principal est extérieur au système. On applique habituellement la règle de Dollond

qui donne
$$\tfrac{2}{3} f_1 = d = 2 f_2,$$

$$f = \frac{3}{2} f_2 = \frac{f_1}{2},$$

$$\Delta = f_2 = \frac{f_1}{3},$$

$$p = -2 f_2 = -d.$$

Enfin l'oculaire de Galilée est une simple lentille biconcave ou un système de lentilles *divergent*. Cet oculaire est placé encore sur le trajet des rayons, de manière que la première image se forme au voisinage du foyer situé au delà de l'oculaire. L'image reçue par l'œil est alors virtuelle et *renversée* par rapport à la première.

Le diamètre des verres dans les oculaires est relativement assez grand, environ le tiers de la longueur focale.

109. *Instruments d'Optique.* — Un instrument d'Optique *composé* est formé généralement d'un miroir ou d'un système de lentilles achromatiques qui sert d'*objectif*, pour produire une première image des objets, que l'on examine ensuite avec un *oculaire*.

Au lieu de considérer le système optique résultant de l'ensemble des surfaces, il est préférable d'examiner séparément les propriétés de l'objectif et de l'oculaire, parce que la *mise au point* pour les différentes distances ou les différentes vues exige que l'on modifie leur situation relative.

Le mot de *télescope* devrait désigner d'une manière générale tout instrument destiné à l'observation des objets éloignés, mais on réserve ce nom, au moins en France, à ceux dont l'objectif est un miroir et l'on appelle *lunettes* ceux dont l'objectif est un système de lentilles.

L'objectif des lunettes ou télescopes a une longueur focale et un diamètre plus grands que ceux de l'oculaire, afin d'augmenter autant que possible les dimensions de la première image.

Dans les *microscopes* au contraire, qui sont destinés à l'observation des objets très petits, la longueur focale de l'objectif est très courte, et l'objet est assez rapproché du foyer pricipal pour donner une première image déjà très agrandie.

La moindre distance des objets que l'on puisse distinguer aujourd'hui avec les meilleurs microscopes paraît être d'environ $\frac{1}{3000}$ de millimètre, c'est-à-dire dix fois plus petite qu'avec une loupe de 1^{cm} de longueur focale et trois cents fois plus faible que pour un œil normal. Il est peu probable que l'on puisse dépasser cette limite qui est déjà un peu inférieure à la valeur moyenne des longueurs d'onde lumineuses; des objets de dimensions plus petites n'apportent pas de trouble à la propagation des ondes et ne peuvent être visibles. L'emploi de la Photographie permettrait d'utiliser des radiations ultra-violettes dont la longueur d'onde peut diminuer jusqu'à $o^\mu,21$ et rendrait sans doute apparents des objets dont les dimensions ne dépasseraient pas $\frac{1}{5000}$ de millimètre ; c'est la limite extrême compatible avec la constitution des vibrations connues.

Nous examinerons, en particulier, le cas des lunettes, en supposant que l'objectif est un système de lentilles, mais tous les résultats s'appliquent sans aucune modification aux miroirs.

Les deux systèmes optiques de l'objectif et de l'oculaire étant situés dans l'air, nous appellerons F et f leurs longueurs focales, D et d les diamètres des surfaces utiles de leurs plans principaux et nous admettrons d'abord que l'oculaire est positif. Δ étant la distance de l'objet au premier point nodal N de l'objectif (*fig.* 48), la distance x de l'image A' au second foyer K' est

$$x = \frac{F^2}{\Delta - F}$$

Fig. 48.

L'angle apparent sous lequel on verrait l'objet I du point N est égal à l'angle apparent de l'image I' vue du point N' ou sensiblement, puisqu'il s'agit toujours d'angles très petits, $\frac{-I'}{F + x}$. Cette image étant située pour un œil normal au foyer de l'oculaire, l'angle sous lequel on la voit est $\frac{-I'}{f}$.

Le *grossissement* de la lunette est le rapport des angles sous lesquels on voit l'image dans l'instrument et l'objet à l'œil nu, c'est-à-dire, en ne tenant pas compte du signe,

$$G = \frac{F + x}{f} = \frac{F}{f}\left(1 + \frac{F}{\Delta - F}\right);$$

il est sensiblement égal au rapport des longueurs focales de l'objectif et de l'oculaire, toutes les fois que la distance de l'objet est très grande par rapport à la longueur focale F.

Parmi les faisceaux de rayons qui forment les différents points de l'image, les uns tombent en totalité sur l'oculaire, les autres en partie seulement. Une portion de l'image, de diamètre d', utilise ainsi tout l'objectif, tandis que l'éclat et la pureté des points qui l'entourent diminue graduellement.

Le diamètre d' est déterminé par la condition que le rayon aboutissant à l'un des points de cette circonférence et qui émane du bord opposé de l'objectif tombe sur le bord de l'oculaire. En appelant y la distance au foyer K' à laquelle cette droite coupe l'axe, on a

$$\frac{D+d}{F+x+f} = \frac{D}{F-y} = \frac{d'}{y-x} = \frac{D-d}{F-x},$$

ou

$$\frac{d'}{F+x} = \frac{f}{F+x+f}\left(\frac{d}{f} - \frac{D}{F+x}\right) = \frac{1}{G+1}\left(\frac{d}{f} - \frac{D}{F+x}\right).$$

Limité à cette portion de l'image, le *champ* L a pour expression

$$L = \frac{d'}{F+x} = \frac{1}{G+1}\left(\frac{d}{f} - \frac{D}{F+x}\right).$$

Le dernier terme de la parenthèse est en général très petit par rapport au premier, de sorte qu'on a sensiblement

$$L = \frac{1}{G+1}\frac{d}{f} = \frac{d}{F+x+f}.$$

Cette condition signifie que l'axe secondaire $N'B'$ qui correspond au bord extrême de l'image tombe à la limite de la surface utile de l'oculaire; les bords du champ n'utilisent ainsi que la moitié de l'objectif.

Dans tous les cas, le champ varie en sens inverse du grossissement. On limite souvent le champ par un *diaphragme* percé d'une ouverture circulaire dans le plan de l'image.

La *pénétration* de la lunette ne dépend que de l'objectif, mais à la condition que l'oculaire permette de voir la tache centrale sous un angle supérieur à 1'. Si le diamètre D de l'objectif est évalué en centimètres et que, pour simplifier, on prenne 12^{cm} comme diamètre de l'objectif capable de dédoubler 1", l'angle limite de pénétration est $z = \dfrac{12''}{D}$; il faut donc que l'on ait

$$G\,\frac{12''}{D} > 60'' \qquad \text{ou} \qquad f < \frac{F+x}{5D}.$$

La plus petite valeur du dernier rapport correspond à $x = 0$, ce qui donne $f < \dfrac{F}{5D}$.

Dans les lunettes de dimensions moyennes, telles que les construisent MM. Brunner, la longueur focale est d'environ dix fois le diamètre de l'objectif; cette longueur est généralement plus grande, quinze ou même vingt fois le diamètre de l'objectif, pour les grands instruments d'Astronomie. La longueur focale peut être moindre dans les télescopes, parce qu'on n'a pas à lutter contre les aberrations de réfrangibilité, mais le diamètre n'atteint jamais le cinquième de la longueur focale, de sorte que le rapport $\dfrac{F}{5D}$ est toujours plus grand que l'unité.

Un oculaire d'un centimètre de longueur focale suffira donc pour rendre visibles tous les détails d'une image qui sont réellement séparés par l'objectif. On peut même remarquer que, sauf pour les miroirs, la longueur focale est au moins dix fois le diamètre de l'objectif; les moindres détails de l'image paraissent donc à l'œil sous un angle de $2'$, bien supérieur à l'acuité visuelle.

On n'a guère construit de lunettes ni de télescopes dont la surface utile, dépourvue d'aberrations, eût un diamètre réellement supérieur à $0^m,60$, ce qui correspondrait à une pénétration de $0'',2$ ou trois cents fois moindre que l'acuité visuelle. Les lunettes et les microscopes multiplient donc la puissance optique de l'œil sensiblement par le même nombre.

Pour voir la tache centrale et les anneaux qui l'entourent, il suffit d'observer l'image d'une étoile dans une bonne lunette. Il est plus commode de viser un mur blanc couvert de plâtre et éclairé par le soleil; il se trouve toujours dans le plâtre des parcelles cristallines de gypse qui réfléchissent vers l'observateur la lumière du soleil et se comportent comme de véritables étoiles avec un diamètre apparent insensible. Les images de ces points brillants se montrent alors comme des taches circulaires entourées de très beaux anneaux de diffraction.

110. *Anneau oculaire.* — Tous les rayons émanés de l'objectif, après avoir traversé l'oculaire, forment un faisceau dont la moindre section correspond à l'image même de l'objectif, ou plus exactement celle du second plan principal. La distance x' de cette image au second foyer de l'oculaire est

$$x' = \frac{f^2}{F + x} = \frac{f}{G},$$

et sa distance au second plan principal

$$f + x' = f\frac{G + 1}{G};$$

son diamètre δ est donné par la condition

$$\frac{\delta}{D} = \frac{x'}{f} = \frac{1}{G}.$$

C'est cette image de l'objectif qu'on appelle l'*anneau oculaire*. Il faut évidemment que la pupille de l'observateur soit dans le plan de l'anneau oculaire pour qu'elle utilise le mieux possible l'objectif; on y place habituellement un *œilleton*.

Si le diamètre de l'anneau oculaire est égal au diamètre naturel de la pupille, tous les rayons qui tombent sur l'objectif pénètrent dans l'œil; on a alors le maximum de clarté et cette circonstance correspond à des oculaires de 2^{cm} à 4^{cm} de longueur focale.

Si le diamètre de l'anneau oculaire déborde la pupille, les rayons qui proviennent des bords de l'objectif n'entrent plus dans l'œil et le diamètre utile de l'objectif n'est plus que le produit du diamètre de la pupille par le grossissement. L'éclat apparent des images n'est pas modifié, mais la pénétration est notablement diminuée; le résultat est le même que si l'objectif était diaphragmé par un écran qui cacherait une zone sur les bords. L'oculaire est alors trop faible.

Si le diamètre de l'anneau oculaire est plus petit que celui de la pupille, les images sont vues (**104**) par une ouverture plus petite et l'éclat apparent diminue en proportion. Les oculaires à très court foyer ont donc aussi l'inconvénient d'affaiblir beaucoup l'éclat apparent des images.

111. *Axe optique.* — Pour employer une lunette à la mesure des angles, on place sur le diaphragme qui limite le champ un *réticule*, formé par exemple de deux fils croisés très fins, et on laisse l'oculaire mobile pour régler sa distance au réticule suivant la vue de l'observateur. La ligne qui joint le second point nodal de l'objectif à la croisée du réticule est l'*axe optique* de la lunette; c'est une droite parallèle (et sensiblement identique si l'objectif est bien centré) à celle qui joint le premier point nodal à l'objet dont l'image se forme sur la croisée des fils. Quand on vise successivement deux points A et B, la lunette tourne d'un angle égal à l'angle apparent des deux points vus du centre de rotation, à la condition toutefois que ces deux points soient à la même distance, afin qu'on ne soit pas obligé de déplacer le plan du réticule pour que les images s'y produisent nettement dans les deux cas.

La précision du *pointé* des lunettes peut être notablement supérieure à celle qui résulterait de la pénétration de l'objectif, car on conçoit facilement que l'angle apparent des fils dans l'oculaire reste notablement inférieur à celui de la tache centrale et paraisse couper cette tache à des distances du centre parfaitement distinctes. Il est assez facile de rendre l'erreur du pointé dix fois moindre que l'angle de pénétration, c'est-à-dire de faire des mesures à $0^a,1$ avec un microscope qui voit 1^b, et de déterminer une direction à $0'',1$ avec une lunette de 12^{cm} d'objectif qui voit la seconde.

112. *Lunette terrestre. Lunette de Galilée.* — Quand l'oculaire est positif, comme nous l'avons supposé, l'image I', qui est renversée par l'objectif, paraît également renversée dans l'oculaire. Cette inversion a des inconvénients pour l'observation des objets terrestres. On place alors à la suite de l'image A'B' un système de lentilles, ou *redresseur*, pour en produire une image réelle de sens opposé, au foyer de l'oculaire. L'ensemble de l'objectif, du redresseur et de l'oculaire constitue la *lunette terrestre*.

On obtient le redressement d'une manière directe dans la *lunette de Galilée*, où l'oculaire est divergent. Cet oculaire doit être placé alors entre l'objectif et l'image A'B', ce qui diminue la longueur totale de l'instrument.

Le faisceau de rayons convergents qui forme l'image B' est intercepté par l'oculaire et transformé, pour un œil normal, en rayons parallèles à la direction primitive N'B', de sorte que les images sont redressées.

Le grossissement a la même expression $G = \dfrac{F + x}{f}$.

L'anneau oculaire est virtuel : sa distance au foyer antérieur de l'oculaire est encore

$$x' = \frac{f^2}{F + x} = \frac{f}{G},$$

et sa distance à la lentille oculaire, si l'on néglige l'épaisseur de cette dernière,

$$f - \frac{f}{G} = f\frac{G - 1}{G};$$

enfin, son diamètre est $\delta = \dfrac{D}{G}$.

Il est donc impossible de placer la pupille à l'anneau oculaire et, par suite, d'utiliser toute l'étendue de l'objectif. On n'emploie, en réalité, pour la vision d'un point B, que la portion découpée par un faisceau de rayons parallèles partant de la pupille et tombant sur l'objectif après avoir traversé l'oculaire. Le diamètre D' de la surface utile de l'objectif est proportionnelle au grossissement ; en effet, en appelant p le diamètre de la pupille, on a

$$\frac{p}{f} = \frac{D'}{F + x} = \frac{D'}{Gf},$$

ou

$$D' = Gp,$$

ce qui était d'ailleurs évident.

L'angle de pénétration est ainsi en raison inverse du grossissement et ne dépend plus seulement de l'objectif.

L'image des objets extérieurs se voit sur un cercle limité par le contour apparent un peu vague de l'objectif, et la clarté diminue graduellement sur les bords parce que la portion utilisée des faisceaux devient plus petite.

On peut encore définir le champ par la condition que le rayon qui provient du bord de l'objectif tombe au centre de la pupille, ce qui équivaut à utiliser la moitié du faisceau ordinaire ; le rayon réfracté correspondant émane du bord de l'anneau oculaire.

En appelant z la distance de l'oculaire à la pupille P et z' sa distance au point F' où le prolongement du rayon considéré vient couper l'axe, on a

$$(f + z)(f - z') = f^2.$$

D'autre part, le diamètre d' de la première image correspondante est donné par la relation

$$\frac{d'}{D} = \frac{f - z'}{F + x - f + z'} = \frac{f^2}{(F + x)(f + z) - f^2},$$

et le champ est

$$L = \frac{d'}{F + x} = \frac{D}{F + x} \frac{f}{G(f + z) - f}.$$

Le champ augmente à mesure que l'œil se rapproche de l'oculaire; le maximum, pour $z = 0$, est

$$L = \frac{D}{F + x} \frac{1}{G - 1} = \frac{D}{f} \frac{1}{G(G - 1)}.$$

Les aberrations ne permettent pas d'employer des oculaires divergents à court foyer. Le grossissement est alors très limité (3 ou 4) et, comme l'objectif n'est utilisé qu'en partie pour chaque point de l'image, il est permis de lui donner un plus grand diamètre, relativement à sa longueur focale, que dans les lunettes à oculaire convergent. Cette circonstance contribue à augmenter le champ.

La lunette de Galilée ne permet pas l'emploi d'un réticule et ne peut servir à la mesure des angles.

113. *Éléments d'un système optique.* — La détermination expérimentale des éléments d'un système optique présente quelques difficultés parce que les plans principaux ne sont généralement pas accessibles; il peut en être de même pour les foyers et, dans plusieurs cas, il est utile d'avoir recours à la relation générale (91) qui existe entre deux systèmes de points conjugués.

Supposons, par exemple, qu'il s'agisse d'un système convergent placé dans l'air et dont les foyers principaux K et K' sont en dehors des surfaces extrêmes Σ et Σ' des milieux qui limitent le système (*fig.* 49).

On peut déterminer d'abord les foyers principaux K et K' en cherchant l'image d'un objet situé à une grande distance, ou les positions dans lesquelles il faut placer un objet pour qu'il soit vu nettement à travers le système par une lunette pointée sur l'infini, c'est-à-dire réglée pour la vision d'un objet très éloigné. On connaît ainsi la distance $KK' = \Delta$ des deux foyers principaux et leurs distances $KM = a$, $KM' = a'$ aux surfaces limites.

Plaçant ensuite un objet en un point quelconque A, on détermine sa distance $AK = -\varphi$ au premier foyer et la distance $A'K' = -\varphi'$ de son image au second foyer, ce qui donne

$$F^2 = \varphi\varphi'.$$

On peut choisir le point A sur la surface Σ, où l'on fera des traits à l'encre pour en observer l'image.

Si l'un des quatre points K et K', A et A' est dans l'intérieur du système et inaccessible, ou il suffira de substituer à l'objet

Fig. 49.

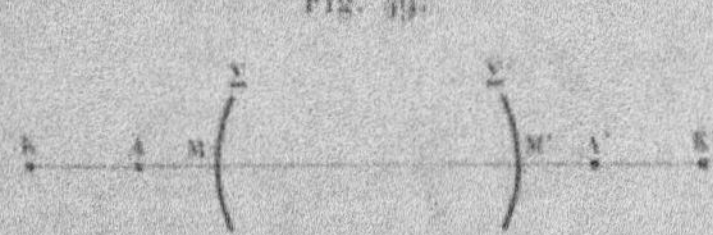

l'image réelle formée par un système convergent, ou d'observer avec un microscope qui vise à une distance déterminée.

Connaissant les valeurs de F et de Δ, on en déduit la position des plans principaux, leur distance $p = \Delta - 2F$, ainsi que la distance des plans de Bravais $b = \sqrt{\Delta^2 - 4F^2} = \sqrt{\Delta^2 - 4\varphi\varphi'}$.

On voit aisément comment doit être modifiée l'observation si le système est placé dans un liquide ou entre deux liquides différents.

114. *Lunette astronomique.* — Lorsqu'une lunette est pointée sur l'infini pour un œil normal, le second foyer principal K' de l'objectif (*fig.* 48) coïncide avec le foyer de l'oculaire.

Dans ce cas, la distance D étant nulle (90), les foyers principaux du système résultant sont à l'infini, ce qui était évident, puisqu'un faisceau incident de rayons parallèles forme encore à la sortie un faisceau de rayons parallèles ; la distance des plans principaux est également infinie, de sorte que la théorie générale ne s'applique pas simplement.

Toutefois il existe encore un plan de Bravais. En effet, si l'on appelle φ la distance d'un objet au premier foyer K de l'objectif, $\varphi' = $ K'A' la distance de son image au second foyer K', lequel coïncide avec le foyer de l'oculaire, et φ'' la distance de la seconde image A'' au second foyer k' de l'oculaire, on a

$$\varphi\varphi' = F^2, \qquad \varphi'\varphi'' = f^2,$$

ou

$$\frac{\varphi}{\varphi''} = \frac{F^2}{f^2}.$$

Soit Δ_1 la distance des foyers extérieurs K et k' de l'objectif et de l'oculaire. Pour que l'image soit dans le plan de l'objet, il faut qu'on ait

$$\varphi'' = \varphi + \Delta_1$$

ou

$$\varphi'' = -\frac{f^2}{F^2 - f^2}\Delta_1.$$

La valeur de φ'' étant négative, le plan de Bravais se trouve du côté de l'oculaire, au delà du foyer k'.

L'objet I et les deux images I' et I'' donnent les relations

$$\frac{-I'}{I} = \frac{F}{\varphi} = \frac{\varphi'}{F},$$

$$\frac{-I''}{I'} = \frac{f}{-\varphi'} = \frac{-\varphi''}{f};$$

par suite

$$\frac{-I''}{I} = \frac{F}{f}\frac{\varphi''}{\varphi} = \frac{f}{F} = \frac{1}{G}.$$

Le rapport de la grandeur d'une image à celle de l'objet est donc indépendant de sa position et égal à l'inverse du grossissement de la lunette; c'est la généralisation de la propriété que nous avons constatée déjà (110) pour l'image de l'objectif sur l'anneau oculaire dans une lunette quelconque. L'image I'' est renversée ou droite, suivant que l'oculaire est positif ou négatif.

La détermination du grossissement peut donc se faire simplement par le rapport de la grandeur d'un objet et de son image.

La mesure est particulièrement facile quand on utilise le plan de Bravais, puisque les deux longueurs à évaluer se trouvent sur la même surface. On emploiera alors comme objet l'image réelle fournie par un système convergent en interposant la lunette sur le trajet des rayons qui vont former l'image.

On prend souvent comme objet la surface antérieure de l'objectif, sur laquelle on trace des traits à l'encre pour reconnaître la position de l'image. Si l'oculaire est positif, cette image est très voisine de l'anneau oculaire.

115. *Proportions des lunettes et des échelles.* — Il faut évidemment que, dans un instrument composé bien construit, il y ait une harmonie entre la lecture des divisions et la précision du pointé par les lunettes.

On peut, sur un cercle de 40^{cm} de diamètre, estimer la seconde d'angle à la loupe par les verniers, ce qui correspond à une exactitude de 1^{μ} pour la position des traits, ou au tiers de l'acuité visuelle avec une loupe de 1^{cm}. D'autre part, un objectif de 4^{cm} de diamètre voit $3''$ et permet facilement de pointer à $1''$ près.

L'instrument est donc bien équilibré quand le diamètre de l'objectif est le dixième de celui du cercle, ou quand la longueur focale de la lunette est égale au diamètre du cercle; cependant on emploie souvent des lunettes plus puissantes pour rendre les observations plus rapides.

Dans la plupart des cas, la précision des pointés est supérieure à celle que donnerait la lecture des verniers à la loupe et il est utile d'observer les divisions au microscope; comme l'exactitude du tracé des divisions dépasse rarement 1^{μ}, on détermine les erreurs de graduation par une étude préalable.

Dans le grand cercle mural de Gambey, par exemple, installé à l'Observatoire de Paris, l'objectif a 16^{cm} de diamètre; il voit donc à peine la seconde, mais il permet d'apprécier au dixième de seconde le passage d'une étoile entre deux fils.

Le diamètre du cercle est de 2^{m}, de sorte que la seconde correspond à 5^{μ}. Les traits sont tracés de $5'$ en $5'$, c'est-à-dire distants de $1^{mm},5$; on les observe avec six microscopes fixes distribués sur la circonférence et munis de vis micrométriques dont chaque tour, subdivisé en 60 parties, vaut $1'$. Une division du tambour vaut donc $1''$ et l'on estime également le dixième.

116. *Collimateurs.* — Lorsqu'un objet est situé dans le plan focal principal d'un système optique, les rayons émis par chaque point sont ensuite parallèles entre eux et se comportent comme s'ils provenaient d'un point situé à l'infini. L'angle apparent de l'objet dans le faisceau émergent est égal à son angle apparent vu du premier point nodal, à la distance focale F.

Les appareils ainsi constitués portent le nom de *collimateurs*. Ils sont très souvent employés en Astronomie pour fournir des directions de repère, en plaçant un réticule au foyer principal d'un objectif.

On en fait aussi un grand usage en Physique, soit pour la mesure des angles en plaçant au foyer une fente étroite éclairée, soit pour l'étude de certains phénomènes d'Optique en remplaçant la fente par des ouvertures de formes convenables.

117. *Goniomètres et Spectroscopes.* — L'emploi d'une lunette à réticule qui peut tourner sur un cercle gradué permet de déterminer la distance angulaire de deux points A et B. L'axe de rotation étant perpendiculaire au plan des axes optiques de la lunette dans les deux cas, le déplacement angulaire de l'instrument, quand on passe d'un pointé à l'autre, est égal à l'angle des axes optiques, c'est-à-dire à l'angle des deux droites qui joignent, dans les deux cas, les points A et B au premier point nodal de l'objectif.

Si les points A et B ne sont pas à la même distance, le réticule est monté sur un tube à glissement, et commandé par une crémaillère, qui permet de le placer pour chaque observation dans le plan de l'image; on doit s'assurer par une étude préalable que ce déplacement ne change pas la direction de l'axe optique.

Lorsque l'axe optique passe par l'axe de rotation, on obtient ainsi directement l'angle apparent des deux points rapporté à l'axe de rotation. Si l'axe optique est excentré, on doit faire une correction, dite de *parallaxe*, pour rapporter l'angle apparent des deux points au centre de rotation O (*fig.* 50). Soient D et D' les distances des deux points, δ l'angle ACB des axes optiques donnés par l'instrument, a et b leurs distances à l'axe O, la dernière étant égale à $\pm a$ suivant que la lunette est restée du même côté de l'axe ou qu'elle a été placée de l'autre côté en la retournant bout pour bout, δ' l'angle au centre AOB qu'il s'agit de déterminer, α et β

les angles CAO et CBO ; on a évidemment

$$\alpha + \delta = \beta + \delta',$$
$$\delta' = \delta + (\alpha - \beta),$$

et, comme il s'agit toujours d'angles très petits,

$$\delta' = \delta + \frac{a}{D} - \frac{b}{D'} = \delta + a\left(\frac{1}{D} \mp \frac{1}{D'}\right).$$

La correction de parallaxe est nulle quand $b = a$ et $D' = D$.

Si la lunette est montée sur des colliers ou mobile autour d'un second axe perpendiculaire au premier, et qu'elle ait été retournée sur ses colliers ou sur l'axe secondaire, l'axe optique étant resté

Fig. 50.

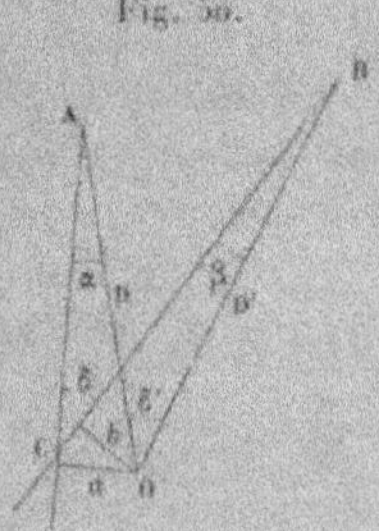

parallèle à sa direction primitive, la correction de parallaxe est

$$\delta' - \delta = a\left(\frac{1}{D} + \frac{1}{D'}\right).$$

Cette correction est nulle quand les objets sont à l'infini ; les deux opérations permettent précisément de vérifier si le retournement de la lunette a déplacé l'axe optique et, par suite, de calculer l'erreur ou de corriger le réglage.

De même, si l'on vise un point A en plaçant la lunette successivement dans les deux positions, la différence des lectures sur le cercle donnera le double de la parallaxe $\dfrac{a}{D}$.

Dans les *théodolites* en particulier il arrive fréquemment que les lunettes sont ainsi excentrées.

118. — Les *goniomètres* utilisés pour la mesure des angles des cristaux se composent généralement d'un cercle divisé mobile autour d'un axe horizontal et dont on peut déterminer la rotation par des verniers fixes. Le cristal est collé sur une monture attachée au cercle; il est réglé de manière que l'arête dont on veut mesurer l'angle soit parallèle à l'axe de rotation et passe sensiblement par cet axe.

On vise dans une des faces du cristal l'image d'un objet extérieur, par exemple un barreau de fenêtre, et l'on tourne le cercle jusqu'à ce que cette image coïncide avec celle du même objet dans un miroir fixe parallèle à l'axe; après avoir observé le vernier, on tourne le cercle de façon que la même image sur la seconde face se produise dans la même direction, et l'on fait une nouvelle lecture. Comme la seconde face s'est alors substituée à la première, l'angle cherché est égal à la rotation du cercle.

La précision de cette méthode ne permet guère de dépasser la minute et l'on doit recourir à l'emploi des lunettes quand on veut obtenir l'exactitude que comportent un grand nombre d'expériences d'Optique.

La lunette est portée alors par un équipage qui peut tourner autour d'un axe vertical, et elle vise dans la direction de l'axe. La rotation est évaluée, par un cercle et des verniers. L'axe porte une plate-forme mobile, d'une manière indépendante, sur laquelle on place, par exemple, le prisme P (*fig.* 51) dont l'angle est à mesurer, et des vis de réglage permettent de rendre son arête exactement parallèle à l'axe.

Deux méthodes peuvent être employées.

Lorsque la rotation de la plate-forme est elle-même donnée par un cercle divisé, on vise un point extérieur S par réflexion sur une des faces du prisme, en laissant la lunette invariable.

On tourne alors la plate-forme de manière à viser le même point sur l'autre face; la rotation observée est égale à l'angle du prisme et il n'y a pas d'erreur appréciable si le plan bissecteur de l'arête du prisme passe sensiblement par l'axe de rotation.

Lorsque l'instrument ne permet pas de mesurer la rotation de la plate-forme, on peut laisser le prisme immobile et viser le point S par réflexion sur les deux faces, en plaçant successivement la lunette dans les deux positions L et L'.

Soient

Δ l'angle donné par le déplacement de la lunette;

A l'angle du prisme;

α l'angle des rayons incidents SM et SM' qui correspondent aux deux directions de l'axe optique;

θ et θ' les angles de ces rayons avec les faces correspondantes du prisme.

Fig. 51.

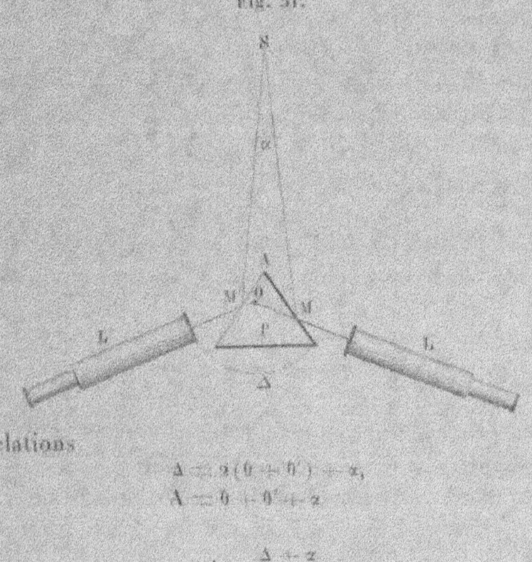

Les relations

$$\Delta = 2(\theta + \theta') - \alpha,$$
$$A = \theta + \theta' - \alpha$$

donnent

$$A = \frac{\Delta + \alpha}{2}$$

L'erreur de parallaxe $\dfrac{\alpha}{2}$ n'est négligeable que si le point S est extrêmement éloigné; on prendra comme mire, par exemple, la flèche d'un clocher ou la tige d'un paratonnerre.

119. — On évite la recherche d'un repère éloigné par l'emploi d'un collimateur. Si le changement de direction des rayons est produit par réflexion, réfraction ou diffraction sur une surface plane, on dispose cette surface au centre de la plate-forme parallèlement à l'axe de rotation et de manière que le rayon dévié soit perpendiculaire à l'axe; la déviation est donnée par le déplace-

ment de la lunette qui vise alternativement, dans les deux cas,
l'ouverture placée au foyer du collimateur.

On doit prendre alors quelques précautions pour tirer le meilleur
parti des lunettes; nous examinerons encore comme exemple le
cas d'un prisme.

Si l'on mesure l'angle du prisme par la seconde méthode, en
pointant la lumière réfléchie à droite et à gauche, une partie seulement des rayons qui émanent du collimateur (la moitié quand
le plan bissecteur du prisme est dirigé vers le collimateur) est
reçue par la lunette. Le faisceau est dissymétrique et l'image
éprouve par diffraction un petit déplacement latéral ε; ces déplacements se faisant en sens contraires pour les deux lectures,
l'angle Δ observé sera en erreur de $\pm 2\varepsilon$ et l'angle calculé pour
le prisme en erreur d'une quantité inconnue ε.

En outre, le travail du polissage dans la fabrication des prismes
a pour résultat, sauf l'emploi de précautions tout à fait exceptionnelles, de courber les surfaces dans le voisinage de l'arête. Les
rayons parallèles qui tombent sur cette région ne restent plus
parallèles après la réflexion; ils nuisent à la pureté des images et
peuvent produire un changement de mise au point. On utilise
ainsi, par cette méthode, la région la plus mauvaise des surfaces
et celle qui ne servira pas dans les mesures de réfraction. Les con-
structeurs prennent souvent le soin d'abattre sur les angles du
prisme les parties qui correspondent aux surfaces courbes, mais
alors la portion utilisée sur l'objectif du collimateur est encore
réduite et le déplacement ε exagéré.

On doit donc mesurer l'angle du prisme, soit par la rotation de
la plate-forme, soit par l'observation d'une mire éloignée.

Pour mesurer la déviation produite par le prisme, on le dispose
sur la plate-forme de manière que le plan bissecteur de l'arête utilisée passe sensiblement par l'axe de rotation et l'on fait en sorte
que la totalité du faisceau lumineux, qui sort du collimateur,
tombe sur la première surface assez loin de l'arête.

Le collimateur étant muni d'une fente étroite éclairée, on obtient un spectre pur dans la lunette placée sur le trajet des rayons
émergents. Il est facile, en observant les déplacements de cette
image, de faire tourner la plate-forme à la main, de manière que le
prisme soit très sensiblement au minimum de déviation (67) pour

la région du spectre que l'on veut observer, et l'on pointe le réticule sur une raie déterminée, obscure ou brillante. La déviation minimum D s'obtiendrait par l'angle de la lunette dans cette position avec celle qu'elle prend quand on enlève le prisme pour observer directement le collimateur, mais il est plus simple de faire tourner la plate-forme de manière à présenter au collimateur la seconde face du prisme et l'on pointe la lunette sur le même repère pour la déviation de l'autre côté. Le déplacement de la lunette donne le double de la déviation minimum. On connaît ainsi les angles D et A qui permettent de calculer l'indice de réfraction (68).

Cette double observation à droite et à gauche présente encore un avantage important. Les objectifs n'étant jamais rigoureusement achromatiques, les aberrations de réfrangibilités qui proviennent du collimateur et de la lunette s'ajoutent et le réticule doit être déplacé pour passer d'une couleur à l'autre du spectre. Ce déplacement n'est plus nécessaire quand on observe à droite et à gauche au minimum de déviation; on évite ainsi l'erreur qui pourrait résulter d'un défaut de réglage de l'axe optique.

120. — L'ensemble d'un collimateur, d'un ou plusieurs prismes réfringents et d'une lunette constitue un *spectroscope*.

Quand on se propose uniquement d'étudier la composition d'un spectre, il peut être avantageux (74) que la direction du prisme ne corresponde pas exactement au minimum de déviation, mais on ne s'en écarte jamais beaucoup, à moins que, en vue d'une étude spéciale, les objectifs du collimateur et de la lunette ne soient de dimensions très différentes.

Si le spectroscope est formé de plusieurs prismes, on les dispose sur une même plate-forme et la lunette doit pouvoir prendre toutes les directions possibles. On règle la position de tous les prismes successivement, à partir du collimateur, de façon que chacun d'eux reçoive toute la lumière qui émane du précédent et soit à peu près au minimum de déviation. Les défauts des surfaces ne tardent pas le plus souvent à modifier successivement la mise au point de la lunette; il est bon de déplacer en même temps la fente du collimateur de manière que la région que l'on veut observer soit au point quand le réticule de la lunette occupe sa position moyenne.

Dans les spectroscopes dits à *vision directe*, l'appareil réfringent est formé de plusieurs prismes successifs collés ensemble, alternativement de natures différentes et de sens contraires (79). Si l'on emploie plusieurs systèmes semblables, on règle chacun d'eux comme un prisme simple.

Ces indications rapides relatives à l'emploi des prismes suffiront pour que dans des circonstances analogues, et quelle que soit la nature des phénomènes à observer, on prenne le même genre de précautions.

121. *Groupement des Rayons ou des Ondes.* — Supposons qu'une portion de l'espace soit traversée par des rayons de directions quelconques et indépendants les uns des autres, ou occupée par la superposition d'un ensemble quelconque de systèmes d'ondes sans aucune relation régulière. Telle serait, par exemple, la lumière que laisse passer une fenêtre éclairée par les objets extérieurs, les nuages ou le ciel. On peut combiner d'une infinité de manières les rayons ou les ondes qui correspondent à des vibrations de même période.

1° On peut considérer les rayons comme formés d'une série de faisceaux coniques ayant pour sommets les différents points A, A', ... d'une surface arbitraire Σ (*fig.* 52) située sur le trajet du système, c'est-à-dire l'ensemble des ondes comme la résultante d'une série de systèmes réguliers d'ondes sphériques S, S', ... ayant pour centres les points A, A', ...

En effet, quel que soit le mode d'éclairement général, chacun des points A de la surface Σ se trouve dans un état vibratoire déterminé, qui définit l'état vibratoire des ondes sphériques S ayant pour centre le point A, ces ondes pouvant être postérieures ou antérieures à la surface Σ.

La vibration en un point P, d'après le principe d'Huygens, est la résultante des vibrations émises par les différents points de la surface Σ, c'est-à-dire des ondes sphériques S, S', ... ayant pour centres les points A, A', ...

L'état vibratoire d'un point P, antérieur à la surface Σ est, de même, la résultante des vibrations dues à une série d'ondes sphériques convergentes S_1, S_1', ... ayant pour centres A, A', ...

2° Si la surface arbitraire Σ est supposée à l'infini, la lumière générale sera remplacée par des systèmes de rayons parallèles ou d'ondes planes de directions différentes, l'état vibratoire de chaque système étant défini par la vibration réelle du point de la surface Σ pris dans la direction correspondante, ou du point situé suivant la même direction dans le plan focal principal d'un objectif qui recevrait le faisceau.

3^{a} Enfin, on pourrait aussi considérer le faisceau de lumière générale comme formé de différents systèmes de rayons normaux à

Fig. 52.

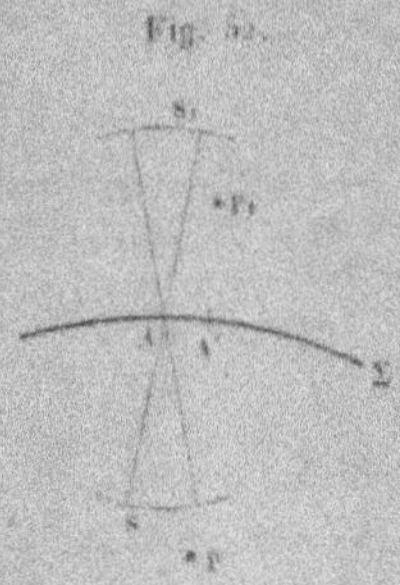

une même surface, ou d'ondes quelconques. L'état vibratoire sur une de ces ondes serait alors défini par la vibration réelle des points situés sur la surface caustique correspondante dans l'espace compris entre deux surfaces arbitraires Σ_1 et Σ_2.

On a souvent à faire usage de ces groupements artificiels des rayons ou des ondes et l'on choisit, dans chaque cas particulier, le mode qui convient le mieux pour mettre en évidence les phénomènes à observer.

CHAPITRE III.
INTERFÉRENCES.

122. *Expérience d'Young.* — Toutes les considérations précédentes reposent sur la composition géométrique des mouvements vibratoires, c'est-à-dire sur le principe des interférences. La diffraction au foyer des instruments d'optique en est déjà une confirmation, mais il est nécessaire de mettre ce principe important hors de doute par une vérification expérimentale.

Les phénomènes de diffraction ont été observés depuis longtemps. Grimaldi a constaté que, si la lumière solaire directe entre dans une chambre obscure par un trou très petit, la tache brillante reçue sur un écran s'élargit d'autant plus que l'ouverture est plus étroite, à partir d'une certaine dimension; en outre les bords de cette image sont légèrement colorés. Ces deux effets sont dus à la *diffraction* ([1]), à ce qu'on appelait l'*inflexion* des rayons. Grimaldi crut même reconnaître, dans la partie commune des taches fournies par deux trous voisins, des effets qui semblent indiquer que la lumière en s'ajoutant à de la lumière peut produire de l'obscurité. Le texte de Grimaldi ([2]) est bien l'énoncé d'un phénomène d'interférence et on lui a attribué souvent le mérite de cette découverte, mais les conditions de l'expérience qu'il décrit assez confusément ne permettaient de rien observer de semblable.

Delisle ([3]) reconnut l'existence d'un point brillant, entouré d'anneaux, au centre de l'ombre d'un écran opaque circulaire de

---

([1]) Lumen propagatur seu diffunditur non solum *directe, refracte ac reflexe*, sed etiam alio quodam quarto modo, DIFFRACTE (GRIMALDI, *Philosophicomathesis de lumine, etc.* Liber I, Prop. 1; Bononiæ, MDCLXV).

([2]) Lumen aliquando per sui communicationem reddit obscuriorem superficiem corporis aliunde, ac prius illustratam (*Ibid.,* Prop. XXII).

([3]) DELISLE, *Mém. de l'Acad. des Sciences,* p. 166; 1715.

très petites dimensions. Maraldi ([1]) a constaté, dans l'ombre d'un cheveu ou d'une aiguille, éclairés par le soleil, une bande centrale brillante bordée de deux bandes noires et de plusieurs autres franges colorées. Ce sont là de véritables phénomènes d'interférence dont les auteurs n'ont pas saisi toute la portée.

C'est à Thomas Young ([2]) que l'on doit la première expérience bien démonstrative et la plupart des conséquences qu'elle comporte au point de vue de la théorie de la lumière.

Pour comprendre l'expérience d'Young, il est nécessaire d'examiner d'abord brièvement la diffraction produite par une petite ouverture. Lorsque la lumière partie d'une source de dimensions très restreintes S, comme un trou très fin éclairé par le soleil, tombe normalement sur un écran opaque E (*fig.* 53) percé d'une

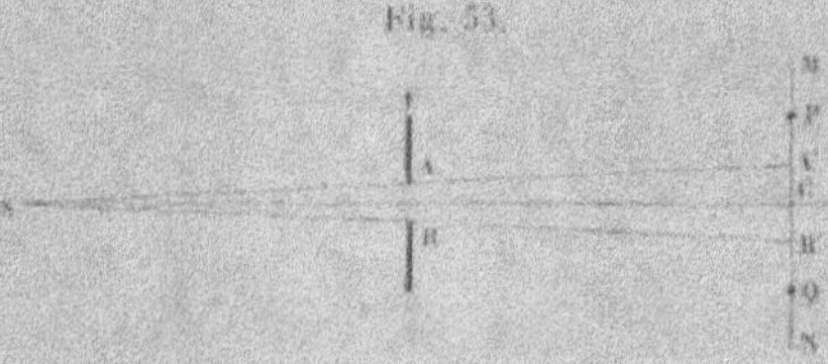

Fig. 53.

ouverture circulaire d'assez petit diamètre AB, si l'on reçoit le faisceau émergent à une certaine distance sur une feuille de papier blanc MN perpendiculaire à sa direction moyenne, on observe d'abord une tache centrale d'un diamètre PQ plus grand que celui du cercle A'B' qui serait dessiné par les droites s'appuyant sur le bord de l'ouverture. Cette tache centrale est entourée d'un anneau sombre et d'une série d'anneaux colorés, qui tiennent à ce que les systèmes d'anneaux relatifs aux différentes lumières qui constituent la lumière blanche ont des diamètres différents. Avec une source homogène, ou en observant au travers d'un verre rouge, qui ne laisse passer que de la lumière sensiblement homogène, la tache centrale serait entourée d'un grand nombre d'anneaux alternativement sombres et brillants.

([1]) MARALDI, *Mém. de l'Acad. des Sciences*, p. 111, 1723.
([2]) YOUNG, *Lectures on Natural philosophy*; London, 1807.

Le rayon CP du premier anneau obscur est défini, comme pour la tache centrale au foyer des lunettes (31), par la condition que la résultante des vibrations émises au point P par les zones élémentaires comprises dans l'ouverture AB soit un minimum. Un peu plus loin, l'amplitude de la vibration résultante augmente, et passe ensuite par une série de maxima et de minima; dans tous les cas, le diamètre de la tache centrale est encore en raison inverse du diamètre de l'ouverture AB.

Au lieu d'examiner l'éclairement du papier situé dans le plan MN, on peut supprimer ce papier et recevoir la lumière dans l'œil armé d'une loupe pour viser dans le plan MN, ou même s'éloigner davantage et viser à l'œil nu.

Le phénomène se montre avec beaucoup plus d'éclat quand on regarde l'image conjuguée de la source S dans une lunette, parce que la tache centrale devient beaucoup plus petite.

Si l'on remplace l'ouverture circulaire par une fente à bords parallèles, la tache centrale est une bande parallèle à la fente, à droite et à gauche de laquelle se trouvent des franges colorées.

Le phénomène reste le même, mais il acquiert plus d'éclat quand on remplace aussi la source S par une ligne lumineuse très fine parallèle aux bords de la fente.

Enfin on obtient les mêmes bandes de diffraction quand on couvre l'objectif d'une lunette par une fente et qu'on observe, soit une étoile ou un point brillant, soit une ligne lumineuse parallèle à la fente.

123. — Voici maintenant l'expérience d'Young.

La lumière émanant d'un orifice S très étroit (*fig*. 54) éclairé par le soleil tombe sur un écran E percé de deux trous circulaires A et A' assez petits pour que les taches centrales correspondantes dans le plan MM' empiètent l'une sur l'autre.

On aperçoit alors dans la partie commune une série de lignes parallèles très rapprochées et perpendiculaires au plan SAA'; ce sont des *franges d'interférence*.

La frange *centrale*, blanche et brillante, est bordée, à droite et à gauche, d'une frange *noire* suivie de franges irisées de couleurs plus ou moins vives. On peut habituellement compter une dizaine de ces franges irisées de chaque côté; elles disparaissent ensuite dans un éclairage uniforme ou dans les anneaux de diffraction propres à chacune des ouvertures.

Les bandes apparaissent aussi, mais avec moins d'éclat, dans l'intervalle des taches centrales relatives aux deux ouvertures quand ces taches n'ont plus de partie commune.

Avec une source homogène, ou au travers d'un verre rouge, le champ d'observation est couvert d'un grand nombre de franges *équidistantes*, alternativement brillantes et obscures, et la frange centrale elle-même ne se distingue plus des autres.

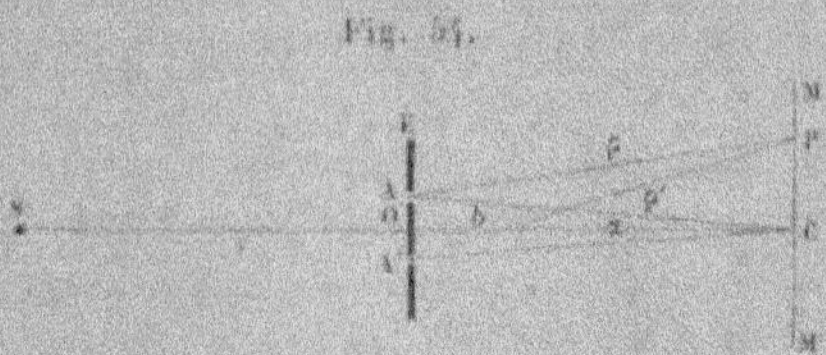

Fig. 54.

On augmente l'éclat du phénomène, sans modifier la forme ni la distance des franges rectilignes, en remplaçant les trous A et A' par deux fentes parallèles d'égale largeur, dont les bords sont perpendiculaires au plan de la figure, car les franges produites par les différentes parties de ces fentes, considérées deux à deux, se superposent.

L'éclat augmente encore quand on substitue à la source S une fente étroite éclairée ou l'image rectiligne du soleil au foyer d'une lentille cylindrique (¹); l'ajustement est alors plus délicat, parce que les franges d'interférence n'apparaissent que si cette source rectiligne est très exactement parallèle aux fentes A et A'.

Enfin la quantité de lumière utilisée devient beaucoup plus grande quand on emploie une lunette et qu'on observe dans le plan où se forme l'image de la source. L'objectif est couvert par un écran percé de deux trous circulaires ou de deux fentes parallèles et l'on observe l'image d'un point lumineux ou d'une ligne parallèle aux fentes. Dans ce cas, les taches centrales de diffraction produites par les deux trous, ou les bandes centrales relatives

---

(¹) ARAGO, *Œuvres complètes*, t. X, p. 591.

aux deux fentes, sont exactement superposées et les franges d'interférence se dessinent avec un très vif éclat.

On aperçoit les mêmes apparences dans l'ombre d'une tige rectiligne de quelques millimètres de diamètre éclairée par une fente étroite (Expérience de Maraldi).

124. *Calcul des franges.* — L'explication du phénomène ne présente aucune difficulté.

Si l'angle apparent de l'orifice S (*fig.* 54) qui sert de source de lumière est insensible et que les dimensions des ouvertures A et et A' soient de même ordre que la longueur d'onde, la source S étant située dans un plan perpendiculaire au milieu de la distance AA', ces deux ouvertures se comportent comme deux sources identiques, puisque, étant à la même distance de la source S et très rapprochées, leurs vibrations sont concordantes.

Soient $2d$ la distance AA', b la distance du milieu O au plan MM' dans lequel on observe les franges; le milieu C de la frange centrale est situé sur une droite CO perpendiculaire à AA', puisque les vibrations envoyées en ce point par les sources A et A' sont toujours concordantes. Pour un point P situé à la distance CP $= x$, les distances ρ et ρ' aux deux sources A et A' sont

$$\rho^2 = b^2 + (x - d)^2,$$
$$\rho'^2 = b^2 + (x + d)^2,$$

ce qui donne

$$\Delta = \rho' - \rho = \frac{4d}{\rho' + \rho} x,$$

La distance x, à laquelle les franges sont observables, étant toujours très petite par rapport à b, la somme $\rho' + \rho$ diffère très peu de $2b$ et l'on peut écrire

$$\Delta = \frac{2d}{b} x.$$

La différence de marche relative au point P est donc proportionnelle à sa distance x au milieu de la frange centrale. L'amplitude de la vibration résultante est maximum ou nulle suivant que cette différence de marche est un nombre pair ou impair de demi-longueurs d'onde. Les distances x varient comme les nombres o, 2, 4, 6, ... pour les maxima et comme les nombres 1, 3, 5, 7, ... pour les minima; ces franges sont donc *équidistantes* dans la lumière homogène.

La distance au centre x_p de la frange d'ordre $p\left(\Delta = p\dfrac{\lambda}{2}\right)$ est donnée par la condition

$$\Delta = p\frac{\lambda}{2} = \frac{2d}{b}x_p.$$

Cette distance est proportionnelle à la longueur d'onde λ, à l'ordre p de la frange, à la distance b du plan MN d'observation et en raison inverse de la distance $2d$ des deux ouvertures.

L'angle apparent β_p des deux franges d'ordre p, à droite et à gauche, vues du point O,

$$\beta_p = \frac{2x_p}{b} = \frac{p\lambda}{2d} = \frac{\Delta}{d},$$

est indépendant de la distance du plan MM'.

Enfin le rapport $\dfrac{2d}{b}$ est l'angle apparent α des ouvertures vues du point C, et l'on peut écrire

$$\Delta = p\frac{\lambda}{2} = \alpha x_p.$$

La distance d'une frange d'ordre déterminé est donc proportionnelle à l'ordre de la frange, à la longueur d'onde et en raison inverse de l'angle apparent des deux sources.

Pour un angle apparent α de $30'$, qui correspond environ à l'angle de 1^{cm} vu à la distance de 1^m, la distance de deux minima consécutifs, ou la largeur d'une frange, est

$$\frac{\lambda}{\alpha} = 100\lambda, \text{ environ } \tfrac{1}{100} \text{ de millimètre.}$$

Le même calcul s'applique aux franges observées à l'aide d'une lunette, avec cette seule différence que l'on doit remplacer les points A et A' par leurs images par rapport à l'objectif.

Enfin, si ces ouvertures ont des dimensions notables, nous verrons encore qu'elles se comportent comme deux points A et A' dont les vibrations sont concordantes.

M. — I.   11

125. — Quand la source est formée de lumière blanche, les différentes couleurs homogènes qui la constituent donnent des systèmes de franges dont l'écartement n'est pas le même et le passage du maximum de lumière à l'obscurité dans chaque système se fait par tous les intermédiaires.

En ne prenant que les couleurs de longueurs d'onde extrêmes, le rouge et le bleu, qui limitent la partie la plus brillante du spectre, on prévoit facilement quel sera l'effet produit par la superposition des franges de toutes couleurs. Les bandes R et B (*fig.* 55) qui représentent les maxima successifs pour les deux

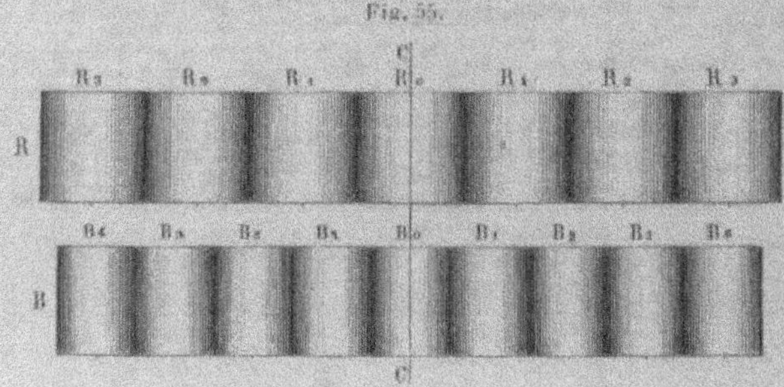

couleurs montrent que la frange centrale, formée par la superposition des maxima R_0 et B_0 situés au centre C, est déjà bordée à droite et à gauche d'une teinte rougeâtre; la première frange brillante (B_1, R_1) est bordée de bleu à l'intérieur et de rouge à l'extérieur. Il en est de même pour les suivantes, mais il arrive bientôt que les franges voisines empiètent l'une sur l'autre; plus loin, il y a superposition en un même point de plusieurs couleurs appartenant à des franges d'ordres différents, et cette superposition finit par reproduire la lumière blanche.

Pour les couleurs les plus brillantes du spectre les longueurs d'onde sont comprises entre $0^\mu,68$ (raie B) et $0^\mu,48$ (raie F); elles varient à peu près de 4 à 3. La troisième frange brillante du rouge R_3 tombe sur la quatrième du bleu B_4; la sixième frange du rouge est en même temps le huitième maximum du bleu et le septième maximum du jaune intermédiaire ($\lambda = 0^\mu,58$). Les colorations disparaissent, en effet, à partir de la huitième ou dixième frange, dans un éclairement uniforme.

On peut séparer les résultats relatifs aux différentes couleurs en observant le phénomène à l'aide d'un spectroscope dont la fente est située dans le plan des franges et perpendiculaire à leur direction commune.

Le spectre paraît alors traversé par une série de lignes noires (*fig.* 56) qui correspondent aux minima; le système est symé-

Fig. 56.

trique par rapport à une bande brillante rectiligne CC′ qui correspond à la frange centrale. Les lignes noires sont des courbes dont la forme dépend de la loi de dispersion et dont les distances successives en chaque point du spectre sont proportionnelles aux longueurs d'onde; d'une extrémité à l'autre, ces distances varient à peu près dans le rapport de 2 à 1.

On peut obtenir ainsi, pour chaque couleur homogène, un nombre de franges beaucoup plus grand que dans l'observation directe du phénomène.

126. *Angle apparent de la source.* — Les franges ne sont visibles que si l'angle apparent de la source située en avant des ouvertures est suffisamment petit. En effet, chacun des points de cette source produit un système de franges particulier, centré par rapport à la droite qui le joint au milieu O de la distance AA′. Pour qu'il n'y ait pas confusion complète des franges, il est nécessaire que l'angle apparent ε de la source vue du point O soit plus petit que l'angle apparent d'une demi-frange vue du même point, c'est-à-dire qu'on ait $\varepsilon < \dfrac{\lambda}{4d}$.

Pour réaliser l'expérience, on devra donc satisfaire à deux conditions : 1° les fentes A et A' doivent être assez étroites pour que les taches centrales qui leur correspondent aient une partie commune ; 2° l'angle apparent de la source doit être plus petit que le quotient de la demi-longueur d'onde par la distance des fentes.

127. — M. Fizeau a fait remarquer que cette dernière condition permet de déterminer une limite supérieure du diamètre apparent des étoiles.

Si l'on couvre un objectif de lunette ou le miroir d'un télescope par un obturateur qui ne laisse libres que deux parties situées aux extrémités d'un diamètre, l'instrument pointé sur une étoile donnera des franges dont la largeur sera réglée par la distance AA' des bords de l'obturateur, c'est-à-dire par le diamètre D de l'objectif. Si les franges restent visibles, il en résulte que le diamètre apparent de l'étoile est plus petit que $\dfrac{\lambda}{2D}$. Tel est l'angle apparent minimum que l'instrument peut mettre en évidence.

Si l'on fait $\lambda = 0^\mu,5$ et $D = 12^{cm}$, l'angle minimum sera

$$\frac{1}{2 \times 120 \times 3000} = \frac{1}{480000} = 0'',42,$$

tandis que l'angle de pénétration d'un objectif de ce diamètre n'est pas inférieur à $1''$.

L'expérience a été réalisée par M. Stéphan ([1]) avec deux ouvertures éloignées de 50^{cm}, et les franges n'ont disparu pour aucune étoile, même les plus brillantes, sauf pour Sirius. On en conclut que l'angle apparent des étoiles est inférieur à $0'',1$ et que le diamètre de Sirius est peut-être appréciable.

128. *Franges au foyer des lunettes.* — Le problème peut être traité d'une manière plus complète quand on emploie deux fentes et qu'on observe au moyen d'une lunette.

Supposons d'abord que les fentes sont éclairées par des ondes planes, parallèles à l'écran E (*fig.* 57) dans lequel elles sont découpées, c'est-à-dire que la source est à l'infini ou au foyer d'un

---

([1]) STÉPHAN, *Comptes rendus de l'Académie des Sciences*, t. LXXVI, p. 1008, 1873.

collimateur, et qu'on reçoive la lumière émergente sur un objectif. La vibration diffractée à l'infini, par une des fentes, dans une direction déterminée, est de même nature (121) que celle qui se produit dans le plan focal CM de l'objectif sur une droite parallèle NM qui passe par le second point nodal N.

Fig. 57.

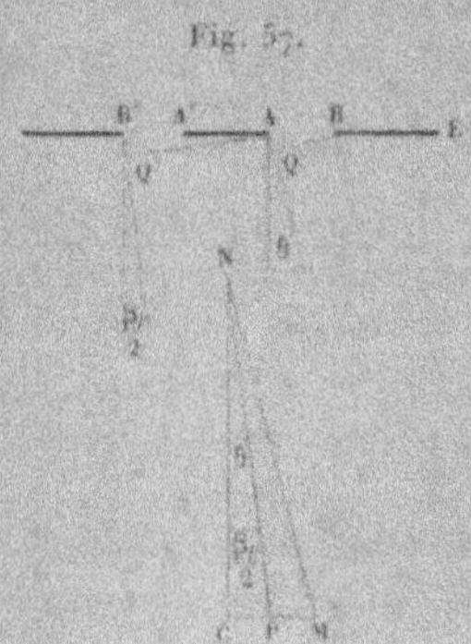

En considérant le phénomène dans un plan perpendiculaire aux fentes, la vibration produite au point M dans une direction θ par la fente AB est proportionnelle à la résultante des vibrations émises par les différents points de l'ouverture suivant la même direction. Cette vibration est nulle quand l'arc AB de l'onde primitive contient un nombre pair d'arcs élémentaires, c'est-à-dire quand la différence de marche $\Delta = $ AQ relative aux bords est un nombre entier de longueurs d'onde. On a donc, en appelant $2a$ la largeur de la fente AB,

$$\Delta = \mathrm{AB}\sin\theta = 2a\sin\theta = m\lambda$$

ou

$$\sin\theta = \frac{m\lambda}{2a},$$

Le facteur m est un nombre entier différent de zéro, puisque les vibrations sont concordantes pour la direction normale.

Comme l'angle θ est toujours très petit, tant que la distance $2a$ n'est pas de même ordre que la longueur d'onde, on peut écrire

$$\theta = m\frac{\lambda}{2a},$$

La diffraction d'une fente unique donnera ainsi dans le plan focal une série de bandes parallèles aux bords, dont les maxima diminuent très rapidement et qui sont séparées par des minima d'intensité nulle *équidistants*, à l'exception du minimum suivant la normale qui est remplacé par un maximum.

L'angle apparent de la bande centrale vue du point N est l'angle des deux premiers minima, à gauche et à droite du centre C, c'est-à-dire en faisant $m = 1$,

$$2\theta_1 = \frac{\lambda}{a} \quad (^1).$$

Si l'on considère maintenant deux fentes voisines identiques, AB et A'B', séparées par un intervalle $2d$, la vibration résultante est encore nulle lorsque les vibrations émises par deux points correspondants A et B', B et A', et en général deux points des deux fentes dont la distance est $2(d + a)$, sont discordantes.

L'angle β_p des deux franges d'ordre p, qui correspondent à la différence de marche $p\frac{\lambda}{2}$, est donné par la condition

$$\Delta = B'Q' = 2(d + a)\sin\frac{\beta_p}{2} = p\frac{\lambda}{2}$$

ou

$$\beta_p = p\frac{\lambda}{2(d + a)},$$

et l'interférence est complète quand p est un nombre impair.

Ces minima nuls, qui correspondent aux franges d'interférence des deux fentes, sont équidistants. Les deux ouvertures se comportent comme deux fentes sans dimensions transversales séparées par un intervalle $2(d + a)$, c'est-à-dire comme deux points situés sur la ligne médiane de chacune d'elles.

(^{1}) Remarquons en passant que, si l'on observait ainsi une étoile avec un objectif couvert d'une ouverture rectangulaire de largeur $2a = D$, ce qui équivaudrait à l'emploi d'un objectif cylindrique, l'image de l'étoile aurait comme tache centrale une bande parallèle aux bords d'angle apparent $\frac{\lambda}{a} = \frac{2\lambda}{D}$. Pour une largeur de 12^{cm}, l'angle minimum de séparation de deux étoiles voisines (32) serait seulement $\frac{\lambda}{D}$ ou $\frac{0'',5}{12^{cm}} = 0'',83$.

En appelant F la longueur focale de l'objectif, la distance $CP = x_p$ de la frange d'interférence d'ordre p est

$$x_p = F\frac{\beta_p}{2} = p\frac{F\lambda}{2(d+a)}.$$

Les franges d'interférence sont plus rapprochées que les minima de diffraction relatifs à chacune des fentes et, si le rapport de la distance des fentes à leur largeur est assez grand, les franges visibles à la lumière blanche se trouvent en totalité dans la bande centrale d'une fente unique.

Il est clair que le phénomène ne change pas de nature quand on remplace la source, que nous avons supposée réduite à un point, par une fente éclairée très étroite parallèle aux franges.

Enfin on peut placer la source à une distance finie et observer dans le plan focal conjugué. En effet, si l'écran des fentes est très rapproché de l'objectif, on ne change pas sensiblement les phénomènes en supposant que cet objectif est formé de deux objectifs distincts, dont l'un, placé en avant de l'écran, a son foyer principal sur la source et rend les rayons incidents parallèles, tandis que l'autre, situé derrière, a son foyer principal dans le plan de l'image. L'ensemble de ces deux objectifs forme un système équivalent au premier et l'on se retrouve dans le cas précédent.

129. *Déplacement des franges.* — Young avait constaté que les franges disparaissent dans l'expérience de Maraldi quand on intercepte la lumière sur l'un des bords de l'écran; Arago (¹) remarqua qu'une lame de verre interposée produit le même effet et que les franges se montrent de nouveau si la lame couvre les deux bords. Il en est ainsi encore quand on couvre l'une des fentes ou les deux fentes dans l'expérience de Young. Fresnel prévit aussitôt qu'une lame très mince sur l'une des ouvertures ne produirait qu'un déplacement latéral des franges et que l'expérience permettrait d'évaluer la perte de vitesse de la lumière dans le milieu interposé.

La lame transparente, en effet, augmente la longueur optique du rayon qui la traverse, de sorte que le point P_0 du champ où

(¹) FRESNEL, *Œuvres*, t. I, p. 75.

la différence des chemins optiques est nulle se rapproche nécessairement de l'ouverture couverte A (*fig.* 58).

Soient e l'épaisseur de la lame, n son indice de réfraction : l'accroissement de chemin ou le retard qu'elle imprime aux rayons
qui la traversent normalement (41) est

$$\Delta_0 = (n - 1)e.$$

Fig. 58.

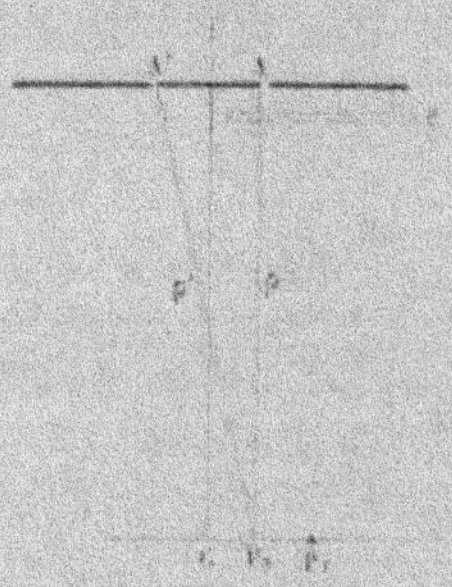

La différence de marche est donc nulle pour un point P_0, tel que
le retard géométrique soit précisément égal à Δ_0, c'est-à-dire au
point où se trouvait primitivement une frange d'ordre

$$p_0 = \frac{2\Delta_0}{\lambda} = (n - 1)\frac{2e}{\lambda}.$$

L'expérience réussit bien avec des lames de mica qui produisent
un déplacement inférieur à 20 franges ou à 10 franges brillantes,
c'est-à-dire, en faisant $n = 1,5$, des lames dont l'épaisseur ne
dépasse pas 20 longueurs d'onde, ou $\frac{1}{10}$ de millimètre.

Toutefois, Fresnel reconnut, dans ses premières expériences
sur la topaze, que la frange centrale du système déplacé n'occupe
pas exactement la position qu'indiquerait le calcul; il attribua
ce résultat, au moins en grande partie, à la dispersion de double
réfraction qui modifie la superposition des franges (¹).

Le retard $\Delta_0 = (n - 1)e$ étant variable d'une couleur à l'autre,

____

(¹) FRESNEL, *Œuvres*, t. II, p. 268.

l'effet d'une lame interposée est le même que si, le système de franges étant déplacé en bloc, on l'examinait ensuite au travers d'un prisme [1]; il peut arriver aussi qu'on ne reconnaisse plus de frange centrale, les couleurs étant distribuées symétriquement de part et d'autre d'une frange noire, ou même ne présentant plus aucune symétrie. Considérons, d'une manière générale, le retard Δ_0 comme une fonction de la longueur d'onde $f(\lambda)$; le déplacement

$$CP_0 = \frac{\Delta_0}{2} = \frac{f(\lambda)}{2}$$

de la frange qui correspond à une différence de marche nulle est variable avec la couleur. L'interposition de la lame transparente a donc pour résultat de faire glisser d'une quantité inégale les systèmes de franges appartenant aux différentes couleurs comprises dans la lumière blanche, exactement comme si l'on examinait le système primitif au travers d'un prisme parallèle aux franges. Il peut y avoir coïncidence plus ou moins approchée, soit sur une frange brillante, soit sur une frange obscure, soit sur une région intermédiaire, et cette coïncidence n'a qu'une relation éloignée avec le point où la différence de marche est nulle pour une longueur d'onde déterminée.

M. Cornu [2] appelle *frange achromatique* cette région où la coïncidence a lieu pour les couleurs les plus brillantes du spectre de manière à produire à l'œil l'impression d'une coïncidence complète. Le point ainsi déterminé correspond au même état pour les couleurs les plus importantes, c'est-à-dire qu'elles s'y trouvent dans la *même phase*.

Soit x_1 la distance CP_1 du point considéré ; le retard géométrique est $\Delta_1 = 2x_1$, le retard optique $\Delta_1 - \Delta_0$ et la différence de phase

$$2\pi \frac{\Delta_1 - \Delta_0}{\lambda} = 2\pi \frac{\Delta_1 - f(\lambda)}{\lambda}$$

Cette différence de phase est sensiblement la même pour des couleurs voisines lorsque sa dérivée par rapport à la longueur

---

[1] STOKES, *Br. Ass. Rep.*, II⁰ Partie, p. 20; 1850.
[2] CORNU, *Comptes rendus de l'Académie des Sciences*, t. XCIII, p. 809; 1881.

d'onde est nulle, ce qui donne la condition

$$\Delta_1 = f(\lambda) - \lambda f'(\lambda) = \Delta_0\left[1 - \frac{\lambda f'(\lambda)}{\Delta_0}\right];$$

on voit que Δ_1 a une valeur très différente de Δ_0.

Si Δ_0 et p_0 se rapportent à la longueur d'onde λ de la lumière la plus importante du spectre et qu'on appelle p_1 l'ordre de la frange primitive sur laquelle se trouve actuellement la frange achromatique, on aura

$$p_0 = \frac{2\Delta_0}{\lambda} = \frac{2 f(\lambda)}{\lambda},$$

$$p_1 = \frac{2\Delta_1}{\lambda} = p_0 - 2 f'(\lambda).$$

Le déplacement de la frange achromatique, à partir du point où la différence de marche est nulle, est

$$p_1 - p_0 = - 2 f'(\lambda),$$

et l'erreur relative commise par le calcul approché

$$\frac{p_1 - p_0}{p_0} = - \frac{\lambda f'(\lambda)}{f(\lambda)}.$$

Dans la plupart des cas, le retard Δ_0 augmente à mesure que la longueur d'onde diminue, de sorte que la dérivée $f'(\lambda)$ est négative et $p_1 > p_0$. Quand une frange paraît achromatique, elle est donc plus éloignée que celle qui correspond au même chemin optique. Le contraire pourrait arriver pour des différences de dispersion ou pour des retards produits par diffraction.

Pour avoir une idée de cette erreur, dans le cas de l'interposition d'une lame, nous remarquerons que l'expression de l'indice de réfraction en fonction de la longueur d'onde est de la forme

$$n = A + \frac{B}{\lambda^2} + \frac{C}{\lambda^4},$$

ce qui donne

$$\frac{\lambda f'(\lambda)}{f(\lambda)} = -\frac{1}{n-1}\left(\frac{2B}{\lambda^2} + \frac{4C}{\lambda^4}\right) = -\frac{2}{n-1}\left(n - A + \frac{C}{\lambda^4}\right).$$

Si l'on applique ces résultats à un milieu très dispersif, comme le sulfure de carbone, on a, d'après les mesures de Verdet, pour la raie D du spectre,

$$n = 1,6240,$$
$$A = 1,5818,$$
$$\frac{C}{\lambda^2} = 0,0068;$$

il en résulte

$$\frac{p_1 - p_0}{p_0} = -\frac{\lambda\, f'(\lambda)}{f(\lambda)} = 0,157.$$

M. Hurion ([1]) a trouvé par expérience

$$\frac{p_1 - p_0}{p_0} = \frac{297 - 256}{256} = 0,16.$$

Dans ce cas, l'excès de déplacement de la frange achromatique atteint presque un sixième, mais il est beaucoup plus faible avec des milieux moins dispersifs.

Le déplacement des franges du côté de la lame se trouve ainsi confirmé; la vitesse de propagation de la lumière est donc moindre dans un milieu réfringent que dans l'air ou le vide, conséquence incompatible avec la théorie de l'émission (5).

130. *Miroirs de Fresnel.* — On pouvait reprocher aux expériences d'Young que l'interférence a lieu entre des rayons déjà déviés par diffraction, ce qui complique la nature du phénomène. Fresnel ([2]) est arrivé au même résultat, par sa célèbre expérience des miroirs, avec des rayons qui n'avaient subi qu'une réflexion ordinaire.

Deux miroirs plans en verre noir M et N (*fig.* 59), de forme rectangulaire, mis en contact par les arêtes des surfaces réfléchissantes, font entre eux un angle très petit ω. Ils sont éclairés par une source de lumière S placée à une distance a.

Les images virtuelles A et B par rapport aux deux miroirs sont situées dans le plan normal à l'arête d'intersection I qui passe par la source et se comportent comme deux sources de lumière iden-

---

([1]) HURION, *Comptes rendus des séances de l'Académie des Sciences*, t. XCV, p. 75; 1882.
([2]) FRESNEL, *Œuvres*, t. I, p. 130.

tiques. Les faisceaux réfléchis interfèrent dans leur région commune A'IB'.

D'après les propriétés de la lumière réfléchie sur les miroirs plans (59), les images A et B sont à la même distance a de l'arête I,

Fig. 59.

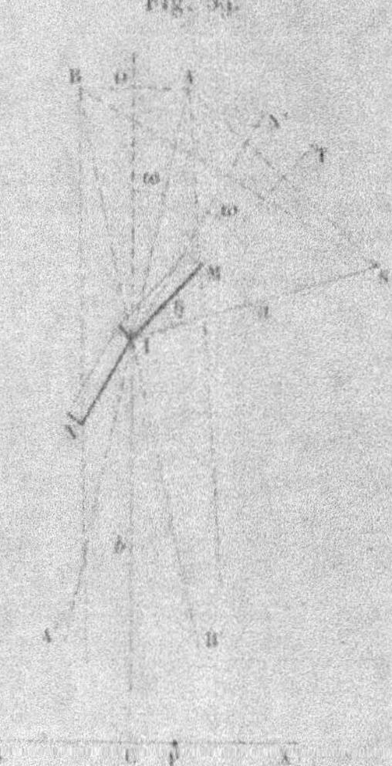

leur angle apparent AIB est 2ω, double de l'angle des miroirs, et leur distance

$$AB = 2d = 2a\sin\omega.$$

L'angle que fait avec le miroir M le rayon SI qui se réfléchit sur l'arête étant θ, le rayon réfléchi IA' a tourné de l'angle 2θ.

La perpendiculaire élevée au milieu O de la distance des images passe par l'arête I des miroirs; prolongeons-la d'une quantité IC $= b$ et examinons le phénomène dans un plan XX' perpendiculaire à cette droite. Comme on a

$$OC = OI + IC = a\cos\omega + b,$$

l'angle apparent de deux sources vues du point C est

$$\alpha = \frac{AB}{OC} = \frac{2a\sin\omega}{a\cos\omega + b}.$$

ou sensiblement

$$x = \frac{2a}{a+b}\,\omega = \frac{2\omega}{1+\dfrac{b}{a}}.$$

Pour observer les franges qui se produisent alors dans le plan XX', Fresnel les recevait d'abord sur un verre légèrement dépoli, qu'il examinait par transparence avec une loupe; il reconnut bientôt qu'on pouvait enlever ce verre dépoli et que les franges apparaissaient plus belles dans le champ de vision. En plaçant un réticule dans le plan focal de la loupe et montant le système sur un support commandé par une vis micrométrique qui permettait de lui donner un déplacement latéral, il pouvait mesurer la distance des franges successives.

Fresnel collait ses miroirs à la cire molle sur une plaque et les réglait à l'œil; il imagina plus tard une construction mécanique ingénieuse qui ne paraît pas avoir été réalisée (*).

Dans les appareils actuels, un des miroirs M est mobile autour d'un axe I, l'autre N porté par trois vis calantes qui permettent de lui donner de petits déplacements dans tous les sens. Agissant d'abord sur le miroir M, on l'amène à être sensiblement parallèle au second et l'on déplace ce dernier jusqu'à ce qu'ils soient dans le même plan. La première condition est réalisée quand les images d'un objet rectiligne, tel qu'un barreau de fenêtre, vues dans les deux miroirs, sont exactement dans le prolongement l'une de l'autre; la seconde lorsque, plaçant l'œil dans le plan d'un des miroirs et les regardant alternativement l'un devant l'autre, aucun d'eux n'apparaît en relief.

Il suffit alors d'agir sur le premier miroir et de le faire tourner d'une quantité telle que les deux images d'un point extérieur soient très rapprochées. Quant à la fente, on la rend parallèle à l'intersection en vérifiant que les deux images sont exactement parallèles. Ces opérations préliminaires étant faites avec soin, on est presque sûr d'obtenir les franges dès la première épreuve.

Pour supporter par une même règle la fente qui sert de source, les miroirs et la loupe d'observation, on place souvent ces appa-

---

(*) Fresnel, *Œuvres*, t. I, p. 187.

reils presque en ligne droite, de façon que l'angle θ est extrêmement petit. Cette disposition est défectueuse : les faisceaux réfléchis étant très étroits, les franges sont troublées par des bandes de diffraction; en outre, les surfaces ne sont jamais rigoureusement planes et tous leurs défauts se trouvent exagérés par la réflexion rasante. Il est bon de porter la fente et les miroirs par un même support pour que le réglage soit permanent, mais la loupe d'observation peut en être parfaitement indépendante; les franges sont beaucoup plus pures quand l'inclinaison des rayons incidents sur les miroirs est notable.

131. *Limites d'interférence.* — Avec de la lumière blanche on distingue au plus une dizaine de franges; en interposant un verre rouge entre l'œil et la loupe, on en peut compter 50 ou 60.

Avec la lumière d'une lampe à alcool salé, proposée par Brewster [1], le champ est entièrement couvert de franges et l'on en peut compter plusieurs centaines, si la région commune aux deux faisceaux réfléchis est assez étendue pour les contenir.

On peut faire en sorte d'ailleurs que le milieu de la région commune soit occupé par des franges d'un ordre très élevé, soit en plaçant une lame transparente sur le trajet de l'un des faisceaux, comme on le verra plus loin, soit plutôt, à l'exemple de MM. Fizeau et Foucault [2], en déplaçant avec une vis spéciale l'un des miroirs parallèlement à lui-même. Cette dernière méthode permet de faire varier la différence de marche d'une manière continue.

Quand on avance le miroir M en M' d'une quantité e (*fig.* 60), l'image virtuelle A se trouve portée en A', à la distance $AA' = 2e$. La différence de marche au point C des rayons qui viennent des sources B et A' est égale à la différence $\Delta = AC - A'C$ des rayons qui proviendaient des sources A et A'.

Si l'on abaisse du point A' la perpendiculaire A'D sur le rayon AC, la différence de marche est sensiblement égale à $AA' \sin AA'D$ ou $2e \sin AA'D$.

---

[1] BREWSTER, *Annales de Chimie et de Physique*, [2], t. XXXVII, p. 417; 1828.

[2] FIZEAU et FOUCAULT, *Annales de Chimie et de Physique*, [3], t. XXVI, p. 138, 1849; *Comptes rendus de l'Académie des Sciences*, 24 novembre 1845.

L'angle AA'D est égal à l'angle du rayon AC avec le miroir M, c'est-à-dire à $\theta + \omega - \frac{z}{2}$ ou sensiblement θ, puisque les angles ω et z sont très petits. L'ordre p de la frange qui se trouve au point C est donc

$$p = \frac{2\Delta}{\lambda} = \frac{4e\sin\theta}{\lambda}.$$

Fig. 60.

Après avoir pointé le réticule de la loupe en C, si l'on fait avancer d'une manière continue le miroir M par le jeu de la vis qui le commande, on verra les franges marcher de droite à gauche. Elles ne tardent pas à disparaître avec la lumière blanche, parce qu'il y a en même temps au point C interférence pour certaines couleurs et maximum pour d'autres couleurs voisines, de sorte que l'impression générale est celle du blanc.

132. *Spectres cannelés.* — On peut analyser le phénomène en plaçant au point C la fente d'un spectroscope dans une direction perpendiculaire aux franges, comme nous l'avons fait déjà (125), mais le phénomène est plus pur quand on dispose la fente parallèlement aux franges.

Le spectre que l'on aperçoit alors est dit *cannelé*, c'est-à-dire couvert de bandes obscures transversales correspondant aux différentes longueurs d'onde qui donnent des interférences plus ou moins complètes sur la fente du spectroscope.

Considérons deux minima du spectre sur des couleurs dont les longueurs d'onde sont λ et λ' : soient p l'ordre de la frange qui correspond à la plus grande λ, et m l'ordre de la frange relative à λ', à partir de la première. La relation

$$\Delta = p\frac{\lambda}{2} = (p+m)\frac{\lambda'}{2} = 2e\sin\theta$$

donne

$$p = m\frac{\lambda'}{\lambda-\lambda'}, \qquad p+m = m\frac{\lambda}{\lambda-\lambda'}.$$

Connaissant le nombre m des franges brillantes et obscures qui existent dans le spectre entre les longueurs d'onde λ et λ', on en déduit l'ordre p relatif à la plus grande longueur d'onde et l'ordre $p+m$ pour la plus petite. Les longueurs d'onde extrêmes du rouge et du violet étant à peu près dans le rapport de 2 à 1, ce qui donne $\lambda = 2\lambda'$ ou $p = m$, l'ordre de la dernière frange visible dans le violet est à peu près double du nombre des franges qui existent dans le spectre.

MM. Fizeau et Foucault ont pu distinguer ces bandes lorsque le déplacement du miroir était assez grand pour en produire 141 entre les raies E et F du spectre, ce qui correspond à une différence de marche de 1737 longueurs d'onde pour la raie F, située au milieu du bleu, et à plus de 2000 pour le violet extrême. Cette expérience est d'autant plus importante à signaler qu'elle a été la première application du spectroscope à l'analyse des phénomènes d'interférence.

Avec la flamme de l'alcool salé, M. Fizeau a observé, par les anneaux de Newton, des interférences qui correspondaient à plus de 50000 longueurs d'onde et j'ai reconnu moi-même, par la double réfraction du spath d'Islande, des retards qui dépassaient 100000 longueurs d'onde.

133. *Changements d'état des sources.* — Toutefois, il paraît exister une limite physique à la différence de marche pour

laquelle les rayons lumineux interfèrent. Cette limite tiendrait, en grande partie, d'après Fresnel, aux changements d'état qui se produisent sur la source de lumière.

Les changements d'état sont manifestes quand la lumière est produite par un phénomène de combustion, par un gaz ou un liquide incandescent. Les molécules situées en un point produisent un certain nombre de vibrations régulières, d'une période déterminée, et sont ensuite remplacées par d'autres molécules pour lesquelles les vibrations de même période éprouvent brusquement un changement de phase. Il en est de même, à un degré moindre, pour un corps solide incandescent, parce que la température ne peut être en chaque point absolument invariable.

Soient τ, τ', τ'', ... les durées successives des vibrations régulières. Supposons, comme dans les miroirs de Fresnel, qu'on fasse interférer les rayons fournis par deux images A et B d'une même source avec une différence de marche Δ.

Le mouvement vibratoire régulier, qui débute sur la source, arrive au point d'interférence à l'époque t par l'image A et à l'époque $t + \dfrac{\Delta}{V}$ par l'image B. Le changement brusque de phase qui survient ensuite sur la source à l'époque τ arrive de même, au point d'interférence, aux époques $t + \tau$ et $t + \tau + \dfrac{\Delta}{V}$. L'interférence sera donc régulière pendant le temps $\tau - \dfrac{\Delta}{V}$ et prendra un autre caractère pendant le temps $\dfrac{\Delta}{V}$, puisqu'elle provient alors de deux sources qui sont dans des états différents. Le phénomène ne peut être observé que si cette seconde période est notablement plus petite que la première, c'est-à-dire que si la durée τ des vibrations régulières est supérieure au temps $\dfrac{\Delta}{V}$ que met la lumière pour parcourir la différence de marche, en d'autres termes, que si le nombre des vibrations régulières est notablement plus grand que le nombre des longueurs d'ondes comprises dans la différence de marche.

D'après les résultats obtenus par l'emploi du verre rouge, Fresnel croyait que le nombre de vibrations régulières ne dépassait pas quelques centaines; mais la lumière que laisse passer un verre, même fortement coloré, n'est jamais assez homogène pour qu'on puisse en tirer une conclusion de cette nature. Les expériences postérieures montrent que les vibrations régulières peuvent dépasser plus de 100000, ce qui ne correspond en réalité qu'à un intervalle de temps extrêmement petit. En effet, la vitesse de la lumière est de 3.10^{14} millièmes de millimètre ou de 6.10^{14} longueur d'onde; la durée de six millions d'oscillations est encore contenue cent millions de fois dans une seconde.

134. *Défauts d'homogénéité.* — C'est surtout à l'imperfection des sources les plus homogènes que tient la limitation des interférences.

La flamme de l'alcool salé, employée par M. Fizeau, est formée de deux espèces de vibrations, à peu près d'égale intensité, qui donnent dans un spectre les deux raies D extrêmement voisines, dont les longueurs d'onde diffèrent d'environ $\frac{1}{983}$.

Pour une différence de marche convenable Δ, il y aura 983 longueurs d'onde de l'une des lumières, 984 de la seconde et les franges des deux systèmes seront superposées. Le même phénomène aura lieu pour une différence de marche égale à 2Δ, 3Δ, ... et, en général, un nombre entier de fois Δ. Pour les valeurs intermédiaires, les deux systèmes de franges alternent et toute interférence disparaît. Ces périodes d'accord et de désaccord se succèdent régulièrement quand on augmente la différence de marche d'une manière continue, et l'on comprend qu'elles contribuent à troubler le phénomène plus rapidement que si l'on opérait avec une source absolument homogène.

Toutefois l'existence des deux modes de vibration ne paraît pas la cause qui contribue surtout à limiter les interférences et l'on ne réussit pas mieux avec la lumière plus homogène des sels de thallium qui ne donnent dans un spectre qu'une raie verte.

Les interférences d'ordre élevé ne s'obtiennent, avec l'alcool salé, que si la flamme est très faible et peu colorée ou, mieux encore, que si le liquide contient des traces d'un sel moins volatil, comme le phosphate de soude. Il en est de même avec la lumière du thallium, pour laquelle on emploiera, soit de l'alcool contenant en dissolution les traces d'un sel, soit une très petite étincelle entre des tiges du métal. D'autre part, l'expérience montre que, si l'on analyse au spectroscope la lumière fournie par une source homogène, on obtient une raie d'autant plus fine, abstraction faite des effets de diffraction, que la lumière est plus faible; pour une grande intensité, la raie s'élargit d'une manière sensible, comme si la source de lumière produisait, outre les vibrations principales, d'autres vibrations correspondant à des périodes voisines, plus grandes et plus petites. Le phénomène serait comparable à celui qu'on observe avec un instrument de musique, une corde vibrante ou un tuyau d'orgue, dont le son est d'autant plus pur qu'il est plus faible.

Dans cet ordre d'idées, le véritable obstacle à la production des interférences d'ordre très élevé serait la difficulté d'obtenir des sources suffisamment homogènes.

135. *Déterminations numériques.* — L'emploi de la loupe à vis micrométrique a permis à Fresnel de vérifier, par de nombreuses mesures, que les franges vues au travers d'un verre rouge sont rigoureusement équidistantes, et que la distance de deux franges est en raison inverse de l'angle apparent des deux sources. L'expérience permettrait aussi de calculer la longueur d'onde de la lumière que laisse passer le verre rouge par l'expression

$$\Delta = p\,\frac{\lambda}{2} = \alpha x, \qquad \text{ou} \qquad \lambda = 2\,\frac{\alpha x}{p}.$$

Le micromètre donne la distance x de la frange d'ordre p. Pour mesurer l'angle apparent α sans faire intervenir toutes les données de l'appareil, Fresnel plaçait une fente au point C (*fig.* 59) et mesurait au micromètre à une certaine distance L du plan XX' la distance $A_1 B_1 = 2 d_1$ des milieux A_1 et B_1 des deux taches centrales produites respectivement par les sources A et B. On a évidemment

$$\alpha = \frac{2 d_1}{L},$$

de sorte que l'expression de la longueur d'onde ne renferme que des nombres empruntés à l'expérience.

Les moindres courbures des miroirs pouvant altérer l'exactitude des résultats, Fresnel (¹) préféra s'adresser pour cette mesure à

(¹) FRESNEL, *Œuvres*, t. I, p. 325.

la diffraction d'une fente étroite (128). Il trouva pour la lumière du verre rouge $0^\mu,638$ et cette valeur lui permit de contrôler très exactement les mesures faites avec les miroirs.

Fresnel en a déduit, en utilisant les mesures de Newton sur les anneaux colorés, les longueurs d'onde de différentes couleurs et l'on a donné souvent, à tort, ce Tableau de Fresnel comme résultant de mesures directes sur les franges d'interférence.

Le déplacement des franges par la méthode de MM. Fizeau et Foucault (131) permettrait une mesure plus exacte de la longueur d'onde, parce qu'on opérerait sur des franges d'ordre très élevé. Dans l'expression

$$\lambda = \frac{4\,e \sin\theta}{p},$$

la vis micrométrique qui porte le miroir donnerait le déplacement e qui correspond au passage de p franges brillantes et obscures sur le réticule de la lunette pointée sur une région déterminée du spectre ; on mesurerait, d'autre part, la rotation 2θ du rayon qui s'est réfléchi sur l'un des miroirs.

136. *Différentes formes de l'expérience des miroirs.* — Au lieu d'observer directement les franges produites dans la partie commune aux faisceaux réfléchis par les deux miroirs, il peut être avantageux, dans certains cas, d'avoir recours à l'emploi d'une lentille, afin d'obtenir des images réelles des deux sources, qui permettront de modifier plus facilement la différence de marche des rayons qui interfèrent.

Les faisceaux utilisés des images A et B fournis par la réflexion commencent à empiéter l'un sur l'autre à partir de l'arête I des deux miroirs (*fig.* 61) et les franges d'interférence se produisent dans la région commune DIE. Quand on interpose une lentille L de longueur focale convenable sur leur trajet, les faisceaux DAD′, EBE′ forment des cônes convergents DA′D′, EB′E′.

On observera d'abord des franges dans la partie commune JMDEN et, si les faisceaux empiètent encore plus loin, dans une autre partie commune N′I′M′, les points A′ et B′ étant les images réelles des points A et B.

Les franges situées dans un plan P peuvent être calculées comme si A′ et B′ étaient des sources réelles, à vibrations concordantes, et que la marche des rayons ait lieu en sens contraire. En effet, les vibrations relatives aux deux faisceaux devant être concordantes respectivement sur les images A' et B', leur différence de phase en un point du plan P ne dépend que de la différence des chemins qu'elles ont à parcourir pour arriver à ces images.

Fig. 61.

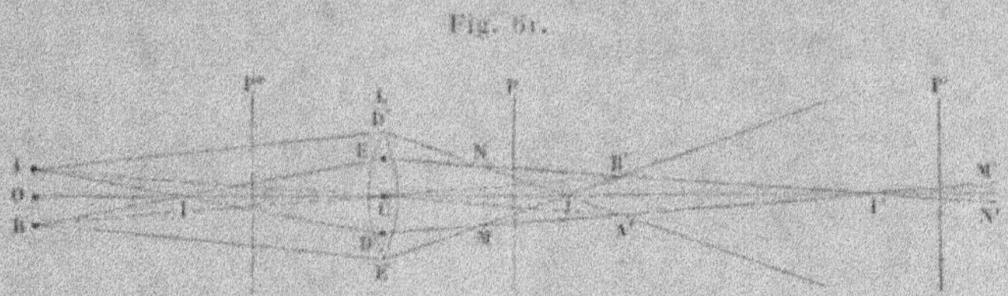

Dans le plan P', les franges ne dépendent évidemment que de la différence des chemins rapportés aux images A' et B'.

Cette disposition présente l'avantage que les deux faisceaux sont séparés dans le voisinage des sources réelles A' et B'. On peut donc agir sur l'un d'eux, en interposant par exemple une lame réfringente (129), pour provoquer un déplacement des franges.

On voit aisément que le point I' est l'image du point I. La nouvelle région commune N'I'M' n'existera donc que si l'arête I des miroirs est située au delà du foyer principal de la lentille L.

Il est utile encore d'examiner cette expérience à un autre point de vue plus général.

Le phénomène observé dans le plan P est l'image par rapport à la lentille L de celui qui se produirait dans le plan conjugué P' si la lentille n'existait pas. En effet, le faisceau primitif peut être considéré comme formé de plusieurs systèmes d'ondes concentriques aux différents points du plan P' et dont l'état vibratoire est déterminé, pour chacun des systèmes, par la vibration du point correspondant. Or les ondes relatives à l'un de ces points sont réfractées par la lentille et convergent au point conjugué dans le plan P.

Dans le plan focal principal, le phénomène est l'image de celui qui se produirait à l'infini.

Enfin dans un plan P', situé au delà du foyer principal, le système des franges est l'image de celui qui se produit déjà dans le plan conjugué P″ en avant de la lentille.

137. — Si les faces polies des deux miroirs constituent une surface convexe, c'est-à-dire forment un angle $\pi + \omega$ supérieur à deux droites, on peut dire, pour abréger, que les miroirs sont *adossés*. Dans ce cas, les images virtuelles A et B (*fig.* 62) sont disposées en sens contraire et les faisceaux correspondants, n'ayant pas de partie commune après la réflexion, à partir de l'arête I des miroirs, n'interfèrent plus directement.

A l'aide d'une lentille, on peut les faire empiéter de nouveau dans une région I'M'J'N', pourvu que le point de rencontre J des rayons extrêmes AD' et BE' utilisés soit au delà du foyer principal de la lentille, afin que son image J' soit réelle. L'extrémité I' de la région à franges est réelle et virtuelle, suivant que l'arête I des miroirs est au delà ou en deçà du foyer principal.

Les images A' et B' étant réelles et séparées, on peut encore agir sur l'un des faisceaux séparément.

Fig. 62.

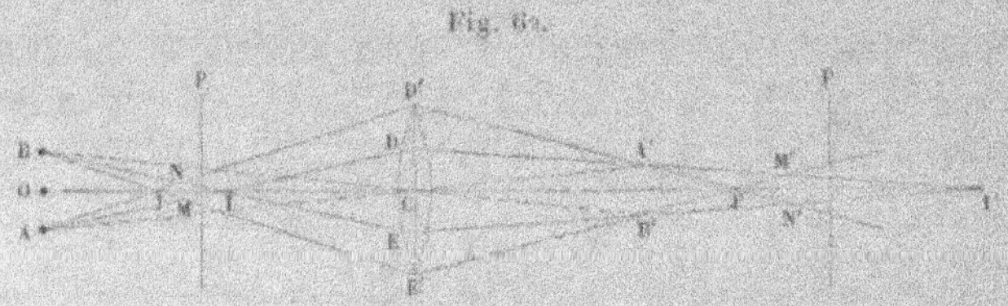

Dans un plan P', les franges d'interférence dépendent évidemment de la différence des distances aux images A' et B'.

L'expérience présente même une particularité remarquable. La région commune I'M'J'N' est l'image, par la lentille L, d'une région virtuelle IMJN; le système de franges observé dans le plan P' est l'image du phénomène qui se produirait dans le plan conjugué P, en avant des miroirs, si les sources A et B étaient réelles. En supposant que le plan P' soit la rétine d'un observateur dont le cristallin est en L, on verra un système de franges dans le plan P *antérieur* aux miroirs, quoique le phénomène n'existe pas et que les faisceaux ne soient distincts qu'après la réflexion. C'est un genre d'illusion signalé déjà par Fresnel [1] et qui se rencontre dans d'autres circonstances.

---

[1] FRESNEL, *Œuvres*, t. II, p. 219.

Au lieu de mettre la lentille sur le trajet des rayons déjà réfléchis, on arriverait au même résultat en faisant tomber sur un système de deux miroirs adossés un faisceau de rayons, émanés primitivement d'une source unique S, et rendus convergents par une lentille ou un miroir concave, en un point S' situé au delà des miroirs. Les deux faisceaux réfléchis auraient une région commune après avoir formé des images réelles A' et B' du point S'.

138. *Franges d'un seul miroir.* — Les lois géométriques de la réflexion sont compatibles avec l'existence d'une modification brusque dans l'état vibratoire sur la surface réfléchissante, pourvu qu'elle soit la même pour tous les points voisins (26). Cette modification ne peut être mise en évidence dans l'expérience des deux miroirs, puisque les deux faisceaux ont subi le même effet, mais elle apparaîtra si l'on fait interférer la lumière directe avec la lumière réfléchie [1].

La source S étant située à une très petite distance d du plan d'un miroir M ($fig.$ 63), son image S' est symétrique et sa distance à la source est

$$SS' = 2d.$$

Le faisceau réfléchi sur le miroir forme un cône A'S'B' limité par le contour de la surface et se trouve superposé au faisceau ASB qui provient directement de la source. Il peut donc y avoir interférence dans la partie commune, mais la frange centrale doit être dans le plan de symétrie OC des deux sources S et S', qui n'est autre que le plan de la surface et qui est situé en dehors de la région commune. On n'aperçoit en effet les franges d'interférence que dans le voisinage de l'arête I du miroir, où le faisceau réfléchi est le plus rapproché du plan de symétrie ; la moitié seulement du système est visible et la frange centrale se trouve noyée dans les bandes de diffraction, de sorte qu'il est difficile d'en reconnaître le caractère.

Pour amener le milieu des franges en un point P dans la région commune, sur le plan XX', il suffit d'établir un retard sur l'un des

---

[1] LLOYD, *Irish Trans.*, t. XVII, p. 171; 1834.

faisceaux en interposant une lame réfringente mince sur le trajet des rayons directs. Si le déplacement CP correspond à un très petit nombre de franges, on reconnaîtra que la frange centrale du nouveau système est *noire* au lieu d'être *blanche*. La vibration a donc changé de signe dans la réflexion sur le verre, comme si le faisceau avait subi un retard d'une demi-longueur d'onde, ou un changement de phase égal à π.

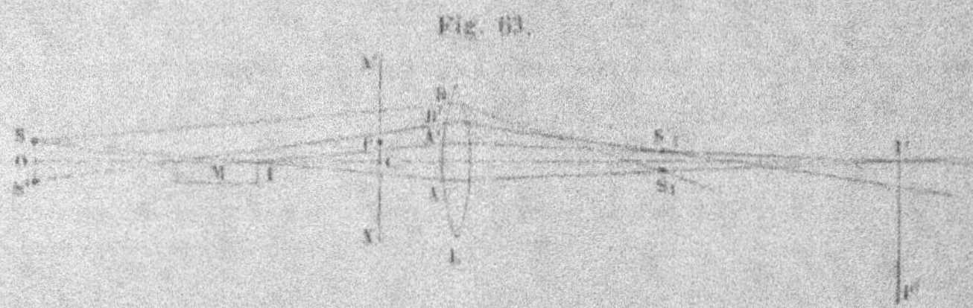

Fig. 63.

On rend l'observation plus facile par l'emploi d'une lentille L qui donne deux images réelles S_1 et S_2 des sources et l'on vise dans le plan P'I' qui passe par l'image I' de l'arête I du miroir. On peut alors établir un retard sur l'image S_1 et amener le système des franges tout entier dans la région commune aux deux faisceaux qui interfèrent.

Toutefois l'expérience sous cette forme est délicate, et la nature complexe (129) du déplacement produit ne permet pas de trancher sans réserve la question importante du changement de phase dans la réflexion.

139. *Expérience des trois miroirs.* — Pour vérifier certaines vues théoriques, qu'il abandonna lui-même plus tard, sur le mécanisme de la réflexion, Fresnel imagina l'expérience célèbre des trois miroirs (¹), dans laquelle il fit interférer deux faisceaux issus d'une même source S (*fig.* 64), dont l'un a subi une réflexion sur un miroir N et l'autre deux réflexions successives sur les miroirs M et M'.

Supposons que les plans des trois miroirs passent par la même droite I; soient ω et ω' les angles des miroirs extrêmes M et M'

(¹) FRESNEL, *Œuvres*, t. I, p. 703.

avec le miroir intermédiaire N, et θ l'angle que fait avec le premier miroir M le rayon SI qui tombe sur l'arête commune.

La rotation des rayons doublement réfléchis (59) est $2(\omega + \omega')$ et ils émanent de l'image B symétrique par rapport au miroir M' de l'image S_1 fournie par le miroir M; celle des rayons qui tombent sur le miroir intermédiaire N est $2(\omega + \theta)$ et ils émanent de l'image A symétrique de la source S par rapport au miroir N. L'angle des images A et B vues du point I est

$$2(\omega + \omega') - 2(\omega + \theta) = 2(\omega' - \theta).$$

Fig. 64.

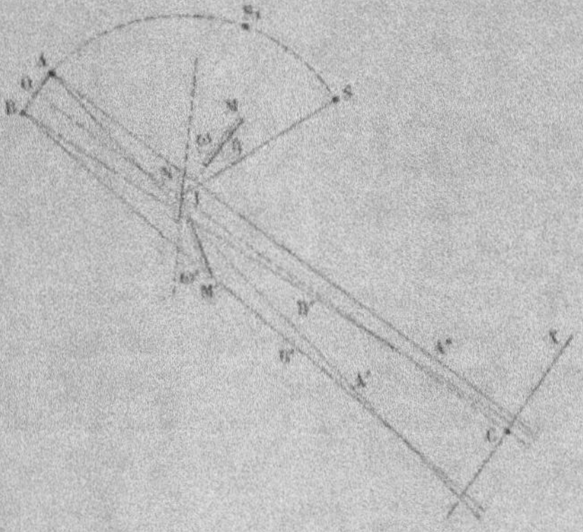

L'angle θ doit donc être très voisin de l'angle ω' pour que les images A et B soient très rapprochées. En posant $\theta = \omega' - \beta$ et $IS = a$, on aura

$$AB = 2a\sin\beta;$$

l'appareil équivaut à deux miroirs d'angle β.

Remarquons cependant que, le miroir intermédiaire N ne pouvant être caché par les miroirs extrêmes, les faisceaux interférents $A'AA''$ et $B'BB''$ ne sont pas symétriques par rapport au plan OIC perpendiculaire au milieu O de la distance des deux images, qui passe par l'intersection commune des miroirs. Les franges qui se produisent dans le plan CX sont symétriques par rapport au point C; la frange centrale se trouvera donc sur le côté et même en dehors de la région commune. Pour la ramener au milieu de cette région, il faut augmenter le chemin des rayons doublement réfléchis ou diminuer celui des rayons qui correspondent au miroir intermédiaire, c'est-à-dire *avancer* le miroir N à l'aide d'une vis micrométrique qui le déplace parallèlement à sa direction normale.

Dans la disposition adoptée par Fresnel, les miroirs extrêmes étaient également inclinés sur le miroir intermédiaire; on avait donc $\omega = \omega'$ et par suite $\theta = \omega - \beta$. Dans ce cas, les rayons réfléchis sur le miroir M sont sensiblement parallèles au miroir N et font encore avec le miroir M' un angle sensiblement égal à θ.

Fresnel a réalisé l'expérience sous des inclinaisons très différentes, en donnant successivement à l'angle ω les valeurs 7°30′. 15°, 20°, 25°, 27°30′, 30°, 35°, 40° (le maximum de cet angle est évidemment de 45°, puisque alors les rayons seraient normaux au miroir intermédiaire) et il a toujours vu le milieu du groupe de franges occupé par une bande noire.

Le faisceau doublement réfléchi n'a pas été modifié, car, les deux réflexions se faisant sous le même angle, si la vibration change de signe dans la première, elle change également dans la seconde et reprend son état primitif. L'existence de la frange centrale noire montre donc que, pour le faisceau réfléchi sur le miroir intermédiaire, la composante de la vibration parallèle à un axe quelconque change de signe par la réflexion.

Fresnel disposait ses miroirs d'après une épure en laissant l'un d'eux mobile par une vis micrométrique; il a remarqué aussi que l'on doit, à mesure que l'angle ω augmente, rapprocher les miroirs extrêmes de l'arête I, afin que le faisceau général utilisé n'ait pas une ouverture angulaire trop grande, auquel cas les vibrations aux différents points d'une même onde ne seraient pas absolument concordantes (24).

On peut répéter l'expérience très facilement à l'aide de l'appareil suivant (*fig.* 65), construit par M. Pellin (¹). Les miroirs extrêmes M et M' sont fixés à des bras mobiles qui tournent autour d'un axe I sur une plate-forme divisée; ils peuvent glisser

---

(¹) Mascart, *Journal de Physique*, [2], t. VIII, p. 187; 1888.

dans des coulisses qui permettent de les rapprocher de l'axe. Le miroir intermédiaire N est monté sur la plate-forme et commandé par une vis micrométrique, qui le déplace parallèlement à lui-même; une vis de rappel à ressort antagoniste permet de le faire basculer autour d'un axe horizontal.

On met d'abord les miroirs M et M' dans le plan du miroir N et l'on fait basculer le dernier pour le rendre parallèle à l'intersection des deux autres; on tourne ensuite les deux premiers d'angles arbitraires ω et ω' et l'on vise une fente S ($fig.$ 64). On oriente la

Fig. 65.

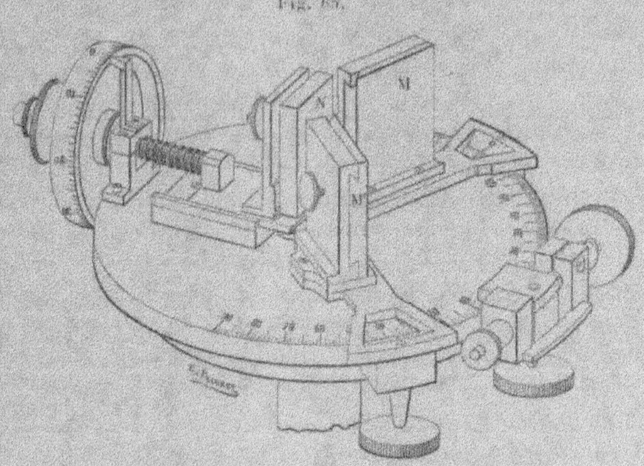

fente et l'on achève le réglage de façon que les images A et B soient exactement parallèles et à la même hauteur. Pour placer ces images à la distance convenable, on fait tourner l'ensemble des trois miroirs par la plate-forme elle-même; l'image B de double réflexion reste immobile pendant cette rotation et l'autre se déplace. On fait en sorte que l'œil placé dans le plan CX d'observation voie en même temps les deux images sous un angle d'un demi-degré environ (124) qui donnera aux franges une largeur de $0^{mm},05$. On vise alors à la loupe le champ éclairé par le faisceau commun et, si les franges n'existent pas, il suffira de faire avancer lentement le miroir N à l'aide de la vis micrométrique pour les voir apparaître.

L'emploi d'un miroir unique ou de trois miroirs présente même un avantage particulier. Avec deux miroirs, les images A et B (*fig.* 59) sont *identiques*, puisque chacune d'elles est symétrique de la source et les systèmes de franges ne sont pas exactement superposés pour tous les groupes de points correspondants deux à deux. Dans le cas actuel, au contraire, les images A et B (*fig.* 64) sont *symétriques* l'une de l'autre, de sorte que la frange centrale a exactement la même position pour tous les groupes de points correspondants. On peut ainsi obtenir un phénomène très pur avec une fente plus large.

140. *Biprisme.* — L'expérience des interférences est si importante et donne lieu à des applications si nombreuses, qu'il est utile de passer en revue les principaux moyens de la produire.

Fresnel ([1]) a montré qu'on obtient un phénomène absolument semblable à celui des miroirs en se servant d'un verre plan d'un côté et dont l'autre surface est composée de deux plans formant entre eux un angle saillant très obtus. Cet appareil figure deux prismes identiques rapprochés par leurs bases. Les deux images virtuelles A et B d'un point lumineux S (*fig.* 66) produites par la réfraction sont très voisines et la région commune A'IB' des faisceaux qui en émanent montre des franges parallèles à l'arête d'intersection des faces obliques.

On doit considérer ici, pour la source virtuelle A, la ligne focale perpendiculaire au plan de la figure. En appelant p et q les distances des points S et A au sommet E du prisme, on a (66)

$$q = p \frac{\cos^2 r}{\cos^2 r'} \frac{\cos^2 i'}{\cos^2 i};$$

mais, comme les angles i, i', r et r' sont très petits, la distance q est sensiblement égale à p, à un infiniment petit du second ordre près, et l'image A se réduit à un point.

L'angle du prisme étant ε, la déviation $D = SIA$ du rayon est, au même degré d'approximation, égale à $(n-1)\varepsilon$.

Pour calculer la distance $AB = 2d$ des images, nous poserons

---

([1]) FRESNEL. *Œuvres*, t. I, p. 350.

SI $= a$; les distances SI, AI et OI ne diffèrent que d'une quantité infiniment petite, de l'ordre de $a \sin D$, et l'on a

$$AB = 2d = 2 IA \sin D = 2 a D = 2 a (n - 1) \varepsilon.$$

Fig. 66.

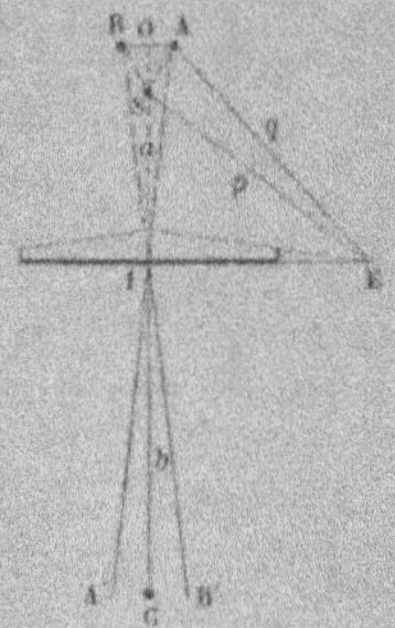

L'angle apparent des sources vues du point C, à la distance b du biprisme, est

$$\alpha = \frac{AB}{OC} = \frac{2a(n - 1)\varepsilon}{a + b} = \frac{2(n - 1)\varepsilon}{1 + \dfrac{b}{a}}.$$

Fig. 67.

Le biprisme équivaut en définitive à deux miroirs dont l'angle ω serait égal à $(n - 1)\varepsilon$. Il est d'un réglage beaucoup plus facile, mais les franges ne présentent pas tout à fait les mêmes colorations avec la lumière blanche, parce que l'angle apparent des sources varie avec la longueur d'onde.

Si le biprisme est formé de deux lames prismatiques identiques (deux morceaux d'une même lame), rapprochées par leur bord mince, les images virtuelles A et B (*fig.* 67) ont permuté; les faisceaux réfractés n'ont plus de partie commune et on les ramènerait l'un sur l'autre, avec des images réelles, par une lentille convergente.

L'appareil équivaut alors à deux miroirs adossés.

141. *Bilames.* — Deux lames de verre transparentes P et Q, de même nature et d'égale épaisseur e, réunies ensemble comme l'indique la *fig.* 68, donnent encore le même résultat que le biprisme.

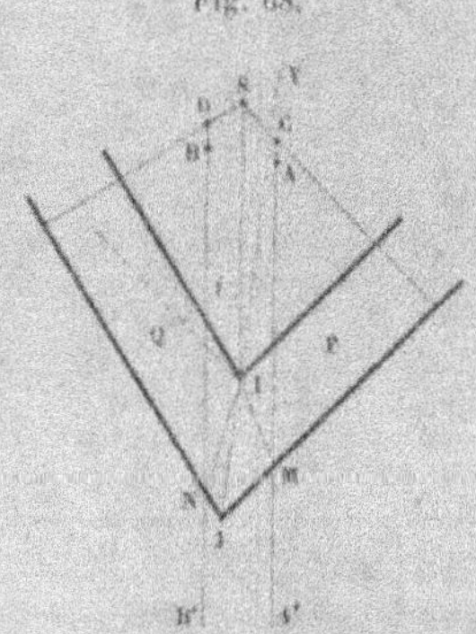

Fig. 68.

Pour les rayons qui passent au voisinage de l'arête d'intersection I des lames, le faisceau émergent MA′ de la lame P a deux lignes focales en C et A, la première suivant la normale à la lame, la seconde perpendiculaire au plan de figure. Les distances SC, CA et JM sont de même ordre que l'épaisseur de la lame (73), de sorte qu'à ce degré d'approximation la distance AM est sensiblement égale à la distance $a = $ SJ de la source au sommet de la bilame, et le déplacement latéral du rayon MA′ est $e \dfrac{\sin(i-r)}{\cos r}$. Les rayons réfractés dans la lame Q donneront de même deux lignes focales en D et B.

Si la source S est dans le plan de symétrie JIY des lames, les images A et B sont symétriques par rapport à ce plan, à la distance

$2e\dfrac{\sin(i-r)}{\cos r}$; en appelant 2θ l'angle des lames, on a $i = \dfrac{\pi}{2} - \theta$.

À la distance b de la bilame, l'angle apparent des sources est donc

$$x = \frac{\mathrm{AB}}{a+b} = \frac{2e}{a+b}\,\frac{\sin(i-r)}{\cos r} = \frac{2e}{a}\,\frac{1}{1+\dfrac{a}{b}}\,\frac{\sin(i-r)}{\cos r}.$$

Il suffit alors de faire tourner la bilame à partir de cette position pour établir un retard inégal sur les faisceaux et provoquer un déplacement du système de franges.

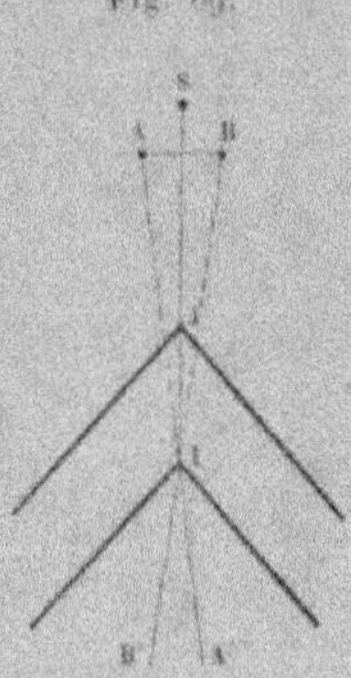

Fig. 69.

Quand les lames sont rectangulaires, $i = \dfrac{\pi}{4}$ et

$$\frac{2\sin(i-r)}{\cos r} = 2\sin i\,\frac{\sin 2i}{n\cos r} = \sqrt{2} - \frac{1}{\sqrt{n^2-\dfrac{1}{2}}} = \sqrt{2}\left(1 - \frac{1}{\sqrt{2n^2-1}}\right).$$

Les faisceaux qui émanent des images A et B n'ont pas de partie commune, parce que leurs bords voisins MA′ et NB′ sont parallèles, mais il est facile de les faire empiéter l'un sur l'autre en les recevant sur une lentille convergente (136).

Enfin, si l'on dispose les bilames en sens contraire (*fig.* 69), les images virtuelles permutent encore, les faisceaux sont divergents au sortir de la bilame et l'on retrouve le cas des miroirs adossés. L'emploi d'une lentille permettra d'obtenir les franges après la production d'images réelles (137).

125. *Demi-lentilles.* — Billet [1] coupait en deux moitiés égales L_1 et L_2 une lentille convergente sphérique ou cylindrique de long foyer (*fig.* 70), en les séparant ensuite par un petit intervalle; le système optique ainsi constitué donne deux images A et B d'une même source S. Ces deux images ont des vibrations concordantes et peuvent servir comme sources voisines. Les faisceaux qui les constituent ont une région commune N'NIMM' dans laquelle on observe les franges d'interférence.

Fig. 70.

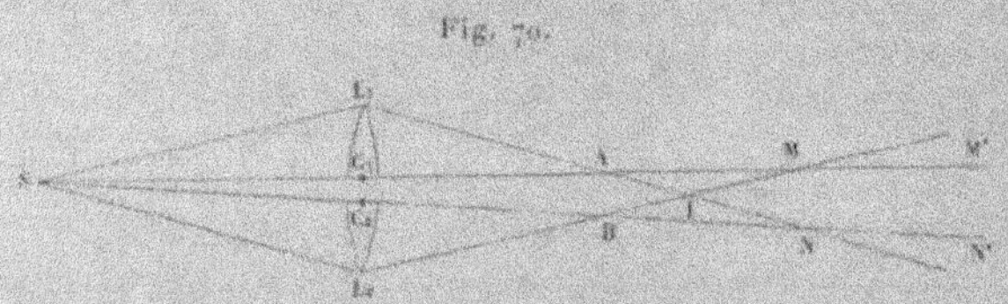

La fente éclairée que l'on prendra comme source de lumière doit être située dans le plan de symétrie des demi-lentilles et perpendiculaire au plan de la figure. Pour régler facilement l'expérience, l'une des demi-lentilles peut être déplacée par une vis de rappel parallèlement à la fente, et une vis micrométrique, agissant sur l'autre demi-lentille, permet de faire varier leur écartement à volonté.

Si l'on appelle F la longueur focale de la lentille, a et b ses distances à la source S et à l'image A, ε l'écartement des demi-lentilles, ou plus exactement la distance de leurs centres optiques, puisque la taille a enlevé une partie de la matière, la distance des images A et B est

$$\mathrm{AB} = \varepsilon\,\frac{a+b}{a} = \varepsilon\,b\left(\frac{1}{a} + \frac{1}{b}\right) = \varepsilon\,\frac{b}{\mathrm{F}}.$$

On trouve encore ici l'avantage que les deux sources A et B, destinées à produire les interférences, sont réelles et, par suite, qu'on peut agir sur l'une ou l'autre séparément.

Toutefois l'appareil exige un réglage délicat et les aberrations des images A et B sont dissymétriques; les franges ne sont donc pas aussi pures que dans l'expérience des miroirs.

---

[1] Billet, *Traité d'Optique*, t. I, p. 67; 1858.

143. *Remarques.* — Le mouvement vibratoire peut toujours être représenté par les termes d'ordre impair de la série de Fourier (19); les projections sur un axe de deux vibrations identiques, sauf une différence de phase δ, sont donc

$$x = a_1 \sin(\omega t + \alpha_1) + \ldots + a_{2p+1} \sin[(2p+1)\omega t + \alpha_{2p+1}] + \ldots,$$
$$x' = a_1 \sin(\omega t + \alpha_1 - \delta) + \ldots$$
$$+ a_{2p+1} \sin[(2p+1)\omega t + \alpha_{2p+1} - (2p+1)\delta] + \ldots.$$

Si l'on donne à δ une valeur particulière de la forme $\dfrac{\pi}{2p+1}$, la vibration résultante $x + x'$ ne contient plus les termes d'ordre $2p+1$, $3(2p+1)$, ... et, en général, d'ordre $(2q+1)(2p+1)$. Une partie des termes d'ordre impair ayant ainsi disparu, cette vibration aurait une constitution toute différente de celle des vibrations primitives. On n'a pas démontré encore que cette conséquence soit contradictoire avec l'observation; mais, comme tous les phénomènes s'expliquent rigoureusement par l'hypothèse des vibrations simples et qu'ils sont indépendants de la source de lumière, il est permis d'en conclure que l'expression de la vibration ne renferme pas de termes de périodes différentes (1).

Les franges d'interférence sont souvent compliquées par des phénomènes de diffraction. Si les faisceaux qui interfèrent sont très étroits, par exemple avec une lumière presque rasante sur les miroirs de Fresnel, ou avec un biprisme dont on n'utilise que la portion très voisine de l'arête, chacun des faisceaux se comporte en réalité comme s'il avait traversé une fente étroite et donne par lui-même une série de bandes de diffraction analogues à celles qui se produisent au foyer des lunettes (**128**) et dont les minima sont nuls. Les teintes et les variations d'intensité des franges sont complètement modifiées dans le voisinage de ces bandes. Si le phénomène est symétrique par rapport à la frange centrale, il peut arriver, par exemple, que les deux faisceaux aient séparément une intensité nulle sur cette frange, au moins pour certaines couleurs. L'analyse spectrale du phénomène par un prisme perpendiculaire aux franges (**125**) montre alors que les bandes lumineuses sont

---

(1) VERDET, *OEuvres*, t. V, p. 148.

interrompues en des points variables de l'une à l'autre ([1]). Il faut donc opérer avec des faisceaux assez larges pour éviter cet inconvénient, ce qu'il est facile de réaliser, même quand on utilise les rayons solaires, en concentrant la lumière sur la fente primitive par une lentille convergente.

144. *Interférence des rayons chimiques et calorifiques.* — Arago ([2]) avait montré, dès 1822, que la projection des franges d'interférence sur un papier imprégné de chlorure d'argent donne des maxima et des minima d'action chimique qui correspondent exactement aux phénomènes observés dans la lumière. MM. Fizeau et Foucault ([3]) ont constaté également des maxima et des minima de température en déplaçant dans les franges un petit thermomètre à alcool extrêmement sensible.

Il n'y a donc aucune distinction essentielle à établir entre les trois propriétés des radiations et l'emploi de la photographie, en particulier, permet de reproduire tous les phénomènes d'Optique avec la plus grande fidélité.

145. *Composition des couleurs.* — Les colorations très variées que l'on observe dans les phénomènes d'interférence obtenus avec une source de lumière blanche, ou plus généralement de lumière non homogène, méritent d'être examinées avec attention, mais il est nécessaire de remarquer tout d'abord que l'impression produite est un effet physiologique, variable d'un observateur à l'autre, et qu'on ne pourra en rendre compte que d'une manière approximative pour une sorte de vue moyenne.

Les couleurs du spectre sont considérées comme *pures;* elles ne peuvent être altérées par aucun phénomène d'Optique, si l'on met à part, comme nous l'avons fait déjà, les effets de fluorescence et de phosphorescence. Les couleurs que l'on observe dans la nature ou que l'on produit dans les arts présentent souvent la plus grande analogie avec les couleurs pures, quoiqu'elles donnent

---

([1]) A. RIGHI, *Memorie dell' Accad. di Bologna,* série III, t. VIII; 19 avril 1877. — H.-F. WEBER, *Wied. Ann.,* t. VIII, p. 407; 1879.

([2]) FRESNEL, *Œuvres,* t. II, p. 142.

([3]) FIZEAU et FOUCAULT, *Comptes rendus de l'Académie des Sciences,* t. XXV, p. 447; 1847.

presque toujours par réfraction un spectre plus ou moins étendu dans lequel certaines régions sont affaiblies ou font défaut.

Tandis que l'oreille peut distinguer plusieurs notes simultanées, l'œil, au contraire, ne donne jamais qu'une impression unique, sans apprécier si une couleur est simple ou de nature complexe; il estime seulement que la couleur considérée paraît pure ou qu'elle est rabattue par une certaine quantité de lumière blanche.

Deux couleurs qui paraissent identiques en teinte et en éclat, quelle que soit leur composition réelle, jouent le même rôle quand on les mélange avec d'autres couleurs de nature quelconque; elles sont équivalentes au point de vue physiologique. C'est là une propriété fondamentale qui n'est pas évidente *a priori* et qui a été confirmée par toutes les expériences.

Nous rappellerons qu'on obtient ce mélange des couleurs, soit en utilisant l'ensemble des rayons pour éclairer une surface blanche, soit en superposant les images sur la rétine, soit encore en les faisant passer successivement devant l'œil à intervalles très rapprochés, comme dans la méthode des disques tournants.

Deux couleurs sont *complémentaires* quand leur mélange reproduit la lumière blanche. Il est clair que, si l'on partage en deux groupes arbitraires les différents rayons d'un spectre solaire, les couleurs résultantes de chacun d'eux seront complémentaires; on peut donc obtenir ainsi un très grand nombre de systèmes de couleurs complémentaires et beaucoup d'autres combinaisons conduisent au même résultat.

146. *Règle de Newton.* — C'est à Newton ([1]) que l'on doit la première règle qui permet de calculer la teinte d'un mélange quelconque de couleurs. D'après Newton, on se conforme bien à l'observation si l'on dit que les *longueurs d'accès* (δ) ou, ce qui revient au même, les longueurs d'onde des rayons qui limitent les sept couleurs principales du spectre : *rouge, orangé, jaune, vert, bleu, indigo* et *violet*, sont proportionnelles aux racines cubiques des carrés des nombres $1, \frac{8}{9}, \frac{5}{6}, \frac{3}{4}, \frac{2}{3}, \frac{3}{5}, \frac{9}{16}$ et $\frac{1}{2}$, représentant les longueurs d'une même corde qui rendent les différentes notes d'une octave *ré, mi, fa, sol, la, si, ut, ré.*

([1]) Newton, *Optics.* London, Liv. II; 1704.

D'autre part, de nombreuses expériences l'ont conduit à estimer que, dans la formation des teintes, le rôle ou l'importance
relative des différentes couleurs de la lumière solaire peut être
représenté par les fractions $\frac{1}{9}, \frac{1}{16}, \frac{1}{10}, \frac{1}{9}, \frac{1}{10}, \frac{1}{16}$ et $\frac{1}{9}$.

Ces bases étant acceptées, on divise un cercle en sept secteurs
respectivement proportionnels aux dernières fractions, c'est-à-dire
aux nombres 80, 45, 72, 80, 72, 45 et 80, dont la somme est
égale à 674, et on les affecte aux couleurs correspondantes ; nous
désignerons leurs surfaces respectives par R, O, J, V, B, I et U. Si
l'on applique au centre de gravité de chaque secteur un poids
proportionnel à sa surface, le centre de gravité de l'ensemble des
poids est évidemment au centre du cercle ; ce point correspond à
la lumière blanche.

Supposons maintenant que l'on mélange les couleurs du spectre
dans un autre rapport, en prenant une fraction de chacune d'elles
représentée respectivement par r, o, j, v, b, i et u. On applique
au centre de gravité de chaque secteur un poids proportionnel au
produit correspondant $\mathrm{R}r, \mathrm{O}o, \mathrm{J}j, \ldots$; le centre de gravité M de
l'ensemble de ces poids est en général excentrique.

La nature du secteur dans lequel se trouve le point M indique
la teinte du mélange, et sa distance au bord du centre est proportionnelle à la quantité de lumière blanche dont elle est rabattue.
Si ρ est le rayon du cercle et d la distance du point M au centre,
la couleur résultante renferme une proportion de blanc égale à

$$\frac{\rho - d}{\rho} = 1 - \frac{\rho}{d}.$$

Dans un phénomène quelconque, si la composition de la lumière
varie d'une manière continue, on pourra en représenter la transformation par la courbe qui est le lieu des points M.

La règle de Newton a été utilisée par Biot et par Fresnel pour le
calcul des colorations produites dans les lames cristallines ou
dans les interférences, mais cette règle est évidemment artificielle.
On voit bien qu'une analogie préconçue avec les notes de la gamme
a présidé au choix des fractions qui servent à limiter les couleurs
et à apprécier leur importance ; en outre, on ne détermine ainsi
d'autres impressions physiologiques que celles des couleurs du
spectre, plus ou moins rabattues de blanc, tandis qu'il existe
d'autres couleurs quelquefois très vives, comme le carmin, qui ne

présentent aucune analogie avec celles que l'on trouve dans un spectre de réfraction.

147. *Couleurs principales.* — En réalité, les impressions de couleurs que l'œil apprécie présentent une variété indéfinie, mais on peut les réduire à un petit nombre, comprenant les couleurs du spectre, le blanc et une teinte nouvelle que l'on obtient par le mélange de deux couleurs empruntées aux extrémités du spectre; cette teinte est *pourpre* avec le rouge et le violet extrêmes, *rose* avec l'orangé et le bleu, ou *carmin* quand la proportion de rouge est dominante. La sensation d'une couleur quelconque peut être reproduite, d'une manière presque rigoureuse, par le mélange en proportions convenables d'une couleur spectrale ou du pourpre avec de la lumière blanche.

On doit distinguer dans une couleur trois qualités différentes : l'*intensité*; le *ton*, c'est-à-dire la couleur spectrale ou le pourpre dont elle se rapproche le plus; la *saturation,* ou le rapport des intensités du ton et de la lumière blanche qui l'accompagne.

On peut trouver dans le spectre plusieurs combinaisons de deux couleurs simples, par exemple l'orangé et le bleu, qui donnent du blanc et paraissent ainsi complémentaires. L'emploi de trois couleurs spectrales fournit un grand nombre de manières d'arriver à ce résultat et on peut même les choisir de telle façon que leur mélange en proportions convenables reproduise sensiblement toutes les couleurs avec leurs qualités de ton et de saturation.

Brewster (¹) avait même émis l'hypothèse qu'il n'existe que trois couleurs physiquement distinctes, le *rouge,* le *jaune* et le *bleu,* et que ces trois couleurs fondamentales se superposent en proportions variables dans toute l'étendue du spectre.

L'existence de trois couleurs distinctes seulement est inadmissible et Brewster, malgré de nombreuses tentatives, n'a pu appuyer son opinion sur aucun fait expérimental; mais il n'est pas impossible qu'il existe seulement trois sensations différentes, correspondant à trois systèmes de fibres nerveuses qui seraient inégalement affectées par un rayon quelconque de lumière simple, et

(¹) BREWSTER, *Edinb. R. S. Trans.,* t. XII, p. 123; 1834.

que le sentiment de couleur ne tienne aux rapports de ces trois impressions. Young ([1]), à qui l'on doit la conception des trois systèmes de fibres, prit comme couleurs fondamentales le *rouge*, le *vert* et le *violet*; toutefois l'étude anatomique de la rétine et les particularités des vues anormales n'apportent pas de preuves à l'appui de cette hypothèse.

148. *Expériences de Maxwell.* — Quoi qu'il en soit, il reste établi qu'une couleur simple ou complexe peut être exprimée par une fonction linéaire de trois couleurs *principales*. La détermination des coefficients relatifs à chacune des couleurs simples a été l'objet d'un beau travail de Maxwell ([2]) qui permet aujourd'hui de traiter le problème de Newton à l'aide de Tables numériques.

Les couleurs principales ont été choisies par Maxwell en des points très éloignés l'un de l'autre sur le spectre, et dans des régions où la teinte et l'intensité varient très lentement, afin qu'une erreur de position dans les expériences n'influe pas d'une manière appréciable sur les résultats.

Les coefficients ont été déterminés de la manière suivante.

On combine les trois couleurs principales P, Q et R dans les proportions qui conviennent pour reproduire une couleur blanche identique pour l'œil à celle d'une lumière L qui n'a pas subi d'analyse prismatique, puis on établit la même équivalence entre la lumière L et le résultat de la combinaison de deux des couleurs principales, par exemple P et Q, avec une quatrième couleur X, qu'il s'agit d'exprimer en fonction des couleurs principales; la lumière auxiliaire L se trouve ainsi éliminée.

On modifie la proportion de chaque couleur en utilisant la lumière que laisse passer une fente de largeur variable placée sur le spectre et dont le milieu coïncide sensiblement avec le rayon que l'on considère.

Si les différentes lettres P, Q, R et X représentent respectivement les quantités de lumière relatives aux différentes couleurs pour l'unité de largeur du spectre aux points correspondants, et p, q, r; p', q' et x les largeurs respectives des fentes dans les deux

---

([1]) Young, *Lectures on Natural Philosophy*. London, 1807.
([2]) Cl. Maxwell, *Phil. Trans. L. R. S.*, p. 57; 1860.

expériences, le résultat de la comparaison conduit à l'équation

$$pP + qQ + rR = p'P + q'Q + xX;$$

d'où l'on déduit

$$(1) \qquad X = \frac{p - p'}{x}P + \frac{q - q'}{x}Q + \frac{r}{x}R = \alpha P + \beta Q + \gamma R.$$

Si l'un des coefficients du dernier membre, α par exemple, a une valeur négative $-\alpha_1$, ce résultat signifie que les couleurs principales Q et R équivalent à une combinaison de la troisième P avec la couleur proposée X, car l'équation devient

$$(2) \qquad X + \alpha_1 P = \beta Q + \gamma R.$$

Dans ce cas, les couleurs principales Q et R reproduisent une combinaison de blanc avec la couleur proposée. Désignons, en effet, par a, b et c les coefficients des couleurs principales P, Q et R qui conviennent pour reproduire la totalité W du banc du spectre; on a

$$(3) \qquad W = aP + bQ + cR.$$

En ajoutant aux deux termes de l'équation (2) une quantité quelconque w de blanc, on peut écrire

$$X + wW = w(aP + bQ + cR) - \alpha_1 P + \beta Q + \gamma R,$$

et, si l'on prend $wa = \alpha_1$, il reste

$$X + \frac{\alpha_1}{a}W = \left(\beta + \frac{b\alpha_1}{a}\right)Q + \left(\gamma + \frac{c\alpha_1}{a}\right)R.$$

On peut dire encore que les couleurs principales Q et R avec la couleur complémentaire de P reproduisent la couleur proposée X rabattue de blanc, car, avec la même valeur de w, on a

$$X + \frac{\alpha_1}{a}W = \frac{\alpha_1}{a}W - \alpha_1 P + \beta Q + \gamma R = \frac{\alpha_1}{a}(W - aP) + \beta Q + \gamma R,$$

et le terme $W - aP$ représente, d'après l'équation (3), la couleur complémentaire de P.

Le Tableau suivant, donné par Maxwell et complété par lord
Rayleigh [1], s'applique à un spectre prismatique rapporté à une
échelle arbitraire.

La couleur principale P est un *rouge écarlate* situé au tiers environ de la distance des raies du spectre C et D; la couleur Q est
un *vert* voisin de la raie E; la couleur R est un *bleu* à peu près
au tiers de la distance des raies F et G. Les valeurs des coefficients sont proportionnelles à la quantité de lumière qui existe
dans une étendue de $\frac{1}{10}$ de l'échelle.

*Expression des couleurs spectrales en fonction
de trois couleurs principales.*

Numéros de l'échelle.	Longueur d'onde λ.	Différence.	Couleurs.	α (P).	β (Q).	γ (R).
16......	0,698	0,035	Rouge	+0,140	»	»
20......	0,663	0,033	Rouge	0,420	+0,009	+0,063
24 P....	0,630	24	Écarlate	1,000	»	»
28......	0,606	23	Orangé	1,155	0,360	—0,006
32......	0,583	21	Jaune	0,846	0,877	0,005
36......	0,562	18	Jaune vert	0,481	1,246	0,032
40......	0,544	16	Vert	—0,127	1,206	—0,008
44 Q....	0,528	15	Vert	»	1,000	»
48......	0,513	13	Vert bleuâtre	—0,063	0,739	—0,085
52......	0,500	13	Bleu vert	0,055	0,506	0,282
56......	0,488	12	Bleu verdâtre	0,050	0,340	0,495
60......	0,477	11	Bleu	0,047	0,190	0,753
64......	0,467	10	Bleu	—0,033	0,033	0,905
68 R....	0,457	9	Bleu	»	»	1,000
72......	0,449	8	Indigo	+0,019	0,006	0,944
76......	0,441	8	Indigo	0,025	+0,016	0,693
80......	0,434	7	Indigo	0,003	—0,028	0,479
84......	0,428	6	Violet	»	»	0,333
88......	0,422	6	»	»	»	0,208
92......	0,416	6	»	»	»	0,146
96......	0,411	5	»	»	»	0,083
100.....	0,406	5	»	»	»	0,042
Sommes algébriques............				+3,973	+6,520	+6,460

La lumière blanche, produite par l'ensemble des rayons du

---

[1] Lord Rayleigh, *Phil. Trans. L. R. S.*, p. 157; 1886.

Courbe du spectre.
Couleurs des interférences à centre noir.
Couleurs des interférences à centre blanc.
52
Bleu vert
48
Vert
46
P
28
Q
44
40
Vert

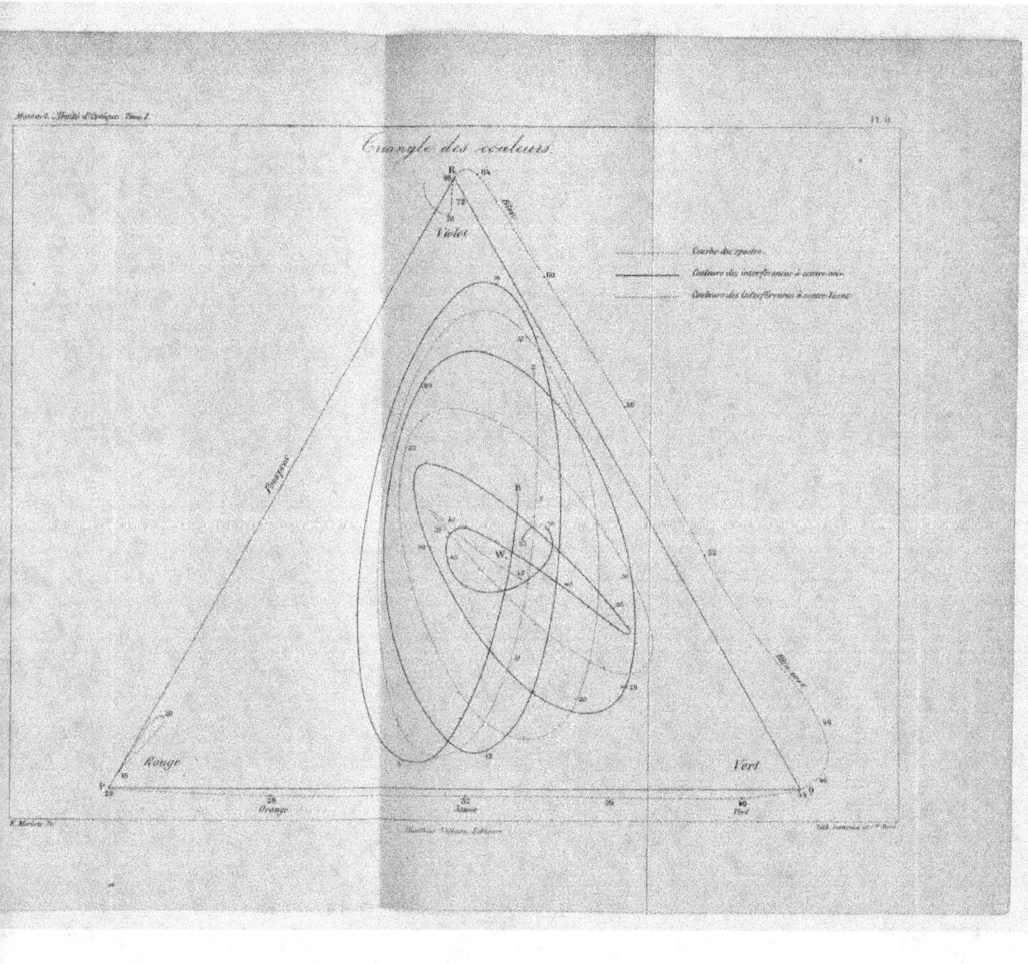

Mascart. — Traité d'Optique. Tome I.
Pl. 4.
Triangle des couleurs.
Violet
Rouge
Vert
Orange
Jaune
Vert
Pourpre
Bleu
Bleu vert
Courbe du spectre.
Couleurs des interférences à centre noir.
Couleurs des interférences à centre blanc.
W
E. Morieu sc.
Gauthier-Villars, Éditeurs.
Lith. Lemercier et Cie Paris.

spectre, aurait pour expression

$$W = 3,973\,P + 6,520\,Q + 6,460\,R.$$

Comme les longueurs d'onde relatives à chacune des couleurs sont indiquées dans le Tableau, on peut utiliser ces résultats pour un phénomène quelconque obtenu avec la lumière solaire.

149. *Triangle des couleurs.* — Pour représenter les couleurs graphiquement, à la manière de Newton, on imagine que des forces parallèles, proportionnelles aux facteurs correspondants α, β et γ des couleurs principales qui produisent une teinte équivalente, sont placées respectivement aux trois sommets d'un triangle équilatéral et l'on détermine le centre M de ces forces; le point du blanc est le centre de trois forces de même sens respectivement proportionnelles à $3,973 - 6,520 - 6,460$.

Les couleurs pures du spectre, comprenant presque toutes des coefficients négatifs, seront situées en dehors du triangle, mais s'écartent très peu des côtés. La courbe figurative du spectre (*Pl. II*) passe par les trois sommets du triangle, qui correspondent aux couleurs principales.

On voit, par la forme de cette courbe, que le vert du spectre ne peut être obtenu par un mélange de jaune et de bleu purs, que le vert combiné avec le rouge donne toutes les couleurs orangées et jaunes sensiblement pures, et avec le violet des bleus moins saturés que les couleurs correspondantes du spectre.

S'il s'agit d'un phénomène où la composition de la lumière varie d'une manière continue, le lieu des points M qui en figure la transformation graduelle sera une courbe comprise en général dans l'intérieur du triangle.

Pour une couleur composée quelconque $X = \alpha P + \beta Q + \gamma R$, dont le point figuratif est situé dans l'intérieur du triangle, les coefficients α, β et γ sont positifs.

Supposons que $\dfrac{\gamma}{c}$ soit le plus petit des trois rapports $\dfrac{\alpha}{a}$, $\dfrac{\beta}{b}$ et $\dfrac{\gamma}{c}$. On peut écrire

$$X = \frac{\gamma}{c}(aP + bQ + cR) + a\left(\frac{\alpha}{a} - \frac{\gamma}{c}\right)P + b\left(\frac{\beta}{b} - \frac{\gamma}{c}\right)Q.$$

Cette expression signifie que la couleur peut être obtenue par un mélange de lumière blanche avec les deux couleurs principales P et Q.

Dans la construction graphique, le premier terme du second membre représente une force appliquée au point W du blanc dans le triangle, et les deux autres termes une force appliquée sur l'un des côtés du triangle. Dans le cas actuel, la couleur correspondant à ces deux termes est une couleur spectrale comprise entre les couleurs principales rouge et verte; si le rapport $\dfrac{\alpha}{a}$ était le plus petit, la couleur à composer avec le blanc serait encore sensiblement un bleu spectral; enfin cette couleur est un pourpre quand $\dfrac{\beta}{b}$ est le plus petit des rapports.

150. *Couleurs des interférences.* — Considérons, par exemple, le cas des interférences.

La projection sur un axe de la vibration d'un point peut être représentée (19) par une expression de la forme

$$x = a \sin\left(\frac{2\pi t}{T} - \alpha\right) = a \sin(\omega t + \alpha).$$

La vitesse de vibration est

$$v = \frac{dx}{dt} = a\omega \cos(\omega t + \alpha).$$

Il est à présumer que l'action physiologique produite sur l'œil, au moins pour des sources de même période, est à chaque instant proportionnelle à la force vive du mouvement vibratoire, ou au carré de la vitesse

$$v^2 = a^2\omega^2 \cos^2(\omega t + \alpha) = \frac{a^2\omega^2}{2}\left[1 + \cos 2(\omega t + \alpha)\right].$$

La force vive moyenne, ou l'*intensité de la lumière*, est proportionnelle au carré moyen u^2 de la vitesse pendant une période. Comme le terme $\cos 2(\omega t + \alpha)$ prend alors toutes les valeurs de -1 à $+1$, le carré moyen de la vitesse est simplement

$$u^2 = \frac{a^2\omega^2}{2} = \frac{2\pi^2}{T^2}a^2.$$

Pour une lumière de période donnée, l'intensité est donc proportionnelle au carré de l'amplitude.

Si deux rayons d'égale intensité, provenant d'une même source, se superposent en un point et que l'un d'eux ait éprouvé un retard $\Delta = \dfrac{\delta}{2\pi}\lambda$, les projections de leurs vibrations sur un axe sont de la forme $a\sin(\omega t + \alpha)$ et $a\sin(\omega t + \alpha - \delta)$.

D'après le principe des petits mouvements (20), la projection sur le même axe de la vibration résultante est

$$a\sin(\omega t + \alpha) + a\sin(\omega t + \alpha - \delta) = 2a\cos\frac{\delta}{2}\sin\left(\omega t + \alpha - \frac{\delta}{2}\right).$$

L'amplitude de cette vibration est égale à $2a\cos\dfrac{\delta}{2}$ et son intensité peut être représentée par

$$2a^2\omega^2\cos^2\frac{\delta}{2} = 2a^2\omega^2\cos^2\pi\frac{\Delta}{\lambda} = 4n^2\cos^2\pi\frac{\Delta}{\lambda}.$$

Les variations de l'intensité avec la perte de phase δ seraient figurées par une sinusoïde, puisqu'on a

$$\cos^2\frac{\delta}{2} = \frac{1 + \cos\delta}{2} = \frac{1}{2}\left[1 + \sin\left(\frac{\pi}{2} - \delta\right)\right].$$

Lorsque des lumières de périodes différentes sont superposées en un point, l'expérience indique que leurs vibrations restent indépendantes et que l'intensité résultante est toujours la somme de leurs intensités respectives. On doit donc simplement combiner leurs couleurs.

Si la source de lumière utilisée dans le phénomène des interférences est de nature complexe, l'intensité totale en un point sera $4\Sigma a^2\cos^2\pi\dfrac{\Delta}{\lambda}$, et la teinte résultante s'obtiendra en prenant une fraction de chaque couleur égale au facteur $\cos^2\pi\dfrac{\Delta}{\lambda}$.

Lorsque la frange centrale est noire, comme dans l'expérience des trois miroirs ou dans l'interférence des rayons directs avec les rayons réfléchis (138), l'un des faisceaux a éprouvé, outre le retard géométrique Δ, un changement de signe dû à la réflexion, lequel équivaut à un nouveau retard de $\dfrac{\lambda}{2}$; la fraction relative à chaque couleur est alors égale à

$$\cos^2 \pi \left(\frac{\Delta}{\lambda} + \frac{1}{2} \right) = \sin^2 \pi \frac{\Delta}{\lambda}.$$

L'intensité est donc représentée par l'une ou l'autre des expressions $4 \Sigma a^2 \cos^2 \pi \frac{\Delta}{\lambda}$ ou

$$4 \Sigma a^2 \sin^2 \pi \frac{\Delta}{\lambda} = 4 \Sigma a^2 - 4 \Sigma a^2 \cos^2 \pi \frac{\Delta}{\lambda},$$

suivant qu'il s'agit de franges à centre noir ou à centre blanc.

Avec une lumière primitive blanche, les deux phénomènes sont évidemment complémentaires, pour la même différence de marche, puisque la somme des intensités reproduit une lumière $4 \Sigma a^2$ de même nature que la lumière primitive.

On voit aussi que, si l'on connaît les facteurs $\cos^2 \pi \frac{\Delta}{\lambda}$, on en déduira, par différence avec l'unité, les autres facteurs $\sin^2 \pi \frac{\Delta}{\lambda}$.

151. *Tables des deux systèmes.* — Le Mémoire de Lord Rayleigh contient une Table des coefficients α, β et γ qui déterminent, en fonction des trois couleurs principales P, Q et R, l'intensité et la couleur correspondant à l'expression $\Sigma a^2 \cos^2 \pi \frac{\Delta}{\lambda}$, pour une série de valeurs de la différence de marche Δ.

Dans la Table primitive, les retards Δ sont évalués en fonction du pouce de Paris. Nous la reproduirons sous une autre forme en exprimant les retards en fonction de la quantité $\varepsilon = 0^\mu,275$, qui est la moitié de la longueur d'onde $\lambda = 0^\mu,55$ relative à la région la plus intense du spectre, et qui joue un rôle important dans la classification naturelle des teintes.

On voit, par exemple, que la couleur verte Q est sensiblement nulle et les autres très faibles pour $\Delta = 0^s,991 = 0^\mu,2724$, ou environ ε; la couleur résultante est un pourpre très pâle. L'analyse spectrale montrerait une bande noire au point qui correspond à la longueur d'onde 2ε. A mesure que le retard augmente, cette bande marche vers le rouge, en même temps qu'une nouvelle bande apparaît du côté du violet, et celle-ci se trouverait au même point que précédemment pour $\Delta = 3\varepsilon$.

Couleurs des interférences à centre blanc.

Δ	α[P]	β[Q]	γ[R]	Δ	α[P]	β[Q]	γ[R]
0,000..	3,97	6,52	6,46	5,118..	1,28	1,80	5,04
0,991..	0,13	0,96	0,59	5,217..	0,91	2,22	4,51
1,280..	0,22	1,45	3,67	5,315..	0,64	2,74	3,78
1,477..	0,96	3,32	5,64	5,512..	0,46	3,77	2,31
1,579.	1,46	4,29	6,19	5,709..	0,77	4,51	1,43
1,661..	1,93	5,03	6,28	5,906..	1,44	4,75	1,33
1,728..	2,30	5,51	6,19	6,102..	2,27	4,41	2,49
1,817.	2,77	5,99	5,77	6,300.	2,89	4,70	3,72
1,921..	3,22	6,26	4,83	6,495.	3,22	2,96	4,61
1,982..	3,48	6,26	4,21	6,595.	3,23	2,65	4,75
2,120..	3,84	5,85	2,65	6,693.	3,14	2,40	4,74
2,291..	3,88	4,70	1,02	6,792..	2,97	2,26	4,47
2,589..	2,98	2,08	0,59	6,890.	3,72	2,20	4,05
2,881..	1,38	0,57	3,09	6,989..	2,42	2,25	3,55
3,051..	0,68	0,75	4,75	7,087..	2,11	2,39	3,05
3,248..	0,19	1,84	5,87	7,284.	1,52	2,83	2,29
3,346..	0,16	2,48	5,88	7,481..	1,14	3,36	1,98
3,445..	0,23	3,35	5,53	7,677..	1,04	3,76	2,44
3,544..	0,47	4,12	4,87	7,874..	1,25	3,96	3,22
3,741..	1,29	5,26	3,04	8,071..	1,63	3,90	4,01
3,938..	2,30	5,59	1,38	8,268..	2,08	3,67	4,18
4,131..	3,19	5,04	0,75	8,465..	2,45	3,35	3,94
4,331..	3,68	4,84	1,44	8,661..	2,65	3,05	4,48
4,527..	3,60	2,56	3,03	8,858..	2,63	2,87	2,77
4,725..	3,06	1,61	4,60	9,055..	2,44	2,79	2,42
4,823..	2,64	1,39	5,15	9,252..	2,15	2,85	2,62
4,922..	2,18	1,35	5,43				

Pour les interférences à centre noir, données par les valeurs de $\sin^2 \pi \frac{\Delta}{\lambda}$, la couleur correspondant à la même différence de marche est complémentaire de celle du Tableau qui précède. Les coefficients α', β' et γ' relatifs aux couleurs principales seront, sauf pour les valeurs très petites de Δ.

$$\alpha' = 3,97 - \alpha,$$
$$\beta' = 6,52 - \beta.$$
$$\gamma' = 6,46 - \gamma.$$

Quand le retard Δ tend vers zéro, la lumière s'évanouit, mais la

206 CHAPITRE III.

couleur tend vers une limite que l'on obtient en combinant les couleurs constituantes en quantités proportionnelles à la limite de $a^2 \sin^2 \pi \frac{\Delta}{\lambda}$, c'est-à-dire à $\frac{a^2}{\lambda^2}$. Cette couleur, figurée par un point B du triangle, est un bleu présentant quelque analogie avec le bleu du ciel et les coefficients ont été donnés sans avoir égard à l'intensité correspondante.

Couleurs des interférences à centre noir.

	Δ	α[P].	β[Q].	γ[R].		Δ	α[P].	β[Q].	γ[R].
	0,060 ..	1,05	2,25	3,11		5,118 ..	2,69	4,72	1,42
	0,991 ..	3,82	6,46	5,87		5,217 ..	3,06	4,30	1,95
	1,280 ..	3,75	5,07	2,79		5,315 ..	3,33	3,78	2,68
	1,477 ..	3,01	3,20	0,82	30	5,512 ..	3,51	2,75	4,15
	1,579 ..	2,51	2,23	0,27		5,709 ..	3,20	2,01	5,03
5	1,661 ..	2,04	1,49	0,18		5,906 ..	2,53	1,77	4,93
	1,728 ..	1,67	1,01	0,27		6,102 ..	1,75	2,11	3,97
	1,817 ..	1,20	0,53	0,69		6,300 ..	1,09	2,82	2,74
	1,921 ..	0,75	0,26	1,63	35	6,496 ..	0,76	3,56	1,85
	1,982 ..	0,49	0,26	2,25		6,595 ..	0,74	3,87	1,71
10	2,120 ..	0,13	0,67	3,81		6,693 ..	0,83	4,12	1,75
	2,291 ..	0,09	1,82	5,44		6,792 ..	1,00	4,26	1,99
	2,589 ..	0,99	4,44	5,87		6,890 ..	1,26	4,32	2,41
	2,881 ..	2,59	5,95	3,37	40	6,989 ..	1,55	4,27	2,91
	3,051 ..	3,29	5,77	1,71		7,087 ..	1,86	4,13	3,41
15	3,248 ..	3,78	4,68	0,59		7,284 ..	2,45	3,69	4,17
	3,346 ..	3,81	4,04	0,58		7,481 ..	2,83	3,16	4,48
	3,445 ..	3,74	3,17	0,93		7,677 ..	2,93	2,76	4,02
	3,544 ..	3,50	2,40	1,59	45	7,874 ..	2,72	2,56	3,24
	3,741 ..	2,68	1,26	3,42		8,071 ..	2,35	2,62	2,45
20	3,938 ..	1,67	0,93	5,08		8,268 ..	1,89	2,85	2,28
	4,134 ..	0,79	1,48	5,71		8,465 ..	1,52	3,17	2,52
	4,331 ..	0,29	2,68	5,02		8,661 ..	1,32	3,47	2,98
	4,527 ..	0,35	3,96	3,43	50	8,858 ..	1,34	3,65	3,69
	4,725 ..	0,91	4,91	1,86		9,055 ..	1,33	3,73	4,04
25	4,893 ..	1,33	5,13	1,31		9,252 ..	1,83	3,67	3,84
	4,922 ..	1,79	5,17	1,03					

La couleur bleue R s'annule sensiblement pour

$$\Delta = 1^s,661 = 0^\mu,457,$$

ce qui donne un bel orangé, et pour une valeur double $\Delta = 3^s,322$ qui donne un jaune.

152. *Échelle des teintes*. — Lorsque le retard Δ croît d'une manière continue, la couleur se modifie graduellement et reproduit plusieurs fois la même teinte ou des teintes analogues. Dans les interférences à centre noir, par exemple, on appelle couleurs de *premier ordre* celles qui constituent la première frange brillante et pour lesquelles le retard Δ est sensiblement compris entre 0 et 2ε; de même la seconde frange brillante, où Δ varie de 2ε à 4ε, renferme les couleurs de *second* ordre, etc. La succession des couleurs ainsi obtenue constitue ce que Newton appelle l'*échelle des teintes*. On peut s'en faire une idée par la marche des courbes qui figurent le phénomène dans le triangle des trois couleurs (*Pl. II*) et traduisent les nombres des Tables précédentes. Les numéros marqués sur la courbe correspondent aux valeurs successives de le Table.

La courbe continue, qui représente la seconde Table ou le phénomène des interférences à centre noir, indique une série de teintes que lord Rayleigh décrit de la manière suivante :

« La courbe, partant d'un point défini B, marche presque en ligne droite dans la direction du blanc W, dont elle s'écarte un peu du côté du vert. Le blanc du premier ordre de l'échelle de Newton est ainsi un peu verdâtre, ce qui doit être quand le maximum de lumière a lieu pour la partie verte ou jaune du spectre, tandis que le rouge et le bleu sont relativement en défaut; mais cette altération du blanc est très faible et habituellement inappréciable. En quittant le blanc, la courbe traverse le jaune et approche très près d'un côté du triangle au point qui représente la double raie D dans l'orangé, pour un retard de $1^\varepsilon,661$. La couleur rougit alors, mais sans approcher des rouges du spectre situés près du sommet du triangle.

» Passant rapidement par le pourpre de *transition*, elle devient plus bleue jusqu'à ce qu'elle atteigne le magnifique bleu ou violet de second ordre, au voisinage de $\Delta = 2^\varepsilon,291$. En ce point elle s'approche beaucoup de la couleur spectrale correspondante, quoique celle-ci soit un peu en dehors du triangle. Abandonnant le bleu, la couleur se détériore rapidement, devient plus verte, mais sans atteindre un beau vert. Le meilleur jaune du second ordre, pour $\Delta = 3^\varepsilon,346$, est à peu près aussi pur que le meilleur du premier ordre, mais il incline moins vers l'orangé. Les rouges de second ordre sont moins purs que ceux du premier, mais leur infériorité diminue quand on s'approche de la seconde teinte de transition dans le pourpre.

» Le bleu de troisième ordre, pour $\Delta = 4^s,134$, est d'abord très inférieur à la couleur correspondante de second ordre, mais il lui devient graduellement supérieur et paraît plus vert au voisinage de $\Delta = 4^s,331$. Les bleus-verts qui suivent et tous les verts, de $4^s,725$ à $4^s,922$, sont des couleurs splendides, hors de comparaison avec les couleurs correspondantes de second ordre, quoique encore très éloignées des couleurs spectrales voisines Q. D'un autre côté, les jaunes dans le troisième ordre ne sont pas aussi purs que dans le premier et le second, et la courbe approche moins du rouge, quoiqu'elle présente un meilleur aspect dans le pourpre à $5^s,906$.

» Dans la transition de ce pourpre au vert, le bleu est d'abord assez éloigné du bleu de premier ordre, mais le vert, à $6^s,693$, est très beau, sensiblement égal à l'un des verts du troisième ordre. Il est à remarquer que les verts du quatrième ordre présentent peu de variété, les deux marches de la courbe en avant et en arrière étant presque en ligne droite au travers du blanc.

» En retournant au blanc, dont elle s'approche beaucoup, la courbe prend une courbure en sens contraire, de sorte que les premiers rouges qui suivent sont plus bleus que les derniers.

» La courbe tourne alors vers le côté jaune du blanc et atteint un faible bleu vert pour $\Delta = 8^e,858$. »

Les points d'intersection de la courbe sont intéressants, puisqu'ils correspondent à des couleurs que l'on peut obtenir avec deux retards différents. Le premier qui se présente est un jaune commun au premier et au second ordre, celui-ci étant plus brillant d'après la Table. Dans le second et le troisième ordre l'éclat des couleurs similaires diffère très peu : l'une a lieu dans le bleu et une autre dans le jaune verdâtre.

Il n'y a pas non plus une grande différence d'éclat entre les verts presque identiques du troisième et du quatrième ordre. L'observation permet donc de reconnaître, en général, l'ordre d'une teinte par son aspect et, quand il y a doute, la distinction se fait par la nature de celles qui la précèdent et la suivent pour de petites variations dans la différence de marche.

La courbe en traits pointillés, qui traduit la première Table ou le phénomène des interférences à centre blanc, devrait partir du point W, qui correspond au blanc, et passer rapidement, par un jaune blanc, à un rouge, puis à un pourpre très sombre pour $\Delta = 2\varepsilon$. La Table ne fournit pas cette partie dont l'intensité est tellement faible que la qualité de la couleur offre peu d'intérêt.

A partir de $\Delta = 1^\varepsilon, 280$, la courbe est bien déterminée.

On doit signaler la pureté du jaune $(2^\varepsilon, 4)$, du jaune vert $(4^\varepsilon, 13)$, du bleu $(3^\varepsilon, 35)$ et du vert $(5^\varepsilon, 22)$. Ce dernier est peut-être le plus beau vert des deux séries; il est visiblement supérieur au vert du quatrième ordre de la seconde $(6^\varepsilon, 65)$ et moins jaune que celui du troisième ordre $(4^\varepsilon, 92)$.

Pour une même différence de marche, les points correspondants des deux courbes sont sur une même droite passant par le blanc W et situés de part et d'autre, puisque les couleurs sont complémentaires.

Les résultats ainsi déterminés sont entièrement conformes à ceux que donne l'observation, surtout si l'on tient compte de cette circonstance que la courbe indique seulement la couleur et non l'intensité et qu'on doit, dans l'appréciation d'une couleur, éviter les effets de contraste produits par les couleurs voisines. La même loi de succession des teintes se présente dans un grand nombre de phénomènes, particulièrement dans les lames minces isotropes ou anisotropes. La comparaison a été faite surtout par les colorations des lames minces isotropes, où les interférences se présentent habituellement sous la forme d'anneaux concentriques pour lesquels la différence de marche croît plus rapidement que le rayon des anneaux; les couleurs se resserrent alors de plus en plus et il faut employer un artifice pour les étaler successivement de manière à pouvoir en estimer la teinte exactement.

153. — Le Tableau suivant, reproduit par Billet ([1]) d'après les observations de Brücke ([2]) sur les phénomènes de polarisation chromatique, représente très exactement la succession des couleurs ou *l'échelle des teintes.*

([1]) BILLET, *Traité d'Optique,* t. I, p. 492; 1858.
([2]) BRÜCKE, *Pogg. Ann.,* t. LXXXVIII, p. 363; 1853.

Retard.	Différence.		Couleur des interférences		
			à centre blanc.	à centre noir.	
0,00			Blanc	Noir (bleu)	
0,14	14		Blanc	Gris de fer	
0,35	21		Blanc jaunâtre	Gris de lavande	
0,57	22		Blanc brunâtre	Gris bleu	
0,79	22	*Frange centrale, couleurs de 1er ordre.*	Jaune brun	Gris plus clair	
0,85	6		Brun	Blanc, légère teinte verte	
0,94	9		Rouge clair	Blanc presque pur	*1re frange brillante, couleurs de 1er ordre.*
0,97	3		Rouge carmin	Blanc jaunâtre	
1,00	3		Rouge brun noir	Jaune paille	
1,02	2		Violet foncé	Jaune paille	
1,11	9		Indigo	Jaune clair	
1,21	10		Bleu	Jaune brillant	
1,56	35		Bleu verdâtre	Jaune orangé	
1,84	28		Vert bleuâtre	Orangé rougeâtre	
1,95	11		Vert pâle	Rouge chaud	
2,00	5		Vert jaunâtre	Rouge plus foncé	
2,05	5	*1re frange latérale, couleurs de 2e ordre.*	Vert plus clair	Pourpre sombre	
2,09	4		Jaune verdâtre	Violet intense	
2,14	5		Jaune vif	Indigo	
2,41	27		Orangé	Bleu de ciel	*2e frange brillante, couleurs de 2e ordre.*
2,65	24		Orangé brunâtre	Bleu verdâtre	
2,72	7		Rouge carmin clair	Vert	
3,00	28		Pourpre	Vert plus clair	
3,07	7		Pourpre violacé	Vert jaunâtre	
3,15	8		Violet	Jaune verdâtre	
3,31	16		Indigo	Jaune pur	
3,45	14		Bleu foncé	Orangé	
3,63	18		Bleu verdâtre	Orangé rougeâtre vif	
4,00	37		Vert	Rouge violacé foncé	
4,10	10	*2e frange latérale, couleurs de 3e ordre.*	Vert jaunâtre	Violet bleuâtre clair	
4,19	9		Jaune impur	Indigo	
4,58	39		Couleur de chair	Beau bleu, teinte verdâtre	*3e frange brillante, couleurs de 3e ordre.*
4,85	27		Rouge mordoré	Vert d'eau bleuâtre	
5,00	15		Violet	Vert brillant	
5,19	19		Bleu violacé grisâtre	Jaune verdâtre	
5,44	25		Bleu verdâtre	Rouge rose	
5,58	14		Vert beau	Rouge carmin	
5,89	31		Vert clair	Carmin pourpre	
6,00	11		Vert jaunâtre	Gris violacé	
6,11	11	*3e frange latérale, couleurs de 4e ordre.*	Jaune verdâtre	Gris bleu	
6,22	11		Gris jaune	Bleu verdâtre clair	
6,34	12		Mauve	Vert bleuâtre	*4e franges, 4e ordre.*
6,59	25		Carmin	Vert beau clair	
7,00	41		Gris rouge	Gris vert clair	

CHAPITRE IV.
PROPRIÉTÉS DES VIBRATIONS.

154. *Composition des vibrations.* — Comme les lumières de couleurs différentes ne se combinent pas physiquement (150), on ne doit considérer en Optique que la composition des mouvements vibratoires de même période.

Lorsqu'un point est mis en vibration par plusieurs sources différentes, la projection sur un axe de la vibration résultante (20) est la somme des projections de celles qui proviendraient de toutes les sources séparément; elle est de la forme

$$x = a \sin(\omega t + \alpha) + a' \sin(\omega t + \alpha')$$
$$+ a'' \sin(\omega t + \alpha'') + \ldots = A \sin(\omega t + \varphi).$$

Pour trouver les valeurs de A et de φ, il suffit de développer les sinus de part et d'autre et d'identifier les résultats en égalant séparément les coefficients de $\sin \omega t$ et $\cos \omega t$, ce qui donne

$$A \cos \varphi = a \cos \alpha + a' \cos \alpha' + \ldots = \Sigma a \cos \alpha,$$
$$A \sin \varphi = a \sin \alpha + a' \sin \alpha' + \ldots = \Sigma a \sin \alpha;$$

par suite

$$A^2 = (\Sigma a \cos \alpha)^2 + (\Sigma a \sin \alpha)^2,$$
$$\tan \varphi = \frac{\Sigma a \sin \alpha}{\Sigma a \cos \alpha}.$$

Ces résultats ont une traduction géométrique très simple. Si, à partir d'un point O (*fig.* 71), on mène des droites respectivement égales aux amplitudes a, a', a'', ... et faisant avec une droite fixe OX des angles α, α', α'', ..., on voit que la résultante géométrique de toutes ces grandeurs sera égale à A et fera avec la droite OX un angle φ.

L'expression de l'amplitude résultante peut s'écrire de plusieurs manières différentes.

On a, en développant les carrés de $\Sigma a \cos \alpha$ et $\Sigma a \sin \alpha$,

$$A^2 = a^2 + a'^2 + a''^2 + \ldots + 2 aa' \cos(\alpha - \alpha') + 2 aa'' \cos(\alpha - \alpha'') + \ldots$$

ou

$$A^2 = \Sigma a^2 + 2 \Sigma aa' \cos(\alpha - \alpha').$$

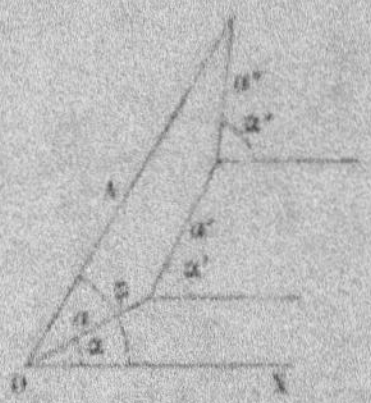

Fig. 71.

Si l'on remplace $\cos(\alpha - \alpha')$ par $1 - 2 \sin^2 \dfrac{\alpha - \alpha'}{2}$, on obtient encore

$$A^2 = (\Sigma a)^2 - 4 \Sigma aa' \sin^2 \frac{\alpha - \alpha'}{2}.$$

155. *Cas de deux vibrations.* — Pour deux vibrations, il reste simplement

$$A^2 = a^2 + a'^2 + 2 aa' \cos(\alpha - \alpha')$$

$$= (a + a')^2 - 4 aa' \sin^2 \frac{\alpha - \alpha'}{2}$$

$$= (a - a')^2 + 4 aa' \cos^2 \frac{\alpha - \alpha'}{2}.$$

Quand les amplitudes a et a' sont égales, la dernière expression donne

$$A = 2 a \cos \frac{\alpha - \alpha'}{2}.$$

Si la différence de phase $\alpha - \alpha'$ est égale à un nombre entier de circonférences $2 m\pi$, c'est-à-dire la différence de marche correspondante Δ égale à un nombre entier de longueurs d'onde $m\lambda$,

$$A^2 = (a + a')^2 \qquad \text{ou} \qquad A = a + a'.$$

Dans ce cas, l'amplitude du mouvement résultant est égale à la somme des amplitudes des mouvements à composer ; c'est un maximum, si les amplitudes a et a' sont de même signe.

Lorsque l'on a $\alpha - \alpha' = (2m+1)\pi$, c'est-à-dire $\Delta = (2m+1)\dfrac{\lambda}{2}$, il en résulte

$$A = a - a';$$

c'est un minimum de vibration, une *interférence*.

Enfin, pour $\alpha - \alpha' = (2m+1)\dfrac{\pi}{2}$ ou $\Delta = (2m+1)\dfrac{\lambda}{4}$,

$$A^2 = a^2 + a'^2.$$

Nous appellerons *conjuguées* deux vibrations telles que l'intensité de la résultante soit la somme des intensités des vibrations proposées.

Pour des vibrations rectilignes parallèles, la différence de phase est alors un nombre impair de fois $\dfrac{\pi}{2}$.

La phase du mouvement résultant est donnée par la condition

$$\tan\varphi = \frac{a \sin\alpha + a' \sin\alpha'}{a \cos\alpha + a' \cos\alpha'}$$

ou

$$\tan(\varphi - \alpha) = \frac{\tan\varphi - \tan\alpha}{1 + \tan\varphi \tan\alpha} = \frac{a' \sin(\alpha' - \alpha)}{a + a' \cos(\alpha' - \alpha)},$$

expression qui conduirait, par l'examen de la différence de phase $\varphi - \alpha$, aux mêmes conclusions.

156. *La vibration est elliptique.* — Les projections d'une vibration quelconque sur trois axes rectangulaires sont de la forme

$$\begin{cases} x = a \sin(\omega t + \alpha), \\ y = b \sin(\omega t + \beta), \\ z = c \sin(\omega t + \gamma). \end{cases}$$

Ajoutons ces équations membre à membre, après les avoir multipliées respectivement par les cosinus directeurs l, m et n d'une droite L ; il vient

$$lx + my + nz = \quad \sin\omega t (la \cos\alpha + mb \cos\beta + nc \cos\gamma)$$
$$+ \cos\omega t (la \sin\alpha + mb \sin\beta + nc \sin\gamma).$$

Si l'on pose

$$la \cos \alpha + mb \cos \beta + nc \cos \gamma = 0,$$
$$la \sin \alpha + mb \sin \beta + nc \sin \gamma = 0,$$

c'est-à-dire si la droite L est perpendiculaire au plan des deux droites A et B dont les cosinus directeurs sont respectivement proportionnels à $a \cos \alpha$, $b \cos \beta$, $c \cos \gamma$ et $a \sin \alpha$, $b \sin \beta$, $c \sin \gamma$, on aura

$$lx + my + nz = 0.$$

Cette équation signifie que la vibration (x, y, z) est située dans un plan perpendiculaire à la droite L et, par suite, parallèle au plan des droites A et B. Donc la vibration est *plane*.

La projection de la vibration sur un plan quelconque (x, y) est une ellipse. On a, en effet,

$$\frac{x}{a} \sin \beta - \frac{y}{b} \sin \alpha = \sin \omega t \sin (\beta - \alpha),$$

$$\frac{x}{a} \cos \beta - \frac{y}{b} \cos \alpha = \cos \omega t \sin (\alpha - \beta);$$

en élevant ces équations au carré et les ajoutant membre à membre, on obtient

$$\frac{x^2}{a^2} + \frac{y^2}{b^2} - \frac{2xy}{ab} \cos(\alpha - \beta) = \sin^2(\alpha - \beta),$$

qui est l'équation d'une ellipse.

La vibration elle-même est donc *elliptique*.

Le carré de la vitesse de vibration est la somme des carrés des vitesses des trois composantes rectangulaires

$$v^2 = \omega^2 [a^2 \cos^2(\omega t + \alpha) + b^2 \cos^2(\omega t + \beta) + c^2 \cos^2(\omega t + \gamma)].$$

Le carré moyen de cette vitesse est la somme des carrés moyens des composantes ou

$$u^2 = \frac{\omega^2}{2} (a^2 + b^2 + c^2).$$

L'intensité de la vibration est donc la somme des intensités de trois composantes rectangulaires quelconques. En d'autres termes, des vibrations rectangulaires sont toujours conjuguées (155), quelles que soient leurs différences de phase.

Si l'on pose

$$a^2 + b^2 + c^2 = r^2,$$

la constante r représente l'amplitude de la vibration rectiligne qui aurait la même intensité. C'est une grandeur qu'il est utile de considérer dans plusieurs problèmes; pour abréger le langage, nous l'appellerons l'*amplitude résultante* de la vibration proposée.

157. *Vibrations transversales.* — On verra plus loin que les seules vibrations appréciables en Optique sont celles qui sont situées dans le plan de l'onde pour les milieux isotropes, c'est-à-dire les vibrations perpendiculaires au rayon ou *transversales*. Si l'on prend les composantes x et y dans le plan de l'onde, on aura donc $c = o$ et $a^2 + b^2 = r^2$. La différence de phase $\alpha - \beta = \delta$ des deux composantes x et y correspond à un retard $\Delta = \dfrac{\delta}{2\pi}\lambda$ de la seconde sur la première.

En changeant l'origine du temps, on peut écrire les deux composantes sous la forme

$$(1) \qquad \begin{cases} x = a\sin\omega t, \\ y = b\sin(\omega t - \delta), \end{cases}$$

et l'ellipse de vibration a pour équation

$$\frac{x^2}{a^2} + \frac{y^2}{b^2} - 2\frac{xy}{ab}\cos\delta = \sin^2\delta.$$

L'équation (1) donne

$$\frac{y}{x} = \frac{b}{a}\frac{\sin(\omega t - \delta)}{\sin\omega t} = \frac{b}{a}\cos\delta - \frac{b}{a}\sin\delta\cot\omega t.$$

Le rapport $\dfrac{y}{x}$ est la tangente de l'angle que fait avec l'axe des x le rayon vecteur de la molécule vibrante. A mesure que le temps augmente, $\cot\omega t$ diminue; le mouvement de la molécule se fait donc de droite à gauche ou de gauche à droite, sur la partie supérieure de la trajectoire, suivant que le facteur $\dfrac{b\sin\delta}{a}$ ou $ab\sin\delta$ est positif ou négatif. On dit que la vibration est *gauche* dans le premier cas et *droite* dans le second.

158. *Direction et rapport des axes de l'ellipse.* — Pour obtenir les axes de l'ellipse, nous projetterons la vibration sur un système d'axes rectangulaires ξ et η, (*fig.* 72) faisant l'angle θ avec le précédent. Les nouvelles projections

$$\xi = \quad a\cos\theta\sin\omega t + b\sin\theta\sin(\omega t - \delta) = A\sin(\omega t + \alpha),$$
$$\eta = -a\sin\theta\sin\omega t + b\cos\theta\sin(\omega t - \delta) = B\sin(\omega t + \beta)$$

donnent

$$(2) \qquad \begin{cases} A^2 = a^2\cos^2\theta + b^2\sin^2\theta + ab\sin2\theta\cos\delta, \\ B^2 = a^2\sin^2\theta + b^2\cos^2\theta - ab\sin2\theta\cos\delta. \end{cases}$$

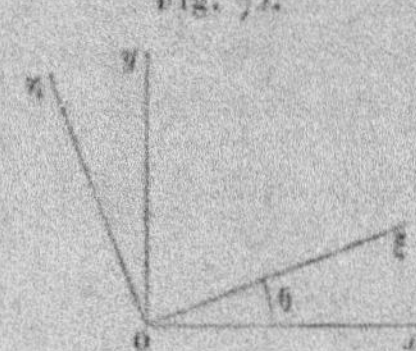

Fig. 72.

Il en résulte d'abord la relation évidente

$$(3) \qquad A^2 + B^2 = a^2 + b^2 = r^2.$$

On en déduit aussi

$$(3)' \qquad A^2 - B^2 = (a^2 - b^2)\cos2\theta + 2ab\sin2\theta\cos\delta.$$

Pour que les amplitudes A et B correspondent aux axes de l'ellipse, il faut choisir l'angle θ de façon que la différence $A^2 - B^2$ soit maximum ou minimum, ce qui donne la condition

$$(4) \qquad \tan2\theta = \frac{2ab}{a^2 - b^2}\cos\delta,$$

qui détermine deux directions rectangulaires.

Si l'on égale les coefficients de $\sin\omega t$ et $\cos\omega t$ dans les valeurs de ξ et de η, on a

$$(5) \qquad \begin{cases} A\cos\alpha = \quad a\cos\theta + b\sin\theta\cos\delta, \\ A\sin\alpha = -b\sin\theta\sin\delta; \\ B\cos\beta = -a\sin\theta + b\cos\theta\cos\delta, \\ B\sin\beta = -b\cos\theta\sin\delta; \end{cases}$$

par suite,

$$(5)' \quad \left\{ \begin{aligned} & AB \sin(\alpha - \beta) = ab \sin\delta, \\ & AB \cos(\alpha - \beta) = ab \cos 2\theta \cos\delta - \frac{a^2 - b^2}{2} \sin 2\theta. \end{aligned} \right.$$

Quand la vibration est rapportée aux axes de l'ellipse, l'angle $\alpha - \beta$ est égal à $\pm \dfrac{\pi}{2}$, d'après l'équation (4), ce qui devait être, et la première des équations $(5)'$ se réduit à

$$(6) \qquad AB = \pm ab \sin\delta.$$

Les équations (3) et (6) montrent que les carrés A^2 et B^2 des axes de l'ellipse sont les racines de l'équation

$$x^2 - r^2 x + a^2 b^2 \sin^2\delta = 0.$$

En posant $\dfrac{b}{a} = \tang i$, on en déduit

$$\sin 2i = \frac{2ab}{a^2 + b^2} = \frac{2ab}{r^2},$$

$$\cos 2i = \frac{a^2 - b^2}{a^2 + b^2} = \frac{a^2 - b^2}{r^2},$$

$$\tang 2i = \frac{2ab}{a^2 - b^2};$$

ce sont des relations générales dont nous ferons dans la suite un fréquent usage.

L'équation (4) peut alors s'écrire plus simplement

$$(7) \qquad \tang 2\theta = \tang 2i \cos\delta.$$

Si l'on représente également par $\tang I = \dfrac{B}{A}$ le rapport des axes de l'ellipse, on a, au signe près,

$$(8) \qquad \sin 2I = \frac{2AB}{A^2 + B^2} = \frac{2ab}{a^2 + b^2} \sin\delta = \sin 2i \sin\delta.$$

Les équations (7) et (8) donnent la direction et le rapport des axes de l'ellipse en fonction du rapport des amplitudes des composantes rectangulaires et de leur différence de phase.

Des équations (3) et (4) on déduit

$$A^2 - B^2 = (a^2 - b^2)\cos 2\theta + (a^2 - b^2)\,\mathrm{tang}\,2\theta\,\sin 2\theta = \frac{a^2 - b^2}{\cos^2\theta};$$

$$(9)\quad \begin{cases} \cos 2\mathrm{I} = \dfrac{A^2 - B^2}{A^2 + B^2} = \dfrac{\cos 2i}{\cos 2\theta}, \\[2mm] \mathrm{tang}^2\mathrm{I} = \dfrac{B^2}{A^2} = \dfrac{\cos 2\theta - \cos 2i}{\cos 2\theta + \cos 2i} = \mathrm{tang}(i+\theta)\,\mathrm{tang}(i-\theta). \end{cases}$$

Inversement, la vibration elliptique étant donnée, on peut déterminer deux des angles i, θ et δ en fonction du troisième, c'est-à-dire la différence de phase δ et le rapport des amplitudes relatifs aux projections sur deux axes rectangulaires dans l'azimut θ, ou la direction des projections rectangulaires et le rapport des amplitudes qui correspondent à une différence de phase δ, ou enfin l'azimut θ et la différence de phase δ quand on connaît le rapport des amplitudes.

On a, en effet :

1° En fonction de l'angle θ,

$$(10)\quad \begin{cases} \cos 2i = \cos 2\mathrm{I}\,\cos 2\theta, \\[2mm] \mathrm{tang}\,\delta = \dfrac{\sin 2\mathrm{I}}{\mathrm{tang}\,2\theta\,\cos 2i} = \dfrac{\mathrm{tang}\,2\mathrm{I}}{\sin 2\theta}; \end{cases}$$

2° En fonction de l'angle δ,

$$(11)\quad \begin{cases} \sin 2\theta = \dfrac{\mathrm{tang}\,2\mathrm{I}}{\mathrm{tang}\,\delta}, \\[2mm] \sin 2i = \dfrac{\sin 2\mathrm{I}}{\sin \delta}; \end{cases}$$

3° En fonction de l'angle i,

$$(12)\quad \begin{cases} \cos 2\theta = \dfrac{\cos 2i}{\cos 2\mathrm{I}}, \\[2mm] \sin \delta = \dfrac{\sin 2\mathrm{I}}{\sin 2i}. \end{cases}$$

159. *Forme de la vibration.* — Il est utile d'examiner les formes que prend successivement la vibration elliptique (1) quand

la différence de phase δ, ou le retard correspondant Δ, varie d'une manière continue.

Quelle que soit la valeur de δ, les abscisses x et y sont comprises respectivement entre $\pm a$ et $\pm b$. La trajectoire de la molécule vibrante est donc inscrite dans le rectangle $CDD'C'$ (*fig.* 73) dont les côtés sont $2a$ et $2b$.

Pour $\delta = 0$, ou $\Delta = 0$, on a

$$\frac{y}{x} = \frac{b}{a} = \operatorname{tang} i.$$

Fig. 73.

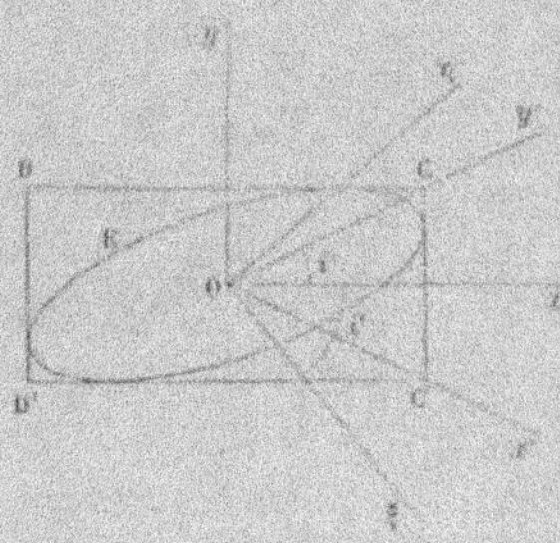

La vibration est alors *rectiligne*, suivant la droite OC qui fait l'angle i avec l'axe des x, et son amplitude est $r = \sqrt{a^2 + b^2}$.

On appelle *plan de vibration* le plan normal à l'onde qui comprend la vibration, c'est-à-dire le plan qui passe par le rayon et la vibration.

Les amplitudes a et b des projections rectangulaires sont respectivement égales à $r \cos i$ et $r \sin i$. Les coordonnées x et y de la vibration (1) peuvent être considérées comme les composantes de la vibration rectiligne $r \sin \omega t$ parallèle à la direction OC, dont l'une y a éprouvé une perte de phase δ.

Les valeurs de a et b étant positives, si la perte de phase δ croît à partir de zéro, la vibration est d'abord *gauche* (157) tant que $ab \sin \delta > 0$, c'est-à-dire que $\delta < \pi$. On voit par l'équation (6) que l'une des valeurs θ_1 de l'angle θ, d'abord égale à i pour $\delta = 0$, diminue d'une manière continue; l'un des axes A de l'ellipse E se rapproche de l'axe des x.

Pour $\delta = \dfrac{\pi}{2}$, ou $\Delta = \dfrac{\lambda}{4}$, on a

$$\theta_1 = 0,$$

$$\begin{cases} x = \quad a \sin \omega t, \\ y = - b \cos \omega t; \end{cases}$$

la vibration est rapportée aux axes de l'ellipse.

Lorsque δ est compris entre $\dfrac{\pi}{2}$ et π, ou Δ entre $\dfrac{\lambda}{4}$ et $\dfrac{\lambda}{2}$, on a

$$0 > \theta_1 > -i;$$

l'axe A de l'ellipse est compris entre l'axe des x et la droite OC′ symétrique de OC.

Pour $\delta = \pi$, ou $\Delta = \dfrac{\lambda}{2}$, on a

$$\frac{y}{x} = - \frac{b}{a} = - \tang i;$$

la vibration est de nouveau *rectiligne* dans la direction OC′ et avec la même amplitude $r = \sqrt{a^2 + b^2}$.

Un retard d'une demi-longueur d'onde sur l'une des composantes d'une vibration rectiligne la transforme donc en une autre vibration rectiligne symétrique de la première par rapport à la composante non retardée; on peut dire que cette vibration a tourné de l'angle $2i$.

Enfin, lorsque δ croît de π à 2π, ou Δ de $\dfrac{\lambda}{2}$ à λ, la vibration est *droite* et l'axe A de l'ellipse revient de la direction OC′ vers la direction OC. L'ellipse est encore rapportée à ses axes pour la valeur $\delta = 3\dfrac{\pi}{2}$, ou $\Delta = 3\dfrac{\lambda}{4}$, ce qui donne

$$\begin{cases} x = a \sin \omega t, \\ y = b \cos \omega t. \end{cases}$$

D'une manière générale, les mêmes formes de vibrations se reproduisent dans le même ordre quand on fait croître δ à partir de $2m\pi$ ou Δ à partir de $m\lambda$.

La vibration est *gauche* quand l'angle δ est compris entre $2m\pi$ et $(2m+1)\pi$, ou Δ entre $m\lambda$ et $(2m+1)\dfrac{\lambda}{2}$; elle est *droite* si δ

est compris entre $(2m+1)\pi$ et $2(m+1)\pi$, ou Δ entre $(2m+1)\dfrac{\lambda}{2}$ et $(m+1)\lambda$.

Quand la perte de phase δ croît d'une manière continue, on voit que le grand axe de l'ellipse (en supposant $a > b$) éprouve une sorte d'oscillation dans l'angle $COC' = 2i$ et le petit axe une oscillation dans l'angle formé par deux droites perpendiculaires aux précédentes.

Si les amplitudes a et b sont égales, c'est-à-dire si l'angle $i = \dfrac{\pi}{4}$, l'angle 2θ est égal à $\dfrac{\pi}{2}$, les directions OC' et OC sont toujours les axes de l'ellipse. La vibration est *circulaire gauche* pour $\delta = \dfrac{\pi}{2}$,

$$\begin{cases} x = a\sin\omega t, \\ y = -a\cos\omega t, \end{cases}$$

et *circulaire droite* pour $\delta = 3\dfrac{\pi}{2}$,

$$\begin{cases} x = a\sin\omega t, \\ y = a\cos\omega t. \end{cases}$$

On obtiendrait les mêmes résultats, sauf un changement dans le sens de la rotation, si l'on donnait à δ des valeurs négatives croissantes, à partir de zéro ou de $2m\pi$.

Enfin, si l'angle i est négatif, c'est-à-dire si les amplitudes a et b sont de signes contraires, la vibration est d'abord rectiligne suivant OC'. La vibration elliptique est d'abord droite ou gauche quand on donne à δ des valeurs positives ou négatives croissantes à partir de zéro.

160. *Composantes conjuguées*. — Si l'on rapporte le mouvement à deux axes conjugués de l'ellipse, les expressions des composantes ont la même forme que si elles étaient rapportées aux axes et leur différence de phase est $\pm\dfrac{\pi}{2}$. Comme la somme des carrés des diamètres conjugués est constante, on voit que l'intensité de la vibration résultante est égale à la somme des intensités des deux composantes ; on peut dire encore que ces composantes sont des vibrations *conjuguées* (155).

Le rectangle des axes étant égal au parallélogramme des axes conjugués, si l'on appelle p et q les amplitudes de deux composantes conjuguées et γ l'angle qu'elles font entre elles, on a

$$(13) \qquad p^2 + q^2 = A^2 + B^2 = r^2,$$

$$(14) \qquad pq \sin\gamma = AB = ab \sin\delta.$$

Il est à remarquer que les directions OC et OC′ jouissent toujours de cette propriété, quelle que soit la différence de phase δ.

En effet, les composantes x' et y' de la vibration, parallèles respectivement à OC′ et OC, donnent

$$x = (x' - y') \cos i, \qquad x' = \frac{1}{2}\left(\frac{x}{\cos i} - \frac{y}{\sin i} \right);$$

$$y = (y' - x') \sin i, \qquad y' = \frac{1}{2}\left(\frac{x}{\cos i} + \frac{y}{\sin i} \right).$$

Comme on a

$$\frac{a}{\cos i} = \frac{b}{\sin i} = \sqrt{a^2 + b^2} = r,$$

il en résulte

$$x' = \frac{r}{2} \left[\sin\omega t - \sin(\omega t - \delta) \right] = r \sin\frac{\delta}{2} \cos\left(\omega t - \frac{\delta}{2} \right),$$

$$y' = \frac{r}{2} \left[\sin\omega t + \sin(\omega t - \delta) \right] = r \cos\frac{\delta}{2} \sin\left(\omega t - \frac{\delta}{2} \right);$$

$$\frac{x'^2}{\sin^2\frac{\delta}{2}} + \frac{y'^2}{\cos^2\frac{\delta}{2}} = r^2.$$

L'une de ces vibrations conjuguées y', située dans l'azimut $+ i$ et dont l'amplitude est $q = r \cos\frac{\delta}{2}$, a pour phase la *phase moyenne* des composantes rectangulaires x et y de la vibration proposée; l'autre, dans l'azimut $- i$ et d'amplitude $p = r \sin\frac{\delta}{2}$, a sur la précédente une avance de phase de $\frac{\pi}{2}$.

La discussion des valeurs des amplitudes p et q permettrait de voir d'une manière plus rapide comment varie la vibration avec la différence de phase δ.

On en déduit immédiatement, par l'angle $\gamma = 2i$ des deux vi-

brations conjuguées et le rapport $\dfrac{q}{p} = \cot\dfrac{\delta}{2}$ de leurs amplitudes,
le rapport des axes de l'ellipse et l'angle θ que fait l'un d'eux avec
la bissectrice des composantes conjuguées, car on a (158)

$$\sin 2\mathrm{I} = \sin 2i\sin\delta = \sin\gamma\sin\delta,$$
$$\tan 2\theta = \tan 2i\cos\delta = \tan\gamma\cos\delta.$$

En appelant θ' l'angle $\theta - i$ que fait l'un des axes A de l'ellipse
avec la vibration x', cette dernière équation peut s'écrire

$$\tan(2\theta' - \gamma) = \tan\gamma\cos\delta$$

ou

$$\frac{\tan\gamma + \tan(2\theta' - \gamma)}{\tan\gamma - \tan(2\theta' - \gamma)} = \frac{\sin 2\theta'}{\sin 2(\gamma - \theta')} = \frac{1 - \cos\delta}{1 - \cos\delta} = \cot^2\frac{\delta}{2} = \frac{q^2}{p^2}.$$

On a aussi

$$\tan^2(2\theta' - \gamma)\cos^2\gamma + \sin^2 2\mathrm{I} = \sin^2\gamma.$$

161. *Composantes rectangulaires*. — Les amplitudes A et B
des composantes rectangulaires de la vibration proposée, par rap-
port à des axes $\mathrm{O}\xi$ et $\mathrm{O}\eta$ (*fig.* 73) dont le premier fait avec l'axe
$\mathrm{O}x$ l'angle i', ont respectivement pour valeurs, en remarquant que
les projections des vibrations p et q restent conjuguées,

$$(15)\qquad \begin{cases} \mathrm{A}^2 = p^2\cos^2(i' - i) + q^2\cos^2(i' + i), \\ \mathrm{B}^2 = p^2\sin^2(i' - i) + q^2\sin^2(i' + i). \end{cases}$$

On peut écrire ces expressions sous différentes formes.
Remplaçant q^2 par $r^2 - p^2$, on a d'abord

$$\mathrm{A}^2 = r^2\cos^2(i' + i) + p^2[\cos^2(i' - i) - \cos^2(i' + i)];$$

par suite,

$$(15)'\qquad \begin{cases} \dfrac{\mathrm{A}^2}{r^2} = \cos^2(i' + i) + \sin 2i\sin 2i'\sin^2\dfrac{\delta}{2}, \\[2ex] \dfrac{\mathrm{B}^2}{r^2} = \sin^2(i' + i) - \sin 2i\sin 2i'\sin^2\dfrac{\delta}{2}. \end{cases}$$

Si l'on remplace $\sin^2\dfrac{\delta}{2}$ par $\dfrac{1 - \cos\delta}{2}$, les termes indépendants de
la différence de phase, dans l'expression de A^2, sont

$$\tfrac{1}{2}[2\cos^2(i' + i) + \sin 2i\sin 2i'] = \tfrac{1}{2}(1 + \cos 2i\cos 2i'),$$

ce qui donne

$$(15)'' \quad \begin{cases} \dfrac{2\,A^2}{r^2} = 1 + \cos 2i \cos 2i'' - \sin 2i \sin 2i'' \cos \delta, \\[2ex] \dfrac{2\,B^2}{r^2} = 1 - \cos 2i \cos 2i'' + \sin 2i \sin 2i'' \cos \delta. \end{cases}$$

Il est à remarquer que ces expressions sont symétriques par rapport aux angles i et i''; on peut donc remplacer ces deux angles l'un par l'autre sans changer les valeurs de A^2 et de B^2.

162. *Composantes affaiblies.* — Supposons maintenant que les composantes x et y d'une vibration rectiligne, en même temps que l'une d'elles éprouve une perte de phase δ, soient affaiblies dans des rapports différents α et β; l'amplitude résultante r_1 de la vibration sera

$$r_1^2 = \alpha^2 a^2 + \beta^2 b^2 = r^2(\alpha^2 \cos^2 i + \beta^2 \sin^2 i).$$

En posant $\tang i_1 = \dfrac{\beta b}{\alpha a}$, la vibration elliptique sera définie, par l'angle i_1, comme elle l'était par l'angle i, et l'on aura

$$\begin{aligned} r_1 \cos i_1 &= \alpha a = \alpha r \cos i, \\ r_1 \sin i_1 &= \beta b = \beta r \sin i, \\ r_1^2 \sin 2i_1 &= \alpha\beta\, r^2 \sin 2i. \end{aligned}$$

Les amplitudes A et B des composantes rectangulaires parallèles aux axes $o\xi$ et $o\eta$ (*fig.* 73) sont alors

$$\begin{cases} A^2 = r_1^2 \cos^2(i' + i_1) + r_1^2 \sin 2i_1 \sin 2i' \sin^2 \dfrac{\delta}{2}, \\[2ex] B^2 = r_1^2 \sin^2(i' + i_1) - r_1^2 \sin 2i_1 \sin 2i' \sin^2 \dfrac{\delta}{2}, \end{cases}$$

ou, en remplaçant $r_1 \cos i_1$ et $r_1 \sin i_1$ par leurs valeurs,

$$(16) \quad \begin{cases} \dfrac{A^2}{r^2} = (\alpha \cos i \cos i' - \beta \sin i \sin i')^2 + \alpha\beta \sin 2i \sin 2i' \sin^2 \dfrac{\delta}{2}, \\[2ex] \dfrac{B^2}{r^2} = (\alpha \cos i \sin i' + \beta \sin i \cos i')^2 - \alpha\beta \sin 2i \sin 2i' \sin^2 \dfrac{\delta}{2}. \end{cases}$$

Si les facteurs α et β sont égaux, les directions et le rapport des composantes conjuguées p et q ne sont pas modifiés et il suffit de multiplier par $\alpha^2 = \beta^2 = f$ l'intensité de la lumière obtenue en supposant qu'il n'y a pas d'affaiblissement.

163. *Résultante de deux vibrations rectilignes non rectangulaires.* — D'une manière plus générale, on peut déterminer la direction et les axes de l'ellipse à l'aide de deux composantes rectilignes faisant entre elles un angle γ.

Les composantes étant

$$\begin{cases} x' = a' \sin \omega t, \\ y' = b' \sin(\omega t - \delta'), \end{cases}$$

leurs projections sur deux axes rectangulaires $O\xi$ et $O\eta$ (*fig.* 74), dont le premier est dans l'azimut θ', peuvent s'écrire

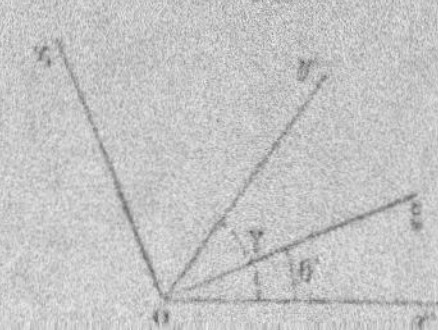

Fig. 74.

$$\begin{cases} \xi = a' \cos\theta' \sin\omega t + b' \cos(\gamma - \theta') \sin(\omega t - \delta') = A \sin(\omega t + \alpha), \\ \eta = - a' \sin\theta' \sin\omega t + b' \sin(\gamma - \theta') \sin(\omega t - \delta') = B \sin(\omega t + \beta). \end{cases}$$

Si l'on égale les coefficients de $\sin \omega t$ et $\cos \omega t$, comme précédemment (158), il suffira de remplacer dans les équations (5) $b \sin\theta$ et $b \cos\theta$ par $b' \cos(\gamma - \theta')$ et $b' \sin(\gamma - \theta')$, en conservant aux autres lettres les mêmes significations.

Ces équations ainsi transformées donnent alors

$$AB \sin(\alpha - \beta) = a' b' \sin\gamma \sin\delta',$$

$$AB \cos(\alpha - \beta) = a' b' \sin(\gamma - 2\theta') \cos\delta' - \frac{a'^2 \sin 2\theta' - b'^2 \sin 2(\gamma - \theta')}{2}$$

Pour que les composantes ξ et η soient parallèles aux axes de l'ellipse, il faut que $\cos(\alpha - \beta) = 0$, ce qui détermine l'angle θ'; il en résulte aussi $\sin(\alpha - \beta) = \pm 1$, ou

$$(6)' \qquad\qquad AB = \pm a' b' \sin\gamma \sin\delta'.$$

L'équation qui donne l'azimut θ' des axes de l'ellipse,

$$a'^2 \sin 2\theta' = b'^2 \sin 2(\gamma - \theta') + 2 a' b' \sin(\gamma - 2\theta') \cos \delta',$$

peut s'écrire sous la forme

$$a'^2 \sin[\gamma - (\gamma - 2\theta')] = b'^2 \sin[\gamma + (\gamma - 2\theta')] + 2 a' b' \sin(\gamma - 2\theta') \cos \delta'.$$

En posant $\operatorname{tang} i' = \dfrac{b'}{a'}$, on en déduit

$$\operatorname{tang}(\gamma - 2\theta') = \frac{(a'^2 - b'^2) \sin \gamma}{(a'^2 + b'^2) \cos \gamma + 2 a' b' \cos \delta'} = \frac{\cos 2 i' \sin \gamma}{\cos \gamma + \sin 2 i' \cos \delta'}.$$

Comme on a

$$A^2 + B^2 = a'^2 + b'^2 + 2 a' b' \cos \gamma \cos \delta',$$

il en résulte

$$\sin 2 I = \frac{2 AB}{A^2 + B^2} = \frac{2 a' b' \sin \gamma \sin \delta'}{a'^2 + b'^2 + 2 a' b' \cos \gamma \cos \delta'} = \frac{\sin 2 i' \sin \gamma \sin \delta'}{1 + \sin 2 i' \cos \gamma \cos \delta'}.$$

On retrouve les expressions obtenues précédemment quand on suppose que les composantes sont rectangulaires ou conjuguées, c'est-à-dire en faisant $\gamma = \pm \dfrac{\pi}{2}$ ou $\delta' = \pm \dfrac{\pi}{2}$.

Inversement, les mêmes équations permettent de remplacer une vibration elliptique par deux vibrations rectilignes, quand on se donne deux angles i', γ et δ', ou deux conditions équivalentes.

En fonction des angles γ et δ', par exemple, on a

$$\sin 2 i' = \frac{\sin 2 I}{\sin \gamma \sin \delta' - \sin 2 I \cos \gamma \cos \delta'} = \frac{\sin 2 i \sin \delta}{\sin \gamma \sin \delta' - \sin 2 i \sin \delta \cos \gamma \cos \delta'},$$

et l'angle i' donnera l'angle θ' par la relation

$$\operatorname{tang}(\gamma - 2\theta') = \frac{\cos 2 i' \sin \gamma}{\cos \gamma + \sin 2 i' \cos \delta'}.$$

164. *Transformation des vibrations.* — Si l'on impose une perte de phase δ_1 à l'une des composantes y de la vibration elliptique (1), on obtient une nouvelle ellipse E_1

$$(1)' \qquad \begin{cases} x = a \sin \omega t, \\ y = b \sin(\omega t - \delta - \delta_1). \end{cases}$$

pour laquelle la direction et le rapport des axes sont donnés par les équations

$$(7)' \qquad \tan 2\theta_1 = \tan 2i \cos(\delta + \delta_1),$$
$$(8)' \qquad \sin 2I_1 = \sin 2i \sin(\delta + \delta_1).$$

Il est clair que l'ellipse E_1 dépend uniquement des angles I, θ et δ_1, c'est-à-dire du rapport des axes de la première E et de la direction de la composante qui supporte la perte de phase δ_1. On pourra faire, par exemple, les calculs de proche en proche, en déterminant les angles auxiliaires i et δ par les équations (10), puis les angles θ_1 et I_1 par les équations (7)' et (8)'; l'angle ψ des nouveaux axes avec les anciens sera

$$\psi = \theta_1 - \theta.$$

Le sens du mouvement sur la nouvelle ellipse E_1 est lié à celui de la première. Il suffit, en effet, de changer le signe de l'amplitude b pour renverser à la fois le sens du mouvement sur les deux ellipses (1) et (1)'.

Réciproquement, si l'on connaît les vibrations elliptiques E et E_1, c'est-à-dire les angles I, I_1 et ψ, on peut déterminer les angles δ_1 et θ, c'est-à-dire la perte de phase et la direction de la composante sur laquelle on doit la faire porter, pour passer de la première vibration elliptique à la seconde.

Les équations

$$\cos 2i = \cos 2I \cos 2\theta = \cos 2I_1 \cos 2\theta_1 = \cos 2I_1 \cos 2(\theta + \psi)$$

donnent d'abord l'angle θ

$$\tan 2\theta = \cot 2\psi - \frac{\cos 2I}{\cos 2I_1 \sin 2\psi}.$$

On a ensuite

$$\tan \delta = \frac{\tan 2I}{\sin 2\theta},$$

et les équations

$$\sin 2i = \frac{\sin 2I}{\sin \delta} = \frac{\sin 2I_1}{\sin(\delta + \delta_1)}$$

donnent l'angle δ_1 par l'angle auxiliaire δ

$$\sin(\delta + \delta_1) = \sin \delta \frac{\sin 2I_1}{\sin 2I}.$$

D'une manière plus générale, si l'on affecte successivement le mouvement vibratoire de pertes de phase $\delta_1, \delta_2, \delta_3, \ldots$ qui portent sur des composantes de directions différentes, ou même si l'on fait subir à la vibration une série de modifications de natures quelconques qui n'altèrent pas l'intensité, on transforme finalement l'ellipse primitive E en une ellipse E_1. On voit, par ce qui précède, que toutes ces modifications peuvent être remplacées par une seule, puisque la perte de phase résultante δ_1 et l'angle correspondant θ ne dépendent que des ellipses primitive et finale E et E_1 et de l'angle ψ de leurs axes.

L'ellipse finale est toujours inscrite dans le rectangle déterminé par les amplitudes a et b de deux composantes rectangulaires de la vibration primitive.

165. — Si la vibration elliptique E est donnée, la différence de phase δ est une fonction de l'angle que font les coordonnées avec les axes de l'ellipse. Les équations (10) donnent

$$\tan\delta = \frac{\tan 2I}{\sin 2\theta}.$$

Lorsque l'angle θ croît à partir de zéro, δ est d'abord égal à $\frac{\pi}{2}$, puis il diminue jusqu'à $2I$ pour $2\theta = \frac{\pi}{2}$; augmentant de nouveau, il devient égal à $\frac{\pi}{2}$ pour $2\theta = \pi$, prend une valeur maximum $\pi - 2I$ pour $2\theta = 3\frac{\pi}{2}$ et revient à $\frac{\pi}{2}$ pour $\theta = \pi$.

On peut alors choisir l'angle θ de façon qu'une nouvelle perte de phase δ_1, prise entre des limites convenables, imposée à la composante y, transforme la vibration primitive en une vibration de forme déterminée.

Pour que l'équation (1)' représente une vibration rectiligne, par exemple, il faut que la somme $\delta + \delta_1$ soit égale à 0 ou à π, c'est-à-dire qu'on ait

$$\tan\delta + \tan\delta_1 = 0;$$

par suite,

$$(10)' \qquad \sin 2\theta = \frac{\tan 2I}{\tan\delta} = -\frac{\tan 2I}{\tan\delta_1}.$$

On voit d'abord que, si δ_1 est égal à $\pm \dfrac{\pi}{2}$, c'est-à-dire si le retard correspondant Δ_1 est égal à $\pm \dfrac{\lambda}{4}$, les directions données par l'équation $(10)'$ sont parallèles aux axes de l'ellipse, résultat qui était évident d'après la discussion précédente (158).

Dans le cas général, le problème n'est possible, en supposant $0 < \delta_1 < \pi$, que si l'angle δ_1 est compris entre $2I$ et $\pi - 2I$.

Lorsque cette condition est remplie, il en résulte pour l'angle θ deux valeurs, θ_1 et $\theta_2 = \dfrac{\pi}{2} - \theta_1$. La demi-somme des angles θ_1 et θ_2 étant égale à $45°$, les deux directions correspondantes sont symétriques par rapport aux bissectrices des axes de l'ellipse E.

Comme on a

$$2\theta_1 = \frac{\pi}{2} - (\theta_2 - \theta_1),$$

l'équation $(10)'$ peut s'écrire

$$(10)' \qquad \operatorname{tang} 2I = - \sin 2\theta_1 \operatorname{tang} \delta_1 = - \cos(\theta_2 - \theta_1) \operatorname{tang} \delta_1.$$

La direction et le rapport des axes de l'ellipse primitive E se trouvent ainsi déterminés par la bissectrice de l'angle $\theta_2 - \theta_1$, la valeur de cet angle et la différence de phase nouvelle δ_1.

Si l'on appelle a_1 et b_1 les amplitudes des composantes relatives à la direction θ_1 et qu'on pose $\operatorname{tang} i_1 = \dfrac{b_1}{a_1}$, on a, d'après l'équation (8).

$$(8)'' \qquad \sin 2I = \sin 2i_1 \sin \delta = \pm \sin 2i_1 \sin \delta_1.$$

En éliminant l'angle δ_1 entre les équations $(10)''$ et $(8)''$ on obtient, toutes réductions faites,

$$\cos 2I = \pm \frac{\cos 2i_1}{\sin(\theta_2 - \theta_1)}.$$

Les éléments de l'ellipse primitive E se trouvent ainsi exprimés en fonction de l'angle $\theta_2 - \theta_1$ et du rapport des amplitudes des composantes de la nouvelle vibration rectiligne.

Le rapport des composantes a et b de l'ellipse primitive pour une direction quelconque θ et la différence de phase correspondante δ se déduiront ensuite facilement des relations générales.

On a supposé que l'angle θ était compté vers le bas, ou la droite, à partir de l'axe de l'ellipse. En appelant θ' l'azimut de cette direction nouvelle, c'est-à-dire compté vers la gauche, par rapport à la bissectrice de l'angle $\theta_2 - \theta_1$, on a

$$\theta + \theta' = \frac{\theta_1 + \theta_2}{2} = \frac{\pi}{4},$$

ce qui donne

$$\cos 2i = \cos 2\mathrm{I}\cos 2\theta = \frac{\cos 2i_1 \sin 2\theta'}{\sin(\theta_2 - \theta_1)},$$

$$\tang \delta = \frac{\tang 2\mathrm{I}}{\sin 2\theta} = \frac{\tang 2\mathrm{I}}{\cos 2\theta'}.$$

166. — Enfin, si les amplitudes a et b des composantes x et y d'une vibration elliptique sont inégalement affaiblies par une cause quelconque, en même temps que l'une d'elles éprouve une perte de phase δ_1, les nouvelles composantes peuvent s'écrire

$$(1)^r \qquad \left\{ \begin{aligned} x &= \alpha a \sin \omega t, \\ y &= \beta b \sin(\omega t - \delta - \delta_1). \end{aligned} \right.$$

On a alors

$$r_1^2 = \alpha^2 a^2 + \beta^2 b^2,$$

et le rapport f de l'intensité nouvelle à l'intensité primitive est

$$f = \left(\frac{r_1}{r}\right)^2 = \alpha^2 \cos^2 i + \beta^2 \sin^2 i.$$

Si l'on pose $\tang \varepsilon = \dfrac{\beta}{\alpha}$, ce qui donne

$$\frac{\alpha^2}{\cos^2 \varepsilon} = \frac{\beta^2}{\sin^2 \varepsilon} = \alpha^2 + \beta^2,$$

on peut écrire

$$f = \frac{\alpha^2 + \beta^2}{2} + \frac{\alpha^2 - \beta^2}{2}\cos 2i$$

$$= \frac{\alpha^2}{2\cos^2 \varepsilon}(1 + \cos 2\varepsilon \cos 2i) = \alpha^2 \frac{1 + \cos 2\varepsilon \cos 2i}{1 + \cos 2\varepsilon}.$$

Posant enfin $\tang i_1 = \dfrac{\beta b}{\alpha a}$, on pourra déterminer l'ellipse résultante par les équations

$$(17)\quad\begin{cases}\cos 2i = \cos 2\mathrm{I} \cos 2\theta,\\[4pt]\tang\delta = \dfrac{\tang 2\mathrm{I}}{\sin 2\theta},\\[6pt]\tang i_1 = \dfrac{\beta}{\alpha}\,\tang i = \tang\varepsilon\,\tang i,\\[6pt]\sin 2\mathrm{I}_1 = \sin 2i_1 \sin(\delta + \delta_1),\\[4pt]\tang 2\theta_1 = \tang 2i_1 \cos(\delta + \delta_1),\\[4pt]\psi = \theta_1 - \theta,\\[4pt]f = \alpha^2\dfrac{1 + \cos 2\varepsilon \cos 2i}{1 + \cos 2\varepsilon} = \dfrac{\mathrm{A}_1^2 + \mathrm{B}_1^2}{r^2}.\end{cases}$$

Les trois premières donnent successivement les angles auxiliaires i, δ et i_1; les trois suivantes, le rapport et la direction des axes de l'ellipse E_1 et la dernière la somme des carrés des axes.

167. — Inversement, si l'on connaît l'ellipse finale E_1 par les angles I_1 et ψ et la fraction $1 - f$ de lumière perdue, par suite d'une ou de plusieurs modifications successives de natures quelconques imposées à la vibration primitive E, et si l'on se donne en outre l'un des coefficients α et β ou leur rapport par l'angle ε, on peut en déduire les angles θ, δ, et les coefficients α et β, c'est-à-dire les conditions dans lesquelles devrait avoir lieu une modification unique pour transformer une vibration elliptique E et une vibration elliptique quelconque E_1.

En effet, quand on connaît les angles I, I_1, ψ et ε par exemple, les équations (17) suffisent pour déterminer les huit inconnues i, i_1, δ, δ_1, θ, θ_1, α et β.

La solution ne correspond à un phénomène physique réel que si les coefficients α et β sont plus petits que l'unité, c'est-à-dire que l'ellipse finale E_1 doit être comprise dans le rectangle déterminé par les amplitudes de deux composantes rectangulaires de la vibration primitive.

Si l'on admet, comme cas le plus simple, que les coefficients α et β soient égaux, ou $\tang\varepsilon = 1$, il en résulte $i_1 = i$; les équations qui donnent les angles θ et δ_1 sont les mêmes que si l'intensité n'était pas modifiée, et l'on a

$$\alpha = \beta = \sqrt{f}.$$

Ainsi, l'on peut passer d'une vibration elliptique quelconque E à une autre vibration elliptique quelconque E_1 d'intensité moindre par une modification unique qui apporte une perte de phase déterminée δ_1 sur une composante dont la direction est définie, et qui diminue les deux amplitudes dans le même rapport.

168. *Composition des vibrations elliptiques.* — Deux vibrations elliptiques E_1 et E_2 rapportées à des axes rectangulaires peuvent être représentées par les équations

$$(18) \quad \begin{cases} x_1 = a_1 \sin(\omega t + \alpha_1), \\ y_1 = b_1 \sin(\omega t + \alpha_1 - \delta_1); \end{cases} \quad \begin{cases} x_2 = a_2 \sin(\omega t + \alpha_2), \\ y_2 = b_2 \sin(\omega t + \alpha_2 - \delta_2). \end{cases}$$

Les deux ellipses sont définies respectivement par les quantités a_1, b_1, δ_1 et a_2, b_2, δ_2 et l'on peut supposer que toutes les amplitudes sont positives.

Les projections de la vibration résultante étant

$$(19) \quad \begin{cases} x = a \sin(\omega t + \alpha), \\ y = b \sin(\omega t + \alpha - \delta), \end{cases}$$

on a

$$(20) \quad \begin{cases} a^2 = a_1^2 + a_2^2 + 2 a_1 a_2 \cos(\alpha_1 - \alpha_2), \\ b^2 = b_1^2 + b_2^2 + 2 b_1 b_2 \cos[\alpha_1 - \alpha_2 - (\delta_1 - \delta_2)], \\ \tan \alpha = \dfrac{a_1 \sin \alpha_1 + a_2 \sin \alpha_2}{a_1 \cos \alpha_1 + a_2 \cos \alpha_2}, \\ \tan(\alpha - \delta) = \dfrac{b_1 \sin(\alpha_1 - \delta_1) + b_2 \sin(\alpha_2 - \delta_2)}{b_1 \cos(\alpha_1 - \delta_1) + b_2 \cos(\alpha_2 - \delta_2)}. \end{cases}$$

La forme de la vibration résultante n'est déterminée d'une manière simple par celles des ellipses proposées que dans des cas particuliers.

Si les vibrations E_1 et E_2 sont semblables et de même sens, et que leurs axes homologues soient parallèles, ce qui correspond aux conditions $\delta_1 = \delta_2$ et $\dfrac{b_1}{a_1} = \dfrac{b_2}{a_2}$, il en résulte

$$\delta = \delta_1 = \delta_2 \quad \text{et} \quad \frac{b}{a} = \frac{b_1}{a_1} = \frac{b_2}{a_2}.$$

La vibration résultante est donc de même forme et de même sens que les vibrations proposées.

169. *Vibrations elliptiques conjuguées.* — En désignant par r_1, r_2 et r les amplitudes résultantes des trois vibrations considérées, on a

$$r^2 = r_1^2 + r_2^2 + 2\{a_1 a_2 \cos(z_1 - z_2) + b_1 b_2 \cos[z_1 - z_2 - (\delta_1 - \delta_2)]\}.$$

Pour que le dernier terme s'annule, quelle que soit la différence de phase $z_1 - z_2$ des deux composantes parallèles à l'axe des x, il faut qu'on ait

$$(21) \qquad \begin{cases} b_1 b_2 \sin(\delta_1 - \delta_2) = 0, \\ a_1 a_2 + b_1 b_2 \cos(\delta_1 - \delta_2) = 0. \end{cases}$$

Dans ce cas, l'intensité de la vibration résultante est toujours égale à la somme des intensités des deux vibrations proposées.

En excluant le cas de deux vibrations rectilignes rectangulaires, qui jouissent toujours de cette propriété (156), les équations (21) exigent les conditions

$$\sin(\delta_1 - \delta_2) = 0 \qquad \text{et} \qquad a_1 a_2 \pm b_1 b_2 = 0,$$

c'est-à-dire

$$\delta_1 - \delta_2 = 2 m \pi$$

ou

$$\delta_1 - \delta_2 = (2 m + 1)\pi.$$

Si l'on représente par k le rapport $\dfrac{b_1}{a_1}$, on a alors, suivant qu'on adopte la première ou la seconde solution,

$$a_2 = \mp k b_2,$$

et les vibrations (18) peuvent s'écrire

$$(18)' \quad \begin{cases} x_1 = a_1 \sin(\omega t + z_1), \\ y_1 = k a_1 \sin(\omega t + z_1 - \delta_1); \end{cases} \qquad \begin{cases} x_2 = \mp k b_2 \sin(\omega t + z_2), \\ y_2 = \pm b_2 \sin(\omega t + z_2 - \delta_1). \end{cases}$$

Dans les deux cas les vibrations E_1 et E_2 sont de sens contraires. En outre, les deux ellipses ont les mêmes axes; car, si l'on choisit les coordonnées rectangulaires de manière que $\delta_1 = \pm \dfrac{\pi}{2}$, les deux ellipses sont rapportées à leurs axes.

Enfin les ellipses sont semblables et leurs axes homologues rectangulaires, puisque le rapport des amplitudes des composantes est égal à k pour l'une d'elles et $\frac{1}{k}$ pour l'autre.

Deux vibrations elliptiques semblables, de sens contraires et dont les axes homologues sont rectangulaires, jouissent donc de la même propriété que deux vibrations rectilignes conjuguées (155), c'est-à-dire que l'intensité de la vibration résultante est égale à la somme des intensités des deux vibrations proposées. Nous les appellerons *vibrations elliptiques conjuguées*.

170. *Composantes circulaires et elliptiques d'une vibration.* — Il est clair qu'une vibration elliptique E, représentée par les équations (19), peut toujours être remplacée par deux autres vibrations elliptiques E_1 et E_2 (18). Les équations de condition (20) ne donnent que quatre relations entre les huit inconnues a_1, b_1, α_1, δ_1 et a_2, b_2, α_2, δ_2, et le problème a une infinité de solutions. On peut, en effet, choisir arbitrairement l'une des composantes E_1 ou E_2. Nous examinerons seulement les cas qui trouvent leur application dans les phénomènes d'Optique.

171. *Composantes circulaires.* — Une vibration rectiligne

$$x = r \sin \omega t$$

équivaut évidemment aux deux vibrations circulaires inverses d'égale amplitude

$$\left\{\begin{array}{l} x_1 = \dfrac{r}{2}\sin\omega t, \\[2mm] y_1 = \dfrac{r}{2}\cos\omega t; \end{array}\right. \qquad \left\{\begin{array}{l} x_2 = \dfrac{r}{2}\sin\omega t, \\[2mm] y_2 = -\dfrac{r}{2}\cos\omega t. \end{array}\right.$$

Le plan Ox (*fig.* 75) de la vibration primitive est le plan de *symétrie* ou de *concordance* des deux vibrations circulaires équivalentes.

Une fois opérée cette décomposition, si l'une des vibrations circulaires, la vibration *gauche* par exemple, éprouve une perte de phase δ, le plan de symétrie s'est déplacé vers la *droite* d'un angle égal à $\frac{\delta}{2}$. En effet, quand la vibration droite arrive en M la vi-

bration gauche est seulement en M', et le nouveau plan de symétrie
est bissecteur de l'angle $MOM' = \delta$.

La vibration tourne donc d'un angle $R = \dfrac{\delta}{2}$ égal à la demi-diffé-

Fig. 75.

rence de phase, en sens contraire de la vibration circulaire qui a
subi le retard, et la phase de cette vibration est $\omega t - \dfrac{\delta}{2}$, c'est-à-dire
la *phase moyenne* des composantes x_1 et x_2 des vibrations circulaires.

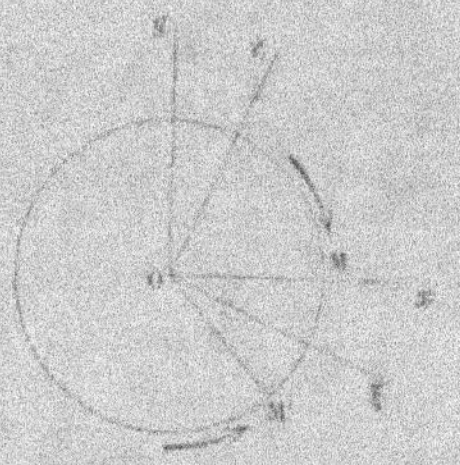

172. — Une vibration elliptique droite rapportée à ses axes

$$(29) \qquad \begin{cases} x = a \sin \omega t, \\ y = b \cos \omega t, \end{cases}$$

équivaut, de même, aux deux vibrations circulaires inverses

$$\begin{cases} x_1 = \dfrac{a+b}{2} \sin \omega t, \\ y_1 = \dfrac{a+b}{2} \cos \omega t; \end{cases} \qquad \begin{cases} x_2 = \dfrac{a-b}{2} \sin \omega t, \\ y_2 = -\dfrac{a-b}{2} \cos \omega t. \end{cases}$$

Les amplitudes d et g des vibrations droite et gauche sont

$$d = \frac{a+b}{2}, \qquad g = \frac{a-b}{2}.$$

La vibration circulaire de même sens que la vibration elliptique
a pour amplitude la demi-somme des axes de l'ellipse; l'amplitude
de l'autre est égale à leur demi-différence. Le plan de concordance
des vibrations circulaires passe par le grand axe de l'ellipse.

Si la vibration elliptique est donnée par deux composantes rectangulaires a et b ayant une différence de phase δ ou par deux composantes rectilignes conjuguées p et q faisant l'angle γ, on déterminera la somme $A + B$ des axes et leur différence par les relations (158 et 160)

$$A^2 + B^2 = a^2 + b^2 = p^2 + q^2 = r^2,$$
$$AB = ab \sin\delta = pq \sin\gamma,$$

qui donnent

$$\begin{cases} \dfrac{4d^2}{r^2} = 1 + \dfrac{2ab}{a^2 + b^2}\sin\delta = 1 + \sin 2i \sin\delta, \\[2mm] \dfrac{4g^2}{r^2} = 1 - \dfrac{2ab}{a^2 + b^2}\sin\delta = 1 - \sin 2i \sin\delta ; \\[2mm] \dfrac{4d^2}{r^2} = 1 + \dfrac{2pq}{p^2 + q^2}\sin\gamma = 1 + \dfrac{2pq}{r^2}\sin\gamma, \\[2mm] \dfrac{4g^2}{r^2} = 1 - \dfrac{2pq}{p^2 + q^2}\sin\gamma = 1 - \dfrac{2pq}{r^2}\sin\gamma. \end{cases}$$

La vibration elliptique étant rapportée à ses axes (22), supposons que la composante circulaire gauche éprouve une perte de phase δ ; le plan de concordance des vibrations circulaires est dans une direction $O\xi$ qui fait avec l'axe Ox l'angle $R = \dfrac{\delta}{2}$ et, par rapport à des axes rectangulaires ξ et η, les composantes circulaires sont

$$\begin{cases} \xi_1 = \dfrac{a+b}{2}\sin\left(\omega t - \dfrac{\delta}{2}\right), \\[2mm] \eta_1 = \dfrac{a+b}{2}\cos\left(\omega t - \dfrac{\delta}{2}\right); \end{cases} \qquad \begin{cases} \xi_2 = \dfrac{a-b}{2}\sin\left(\omega t - \dfrac{\delta}{2}\right), \\[2mm] \eta_2 = -\dfrac{a-b}{2}\cos\left(\omega t - \dfrac{\delta}{2}\right). \end{cases}$$

Elles représentent la vibration primitive (22) dont les axes ont tourné de l'angle $R = \dfrac{\delta}{2}$.

Ce résultat était évident, puisque les deux composantes rectilignes de la vibration primitive ont tourné séparément du même angle R, avec la même perte de phase $\dfrac{\delta}{2}$.

173. *Composantes elliptiques conjuguées.* — Proposons-nous d'abord de remplacer une vibration rectiligne par deux vibrations elliptiques conjuguées.

En prenant des coordonnées parallèles aux axes des ellipses, la vibration primitive sera de la forme

$$(23) \qquad \begin{cases} x = a \sin \omega t, \\ y = b \sin \omega t, \end{cases}$$

les amplitudes a et b étant de même signe ou de signes contraires; les vibrations elliptiques conjuguées équivalentes, l'une droite et l'autre gauche, sont

$$(24) \qquad \begin{cases} \nearrow & E_1 \begin{cases} x_1 = a_1 \sin(\omega t + \alpha_1), \\ y_1 = k a_1 \cos(\omega t + \alpha_1); \end{cases} \\ \searrow & E_2 \begin{cases} x_2 = k b_2 \sin(\omega t + \alpha_2), \\ y_2 = - b_2 \cos(\omega t + \alpha_2). \end{cases} \end{cases}$$

Les inconnues a_1, α_1, b_2 et α_2 seront déterminées par les équations de condition

$$(25) \qquad \begin{cases} a = a_1 \cos \alpha_1 + k b_2 \cos \alpha_2, \\ o = a_1 \sin \alpha_1 + k b_2 \sin \alpha_2; \\ b = - k a_1 \sin \alpha_1 + b_2 \sin \alpha_2, \\ o = k a_1 \cos \alpha_1 - b_2 \cos \alpha_2. \end{cases}$$

Au lieu de calculer les vibrations elliptiques elles-mêmes, qui ne présentent pas d'intérêt au point de vue expérimental, puisqu'elles ne font que reproduire la vibration primitive, nous supposerons que l'une d'elles, la vibration gauche E_2 par exemple, éprouve une perte de phase δ, et nous remplacerons la vibration elliptique résultante par deux composantes rectilignes conjuguées de la forme $p \cos\left(\omega t - \dfrac{\delta}{2}\right)$ et $q \sin\left(\omega t - \dfrac{\delta}{2}\right)$, qui font respectivement avec l'axe des x les angles χ et ψ.

Les composantes parallèles aux axes primitifs sont alors

$$\begin{cases} x' = p \cos\chi \cos\left(\omega t - \dfrac{\delta}{2}\right) + q \cos\psi \sin\left(\omega t - \dfrac{\delta}{2}\right), \\ y' = p \sin\chi \cos\left(\omega t - \dfrac{\delta}{2}\right) + q \sin\psi \sin\left(\omega t - \dfrac{\delta}{2}\right), \end{cases}$$

ce qui donne comme conditions

$$a_1 \cos z_1 + k b_2 \cos(z_2 - \delta) = p \cos\chi \sin\frac{\delta}{2} + q \cos\psi \cos\frac{\delta}{2},$$

$$a_1 \sin z_1 + k b_2 \sin(z_2 - \delta) = p \cos\chi \cos\frac{\delta}{2} - q \cos\psi \sin\frac{\delta}{2};$$

$$-k a_1 \sin z_1 + b_2 \sin(z_2 - \delta) = p \sin\chi \sin\frac{\delta}{2} + q \sin\psi \cos\frac{\delta}{2},$$

$$k a_1 \cos z_1 - b_2 \cos(z_2 - \delta) = p \sin\chi \cos\frac{\delta}{2} - q \sin\psi \sin\frac{\delta}{2}.$$

On ajoutera les deux premières équations, après les avoir multipliées respectivement par $\sin\frac{\delta}{2}$ et $\cos\frac{\delta}{2}$, de manière à obtenir $p \cos\chi$, et l'on déterminera les autres projections de p et de q par une série d'opérations analogues.

On trouve ainsi successivement

$$p \cos\chi = a_1 \sin\left(z_1 + \frac{\delta}{2}\right) + k b_2 \sin\left(z_2 - \frac{\delta}{2}\right),$$

$$p \sin\chi = k a_1 \cos\left(z_1 + \frac{\delta}{2}\right) - b_2 \cos\left(z_2 - \frac{\delta}{2}\right);$$

$$q \cos\psi = a_1 \cos\left(z_1 + \frac{\delta}{2}\right) + k b_2 \cos\left(z_2 - \frac{\delta}{2}\right),$$

$$q \sin\psi = -k a_1 \sin\left(z_1 + \frac{\delta}{2}\right) + b_2 \sin\left(z_2 - \frac{\delta}{2}\right);$$

et, en tenant compte des équations (25),

$$(26) \quad \begin{cases} p \cos\chi = (2 a_1 \cos z_1 - a) \sin\frac{\delta}{2}, \\[2ex] p \sin\chi = (b - 2 b_2 \sin z_2) \sin\frac{\delta}{2}; \\[2ex] q \cos\psi = a \cos\frac{\delta}{2} - 2 a_1 \sin z_1 \sin\frac{\delta}{2}, \\[2ex] q \sin\psi = b \cos\frac{\delta}{2} - 2 b_2 \cos z_2 \sin\frac{\delta}{2}. \end{cases}$$

Les équations (25) donnent d'ailleurs, en posant $k = \tang\varphi$,

$$a = a_1 \cos z_1 (1 + k^2) = a_1 \cos z_1 (1 + \tang^2\varphi) = \frac{a_1 \cos z_1}{\cos^2\varphi},$$

$$b = b_2 \sin z_2 (1 + k^2) = b_2 \sin z_2 (1 + \tang^2\varphi) = \frac{b_2 \sin z_2}{\cos^2\varphi};$$

$$a_1 \sin z_1 = - k b_2 \sin z_2 = - b \tang\varphi \cos^2\varphi = - \frac{b}{2} \sin 2\varphi,$$

$$b_2 \cos z_2 = k a_1 \cos z_1 = a \tang\varphi \cos^2\varphi = \frac{a}{2} \sin 2\varphi.$$

Substituant ces valeurs dans les équations (26), on a

$$(27) \quad \left\{ \begin{aligned} &p \cos\chi = a \cos 2\varphi \sin\frac{\delta}{2}, \\[4pt] &p \sin\chi = - b \cos 2\varphi \sin\frac{\delta}{2}; \\[4pt] &q \cos\psi = a \cos\frac{\delta}{2} + b \sin 2\varphi \sin\frac{\delta}{2}, \\[4pt] &q \sin\psi = b \cos\frac{\delta}{2} - a \sin 2\varphi \sin\frac{\delta}{2}. \end{aligned} \right.$$

En posant

$$\tang i = \frac{b}{a},$$

$$(28) \quad \tang R = \sin 2\varphi \, \tang\frac{\delta}{2},$$

il en résulte

$$\tang\chi = - \tang i,$$

$$\tang\psi = \frac{\tang i - \tang R}{1 + \tang i \, \tang R} = \tang(i - R),$$

$$p = \sqrt{a^2 + b^2} \cos 2\varphi \sin\frac{\delta}{2} = r \cos 2\varphi \sin\frac{\delta}{2},$$

$$q^2 = r^2 \left(\cos^2\frac{\delta}{2} + \sin^2 2\varphi \sin^2\frac{\delta}{2} \right) = \frac{r^2}{\cos^2 R} \cos^2\frac{\delta}{2};$$

par suite,

$$(29) \quad \left\{ \begin{aligned} &\chi = - i, \\ &\psi = i - R, \\[4pt] &p = r \cos 2\varphi \sin\frac{\delta}{2}, \\[4pt] &q = \frac{r}{\cos R} \cos\frac{\delta}{2} = \frac{r}{\sin R} \sin 2\varphi \sin\frac{\delta}{2}. \end{aligned} \right.$$

On voit que, par rapport à la direction de la vibration primitive $r \sin \omega t$ (*fig.* 76), la composante q a tourné de l'angle R, en sens

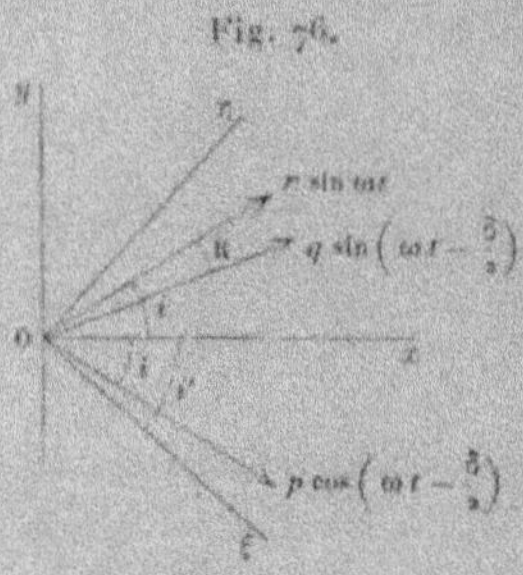

contraire du mouvement sur la vibration elliptique retardée, en subissant une perte de phase moitié moindre $\dfrac{\delta}{2}$; la composante conjuguée p a tourné de l'angle $2i$ dans le même sens et sa perte de phase est égale à $\dfrac{\delta}{2} - \dfrac{\pi}{2}$.

174. — En appelant $\operatorname{tang} \dfrac{\delta'}{2}$ le rapport des amplitudes p et q,

$$(30) \qquad \frac{p}{q} = \operatorname{tang} \frac{\delta'}{2} = \cos 2\varphi \cos R \operatorname{tang} \frac{\delta}{2} = \sin R \cot 2\varphi,$$

et θ' l'azimut de l'un des axes de la vibration elliptique résultante par rapport à la vibration p, cette ellipse est déterminée par les équations (160)

$$\sin 2 I = \sin (2i - R) \sin \delta',$$
$$\operatorname{tang}(2\theta' - 2i + R) = \operatorname{tang}(2i - R) \cos \delta'.$$

Les amplitudes d et g des vibrations circulaires droite et gauche équivalentes (172) sont, en remarquant que

$$\frac{2pq}{r^2} = \frac{\cos 2\varphi \sin \delta}{\cos R} = \frac{\sin 4\varphi}{\sin R} \sin^2 \frac{\delta}{2},$$

$$(31) \qquad \begin{cases} \dfrac{4 d^2}{r^2} = 1 + \cos 2\varphi \dfrac{\sin(2i - R)}{\cos R} \sin \delta, \\[2mm] \dfrac{4 g^2}{r^2} = 1 - \cos 2\varphi \dfrac{\sin(2i - R)}{\cos R} \sin \delta; \end{cases}$$

ou, en éliminant l'angle R,

$$(31)' \begin{cases} \dfrac{4 d^2}{r^2} = 1 + \sin 2i \cos 2\varphi \sin \delta - \cos 2i \sin 4\varphi \sin^2 \dfrac{\delta}{2} \\[2mm] \qquad = 1 - \tfrac{1}{2} \cos 2i \sin 4\varphi + \sin 2i \cos 2\varphi \sin \delta + \tfrac{1}{2} \cos 2i \sin 4\varphi \cos \delta, \\[2mm] \dfrac{4 g^2}{r^2} = 1 - \sin 2i \cos 2\varphi \sin \delta + \cos 2i \sin 4\varphi \sin^2 \dfrac{\delta}{2}, \\[2mm] \qquad = 1 + \tfrac{1}{2} \cos 2i \sin 4\varphi - \sin 2i \cos 2\varphi \sin \delta - \tfrac{1}{2} \cos 2i \sin 4\varphi \cos \delta. \end{cases}$$

Enfin les amplitudes A et B des composantes rectangulaires par rapport à des axes de coordonnées $O\xi$ et $O\eta$ (*fig.* 76) dont le premier fait avec l'axe Ox l'angle i' sont

$$(32) \begin{cases} A^2 = p^2 \cos^2(i'-i) + q^2 \cos^2(i'+i-R), \\ B^2 = p^2 \sin^2(i'-i) + q^2 \cos^2(i'+i-R). \end{cases}$$

On peut encore écrire ces expressions sous différentes formes. En remplaçant q^2 par $r^2 - p^2$, et p^2 par sa valeur tirée des équations (29), il vient d'abord

$$(32)' \begin{cases} \dfrac{A^2}{r^2} = \cos^2(i'+i-R) + \sin(2i-R) \sin(2i'-R) \cos^2 2\varphi \sin^2 \dfrac{\delta}{2}, \\[2mm] \dfrac{B^2}{r^2} = \sin^2(i'+i-R) - \sin(2i-R) \sin(2i'-R) \cos^2 2\varphi \sin^2 \dfrac{\delta}{2}. \end{cases}$$

Si l'on élimine l'angle R en substituant aux quantités p, $q \cos R$ et $q \sin R$, leurs valeurs tirées des mêmes équations (29), on a

$$\frac{A^2}{r^2} = \cos^2(i'-i) \cos^2 2\varphi \sin^2 \frac{\delta}{2}$$
$$+ \left[\cos(i'+i) \cos \frac{\delta}{2} + \sin(i'+i) \sin 2\varphi \sin \frac{\delta}{2} \right]^2.$$

Remplaçant $\cos^2 \dfrac{\delta}{2}$ par $1 - \sin^2 \dfrac{\delta}{2} = 1 - (\cos^2 2\varphi + \sin^2 2\varphi) \sin^2 \dfrac{\delta}{2}$, les facteurs respectifs de $\cos^2 2\varphi \sin^2 \dfrac{\delta}{2}$ et de $\sin^2 2\varphi \sin^2 \dfrac{\delta}{2}$ sont

$$\cos^2(i'-i) - \cos^2(i'+i) = \sin 2i \sin 2i',$$
$$\sin^2(i'+i) - \cos^2(i'+i) = - \cos 2(i'+i),$$

ce qui donne

$$\frac{A^2}{r^2} = \cos^2(i'+i) + \tfrac{1}{2}\sin 2(i'+i)\sin 2\varphi \sin \delta$$
$$+ \sin 2i \sin 2i' \cos^2 2\varphi \sin^2\frac{\delta}{2} - \cos 2(i'+i)\sin^2 2\varphi \sin^2\frac{\delta}{2},$$

ou, remplaçant $\cos^2 2\varphi$ par $1 - \sin^2 2\varphi$ et $\sin 2i \sin 2i' + \cos 2(i'+i)$ par $\cos 2i \cos 2i'$,

$$(32)'' \quad \begin{cases} \dfrac{A^2}{r^2} = \cos^2(i'+i) + \tfrac{1}{2}\sin 2(i'+i)\sin 2\varphi \sin \delta \\[2mm] \qquad + \left[\sin 2i \sin 2i' - \cos 2i \cos 2i' \sin^2 2\varphi\right]\sin^2\dfrac{\delta}{2}, \\[2mm] \dfrac{B^2}{r^2} = \sin^2(i'+i) - \tfrac{1}{2}\sin 2(i'+i)\sin 2\varphi \sin \delta \\[2mm] \qquad - \left[\sin 2i \sin 2i' - \cos 2i \cos 2i' \sin^2 2\varphi\right]\sin^2\dfrac{\delta}{2}. \end{cases}$$

Enfin, si l'on remplace $\sin^2\dfrac{\delta}{2}$ par $\dfrac{1 - \cos\delta}{2}$, en remarquant que

$$2\cos^2(i'+i) + \sin 2i \sin 2i' = 1 + \cos 2i \cos 2i',$$

on trouve finalement

$$(32)''' \quad \begin{cases} \dfrac{2A^2}{r^2} = 1 + \cos 2i \cos 2i' \cos^2 2\varphi + \sin 2(i+i')\sin 2\varphi \sin \delta \\[2mm] \qquad - \left[\sin 2i \sin 2i' - \cos 2i \cos 2i' \sin^2 2\varphi\right]\cos\delta, \\[2mm] \dfrac{2B^2}{r^2} = 1 - \cos 2i \cos 2i' \cos^2 2\varphi - \sin 2(i+i')\sin 2\varphi \sin \delta \\[2mm] \qquad + \left[\sin 2i \sin 2i' - \cos 2i \cos 2i' \sin^2 2\varphi\right]\cos\delta. \end{cases}$$

On peut comparer ces expressions à celles qui ont été obtenues précédemment (161) lorsque la perte de phase porte seulement sur une des composantes rectilignes. Les valeurs de A^2 et de B^2 sont encore symétriques par rapport aux angles i et i'.

Il y aurait aussi à considérer le cas où les deux vibrations elliptiques conjuguées sont affaiblies dans des rapports différents, mais les résultats sont alors très complexes et ne présentent pas d'intérêt pratique.

Si l'affaiblissement est le même pour les deux composantes elliptiques, les directions et le rapport des vibrations finales p et q ne sont pas modifiés. Il suffirait alors de multiplier les intensités par un même coefficient f.

175. — Supposons maintenant que la vibration primitive soit une ellipse E dont nous représenterons les composantes par

$$x = a' \sin \omega t,$$
$$y = a'' \sin(\omega t - \delta').$$

Le remplacement de la vibration proposée par deux vibrations elliptiques conjuguées avec une perte de phase δ sur la vibration gauche équivaut évidemment à la même opération répétée séparément sur les composantes x et y. Elles donnent deux vibrations rectilignes conjuguées p' et q', p'' et q'', que l'on peut représenter par le Tableau suivant :

Vibrations produites par	Amplitude.	Perte de phase.	Phase.	Rotation.
$x\ldots$ $\begin{cases}\end{cases}$ p'	$a' \cos 2\varphi \sin \dfrac{\delta}{2}$	$\dfrac{\delta}{2} - \dfrac{\pi}{2}$	$\omega t - \dfrac{\delta}{2} + \dfrac{\pi}{2}$	$2i = 0$
q'	$\dfrac{a'}{\cos R} \cos \dfrac{\delta}{2}$	$\dfrac{\delta}{2}$	$\omega t - \dfrac{\delta}{2}$	R
$y\ldots$ $\begin{cases}\end{cases}$ p''	$a' \cos 2\varphi \sin \dfrac{\delta}{2}$	$\dfrac{\delta}{2} - \dfrac{\pi}{2}$	$\omega t - \delta' - \dfrac{\delta}{2} + \dfrac{\pi}{2}$	$2i = \pi$
q''	$\dfrac{a''}{\cos R} \cos \dfrac{\delta}{2}$	$\dfrac{\delta}{2}$	$\omega t - \delta' - \dfrac{\delta}{2}$	R

Les composantes q' et q'' (*fig.* 77) représentent une vibration

Fig. 77.

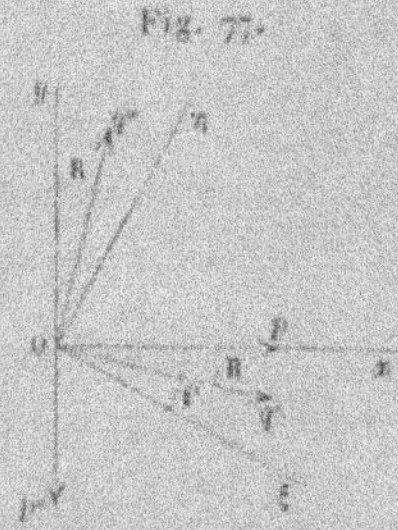

elliptique semblable à la vibration proposée E et de même sens, dont les axes ont tourné de l'angle R.

Les composantes p' et p'' représentent l'ellipse

$$\begin{cases} x = \quad a' \cos 2\varphi \sin\frac{\delta}{2} \sin\left(\omega t - \frac{\delta}{2} + \frac{\pi}{2}\right), \\ y = - a'' \cos 2\varphi \sin\frac{\delta}{2} \sin\left(\omega t - \frac{\delta}{2} + \frac{\pi}{2} - \delta'\right). \end{cases}$$

C'est une vibration de sens contraire à la vibration proposée; comme l'une des coordonnées a changé de signe, elle est semblable à la symétrique de la vibration proposée par rapport à l'un des axes de coordonnées.

176. — Si la vibration primitive est circulaire *droite*, on a

$$a' = a'' = a \qquad \text{et} \qquad \delta' = -\frac{\pi}{2}.$$

La vibration finale peut être remplacée par deux vibrations circulaires droite et gauche dont les amplitudes sont

$$(33) \quad \begin{cases} d = q' = q'' = \dfrac{a}{\cos R}\cos\dfrac{\delta}{2} = \dfrac{a\sin 2\varphi}{\sin R}\sin\dfrac{\delta}{2}, \\ g = p' = p'' = a\cos 2\varphi \sin\dfrac{\delta}{2}, \end{cases}$$

et l'on a évidemment

$$d^2 + g^2 = a^2.$$

Les vibrations droite et gauche s'expriment en fonction de la vibration circulaire droite primitive comme les composantes q et p en fonction d'une vibration primitive rectiligne.

La vibration p' et q'' ont la même phase $\omega t - \frac{\delta}{2} + \frac{\pi}{2}$. La vibration p'' a pour phase $\omega t - \frac{\delta}{2} + \pi$, de sorte que si on la prend en sens contraire, dans la direction Oy, elle a pour phase $\omega t - \frac{\delta}{2}$, comme la vibration q'.

Rapportée aux axes Ox' et Oy', qui ont tourné de l'angle R, la vibration droite a pour équation

$$\begin{cases} x' = \dfrac{a}{\cos R}\cos\dfrac{\delta}{2}\sin\left(\omega t - \dfrac{\delta}{2}\right) = d\sin\left(\omega t - \dfrac{\delta}{2}\right), \\ y' = \dfrac{a}{\cos R}\cos\dfrac{\delta}{2}\cos\left(\omega t - \dfrac{\delta}{2}\right) = d\cos\left(\omega t - \dfrac{\delta}{2}\right), \end{cases}$$

et les composantes parallèles aux axes primitifs sont

$$\left\{ \begin{aligned} x_1 &= d \sin\left(\omega t - \frac{\delta}{2} - \mathrm{R} \right), \\ y_1 &= d \cos\left(\omega t - \frac{\delta}{2} - \mathrm{R} \right). \end{aligned} \right.$$

La vibration gauche, rapportée aux axes primitifs, a pour équations

$$\left\{ \begin{aligned} x_2 &= a \cos 2\varphi \sin\frac{\delta}{2} \cos\left(\omega t - \frac{\delta}{2} \right) = g \cos\left(\omega t - \frac{\delta}{2} \right), \\ y_2 &= a \cos 2\varphi \sin\frac{\delta}{2} \sin\left(\omega t - \frac{\delta}{2} \right) = g \sin\left(\omega t - \frac{\delta}{2} \right). \end{aligned} \right.$$

Les composantes x_2 et y', étant concordantes, donnent une vibration rectiligne d'amplitude q,

$$q^2 = d^2 + g^2 + 2\, dg \sin\mathrm{R} = a^2\left(1 + \sin 4\varphi \sin^2 \frac{\delta}{2} \right),$$

dans une direction qui fait avec l'axe des x l'angle θ,

$$q \sin\theta = d \cos\mathrm{R} = a \cos\frac{\delta}{2},$$
$$q \cos\theta = g + d \sin\mathrm{R}.$$

Les composantes x' et y_2 reproduisent une vibration rectiligne d'amplitude p,

$$p^2 = a^2\left(1 - \sin 4\varphi \sin^2 \frac{\delta}{2} \right),$$

dont l'angle θ' avec l'axe des x donne

$$p \cos\theta' = d \cos\mathrm{R} = a \cos\frac{\delta}{2},$$
$$q \sin\theta' = g - d \sin\mathrm{R}.$$

Les axes A et B de la vibration elliptique résultante sont déterminés par les équations

$$(34) \quad \left\{ \begin{aligned} \mathrm{A} &= d + g = a\left(\frac{\sin 2\varphi}{\sin\mathrm{R}} + \cos 2\varphi \right) \sin\frac{\delta}{2}, \\ \mathrm{B} &= d - g = a\left(\frac{\sin 2\varphi}{\sin\mathrm{R}} - \cos 2\varphi \right) \sin\frac{\delta}{2}, \end{aligned} \right.$$

ou

$$(35) \quad \begin{cases} A^2 = a^2 \left(1 + \dfrac{\cos 2\varphi \sin \delta}{\cos R} \right) = a^2 \left(1 + \dfrac{\sin 4\varphi}{\sin R} \sin^2 \dfrac{\delta}{2} \right), \\ B^2 = a^2 \left(1 - \dfrac{\cos 2\varphi}{\cos R} \sin \delta \right) = a^2 \left(1 - \dfrac{\sin 4\varphi}{\sin R} \sin^2 \dfrac{\delta}{2} \right). \end{cases}$$

Cette vibration est droite ou gauche suivant que A et B sont de même signe ou de signes contraires.

Enfin, pour obtenir les amplitudes A et B des composantes rectangulaires parallèles à deux nouveaux axes rectangulaires $O\xi$ et $O\eta$ (*fig.* 77), dont le premier fait l'angle i' avec l'axe Ox, nous remarquerons que la résultante des vibrations p' et q'' qui ont la même phase et celle des vibrations q' et $-p''$ sont conjuguées, ce qui donne

$$A^2 = [p' \cos i' - q'' \sin (i' - R)]^2 + [q' \cos (i' - R) + p'' \sin i']^2.$$

Remplaçant les amplitudes p' et p'', q' et q'' par leurs valeurs (33), il en résulte

$$(36) \quad \begin{cases} A^2 = a^2 \left[1 - \cos 2\varphi \, \dfrac{\sin (2i' - R)}{\cos R} \sin \delta \right], \\ B^2 = a^2 \left[1 + \cos 2\varphi \, \dfrac{\sin (2i' - R)}{\cos R} \sin \delta \right]. \end{cases}$$

Ce sont les expressions trouvées plus haut (174), sauf la substitution de l'angle i' à l'angle i, pour les composantes circulaires gauche et droite d'une vibration primitive rectiligne.

177. *Retour des rayons.* — Une vibration elliptique quelconque E peut être représentée par les équations

$$E \begin{cases} x = a \sin \omega t, \\ y = b \sin (\omega t - \delta). \end{cases}$$

Si la vibration conserve la même forme dans l'espace et que la lumière se propage dans la direction opposée, à la condition que le mouvement sur la trajectoire conserve le même sens pour l'observateur, il est clair que l'on obtiendra les composantes de la nouvelle vibration apparente E', rapportée aux mêmes axes x et y, en changeant le signe de t. L'ellipse

$$E' \begin{cases} x = -a \sin \omega t, \\ y = -b \sin (\omega t + \delta) \end{cases}$$

paraît, pour l'observateur qui reçoit la lumière, symétrique de l'ellipse E par rapport aux axes.

Supposons que l'une des composantes y de la vibration E éprouve encore une perte de phase δ_1, cette vibration devient

$$\mathrm{E}_1 \begin{cases} x = a \sin \omega t, \\ y = b \sin(\omega t - \delta - \delta_1). \end{cases}$$

Si la vibration E_1 se propage dans la direction opposée, en conservant la même forme dans l'espace et le même sens pour l'observateur, elle a pour équations

$$\mathrm{E}'_1 \begin{cases} x = -a \sin \omega t, \\ y = -b \sin(\omega t + \delta + \delta_1). \end{cases}$$

En donnant à la composante y de cette nouvelle vibration E'_1 la même perte de phase δ_1, elle devient

$$\mathrm{E}_2 \begin{cases} x = -a \sin \omega t, \\ y = -b \sin(\omega t + \delta). \end{cases}$$

La vibration E_2 n'est autre que la vibration E'; elle est donc identique à la vibration E.

Ainsi, lorsque, dans un phénomène d'Optique, la vibration elliptique E a été transformée en une vibration E_1 par une perte de phase δ_1 sur une des composantes, si l'on fait propager la vibration E_1 dans la direction opposée en lui conservant le même sens pour l'observateur, la perte de phase δ_1 rétablira la vibration primitive, avec le même sens apparent.

En particulier, si la vibration primitive E, étant rectiligne, fait l'angle i avec l'axe des x, et que la vibration finale soit aussi rectiligne et fasse l'angle i_1 avec le même axe, les azimuts apparents des deux vibrations sont respectivement $+i$ et $+i_1$. La dernière vibration, se propageant en sens opposé, sera pour l'observateur dans l'azimut $-i_1$, symétrique du dernier, et elle reproduira la vibration primitive dans l'azimut apparent $-i$.

Si la vibration primitive E, étant circulaire, se transforme par la perte de phase δ_1 en une vibration circulaire *droite* ou *gauche*, la marche de la lumière en sens opposé transformera une vibration

circulaire droite ou gauche en une vibration circulaire de même
sens apparent et, par suite identique, à la première E.

La réciprocité n'existe plus, d'une manière générale, quand les
amplitudes a et b sont affaiblies en même temps que se produit la
perte de phase. En effet, la vibration primitive E donne, dans le
premier cas, la vibration

$$E_1 \begin{cases} x = \alpha a \sin \omega t, \\ y = \beta b \sin(\omega t - \delta - \delta_1); \end{cases}$$

qui, en se propageant dans la direction opposée, a pour équations

$$E_1' \begin{cases} x = -\alpha a \sin \omega t, \\ y = -\beta b \sin(\omega t + \delta + \delta_1). \end{cases}$$

La perte de phase δ_1, avec un nouvel affaiblissement des amplitudes, donne la vibration

$$E_2 \begin{cases} x = -\alpha^2 a \sin \omega t, \\ y = -\beta^2 b \sin(\omega t + \delta). \end{cases}$$

Cette dernière n'est semblable à la vibration proposée E que si
l'on a $\alpha^2 = \beta^2$, c'est-à-dire si les deux composantes sont également affaiblies.

178. — La même propriété s'applique au cas où le retard se produit sur l'une de deux vibrations elliptiques conjuguées, pourvu
que ce retard soit indépendant du sens de la propagation.

En effet, considérons d'abord une vibration rectiligne (173)

$$(23) \qquad \begin{cases} x = a \sin \omega t, \\ y = b \sin \omega t. \end{cases}$$

Les vibrations elliptiques conjuguées équivalentes, après que la
seconde a subi la perte de phase δ, sont

$$(37) \quad \begin{cases} E_1 \begin{cases} x_1 = a_1 \sin(\omega t + \alpha_1), \\ y_1 = k a_1 \sin\left(\omega t + \alpha_1 + \dfrac{\pi}{2}\right); \end{cases} \\[2em] E_2 \begin{cases} x_2 = k b_2 \sin(\omega t + \alpha_2 - \delta), \\ y_2 = -\, b_2 \sin\left(\omega t + \alpha_2 - \delta + \dfrac{\pi}{2}\right), \end{cases} \end{cases}$$

les quatre inconnues a_1, b_2, z_1 et z_2 étant déterminées par les équations (25).

Si l'on fait propager la vibration résultante dans la direction opposée, en conservant sa forme dans l'espace et le même sens apparent, il suffit de remplacer les vibrations elliptiques composantes E_1 et E_2 par les vibrations

$$(37)' \quad \begin{cases} E_1 \begin{cases} x_1 = -\ a_1 \sin(\omega t - z_1), \\ y_1 = - ka_1 \sin\left(\omega t - z_1 - \dfrac{\pi}{2}\right); \end{cases} \\[2em] E_2 \begin{cases} x_2 = - kb_2 \sin(\omega t - z_2 + \delta), \\ y_2 = +\ b_2 \sin\left(\omega t - z_2 + \delta - \dfrac{\pi}{2}\right). \end{cases} \end{cases}$$

Les vibrations E_1 et E_2 ont respectivement le même sens apparent et la même forme dans l'espace que les vibrations primitives E_1 et E_2 dont elles proviennent.

La seconde vibration elliptique E_2 éprouvant au retour la même perte de phase δ, on peut, après cette nouvelle transformation, les représenter par les équations

$$\begin{aligned} E_1' &\begin{cases} x_1 = -\ a_1 \sin(\omega t - z_1), \\ y_1 = + ka_1 \cos(\omega t - z_1); \end{cases} \\[1.5em] E_2' &\begin{cases} x_2 = - kb_2 \sin(\omega t - z_2), \\ y_2 = - b_2 \cos(\omega t - z_2). \end{cases} \end{aligned}$$

Comparant avec les équations (24), on voit qu'elles n'en diffèrent que par le changement de signe de t. Les vibrations E_1' et E_2' ont donc une résultante rectiligne

$$(23)' \quad \begin{cases} x = - a \sin \omega t, \\ y = - b \sin \omega t, \end{cases}$$

qui n'est autre que la vibration primitive (23).

Il en sera de même pour les deux composantes d'une vibration quelconque. On retrouvera la vibration primitive, avec le même sens apparent, si l'on fait propager la vibration finale dans une direction opposée avec le même sens apparent.

On suppose toutefois que les deux composantes elliptiques ne sont pas affaiblies ou qu'elles le sont dans le même rapport.

179. — Si le retard ne dépend que du sens absolu des vibrations, comme il arrive dans les phénomènes de pouvoir rotatoire magnétique, on conservera aux vibrations E'_1 et E'_2 le même sens absolu, comme si elles s'étaient réfléchies normalement sur un miroir plan, et elles seront représentées par les équations (37).

La nouvelle perte de phase portant sur la vibration E'_2, on aura

$$
E''_1 \begin{cases} x_1 = \quad a_1 \sin(\omega t + \alpha_1), \\ y_1 = \quad ka_1 \cos(\omega t + \alpha_1); \end{cases}
$$

$$
E''_2 \begin{cases} x_2 = \quad kb_2 \sin(\omega t + \alpha_2 - 2\delta), \\ y_2 = -\ b_2 \cos(\omega t + \alpha_2 - 2\delta). \end{cases}
$$

Dans ce cas, le résultat est le même que si la composante elliptique gauche de la vibration primitive avait éprouvé une perte de phase double.

En faisant subir au rayon une série de réflexions normales entre deux passages successifs dans le système producteur des retards, la perte de phase résultante sera proportionnelle au nombre total des passages.

En particulier, si la vibration primitive est rectiligne et que les vibrations elliptiques conjuguées soient circulaires, le plan de vibration éprouvera ainsi une rotation proportionnelle au nombre des passages.

CHAPITRE V.

DIFFRACTION.

180. *Diffraction sur l'axe pour des ouvertures circulaires.*
— Nous avons déjà établi directement, par des considérations géométriques, les principales propriétés de la lumière diffractée par
une fente étroite ou par un écran à bords rectilignes parallèles.
La même méthode permet de trouver la position des maxima et
des minima de lumière sur l'axe d'un système d'ouvertures à bords
circulaires.

Supposons que la lumière émanant d'un point O (*fig.* 78) tombe

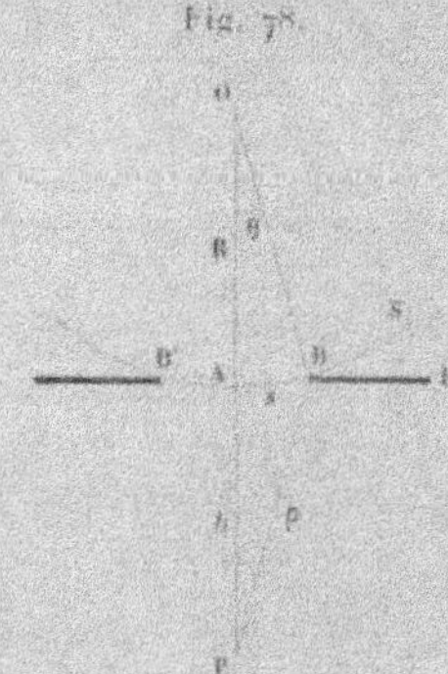

Fig. 78.

sur un écran E qui laisse une ouverture circulaire BB' dont le centre
A est situé sur la perpendiculaire OA au plan de l'écran.

Prenant pour plan de figure un plan passant par la droite OA,
appelons s l'arc AB de la circonférence d'intersection par ce plan
de l'onde S qui touche l'écran. L'état vibratoire, en un point P de
l'axe, situé du côté vers lequel se propage la lumière, dépend du
nombre de zones élémentaires qui existent dans la surface libre de

l'onde, ou du nombre des arcs élémentaires compris dans l'arc s. Tant que ce nombre est assez petit pour que les vibrations qu'elles produisent en P soient sensiblement égales et de signes contraires, la vibration résultante est nulle s'il existe dans l'arc s un nombre pair d'arcs élémentaires, puisque les zones successives interfèrent deux à deux. La vibration passe, au contraire, par un maximum si ce nombre est impair et l'action se réduit à celle de la première zone; l'amplitude est alors double et, par suite, l'intensité quadruple de celles qui correspondent à l'onde entière, puisque celle-ci équivaut à la moitié seulement de la première zone. En déplaçant le point P sur le prolongement de la droite OA, on rencontrera donc une série de minima nuls et de maxima d'intensité quadruple de celle qui existerait sans écran.

En appelant R le rayon OA de l'onde, θ l'angle qui correspond à l'arc s, b et ρ les distances AP et BP, on a, dans le triangle POB,

$$\rho^2 = (b + R)^2 + R^2 - 2(b + R) R \cos\theta.$$

L'angle θ restant très petit, on peut remplacer $\cos\theta$ par $1 - \dfrac{\theta^2}{2}$, Rθ par s et $\rho + b$ par $2b$, ce qui donne

$$\rho^2 - b^2 = (b + R) R\theta^2 = \frac{b + R}{R} s^2.$$

$$\Delta = \rho - b = \frac{a + R}{(\rho + b) R} s^2 = \frac{1}{2}\left(\frac{1}{b} + \frac{1}{R}\right) s^2.$$

Les minima et les maxima correspondent respectivement aux cas où le retard Δ est un nombre pair ou impair de demi-longueurs d'onde, ce qui donne, pour les maxima,

$$\left(\frac{1}{b} + \frac{1}{R}\right) s^2 = 2 p \lambda, \qquad \frac{1}{b} = 2 p \frac{\lambda}{s^2} - \frac{1}{R},$$

et, pour les minima,

$$\left(\frac{1}{b} + \frac{1}{R}\right) s^2 = (2 p + 1) \lambda, \qquad \frac{1}{b} = (2 p + 1) \frac{\lambda}{s^2} - \frac{1}{R}.$$

Avec une même ouverture, l'inverse de la distance b varie donc comme la suite des nombres pairs pour les minima et comme la suite des nombres impairs pour les maxima.

Le phénomène est très net quand on emploie une lumière

homogène, celle que laisse passer un verre rouge par exemple :
on aperçoit sur la tache lumineuse circulaire qui correspond à
l'éclairement général de l'ouverture une série d'anneaux concentriques alternativement brillants et obscurs; le centre paraît un
trou noir ou son intensité est maximum quand la distance b satisfait à l'une des conditions précédentes [1].

Quand on se sert de lumière blanche, l'intensité en chaque
point varie d'une couleur à l'autre et l'on observe des colorations
très vives analogues à celles des premières franges d'interférence
à centre noir, puisque l'intensité est nulle pour $\delta = 0$.

181. *Écrans circulaires.* — Si l'on remplace l'ouverture BB′
par un écran qui laisse libre le reste de l'onde, on peut encore, à
partir du bord B de l'écran, décomposer l'onde S en une suite de
zones élémentaires, et le raisonnement général (24) montre que
l'onde entière restée libre exerce en P la même action que la
moitié de la première zone élémentaire. La vibration au point P
est donc la même que si l'écran n'existait pas, en tant du moins
que cet écran n'intercepte que les zones comprises dans la partie
efficace de l'onde. Poisson avait signalé cette conséquence curieuse
qu'Arago [2] a vérifiée aussitôt sur l'ombre d'un écran de 2^{mm} de
diamètre. On observe, en effet, avec la lumière blanche, une série
d'anneaux dont le centre est toujours blanc et de même intensité
que si l'écran n'existait pas; les anneaux sont plus nets avec une
lumière homogène.

182. *Écran partiel.* — Si l'écran a la forme d'un anneau dont
les rayons intérieur et extérieur s et s' sont

$$\left(\frac{1}{b}+\frac{1}{R}\right)s^2 = \lambda \qquad \text{et} \qquad \left(\frac{1}{b}+\frac{1}{R}\right)s'^2 = 2\lambda,$$

il interceptera la deuxième zone élémentaire. La vibration produite au point P résulte alors de l'action de la première zone
tout entière et de la moitié de la troisième; l'amplitude est $2 + 1$,

[1] FRESNEL, *Œuvres*, t. I, p. 365.
[2] FRESNEL, *Œuvres*, t. I, p. 369.

ou trois fois, et l'intensité $(2+1)^2$, ou neuf fois, celles qui correspondraient à l'onde entière.

De même, en supprimant par des écrans la deuxième et la quatrième zone élémentaire, l'intensité serait $(4+1)^2 = 25$ fois l'intensité relative à l'onde entière, et ainsi de suite.

Les dimensions de l'écran qui supprime la deuxième zone se calculent aisément. Si la source est très éloignée, on peut faire $R = \infty$, ce qui donne

$$s^2 = b\lambda \qquad \text{et} \qquad s'^2 = 2b\lambda;$$

en prenant $b = 2^m = 2000^{mm}$ et $\lambda = \dfrac{1^{mm}}{2000}$ par exemple, les diamètres des cercles qui limitent l'écran annulaire sont

$$2s = 2^{mm} \qquad \text{et} \qquad 2s' = 2^{mm}.$$

Cette expérience remarquable a été aussi réalisée par Billet [1], qui l'attribue à Fresnel.

183. *Expérience d'Arago.* — L'expérience des ouvertures circulaires a été reproduite par Arago [2], sous une autre forme, en observant en dehors du plan focal l'image d'une étoile fournie par une lunette ou un télescope. L'onde qui émane de l'objectif est alors une surface sphérique ayant pour centre le foyer principal O (*fig.* 79), à la distance R de l'objectif, et elle est limitée par le bord de l'ouverture.

Pour obtenir la différence de marche au point P des vibrations qui proviennent du pôle A et du bord B de l'ouverture, il suffit, dans les expressions qui précèdent, de remplacer R par — R, ce qui donne, en appelant d la distance $PO = R - b$,

$$\Delta = \frac{R - b}{2bR} s^2 = \frac{d}{2bR} s^2.$$

Il est à remarquer, dans le cas actuel, que la valeur de Δ est nulle pour $d = 0$, puisqu'en effet les rayons sont concordants au

---

[1] Billet, *Traité d'Optique*, t. I, p. 194; 1858.
[2] Arago, *Annales de Chimie et de Physique*, [2], t. XXVI, p. 431; 1824.

foyer principal O. La distance d_1 qui correspond au premier minimum nul est

$$d_1 = \frac{2bR}{s^2}\lambda = \left(\frac{R}{s}\right)^2 2\lambda.$$

Si l'on prend pour λ la valeur relative à la couleur la plus importante du spectre, l'intensité sera sensiblement nulle pour toutes les autres et donnera un minimum absolu. La même chose a lieu quand le point P est situé au delà du foyer; il suffit de changer le signe de d ou de Δ.

Fig. 79.

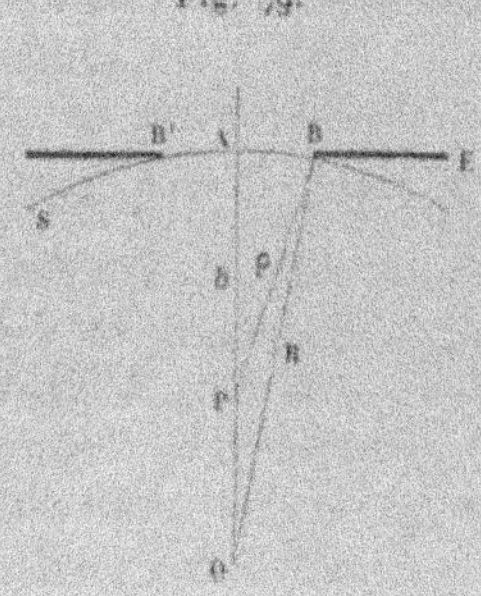

Quand on enfonce ou qu'on retire l'oculaire d'un instrument qui vise une étoile, de manière à observer les points situés en deçà ou au delà du plan focal, on aperçoit dans chaque cas une série d'anneaux concentriques circulaires dont le centre montre une succession de maxima et de minima de plus en plus colorés, à mesure qu'on s'écarte du foyer.

La distance d_1 du premier minimum et, plus généralement, la distance du point où se produit un phénomène de nature déterminée, est en raison inverse de s^2, c'est-à-dire de la surface de l'objectif, ou plus exactement en raison inverse du carré de l'ouverture angulaire $\frac{2s}{R}$ de l'objectif. Aussi les minima se distinguent difficilement quand on laisse libre toute la surface de l'objectif, et il est plus avantageux de la diaphragmer par un écran percé d'une ouverture centrale circulaire. Si l'on veut, par exemple, que la distance d_1 du premier minimum soit de $1^{cm} = 10^{mm}$, il faudra faire

$$\left(\frac{R}{s}\right)^2 = 10000 \qquad \text{ou} \qquad \frac{R}{s} = 100;$$

le diamètre de l'ouverture doit être alors le $\frac{1}{50}$ de la longueur focale de l'instrument.

Si, au contraire, on couvre le milieu de l'objectif par un écran circulaire, la vibration en un point P, situé à une distance notable du foyer, ne dépend encore que de la moitié de la première zone élémentaire à partir du bord de l'écran.

Dans ce cas, le centre des anneaux observés est toujours brillant, et son intensité est indépendante de la distance à laquelle on se trouve de l'objectif, à la condition toutefois que l'écran reste toujours dans la zone efficace relative au point considéré.

184. *Formules générales.* — La détermination des phénomènes de diffraction en dehors de l'axe des écrans circulaires, et surtout pour des ouvertures de forme différente, ne peut plus être abordée par des considérations élémentaires.

Soient S (*fig.* 80) une surface d'onde quelconque, partiellement interrompue par des écrans, P un point situé du côté vers lequel a lieu la propagation, A le pôle du point P, b la distance AP,

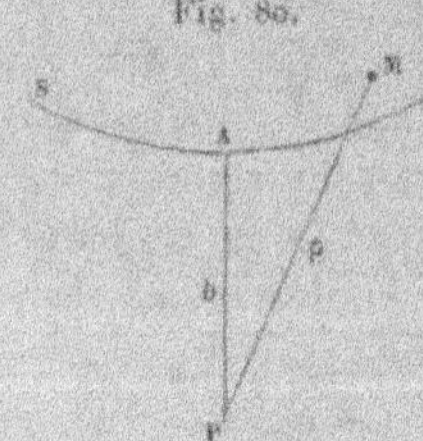

Fig. 80.

$a \sin \omega t$ la composante parallèle à l'axe des x de la vibration sur l'onde au voisinage du point A, et appliquons à cette onde le principe d'Huygens en considérant chacun de ses points comme un centre d'ébranlement.

L'élément dx de la vibration ([1]) au point P produit par un

([1]) Pour abréger le discours et quand il ne peut exister aucune équivoque, nous appellerons souvent *vibration* la projection de la vibration réelle sur un axe déterminé.

élément dS de la surface libre situé en M à la distance ρ, peut
être représenté par une expression de la forme

$$dx = \frac{\mu \, dS}{b} f \sin\left(\omega t + \alpha - \frac{2\pi\rho}{\lambda}\right),$$

dans laquelle μ et α sont des constantes.

En effet, l'amplitude de la vibration, toutes choses égales, est
proportionnelle à l'étendue dS de la surface agissante et en raison
inverse de la distance ρ.

Le facteur f est une fonction inconnue des coordonnées du point
M, qu'on fera égale à l'unité pour tous les points voisins du pôle
et qui tend vers zéro à mesure que le point M s'éloigne du pôle.

Cette diminution, lente d'abord, puis rapide, de la fonction f
tient d'abord à ce qu'on a remplacé au dénominateur de l'amplitude la distance réelle ρ par la valeur plus petite b, puis à l'affaiblissement des vibrations transmises à mesure que l'inclinaison
de la direction ρ sur la normale à l'onde augmente, enfin et surtout au défaut progressif de concordance des vibrations sur l'onde
elle-même.

D'autre part, l'angle α est le changement de phase inconnu que
l'on doit admettre en appliquant le principe d'Huygens.

En remplaçant ρ par $b + \rho - b$ et posant

$$\beta = 2\pi\frac{b}{\lambda}, \qquad \delta = 2\pi\frac{\rho - b}{\lambda},$$

on peut écrire

$$dx = \frac{\mu}{b} f \, dS \sin(\omega t + \alpha - \beta - \delta),$$

et la vibration résultante s'obtiendra en intégrant cette expression
pour toute l'étendue de la surface de l'onde laissée libre par les
écrans.

$$(1) \qquad x = \frac{\mu}{b} \int\!\!\int f \, dS \sin(\omega t + \alpha - \beta - \delta) = A \sin(\omega t + \alpha - \beta - \varphi).$$

Si l'on met en facteurs, dans ces deux expressions de x, les
sinus et cosinus de l'arc $(\omega t + \alpha - \beta)$ et que l'on pose

$$(2) \qquad \begin{cases} F = \int\!\!\int f \, dS \sin\delta, \\ G = \int\!\!\int f \, dS \cos\delta, \end{cases}$$

les quantités A et φ qui définissent la vibration résultante ont
pour valeurs (154)

$$(3) \qquad \begin{cases} A^2 = \dfrac{\mu^2}{b^2}(F^2 + G^2), \\[2mm] \tang\varphi = \dfrac{F}{G}. \end{cases}$$

On voit d'abord que, si le point P est une source de lumière et
qu'on observe le phénomène au centre O de la surface S supposée
sphérique, la différence de marche relative à chacun des rayons
PM ne change pas; le phénomène produit au point O est donc de
même nature que celui du point P dans le premier cas. C'est
l'extension du principe général du *retour des rayons* (53) aux
phénomènes de diffraction.

185. *Détermination des constantes.* — Nous utiliserons d'abord
ce mode de raisonnement pour déterminer les constantes μ et α,
en appliquant le calcul à une onde sphérique entière.

Si l'on pose

$$k^2 = \frac{2}{\lambda}\left(\frac{1}{b} + \frac{1}{R}\right),$$

les différences de marche Δ et de phase δ, par rapport au pôle,
pour un point M situé à la distance s, comptée sur l'arc de grand
cercle, sont (180)

$$\Delta = \frac{\lambda}{4}k^2 s^2, \qquad \delta = 2\pi\frac{\Delta}{\lambda} = \frac{\pi}{2}k^2 s^2.$$

D'autre part, en appelant S l'étendue de la calotte qui correspond à l'arc s, on a sensiblement, au moins pour les premières
zones,

$$S = \pi s^2, \qquad dS = \pi d.s^2 = \frac{2}{k^2}d\delta.$$

Pour tenir compte de l'erreur que l'on commet ainsi dans l'éva-
luation des zones éloignées et de toutes les causes d'affaiblissement
progressif des vibrations produites en P par les zones successives,
on remplacera le facteur f par une fonction arbitraire de l'arc s,
ou de l'angle δ, soumise à la condition qu'elle soit égale à l'unité
pour $\delta = 0$ et diminue lentement d'abord, puis d'une manière
plus rapide, à mesure que la différence de phase δ va croissant.

On représentera ainsi l'action lentement décroissante des premières zones et l'on remplacera celles des zones éloignées, qui sont très petites, par d'autres quantités également très petites. Au point de vue physique, l'intégration devrait être étendue depuis $\delta = 0$ jusqu'à la valeur de δ ou de l'arc s définie par la portion de l'onde visible du point P, c'est-à-dire par le point de contact de la tangente menée de ce point à la surface de l'onde; mais, comme les éléments de l'intégrale diminuent très rapidement par les variations du facteur f, il sera permis de faire l'intégration entre les limites $\delta = 0$ et $\delta = \infty$, puisque les termes ainsi ajoutés pour simplifier le calcul sont négligeables.

En prenant l'expression

$$f = e^{-\varepsilon\delta},$$

qui satisfait à la condition indiquée quand le facteur ε est positif et très petit, les intégrales F et G deviennent

$$F = \frac{2}{k^2}\int_0^\infty e^{-\varepsilon\delta}\sin\delta\,d\delta = \frac{2}{k^2}\frac{1}{1+\varepsilon^2},$$

$$G = \frac{2}{k^2}\int_0^\infty e^{-\varepsilon\delta}\cos\delta\,d\delta = \frac{2}{k^2}\frac{\varepsilon}{1+\varepsilon^2};$$

par suite, en appelant a_0 l'amplitude correspondante,

$$\operatorname{tang}\varphi = \frac{1}{\varepsilon}, \qquad a_0^2 = \frac{4\mu^2}{k^4 b^2}\frac{1}{1+\varepsilon^2},$$

$$\varphi = \frac{\pi}{2}, \qquad a_0 = \frac{2\mu}{k^2 b}.$$

Comme la phase de la vibration au point P, en l'absence de tout écran, est simplement $\omega t - \beta$, il en résulte

$$z = \varphi = \frac{\pi}{2}.$$

Cette condition montre que, pour appliquer le principe d'Huygens en considérant chacun des points comme un centre d'ébranlement, il faut ajouter à la phase réelle de vibration sur l'onde une quantité constante $\frac{\pi}{2}$ qui équivaut à *une avance de marche d'un quart de longueur d'onde*.

Comme on a, d'autre part (17),

$$a = a_0 \frac{R + b}{R} = a_0 b \left(\frac{1}{b} + \frac{1}{R} \right) = a_0 b \frac{k^2 \lambda}{2},$$

il en résulte

$$\mu = \frac{k^2 b}{2} a_0 = \frac{a}{\lambda}.$$

Le facteur μ représente l'amplitude de la vibration produite à l'unité de distance par l'unité de surface de l'onde S.

Si la distance b du point P au pôle de l'onde est au contraire un maximum, ce qui aurait lieu pour une onde sphérique concave lorsque le point P est situé au delà du centre de courbure, le retard relatif aux points A et M change de signe.

En posant

$$h^2 = \frac{2}{\lambda} \left(\frac{1}{R} - \frac{1}{b} \right), \qquad \delta = \frac{\pi}{2} h^2 s^2,$$

on a alors

$$x = \frac{\mu}{b} \int\!\int dS \sin(\omega t + \alpha - \beta + \delta) = A \sin(\omega t + \alpha - \beta + \varphi).$$

Les mêmes calculs que précédemment donnent encore

$$\varphi = \frac{\pi}{2}, \qquad A = \frac{2\mu}{h^2 b}.$$

Lorsqu'il s'agit de vibrations transversales, deux points de l'onde situés de part et d'autre du centre sont dans le même état vibratoire; il en résulte

$$\alpha + \varphi = 0,$$

$$a = a_0 \frac{b - R}{R} = a_0 b \left(\frac{1}{R} - \frac{1}{b} \right) = a_0 b \frac{h^2 \lambda}{2} = \mu\lambda,$$

ou

$$\alpha = -\frac{\pi}{2}, \qquad \mu = \frac{a}{\lambda}.$$

L'application du principe d'Huygens exige alors que la phase de chacun des points de l'onde, considéré comme un centre d'ébranlement, soit *en retard* de $\frac{\pi}{2}$ sur celle de la vibration réelle.

La valeur de la constante μ est la même dans les deux cas.

Enfin, si l'onde S n'est pas sphérique, il suffit de compter l'arc s sur la diagonale du parallélogramme des axes de l'ellipse qui correspond à la même différence de marche Δ. Toutes ces ellipses sont semblables, au moins pour les premières zones, et le calcul reste le même.

Le calcul de la vibration relative à l'interposition d'écrans de forme quelconque présenterait de grandes difficultés; nous examinerons ce problème dans des cas plus simples et plus utiles.

186. *Cas des écrans circulaires.* — Lorsqu'une onde sphérique est couverte par un système d'écrans circulaires concentriques au pôle A et que les portions libres restent comprises dans l'onde efficace relative au point P, on peut faire $f = 1$.

Dans ce cas, la valeur de dx s'intègre facilement et la vibration a pour expression

$$x = \frac{2\mu}{k^2 b} \int \sin(\omega t + \alpha - \beta - \delta)\, d\delta = \frac{2\mu}{k^2 b} \left[\cos(\omega t + \alpha - \beta - \delta)\right],$$

le dernier membre devant être pris entre les limites des arcs qui correspondent aux zones laissées libres par les écrans.

Si l'ouverture est un anneau circulaire limité aux arcs s_1 et s_2 qui donnent des différences de phase δ_1 et δ_2, on a

$$x = \frac{4\mu}{k^2 b} \sin\frac{\delta_2 - \delta_1}{2} \sin\left(\omega t + \alpha - \beta - \frac{\delta_1 + \delta_2}{2}\right).$$

La phase de la vibration résultante est identique à celle qui serait produite par le point de l'arc dont la distance au point P est la moyenne des distances des deux bords de l'ouverture.

L'amplitude de la vibration est nulle quand on a

$$\delta_2 - \delta_1 = 2p\pi$$

et maximum pour

$$\delta_2 - \delta_1 = (2p + 1)\pi,$$

c'est-à-dire quand la différence de marche correspondante est égale à un nombre pair et impair de demi-longueurs d'onde, comme on l'a vu directement (180).

En remplaçant μ et k^2 par leurs valeurs, l'amplitude de la vibration est alors

$$2a_0 \sin\frac{\delta_2 - \delta_1}{2} = \frac{2R}{b + R} a \sin\frac{\delta_2 - \delta_1}{2}.$$

Pour une ouverture circulaire, on fera $\delta_1 = o$ et $\delta_2 = \delta$. L'intensité de la lumière résultante (150), avec une source non homogène, est donc proportionnelle à

$$\Sigma u^2 \sin^2 \frac{\delta}{2} = \Sigma u^2 \sin^2 \frac{\pi}{2} \left(\frac{1}{b} + \frac{1}{\mathrm{B}} \right) \frac{s^2}{\lambda},$$

et les teintes varient suivant la même loi que pour les franges d'interférence à centre noir.

En appliquant la règle de Newton (146) au calcul des teintes, Fresnel a trouvé, entre l'observation et la théorie, un accord aussi complet que le comporte l'exactitude de cette règle ([1]).

187. *Écrans complémentaires* ([2]). — Supposons qu'une onde soit interceptée par un écran qui découvre une étendue E de la surface et que, sur cette portion restée libre, on applique alternativement deux systèmes d'écrans qui en découvrent des étendues E_1 et E_2, telles qu'en passant de l'un à l'autre les vides soient remplacés par des pleins et les pleins par des vides; ces deux systèmes d'écrans sont *complémentaires* par rapport à la surface E et l'on a évidemment

$$\mathrm{E} = \mathrm{E}_1 + \mathrm{E}_2.$$

Si l'on représente par x, x_1 et x_2 les vibrations produites en un point quelconque P respectivement par les surfaces E, E_1 et E_2, il est clair que

$$x = x_1 + x_2,$$

puisque la vibration due à la surface E est la somme algébrique des vibrations dues aux deux parties E_1 et E_2 qui la constituent, et l'une quelconque des vibrations pourra être déduite des deux autres par la règle ordinaire.

Si l'on connaît, par exemple, la vibration x due à la surface E et qu'on ait calculé la vibration x_1 produite quand on y ajoute le

---

([1]) Fresnel, *Œuvres*, t. I, p. 371.

([2]) Babinet, *Comptes rendus de l'Académie des Sciences*, t. IV, p. 638; 1837.

premier système d'écrans E_1, le problème sera résolu pour le second système E_2.

Deux cas particuliers sont remarquables :

1° L'étendue E comprend l'onde tout entière. Comme on connaît alors la vibration x, le calcul de la vibration x_1 relative à un système d'écrans donne immédiatement la vibration x_2 relative au système d'écrans complémentaires par rapport à l'onde entière.

Il en est de même si le point P est situé dans l'espace directement éclairé par l'ouverture E et très loin des bords de l'ombre géométrique.

2° L'étendue E est nulle ou, ce qui revient au même, le point P est situé très avant dans l'ombre géométrique des écrans qui la limitent, de façon que l'onde efficace relative à ce point soit totalement interceptée. On a alors $x = 0$ et, par suite,

$$x_1 + x_2 = 0.$$

Les vibrations produites au point P par deux systèmes d'écrans complémentaires par rapport à la surface restée libre sont toujours égales et de signes contraires; il en résulte que l'intensité est la même.

Ainsi, l'intensité de la lumière produite par un écran circulaire en un point quelconque très éloigné de l'ombre géométrique est égale à celle qui correspond à une ouverture circulaire de mêmes dimensions.

Ce théorème a un grand nombre d'applications; on peut le vérifier sur les cas que nous avons déjà examinés directement.

ÉCRANS A BORDS RECTILIGNES.

188. *Division d'une onde en fuseaux.* — Lorsque les écrans sont limités par des bords rectilignes, il est utile de choisir une autre manière de diviser l'onde en éléments.

Soient une source de lumière O (*fig.* 81), un point P, et considérons l'onde sphérique S dans une de ses positions. Menons par la droite OP un plan qui coupe l'onde suivant l'arc de grand cercle SA, dont le diamètre est DD'. Par deux points infiniment voisins B et B' de l'arc de grand cercle AC, perpendiculaire au premier,

menons des plans DBD′ et DB′D′ qui limitent la surface d'un
fuseau DBD′B′; enfin, sur l'arc BD′ prenons un arc élémentaire
MM′ par rapport au point P, c'est-à-dire tel que la différence des
chemins M′P — MP soit d'une demi-longueur d'onde, et menons
par ces points des arcs de grand cercle MN et M′N′ perpendiculaires au plan DBD′. Nous aurons ainsi défini un rectangle curviligne MNM′N′.

Le point B est le pôle du fuseau pour le point P. En partageant

Fig. 81.

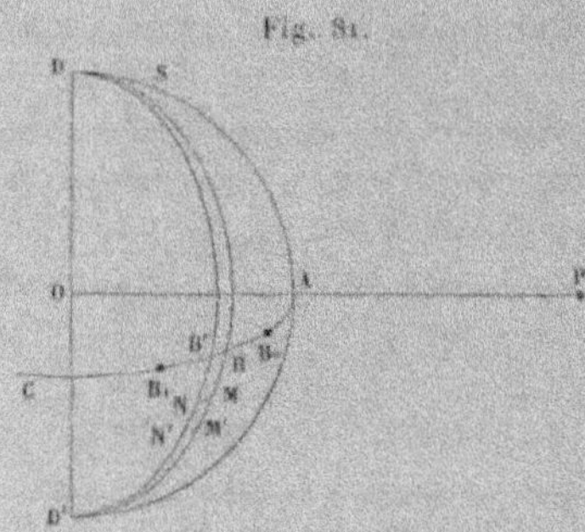

ce fuseau, à partir du pôle, en rectangles successifs qui correspondent aux arcs élémentaires de la circonférence BD′, il est clair que
les vibrations envoyées au point P par ces surfaces élémentaires
sont alternativement de signes contraires. Les aires de ces surfaces
vont constamment en diminuant à partir du pôle, parce que la
base MM′ et la hauteur MN diminuent toutes deux; c'est une nouvelle raison pour que les vibrations correspondantes produites au
point P soient rapidement décroissantes. Le même raisonnement
que plus haut (23) montre donc *a fortiori* que la vibration produite en P par le fuseau est proportionnelle à celle que donnerait
l'arc BB′, sauf une différence de phase qui sera la même pour une
série de fuseaux voisins, le coefficient de proportionnalité variant
d'une manière continue le long de l'arc AC.

Le grand cercle AC est appelé souvent *l'équateur* de l'onde
pour le point P.

Lorsque la surface d'onde n'est pas sphérique, on prendra
comme équateur l'une des sections principales au pôle A; les
fuseaux élémentaires seront déterminés par des plans perpendicu-

laires à l'équateur et l'action de chacun d'eux se réduit encore, dans les mêmes conditions, à celle de l'arc correspondant.

Si des écrans à bords rectilignes parallèles réduisent une onde sphérique à un fuseau d'ouverture angulaire finie, limité par deux grands cercles perpendiculaires à l'arc AC et passant par les points B_0 et B_1, la vibration en P est proportionnelle, sauf une différence de phase, à celle qui serait produite par les différents points de l'arc $B_0 B_1$ d'équateur.

Enfin, en divisant cet arc $B_0 B_1$ en arcs élémentaires à partir de B_0, on verrait de même que la vibration résultante est proportionnelle à celle du pôle B_0 de l'onde restante, avec une certaine différence de phase.

Il en serait de même pour des écrans à bords rectilignes parallèles à l'une des sections principales de la surface d'onde au voisinage du pôle, lorsqu'elle n'est pas sphérique.

Quand on réalise l'expérience d'Young (123) avec deux fentes parallèles, l'action de chacune d'elles est proportionnelle à celle de l'arc correspondant d'équateur, c'est-à-dire au diamètre de la fente; mais ce diamètre est généralement plus petit qu'un arc élémentaire si l'on veut que les taches centrales aient une partie commune pour rendre plus apparentes les franges d'interférences.

Dans l'expérience de Maraldi (122), l'onde étant interceptée par un écran étroit à bords parallèles, l'équateur libre est formé de deux arcs illimités à droite et à gauche. Pour les points situés dans l'ombre géométrique de l'écran, l'action de chacun d'eux se réduit à celle du bord de l'écran; la vibration est donc de même nature que si elle était produite par deux sources identiques dont la distance est égale à la largeur de l'écran. Les franges n'ont pas beaucoup d'éclat, parce que le premier arc élémentaire est notablement plus petit que si l'écran n'existait pas; d'autre part, les interférences ne sont pas complètes, parce que, pour un point situé en dehors du milieu de l'ombre, le premier arc élémentaire n'a pas la même grandeur à droite et à gauche.

189. *Intégrales de Fresnel.* — L'élément dx de la vibration produite au point P, par un arc ds d'équateur à la distance ρ, est encore (184) une expression de la forme

$$dx = \frac{m}{b} f\, ds \sin(\omega t + \alpha - \beta - \delta),$$

dans laquelle m et α sont des constantes et où

$$\beta = 2\pi\frac{b}{\lambda}, \qquad \delta = 2\pi\frac{\rho - b}{\lambda}.$$

Si l'on pose $ks = v$, on a, pour les premiers arcs, $\delta = \frac{\pi}{2}v^2$, ce qui donne

$$(1) \qquad x = \frac{m}{kb}\int f \sin\left(\omega t + \alpha - \beta - \frac{\pi}{2}v^2\right)dv.$$

Cette expression doit être étendue à toutes les portions de l'équateur laissées libres par des écrans.

Le coefficient f est égal à l'unité pour les premiers arcs; d'autre part, la valeur approchée qui a servi pour exprimer la différence de phase δ varie beaucoup trop rapidement pour les arcs éloignés, de sorte que les termes de l'intégrale relatifs aux arcs élémentaires diminuent très vite à une distance notable du pôle. En faisant $f = 1$, on remplacera donc encore l'action très petite des arcs éloignés par d'autres actions également très petites (185), et l'on peut écrire

$$x = \frac{m}{kb}\int \sin\left(\omega t + \alpha - \beta - \frac{\pi}{2}v^2\right)dv = A\sin(\omega t + \alpha - \beta - \varphi).$$

En posant

$$(2) \qquad F = \int dv \sin\frac{\pi}{2}v^2, \qquad G = \int dv \cos\frac{\pi}{2}v^2,$$

les quantités A et φ qui définissent la vibration résultante ont pour valeurs (154)

$$(3) \qquad \left\{ \begin{aligned} A^2 &= \frac{m^2}{k^2 b^2}(F^2 + G^2), \\[1em] \tang\varphi &= \frac{F}{G}. \end{aligned} \right.$$

Les fonctions F et G de cette forme sont connues sous le nom d'*intégrales de Fresnel* ([1]). Elles ne peuvent pas s'exprimer en termes finis d'une manière générale; on sait d'ailleurs qu'entre les

---

[1] FRESNEL, *Œuvres*, t. I, p. 313.

limites o et ∞, elles ont la même valeur

$$\int_o^\infty dv \cos \frac{\pi}{2} v^2 = \int_o^\infty dv \sin \frac{\pi}{2} v^2 = \frac{1}{2}.$$

La limite $v = \infty$, ou $s = \infty$, ne correspond pas à un phénomène physique, mais les intégrales de Fresnel, entre les limites o et v, sont alternativement croissantes et décroissantes et elles s'approchent rapidement de leur limite $\frac{1}{2}$ dès que la variable v prend des valeurs notables, c'est-à-dire que l'arc correspondant s renferme un grand nombre d'arcs élémentaires.

190. *Détermination des constantes.* — Lorsque tous les écrans sont supprimés, les intégrales F et G doivent être prises entre les limites $-\infty$ et $+\infty$, c'est-à-dire que chacune d'elles doit être égale à l'unité, ce qui donne

$$\varphi = \frac{\pi}{4}, \qquad a_o = \frac{m\sqrt{2}}{bk}.$$

Comme la vibration réelle au point P dans la propagation régulière est

$$a \frac{R}{R + b} \sin(\omega t - \beta) = \frac{a}{b} \frac{2}{k^2 \lambda} \sin(\omega t - \beta),$$

il en résulte

$$\alpha = \varphi = \frac{\pi}{4}, \qquad m = \frac{a}{\lambda} \frac{\sqrt{2}}{k}.$$

On doit donc ajouter $\frac{\pi}{4}$ à la phase des différents points de l'équateur quand on les considère comme des sources indépendantes.

La même chose ayant lieu quand on remplace un fuseau par l'arc correspondant ds de l'équateur, nous retrouvons finalement la différence de phase $\frac{\pi}{2}$ qui correspond à l'application du principe d'Huygens (185).

Lorsque la distance b est un maximum, on aurait encore, par le même raisonnement appliqué à l'équateur,

$$\alpha = -\varphi = -\frac{\pi}{4}, \qquad a_o = \frac{m\sqrt{2}}{bk}.$$

Si cette distance est également un maximum par rapport aux fuseaux, la même opération répétée pour les fuseaux donne finalement la perte de phase $\frac{\pi}{2}$ que l'on devait trouver en effet.

Enfin, si la distance b est minimum par rapport à l'équateur et maximum par rapport aux fuseaux, ou inversement, l'application du principe d'Huygens n'entraîne aucun changement de phase dans la vibration des différents points.

Avec la valeur trouvée pour m, l'expression de l'amplitude dans le cas général devient

$$A = a_0 \sqrt{\frac{F^2 + G^2}{2}}.$$

Lorsque le point P est sur le bord de l'ombre géométrique, les intégrales F et G sont toutes deux égales à $\frac{1}{2}$ et l'on a $A = \frac{a_0}{2}$; l'intensité est alors le quart de celle qui serait donnée par l'onde entière et l'amplitude moitié moindre.

191. *Table des intégrales.* — Fresnel a imaginé une méthode ingénieuse pour calculer une Table des intégrales F et G entre les limites o et v, pour une série de valeurs de v variant de dixièmes en dixièmes depuis o jusqu'à 5,5.

L'arc $\frac{\pi}{2} v^2 = \delta$ varie de π quand le retard croît d'une longueur d'onde, ou que l'arc s augmente de deux arcs élémentaires. Pour $v = 5$, l'arc s contient déjà plus de 12 arcs élémentaires, car on a

$$\delta = \frac{\pi}{2} v^2 = 25 \frac{\pi}{2} = 12,5 \pi.$$

Le développement des lignes trigonométriques en séries donne facilement

$$\int_0^v dv \cos \frac{\pi}{2} v^2 = v \left(1 - \frac{1}{1.2} \frac{\delta^2}{5} + \cdots + \frac{(-1)^n}{1.2\ldots 2n} \frac{\delta^{2n}}{4n+1} \right),$$

$$\int_0^v dv \sin \frac{\pi}{2} v^2 = v \delta \left[\frac{1}{3} - \frac{1}{1.2.3} \frac{\delta^2}{7} + \cdots + \frac{(-1)^n}{1.2\ldots(2n+1)} \frac{\delta^{2n}}{4n+1} \right],$$

Les termes des deux séries vont en décroissant à partir des valeurs de n plus grandes que $\frac{\delta}{2}$ ou $\frac{\pi}{4} v^2$, ce qui donnerait $n > 20$

ou $v > 5$. Ces séries ne sont donc pas rapidement convergentes ; pour de petites valeurs de v, la première se réduit sensiblement à v et la seconde est proportionnelle à v^3.

Plusieurs géomètres, particulièrement Knochenhauer, Cauchy et M. Gilbert, ont étudié les propriétés des intégrales de Fresnel, soit pour en faciliter le calcul numérique, soit pour discuter leur marche et la forme des phénomènes correspondants.

Nous reproduisons un extrait de la Table des valeurs de F et de G, entre les limites o et 5, d'après M. Gilbert ([1]) :

Table des intégrales de Fresnel.

v	G $\int_0^v \cos\frac{\pi}{2}v^2\,dv$	F $\int_0^v \sin\frac{\pi}{2}v^2\,dv$	v	G $\int_0^v \cos\frac{\pi}{2}v^2\,dv$	F $\int_0^v \sin\frac{\pi}{2}v^2\,dv$
0,0	0,0000	0,0000	2,6	0,3889	0,5500
0,1	0,0999	0,0005	2,7	0,3926	0,4529
0,2	0,1999	0,0042	2,8	0,4675	0,3915
0,3	0,2994	0,0141	2,9	0,5624	0,4102
0,4	0,3975	0,0334	3,0	0,6057	0,4963
0,5	0,4923	0,0647	3,1	0,5616	0,5818
0,6	0,5811	0,1105	3,2	0,4683	0,5933
0,7	0,6597	0,1721	3,3	0,4057	0,5193
0,8	0,7230	0,2493	3,4	0,4385	0,4297
0,9	0,7648	0,3398	3,5	0,5326	0,4153
1,0	0,7799	0,4383	3,6	0,5880	0,4923
1,1	0,7638	0,5365	3,7	0,5429	0,5750
1,2	0,7154	0,6234	3,8	0,4451	0,5656
1,3	0,6386	0,6863	3,9	0,4223	0,4752
1,4	0,5431	0,7135	4,0	0,4984	0,4205
1,5	0,4453	0,6975	4,1	0,5737	0,4758
1,6	0,3655	0,6383	4,2	0,5417	0,5630
1,7	0,3238	0,5492	4,3	0,4495	0,5540
1,8	0,3363	0,4509	4,4	0,4383	0,4623
1,9	0,3945	0,3734	4,5	0,5158	0,4342
2,0	0,4883	0,3434	4,6	0,5672	0,5162
2,1	0,5814	0,3743	4,7	0,4914	0,5669
2,2	0,6362	0,4556	4,8	0,4338	0,4968
2,3	0,6368	0,5525	4,9	0,5003	0,4351
2,4	0,5550	0,6197	5,0	0,5636	0,4993
2,5	0,4574	0,6192	∞	0,5000	0,5000

([1]) GILBERT, *Mém. couronnés de l'Acad. de Bruxelles*, t. XXXI, p. 1; 1863.

L'intensité de la lumière diffractée dans un cas particulier s'obtiendra en prenant pour chacune des intégrales F et G la somme des valeurs relatives à tous les arcs d'équateur qui correspondent aux ouvertures.

192. *Considérations élémentaires*. — On peut encore déterminer directement la nature des phénomènes et calculer, au moins d'une manière approximative, la position des maxima et des minima d'intensité.

Soient O (*fig*. 82) une source de lumière, P le point dont on

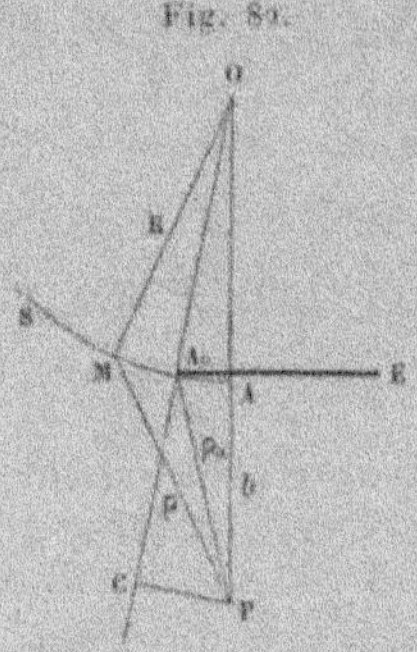

Fig. 82.

veut apprécier l'éclairement, E un écran opaque perpendiculaire à la droite OP, illimité dans un sens et terminé par un bord rectiligne A_0 perpendiculaire au plan de la figure. Pour l'onde S qui passe par le point A_0, l'arc d'équateur est limité en A_0 et ce point est le pôle du point P.

En appelant R la distance $OA_0 = OA$, b la distance AP, ρ_0 et ρ les distances du point P au pôle A_0 et à un point quelconque M de l'arc d'équateur, s_0 et s les arcs AA_0 et AM, Δ_0 et Δ les différences de marche $\rho_0 - b$ et $\rho - b$, on a (185)

$$\Delta_0 = \frac{k^2\lambda}{4} s_0^2, \qquad \Delta = \frac{k^2\lambda}{4} s^2;$$

par suite,

$$\Delta - \Delta_0 = \frac{k^2\lambda}{4}(s^2 - s_0^2) = \frac{k^2\lambda}{2}\frac{s + s_0}{2}(s - s_0).$$

Si l'arc s_0 n'est pas très petit, le premier arc élémentaire, à partir du pôle A_0, est

$$s - s_0 = \frac{1}{k^2 s_0}.$$

Cet arc diminue très rapidement à mesure que l'arc s_0 augmente, c'est-à-dire que le point P, étant situé dans l'ombre de l'écran, est plus éloigné de son bord géométrique C. La lumière pénètre donc dans l'ombre géométrique, mais l'intensité décroît rapidement et d'une manière continue quand on s'éloigne du bord.

Pour $s_0 = 0$, c'est-à-dire quand le point C est situé au bord de l'ombre, l'arc $A_0 S$ est la moitié de l'équateur total : l'amplitude de la vibration est donc moitié et l'intensité le quart de celles qui correspondraient à la suppression de l'écran.

Si le point P est en dehors de l'ombre (*fig.* 83), l'arc d'équa-

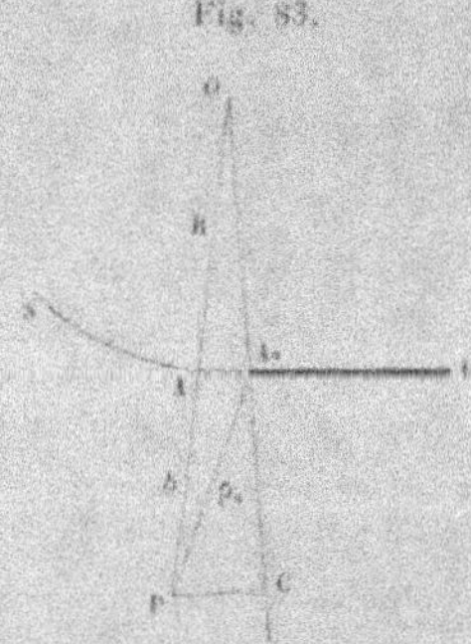

Fig. 83.

teur AS produit une vibration dont l'amplitude est la moitié de celle qui serait due à l'onde entière pour la distance $b + R$. Quant à la vibration due à l'arc AA_0, elle est maximum ou minimum, suivant que cet arc renferme un nombre impair ou pair d'arcs élémentaires.

Le premier arc élémentaire s_1 a pour valeur $\frac{\sqrt{2}}{k}$; l'arc élémentaire d'ordre p est la différence $s_p - s_{p-1}$ des arcs, comptés à partir du point A, qui satisfont à la condition

$$\Delta = p \frac{\lambda}{2} \qquad \text{ou} \qquad s_p = s_1 \sqrt{p}.$$

L'expression générale d'un arc élémentaire est donc

$$s_p - s_{p-1} = s_1(\sqrt{p} - \sqrt{p-1}) = \frac{s_1}{\sqrt{p} + \sqrt{p-1}}.$$

Les vibrations qu'ils produisent étant sensiblement proportionnelles à leurs longueurs, si l'on appelle a_1 l'amplitude relative au premier arc élémentaire, l'amplitude de la vibration résultante est, pour les minima,

$$a_{2p} = a_1\left[1 - (\sqrt{2} - 1) + (\sqrt{3} - \sqrt{2}) - \ldots - (\sqrt{2p} - \sqrt{2p-1})\right] = a_1 \Sigma_{2p}$$

et, pour les maxima,

$$a_{2p+1} = a_1\left[1 - (\sqrt{2} - 1) + (\sqrt{3} - \sqrt{2}) - \ldots + (\sqrt{2p+1} - \sqrt{2p})\right] = a_1 \Sigma_{2p+1}.$$

Les amplitudes des maxima et des minima diffèrent de moins en moins, mais leurs variations sont très lentes.

Les deux séries Σ_{2p+1} et Σ_{2p} tendent vers la même limite $0,76$; pour un point très éloigné de l'ombre portée, la vibration produite par l'arc AA_0 est donc égale à $0,76 a_1$, ou environ les $\frac{3}{4}$ de la vibration due au premier arc élémentaire. Comme cette vibration est égale à celle que produit la moitié de l'onde, on a

$$a_1 = \frac{a_0}{2 \times 0,76} = 0,658 a_0.$$

Les amplitudes des maxima sont donc

$$\frac{a_0}{2} + a_{2p+1} = a_0(0,5 + 0,658 \Sigma_{2p+1}),$$

et celles des minima

$$\frac{a_0}{2} + a_{2p} = a_0(0,5 + 0,658 \Sigma_{2p}).$$

En prenant pour unité l'intensité relative à l'amplitude a_0 qui correspond à l'absence de tout écran, l'intensité d'un maximum ou d'un minimum peut être représentée par

$$I_p = (0,5 + 0,658 \Sigma_p)^2,$$

suivant que p est un nombre impair ou pair.

Le Tableau suivant donne les résultats relatifs aux premiers maxima et minima :

Ordre des franges. p.	Σ_p	$0,5 + 0,658\,\Sigma_p$	Intensité. I.
1 (max.)	0,5	1,1580	1,341
2 (min.)	0,2929	0,8854	0,784
3	0,4518	1,0945	1,198
4	0,3178	0,9182	0,843
5	0,4359	1,0756	1,157
6	0,3292	0,9333	0,871
7	0,4273	1,0623	1,128
8	0,3360	0,9422	0,888
9	0,4217	1,0549	1,113
10	0,3406	0,9482	0,899

Le rapport des intensités du premier maximum et du premier minimum, qui diffèrent le plus, est

$$\frac{I_1}{I_2} = \frac{1,341}{0,784} = 1,711.$$

Remarquons encore que la distance $PC = x_p$ du point P à l'ombre portée, pour la frange d'ordre p, a sensiblement pour valeur, cette distance étant toujours très petite,

$$x_p^2 = \left(\frac{b+R}{R}\right)^2 s_p^2 = p\lambda\,\frac{b(b+R)}{R}.$$

En considérant x_p et b comme les coordonnées rectangulaires x et y d'une courbe, l'équation

$$\frac{x^2}{y(y+R)} = \frac{p\lambda}{R}$$

montre que le lieu d'une frange d'ordre déterminé, à différentes distances de l'écran, est une hyperbole ayant pour *sommets* la source O et le bord A_0 de l'écran. Toutefois la portion de courbe voisine du point A_0 ne représente pas réellement le phénomène physique, parce que les raisonnements qui ont servi pour substituer l'équateur à l'onde et calculer l'action des arcs élémentaires ne sont plus applicables.

Sur la droite CP, la distance x d'une frange d'ordre déterminé est proportionnelle à la racine carrée de la longueur d'onde. Avec

la lumière blanche, les colorations seront donc toutes différentes
de celles des franges d'interférence et ces couleurs n'auront
pas d'éclat, puisque les vibrations a_1, a_2, ... doivent toujours
s'ajouter à la vibration $\dfrac{a}{2}$ produite par la demi-onde libre, laquelle
donne de la lumière blanche.

L'angle apparent β_p d'une frange d'ordre p, vue du bord de
l'écran, est donné par la relation

$$\beta_p^2 = \left(\frac{x_p}{b}\right)^2 = p\lambda\left(\frac{1}{b} + \frac{1}{R}\right).$$

Enfin les carrés des distances à l'ombre x_1, x_2, x_3, ... des
maxima et minima successifs seraient proportionnels aux nombres
entiers successifs.

Ajoutons cependant que ce mode de raisonnement n'est pas
tout à fait correct et permettrait difficilement de traiter le cas de
plusieurs écrans à bords parallèles. Il est nécessaire alors de recourir à la méthode plus générale de Fresnel.

193. *Traduction graphique des intégrales.* — Au lieu de
recourir à des Tables numériques ou aux propriétés analytiques
des intégrales de Fresnel, il est plus avantageux de les traduire par
une construction graphique, qui permet de suivre plus facilement
la continuité des phénomènes [1].

A un facteur constant près $\dfrac{m}{bk} = \dfrac{a}{\sqrt{2}}$, dv représente l'amplitude
de la vibration produite par l'arc ds d'équateur et $\dfrac{\pi}{2}v^2$ est la différence de phase correspondante. Les fonctions F et G sont les
projections sur deux axes rectangulaires du polygone formé par
chacune des amplitudes dv menée parallèlement à une direction
qui fait avec les axes de projection les angles $\dfrac{\pi}{2}v^2$ et $\dfrac{\pi}{2}(1 - v^2)$,
conformément à la règle générale (154). L'amplitude $\sqrt{F^2 + G^2}$ de
la vibration résultante et la différence de phase φ correspondante

---

[1] A. Cornu, *Journal de Physique*, t. III, p. 1 et 44; 1874.

sont données par la longueur et la direction du côté qui ferme ce polygone, ou plutôt la courbe continue correspondante, et l'on peut remplacer l'étude des intégrales par celle des projections de la courbe entre les limites convenables.

Construisons donc la courbe dont les coordonnées rectangulaires sont

$$x = \int_0^v dv \cos \frac{\pi}{2} v^2, \qquad y = \int_0^v dv \sin \frac{\pi}{2} v^2.$$

Pour les valeurs de v positives et croissantes, les coordonnées x et y passent alternativement par des maxima et des minima et tendent vers les valeurs constantes $x = y = \frac{1}{2}$. La branche de la courbe correspondante a donc un point asymptotique J (*fig.* 84) dont ces valeurs limites sont les coordonnées et dont le rayon vecteur est $\frac{1}{\sqrt{2}}$. Cette branche forme une sorte de spirale.

Les valeurs de dx et de dy relatives à un arc de courbe dv au point M sont

$$dx = dv \cos \frac{\pi}{2} v^2,$$

$$dy = dv \sin \frac{\pi}{2} v^2,$$

et la tangente fait avec l'axe des x l'angle $\frac{\pi}{2} v^2 = \delta$.

La valeur de v représente la longueur de la courbe à partir de l'origine. L'angle δ variant de π pour chaque arc élémentaire, deux points de la courbe où les tangentes sont parallèles correspondent à des variations de l'angle $\frac{\pi}{2} v^2 = \delta$ d'un nombre entier de fois π.

Les divisions marquées sur la figure indiquent, en dixièmes, les valeurs des ordonnées x et y et de l'arc v.

Le rayon de courbure en un point, qui a pour expression

$$\frac{dv}{d\delta} = \frac{1}{\pi v},$$

est en raison inverse de l'arc correspondant. Comme il diminue de plus en plus, il en résulte que les spires successives sont renfermées dans les précédentes sans se couper.

Les valeurs négatives de v, qui correspondent à l'arc $— s$ compté à gauche du pôle, donnent une branche en spirale symétrique de la première par rapport au centre O, et ayant un point asymptotique J'.

Fig. 84.

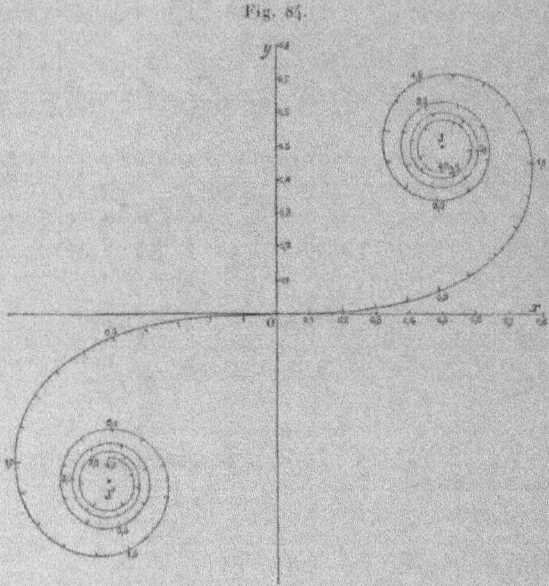

194. *Cas particuliers.* — Une fois tracée la courbe figurative des intégrales de Fresnel, on peut, dans chaque cas particulier, obtenir l'amplitude et la phase de la vibration diffractée par de simples constructions géométriques.

Pour une ouverture limitée aux arcs d'équateur s_1 et s_2, les valeurs correspondantes v_1 et v_2 détermineront sur la courbe les points M_1 et M_2 (*fig.* 85); l'amplitude de la vibration résultante est représentée par la corde $M_1 M_2$ et sa différence de phase par l'angle φ, de cette corde avec l'axe des x.

Pour deux ouvertures qui produisent respectivement les amplitudes $M_1 M_2$ et $N_1 N_2$, l'amplitude résultante sera la résultante, ou la somme géométrique, des amplitudes relatives à chaque ouverture. En menant la droite $M_2 M$ égale et parallèle à $N_1 N_2$, l'amplitude de la vibration résultante est M_1M et sa différence de phase est l'angle φ de cette droite avec l'axe des x.

Fig. 85.

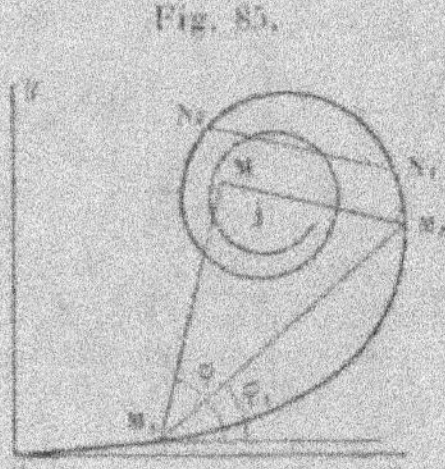

On ferait la même construction pour un nombre quelconque d'ouvertures à bords rectilignes parallèles.

195. *Écran illimité. Formation des ombres.* — Quand on supprime tous les écrans, l'arc s doit être pris entre deux limites très grandes, l'une positive et l'autre négative ; les valeurs correspondantes de v peuvent être considérées comme étant $-\infty$ et $+\infty$, c'est-à-dire celles des points J' et J. On retrouve le résultat connu que l'amplitude de la vibration résultante, étant le produit de $\frac{a}{\sqrt{2}}$ par $J'J = \sqrt{2}$, est égale à a et la différence de phase $\frac{\pi}{4}$.

L'écran étant illimité du côté droit, par exemple, et terminé par un bord rectiligne, si le point considéré P est situé au bord de l'ombre portée, les limites de v sont $-\infty$ et o, et la vibration est représentée par la droite $J'O$. L'intensité est le quart de la précédente et la différence de phase est la même.

Lorsque le point P est dans l'ombre portée de l'écran, on prendra l'arc d'équateur depuis $-\infty$ jusqu'à une valeur $-v_1 = -ks_1$. L'amplitude de la vibration est proportionnelle à la droite $J'M_1$ (*fig.* 86) qui joint le point J' au point correspondant M_1. On voit, par la figure même, que cette amplitude décroît d'une manière continue à mesure qu'on pénètre davantage dans l'ombre portée et que la différence de phase croît elle-même d'une manière continue. Il n'y a donc pas de franges dans l'ombre, mais seulement un affaiblissement continu et très rapide de l'intensité.

On doit remarquer toutefois que les valeurs ainsi obtenues ne conviennent plus dès que l'arc s_1 contient un trop grand nombre d'arcs élémentaires, c'est-à-dire que le point M_1 est sur une spire d'ordre élevé, auquel cas la lumière est insensible.

Fig. 86.

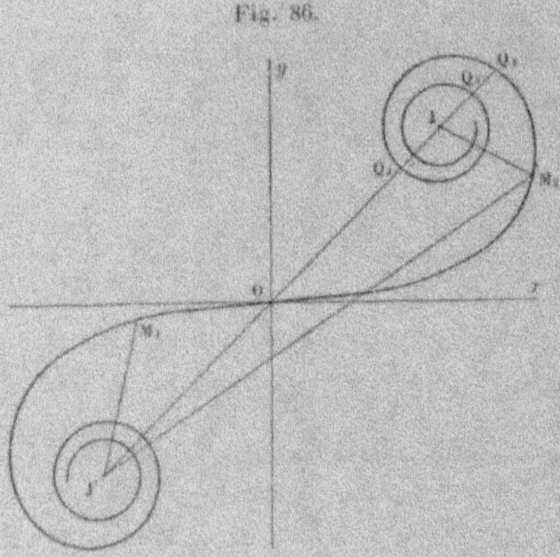

Pour un point situé en dehors de l'ombre, on doit prendre l'arc v depuis $-\infty$ jusqu'à une valeur $v_2 = ks_2$. L'amplitude de la vibration est proportionnelle à la droite $J'M_2$. A mesure qu'on s'écarte de l'ombre, le point M_2 s'éloigne sur la courbe OJ.

La droite $J'M_2$ est la résultante des droites $J'J$ et JM_2; la vibration réelle est en effet la résultante de la vibration relative à l'onde entière et d'une vibration égale et contraire à celle qu'on obtiendrait en remplaçant l'écran par l'ouverture et inversement, puisque les deux sortes d'écrans seraient complémentaires (187).

L'intensité passe par une série de maxima et de minima, sans être jamais nulle. Ces maxima et minima ont lieu quand la droite $J'M_2$ est normale à la courbe au point M_2, c'est-à-dire très sensiblement pour les points Q_1, Q_2, Q_3, ... où la droite $J'J$ rencontre la courbe, les indices impairs correspondant aux maxima et les indices pairs aux minima. Le coefficient angulaire de la tangente étant alors égal à -1, l'angle $\frac{\pi}{2} v^2$ est sensiblement égal à $p\pi - \frac{\pi}{4}$.

En réalité, les maxima et minima ont lieu pour la condition

$$F \, dF + G \, dG = 0,$$

qui donne, en remplaçant F et G par $\frac{1}{2} + x_1$ et $\frac{1}{2} + y_1$,

$$\operatorname{tang} \frac{\pi}{2} v^2 = - \frac{2x_1 + 1}{2y_1 + 1}.$$

Dès que v a une valeur notable, les intégrales x_1 et y_1 diffèrent peu de leur valeur limite et le second membre de cette équation est égal à -1. On peut donc représenter les valeurs relatives aux maxima et minima par

$$v_p^2 = 2\left(p - \tfrac{1}{4} + z_p\right),$$

la quantité z_p tendant rapidement vers zéro.

Les distances x_1, x_2, x_3, ... des franges successives d'intensité maximum ou minimum au bord de l'ombre sur la droite CP satisfont donc, avec une approximation d'autant plus grande que les franges seront d'un ordre plus élevé, aux relations

$$\frac{x_1^2}{1 - \frac{1}{4}} = \frac{x_2^2}{2 - \frac{1}{4}} = \frac{x_3^2}{3 - \frac{1}{4}} = \ldots = \frac{x_p^2}{p - \frac{1}{4}} \quad (^1).$$

L'étude du phénomène par des considérations élémentaires avait donné les mêmes rapports, sauf la fraction $\frac{1}{4}$ aux dénominateurs (192). Il y a donc sur ces valeurs approximatives une erreur notable, surtout pour les premières franges.

On a d'ailleurs

$$x_p^2 = \left(\frac{b + \mathrm{R}}{\mathrm{R}}\right)^2 s_p^2 = \left(p - \frac{1}{4} + z_p\right)\lambda \frac{b(b + \mathrm{R})}{\mathrm{R}}.$$

Si l'on considère x_p et b comme les coordonnées rectangulaires d'une courbe, on trouve encore que le lieu des points occupés par une frange d'ordre p est une hyperbole ayant pour *sommets* le bord de l'écran et la source de lumière.

On peut remarquer que l'existence d'un maximum ou d'un minimum dans l'espace extérieur à l'ombre géométrique correspond à des valeurs *déterminées* pour les intégrales F et G entre les limites $-\infty$ et v; mais la variable v ne dépend en définitive que de la différence de marche $\rho_0 - b$, c'est-à-dire de la différence

---

(1) KNOCHENHAUER, *Die Undulations-Theorie des Lichtes*, p. 37; Berlin, 1839.

des chemins parcourus par le rayon direct OP (*fig.* 83) et le rayon qui a suivi la ligne brisée OA_0P dont le sommet est sur le bord de l'écran. Cette différence étant constante pour une frange d'ordre déterminé, le lieu de la frange doit être une hyperbole ayant les points O et A_0 pour *foyers* et non pour *sommets*.

D'ailleurs, toutes les simplifications qui ont été faites ne sont plus acceptables quand on considère des points très rapprochés de l'écran; la recherche rigoureuse du lieu des franges au voisinage de l'écran par cette méthode est illusoire.

D'après les calculs de Fresnel [1], les valeurs de v et les intensités correspondantes pour les premiers maxima et minima seraient les suivantes. Nous y avons ajouté quelques autres colonnes pour la comparaison des deux modes de raisonnement.

ORDRE des franges p	v_p	$\dfrac{v_p^2}{p}$	$\dfrac{v_p^2}{p-\frac14}$	INTENSITÉS	
				d'après Fresnel	calcul approché
1 (max.)..	1,2172	1,4815	1,9752	1,371	1,341
2 (min.)..	1,8726	1,7533	2,0038	0,778	0,784
3..........	2,3449	1,8325	1,9995	1,199	1,198
4..........	2,7392	1,8758	2,0008	0,843	0,843
5..........	3,0820	1,8998	1,9997	1,151	1,157
6..........	3,3913	1,9168	2,0001	0,872	0,871
7..........	3,6742	1,9285	1,9999	1,126	1,128
8..........	3,9372	1,9377	2,0002	0,889	0,888
9..........	4,1832	1,9443	1,9999	1,110	1,113
10..........	4,4160	1,9501	2,0001	0,901	0,899

Ces résultats, quant à la position des franges, ont été vérifiés par Fresnel avec toute l'exactitude que comporte l'expérience; les carrés des distances au bord de l'ombre sont très sensiblement proportionnels à $4p - 1$. Le calcul approché (192) donnerait donc des positions manifestement inexactes pour les premières franges; les intensités, au contraire, ont presque exactement les mêmes valeurs dans les deux cas.

Lorsque le bord de l'écran est une courbe continue de forme

---

[1] FRESNEL, *Œuvres*, t. 1, p. 512.

quelconque qui ne présente pas d'angles vifs, la diffraction dans le voisinage de l'ombre géométrique est sensiblement la même que si l'écran était limité par sa tangente au point correspondant. Les ombres réelles se terminent donc par une zone d'intensité croissante, bordée de franges dans la région qui correspond à l'éclairement direct.

196. *Diffraction d'une fente ou d'un fil.* — Pour une fente limitée aux arcs s_1 et s_2, l'amplitude de vibration est proportionnelle à la corde $M_1 M_2$ (*fig.* 86) d'un arc de longueur constante $v_2 - v_1$ correspondant à la largeur $s_2 - s_1$ de la fente.

Si la fente est très large, l'arc $v_2 - v_1$ est très grand; les phénomènes ne diffèrent pas sensiblement de ceux qu'on observe avec un bord unique, parce que l'un au moins des points M_1 ou M_2 est très rapproché de J' ou de J.

Avec une fente assez étroite pour que les franges d'un ordre peu élevé qui bordent l'ombre portée empiètent l'une sur l'autre, l'arc $v_2 - v_1$ comprend un petit nombre de spires.

Tant qu'on reste dans le champ des rayons géométriques, les points M_1 et M_2 sont situés de part et d'autre du point O. Pour la frange centrale, ces points sont symétriques; l'intensité est maximum ou minimum suivant qu'ils sont situés sur une branche extérieure ou intérieure de la courbe, et sensiblement aux points de rencontre avec la droite OJ. Comme la valeur de $\frac{\pi}{2} v^2 = \delta = 2\pi \frac{\Delta}{\lambda}$ change de 2π pour chaque tour de spire, la condition des maxima d'intensité est

$$\Delta = (2n+1)\frac{\lambda}{2},$$

et celle des minima

$$\Delta = 2n \frac{\lambda}{2},$$

c'est-à-dire que la moitié de la fente comprend un nombre impair ou pair d'arcs élémentaires.

Les franges se prolongent alors dans l'ombre et suivent une loi assez simple. L'arc $M_1 M_2$ comprend, en effet, un nombre entier de spires, ou un nombre pair de demi-spires, pour les minima, et un nombre impair pour les maxima, ce qui correspond aux conditions

$$\Delta_2 - \Delta_1 = 2n\,\frac{\lambda}{2},$$

$$\Delta_2 - \Delta_1 = (2n+1)\frac{\lambda}{2}.$$

La fente comprend donc pour les minima en nombre pair d'arcs élémentaires et pour les maxima un nombre impair.

Si la fente est tellement étroite qu'elle ne comprenne pour la frange centrale qu'une fraction d'arc élémentaire, cette frange donne lieu à un maximum très étendu qui envahit l'ombre géométrique et s'élargit d'autant plus que la largeur de la fente diminue davantage. Cet épanouissement du faisceau lumineux qui traverse une fente est la démonstration la plus simple de l'existence des phénomènes de diffraction.

197. — La diffraction d'un fil est complémentaire de celle d'une fente de même largeur.

Les points M_1 et M_2 correspondant aux bords du fil, l'amplitude de la vibration est proportionnelle à la somme géométrique des droites $J'M_1$ et M_2J. La frange centrale est toujours un maximum, puisque les points M_1 et M_2 sont alors symétriques.

Si la moitié du fil comprend un grand nombre d'arcs élémentaires, les points M_1 et M_2 sont situés, pour toute la région voisine, sur des spires d'un ordre élevé et les amplitudes $J'M_1$ et M_2J sont sensiblement égales. Il y a interférence complète quand les droites $J'M_1$ et JM_2 sont parallèles et de même direction, c'est-à-dire, quand on a

$$\frac{\pi}{2}v_2^2 = 2n_2\pi + \alpha = 2\pi\frac{\Delta_2}{\lambda},$$

$$\frac{\pi}{2}v_1^2 = (2n_1+1)\pi + \alpha = 2\pi\frac{\Delta_1}{\lambda},$$

ou

$$\Delta_2 - \Delta_1 = [2(n_2 - n_1) - 1]\frac{\lambda}{2} = (2n+1)\frac{\lambda}{2}.$$

Les phénomènes de diffraction dans le voisinage du centre sont donc tout à fait comparables aux franges d'interférence ; mais les minima cessent d'être absolus et n'obéissent plus à la même loi dès qu'on s'approche du bord de l'ombre, parce que les points M_1 et M_2 sont alors sur des spires d'ordres très différents.

La succession des franges se fait suivant une loi encore plus complexe pour les points situés en dehors de l'ombre portée.

198. *Deux fentes.* — Le cas de deux fentes parallèles, de même largeur $2a$, séparées par un intervalle $2d$, se traitera d'une manière analogue. L'amplitude de la vibration résultante est proportionnelle à la somme géométrique des cordes $M_1 M_2$ et $N_1 N_2$ de deux arcs égaux de la courbe figurative correspondant aux deux fentes (*fig.* 87).

Fig. 87.

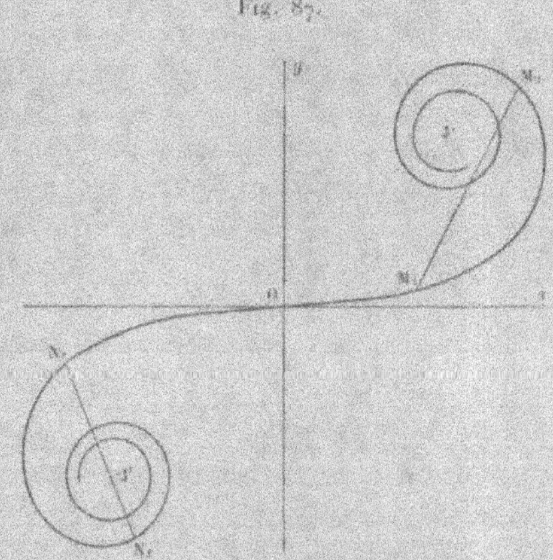

Si les fentes sont larges, et que l'on considère la région voisine de l'ombre projetée par l'intervalle opaque $2d$, les points N_1 et M_2 sont très voisins de J' et de J ; les phénomènes ne diffèrent donc pas de ceux qu'on observe avec un fil de diamètre $2d$.

Si les fentes ont une très petite largeur par rapport à la longueur d'onde, les cordes $M_1 M_2$ et $N_1 N_2$ diffèrent peu des arcs correspondants et représentent toujours des amplitudes égales. Les maxima et minima ont lieu quand les tangentes aux points M_1 et N_2 sont parallèles ; c'est-à-dire quand l'arc $N_2 M_1 = v$ satisfait à la condition $\frac{\pi}{2} v^2 = p\pi$, ce qui donne, pour la différence de marche

Δ des vibrations émises par les deux fentes

$$\Delta = p\frac{\lambda}{2}.$$

Le champ est alors couvert de véritables franges d'interférence.

Dans les cas intermédiaires, les arcs $M_1 M_2$ et $N_1 N_2$ comprennent un petit nombre de spires.

Si l'arc $N_2 M_1$ est assez grand et que l'on considère l'ombre de l'intervalle, la variation de l'angle $\frac{\pi}{2}v^2$ et, par suite, celle du carré de l'arc v^2 entre les points M_1 et M_2 sont sensiblement constantes. Les cordes $M_1 M_2$ et $N_1 N_2$ sont à peu près égales et constantes et font toujours le même angle en M_1 ou N_2 avec la courbe; elles sont parallèles (de même sens ou de sens contraires) quand les tangentes en M_1 et N_2 sont parallèles. A une petite distance du centre, on retrouve donc encore des franges d'interférence, mais l'intensité des maxima est variable avec la largeur des fentes; elle est maximum ou minimum suivant que l'arc $M_1 M_2$ comprend un nombre impair ou pair de demi-spires, c'est-à-dire la fente elle-même un nombre impair ou pair d'arcs élémentaires.

A partir du moment où l'on s'approche du bord de l'ombre projetée par l'écran intermédiaire, le phénomène devient plus complexe; à plus forte raison quand on s'écarte de cette ombre.

Deux écrans noirs à bords parallèles, de largeur $2a$, séparés par une fente de largeur $2d$, forment un système complémentaire dont la solution est donnée par celle du problème précédent.

On voit ainsi que, dans la plupart des cas, le phénomène ne pourra être déterminé que par une série de valeurs des intégrales F et G empruntées aux Tables ou par des constructions graphiques de la courbe figurative faites d'une manière indépendante pour les différentes ouvertures.

199. *Écrans successifs.* — La méthode de Fresnel suppose implicitement que les ouvertures ne sont pas très éloignées du pied de la perpendiculaire abaissée de la source sur le plan des écrans, et elle ne pourrait être appliquée dans des conditions différentes qu'avec les plus grandes réserves.

Considérons, par exemple, une lame opaque à bords parallèles

BB′ (*fig.* 88), dont le plan n'est pas normal à la perpendiculaire OO′ abaissée de la source sur la ligne médiane parallèle aux bords. Pour obtenir la vibration en un point P, au voisinage de l'ombre portée DD′, on pourrait appliquer les calculs qui précèdent en comptant les arcs s, ainsi que les valeurs correspondantes de v, à partir du pied Q de la perpendiculaire abaissée de la source O sur l'écran; mais les arcs $-s$ et $-s'$ correspondant aux bords B et B′ contiendraient un trop grand nombre d'arcs élémentaires et la méthode serait en défaut.

Fig. 88.

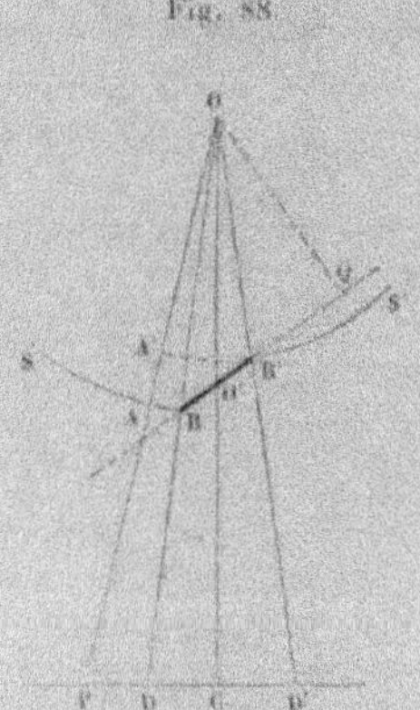

On peut alors considérer les deux ondes BS et B′S′ sur lesquelles les pôles de point P sont A et A′, et dont les distances à ce point sont $AP = b$, $A'P = b' = b + AA' = b + \Delta_0$.

En posant

$$\delta_0 = 2\pi \frac{\Delta_0}{\lambda},$$

$$k'^2 = \frac{2}{\lambda}\left(\frac{1}{b + \Delta_0} + \frac{1}{R - \Delta_0}\right) = k^2 \frac{Rb}{Rb + \Delta_0(R - b) - \Delta_0^2},$$

on appliquera les intégrales de Fresnel à l'arc BS et à l'arc B′S′ pour lequel on a sensiblement $k' = k$, en ayant soin d'ajouter à la valeur $\frac{\pi}{2}v^2$ relative à ce dernier un terme constant δ_0.

Comme construction graphique sur la courbe figurative, si l'arc

BS donne une amplitude $J'M_1$ (*fig.* 89) et l'arc B'S' une amplitude M_1M_2, il suffira de faire tourner cette dernière de l'angle δ_0 et l'amplitude résultante sera $J'M$.

La diffraction n'est plus la même que si l'écran était perpendiculaire à la droite OO' (*fig.* 88). La frange centrale, en particulier, n'est pas en C, mais plus rapprochée du point D', d'une quantité variable avec la longueur d'onde, et les irisations ne sont plus symétriques de part et d'autre.

On obtiendrait de même les phénomènes relatifs à l'écran complémentaire, c'est-à-dire à une fente oblique aux rayons incidents.

Cet artifice permettrait de traiter le cas de plusieurs écrans à bords parallèles situés dans le même plan, mais il devient difficile à appliquer lorsque les écrans sont successifs et l'on devrait alors modifier la méthode.

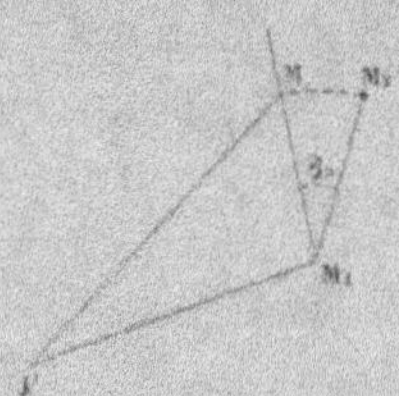

Fig. 89.

Remarquons d'abord que, si un écran indéfini est terminé par un bord rectiligne B (*fig.* 90), il est indifférent, pour les phénomènes qui suivent, de le remplacer par un écran plan E limité au même bord et perpendiculaire à la droite OP.

Pour obtenir la vibration en un point P, on peut évidemment substituer à l'onde réelle BS une surface quelconque partant du point B, par exemple le prolongement BS_1 du plan de l'écran, en tenant compte, pour chacun des arcs ds_1 d'équateur, de la différence totale δ_1 de marche correspondante par rapport à celle que donnerait le pôle A_1. Dans le cas d'un écran unique, il est clair que les formules ne changeront pas.

S'il se trouve ensuite un nouvel écran indéfini E' déterminé par un bord B', on déterminera d'abord l'état vibratoire produit aux différents points du plan $B'S_1$ par la surface BS_1, puis l'état vibratoire produit par $B'S_1$ sur le plan $B''S_1$ d'un autre écran E'', et ainsi de suite. Finalement, la vibration du point P sera déterminée par celle des différents points de la dernière surface libre $B''S''_1$ ou de l'arc d'équateur correspondant.

On peut encore appliquer le principe d'Huygens à une surface arbitraire S', un plan par exemple, passant par les bords B et B' des deux premiers écrans et déterminer l'état vibratoire aux différents points d'une surface S'' passant par les bords B' et B'', ... L'état de la dernière surface ainsi définie déterminera la vibration au point P.

Fig. 90.

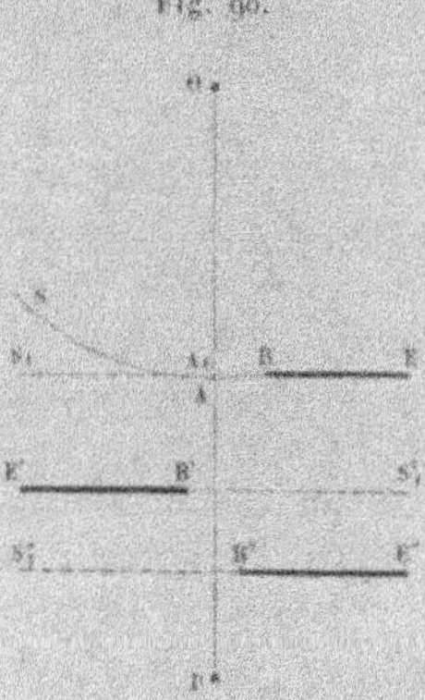

On prévoit aisément que les calculs seront le plus souvent très difficiles et les résultats très complexes; l'expérience les vérifie toujours exactement, mais ils ne présentent pas, au point de vue de la théorie ou des applications, un intérêt qui nous permette d'y insister plus longuement ([1]).

200. *Historique et expériences.* — La diffraction par les bords rectilignes a donné lieu à un grand nombre de travaux et de discussions sur la cause du phénomène.

Newton, raisonnant dans la théorie de l'émission, supposait que les molécules lumineuses sont soumises à des forces émanant de l'écran et rejetées dans l'ombre ou en dehors, suivant qu'elles sont

---

([1]) Quet, *Ann. de Chim. et de Phys.*, [3], t. XLVI, p. 385; 1856.

dans un accès d'*inflexion* ou de *déflexion*, ces accès dépendant de la distance des molécules à l'écran. Aucune tentative n'a été faite d'ailleurs pour préciser cette conception par un calcul et la soumettre au contrôle de l'expérience.

Une autre opinion, émise d'abord par Mairan ([1]) et reprise par Dutour ([2]), consiste à expliquer la production de lumière dans l'ombre par des rayons qui se réfractent dans une couche d'air condensée au voisinage de l'écran. On réfute aisément cette explication par la remarque qu'elle ne rend pas compte des franges situées en dehors de l'ombre, et que la diffraction dans le vide est exactement la même que dans l'air.

Sans se prononcer d'une manière explicite sur la lumière qui pénètre dans l'ombre, Young ([3]) attribuait les franges extérieures à l'interférence des rayons directs avec ceux qui se sont réfléchis sur le bord de l'écran sous une incidence presque rasante. Dans ce cas, le lieu d'une frange d'ordre déterminé serait encore une hyperbole, mais elle aurait pour *foyers* la source et le bord de l'écran; c'est l'hypothèse que Fresnel avait adoptée d'abord.

Ces différentes explications ont pour caractère commun de faire jouer un rôle physique à l'écran lui-même; la position et la forme des franges devrait donc varier avec la nature et les dimensions du bord de l'écran. Fresnel a montré, au contraire, qu'on obtient exactement les mêmes franges en formant le bord de l'écran par le dos ou le tranchant d'une lame de rasoir, et que les franges d'une fente étroite occupent exactement les mêmes positions quand on forme la fente avec deux cylindres, ou les arêtes de deux prismes aigus, ou un simple trait sur une lame de verre enfumée, pourvu que la largeur de la fente ne change pas.

Fresnel a d'ailleurs déterminé par des mesures micrométriques, et au moyen de l'observation avec un verre rouge laissant passer une lumière de longueur d'onde $0^\mu,638$, la position des franges d'intensité maximum ou minimum dans le cas d'un écran illimité, d'une fente unique, d'un écran opaque très étroit, de deux fentes

([1]) MAIRAN, *Mémoires de l'Académie des Sciences*, p. 53; 1738.
([2]) DUTOUR, *Mémoires des Savants étrangers*, t. V, p. 565; 1768.
([3]) YOUNG, *Lectures on natural Philosophy*, p. 342; London, 1807.

parallèles, etc.; l'accord du calcul avec l'observation a toujours été aussi absolu que le comportait la précision des mesures.

Ces vérifications numériques et l'étude particulière du phénomène sur l'axe d'un écran circulaire ne laissent aucun doute sur l'exactitude de la théorie.

201. *Diffraction éloignée.* — La diffraction dans l'ombre d'un écran diminue très rapidement quand on s'éloigne du bord et devient bientôt insensible. M. Gouy ([1]) a pu l'observer à une grande distance et pour des déviations qui allaient jusqu'à 120° et même 140°. Il emploie pour cela des écrans à bord très aigu, débarrassé de toute poussière, en les éclairant par un faisceau conique de rayons solaires qui convergent sur l'arête même de l'écran, et il observe la lumière diffractée avec un microscope pointé sur cette arête. Le bord de l'écran se montre dessiné, dans le champ du microscope, par une ligne lumineuse extrêmement fine, qui se détache vivement sur le fond obscur, et qui est limitée aux régions sur lesquelles se projette l'image de la source.

Quand on veut obtenir des déviations supérieures à 90°, le plan de l'écran est placé obliquement sur les rayons incidents de manière à ménager en arrière la position du microscope.

Avec un bord tout à fait tranchant, la lumière diffractée reste à peu près blanche; mais, si le bord est arrondi, on aperçoit, pour des déviations supérieures à 10°, des colorations variables avec la direction et avec la nature de l'écran. Ces colorations présentent parfois des alternances de teintes qui correspondent, pour une lumière homogène, à de grosses franges de diffraction irrégulières embrassant une étendue angulaire de 10° ou 20°.

L'influence de la nature et de la forme des écrans sur la teinte montre que le phénomène simple de la diffraction est compliqué par d'autres causes accessoires.

202. *Banc de diffraction.* — La disposition expérimentale la plus habituelle consiste à prendre comme source de lumière, soit

---

[1] Gouy, *Comptes rendus des séances de l'Académie des Sciences*, t. XCVI, p. 697; 1883. — *Ann. de Chim. et de Phys.*, [6], t. VIII, p. 145; 1886.

une ouverture très petite (trou ou fente) éclairée par un faisceau de rayons très intenses, comme les rayons solaires, soit l'image réduite que l'on obtient au foyer d'une lentille très convexe, ou la ligne focale que donne une lentille cylindrique ; on place à la suite les écrans de diverses formes et l'on observe avec une loupe les phénomènes produits dans le plan focal de la loupe. Tous les organes de l'expérience, ouverture, écrans et loupes, sont portés par des montures spéciales pouvant glisser sur une règle divisée, qu'on appelle souvent *banc de diffraction;* cette règle donne facilement les distances de l'écran à la source et au plan des franges. Pour faire des mesures, la loupe est munie d'un fil réticule et elle est commandée par une vis micrométrique qui la fait mouvoir dans une direction perpendiculaire à la règle.

L'origine à partir de laquelle on doit compter la distance des franges se détermine aisément quand le phénomène est symétrique, comme dans la diffraction d'une ouverture circulaire, d'une fente, d'un fil, de deux trous ou de deux fentes ; le centre du phénomène est alors le milieu de l'intervalle de deux franges symétriques de même ordre et la distance de l'une des franges au centre est égale à la moitié de cet intervalle. Lorsqu'il n'y a pas symétrie, comme pour la diffraction par le bord d'un écran, on commence par rétablir la symétrie en approchant un second écran terminé par un bord parallèle au premier, de manière à constituer une fente, et l'on détermine le milieu du nouveau système ; la position de l'ombre géométrique se déduit alors de la largeur de la fente et de sa distance à la source et au plan d'observation. On enlève ensuite le second écran pour observer les franges.

Dans ces différents cas, les distances de l'écran à la source et au plan d'observation sont généralement assez grandes et les franges ne sont bien visibles qu'avec un très vif éclairage.

203. *Observation par les systèmes optiques.* — L'emploi des lunettes permet d'obtenir de très belles franges avec des lumières très faibles, comme la flamme d'une bougie, parce que les rayons utiles sont concentrés dans le champ d'observation. Quelques remarques sont alors nécessaires.

Supposons qu'on reçoive sur une lentille K (*fig.* 91), qui sert de collimateur, la lumière émise par une source S (trou ou fente) située en dehors du plan focal principal. La lumière incidente, après avoir traversé cette lentille, se comporte comme si elle émanait du foyer conjugué S′ de la source.

Si l'on observe dans un plan CX la diffraction produite par un écran E, on aura les mêmes résultats que si l'écran était éclairé par l'image S′ de la source.

Fig. 91.

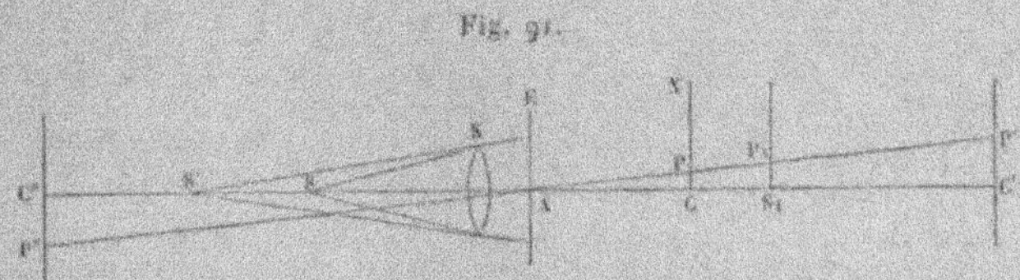

Lorsque la source S est située au delà du plan focal, les rayons qui sortent du collimateur, ou d'un système optique quelconque, convergent sur l'image réelle S_1. Dans ce cas, les phénomènes présentent plusieurs particularités intéressantes :

1° Si le plan d'observation passe par l'image S_1, la nature du phénomène au point P_1 est la même que si la lumière incidente était formée de rayons parallèles normaux à l'écran et l'observation faite à l'infini dans la direction AP_1. En effet, il est permis, sans changer les différences de marche, de supposer qu'une lentille située en avant de l'écran rend d'abord les rayons incidents parallèles et qu'on place derrière et contre l'écran une autre lentille fictive de longueur focale $f = AS_1$. Ce sont précisément les conditions où l'on observe la diffraction des ondes planes (121).

2° Si le plan d'observation est en CX, en deçà du point de concours, l'état vibratoire au point P est le même que celui qu'on observerait, avec des rayons incidents parallèles, au point P′ conjugué du premier par rapport à la même lentille fictive de longueur focale f. En effet, les vibrations qui vont se composer au point P′ sont situées, après l'écran, sur des surfaces sphériques concentriques à ce point et présentent certaines différences de phase; ces différences de phases se conservent, après réfraction dans la lentille fictive f, sur les surfaces sphériques ayant pour centre le point conjugué P.

3° Enfin, si le plan d'observation passe par le point C′, la vi-

bration en P' est la même que celle qui se produirait, pour des
rayons incidents parallèles, au point P″ conjugué du premier par
rapport à la lentille fictive de longueur focale f.

Ce dernier énoncé exige une explication, puisque le point P″,
en avant de l'écran, n'est pas dans le champ de diffraction. Il
faut entendre par là seulement que les différences de marche qui
déterminent la vibration au point P' doivent être calculées comme
si la lumière marchait en sens inverse, à partir de P', et qu'on
voulût déterminer la vibration en P″.

Plusieurs physiciens ont cru voir dans des expériences analogues une diffraction *antérieure à l'écran* produite par des ondes
rétrogrades ; mais Fresnel (*) avait déjà discuté cette objection
faite par Poisson à l'occasion des franges que l'on suppose exister
en deçà de l'écran : « On croit y voir des franges, en effet, lorsqu'on rapproche assez la loupe pour que son foyer dépasse l'écran ;
mais il n'en faut pas conclure que ces franges existent réellement
au foyer de la loupe. Il est facile d'expliquer leur apparition, et
même de calculer leurs largeurs et leurs intensités, sans supposer
aucun mouvement rétrograde aux rayons lumineux. »

204. — Les mêmes raisonnements s'appliquent au cas où l'écran
E est placé entre deux systèmes de lentilles K et L.

Les rayons, qui émanent du point S' (*fig.* 92) après avoir tra-

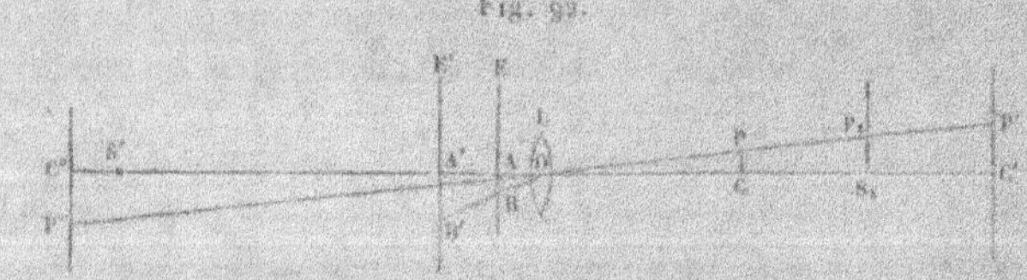

versé le collimateur, tombent sur la lentille L et convergent au
foyer conjugué S_1. D'autre part, les vibrations émanées des points
A et B de l'écran E se comportent, après avoir traversé la lentille L,
comme si elles émanaient respectivement des foyers conjugués A'
et B'. L'écran E se comporte donc comme son image par rapport à

(*) Fresnel, *Œuvres*, t. II, p. 219.

la lentille L, ou sensiblement comme un écran plan E′ parallèle au premier et dont les ouvertures seraient les projections des ouvertures réelles de l'écran E par des droites émanant du centre optique de la lentille (plus exactement du premier point nodal).

On peut, en définitive, supprimer le collimateur et la lunette, à la condition de remplacer l'écran E par l'écran E′ et de supposer que cet écran reçoit un système d'ondes concentriques au point S_1. On rentre ainsi dans le cas précédent, avec cette seule différence que, pour déterminer la direction qui définit la vibration au point P, dans le plan de l'image, ainsi que les points conjugués P et P′, P′ et P″, on devra mener une droite par le centre optique O de la lentille L (ou des droites parallèles par les points nodaux).

Dans ces différents cas, on observe les franges avec un oculaire et les mesures de distances se feraient, soit au moyen d'une vis micrométrique, soit par une échelle divisée au diamant et située dans le plan focal de l'oculaire.

DIFFRACTION DES ONDES PLANES.

205. *Mode d'observation.* — Lorsqu'une surface plane percée d'ouvertures est éclairée par un faisceau de rayons parallèles (ou un système d'ondes planes) et qu'on reçoit ensuite la lumière émergente sur un objectif, la vibration en un point du plan focal P est de même nature que celle qui se produirait à l'infini dans une direction parallèle à la droite qui joint ce point au centre optique. Nous avons déjà fait souvent usage de cette propriété.

Si la source de lumière est à une distance finie de l'écran, la vibration aux différents points du plan focal conjugué P′ de la source est encore la même que si l'on remplaçait la lumière incidente par des ondes planes qu'on recevrait ensuite sur un objectif dont le plan focal serait P′.

Les calculs deviennent alors beaucoup plus simples, parce que la différence de phase des vibrations émises par deux points de l'écran est une fonction linéaire de leurs coordonnées.

206. *Propriétés générales* (¹). — Supposons d'abord que la

(¹) BRIDGE, *Phil. Mag.* [4], t. XVI, p. 311; 1858.

lumière incidente se propage dans une direction $O\zeta$ normale au plan des ouvertures (*fig.* 93). Prenons pour origine un point O de ce plan et représentons par $f\sin\omega t$ la vibration émise dans une direction OP par l'unité de surface au point O. Le facteur f, toutes choses égales, est proportionnel à l'amplitude des vibrations incidentes et il est maximum suivant la normale. Ce facteur varie avec la direction de la lumière diffractée et peut dépendre également de la forme des vibrations primitives.

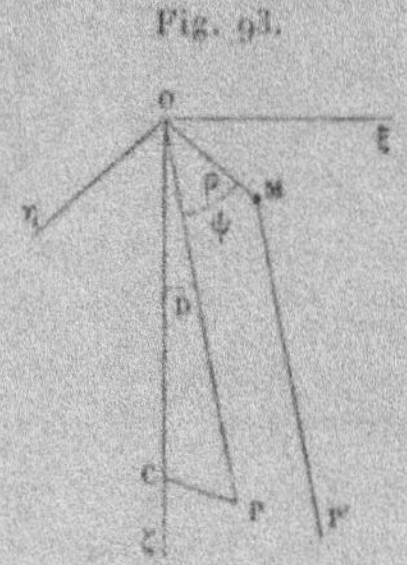

Fig. 93.

Pour la vibration émise dans la même direction MP′ par un point M dont le rayon vecteur $\rho = \mathrm{OM}$ fait l'angle ψ avec la droite OP, la différence de marche est $\Delta = \rho\cos\psi$ et la différence de phase

$$\delta = 2\pi\frac{\Delta}{\lambda} = 2\pi\frac{\rho\cos\psi}{\lambda}.$$

L'amplitude de la vibration due à un élément de surface $d\sigma$ au point M étant $f\,d\sigma$, la vibration résultante a pour expression

$$\int\!\!\int f\,d\sigma\sin(\omega t + \delta) = \mathrm{A}\sin(\omega t + \varphi),$$

l'intégrale s'étendant à toutes les ouvertures.

Posant encore

$$\mathrm{F} = \int f\,d\sigma\sin\delta, \qquad \mathrm{G} = \int f\,d\sigma\cos\delta,$$

on a

$$(1) \qquad \frac{\mathrm{A}}{f} = \sqrt{\mathrm{F}^2 + \mathrm{G}^2}, \qquad \tang\varphi = \frac{\mathrm{F}}{\mathrm{G}}.$$

En appelant D la déviation $PO\zeta$ de la normale aux ondes diffractées, le point dont la vibration est $\mathrm{A}\sin(\omega t + \varphi)$ se trouve sur la surface d'une sphère de rayon R égal à la longueur focale de l'objectif, et à une distance $r = R \sin D$ de la normale aux ondes incidentes. Tant que les déviations restent très petites, le phénomène observé dans le plan focal est sensiblement la projection de celui qui se produirait sur cette surface sphérique. On peut d'ailleurs admettre que P est le point même du plan focal où le phénomène est observé.

Suivant la normale ou, d'une manière plus générale, dans la direction de la lumière incidente, toutes les vibrations sont concordantes et $A = \int \int d\tau = f\tau$. Donc :

I. Dans la direction de la lumière incidente, l'amplitude de la vibration est proportionnelle à la surface totale des ouvertures et l'intensité au carré de cette surface.

La quantité totale de lumière qui tombe sur l'objectif est évidemment proportionnelle à la surface totale des ouvertures. Le rapport de l'intensité sur l'axe à la quantité totale de lumière est donc proportionnel à la surface des ouvertures.

Si l'on mène dans le plan des ouvertures deux axes rectangulaires $O\xi$ et $O\eta$ et qu'on prenne le plan normal $\zeta O \xi$ dans le *plan de diffraction*, c'est-à-dire dans un plan parallèle aux rayons incidents et aux rayons diffractés, il est clair que les vibrations émises par tous les points d'une droite normale à ce plan sont concordantes ; la différence de phase relative à un point M ne dépend que de l'abscisse ξ, et l'on a

$$\Delta = \xi_1 \sin D, \qquad \delta = 2\pi \frac{\xi_1 \sin D}{\lambda}.$$

La différence de phase résultante φ est la même que celle qu correspond au point dont l'abscisse ξ_1 satisfait à la condition

$$\tan 2\pi \frac{\xi_1 \sin D}{\lambda} = \tan \varphi, \qquad \xi_1 \sin D = \frac{\varphi \lambda}{2\pi} + p \frac{\lambda}{2},$$

ce qui donne une série de droites perpendiculaires au plan de diffraction et à la distance constante $\dfrac{\lambda}{2 \sin D}$.

On peut appeler *centre de phase* relatif à la direction OP le point où l'une de ces droites rencontre le plan de diffraction.

Soit l la longueur totale des cordes des différentes ouvertures pour l'abscisse ξ; on peut prendre $d\tau = l\, d\xi$, par suite

$$F = \int l\, d\xi \sin\delta, \qquad G = \int l\, d\xi \cos\delta.$$

Remarquons d'abord que ces expressions ne changent pas et que, par suite, l'amplitude A reste la même, à part les variations du facteur f, quand le rapport $\dfrac{\sin D}{\lambda}$ reste constant. Donc :

II. Le sinus de la déviation qui correspond à un phénomène déterminé (maximum ou minimum par exemple), dans un même plan de diffraction, est proportionnel à la longueur d'onde.

La déviation est donc toujours plus grande pour la lumière rouge que pour la lumière bleue et la dispersion est inverse, par rapport à la déviation, de la dispersion dans les prismes.

En second lieu, si les valeurs de ξ et de τ restent les mêmes, l'amplitude ne dépend que des valeurs de l, d'où résultent les conséquences suivantes :

III. La diffraction dans une direction déterminée ne dépend que de la longueur totale des ouvertures perpendiculaires au plan de diffraction et des projections des ouvertures sur ce plan.

On peut déplacer les ouvertures dans une direction normale au plan de diffraction ou les modifier d'une manière quelconque sans changer les phénomènes, si la longueur l relative à chaque valeur de ξ reste constante.

IV. Pour deux systèmes d'ouvertures ayant mêmes abscisses et dont les cordes sont proportionnelles, les amplitudes des vibrations dans la même direction sont proportionnelles aux cordes, c'est-à-dire à la surface totale des ouvertures, et les intensités au carré de la surface.

Avec un autre système d'ouvertures lié au premier par la condition $\xi' = n\xi$ pour deux points correspondants, les cordes restant les mêmes, l'état vibratoire est de même nature pour deux directions correspondantes D et D' liées par la condition

$$\xi' \sin D' = \xi \sin D \qquad \text{ou} \qquad n \sin D' = \sin D,$$

et l'amplitude devient, à part la variation de f,

$$A' = n A.$$

V. Pour deux systèmes d'ouvertures ayant les mêmes cordes normales au plan de diffraction et dont les abscisses sont proportionnelles, les sinus des déviations correspondantes sont en raison inverse des dimensions homologues dans le plan de diffraction.

Dans ces directions correspondantes, les intensités sont proportionnelles aux carrés des surfaces des ouvertures.

Si l'on a, en même temps, $l' = n l$ et $\xi' = n \xi$, les deux systèmes d'ouvertures sont homothétiques et $A' = n^2 A$.

VI. Pour deux systèmes d'ouvertures homothétiques, les sinus des déviations correspondantes sont en raison inverse du rapport de similitude ; les intensités dans les directions correspondantes sont proportionnelles aux carrés des surfaces.

VII. Si les cordes l sont les mêmes pour $+ \xi$ et $- \xi$, c'est-à-dire pour deux valeurs de δ égales et de signes contraires, on a évidemment

$$F = f \, l \, d\xi \sin \delta = o \qquad \text{ou} \qquad \varphi = o,$$

et la phase de la vibration résultante est la même que celle qui provient du point O.

Il en est ainsi, en particulier, lorsque les ouvertures sont symétriques par rapport à la droite $O\eta$, et lorsque le point O est un centre du système des ouvertures.

207. *Transformation des figures*. — En appelant α et β les cosinus des angles que fait le rayon diffracté OP avec les axes ξ et η, choisis arbitrairement dans le plan des ouvertures, la différence de marche relative au point $M(\xi, \eta)$ est

$$\Delta = \rho \cos \psi = \alpha \xi + \beta \eta.$$

Lorsque les axes auxquels on rapporte les ouvertures font un angle θ, on peut exprimer cette différence de marche en fonction des coordonnées x et y du point P par rapport à des axes Cx et Cy (*fig.* 94), situés dans un plan parallèle à l'écran et respectivement perpendiculaires à $O\eta$ et $O\xi$. La distance OP étant égale à R, la projection de cette droite sur $O\xi$ se réduit à $x\sin\theta$; on a donc $R\alpha = x\sin\theta$ et, de même, $R\beta = y\sin\theta$, ce qui donne

$$(2) \qquad \Delta = \frac{x\sin\theta}{R}\xi + \frac{y\sin\theta}{R}\eta.$$

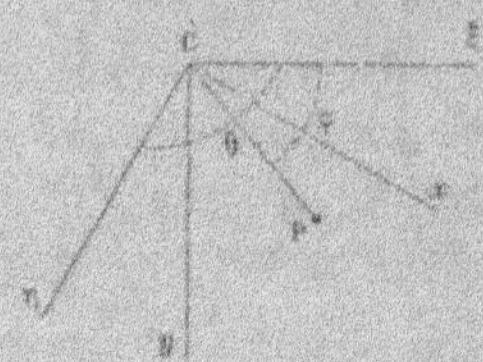

Fig. 94.

Si l'on transforme le système d'ouvertures en rendant les axes rectangulaires, mais de façon que les coordonnées ξ et η de chaque point par rapport aux nouveaux axes conservent leurs valeurs primitives, les retards conservent également les mêmes valeurs pour une direction OP_0 telle que les coordonnées du point P_0 situé à la distance R de l'origine soient

$$(3) \qquad x_0 = x\sin\theta, \qquad y_0 = y\sin\theta.$$

Il en résulte :

VIII. Un système d'ouvertures rapporté à des axes obliques peut être considéré comme déduit d'un système à coordonnées rectangulaires que l'on transformerait sans changer les coordonnées de chaque point, les directions correspondant aux phénomènes de même nature étant liées par les équations (3).

Remarquons que $x\sin\theta$ et $y\sin\theta$ représentent les projections du rayon vecteur CP sur les axes $C\xi$ et $C\eta$; pour un phénomène déterminé, ces projections sont indépendantes de l'angle des axes.

La déviation D du rayon diffracté et l'azimut $\varphi = PC\xi$ du plan de diffraction par rapport au plan $\zeta O\xi$ donnent les relations

$$(4) \qquad \left\{ \begin{array}{l} \alpha = \sin D \cos\varphi, \\ \beta = \sin D \cos(\theta - \varphi), \\ \alpha^2 + \beta^2 = \sin^2 D[\cos^2\varphi + \cos^2(\theta - \varphi)]. \end{array} \right.$$

Suivant que les axes sont obliques ou rectangulaires, les éléments de surface des ouvertures peuvent être représentés par $d\sigma = dr_i\, d\xi \sin\theta$ ou $d\sigma_0 = dr_i\, d\xi$. Le rapport des amplitudes A et A_0 des vibrations correspondantes est alors

$$\frac{A}{A_0} = \frac{f}{f_0} \sin\theta.$$

A part la variation des coefficients f, les amplitudes correspondantes sont proportionnelles au sinus de l'angle des axes.

208. *Incidence oblique.* — Lorsque la lumière incidente est oblique au plan des ouvertures, nous désignerons par α_1 et β_1 les cosinus des angles que fait avec les axes ξ et η la normale OS aux ondes incidentes, comptée en sens contraire de la propagation, α_2 et β_2 ceux de rayon diffracté OP avec les mêmes axes (*fig.* 93). La différence de marche des vibrations émises par les points O et M est la somme des projections du rayon vecteur OM sur les directions OS et OP, c'est-à-dire

$$\Delta = \alpha_1 \xi + \beta_1 \eta + \alpha_2 \xi + \beta_2 \eta = (\alpha_1 + \alpha_2)\xi + (\beta_1 + \beta_2)\eta.$$

Remarquons encore que le phénomène ne change pas quand on permute α_1 et α_2, ainsi que β_1 et β_2, c'est-à-dire quand on remplace les rayons incidents par les rayons diffractés, et inversement. Ce résultat est conforme au principe général du retour des rayons lumineux (184).

Choisissons, pour l'incidence normale sur le même système d'ouvertures, un rayon diffracté dont les cosinus directeurs α et β sont définis par les conditions

$$(5) \qquad \begin{cases} \alpha = \alpha_1 + \alpha_2, \\ \beta = \beta_1 + \beta_2, \end{cases}$$

ce qui est toujours possible, au moins tant que les rayons restent peu écartés de la normale. Les deux rayons diffractés ainsi définis sont *correspondants*, les intégrales F et G ayant les mêmes valeurs, et leurs amplitudes A et A_1 donnent

$$\frac{A}{f} = \frac{A_1}{f_1}.$$

Le coefficient f_1 dépend ici en même temps de la direction des rayons incidents et de celle des rayons diffractés. Donc :

IX. La lumière diffractée dans un cas quelconque présente les mêmes caractères que la lumière diffractée pour l'incidence normale dans une direction correspondante.

Il suffit ainsi de connaître la diffraction d'un système d'ouvertures relative à l'incidence normale, que nous appellerons pour abréger *diffraction normale*, pour en déduire la diffraction relative à des directions quelconques des rayons incidents et diffractés.

L'azimut φ et la déviation D de la diffraction normale correspondante sont déterminés par les équations (4) qui donnent

$$\frac{\cos(\theta - \varphi)}{\cos \varphi} = \frac{\beta}{\alpha} = \frac{\beta_1 + \beta_2}{\alpha_1 + \alpha_2},$$

$$\sin^2 D\left[\cos^2 \varphi + \cos^2(\theta - \varphi)\right] = (\alpha_1 + \alpha_2)^2 + (\beta_1 + \beta_2)^2,$$

ou, pour des axes rectangulaires,

$$\tan \varphi = \frac{\beta_1 + \beta_2}{\alpha_1 + \alpha_2},$$

$$\sin^2 D = (\alpha_1 + \alpha_2)^2 + (\beta_1 + \beta_2)^2.$$

D'une manière plus générale, si n est un nombre arbitraire et qu'on pose

$$\frac{\alpha_1 + \alpha_2}{\alpha} = \frac{\beta_1 + \beta_2}{\beta} = n,$$

il en résulte

$$\Delta = n(\alpha \xi + \beta \zeta),$$

$$\frac{\cos(\theta - \varphi)}{\cos \varphi} = \frac{\beta}{\alpha} = \frac{\beta_1 + \beta_2}{\alpha_1 + \alpha_2},$$

$$\sin^2 D\left[\cos^2 \varphi + \cos^2(\theta - \varphi)\right] = \left(\frac{\alpha_1 + \alpha_2}{n}\right)^2 + \left(\frac{\beta_1 + \beta_2}{n}\right)^2.$$

Ces relations montrent qu'en choisissant un système d'ouvertures homothétique au premier, c'est-à-dire défini par les conditions $\xi' = n\xi$, $\eta' = n\eta$, les amplitudes A', A_1 et A dans les directions correspondantes sont

$$\frac{A'}{f'} = n^2 \frac{A_1}{f_1} = n^2 \frac{A}{f}.$$

Dans le cas où l'une des sommes $\alpha_1 + \alpha_2$ ou $\beta_1 + \beta_2$ serait supérieure à l'unité en valeur absolue, le problème se trouverait ainsi ramené à un phénomène réel de diffraction normale dans un système homothétique au premier.

209. *Remarques*. — Ces résultats généraux donnent lieu à plusieurs remarques importantes :

1° Les axes $O\xi$ et $O\eta$ étant rectangulaires, les coordonnées x_1 et y_1, x_2 et y_2, x et y des projections Q_1, Q_2, Q (*fig.* 95), sur

Fig. 95.

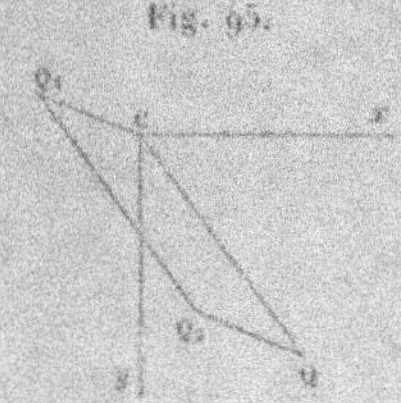

un plan parallèle à l'écran, des points P_1, P_2, P où la surface sphérique de rayon R est coupée par le prolongement du rayon incident, par le rayon diffracté, enfin par le rayon correspondant relatif à l'incidence normale, sont

$$x_1 = -R\alpha_1, \qquad x_2 = R\alpha_2, \qquad x = R\alpha,$$
$$y_1 = -R\beta_1, \qquad y_2 = R\beta_2, \qquad y = R\beta.$$

Il en résulte, d'après les équations (5),

$$x = x_2 - x_1,$$
$$y = y_2 - y_1,$$

c'est-à-dire que la droite CQ est égale et parallèle à $Q_1 Q_2$.

X. La projection du phénomène de diffraction sur un plan parallèle à l'écran est donc indépendante de la direction des rayons incidents, quand on la rapporte au point Q_1 qui correspond à la lumière directe.

2° Si les angles d'incidence et de diffraction i et i' restent très petits, les distances $Q_1 Q_2$ et CQ sont sensiblement proportionnelles aux déviations D_1 et D du rayon diffracté dans les deux cas. Donc :

XI. Pour les rayons peu écartés de la normale, la déviation est indépendante de la direction de la lumière incidente.

Il en est ainsi, en particulier, quand la lumière incidente provient d'une ouverture de forme quelconque au foyer d'un collimateur. La diffraction dans le plan focal de la lentille d'observation est la superposition de phénomènes identiques dus aux différents points de l'ouverture et rapportés chacun au rayon direct correspondant.

3° Si la diffraction a lieu dans le plan d'incidence, les trois points Q_1, Q_2 et Q sont en ligne droite (*fig.* 96); leurs distances

Fig. 96.

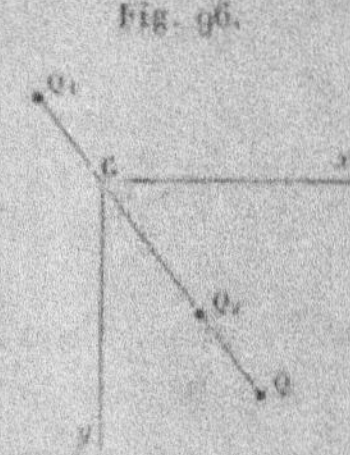

au point C sont respectivement proportionnelles aux sinus des angles i, i' et D, ce qui donne

$$\sin D = \sin i + \sin i',$$
$$D_1 = i + i'.$$

XII. Les phénomènes de diffraction dans le plan d'incidence ne dépendent donc que de la somme des sinus des angles d'incidence et de diffraction.

Il en résulte que toutes les propriétés établies précédemment pour l'incidence normale s'appliquent aussi à la lumière oblique, pour la diffraction dans le plan d'incidence, à la condition de remplacer, quand il y a lieu, $\sin D$ par la somme $\sin i + \sin i'$.

On peut écrire

$$\sin D \quad \sin i + \sin i' = 2 \sin \frac{i + i'}{2} \cos \frac{i - i'}{2},$$

$$\sin D = 2 \sin \frac{D_1}{2} \cos\left(\frac{D_1}{2} - i\right).$$

Si la nature du phénomène est déterminée, $\sin D$ est constant; la déviation D_1 est minimum quand le facteur $\cos\left(\frac{D_1}{2} - i'\right)$ est égal à l'unité, c'est-à-dire pour la condition $i = i' = \frac{D_1}{2}$ et alors

$$\sin D = 2 \sin \frac{D_1}{2}.$$

XIII. Pour un phénomène de nature déterminée, la déviation du rayon diffracté dans le plan d'incidence est minimum lorsque l'angle d'incidence est égal à l'angle de diffraction, c'est-à-dire que le plan des ouvertures est bissecteur de l'angle des rayons incidents et diffractés ([1]).

Il y a lieu de remarquer l'analogie qui existe entre cette déviation minimum et celle des prismes, pour laquelle le plan bissecteur de l'angle dièdre doit être également bissecteur des plans menés par l'arête du prisme parallèlement aux rayons incidents et aux rayons émergents (67).

4° Dans le cas général, on peut faire $\beta = 0$, ce qui revient à prendre l'axe $O\xi$ dans le plan d'incidence; les cosinus α et α_2, ou β et β_2, représentent alors les sinus des angles des rayons diffractés avec les plans normaux $\zeta O\eta$ ou $\zeta O\xi$, c'est-à-dire les sinus des déviations parallèles ou perpendiculaires au plan d'incidence.

La condition $\beta = \beta_2$ montre déjà que cette dernière, ou déviation *latérale*, est indépendante de l'angle d'incidence.

Si l'on appelle j et j_2 les angles des rayons diffractés avec le plan normal $\zeta O\eta$, on aura

$$\sin j \quad \sin i + \sin j_2 = 2 \sin \frac{i + j_2}{2} \cos \frac{i - j_2}{2}.$$

([1]) MASCART, *Annales de l'École Normale supérieure*, t. I, p. 248; 1864.

Tant que les déviations restent très petites, la somme $i + j_2$ est très petite; l'angle $i - j_2 = 2i - (i + j_2)$ est très voisin de $2i$, et l'équation précédente se réduit à

$$i + j_2 = \frac{j}{\cos i}.$$

La déviation $i + j_2$ *parallèle* au plan d'incidence est la même que si l'on remplace le système des ouvertures par sa projection sur un plan perpendiculaire au rayon incident.

XIV. Tant que les déviations restent très petites, le phénomène observé dans le plan focal d'une lunette dirigée vers la source ne dépend que de la projection du système des ouvertures sur un plan perpendiculaire à la lumière incidente.

5° Supposons encore que la lumière normale ne donne de diffraction sensible que dans un plan déterminé, que nous appellerons *plan principal*, ce qui aurait lieu par exemple, pour une fente très étroite, dans un plan perpendiculaire à sa longueur.

En prenant l'axe des z dans ce plan, on aura toujours $\beta = 0$ et, par suite, quelle que soit la direction de la lumière incidente,

$$\beta_1 + \beta_2 = 0 \qquad \text{ou} \qquad \beta_1 = -\beta_2.$$

La diffraction n'est sensible que dans les directions pour lesquelles les rayons incidents et diffractés font, de part et d'autre, des angles égaux avec la normale au plan principal. Le lieu des rayons diffractés est donc la surface d'un cône circulaire autour de cette droite et dont la demi-ouverture angulaire est égale à l'angle qu'elle fait avec les rayons incidents; les rayons diffractés ont la même direction que s'ils s'étaient réfléchis régulièrement sur la normale au plan principal de diffraction.

La différence de marche se réduisant à

$$\Delta = (\alpha_1 + \alpha_2)\xi = \xi(\sin j_1 + \sin j_2),$$

il en résulte

$$\sin D = \sin j_1 + \sin j_2.$$

XV. Pour un phénomène déterminé, la somme des sinus des angles des rayons incident et diffracté avec le plan perpendiculaire au plan principal est constante.

6° Enfin tous les résultats qui précèdent s'appliquent *également* à un système d'écrans opaques de mêmes dimensions que les ouvertures considérées, au moins pour toutes les directions autres que celles des rayons directs, ou plus exactement pour les directions dans lesquelles la lumière diffractée par l'ouverture entière de l'objectif avec lequel on observe est sensiblement nulle. Dans ce cas, en effet, les ouvertures et les écrans correspondants forment deux systèmes complémentaires (187).

210. *Grand nombre d'ouvertures ou d'écrans.* — Lorsqu'il existe dans un même plan un certain nombre N d'ouvertures distinctes, la vibration produite par chacune d'elles a une expression de la forme $a \sin(\omega t + \alpha)$. La vibration résultante est

$$x = \Sigma a \sin(\omega t + \alpha) = A \sin(\omega t + \zeta)$$

et l'on a

$$A^2 = (\Sigma a \cos \alpha)^2 + (\Sigma a \sin \alpha)^2 = \Sigma a^2 + 2 \Sigma aa' \cos(\alpha - \alpha').$$

Si les ouvertures sont en très grand nombre, de formes quelconques et distribuées au hasard, la différence de phase $\alpha - \alpha'$ relative à deux d'entre elles peut avoir indifféremment toutes les valeurs possibles. Dans ce cas, $\cos(\alpha - \alpha')$ prend également toutes les valeurs, entre -1 et $+1$, pendant que le produit aa' reste compris entre deux limites finies, positives ou négatives ; on a alors

$$\Sigma aa' \cos(\alpha - \alpha') = 0$$

et, par suite,

$$A^2 = \Sigma a^2.$$

XVI. Avec un grand nombre d'ouvertures de formes quelconques, distribuées au hasard, l'intensité de la lumière diffractée dans une direction est donc la somme des intensités relatives à chacune des ouvertures séparément.

Le champ est alors entièrement éclairé ; c'est une *diffusion* générale de la lumière. Si les dimensions des ouvertures sont assez grandes pour que la différence de marche des rayons extrêmes respectifs à chacune d'elles soit de plusieurs longueurs d'onde, la diffraction dans une direction déterminée passe indifféremment par toutes les couleurs. Dans ce cas, la lumière diffusée est blanche si l'on opère avec de la lumière blanche.

M. — I.

Au contraire, si les dimensions des ouvertures sout de l'ordre des longueurs d'onde, la lumière diffractée dans une direction déterminée présente une proportion prédominante de certaines couleurs. La diffusion est alors colorée quand on opère avec la lumière blanche ; nous reviendrons plus tard sur cette propriété importante qui permet d'expliquer la couleur du ciel.

Si toutes les ouvertures, étant distribuées au hasard, sont identiques, les coefficients a sont égaux et il reste

$$A^2 = N a^2.$$

XVII. Dans ce cas, l'intensité de la lumière diffractée est proportionnelle au nombre des ouvertures.

Ces deux propriétés supposent toutefois que la différence de phase $\alpha' - \alpha$, relative à deux ouvertures différentes, peut atteindre des valeurs notables ; elles ne s'appliquent donc pas à des rayons très voisins de la lumière directe.

Elles conviennent, avec la même restriction, à un système d'écrans complémentaire du système des ouvertures.

Si l'écran est constitué par une surface polie dénuée de pouvoir réflecteur sur certains points, les portions polies correspondant aux ouvertures dans le cas de la transmission, il est clair que les rayons réfléchis en un point M se comportent comme s'ils provenaient de l'image S' de la source S, et les vibrations émanant de ce point jouiront des mêmes propriétés dans les deux cas. Les phénomènes de diffraction observés du côté de la source seront donc les mêmes que dans le cas d'un système d'ouvertures analogue observé par transmission, si l'on a soin de les rapporter, non pas à la direction des rayons incidents, mais à la direction des rayons réfléchis régulièrement.

211. *Interposition d'une lame.* — Nous avons supposé que les ouvertures étaient libres et ménagées dans un écran. Il arrive souvent que ces ouvertures sont obtenues à l'aide d'une couche opaque, appliquée sur une lame de verre à faces parallèles que l'on a dénudée en certains points pour rétablir la transparence ; il est clair que cette lame ne modifie pas la direction des phénomènes de diffraction si on les observe ensuite dans l'air.

Supposons, en effet, que les ouvertures soient tracées à la partie inférieure d'une lame de verre. Pour une incidence déterminée i dont l'angle de réfraction correspondant est r dans une lame d'indice n, la différence de marche, avant la diffraction, des rayons S_a et S qui aboutissent aux points O et M (*fig.* 97) est la longueur

Fig. 97.

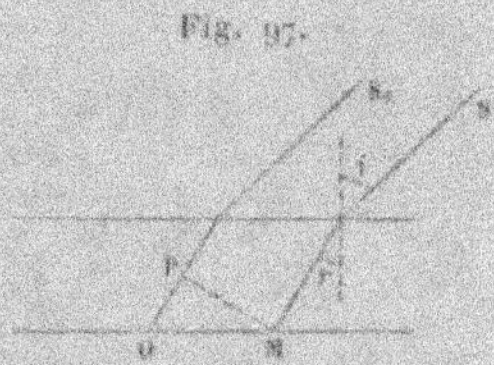

optique de la différence OP de leurs distances à une même onde MP, c'est-à-dire

$$\Delta = n\,\mathrm{OP} = n\,\mathrm{OM}\sin r = \mathrm{OM}\sin i\,;$$

elle est la même que si la lame n'existait pas. Il en serait de même pour les rayons diffractés. On peut donc tracer les ouvertures sur la première ou la seconde surface d'une lame à faces parallèles, sans altérer la diffraction.

Par contre, si les rayons incidents et les rayons diffractés étaient dans deux milieux différents, d'indices de réfraction n et n', on devrait remplacer $\sin i$ par $n\sin i$ et $\sin i'$ par $n'\sin i'$.

DIFFÉRENTES FORMES D'OUVERTURES.

212. *Anneau circulaire.* — Par raison de symétrie, la lumière diffractée, pour l'incidence normale, par une ouverture ayant la forme d'un anneau circulaire donne, dans le plan focal d'observation, une série de cercles concentriques.

Prenant pour origine le cercle O de l'anneau, nous supposerons que l'axe $\mathrm{O}\xi$ est dans le plan de diffraction et nous considérerons un point M dont le rayon vecteur ρ fait avec l'axe des ξ l'angle θ; l'élément de surface relatif à un anneau de largeur infiniment petite $d\rho$ est $d\tau = \rho\,d\rho\,d\theta$ et la différence de marche correspondante

$$\Delta = \xi\sin D = \rho\cos\theta\sin D.$$

Comme il existe deux éléments de même surface symétriques par rapport à l'axe des ξ, la vibration résultante est

$$x = f\, 2\rho\, d\rho \int_0^\pi \sin\left(\omega t - 2\pi \frac{\rho \sin D}{\lambda} \cos\theta\right) d\theta.$$

La valeur de l'intégrale F est nulle, puisque l'origine est au centre de l'ouverture. En posant

$$m = \pi \frac{\rho \sin D}{\lambda} = h\rho,$$

l'amplitude dA de la vibration résultante est donc

$$dA = 2 f\rho\, d\rho \int_0^\pi \cos(2m\cos\theta)\, d\theta$$

ou, en développant le cosinus en série,

$$dA = 2 f\rho\, d\rho \int_0^\pi \left[1 - \frac{(2m\cos\theta)^2}{1.2} + \frac{(2m\cos\theta)^4}{1.2.3.4} - \dots \right] d\theta.$$

La série comprise entre parenthèses peut s'écrire

$$1 - 2(m\cos\theta)^2 + \frac{2^3(m\cos\theta)^4}{1.3 \times 1.2} - \dots + \frac{(-1)^n 2^n (m\cos\theta)^{2n}}{[1.3\dots(2n-1)](1.2\dots n)}.$$

Or on a, d'une manière générale,

$$\frac{2^n}{1.3\dots(2n-1)} \int_0^\pi \cos^{2n}\theta\, d\theta = \frac{\pi}{1.2.3\dots n},$$

par suite,

$$dA = f\, 2\pi\rho\, d\rho \left[1 - \left(\frac{m}{1}\right)^2 + \left(\frac{m^2}{1.2}\right)^2 - \dots + (-1)^n \left(\frac{m^n}{1.2.3\dots n}\right)^2 \right].$$

Pour obtenir la vibration relative à un anneau compris entre les rayons ρ_1 et ρ_2, il suffit, en remplaçant m par $h\rho$, d'intégrer l'expression qui précède entre les limites ρ_1 et ρ_2, ce qui donne

$$A = f\pi \left[\rho^2 - \left(\frac{h}{1}\right)^2 \frac{\rho^4}{2} + \left(\frac{h^2}{1.2}\right)^2 \frac{\rho^6}{3} - \dots + (-1)^n \left(\frac{h^n}{1.2\dots n}\right)^2 \frac{\rho^{2n}}{n} \right]_{\rho_2}^{\rho_1}.$$

213. *Ouverture circulaire.* — L'amplitude de la vibration relative à un anneau circulaire de rayon ρ s'obtiendra en faisant

$\rho_2 = \rho$ et $\rho_1 = 0$. Si l'on met en facteur le produit $\pi \rho^2$ qui re-présente la surface τ de l'ouverture, et qu'on remplace $h\rho$ par m, il vient finalement

$$A = f\tau \left[1 - \frac{1}{2} m^2 + \frac{1}{3} \left(\frac{m^2}{1.2} \right)^2 - \ldots + \frac{(-1)^n}{n+1} \left(\frac{m^n}{1.2 \ldots n} \right)^2 \right] = f\tau S.$$

C'est la formule obtenue par Sir G. Airy [1], qui l'a exprimée en fonction de la quantité $2m$. La nature du phénomène ne dépend que de la valeur de m. Le sinus de la déviation D, pour un phénomène de nature déterminée, est proportionnel à la longueur d'onde et en raison inverse du diamètre de l'ouverture.

L'amplitude de la vibration, toutes choses égales, est d'ailleurs proportionnelle à la surface τ de l'ouverture et l'intensité proportionnelle au carré de cette surface. Ces résultats sont conformes aux règles générales (206).

La série

$$S = 1 - \frac{1}{2} \left(\frac{m}{1} \right)^2 + \frac{1}{3} \left(\frac{m^2}{1.2} \right)^2 - \frac{1}{4} \left(\frac{m^3}{1.2.3} \right)^2 + \ldots + \frac{(-1)^n}{n+1} \left(\frac{m^n}{1.2 \ldots n} \right)^2$$

est évidemment convergente, quel que soit m, et elle prend des valeurs alternativement positives et négatives à mesure que m croît à partir de zéro.

L'intensité est nulle quand $S = 0$; elle est maximum et proportionnelle à S^2 pour les valeurs de m qui satisfont à la condition $\frac{dS}{dm} = 0$, c'est-à-dire à l'équation

$$2m \left[-\frac{1}{2} + \frac{2}{3} \left(\frac{m}{1.2} \right)^2 - \frac{3}{4} \left(\frac{m^2}{1.2.3} \right)^2 + \ldots + \frac{(-1)^q n}{n+1} \left(\frac{m^{n-1}}{1.2 \ldots n} \right)^2 \right] = 0,$$

Cette série S a une importance exceptionnelle dans l'étude des images dans les instruments d'Optique. Sir G. Airy en a donné la Table pour toutes les valeurs de m, variant de dixièmes en dixièmes, depuis 0 jusqu'à 6.

---

[1] G.-B. Airy, *Trans. of the Cambr. Phil. Soc.*, t. V, p. 283; 1834.

Diffraction d'une ouverture circulaire.

Table d'Airy.

m.	S.	S'.		m.	S.	S'.
0	1,0000	1,0000		3,0	—0,0922	0,0085
0,1	9950	9900		1	731	56
2	9801	9606		2	568	32
3	9557	9134		3	379	14
4	9221	8503		4	192	4
5	8801	7746		5	—0,0013	0
6	8305	6897		6	—0,0151	2
7	7742	5994		7	296	9
8	7124	5075		8	419	17
9	6461	4174		9	516	27
1,0	5767	0,3326		4,0	587	0,0035
1	5054	2554		1	629	40
2	4335	1879		2	645	42
3	3622	1312		3	634	40
4	2927	857		4	660	36
5	2261	511		5	545	30
6	1633	267		6	473	22
7	1054	111		7	387	15
8	530	28		8	291	8
9	+0,0067	0		9	199	4
2,0	—0,0336	0,0011		5,0	—0,0087	0,0091
1	660	44		1	—0,0013	0
2	922	85		2	197	1
3	1116	125		3	191	4
4	1244	155		4	263	7
5	1319	172		5	321	10
6	1320	174		6	364	13
7	1279	164		7	390	15
8	1194	143		8	400	16
9	1073	115		9	394	16
3,0	—0,0922	0,0085		6,0	372	0,0014

Schwerd ([1]) a représenté la variable m par $\dfrac{\pi}{2} \dfrac{\varphi}{180^{\circ}}$ et calculé la Table suivante de la série S en donnant à l'angle φ des valeurs croissantes de 15° en 15°, c'est-à-dire à la variable m des valeurs successives égales à un nombre entier de fois $\dfrac{\pi}{24}$. En posant $m = p\,\dfrac{\pi}{24}$, on obtient ainsi :

([1]) SCHWERD, *Die Beugunserscheinungen*, p. 69; Manaheim, 1835.

Diffraction d'une ouverture circulaire.

Table de Schwerd.

$\frac{m}{\pi}$	p	S	S²
0	0	+1,0000	1,0000
	1	0,9912	9825
	2	9659	9330
	3	9247	8550
	4	8689	7550
	5	8005	6407
0,25	6	7217	5208
	7	6349	4031
	8	5431	2950
	9	4491	2018
	10	3558	1266
	11	2657	0,07059
0,50	12	1812	3985
	13	1045	1094
	14	+0,03733	139
	15	—0,01918	37
	16	06426	413
	17	09761	953
0,75	18	11958	1427
	19	13048	1701
	20	13160	1731
	21	12424	1544
	22	10998	1209
	23	09051	819
1	24	06765	458
	25	04314	186
	26	—0,01861	35
	27	+0,00443	2
	28	2475	61
	29	4141	171
1,25	30	5374	289
	31	6143	377
	32	6442	415
	33	6293	396
	34	5753	331
	35	4871	237
1,50	36	3753	141
	37	2474	61
	38	+0,01163	0,00013
	38	+0,01163	0,00013
	39	—0,00176	0
	40	1377	19
	41	2464	58
1,75	42	3199	103
	43	3729	139
	44	3979	158
	45	3930	156
	46	3663	134
	47	3149	93
2	48	2464	61
	49	1654	27
	50	—0,00784	6
	51	—0,00087	0
	52	900	8
	53	1613	26
2,25	54	2177	47
	55	2566	66
	56	2764	76
	57	2769	77
	58	2590	67
	59	2248	51
2,50	60	1773	31
	61	1304	14
	62	+0,00583	3
	63	—0,00049	0
	64	655	4
	65	1174	14
2,75	66	1606	26
	67	1903	36
	68	2064	43
	69	2077	43
	70	1953	38
	71	1792	29
3	72	1350	18
	73	929	8
	74	—0,00451	0,00002
	75	+0,00031	0

Les maxima et les minima successifs d'intensité ont lieu pour les valeurs suivantes :

Maxima.

Ordre.	$\frac{m}{\pi}$	Différence.	S^2.	$\frac{m}{\pi}S^2$
1......	0		1	
2......	0,819	0,819	0,01745	0,01396
3......	1,346	0,527	0,00415	559
4......	1,858	0,512	0,00165	306
5......	2,362	0,504	0,00078	184
6......	2,862	0,5	0,00043	123
7......	3,362	0,5	0,00027	91
8......	3,862	0,5	0,00018	69
9......	4,362	0,5	0,00012	0,00052

Minima.

Ordre.	$\frac{m}{\pi}$	Différence.	Distances aux maxima	
			avant.	arrière.
1......	0,610		0,610	0,209
2......	1,116	0,506	0,297	0,230
3......	1,619	0,503	0,273	0,239
4......	2,122	0,502	0,264	0,240
5......	2,622	0,501	0,260	0,240
6......	3,122	0,5	0,260	0,240

On voit que les maxima successifs, à partir du troisième, sont sensiblement équidistants et que les minima, d'abord plus éloignés que le milieu de l'intervalle des deux maxima qui le comprennent, s'en rapprochent de plus en plus.

Dans le plan focal de la lunette d'observation, le rayon r de la circonférence qui correspond à un phénomène déterminé, ou à une valeur de m, est

$$r = R \sin D = \frac{R\lambda}{\rho}\frac{m}{\pi}.$$

La quantité de lumière dQ répandue dans ce plan sur une zone annulaire comprise entre les rayons r et $r + dr$ peut être représentée par

$$dQ = A^2 2\pi r\, dr = \pi A^2\, dr^2.$$

Si l'on remplace r^2 par sa valeur $\frac{R^2\lambda^2}{\pi^2\rho^2} m^2 = \frac{R^2\lambda^2}{\pi^2} m^2$, il vient

$$dQ = \frac{A^2 R^2 \lambda^2}{\pi} dm^2 = \sigma f^2 R^2 \lambda^2 S^2\, dm^2.$$

Le coefficient f est d'ailleurs en raison inverse de la distance R; à un facteur constant près, on peut donc écrire

$$dQ = \sigma \lambda^2 S^2 \, dm^2.$$

La quantité totale de lumière répandue sur un cercle de rayon r, défini par la valeur de m correspondante, est

$$Q = \sigma \lambda^2 \int_0^m S^2 \, dm^2 = \sigma \lambda^2 \, \varphi(m^2),$$

et l'éclairement moyen par unité de surface

$$\frac{Q}{\pi r^2} = \frac{Q\sigma}{R^2 \lambda^2 m^2} = \frac{\sigma^3}{R^2} \frac{1}{m^2} \varphi(m^2).$$

La série S étant une fonction de m^2, on pourrait effectuer l'intégration et calculer l'expression de la fonction $\varphi(m^2)$; mais il sera plus simple de traduire par une courbe, à l'aide des Tables, les valeurs de S^2 en fonction de m^2 et de déterminer l'intégrale $\varphi(m^2)$ par des méthodes graphiques.

Dans un travail remarquable sur la vision dans les instruments d'Optique, M. André ([1]) appelle *solide de diffraction* le volume que l'on obtient en faisant tourner autour de son axe la courbe des intensités.

La quantité de lumière distribuée sur la tache centrale est représentée par le volume correspondant du solide de diffraction, c'est-à-dire proportionnelle à l'intégrale $\int S^2 \, dm^2$ comptée jusqu'au premier minimum.

Pour les anneaux qui suivent, la valeur moyenne de S^2 est sensiblement la moitié de la valeur maximum, et la quantité totale de lumière relative à chaque anneau peut être représentée par l'expression $2m \dfrac{S^2}{2} \delta m = m S^2 \delta m$, dans laquelle le nombre m correspond au maximum S^2, et δm à la distance des deux minima. Comme la différence δm est sensiblement constante, la quantité de lumière relative à chaque anneau est proportionnelle au produit $m S^2$. On trouve d'ailleurs, par un calcul approché :

([1]) Ch. André, *Ann. de l'École Normale supérieure*, [2]. p. 275; 1876.

	$\int S^2\, d\varpi$.	Rapports.
Tache centrale	$0,9238$	1
Premier anneau	$0,07348$	$0,0795$
Deuxième anneau	$0,002807\pi^2$	$0,0300$
Troisième anneau	1536 »	$0,0164$
Quatrième anneau	923 »	$0,0098$
Cinquième anneau	615 »	$0,0066$
Sixième anneau	454 »	$0,0048$
Septième anneau	347 »	$0,0037$
Huitième anneau	$0,000261$ »	$0,0028$
Total des huit anneaux		$0,1536$

Cette discussion montre que, si l'intensité des maxima diminue très rapidement, à tel point qu'elle n'est pas le cinquantième de celle du centre pour le premier anneau, ni le cinq-millième pour le huitième anneau, la distribution de la lumière suit une loi toute différente. La quantité de lumière répandue sur le premier anneau atteint presque le dixième de celle de la tache centrale et elle diminue lentement sur les anneaux qui suivent; la somme totale de lumière relative aux différents anneaux est supérieure au septième de celle qui existe sur la tache centrale.

214. *Pénétration des lunettes.* — Un objectif entièrement découvert qui vise une étoile réalise le cas d'une ouverture circulaire. La diffraction n'est alors sensible qu'à une très petite distance de l'axe du faisceau et l'on peut remplacer le sinus de la déviation D par l'angle lui-même.

En appelant $d = 2\rho$ le diamètre de l'objectif, l'angle apparent ε du rayon de la tache centrale, vu du centre optique, est définie par le premier minimum pour lequel $\dfrac{m}{\pi} = 0,61$; on a donc

$$\varepsilon = \frac{m}{\pi}\frac{\lambda}{\rho} = \frac{2\lambda}{d} \times 0,61 = 1,22\,\frac{\lambda}{d}.$$

Si l'on remplace la longueur d'onde λ par la valeur $0^{\mu},56$ qui correspond à la partie la plus brillante du spectre, qu'on exprime l'angle ε en secondes ($1'' = \frac{1}{206000}$) et le diamètre d de l'objectif en centimètres, il vient

$$\varepsilon = \frac{13'',7}{d},$$

ce qui donne un angle de $1''{,}4$ pour un objectif de 10^{cm} de diamètre.

L'image d'une étoile dans une lunette, au lieu d'être un point brillant, se présente donc comme un disque (**32**), dont le diamètre est en raison inverse de l'ouverture de l'objectif, et qui est entouré d'anneaux irisés sur leurs bords. Cet élargissement des images avait été déjà observé par W. Herschel dès 1782 [1]. Fraunhofer [2] a constaté également que, «lorsque la lumière est diffractée par des ouvertures rondes de différents diamètres, les diamètres des anneaux colorés sont en raison inverse des diamètres des ouvertures» et que «les distances des rayons rouges extrêmes des différents anneaux au centre forment une progression arithmétique dont la différence est plus petite que le premier terme». Ces résultats sont absolument conformes à la théorie.

Le problème de la diffraction d'une ouverture circulaire a été traité d'abord par Sir G. Airy, puis par Schwerd, qui l'a soumis également au contrôle de l'expérience, et par Knochenhauer [3].

Deux étoiles voisines ne peuvent se distinguer dans une lunette que si leurs taches centrales ne sont pas confondues de manière à former une plage commune. Comme l'intensité de la tache centrale est déjà réduite à $0{,}37$ au milieu du rayon, on conçoit que les images de deux étoiles d'égale grandeur pourront se détacher l'une de l'autre quand le milieu de la tache de la première sera sur le premier anneau noir de la seconde, car l'intensité minimum entre les taches est $0{,}74$; un objectif de 10^{cm} est donc capable de séparer sûrement une étoile double de $1''{,}4$.

Dawes [4] a contrôlé par une longue série d'observations cette influence du diamètre de l'objectif. Il appelle *pouvoir séparateur* d'une ouverture instrumentale l'angle minimum de deux étoiles qu'elle peut distinguer; le produit de cet angle par le diamètre de l'ouverture est une *constante de séparation*. D'après ses observations, une ouverture de 1 pouce permet au plus de séparer une étoile double dont les composantes, de sixième grandeur, sont à la distance de $4''{,}56$, soit $1''{,}16$ pour une ouverture de 10^{cm},

---

[1] W. Herschel, *Phil. Trans. L. R. S.*, p. 52; 1805.

[2] Fraunhofer, *Schumacher's astr. Abhand.*, t. I, p. 58; 1823.

[3] Knochenhauer, *Die Undulationstheorie des Lichtes*, p. 22; Berlin, 1839.

[4] Dawes, *Mem. of the Roy. Astr. Soc.*, vol. XXXV, p. 158; 1856.

c'est-à-dire un angle plus faible que ne l'indiquerait l'empiètement par moitié des taches centrales.

215. *Emploi des diaphragmes*. — Il est intéressant de chercher comment il serait possible d'améliorer le pouvoir séparateur d'un instrument par des diaphragmes de forme convenable qui cacheraient une partie de l'ouverture.

On voit d'abord que, si l'on couvre la partie centrale par un écran circulaire de rayon ρ_1, l'amplitude de la vibration est égale à la différence des valeurs relatives aux deux rayons ρ_1 et ρ, c'est-à-dire proportionnelle à la différence $A(\rho) - A(\rho_1)$, ou

$$\rho^2 S(\rho) - \rho_1^2 S(\rho_1).$$

Il est clair que la déviation du premier minimum sera moindre que pour l'ouverture entière et qu'on améliore ainsi la visibilité des étoiles doubles; mais, par contre, on augmente l'importance des anneaux qui suivent et l'on troublerait sans doute l'image d'un objet dont l'angle apparent est appréciable.

Quand on ne laisse libre, par exemple, qu'une ouverture annulaire très étroite au bord de l'objectif, l'amplitude de la vibration correspondante dA (**212**) est nulle pour $m = 0,49\pi$ environ, au lieu de la valeur $0,61\pi$ qui correspondrait à l'ouverture entière.

D'une manière plus générale, si l'on fait usage d'une série d'écrans qui laissent libres des ouvertures annulaires concentriques de rayons ρ_1 et ρ_2, ρ_1' et ρ_2', etc., l'amplitude de la vibration résultante sera

$$A(\rho_2) - A(\rho_1) + A(\rho_2') - A(\rho_1') + \ldots$$

On peut enfin couvrir l'ouverture par des écrans percés de trous équidistants sur des cercles concentriques, etc.

216. *Formation des images*. — Lorsque la source a des dimensions apparentes notables, les ondes produites par les différents points ont des vibrations indépendantes; la quantité de lumière qui éclaire un élément du plan focal est la somme des intensités qui correspondent à tous les éléments de l'image géométrique dont l'action est appréciable, en y comprenant les effets de diffraction.

Cette quantité de lumière est représentée par la somme des

volumes du solide de diffraction, relatifs à tous les éléments de l'image géométrique, qui ont pour base l'élément de surface considéré. On peut ainsi, par le calcul ou par des constructions graphiques, déterminer la distribution de la lumière dans le plan focal; nous nous bornerons à deux cas particuliers :

1° Supposons d'abord que la source est une ligne lumineuse d'éclat uniforme, dont les dimensions transversales sont inappréciables, et dont l'image géométrique a une courbure très faible par rapport à celle des premiers anneaux de diffraction, les seuls dont il y ait lieu de tenir compte.

Pour un point situé auprès de l'image géométrique et loin des extrémités, on voit aisément, par la superposition des intensités relatives à tous les points lumineux, que l'intensité est proportionnelle à la section du solide de diffraction par un plan parallèle à l'axe et à la distance m qui correspond à la distance angulaire du point considéré à l'image géométrique. M. André a calculé cette Table pour les différentes valeurs de m, en prenant pour unité l'intensité sur l'image géométrique elle-même, qui correspond à la section méridienne du solide de diffraction.

Image d'une ligne.

m.	Intensité.	m.	Intensité.	m.	Intensité.
0,0	1,0000	2,0	0,0344	4,0	0,0124
1	9769	1	373	1	115
2	9502	2	401	2	112
3	9015	3	416	3	0,0091
4	8314	4	417	4	73
5	7676	5	404	5	65
6	6764	6	379	6	41
7	5843	7	309	7	76
8	4910	8	256	8	34
9	3977	9	224	9	26
1,0	3176	3,0	164	5,0	28
1	2386	1	137	1	33
2	1792	2	109	2	36
3	1290	3	0,0091	3	42
4	0,0835	4	86	4	45
5	576	5	90	5	48
6	376	6	0,0104	6	47
7	300	7	109	7	45
8	299	8	114	8	43
9	303	9	118	9	32
2,0	0,0344	4,0	0,0124	6,0	0,0015

Le mode même de construction montre que l'intensité n'est jamais nulle. A mesure qu'on s'éloigne de l'image géométrique, la lumière diminue d'abord lentement et varie d'une manière continue, en passant par une série de minima et de maxima, pour devenir insensible au delà de $m = 6$.

Il est à remarquer que, pour le premier minimum, le rapport $\frac{m}{\pi} = \frac{1,76}{\pi} = 0,56$ est plus faible que pour le premier anneau obscur dans l'image d'un point, mais l'intensité $0,03$ est encore supérieure à celle du premier anneau brillant, et elle reste à peu près constante jusqu'à $m = 3$, c'est-à-dire pour une distance moindre que celle $(m = 3,51)$ du deuxième anneau obscur.

L'image d'une ligne est donc élargie par diffraction et bordée de franges parallèles peu distinctes. Les images de deux lignes brillantes très rapprochées peuvent encore se distinguer quand le centre de l'une d'elles est sur le premier minimum de l'autre, car l'intensité du point intermédiaire est $0,8$; la pénétration d'une lunette sur un pareil système de lignes serait

$$\frac{13'',7}{d}\frac{56}{61} = \frac{12'',6}{d}.$$

Si la source a la forme d'une fente de plus en plus large, les effets se superposent et l'intensité en un point est représentée par le volume d'une tranche du solide de diffraction déterminée par deux plans parallèles à l'axe dont la distance correspond à l'angle apparent de la source; on en obtiendrait la valeur par la somme des termes du Tableau précédent compris entre deux valeurs de m dont la différence serait constante. Le phénomène se transforme ainsi d'une manière continue.

2° Lorsque la source est une surface d'éclat uniforme, nous supposerons encore que son contour géométrique a une faible courbure. Dans ce cas, l'intensité dans le voisinage du bord est représentée par le volume du solide de diffraction situé d'un côté du plan défini par la valeur de m qui correspond à la distance du point considéré au bord géométrique. Pour les points situés sur l'image elle-même, à quelque distance du bord, l'intensité est représentée par le volume total du solide de diffraction.

En prenant cette intensité pour unité, la Table suivante donne les intensités qui correspondent à différentes valeurs de m :

Image d'une surface.

m	Intensité	m	Intensité	m	Intensité
— 6,5	1,0000	0,0	0,5000	3,2	0,0108
— 6,0	0,9998	0,2	3882	3,4	0,0097
— 5,5	9989	0,4	2867	3,6	87
— 5,0	9977	0,6	1997	3,8	73
— 4,5	9967	0,8	1335	4,0	61
— 4,0	9940	1,0	0,0880	4,2	48
— 3,5	9908	1,2	604	4,4	38
— 3,0	9877	1,4	436	4,6	31
— 2,5	9795	1,6	389	4,8	27
— 2,0	9684	1,8	353	5,0	24
— 1,5	9585	2,0	328	5,2	20
— 1,0	9121	2,2	276	5,4	16
— 0,8	8666	2,4	229	5,6	11
— 0,6	8004	2,6	184	5,8	0,0006
— 0,4	7134	2,8	148	6,0	2
— 0,2	0,6111	3,0	0,0124	6,2	1

L'éclairement diminue d'une manière continue depuis $m = -6$ jusqu'à $m = +6$; l'intensité est moitié moindre pour $m = 0$ que sur la surface elle-même, ce qui était évident, et la courbe des intensités est symétrique par rapport au point qui correspond au bord géométrique.

Si deux surfaces d'égal éclat se touchent par leurs bords parallèles, l'éclairement du champ est uniforme; quand on les écarte l'une de l'autre, les images ne paraissent distinctes que si la somme des intensités qui correspondent à la moitié de la distance de leurs bords géométriques diffère notablement de l'unité. Il est plus difficile de définir le pouvoir séparateur des lunettes dans le cas actuel, parce que l'impression produite sur l'œil dépend beaucoup de l'éclat intrinsèque des images; il faut aussi que l'espace plus sombre ait une largeur apparente assez grande pour être distingué.

Si la distance angulaire des deux surfaces correspond à $m = 1,8$ ou $\frac{m}{\pi} = 0,57$, l'éclairement du point intermédiaire, dont la distance aux bords géométriques correspond à $m = 0,9$, est 0,53. On doit admettre qu'alors la distinction des images n'est pas douteuse et le pouvoir séparateur serait $\dfrac{12''{,}8}{d}$.

Dans son célèbre Mémoire sur la construction des télescopes, Foucault [1] a donné le nom de *pouvoir optique* à la propriété que Dawes appelait plus tard *pouvoir séparateur*. Pour déterminer cette constante, Foucault visait un système de lignes blanches séparées par des intervalles noirs de même diamètre et il faisait varier les dimensions des traits ou leur distance à l'instrument pour atteindre la limite à laquelle on commençait à les distinguer. Il a ainsi fixé par expérience à $1'',3$ le pouvoir optique correspondant à une ouverture de 10^{cm}.

Ce nombre est un peu plus élevé que celui de Dawes, mais les deux résultats sont de même ordre; leur différence paraît tenir uniquement à ce que les observations du contrôle ne sont pas de même nature. La séparation des étoiles doubles, en particulier, dépend beaucoup de leur éclat.

Les écrans annulaires placés sur les objectifs donneraient lieu à des effets analogues. Sans y insister davantage, on conçoit combien l'étude de la diffraction dans les instruments d'Optique est importante pour l'observation d'un grand nombre de phénomènes astronomiques, tels que les étoiles doubles, les occultations, les passages de planètes sur le soleil, etc.; nous renverrons sur ce point au travail de M. André.

Quand on veut utiliser une lunette pour distinguer les détails d'une image dont les différents points n'ont pas le même éclat, le problème est encore plus complexe, parce que le pouvoir séparateur dépend de la forme même de ces détails, ainsi que du rapport qui existe entre leurs éclats intrinsèques, et de l'intensité générale de la lumière.

217. *Ouverture elliptique.* — Supposons que l'ouverture soit une ellipse

$$\frac{\xi^2}{a^2} + \frac{\eta^2}{b^2} = 1.$$

Pour obtenir la diffraction dans un plan OQ (*fig.* 98) normal aux ondes incidentes et faisant l'angle φ avec l'axe des ξ, on peut, en déplaçant les ordonnées perpendiculaires à OQ, transformer

---

[1] Foucault, *Ann. de l'Obs. de Paris*, t. V, p. 219; 1858.

cette ellipse en une autre ellipse dont le grand axe AA' est donné
par l'équation

$$\overline{OA}^2 = a^2 \cos^2 \alpha + b^2 \sin^2 \alpha.$$

Comme on peut aussi transformer cette nouvelle ellipse en un
cercle en multipliant les ordonnées par un facteur constant, les
sinus des déviations dans le plan de diffraction OQ sont en raison
inverse de OA.

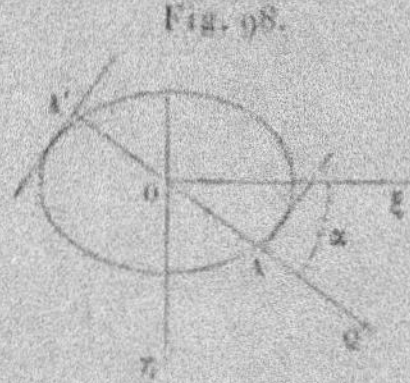

Fig. 98.

En désignant par k^2 un facteur constant, le rayon vecteur r de
la courbe qui correspond à un phénomène déterminé dans le plan
d'observation satisfait donc à la condition

$$\frac{1}{r^2} = k^2 (a^2 \cos^2 \alpha + b^2 \sin^2 \alpha).$$

Cette courbe est une ellipse semblable à l'ellipse d'ouverture;
les axes homologues sont rectangulaires et suivent la loi des anneaux donnés par une ouverture circulaire.

On peut encore traiter ce cas d'une autre manière en rapportant
l'ellipse à deux axes conjugués égaux ξ' et η' qui font entre eux
l'angle θ. Le grand axe primitif a de l'ellipse étant situé dans
l'angle aigu des nouveaux, l'équation de l'ellipse sera

$$\xi'^2 + \eta'^2 = a'^2 = \frac{ab}{\sin\theta},$$

avec la condition

$$\tan\frac{\theta}{2} = \frac{b}{a}.$$

Les coordonnées du phénomène de diffraction, rapportés aux
axes x et y respectivement perpendiculaires à η' et ξ', seront les
mêmes que pour une ouverture circulaire de rayon a'. Pour un
phénomène de nature déterminée, on aura donc une ellipse

$$x^2 + y^2 = p^2$$

M. — I.
21

semblable à l'ellipse d'ouverture et dont les axes homologues sont rectangulaires.

Les règles indiquées précédemment permettront de traiter également le cas de l'incidence oblique. Tant que les déviations sont petites, la diffraction relative à une ouverture circulaire ou elliptique, pour des rayons incidents dans une direction quelconque, est la même que pour l'incidence normale avec l'ellipse de projection du cercle ou de l'ellipse considérée sur un plan perpendiculaire aux rayons incidents.

218. *Ouverture rectangulaire.* — Pour une ouverture rectangulaire, en forme de fente, dont la longueur est $l = 2b$, la largeur $d = 2a$ et la surface $\sigma = ld$, la phase de la vibration diffractée est encore définie par le centre de l'ouverture.

Dans un plan perpendiculaire à la longueur l de l'ouverture, l'amplitude de la vibration est

$$A = f\,2b \int_{-a}^{+a} \cos 2\pi \frac{\xi \sin D}{\lambda}\, d\xi = f \frac{l\lambda}{\pi \sin D} \sin 2\pi \frac{a \sin D}{\lambda},$$

ou, en posant

$$x = \pi \frac{d \sin D}{\lambda}, \qquad H = \frac{\sin x}{x},$$

$$A = f l d H = f \sigma H.$$

Les directions d'intensité nulle correspondent évidemment à la condition

$$d \sin D = p\lambda, \qquad x = p\pi,$$

où p est un nombre entier différent de zéro, c'est-à-dire aux directions pour lesquelles la largeur du rectangle contient un nombre pair d'arcs élémentaires, comme on l'avait vu déjà (128).

Tant que les déviations restent très faibles, les minima successifs sont à la distance angulaire constante $\dfrac{\lambda}{d}$, dont le double $\dfrac{\lambda}{a}$ est l'angle apparent de la tache centrale.

Les maxima s'obtiendront en égalant à zéro la dérivée du facteur H par rapport à x, ce qui donne

$$x \cos x - \sin x = 0 \qquad \text{ou} \qquad x = \tang x.$$

Les valeurs de x correspondantes sont déterminées par les points de rencontre de la droite $y_1 = x$ avec la courbe $y_2 = \tang x$.

Cette dernière est formée d'une série de branches asymptotes aux droites

$$x = \frac{\pi}{2}, \quad 3\frac{\pi}{2}, \quad \ldots, \quad (2p+1)\frac{\pi}{2}.$$

Le point O (*fig.* 99) qui correspond à $x = 0$ ou $D = 0$ est une

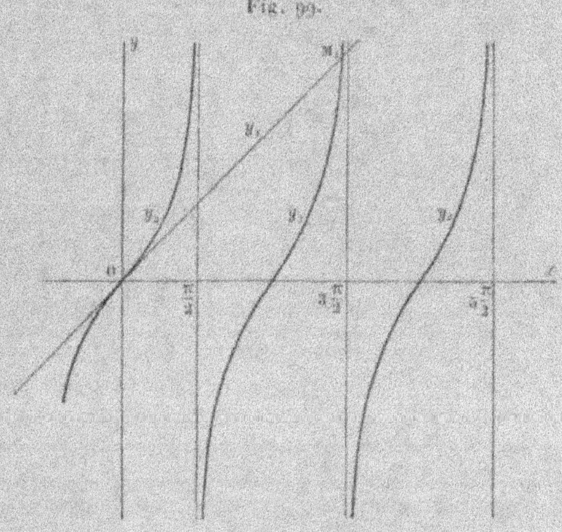

Fig. 99.

solution, comme on le savait déjà ; les abscisses des autres points M, M', M″, ... peuvent être représentées par

$$x = (2p + 1 - \varepsilon_p)\frac{\pi}{2},$$

le terme ε_p tendant vers zéro à mesure que p augmente.

Comme les minima correspondent aux valeurs $x = p\pi$, on voit que les maxima sont d'abord plus rapprochés du centre que le milieu de deux minima successifs, mais ils tendent à devenir exactement intermédiaires aux minima.

Toutes choses égales, l'intensité est proportionnelle à σ^2, conformément à la règle générale (205, I); les maxima successifs sont sensiblement en raison inverse de $(2p + 1)^2$.

La Table suivante, dans laquelle on a représenté par m l'angle $\frac{\pi}{12}$, donnera une idée du phénomène :

x.	H.	H².		x.	H.	H².
0	$+1$	1		13 m	$-0,0760$	0,0058
m	0,9886	0,9773		14 »	0,1364	0,0186
2 m	0,9549	0,9119		15 »	0,1801	324
3 »	0,9003	0,8106		16 »	0,2067	427
4 »	0,8270	0,6839		17 »	0,2172	471
5 »	0,7379	0,5445		18 »	0,2122	450
6 »	0,6366	0,4053		19 »	0,1942	377
7 »	0,5271	0,2778		20 »	0,1654	274
8 »	0,4135	0,1710		21 »	0,1286	165
9 »	0,3301	0,0901		22 »	0,0868	0,0075
10 »	0,1910	0,0365		23 »	$-0,0430$	18
11 »	$+0,0899$	0,0081		2,5 π	$+0,1273$	0,0162
π	0	0		3,5 π	$-0,0909$	0,0083

Pour deux sources voisines telles que le centre de chaque image soit sur le premier minimum de l'autre, l'intensité du point intermédiaire serait $0,81$ et la pénétration de l'instrument $\frac{10^{\prime\prime},3}{d}$.

Dans plusieurs expériences de spectroscopie en particulier, les faisceaux se présentent ainsi naturellement limités comme ils le seraient par une ouverture rectangulaire. Des écrans convenables placés sur la section du faisceau permettraient encore d'améliorer la pénétration de l'instrument.

Dans un plan parallèle à la longueur l de la fente, les déviations D' qui correspondent aux minima nuls successifs sont déterminées par la condition $l \sin \mathrm{D}' = p'\lambda$; pour des déviations très petites, la distance angulaire des minima successifs est $\frac{\lambda}{l}$.

Pour une direction quelconque faisant avec les axes ξ et η, des angles dont les cosinus sont α et β, on a

$$\Delta = \alpha\xi + \beta\eta$$

et l'amplitude de la vibration résultante est

$$\mathrm{A} = l \int_{-b}^{+b} d\eta \int_{-a}^{+a} d\xi \cos 2\pi \frac{\alpha\xi + \beta\eta}{\lambda}.$$

L'intégration ne présente aucune difficulté, car on a

$$\int_{-a}^{+a} d\xi \cos 2\pi \frac{\alpha\xi + \beta\eta}{\lambda} = \frac{\lambda}{\pi\alpha} \sin 2\pi \frac{a\alpha}{\lambda} \cos 2\pi \frac{\beta\eta}{\lambda}.$$

En répétant la même opération pour la variable η, il en résulte

$$A = f \frac{\lambda^2}{\pi^2 \alpha\beta} \sin 2\pi \frac{a\alpha}{\lambda} \sin 2\pi \frac{b\beta}{\lambda},$$

ou, en posant

$$u = \pi \frac{d}{\lambda} \alpha, \qquad v = \pi \frac{\lambda}{l} \beta,$$

$$A = f\alpha \frac{\sin u}{u} \frac{\sin v}{v}.$$

Appelant encore φ l'azimut de diffraction et D la déviation, les cosinus α et β sont respectivement $\sin D \cos \varphi$ et $\sin D \sin \varphi$, et

$$u = \pi \frac{d \cos \varphi}{\lambda} \sin D, \qquad v = \pi \frac{l \sin \varphi}{\lambda} \sin D.$$

Les quantités $d \cos \varphi$ et $l \sin \varphi$ représentent les projections des côtés d et l du rectangle sur le plan de diffraction ; ces deux projections ont la même valeur $h = \dfrac{ld}{\sqrt{l^2 + d^2}}$ quand le plan de diffraction est perpendiculaire à une diagonale du rectangle. Dans ce cas, on a

$$u = v = \pi \frac{h}{\lambda} \sin D,$$

$$A = f\alpha \frac{\sin^2 u}{u^2}.$$

Les directions des minima nuls sont les mêmes que pour une fente de largeur h.

Sur la sphère de rayon R, les coordonnées du point P correspondant sont $x = R\alpha$, $y = R\beta$, et l'on peut écrire

$$A = f\alpha \frac{\sin \frac{\pi d}{R\lambda} x}{\frac{\pi d}{R\lambda} x} \frac{\sin \frac{\pi l}{R\lambda} y}{\frac{\pi l}{R\lambda} y} = f\alpha HK.$$

Les facteurs H et K représentent les valeurs qui correspondent sur les axes aux distances x et y. Les minima déterminent donc dans le plan focal un réseau formé par deux systèmes de droites respectivement parallèles aux côtés du rectangle d'ouverture.

En écrivant cette expression sous la forme

$$\frac{A}{f} = \frac{\pi H . \pi K}{\pi},$$

on voit que l'amplitude de la vibration, sauf les variations du facteur f qui sera constant pour des déviations très faibles, est le quotient, par l'amplitude relative à la normale, des amplitudes relatives aux distances x et y dans les plans de symétrie. Il en est de même pour les intensités. On peut dire que la diffraction se fait en deux opérations successives, parallèlement aux deux plans de symétrie.

Quand les déviations restent très petites, le réseau des minima dans le plan focal est formé par des droites dont les distances $\frac{R\lambda}{d}$ et $\frac{R\lambda}{l}$ sont respectivement en raison inverse des côtés parallèles d et l du rectangle d'ouverture. Les droites de chaque système qui passent par le centre C (*fig.* 100) étant supprimées, il

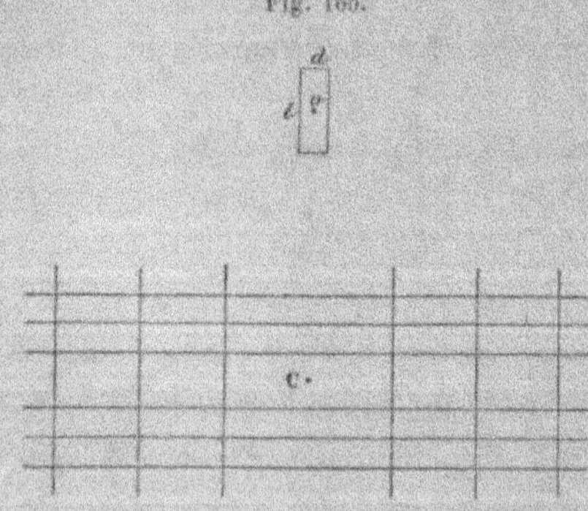

Fig. 100.

reste une tache centrale rectangulaire semblable à l'ouverture, dont les côtés $\frac{2R\lambda}{d}$ et $\frac{2R\lambda}{l}$ sont respectivement perpendiculaires aux côtés homologues de l'ouverture. On voit par la figure quelle sera la forme des trois autres systèmes de rectangles déterminés par les deux séries de lignes noires.

219. *Ouverture en parallélogramme.* — Soient encore $2a$ et $2b$ les côtés du parallélogramme et θ l'angle qu'ils font entre eux. Si l'on prend deux axes x et y respectivement perpendiculaires aux côtés $2b$ et $2a$, on voit immédiatement (207) qu'il y aura dans le plan focal, pour des déviations très petites, deux séries de droites d'intensité nulle parallèles aux axes y et x (*fig.* 101), dont les distances comptées suivant ces axes sont $\dfrac{\mathrm{R}\lambda}{2a\sin\theta}$ et $\dfrac{\mathrm{R}\lambda}{2b\sin\theta}$,

Fig. 101.

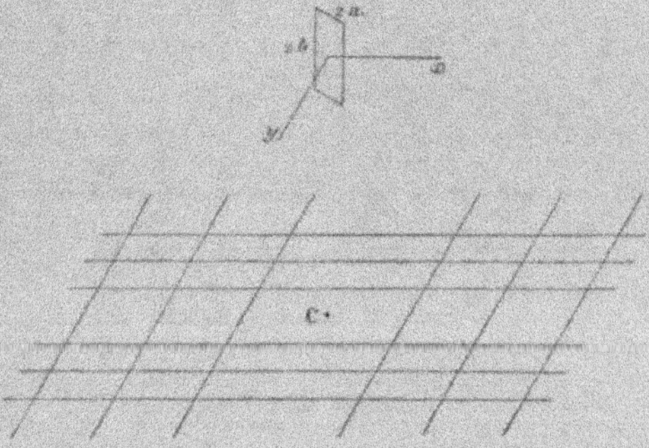

à l'exception des deux droites qui passent par le centre.

Le parallélogramme central est semblable à l'ouverture et les côtés homologues sont perpendiculaires.

Les distances normales de ces lignes, $\dfrac{\mathrm{R}\lambda}{2a}$ et $\dfrac{\mathrm{R}\lambda}{2b}$, sont les mêmes que dans le cas du rectangle.

Tant que les déviations restent très faibles, la diffraction relative à un parallélogramme ou un rectangle pour une direction quelconque des rayons incidents est la même que pour l'incidence normale avec le parallélogramme de projection de l'ouverture sur un plan perpendiculaire aux rayons incidents (209, XIV).

220. *Ouverture en triangle.* — Dans le cas d'une ouverture triangulaire, dont les côtés sont a, b et c (*fig.* 102), nous consi-

dérerons d'abord la diffraction dans un plan perpendiculaire à la
médiane de l'un des côtés a. En prenant pour origine un point O
de cette médiane, on a évidemment F $=$ o, puisque les cordes de
la surface parallèles à la médiane sont symétriquement distribuées
de part et d'autre (206, VII).

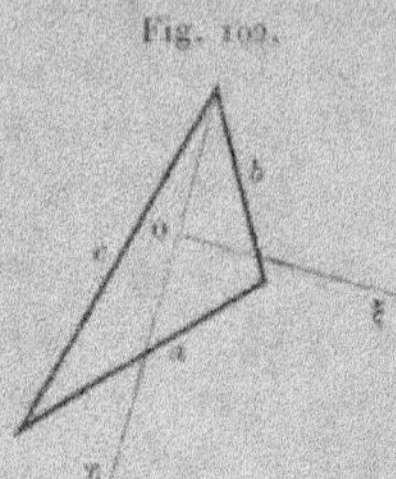

Fig. 109.

Appelant $2h$ la projection du triangle sur l'axe des ξ situé dans
le plan de diffraction, a' la longueur de la médiane, la surface du
triangle $\sigma = a'h$ donne $h = \dfrac{\sigma}{a'}$. Le triangle peut être transformé
par un déplacement des cordes parallèlement à l'axe Oη en un
rectangle dont la diagonale est a' et, en posant

$$u = \pi\,\frac{h}{\lambda}\sin D = \pi\,\frac{\sigma}{\lambda a'}\sin D,$$

l'amplitude de la vibration a pour expression (218)

$$A = f\sigma\,\frac{\sin^2 u}{u^2}.$$

En désignant par p un nombre entier différent de zéro, les minima sont nuls pour la condition

$$\sin D = p\,\frac{\lambda}{h} = p\,\frac{a'}{\sigma}\lambda.$$

Dans le plan focal on aura donc, sur les droites perpendiculaires
aux médianes, des minima nuls, dont la distance constante est
proportionnelle à la longueur de la médiane correspondante.

Considérons encore la diffraction dans un plan perpendiculaire
à l'un des côtés c du triangle, en prenant ce côté pour axe des η.

En appelant c_1 la hauteur du triangle parallèle à l'axe des ξ, la corde l relative à l'abscisse ξ est

$$l = \frac{c}{c_1}(c_1 - \xi) = c\left(1 - \frac{\xi}{c_1}\right).$$

En posant

$$m = \frac{2\pi \sin D}{\lambda} \qquad \text{ou} \quad z = m\xi,$$

les intégrales F et G sont alors

$$F = c \int_0^{c_1} \left(1 - \frac{\xi}{c_1}\right) d\xi \sin m\xi,$$

$$G = c \int_0^{c_1} \left(1 - \frac{\xi}{c_1}\right) d\xi \cos m\xi.$$

On a d'ailleurs

$$\int \xi\, d\xi \sin m\xi = -\frac{\xi}{m}\cos m\xi + \frac{1}{m^2}\sin m\xi,$$

$$\int \xi\, d\xi \cos m\xi = +\frac{\xi}{m}\sin m\xi + \frac{1}{m^2}\cos m\xi;$$

il en résulte

$$F = \frac{c}{m^2 c_1}(mc_1 - \sin mc_1), \qquad G = \frac{c}{m^2 c_1}(1 - \cos mc_1).$$

Comme le produit cc_1 est le double de la surface σ du triangle, si l'on pose

$$u = \frac{mc_1}{2} = \pi \frac{c_1 \sin D}{\lambda},$$

on peut écrire

$$F = \frac{\sigma}{2u^2}(2u - \sin 2u) = \frac{\sigma}{u^2}(u - \sin u \cos u),$$

$$G = \frac{\sigma}{2u^2}(1 - \cos 2u) = \sigma \frac{\sin^2 u}{u^2} \quad (^1).$$

L'intensité de la lumière diffractée ne peut être nulle que si l'on a en même temps $F = 0$ et $G = 0$, ce qui n'a jamais lieu.

Les directions d'intensité maximum et minimum sont définies

____

(¹) BRIDGE, *Phil. Mag.*, [4], t. XVI, p. 321; 1858.

par la condition $F\,dF + G\,dG = o$, qui se réduit à

$$u = \operatorname{tang} u.$$

Ces directions sont les mêmes que pour une ouverture rectangulaire de largeur c_1 (218).

On peut maintenant ramener au même cas le calcul de la vibration diffractée dans une direction quelconque.

Soient (*fig.* 103) l la longueur de la corde AM perpendiculaire au plan de diffraction, c_1 et $-c_2$ les perpendiculaires abaissées des sommets C et B sur cette droite, enfin τ_1 et τ_2 les surfaces des triangles CAM et MAB.

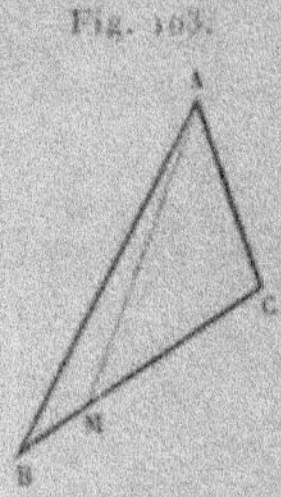

Fig. 103.

Les valeurs des intégrales sont alors

$$F = \frac{l}{m^2}\left(\frac{\sin mc_2}{c_2} - \frac{\sin mc_1}{c_1} \right),$$

$$G = \frac{l}{m^2}\left(\frac{1 - \cos mc_1}{c_1} + \frac{1 - \cos mc_2}{c_2} \right),$$

ou, en posant

$$u_1 = \frac{mc_1}{2}, \qquad u_2 = \frac{mc_2}{2},$$

$$F = \frac{\tau_1}{u_1^2}(u_1 - \sin u_1 \cos u_1) - \frac{\tau_2}{u_2^2}(u_2 - \sin u_2 \cos u_2),$$

$$G = \tau_1\left(\frac{\sin u_1}{u_1} \right)^2 + \tau_2\left(\frac{\sin u_2}{u_2} \right)^2.$$

On pourrait ainsi, par une décomposition en triangles, traiter le cas d'une ouverture quelconque à contour polygonal, mais les résultats deviennent très compliqués. Nous renverrons aux observations de Fraunhofer, d'Herschel, et aux calculs de Knochenhauer, Schwerd, etc.

SYSTÈMES IRRÉGULIERS D'OUVERTURES OU D'ÉCRANS.

221. *Diffusion.* — Lorsqu'il existe dans un plan ou sur une surface continue des ouvertures ou des écrans de très petites dimensions, de formes et de grandeurs différentes, et disséminés au hasard, la lumière est *diffusée* dans toutes les directions; l'intensité en chaque point est la somme des intensités qui seraient dues respectivement à chacune des ouvertures ou des écrans.

Il en est de même, d'une manière plus générale, lorsqu'il existe sur une surface ou dans le milieu traversé par la lumière primitive des accidents quelconques distribués au hasard et qui donnent lieu à des différences de marche de valeurs différentes.

Si les dimensions de ces ouvertures ou écrans, ou les différences de marche considérées, quelle qu'en soit l'origine, sont extrêmement petites par rapport à la longueur d'onde, elles ne troublent pas le phénomène d'une manière appréciable et il n'y a de lumière sensible que dans la direction de propagation régulière.

A mesure que ces différences de marche augmentent, jusqu'à devenir de même ordre de grandeur que la longueur d'onde, la diffusion se manifeste d'abord pour les rayons les plus réfrangibles, tels que le violet et le bleu, pendant que la propagation régulière reste sensiblement inaltérée pour les rayons rouges. La lumière diffusée présente alors une teinte bleue ou violette plus ou moins pure; comme cette diffusion est empruntée à la source primitive, la lumière directe sera moins riche en rayons très réfrangibles et les teintes rouges y seront prédominantes.

Lorsque les retards relatifs aux rayons extrêmes des ouvertures ou des écrans sont notablement plus grands que la longueur d'onde, toutes les couleurs sont diffusées. S'il n'existe aucune variation systématique dans les dimensions des obstacles, la fraction de lumière diffusée dans une direction quelconque est indépendante de la couleur et la diffusion est blanche quand on opère avec une source de lumière blanche.

Enfin la propagation régulière finit elle-même par disparaître lorsque les écrans ne laissent sur une surface que des portions libres d'étendue trop faible.

222. *Couleurs des corps.* — La plupart des corps nous apparaissent surtout par la lumière diffusée et leurs différents points se comportent comme un système de sources indépendantes. Ils sont colorés, en général, quand on les éclaire à la lumière blanche, mais cette coloration ne tient pas le plus souvent aux phénomènes de diffraction.

Si l'on examine par transparence, avec de la lumière blanche, un verre coloré dans sa masse ou un liquide coloré, comme une dissolution de sulfate de cuivre, on reconnaît tout d'abord que la teinte est sensiblement blanche pour une très faible épaisseur, et qu'elle se colore de plus en plus, en même temps que son éclat s'affaiblit, à mesure que l'épaisseur augmente.

L'analyse spectrale de la lumière transmise montre que toutes les couleurs sont absorbées très inégalement ; on aperçoit dans le spectre des bandes plus sombres, de formes et de positions variables, dont l'importance augmente avec l'épaisseur du milieu et qui finissent par envahir le spectre tout entier.

Pour une lumière homogène, dont l'intensité primitive L est réduite à la valeur M après avoir traversé l'épaisseur x du milieu, la fraction $\dfrac{-d\mathrm{M}}{\mathrm{M}}$ absorbée dans une couche nouvelle est proportionnelle à l'accroissement d'épaisseur dx par un facteur m qui représente le *coefficient d'absorption* relatif à la longueur d'onde λ considérée. On a alors

$$\frac{-d\mathrm{M}}{\mathrm{M}} = m\,dx, \qquad \mathrm{M} = \mathrm{L}e^{-mx}.$$

L'intensité totale de la lumière incidente étant $\Sigma\mathrm{L}$, l'intensité de la lumière transmise est $\Sigma\mathrm{L}e^{-mx}$ et la fraction de chaque couleur, qui était primitivement $\dfrac{\mathrm{L}}{\Sigma\mathrm{L}}$, est devenue $\dfrac{\mathrm{L}e^{-mx}}{\Sigma\mathrm{L}e^{-mx}}$.

La composition de cette lumière dépend donc de l'épaisseur du milieu et de la manière dont le coefficient m varie avec la longueur d'onde ; la lumière transmise finit par ne plus contenir que les couleurs pour lesquelles ce coefficient est le plus petit.

Quant à la lumière absorbée, elle se transforme en une énergie équivalente d'autre caractère physique, le plus souvent en chaleur, quelquefois en une modification chimique du milieu, etc.

D'autre part, la fraction de lumière réfléchie sous un même angle d'incidence ne dépend que de l'indice de réfraction et varie très peu d'une couleur à l'autre ; malgré la coloration du milieu, cette lumière reste sensiblement de même qualité que la lumière primitive, c'est-à-dire blanche dans le cas actuel.

Si l'on considère un ensemble de corps de cette nature, comme seraient des cristaux de sulfate de cuivre brisés en fragments assez petits, mais de grandes dimensions par rapport aux longueurs d'onde, la multiplicité et l'orientation variable des surfaces empêchent toute réflexion régulière ; il se produit alors une sorte de diffusion. La lumière émise dans une direction quelconque comprend des rayons qui n'ont subi qu'une réflexion et d'autres, en beaucoup plus grand nombre, qui ont traversé les cristaux une ou plusieurs fois et sont revenus vers l'œil, soit par réfraction, soit par réflexion intérieure, soit par réflexion sur d'autres cristaux voisins. Tous ces derniers sont colorés et l'ensemble de la lumière diffusée présentera une teinte analogue à celle de la lumière transmise par le cristal sous une certaine épaisseur.

A mesure que les dimensions des fragments diminuent, le rapport de la surface au poids augmente de plus en plus et fait croître la fraction de lumière diffusée ou réfléchie par la première surface ; en même temps, les rayons qui subissent des opérations multiples ne traversent plus les cristaux que sous une épaisseur moindre et reviennent à l'œil avec des colorations plus faibles. La lumière diffusée devient donc de plus en plus blanche. Tous les corps colorés par transparence donnent ainsi des poudres blanches quand on les broie à l'état de poussières extrêmement fines.

Pour d'autres corps, dits *à coloration superficielle,* la fraction de lumière réfléchie régulièrement est très variable avec la couleur. Si l'on appelle f le facteur relatif à la longueur d'onde λ, la quantité totale de lumière réfléchie est $\Sigma L f$ et la fraction de chaque couleur $\dfrac{Lf}{\Sigma Lf}$. Si la lumière se réfléchit p fois sous le même angle, et qu'elle conserve les mêmes propriétés après chaque réflexion, l'intensité finale du faisceau réfléchi est $\Sigma L f^p$ et la fraction de chaque couleur $\dfrac{Lf^p}{\Sigma Lf^p}$.

Tel est le cas des métaux (or, cuivre, argent), de certains composés minéraux (cinabre, minium, oxydes de mercure, carbonates de fer, etc.) employés en peinture et de plusieurs produits organiques dérivés de l'aniline.

La composition de la lumière dépend ici du nombre des réflexions et les couleurs pour lesquelles le coefficient f a la plus grande valeur finissent par devenir prédominantes. L'or, par exemple, qui paraît jaune par une seule réflexion, prend des teintes rouges quand on regarde l'intérieur d'une coupe profonde, parce que la lumière y subit plusieurs réflexions successives.

Les rayons qui sont le plus affaiblis par réflexion pénètrent en réalité dans le milieu où ils sont absorbés sous une très faible épaisseur ; on sait, en effet, qu'une feuille d'or extrêmement mince paraît verte par transmission.

Quand on pulvérise les corps à coloration superficielle, la lumière diffusée ne renferme plus en grande majorité que des rayons réfléchis une seule fois, et la poudre, vue à la lumière blanche, tend vers une couleur définie.

Une dernière catégorie de corps jouissent de la propriété singulière de diffuser une partie de la lumière primitive en vibrations lumineuses d'une autre nature. Comme l'effet est localisé à la surface ou du moins dans une épaisseur très petite du milieu, Sir J. Herschel [1] a désigné ce phénomène sous le nom de *diffusion épipolique*. M. Stokes a constaté que la longueur d'onde des rayons épipoliques est toujours inférieure ou au plus égale à celle des rayons primitifs. Lorsque la lumière ainsi diffusée disparaît en même temps que l'éclairement, les corps sont dits *fluorescents* ; on les appelle *phosphorescents* quand ils conservent la propriété d'émettre de la lumière pendant un temps plus ou moins long après que l'action de la source éclairante a été supprimée. Ces effets de fluorescence et de phosphorescence, qui ne sont pas réellement distincts, s'observent à des degrés différents sur un très grand nombre de corps, mais, sauf de rares exceptions, ils ne représentent qu'une fraction minime de la diffusion générale. Cette question a été l'objet de travaux importants que nous ne pouvons étudier ici ; nous citerons en particulier les recherches de M. Stokes et de M. Ed. Becquerel.

---

[1] HERSCHEL, *Phil. Trans. L. R. S.*, p. 143; 1845.

223. *Diffusion dans un milieu troublé.* — Si le milieu dans lequel se propage la lumière n'est pas homogène, quoique restant isotrope, c'est-à-dire s'il renferme des particules de substances étrangères, comme seraient des poussières ou des gouttelettes en suspension dans l'air, chacun de ces éléments nouveaux du milieu intervient ; le retard produit sur la vibration transmise dans une direction quelconque varie alors d'un point à l'autre sans aucune loi régulière.

Lorsque ces corps ont des dimensions notablement plus grandes que les longueurs d'onde, ils réfléchissent ou diffusent la lumière, suivant l'état de leurs surfaces. A moins qu'ils n'appartiennent à la catégorie des corps à couleur superficielle, le milieu qui les renferme paraîtra d'un blanc plus ou moins gris dans la lumière blanche. Tels sont les nuages ou les brouillards, les liquides opalins comme le lait, les dissolutions troublées par des précipités ou des poussières en suspension. Si l'on examine le milieu de plus près, à la loupe ou au microscope, on distinguera les particules qui ont altéré sa transparence.

Lorsque les dimensions des particules sont de l'ordre des longueurs d'onde, les retards qu'elles produisent sont encore variables d'un point à l'autre sans aucune loi régulière. La diffraction a lieu dans tous les sens et le milieu paraît lumineux, mais une différence essentielle se manifeste dans les deux phénomènes.

La propagation directe des ondes n'est pas autrement modifiée que par un affaiblissement graduel. Comme le retard produit par une particule a d'autant moins d'importance que la longueur d'onde est plus grande, la diffraction croît avec la réfrangibilité de la couleur. Si la source primitive est blanche, la lumière directe prend une teinte rouge et le milieu paraîtra par diffraction d'une teinte bleue ou violette plus ou moins pure, suivant le degré de ténuité des particules qui en altèrent la transparence.

Des considérations générales suffisent ainsi pour montrer le caractère du phénomène, mais il est nécessaire de préciser ce mode de raisonnement si l'on veut déterminer la qualité de la lumière diffusée.

Dans un beau Mémoire sur la *théorie dynamique de la diffraction*, M. Stokes (¹) a montré que l'amplitude de la vibration

---

(¹) STOKES, *Trans. of the Camb. Phil. Soc.*, t. IX, Part I, p. 1 ; 1851.

émise par une force périodique en un point du milieu est en raison
inverse du carré de la longueur d'onde, et lord Rayleigh ([2]) a déduit
de ce résultat analytique une explication remarquable sur la constitution du bleu du ciel. Le problème peut d'ailleurs être traité
directement sans avoir recours à la théorie de l'élasticité.

224. *Extension du principe d'Huygens.* — Pour étudier la
diffraction produite par des obstacles renfermés dans un espace
d'étendue limitée, nous appliquerons le principe d'Huygens au
volume lui-même.

Supposons que le système soit éclairé par un point lumineux O
(*fig.* 104) et que S soit une des ondes incidentes de rayon R. Il

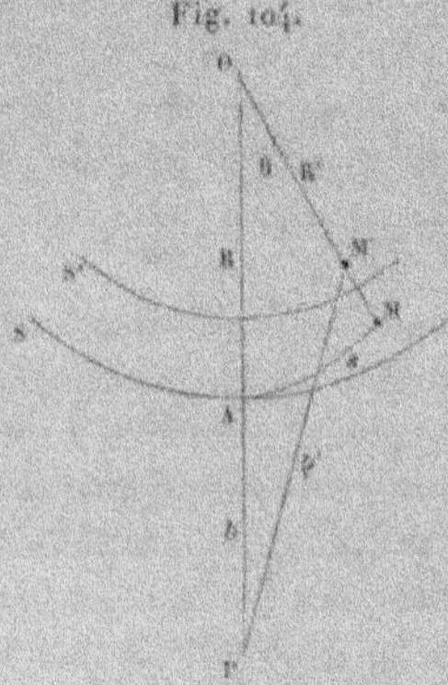

Fig. 104.

est clair que la vibration en un point P situé au delà de la surface
S peut être considérée comme la résultante des vibrations dues à
tous les éléments du volume limité par deux ondes voisines S et S'
à la distance h, chacun de ces éléments étant une source de vibrations indépendante, à la condition seulement que la résultante
des vibrations dans un milieu transparent reproduise la vibration
réelle au point P.

La vibration dx produite au point P par un élément du volume
dV situé en M', entre les deux surfaces S et S', est évidemment
proportionnelle au volume lui-même et en raison inverse de la
distance. Si l'on appelle encore b la distance PA à l'onde S, β la

([1]) J.-W. STRUTT (L. Rayleigh), *Phil. Mag.*, [4], t. XLI, p. 107; 1871.

perte de phase correspondante, α' le changement de phase qui
tient à l'application du principe d'Huygens, R' et ρ' les distances
M'O et M'P, Δ' la différence des chemins OM'P et OP, δ' la perte
de phase correspondante, on peut écrire (184)

$$dx = \mu' \frac{dN}{\rho'} f' \sin(\omega t + \alpha' - \beta - \delta'),$$

le facteur f' étant égal à l'unité pour les éléments voisins du pôle A
et diminuant de plus en plus à mesure qu'on s'en éloigne.

Pour déterminer le coefficient μ', il suffit d'appliquer le raisonnement au cas où le milieu reste transparent et dépourvu de tout
obstacle. On n'a plus alors à considérer, comme éléments efficaces,
que ceux qui sont situés dans le voisinage du pôle A, à une distance
de l'ordre de la longueur d'onde.

Dans l'intégration qui donnera la vibration résultante, on est
autorisé, par les raisons déjà invoquées plusieurs fois, à remplacer les vibrations élémentaires par d'autres vibrations qui en
diffèrent très peu et qui tendent vers zéro à mesure qu'elles proviennent de points plus éloignés du pôle.

On a déjà, en appelant θ l'angle M'OA,

$$\rho'^2 = (b + R)^2 + R'^2 - 2(b + R)R' \cos\theta$$

ou, avec les simplifications permises,

$$\rho'^2 = (b + R - R')^2 + (b + R)R'\theta^2,$$
$$\Delta' = \rho' + R' - b - R = \frac{(b + R)R'\theta^2}{\rho' + b + R' - R}.$$

M étant le point où la direction OM' coupe la surface S, Δ la différence des chemins OMP — OP, δ la perte de phase correspondante et s l'arc AM, on peut écrire, si la distance h des deux
ondes S et S' est très petite,

$$\Delta' = \frac{R'}{R} \frac{(b + R)R\theta^2}{2b} = \frac{R'}{R}\Delta = \Delta$$

et, par suite (185),

$$\delta' = 2\pi \frac{\Delta'}{\lambda} = \delta = \frac{\pi}{2} k^2 s^2.$$

Le volume de la couronne correspondant à l'arc ds est

$$2\pi s\,ds\,h = \pi h\,ds^2 = \frac{2h}{k^2}\,d\delta$$

et la vibration correspondante

$$dx = \frac{2\mu' h}{k^2 b}\,f\sin(\omega t + \alpha' - \beta - \delta)\,d\delta,$$

f étant un facteur égal à l'unité pour de petites valeurs de δ et qui tend ensuite rapidement vers zéro.

Comparant avec l'expression trouvée précédemment, on voit que, pour retrouver la vibration réelle au point P, il faut qu'on ait (186)

$$\alpha' = \alpha - \frac{\pi}{2}, \qquad \mu' h = \frac{a}{\lambda}.$$

Nous remarquerons maintenant que, pour les différentes lumières homogènes, les épaisseurs h qui jouent le même rôle sont proportionnelles aux longueurs d'onde ; on peut donc remplacer h par $p\lambda$, p étant un facteur constant, ce qui donne

$$\mu' = \frac{1}{p}\frac{a}{\lambda^2}.$$

Ces considérations ne déterminent pas la valeur du facteur p, qui est en effet arbitraire, puisque l'on peut limiter le volume à une épaisseur quelconque, par exemple d'une longueur d'onde, en faisant $p = 1$.

Si l'on étend, au contraire, l'intégration au volume tout entier, le coefficient p doit être physiquement variable avec la constitution des vibrations, très petit si les vibrations sur le rayon sont longtemps régulières, plus grand au contraire si ces vibrations éprouvent des altérations rapides par suite des modifications ou de l'angle apparent de la source.

En tous cas, l'amplitude de la vibration produite par un élément de volume est, toutes choses égales, en raison inverse du carré de la longueur d'onde.

Ce résultat était d'ailleurs évident, comme l'a fait remarquer Lord Rayleigh, car l'amplitude de la vibration due à l'élément de volume dV est proportionnelle à l'amplitude a de la vibration qui existe dans cet élément et l'expression $\frac{\mu' dV}{ap^2}$, qui ne dépend plus que de la longueur d'onde, doit être une quantité numérique; il faut donc que le rapport $\frac{\mu'}{a}$ soit de la forme $\frac{1}{p\lambda^2}$.

225. *Bleu du ciel.* — Si l'espace considéré renferme des corps étrangers distribués au hasard, qui interceptent une partie de la lumière, ces obstacles équivalent à des écrans imparfaits, ou à des cavités correspondantes (187) moins éclairées que dans le passage libre des ondes, et l'intensité de la lumière diffractée dans une direction quelconque (210) est la somme des intensités relatives à chacune des cavités.

Lorsque ces corps étrangers sont de toutes dimensions, petites par rapport à la longueur d'onde, ils sont invisibles directement, mais ils produisent de la lumière diffractée ou diffusée. Pour deux vibrations différentes, on doit comparer entre eux les corpuscules dont le diamètre est une même fraction de la longueur d'onde; les plus gros n'interviendront ainsi que pour la lumière rouge et les plus petits que pour la lumière violette. Si le nombre N des corpuscules renfermés dans l'unité de volume est sensiblement le même pour toutes les tailles, l'amplitude de la vibration produite par chacun d'eux est proportionnelle à $\frac{a}{p\lambda^2}$ et l'intensité totale à l'expression $N\frac{a^3}{p^2\lambda^3}$.

Comme le facteur p est indépendant de la longueur d'onde, l'intensité résultante pour l'ensemble des vibrations qui constituent la lumière primitive est proportionnelle à $\Sigma\frac{u^2}{\lambda^4}$.

L'air renferme, sans aucun doute, au moins à une certaine hauteur, même lorsqu'il paraît le plus transparent, des particules solides ou liquides en suspension, telles que des granules de poussière, des gouttelettes d'eau ou des cristaux de glace.

Remarquons, en passant, que la suspension dans l'air de ces corps étrangers de densité plus grande ne présente pas de difficultés, car le poids d'un corps est proportionnel au cube r^3 de l'une de ses dimensions, la résistance qu'il éprouve à se déplacer dans l'air est proportionnelle à sa surface ou à r^2. Le rapport du poids à la résistance de l'air est de l'ordre des dimensions r et par conséquent très petit. Ces corps tomberaient, il est vrai, lentement dans un air calme, mais les moindres mouvements atmosphériques suffisent pour les relever et ils restent longtemps en suspension. Quant aux gouttelettes d'eau et aux particules de glace, elles se renouvellent incessamment et ne peuvent disparaître.

Si aucune autre cause n'intervient, cette explication peut trouver un contrôle expérimental dans l'analyse du bleu du ciel.

Les inverses des quatrièmes puissances des longueurs d'onde pour les principales raies du spectre lumineux sont, en effet, proportionnels aux nombres suivants :

A...	1,000	D...	2,801	F...	6,036
B...	1,514	E...	4,371	G...	9,778
C...	1,821	b...	4,728	H...	13,589

Lord Rayleigh a comparé au spectroscope la couleur d'un beau ciel au voisinage du zénith avec la lumière du Soleil, diffusée au travers d'une feuille de papier blanc, et déterminé le rapport des intensités dans les différentes régions du spectre. En rapportant les mesures au cas où les deux spectres auraient le même éclat au voisinage de la raie C, les observations ont donné :

	C.	D.	E.	F.
Calcul........	1	1,54	2,62	3,34
Observation....	1	1,64	2,84	3,60

Les résultats sont assez concordants si l'on tient compte des erreurs possibles dans une expérience aussi délicate; ils prouvent au moins que la loi théorique donne une teinte très approchée de la couleur du ciel, plus riche peut-être en rayons bleus.

On doit remarquer d'ailleurs que chaque particule diffracte non seulement la lumière directe du Soleil, mais aussi celle qui lui provient des autres particules par une première diffraction; cette quantité de lumière latérale n'est pas insignifiante et contribuerait à augmenter la pureté du bleu.

D'un autre côté, si le nombre N des corpuscules renfermés dans l'unité de volume croît rapidement à mesure que leurs dimensions diminuent, les corpuscules de même ordre seront plus nombreux pour les petites longueurs d'onde et la prédominance du violet dans la lumière diffractée deviendra encore plus grande.

226. *Composition de la lumière transmise.* — La lumière directement transmise dans la propagation régulière est ainsi affaiblie par diffraction, comme elle l'est par absorption (**222**) dans un milieu de transparence imparfaite. Si l'intensité primitive L d'une lumière homogène est réduite à la valeur M après avoir traversé une épaisseur z de milieu troublé, la fraction $\dfrac{-d\mathrm{M}}{\mathrm{M}}$ de lumière perdue par diffraction dans une couche nouvelle est proportionnelle à l'accroissement d'épaisseur dz par un facteur de la forme $\dfrac{m}{\lambda^4}$, où m est indépendant de la longueur d'onde. On a donc

$$\frac{-d\mathrm{M}}{\mathrm{M}} = \frac{m}{\lambda^4}\,dz, \qquad \mathrm{M} = \mathrm{L}\,e^{-\frac{mz}{\lambda^4}}.$$

Quand l'épaisseur, ou plus généralement le produit mz, croît en progression arithmétique, l'intensité M décroît en progression géométrique et beaucoup plus rapidement pour les couleurs plus réfrangibles. Si l'on prend une épaisseur z telle que l'intensité soit réduite de $\frac{1}{10}$ pour l'extrémité rouge A du spectre, dont la longueur d'onde est l, l'intensité pour une autre couleur sera

$$\mathrm{M} = \mathrm{L}\,(0,9)^{\left(\frac{l}{\lambda}\right)^4}.$$

Pour des épaisseurs $2z$, $3z$, ..., nz, les rapports $\dfrac{\mathrm{M}}{\mathrm{L}}$ sont représentés par les puissances successives des valeurs relatives à z. Le Tableau suivant montre combien les changements d'épaisseur modifient la composition de la lumière transmise :

Tableau des valeurs de $\dfrac{\mathrm{M}}{\mathrm{L}}$.

Raies.	z.	$2z$.	$3z$.	$4z$.	...	$10z$.
A......	0,9	0,81	0,729	0,656	...	0,203
B......	0,853	0,727	0,620	0,528	...	0,147
C......	0,825	0,681	0,562	0,464	...	0,052
D......	0,744	0,554	0,413	0,307	...	0,010
E......	0,631	0,398	0,251	0,159	...	0,007
b......	0,608	0,369	0,224	0,136	...	0,001
F......	0,529	0,280	0,148	0,079	...	0,000
G......	0,357	0,127	0,045	0,016	...	0,000
H......	0,239	0,057	0,014	0,003	...	0,000

Cette absorption rapide des courtes vibrations suffit pour expliquer la couleur rouge du Soleil à l'horizon. Elle permet aussi de comprendre la faible étendue du spectre ultra-violet de la lumière solaire, tandis que les sources artificielles donnent une échelle de radiation beaucoup plus longue (81).

227. *Altération du bleu.* — Enfin, on doit considérer que la lumière transmise au travers d'une épaisseur z est ensuite diffusée ou qu'elle est d'abord diffusée, puis transmise, ce qui revient au même. En tenant compte de ces deux effets successifs, quel qu'en soit l'ordre, on voit que l'éclat apparent E du milieu, relatif à chaque couleur, peut être représenté par une expression de la forme

$$\frac{E}{L} = \frac{K}{\lambda^4} e^{-\frac{mz}{\lambda^4}}.$$

Toute lumière disparaîtrait alors pour des longueurs d'onde très grandes ou très petites.

Le maximum de ce rapport, qui est le *coefficient d'illumination*, aurait lieu pour une longueur d'onde déterminée par la condition $\lambda^4 = mz$. Si l'on appelle λ_0 la longueur d'onde définie par cette condition, E_0 l'éclat et L_0 l'intensité de la lumière primitive correspondants, on a

$$\frac{E_0}{L_0} = \frac{K}{\lambda_0^4} e^{-1},$$
$$\frac{E}{E_0} = \frac{L}{L_0} \left(\frac{\lambda_0}{\lambda}\right)^4 e^{1-\left(\frac{\lambda_0}{\lambda}\right)^4}.$$

Si l'on suppose que λ_0 est extrêmement petit et qu'on remplace l'expression $\frac{L}{L_0} \lambda_0^4$ par une quantité finie, on retrouve la loi précédente (225) pour la nature de la lumière émise par le milieu.

En général, le rapport du coefficient d'illumination pour une couleur au coefficient relatif à la raie A est égal à $\left(\frac{l}{\lambda}\right)^4 e^{\left(\frac{\lambda_0}{l}\right)^4-\left(\frac{\lambda_0}{\lambda}\right)^4}$.

Si la longueur d'onde λ_0 correspond à la raie H, les rapports ainsi déterminés :

A...	1,000	D...	2,451	F...	3,727
B...	1,457	E...	3,410	G...	5,114
C...	1,713	b...	3,592	H...	5,379

montrent que la richesse de la couleur résultante en violet extrême a diminué de plus de moitié; la couleur se rapproche du blanc à mesure que la longueur d'onde limite λ_0 devient plus grande.

Le coefficient d'extinction m croît évidemment avec le nombre des particules étrangères suspendues dans l'atmosphère. Pour une même épaisseur z, la valeur de λ_0 croît donc dans le même sens. On s'explique ainsi les teintes de plus en plus blanches que prend le bleu du ciel, à mesure qu'il devient plus lumineux, la pureté croissante de la couleur quand on se rapproche du zénith, le ton violet noir sous lequel il apparaît à certains jours de grande transparence, surtout quand on l'observe d'une station très élevée où la lumière n'a pas à traverser les couches inférieures de l'air.

Cette théorie rend compte également des belles colorations bleues observées par M. Tyndall et qui naissent sur le trajet d'un faisceau de lumière dans un espace renfermant des traces de vapeurs de certains composés organiques, ou même dans un liquide troublé par des particules de dimensions extrêmement petites.

228. *Propriétés optiques des surfaces.* — Dans le même ordre d'idées, il est facile de préciser ce que l'on doit entendre par le *poli optique*, quand on utilise la surface de séparation de deux milieux pour réfléchir ou réfracter la lumière.

Une telle surface, qu'elle provienne d'un cristal naturel, d'un clivage, d'un corps liquide solidifié ou d'un travail mécanique, n'a jamais une forme rigoureusement géométrique. Elle est couverte d'accidents qui représentent, par rapport à la surface moyenne, une série d'aspérités ou de creux, dont les dimensions doivent être extrêmement petites par rapport à la longueur d'onde pour qu'il soit permis d'appliquer les théorèmes généraux relatifs à la réflexion ou à la réfraction sur les surfaces continues.

Pour en évaluer l'importance, supposons que h soit la hauteur d'une aspérité très petite A (*fig.* 105) et considérons la lumière réfléchie régulièrement sous l'incidence i.

Les rayons AR et A'R' réfléchis sur le sommet de l'aspérité et sur la surface moyenne Σ sont dans le même cas que s'ils s'étaient réfléchis sur les deux faces d'une lame d'air (45) d'épaisseur h, et leur différence de marche est

$$\Delta = 2h\cos i.$$

Le rapport de ce retard à la longueur d'onde est notablement plus grand pour le bleu que pour le rouge. La réflexion régulière sera donc plus riche en rayons rouges.

En outre, la différence de marche Δ a sa valeur maximum $2h$ pour $i = o$ et devient nulle pour l'incidence rasante. La diffusion est donc maximum pour l'incidence normale et devient très faible pour des rayons voisins de la surface.

Ces considérations, dues à Fresnel [1], expliquent les propriétés des surfaces qui ont été simplement *doucies* par un premier travail de l'opticien. Sous l'incidence rasante, une telle surface donne des images très nettes par réflexion, puis, à mesure que l'angle d'incidence diminue, les images deviennent moins lumineuses ; elles prennent une teinte fauve ou orangée pour les directions comprises entre certaines limites et disparaissent ensuite, ne laissant que de la lumière diffusée.

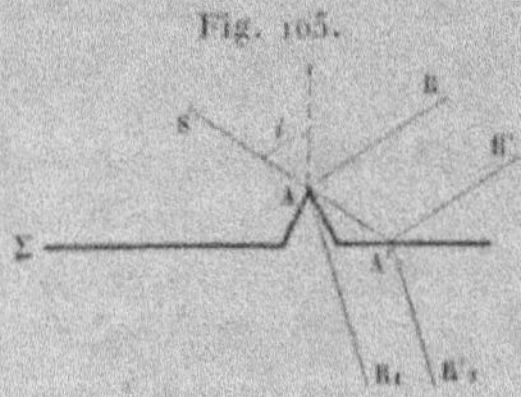

Fig. 105.

Des surfaces manifestement rugueuses, comme une feuille de papier, fournissent des images d'une netteté inattendue sous l'incidence rasante.

On utilise cette propriété pour étudier les propriétés des surfaces doucies avant de leur donner le poli définitif. De même encore, quand on veut mesurer la longueur d'un mètre à bouts, dont les faces terminales n'ont reçu qu'un poli médiocre, on en approche normalement une pointe aiguë et, à l'aide d'un microscope placé dans une direction qui fait un angle très faible avec la surface, on vise le milieu de l'intervalle de la pointe et de son image. La visée correspond alors à la surface moyenne de la face terminale.

M. Ogden Rood [2] a vérifié numériquement cette influence des aspérités en projetant sur une surface polie des poussières assez

[1] FRESNEL, *Œuvres*, t. I, p. 225.
[2] OGDEN ROOD, *Phil. Mag.*, [4], t. XXXIII, p. 540; 1867.

régulières pour que leur grandeur moyenne pût être évaluée au microscope, et déterminé l'angle d'inclinaison sous lequel les images rouges commençaient à disparaître. La différence de marche Δ doit être alors d'une demi-longueur d'onde, ou

$$h = \frac{\lambda}{4 \cos i}.$$

L'expérience a donné :

Nature des poussières.	Diamètre h	
	observé.	calculé.
	μ	μ
Noir de fumée.............	0,46	0,28
Noir de paraffine.........	0,46	0,48
Magnésie.................	0,91	0,86

Les résultats sont bien de l'ordre prévu par la théorie et l'irrégularité des grains ne permet guère d'obtenir une concordance plus rigoureuse.

Ce qu'on appelle le *poli spéculaire* des surfaces est donc défini par la condition que les irrégularités laissées par le travail de l'opticien soient très petites par rapport à la longueur d'onde de la lumière, c'est-à-dire notablement moindres que $0^\mu,5$.

220. — Il en est de même pour la réfraction. Les deux rayons réfractés R_1 et R'_1 (*fig.* 105) sont dans les mêmes conditions que si l'un d'eux seulement avait traversé un milieu d'épaisseur h. Leur différence de marche est (**41**)

$$\Delta = h(n \cos r - \cos i).$$

Dans le cas actuel, ce retard a sa valeur minimum $\Delta_0 = h(n-1)$ pour $i = 0$ et il augmente avec l'incidence jusqu'à $h\sqrt{n^2 - 1}$. C'est donc pour la lumière normale que la réfraction fournira les meilleures images.

En faisant $n = 1,5$ on aurait $\Delta_0 = \frac{h}{2}$, c'est-à-dire le quart seulement de ce que donnerait la réflexion ; le *poli optique* est donc plus facile à réaliser pour les lentilles que pour les miroirs.

Lorsque le milieu situé au-dessus de la surface a un indice de réfraction n' et que r' et r désignent des angles correspondants, la différence de marche est seulement

$$\Delta = h(n \cos r - n' \cos r'),$$

ce qui donne, pour l'incidence normale,

$$\Delta_0 = h(n - n').$$

Le retard est très petit quand les indices n et n' sont très voisins. Cette propriété est souvent utilisée par les opticiens pour reconnaître si la taille d'un cristal a été faite exactement dans une direction déterminée, sans pousser le travail jusqu'au bout. La surface étant seulement doucie, on la recouvre d'une couche de baume que l'on écrase avec une lame de verre. Le milieu ainsi obtenu paraît bien transparent et l'on peut étudier les propriétés du cristal pour modifier la taille s'il est nécessaire. Plusieurs lames de verre collées ensemble par des couches très minces de baume se comportent comme une lame unique, à tel point qu'il est très difficile de reconnaître l'existence de surfaces intermédiaires.

De même aussi, un corps transparent plongé dans un milieu de même indice de réfraction paraît invisible, quelle que soit sa forme. L'expérience réussit d'une manière remarquable avec une tige de verre plongée dans l'acide phénique liquéfié par une très petite quantité d'eau; on ne distingue plus la tige que par les fils ou les bulles d'air qu'elle renferme.

On peut, par cet artifice, étudier les propriétés optiques d'un corps de forme quelconque, telles que la double réfraction d'un verre trempé, comme une larme batavique, ou d'un cristal non taillé, le pouvoir rotatoire d'un morceau de quartz, etc.

230. *Couronnes.* — La diffusion est remplacée par une diffraction régulière lorsque les objets qui font écran sur le trajet de la lumière, les poussières répandues sur les surfaces réfléchissantes ou réfringentes, etc. ont des dimensions identiques, tout en restant distribués au hasard. L'intensité de la lumière diffractée est proportionnelle au nombre des ouvertures traversées par les rayons utilisés ou au nombre des écrans complémentaires.

Les phénomènes de diffraction prennent beaucoup d'éclat quand on opère avec une série d'ouvertures ou d'écrans circulaires et présentent la plus grande analogie avec les *couronnes* que l'on aperçoit quelquefois autour du Soleil et surtout autour de la Lune.

Dans ce cas, l'effet étant de même nature que pour une ouverture circulaire, le sinus de la déviation relative à un anneau d'ordre déterminé (**213**) est proportionnel à la longueur d'onde et en raison inverse du diamètre des ouvertures ou des écrans. Les sinus des déviations relatives à une couleur homogène varient comme les nombres 0; 0,819; 1,346; 1,858; ... pour les maxima, et comme les nombres 0,610; 1,116; 1,619; 2,122; ... pour les minima.

Newton a le premier attribué l'apparition des couronnes aux gouttelettes d'eau qui flottent dans l'atmosphère; on les obtient quelquefois, en effet, en regardant une flamme de bougie par réflexion ou transmission avec une lame de verre recouverte d'une buée régulière. Cette explication a été confirmée par Fraunhofer (¹) qui a mesuré les anneaux obtenus en regardant une source lumineuse de dimensions très petites au travers d'un système de deux verres entre lesquels il avait mis de la poudre de lycopode ou distribué au hasard un grand nombre de petits disques métalliques. Les diamètres des anneaux sont proportionnels à la longueur d'onde et en raison inverse du diamètre des disques ou des grains de poudre.

Les résultats de Fraunhofer relatifs à la position des maxima et des minima paraissaient moins conformes à la théorie; mais Verdet (²) a montré, par des mesures directes avec la lumière rouge et par une interprétation plus exacte des nombres de Fraunhofer, que la concordance est au contraire rigoureuse.

Delezenne (³) a indiqué un procédé très simple pour mesurer les couronnes du Soleil ou de la Lune. Un tube cylindrique ouvert à l'une de ses extrémités est fermé à l'autre par une plaque percée d'une ouverture très petite; dans l'intérieur du tube est un disque circulaire mobile. Quand on dirige le tube vers le Soleil, l'œil étant derrière la petite ouverture, on peut placer le disque à différentes distances de manière à cacher successivement le Soleil et les anneaux qui l'entourent. La position du disque donne, dans chaque cas, le diamètre apparent du phénomène.

Il suffit encore de mettre au bout du tube un verre transparent sur lequel on a tracé des cercles concentriques. On fait ensuite varier la longueur du tube jusqu'à ce que l'un des cercles se superpose à l'anneau que l'on considère.

Le diamètre de l'image centrale est proportionnel à la longueur

---

(¹) FRAUNHOFER, *Schumacher's Astronomische Abhandl.*, t. III, p. 33; 1825.
(²) VERDET, *Ann. de Chim. et de Phys.*, [3], t. XXXIV, p. 128; 1852.
(³) DELEZENNE, *Mém. de la Soc. des Sc. de Lille*, t. XIV, p. 1; 1838.

d'onde. Si les corps en suspension dans l'air sont assez petits pour donner des anneaux très larges, le bord de la tache centrale est formé en majeure partie par des rayons peu réfrangibles. Il y aura donc autour du Soleil et à quelque distance une zone dans laquelle les rayons rouges seront dominants et qui prend une teinte d'une couleur cuivrée.

Ces apparences sont assez rares; cependant elles semblent avoir persisté pendant quelque temps à différentes époques et surtout pendant les années 1884 et 1885 (¹). Comme elles se sont produites après la célèbre explosion de Krakatoa, il y a quelque probabilité qu'elles soient dues à des poussières extrêmement ténues qui seraient restées suspendues dans l'air à cause de leur extrême petitesse et qui proviendraient des cendres rejetées par le volcan. On doit même remarquer qu'il suffit de traces de matière presque impondérables, parce qu'elles auraient pu servir de noyau pour la condensation de l'eau sous forme de gouttelettes ou de glace.

On obtient des couronnes presque identiques à celles de la nature par une expérience ingénieuse due à M. Coulier.

Dans un ballon contenant de l'air, on introduit une petite quantité d'eau et l'atmosphère du ballon communique avec une poire de caoutchouc que l'on tient à la main. Quand on comprime la poire, on échauffe l'air intérieur; en l'abandonnant à elle-même, l'air se refroidit par dilatation et il se forme un nuage. Toutefois, si le ballon a été laissé en repos pendant plusieurs heures ou si l'on y a introduit de l'air privé de poussières en le filtrant à travers une couche de coton, la décompression ne fait pas apparaître de nuage, comme si l'humidité ne pouvait se déposer que sur un germe solide ou liquide préexistant dans le gaz, de sorte qu'en l'absence de tout corpuscule en suspension la tension de la vapeur d'eau dépasserait sa valeur maximum normale. Avec de l'air plus ou moins complètement purgé de poussières, on obtient des nuages très légers, extrêmement homogènes; la flamme d'une bougie vue à travers le ballon montre des couronnes très éclatantes et l'on peut reproduire dans certains cas la teinte cuivrée qui se montre quelquefois autour du Soleil.

(¹) Cornu, *Comptes rendus de l'Académie des Sciences*, t. XCIX, p. 488 et 717; 1884.

OUVERTURES IDENTIQUES DISTRIBUÉES RÉGULIÈREMENT.

231. *Ouvertures en ligne droite.* — Supposons d'abord qu'un certain nombre N d'ouvertures identiques soient distribuées sur une surface plane à des distances égales suivant une même droite et éclairées par de la lumière normale.

Considérons la diffraction suivant une direction OP (*fig.* 106),

Fig. 106.

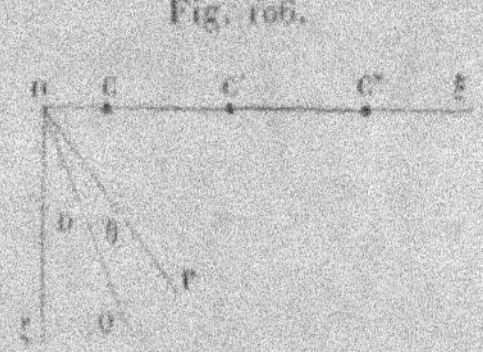

et soient C, C′, C″, ... les centres de phase homologues des ouvertures successives par rapport à cette direction. Les centres de phase sont à une distance constante

$$e = CC' = CC'' = \ldots,$$

et nous prendrons pour axe des ξ la droite qui les joint.

Si l'on appelle α le cosinus de l'angle que fait la direction OP avec l'axe des ξ, δ_1 la différence de phase $2\pi \dfrac{OC}{\lambda} \alpha$ des vibrations produites par les points O et C, et $\delta = 2\pi \dfrac{e}{\lambda} \alpha$ la différence de phase relative à deux ouvertures successives, la vibration due à la première ouverture C est de la forme $a \sin(\omega t + \delta_1)$ et les vibrations dues aux ouvertures suivantes C′, C″, ... sont successivement $a \sin(\omega t + \delta_1 + \delta)$, $a \sin(\omega t + \delta_1 + 2\delta)$, ...

En posant, pour abréger, $u = \omega t + \delta_1$, la vibration résultante est donc

$$x = a\{\sin u + \sin(u + \delta) + \sin(u + 2\delta) + \ldots + \sin[u + (N-1)\delta]\};$$

L'amplitude a est une fonction des cosinus α et β des angles que fait la direction OP avec les axes ξ et η. Les variations de ce coefficient donnent lieu à des phénomènes que Fraunhofer a appelés de *première classe* et qui sont définies uniquement par la forme de chaque ouverture. La suite des N termes compris dans la parenthèse dépend uniquement de la distance des ouvertures et du cosinus α; elle correspond à des phénomènes de *seconde classe* résultant de la combinaison des vibrations produites par les différentes ouvertures.

La vibration est d'ailleurs de la forme

$$x = a \, \mathrm{K} \sin(u - \varphi),$$

le facteur K, qui correspond aux phénomènes de seconde classe, étant une fonction de la différence de phase δ, et l'amplitude de la vibration est

$$\mathrm{A} = a\mathrm{K}.$$

232. *Deux ouvertures.* — Avec deux ouvertures identiques seulement, on a

$$x = a[\sin u + \sin(u + \delta)] = 2a \cos\frac{\delta}{2} \sin\left(u + \frac{\delta}{2}\right).$$

On voit d'abord que la phase est la même que si la vibration provenait du milieu de la distance CC', et l'amplitude est

$$\mathrm{A} = 2a \cos\frac{\delta}{2}.$$

Pour $\delta = 0$, c'est-à-dire dans la direction normale, l'amplitude est double et l'intensité quadruple de celles qui correspondraient à une ouverture, ce qui était évident.

Dans le plan $\zeta\xi$ parallèle à la ligne des ouvertures, on a

$$\alpha = \sin \mathrm{D}$$

et

$$\frac{\delta}{2} = \pi \frac{e \sin \mathrm{D}}{\lambda}, \qquad \mathrm{K} = 2 \cos \pi \frac{e \sin \mathrm{D}}{\lambda}.$$

Les minima de seconde classe sont nuls et ont lieu pour les directions

$$\sin \mathrm{D} = (2q + 1)\frac{\lambda}{2e},$$

q étant un nombre entier quelconque.

Pour des déviations très petites, ces minima sont équidistants dans le plan focal. C'est le phénomène des interférences d'Young avec deux ouvertures identiques de forme quelconque ; l'interférence est complète quand la différence de marche relative à deux points homologues des ouvertures est un nombre impair de demilongueurs d'onde.

Les maxima de seconde classe ont lieu pour les directions

$$e \sin D = q\lambda = 2q\frac{\lambda}{2};$$

ils sont intermédiaires aux minima : le facteur K est alors égal à ± 2 et $K^2 = 4$.

Il peut arriver, dans certains cas, que l'un des maxima de seconde classe soit très affaibli ou même disparaisse complètement : c'est lorsqu'il a lieu pour la même direction qu'un minimum nul de première classe.

Si l'on considère la diffraction dans un plan quelconque, qu'on appelle D l'angle que fait la normale $O\zeta$ à l'écran avec la projection OQ de la droite OP sur le plan $\zeta\xi$ et θ l'angle POQ, on a

$$\alpha = \cos\theta \sin D.$$

Tant que les déviations restent très petites, $\cos\theta$ ne diffère pas sensiblement de l'unité et l'on peut encore remplacer α par $\sin D$.

Le plan focal sera donc découpé par une série de lignes noires perpendiculaires à la ligne des ouvertures et à la distance constante

$$RD = \frac{R\lambda}{2e}.$$

233. *Plusieurs ouvertures*. — On traiterait de la même manière le cas de 3, 4, ... ouvertures. Considérons le problème général, en posant

$$S = \sin u + \sin(u + \delta) + \sin(u + 2\delta) + \ldots + \sin[u + (N-1)\delta].$$

Pour évaluer la somme S, nous utiliserons la relation

$$\cos[u + (n-1)\delta] - \cos[u + (n+1)\delta] = 2\sin\delta \sin(u + n\delta).$$

Si l'on donne successivement à n les valeurs o, 1, 2, ..., N — 1, on obtient une série d'équations différentes ; en ajoutant toutes ces équations membre à membre et supprimant les termes intermédiaires qui se reproduisent avec des signes contraires, on obtient finalement

$$\cos(u - \delta) + \cos u - \cos[u + (N-1)\delta] - \cos(u + N\delta) = 2\,S \sin\delta.$$

En groupant, dans le premier membre, le premier terme avec le quatrième et le second avec le troisième, on a

$$S \sin\delta = \sin\left(u + \frac{N-1}{2}\delta\right)\left(\sin\frac{N-1}{2}\delta + \sin\frac{N+1}{2}\delta\right)$$
$$= 2\sin\frac{N}{2}\delta \cos\frac{\delta}{2}\sin\left(u + \frac{N-1}{2}\delta\right)$$

ou

$$S = \frac{\sin N\frac{\delta}{2}}{\sin\frac{\delta}{2}}\sin\left[u + (N-1)\frac{\delta}{2}\right].$$

La vibration résultante a donc pour expression

$$x = aS = a\frac{\sin N\frac{\delta}{2}}{\sin\frac{\delta}{2}}\sin\left[u + (N-1)\frac{\delta}{2}\right].$$

Elle a la même phase que si elle provenait du milieu de toutes les ouvertures; ce point est, en effet, un centre du système.

Le facteur K, relatif aux phénomènes de *seconde classe*, est ici

$$K = \frac{\sin N\frac{\delta}{2}}{\sin\frac{\delta}{2}}.$$

Pour $\delta = o$, on a
$$K = N, \qquad A^2 = N^2 a^2.$$

Dans la direction normale au plan de l'écran l'intensité est donc proportionnelle au carré du nombre des ouvertures.

Considérons d'abord le phénomène dans le plan $\zeta\xi$ parallèle à la ligne des ouvertures, où $z = \sin D$.

Pour $\frac{\delta}{2} = n\pi$ ou $e\sin D = n\lambda$, le facteur K se présente sous la forme $\frac{o}{o}$, mais il est facile de reconnaître que sa valeur est $\pm\,N$, suivant que les nombres Nn et n sont de même parité ou de parités différentes et, dans tous les cas, $K^2 = N^2$, comme pour la normale.

Les directions

$$\sin D = n \frac{\lambda}{e}$$

correspondent à des *maxima principaux* de seconde classe. La différence de marche $\Delta = e \sin D$ relative aux points homologues de deux ouvertures voisines est alors un nombre entier de longueurs d'onde; il est évident que les amplitudes des vibrations dues à toutes les ouvertures s'ajoutent.

L'*ordre* d'un maximum principal est donné par le nombre n.

La vibration est nulle pour

$$N\frac{\delta}{2} = q\pi, \qquad \sin D = \frac{q}{N} \frac{\lambda}{e} = \frac{2q}{N} \frac{\lambda}{2e},$$

On doit en excepter toutefois les valeurs de q qui sont des multiples de N, parce qu'alors le rapport $\frac{q}{N}$ serait un nombre entier n et l'on retrouverait un maximum principal.

Il y a donc, entre deux maxima principaux, un nombre $N-1$ de minima nuls, pour lesquels le sinus de la déviation D varie comme la suite des nombres entiers à partir de l'unité.

Pour des déviations très petites, ces minima sont équidistants.

On obtiendra enfin des *maxima secondaires* d'intensité en égalant à zéro la dérivée du facteur K par rapport à $\frac{\delta}{2}$, ce qui donne

$$N \cos N \frac{\delta}{2} \sin \frac{\delta}{2} - \sin N \frac{\delta}{2} \cos \frac{\delta}{2} = 0,$$

$$\operatorname{tang} \frac{\delta}{2} = \frac{1}{N} \operatorname{tang} N \frac{\delta}{2}.$$

En posant $\frac{\delta}{2} = x$, les valeurs correspondantes de x seront données par les abscisses des points de rencontre des deux courbes

$$y_1 = \operatorname{tang} x,$$

$$y_2 = \frac{1}{N} \operatorname{tang} N x.$$

Depuis la normale jusqu'au premier maximum principal, c'est-à-dire entre les limites $x = o$ et $x = \pi$, la courbe y_1 est formée de branches OB et O'B' (*fig.* 107) inclinées à 45° à leurs points de rencontre O et O' avec l'axe des x, et asymptotes à la droite $x = \dfrac{\pi}{2}$.

Fig. 107.

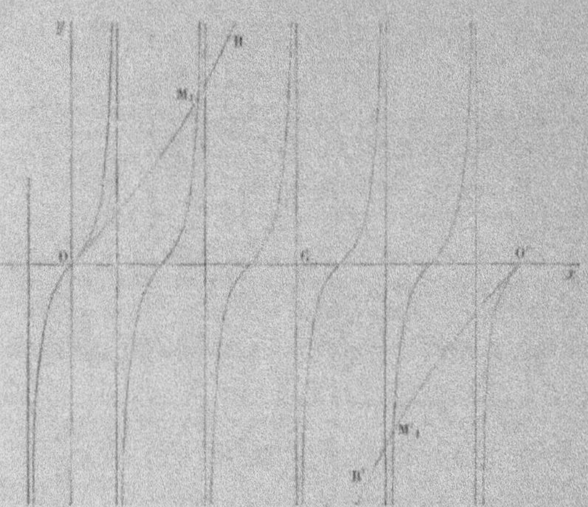

La courbe y_2, tracée sur la figure dans l'hypothèse $N = 5$, est formée d'une série de branches également inclinées à 45° sur l'axe des x, aux distances $x = \dfrac{q}{N}\pi = \dfrac{2q}{N}\dfrac{\pi}{2}$, qui correspondent aux minima de seconde classe et aux maxima principaux, et asymptotes aux droites $x = \dfrac{2q+1}{N}\dfrac{\pi}{2}$.

Les points de rencontre O et O' correspondent aux maxima principaux que nous avons trouvés déjà directement et le phénomène est symétrique par rapport au milieu C de l'intervalle de deux maxima principaux consécutifs.

Les valeurs de x relatives aux maxima secondaires sont les abscisses des points M_1, M_2, ..., M'_1, M'_2, ...; on peut les représenter d'une manière générale par

$$x = \left(\frac{2q+1}{N} - \varepsilon_q \right) \frac{\pi}{2},$$

la quantité z_q étant positive ou négative et d'autant plus petite que

le nombre $2q + 1$ est plus voisin d'un multiple impair de $\dfrac{N}{2}$.

Les déviations sont données par la relation

$$\sin D = \left(\frac{2q+1}{N} - 2q \right) \frac{\lambda}{2e};$$

elles ne sont pas exactement intermédiaires à celles des minima.

Les valeurs correspondantes du facteur K^2 sont

$$K^2 = \frac{\sin^2 N x}{\sin^2 x} = \frac{\tan g^2 N x}{\tan g^2 x} \frac{1 + \tan g^2 x}{1 + \tan g^2 N x}$$

$$= N^2 \frac{1 + \tan g^2 x}{1 + N^2 \tan g^2 x} = \frac{N^2}{1 + (N^2 - 1) \sin^2 x}.$$

Pour $\sin x = 0$, on retrouve $K^2 = N^2$, c'est-à-dire les maxima principaux. Tant que $\sin^2 x$ diffère notablement de zéro, les maxima secondaires sont très faibles par rapport aux maxima principaux; ces maxima ont leurs moindres valeurs au milieu de l'intervalle des maxima principaux et augmentent à mesure qu'ils s'en rapprochent. Dans tous les cas, le rapport

$$\frac{K^2}{N^2} = \frac{1}{1 + (N^2 - 1) \sin^2 x}$$

des maxima secondaires aux maxima principaux est d'autant plus petit que le nombre N des ouvertures est plus grand, et ces maxima finissent alors par devenir insensibles.

Il peut arriver enfin qu'un maximum principal soit très affaibli, ou même disparaisse, s'il a lieu dans la même direction qu'un minimum nul de première classe relatif au facteur x.

Avec des rayons obliques à l'écran, si le plan d'incidence est parallèle à la ligne des ouvertures et qu'on observe la diffraction dans le même plan, on devra dans tout ce qui précède remplacer $\sin D$ par

$$\sin i + \sin i' = 2 \sin \frac{D}{2} \cos \left(\frac{D}{2} - i \right).$$

Enfin, lorsque les déviations restent très petites, le champ est encore traversé par une série de lignes noires perpendiculaires à la ligne des ouvertures et à la distance constante $RD = \dfrac{R\lambda}{Ne}$, qui est en raison inverse du nombre des ouvertures.

234. *Ouvertures en réseau de rectangles ou de parallélogrammes.* — Considérons encore une série d'ouvertures identiques disposées suivant deux systèmes rectangulaires de lignes parallèles, de manière que les points homologues C, C′, C″ …., C_1, $C_1′$, $C_1″$, … (*fig.* 108), soient les sommets de rectangles égaux

Fig. 108.

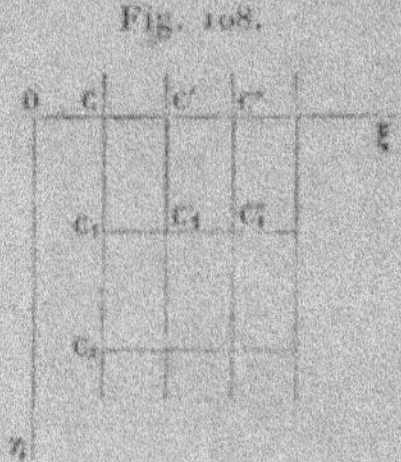

juxtaposés, et désignons par

$$e = CC' = C'C'' = \dots,$$
$$e_1 = CC_1 = C_1C_2 = \dots,$$

les distances successives des points homologues des ouvertures.

Si l'on représente par a_1 l'amplitude de la vibration produite dans le plan normal $O\xi$ par les N_1 ouvertures C, C_1, C_2, …, pour la déviation D, l'amplitude de la vibration produite par les N lignes d'ouvertures parallèles à la première sera, comme précédemment,

$$A = a_1 \frac{\sin N\frac{\delta}{2}}{\sin\frac{\delta}{2}},$$

en posant $\delta = 2\pi\dfrac{e\sin D}{\lambda}$.

Il en résulte une série de minima nuls dans les directions

$$\sin D = \frac{q}{N}\frac{\lambda}{e},$$

sauf pour les valeurs de q qui sont les multiples de N et qui donnent des minima principaux.

Pour des déviations très faibles, il y aura dans le plan focal (*fig.* 109) un système de lignes noires parallèles aux droites C, C_1 et à la distance constante $\dfrac{R\lambda}{Ne}$, sauf la suppression des lignes qui correspondent à $q = 0$, N, $2N$. . . . .

Fig. 109.

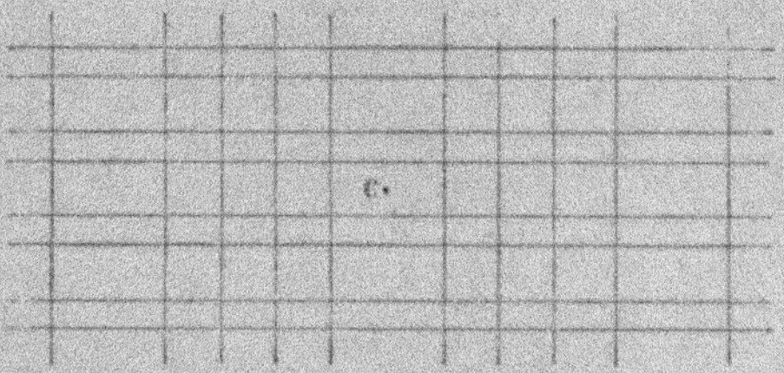

On aura, de même, un autre système de lignes noires parallèles à la droite CC', à la distance constante $\dfrac{R\lambda}{N_1 e_1}$, sauf encore la suppression de celles qui correspondent à des maxima principaux.

Ces deux systèmes détermineront plusieurs espèces de rectangles différents; le rectangle central est semblable aux rectangles des ouvertures, les côtés homologues étant perpendiculaires.

Si les directions CC' et CC_1 des deux séries d'ouvertures font un angle θ, le plan focal est encore traversé par deux systèmes de lignes noires, aux mêmes distances $\dfrac{R\lambda}{Ne}$ et $\dfrac{R\lambda}{N_1 e_1}$ que précédemment, mais respectivement perpendiculaires aux directions CC' et CC_1.

Le cas de trois ouvertures identiques non en ligne droite se traiterait de même comme la diffraction d'un triangle (**220**).

FENTES ET STRIES PARALLÈLES.

235. *Deux fentes.* — Avec deux fentes égales et parallèles, de longueur l, de largeur d, séparées par un intervalle opaque de largeur d', la distance des points homologues est $e = d + d'$.

Pour une lumière incidente normale, la différence de phase des vibrations émises par les deux fentes dans un plan perpendiculaire est

$$\delta = 2\pi\frac{(d + d')\sin D}{\lambda} = 2\pi\frac{e \sin D}{\lambda}.$$

L'amplitude de la vibration due à l'une des fentes étant (218)

$$a = f\varpi \frac{\sin \pi \dfrac{d \sin D}{\lambda}}{\pi \dfrac{d \sin D}{\lambda}},$$

l'amplitude résultante est (231)

$$A = 2 f\varpi \frac{\sin \pi \dfrac{d \sin D}{\lambda}}{\pi \dfrac{d \sin D}{\lambda}} \cos \pi \frac{e \sin D}{\lambda}.$$

Les minima sont tous nuls. Ceux de première classe ont lieu dans les directions

$$\sin D_1 = \frac{p \lambda}{d} = 2 p \frac{\lambda}{2 d},$$

à l'exception de $p = o$; ceux de seconde classe dans les directions

$$\sin D_2 = \frac{2 q + 1}{2} \frac{\lambda}{e}.$$

Les maxima de première et de seconde classe ont lieu dans les directions

$$\sin D'_1 = (2 p + 1 - \varepsilon_p) \frac{\lambda}{2 d},$$

$$\sin D'_2 = 2 q \frac{\lambda}{2 e}.$$

Si les distances d et d' sont dans le rapport de deux nombres entiers m et m', il y a des directions dans lesquelles un maximum de seconde classe coïncide avec un minimum de première classe; il suffit qu'on ait

$$\frac{p}{d} = \frac{q}{e} \qquad \text{ou} \qquad \frac{p}{q} = \frac{d}{d + d'} = \frac{m}{m + m'}.$$

Les maxima de seconde classe d'ordre $m + m'$, $2(m + m')$, ... coïncident avec les minima de première classe d'ordre m, $2m$, $3m$, ... et disparaissent.

En faisant, par exemple, $m = 2$ et $m' = 3$, les maxima de seconde classe d'ordre 5, 10, 15, ... disparaissent, parce qu'ils tombent sur les minima de première classe d'ordre 2, 4, 6, ...

Deux lignes noires de largeur d, séparées par une distance d', donneraient la même diffraction que les deux fentes, puisqu'elles forment un système complémentaire.

Si chacune des fentes (ou des lignes qui forment écran) n'est pas terminée par des bords rectilignes ou renferme une série d'inégalités, comme serait un trait tracé sur verre, de sorte que les rayons qui émanent des différents points subissent des retards irréguliers, la diffraction correspondante est changée en diffusion et les interférences de première classe disparaissent. Dans ce cas, chaque fente émet de la lumière dans toutes les directions; mais, pourvu que les deux fentes restent identiques, les interférences mutuelles ne sont pas supprimées et l'on observe encore les maxima et les minima de seconde classe.

236. *Grand nombre de fentes ou de lignes parallèles à distances inégales.* — Avec un grand nombre de fentes (ou de lignes) de diamètres différents, parallèles et à des distances quelconques, l'intensité de la lumière diffractée dans une direction déterminée est la somme des intensités correspondant à chacune des fentes séparément. C'est encore une diffusion.

Si les fentes (ou les lignes), tout en restant parallèles, sont de même diamètre et distribuées au hasard, l'intensité de la lumière diffractée est pour chaque direction proportionnelle au nombre N des ouvertures (ou des lignes) et de même nature que celle d'une seule ouverture; on ne voit alors que les phénomènes de première classe et les maxima prennent beaucoup d'éclat.

Young [1] a proposé d'utiliser cette expérience, sous le nom d'*ériomètre*, pour mesurer le diamètre de fils très minces. Un certain nombre de fils semblables réunis en paquet sont placés sur le trajet de la lumière d'une fente. Les déviations des minima observés, $\dfrac{p\lambda}{d}$, sont proportionnelles à la longueur d'onde et en raison inverse du diamètre des fils.

237. *Nombre limité de fentes égales et équidistantes.* — Enfin les interférences de seconde classe reparaissent lorsque les fentes parallèles sont égales et équidistantes.

---

[1] Young, *Phil. Trans. L. R. S.*, 1804, p. 1.

Si l'on remplace l'amplitude a (**222**) par sa valeur relative à une fente unique, l'amplitude de la vibration résultant de N fentes est

$$A = f\sigma \frac{\sin \pi \dfrac{d \sin D}{\lambda}}{\pi \dfrac{d \sin D}{\lambda}} \frac{\sin N\pi \dfrac{e \sin D}{\lambda}}{\sin \pi \dfrac{e \sin D}{\lambda}}.$$

On a alors :

1° Des minima nuls de première et de seconde classe dans les directions

$$\sin D_1 = p \frac{\lambda}{d} = 2p \frac{\lambda}{2d},$$

$$\sin D_2 = \frac{q}{N} \frac{\lambda}{e} = 2q \frac{\lambda}{2Ne},$$

en exceptant pour p la valeur zéro et pour q les multiples de N ;

2° Des maxima de première classe

$$\sin D'_1 = (2p + 1 - \varepsilon_p) \frac{\lambda}{2d};$$

3° Des maxima secondaires de seconde classe

$$\sin D'_2 = (2q + 1 - \varepsilon_p) \frac{\lambda}{2Ne};$$

4° Enfin des maxima principaux

$$\sin D'_3 = n \frac{\lambda}{e} = 2n \frac{\lambda}{2e}.$$

Un maximum principal peut encore disparaître quand les longueurs d et d' des vides et des pleins sont dans le rapport de deux nombres entiers m et m', c'est-à-dire si l'on a

$$\frac{p}{d} = \frac{n}{e} \qquad \text{ou} \qquad \frac{p}{n} = \frac{d}{d + d'} = \frac{m}{m + m'}.$$

Les maxima principaux dont l'ordre est multiple de $(m + m')$ tombent sur les minima de première classe dont l'ordre est multiple de m.

Lorsque le nombre N des fentes est très grand, les maxima secondaires deviennent insensibles et il n'y a de lumière appréciable que dans la direction des maxima principaux, pour lesquels l'amplitude est proportionnelle au nombre des ouvertures. Les résultats ne sont pas changés, au moins en dehors de la normale, quand on remplace les ouvertures par des écrans et inversement, c'est-à-dire quand on permute les pleins et les vides.

Si la distance e reste constante, l'intensité de la lumière diffractée dans une direction déterminée est la même fonction de la largeur des vides ou des pleins. Elle est nulle quand l'une de ces largeurs est égale à zéro et passe par un maximum ou un minimum (généralement un maximum quand les vides sont égaux aux pleins).

Si l'on appelle E la longueur totale Ne de la surface couverte de fentes, on a pour un maximum principal, en remarquant que $\tau = ld$,

$$A = \pm fl \frac{N\lambda}{\pi \sin D} \sin \pi \frac{d \sin D}{\lambda} = \pm fl \frac{E\lambda}{\pi e \sin D} \sin \pi \frac{d \sin D}{\lambda}$$

ou

$$A = \pm f\lambda \frac{E}{n\pi} \sin n\pi \frac{d}{e}.$$

La condition du maximum d'amplitude, en valeur absolue, est

$$\frac{d}{e} = \frac{2p+1}{2n}.$$

Pour le premier maximum principal ($n = 1$), la condition $p = 0$ ou $2d = e$ donnera donc un maximum de lumière.

Toutes choses égales, l'intensité d'un maximum principal, à part les variations du coefficient f, est en raison inverse du carré de l'ordre de ce maximum.

Si la lumière incidente est oblique à l'écran, mais dans un plan perpendiculaire aux fentes, et qu'on étudie la diffraction dans le plan d'incidence, on devra encore dans tout ce qui précède remplacer le sinus de la déviation par la somme des sinus des angles d'incidence et de diffraction. On aura ainsi, pour les maxima principaux, par exemple,

$$n \frac{\lambda}{e} = \sin i + \sin i',$$

et lorsque la déviation $D' = i + i'$ est minimum, c'est-à-dire que

l'écran est bissecteur de l'angle des rayons incidents et des rayons
diffractés,

$$\sin \frac{D'}{2} = n \frac{\lambda}{2e}.$$

Remarquons encore que le demi-angle apparent d'un maximum
principal peut être considéré comme l'angle de deux minima
successifs de seconde classe.

En appelant i' et i'' les angles de diffraction correspondants, dans
le cas de l'incidence oblique, on a

$$\frac{\lambda}{Ne} = \frac{\lambda}{E} = \sin i'' - \sin i' = 2 \cos \frac{i' + i''}{2} \sin \frac{i'' - i'}{2}$$

et, comme les angles i' et i'' sont très peu différents,

$$i'' - i' = \frac{\lambda}{E \cos i'}.$$

Pour l'incidence normale, cet angle est en raison inverse du
cosinus de la déviation

En couvrant un objectif par un système de fentes parallèles
équidistantes, l'angle de pénétration relatif à une source homogène
et une déviation assez faible est donc le même que pour une fente
rectangulaire de même largeur (218).

Si l'on opère au minimum de déviation, l'angle i' est égal à $\frac{D'}{2}$
et l'angle $i'' - i'$ est plus petit que pour l'incidence normale.

Si l'on dispose l'écran de manière que la lumière diffractée soit
normale, l'angle i' est nul et l'angle de pénétration devient

$$i'' - i' = \frac{\lambda}{E};$$

ce sont les conditions les plus avantageuses à ce point de vue.

238. *Définition des réseaux.* — Fraunhofer, qui a vérifié ces
différentes lois par expérience, appelait *grille* (gitter, grating)
un ensemble d'ouvertures ou de traits parallèles identiques et à la
même distance; on a adopté en France le nom de *réseau* sous
lequel il a été désigné par Babinet.

Les interférences de seconde classe s'observent aussi bien quand les fentes sont irrégulières ou qu'on les remplace par des traits opaques de nature quelconque, pourvu que ces traits et fentes soient identiques entre eux, parallèles et équidistants. La diffraction de première classe relative à chacune des ouvertures pourra être une simple diffusion, mais on retrouvera tous les effets de seconde classe et en particulier les maxima principaux.

La propriété la plus remarquable des réseaux consiste en ce que les maxima principaux restent seuls lorsque le nombre des ouvertures est un peu grand. Si donc on prend pour source de lumière une fente parallèle aux traits, les différentes lumières homogènes qui la constituent éprouveront pour les maxima principaux des déviations différentes. On obtiendra alors dans le plan focal de l'objectif (ou au foyer conjugué de la fente si elle n'est pas très éloignée) une série de spectres purs, pour lesquels la déviation croît avec la longueur d'onde. Avec la lumière solaire et des réseaux assez fins, on pourra distinguer dans ces spectres les raies obscures de Fraunhofer, comme dans les spectres de réfraction, et en mesurer les déviations avec une grande exactitude, puisque la perfection des images est de même ordre dans les deux cas.

On obtient un réseau, soit en traçant des traits parallèles au diamant sur une lame de verre, soit en enlevant dans une couche métallique mince déposée sur verre une série de filets parallèles, soit en traçant des traits sur une surface métallique polie. Dans ce dernier cas, les phénomènes de diffraction s'aperçoivent comme de la lumière réfléchie. On les voit d'ailleurs aussi par réflexion sur une lame de verre striée ou sur une surface quelconque, opaque ou transparente, qui porte des traits équidistants.

Un certain nombre d'objets naturels produisent, avec plus ou moins de perfection, le phénomène des réseaux. Telles sont les stries transversales des muscles dans les vertébrés. Les plumes de quelques oiseaux ou les ailes des papillons doivent aussi la vivacité de leurs couleurs à la régularité et au grand nombre de stries parallèles dont elles sont sillonnées.

La diffraction dans les réseaux a une importance capitale pour la mesure des longueurs d'onde et l'analyse spectrale de la lumière : nous l'examinerons à part avec plus de détails, par une méthode un peu différente.

DES RÉSEAUX.

239. *Ondes paragéniques.* — Lorsqu'un réseau est formé d'un très grand nombre de traits, la diffraction a lieu presque uniquement dans la direction des maxima principaux. Il se forme alors de véritables ondes latérales, ou ondes *paragéniques*, dont on peut déterminer les lois directement par une méthode ingénieuse due à Babinet ([1]), et qu'il est facile de généraliser.

Supposons qu'une surface plane, qui porte un grand nombre de traits parallèles identiques et équidistants, soit éclairée par de la lumière normale. La diffraction n'est sensible que dans un plan perpendiculaire aux traits, puisque dans toute autre direction la diffraction est nulle pour chaque ouverture séparément. Soient C, C_1, C_2, ... (*fig.* 110) les points homologues des fentes suc-

Fig. 110.

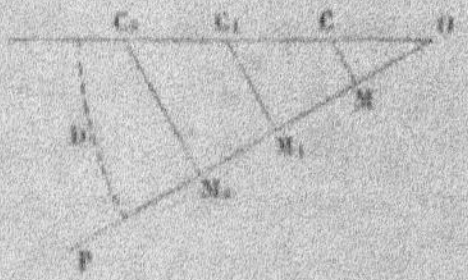

cessives dans le plan *principal*. Tous ces points peuvent être considérés comme des centres d'ébranlement à vibrations concordantes; ils produisent chacun une série d'ondes sphériques.

Pour une droite OP telle que la différence des chemins successifs CM, C_1M_1, C_2M_2, ... soit d'un nombre entier $n\lambda$ de longueurs d'onde, les vibrations émises respectivement aux points M, M_1, M_2, ... par les ouvertures C, C_1, C_2, ... sont concordantes; l'ensemble de ces vibrations constitue une onde paragénique. Cette formation d'ondes régulières par l'enveloppe des ondes élémentaires concordantes qui proviennent des ouvertures successives à diverses époques est tout à fait analogue à la formation des ondes réfléchies ou réfractées par l'enveloppe des ondes

---

[1] BABINET, *Ann. de Chim. et de Phys.*, [2], t. XL, p. 178; 1829, *Comptes rendus des séances de l'Académie des Sciences*, t. LVI, p. 411; 1863.

élémentaires correspondant à la même époque et qui proviennent des différents points de la surface de séparation de deux milieux.

En réalité, les ondes émises par les différentes fentes sont cylindriques et l'onde paragénique P est un plan enveloppe des ondes cylindriques correspondant aux époques

$$t, \quad t + n\mathrm{T}, \quad t + 2n\mathrm{T}, \quad \ldots$$

En appelant e l'intervalle des points homologues de deux fentes, la déviation D correspondant à l'onde paragénique d'ordre n est donnée par la relation

$$\sin \mathrm{D} = \frac{\mathrm{C_1 M_1} - \mathrm{CM}}{\mathrm{CC_1}} = \frac{n\lambda}{e}.$$

Le facteur n peut prendre toutes les valeurs entières, positives ou négatives, inférieures à $\frac{e}{\lambda}$.

La valeur $n = 0$ correspond à la propagation directe.

Pour toute autre direction, il y aura entre les vibrations émises par les différentes ouvertures interférence d'autant plus complète que le nombre des traits du réseau est plus grand.

Lorsque la lumière incidente est oblique et dans le plan principal, il n'y a encore de diffraction sensible que dans ce plan.

Les ondes incidentes P (*fig.* 111) donnent des ondes paragéniques P', définies par la condition que les vibrations des points M', $\mathrm{M_1}$, $\mathrm{M_2}$, ... produites respectivement par les ouvertures C, $\mathrm{C_1}$, $\mathrm{C_2}$, ... soient concordantes, c'est-à-dire que les chemins successifs $\mathrm{MCM'}$, $\mathrm{M_1 C_1 M'_1}$, ... diffèrent d'un nombre entier n de longueurs d'onde.

En appelant i l'angle d'incidence et i' l'angle de diffraction, il en résulte

$$(1) \qquad\qquad n\lambda = e(\sin i + \sin i').$$

Cette équation exprime une loi particulière de formation des ondes, qu'on peut appeler *loi de paragénie* et qui est analogue aux lois de réflexion ou de réfraction.

La déviation du rayon diffracté est

$$\mathrm{D'} = i + i'.$$

Elle est minimum, conformément à la règle générale (**209**, xiii), quand le plan du réseau est bissecteur de l'angle des rayons incident et diffracté.

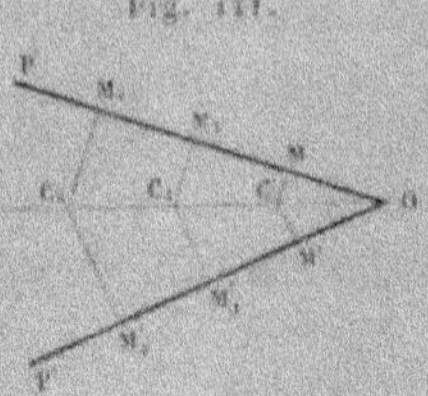

Fig. 111.

Enfin, quand le rayon incident est oblique au plan principal, la condition $\beta = \beta_1 + \beta_2 = 0$ (**209**, 5°) montre que le rayon diffracté est une des génératrices d'un cône; en appelant j_1 et j_2 les angles des rayons incident et diffracté avec le plan perpendiculaire au plan principal, la direction des ondes paragéniques est définie par la condition

$$n\lambda = e(\sin j_1 + \sin j_2).$$

240. *Réseaux tracés sur des surfaces courbes.* — On peut étendre la loi de paragénie, comme les lois de réflexion et de réfraction, au cas où la source de lumière est à une distance finie et où le réseau est tracé sur une surface courbe.

Soit S (*fig.* 112) la source de lumière, Σ l'intersection de la sur-

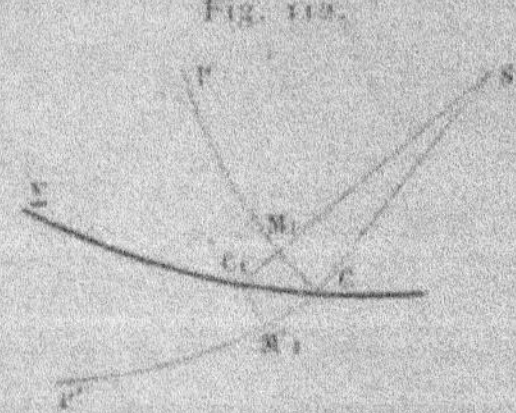

Fig. 112.

face du réseau par un plan perpendiculaire aux traits, mené par la source; C, C_1, C_2, ... les points homologues des fentes successives, leur distance constante e étant supposée très petite, CP l'onde sphérique incidente qui passe par le point C, CP' l'onde paragénique d'ordre n. La condition

$$M_1 C_1 - C_1 M_1 = n\lambda$$

donne encore, à des infiniment petits près négligeables,

$$n\lambda = e(\sin i + \sin i').$$

La loi de paragénie est donc indépendante de la forme des ondes incidentes et de la surface du réseau.

Pour obtenir l'image S' virtuelle ou réelle de la source par diffraction (*fig.* 113), appelons i et $i + di$, i' et $i' + di'$, les angles d'incidence et de diffraction relatifs à deux rayons voisins SM et SM', ρ et ρ' les distances SM et S'M de la source et de son image, R le rayon de courbure OM de la courbe Σ.

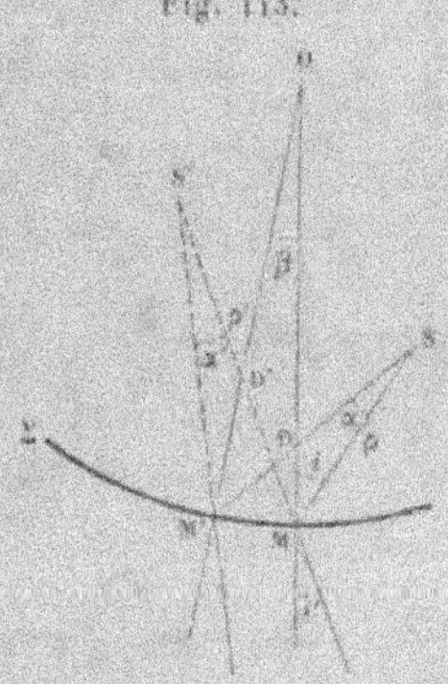

Fig. 113.

La loi de paragénie donne d'abord

$$\cos i \, di + \cos i' \, di' = 0.$$

Soient α, α' et β les angles MSM', MS'M' et MOM'; les triangles SDM et ODM', S'D'M' et OD'M, donnent

$$\alpha + i = \beta + i + di \qquad \text{ou} \qquad di = \alpha - \beta;$$
$$\beta + i' = \alpha' + i' + di' \qquad \text{ou} \qquad di' = \beta - \alpha'.$$

On en déduit, en substituant dans l'équation précédente,

$$\alpha \cos i - \alpha' \cos i' = \beta(\cos i - \cos i').$$

D'autre part, on a, par les triangles SMM', OMM' et S'MM',

$$\rho\alpha = \text{MM}' \cos i = \text{R}\beta \cos i,$$
$$\rho'\alpha' = \text{MM}' \cos i' = \text{R}\beta \cos i';$$

par suite

$$(2) \qquad \frac{\cos^3 i}{\rho} - \frac{\cos^3 i'}{\rho'} = \frac{\cos i - \cos i'}{R}.$$

L'image S' correspond en réalité à une ligne focale perpendiculaire au plan de diffraction.

Quelques cas particuliers sont dignes de remarque :

1° Quand $i = i'$, le réseau est au minimum de déviation pour l'onde paragénique considérée et l'on a $\rho' = \rho$. L'image virtuelle par diffraction est à la même distance du réseau que la source, comme pour les prismes au minimum de déviation.

Si la surface du réseau est cylindrique et que les traits soient parallèles aux génératrices du cylindre, la seconde ligne focale, située dans le plan de diffraction, se trouve toujours à la même distance que la source, car tous les rayons diffractés aux différents points d'une même fente sont dans les mêmes conditions que s'ils s'étaient réfléchis sur une surface plane passant par cette fente.

Dans le cas de la déviation minimum, les deux lignes focales étant superposées se réduisent alors à un point ; les ondes diffractées sont sphériques et le réseau se comporte comme une surface aplanétique par réflexion ou réfraction. Avec une lumière homogène, le réseau donnerait donc des images aussi nettes par diffraction qu'un objectif ou un miroir aplanétique dont la surface serait limitée par une ouverture rectangulaire de mêmes dimensions que le réseau.

2° Quand $\rho = R \cos i$, il en résulte $\rho' = R \cos i'$. La source S est alors sur une circonférence ayant pour diamètre OM et l'image S' se trouve sur la même circonférence.

Si l'on a $\rho \gtrless R \cos i$, il en résulte $\rho' \gtrless R \cos r$. La source S et son image S' sont donc en même temps extérieures ou intérieures à cette circonférence.

3° Avec des réseaux tracés sur une surface plane, $R = \infty$ et l'on a simplement

$$(3) \qquad \rho' = \rho \frac{\cos^3 r}{\cos^3 i}.$$

La diffraction par réflexion conduit exactement aux mêmes résultats, à la seule condition de remplacer les rayons incidents par les rayons réfléchis régulièrement.

La déviation D' des rayons paragéniques étant comptée à partir de la direction des rayons réfléchis régulièrement, on a aussi D' = $i + i'$. Elle est minimum quand $i = i'$, c'est-à-dire quand les rayons paragéniques reviennent sur la direction même des rayons incidents et en sens contraire.

L'image est à la même distance que la source et, par conséquent, superposée à la source elle-même quand le réseau est au minimum de déviation.

Si le réseau est tracé sur une surface courbe et que la source soit sur la circonférence ayant pour diamètre le rayon de courbure, l'image de diffraction se trouvera sur la même circonférence.

M. Rowland (¹) a utilisé cette propriété remarquable en traçant les réseaux sur des miroirs métalliques concaves. On obtient alors des images réelles sans que les rayons aient à traverser des objectifs où ils peuvent être absorbés en grande partie par les milieux réfringents.

241. *Détermination des longueurs d'onde.* — Quand on observe la diffraction par un réseau des rayons qui proviennent d'un point, ou plutôt d'une fente étroite parallèle aux traits, chacune des lumières homogènes émises par la source éprouve une déviation particulière qui ne dépend que de sa longueur d'onde et de la distance e des traits du réseau. Avec une lunette pointée sur l'image de diffraction, on obtient une série de spectres d'autant plus purs que la fente est plus étroite et le réseau plus large, et dans lesquels la déviation va croissant du violet au rouge. Pour la lumière blanche, le spectre de premier ordre est presque complètement isolé, mais les spectres suivants empiètent l'un sur l'autre. En effet, les longueurs d'onde extrêmes du violet et du rouge, λ_1 et λ_2, sont à peu près dans le rapport de 1 à 2. La déviation du premier maximum pour le rouge, de longueur d'onde λ_2, est également celle du second maximum pour la longueur d'onde $\frac{\lambda_2}{2}$, c'est-à-dire pour le violet. Le second spectre de lumière visible commence donc aussitôt après le premier, mais la déviation

---

(¹) H.-A. Rowland, *Amer. Journ. of Science*, vol. XXV, p. 87; 1883. — Mascart, *Journal de Physique*, [2], t. II, p. 5; 1883.

du second maximum pour le rouge, qui correspond à la différence de marche $2\lambda_2$, est plus grande que la déviation du troisième maximum pour le violet, qui correspond à la différence de marche plus petite $3\lambda_1$. L'empiètement des spectres devient donc de plus en plus grand.

On peut les séparer les uns des autres, comme le faisait Fraunhofer, en les observant au travers d'un prisme dont l'arête est parallèle au plan de diffraction. Ce prisme dévie inégalement les rayons superposés au même point et l'on aperçoit une série de spectres obliques au plan de diffraction, dans lesquels la déviation par le prisme est plus grande pour le violet que pour le rouge.

On obtiendrait également ces spectres avec un miroir ou une lentille en plaçant un écran au foyer conjugué des images de diffraction.

Avec les réseaux concaves de M. Rowland, les spectres se formeraient, sans le secours d'aucun appareil d'Optique, sur un écran situé au foyer conjugué du réseau lui-même par diffraction.

L'emploi des réseaux fournit la méthode la plus précise pour comparer ou déterminer en valeurs absolues les longueurs d'onde de lumières bien définies, telles que les raies brillantes d'un spectre discontinu ou les raies noires du spectre solaire.

Si le réseau est placé dans une direction quelconque par rapport aux rayons incidents, la longueur d'onde de la lumière observée sera donnée par l'équation

$$\lambda = \frac{e}{n}(\sin i + \sin i') = \frac{e}{n}[\sin i + \sin(D' - i)].$$

L'ordre n du spectre est connu sans difficulté. On détermine, par expérience, l'angle d'incidence i par l'angle $\pi - 2i$ que font les rayons directs avec les rayons réfléchis régulièrement. Quant à la déviation D', on la mesure à partir des rayons directs, ou à partir des rayons réfléchis régulièrement, suivant que la lumière est diffractée par transmission ou par réflexion.

L'intervalle e de deux traits sera donné, en mesurant la distance E qui existe entre le premier et le $(N + 1)^{ième}$ trait, par la relation $Ne = E$, mais il n'est pas nécessaire de mesurer cet intervalle quand on veut faire seulement des mesures relatives.

Si le réseau est normal aux rayons incidents ou aux rayons diffractés, on a simplement

$$(4) \qquad\qquad \lambda = \frac{e}{n} \sin D.$$

On vérifiera, par exemple, que le réseau est normal aux rayons incidents lorsque la bissectrice des rayons de même ordre, diffractés à droite et à gauche, coïncide avec la direction des rayons incidents. Dans tous les cas, la moitié de l'angle de ces deux rayons donne la valeur de D avec plus d'exactitude, les erreurs de réglage se trouvant éliminées.

Enfin, dans le cas du minimum de déviation,

$$\lambda = \frac{2e}{n} \sin \frac{D'}{2},$$

et l'on déterminera encore la valeur de D' par la moitié de l'angle formé par les déviations minima à droite et à gauche de rayons diffractés de même ordre.

L'angle d'incidence i restant invariable, le changement de longueur d'onde $d\lambda$ qui correspond à une variation di' de l'angle de diffraction est

$$d\lambda = \frac{e}{n} \cos i' \, di'.$$

La variation de longueur d'onde $d\lambda$ est proportionnelle à la variation di' au moins dans une petite étendue angulaire. Le facteur $\frac{e}{n} \cos i'$ est maximum pour $i' = 0$ et il reste sensiblement constant, même pour des valeurs notables de i' positives ou négatives.

Quand le réseau est normal aux rayons diffractés, le spectre obtenu jouit donc de la propriété que la distance des raies correspondant aux différentes lumières homogènes est proportionnelle à la différence de leurs longueurs d'onde. Si l'on reproduit par la photographie l'image obtenue au foyer d'un objectif, ou l'image directe des réseaux concaves, on obtiendra donc un spectre *normal* dans une grande étendue, de part et d'autre du rayon qui était perpendiculaire au réseau.

La relation

$$di' = \frac{n}{e \cos i'} \, d\lambda$$

montre que, pour une variation déterminée de longueur d'onde, la variation angulaire est proportionnelle à l'ordre n du spectre et en raison inverse de $\cos i'$. Comme l'angle de pénétration est minimum pour $i' = 0$, il y a doublement avantage à disposer le réseau normalement aux rayons diffractés.

Enfin, sauf le cas de réseaux plans et pour la déviation minimum, la seconde ligne focale du faisceau diffracté n'est pas généralement à la même distance que la première. Les bords du spectre ne sont donc pas nettement définis quand on a mis au point le mieux possible sur les raies elles-mêmes.

242. *Réseaux à traits courbes.* — Supposons qu'un réseau soit formé de traits courbes équidistants, c'est-à-dire par une série de circonférences concentriques, ou de courbes parallèles équidistantes qui auraient même développée.

Les points C, C_1, C_2, ... (*fig.* 114) correspondants des courbes

Fig. 114.

successives sur une même normale se comportent comme s'ils appartenaient à des traits rectilignes parallèles et donnent, dans un plan normal aux traits, des rayons diffractés soumis à la loi générale de paragénie (1).

Il est facile de voir que la diffraction n'est pas sensible dans toute autre direction, parce qu'il y a interférence entre les rayons émis par les différents points d'une même fente.

Avec une lumière incidente normale et des traits circulaires concentriques, on obtiendra dans le plan focal principal de la lunette d'observation une série de cercles concentriques définis par la condition (4). Les rayons ρ de ces cercles seront

$$(5) \qquad \rho = n\frac{R\lambda}{e}.$$

Les distances successives des anneaux obtenus avec des réseaux circulaires sont donc les mêmes que pour les images des réseaux à traits rectilignes.

Lorsque les traits forment une série de courbes à centre, homothétiques par rapport à leur centre commun, et telles que le rapport de similitude à l'une d'elles varie d'une quantité constante pour les courbes successives, toutes ces courbes seront parallèles et à la même distance aux différents points de rencontre d'un même rayon vecteur. En appelant e la distance des tangentes en ces points et supposant la lumière incidente normale au plan du réseau, le rayon vecteur ρ de la courbe obtenu dans le plan focal de la lunette d'observation sera encore déterminé par la même condition (5) que s'il s'agissait de traits rectilignes à la même distance e.

Les courbes ainsi obtenues sont polaires réciproques de celles des traits du réseau.

En particulier, si les traits sont des ellipses, les anneaux de diffraction forment des ellipses semblables dont les côtés homologues sont à angle droit avec ceux des traits du réseau.

C'est une propriété analogue à celle qui a été établie pour la diffraction des ouvertures elliptiques (**217**).

243. *Réseaux à intervalles variables.* — La direction des rayons paragéniques est indépendante de la largeur et de la nature des traits qui constituent le réseau, à la seule condition que les traits successifs aient la même forme et soient rigoureusement équidistants.

Il arrive cependant dans certains réseaux ([1]) que les images ne se trouvent pas aux distances trouvées précédemment et même qu'il se produit plusieurs images distinctes, très voisines les unes des autres et à des distances différentes. Un réseau de Nobert, par exemple, éclairé par des ondes planes incidentes, donnait pour chaque ordre de diffraction trois images différentes, l'une correspondant à des ondes planes, l'autre à des ondes convergentes et la troisième à des ondes divergentes. En observant avec une lunette

---

([1]) MASCART, *Ann. de l'Éc. Norm. sup.*, t. I, p. 250; 1864.

on pouvait, par un déplacement convenable de l'oculaire, obtenir une image nette au foyer principal et deux autres images correspondant à des déviations un peu différentes, l'une en avant et l'autre en arrière du foyer. La position de ces deux images était la même que si l'on avait placé devant l'objectif une lentille convergente ou divergente d'une même longueur focale f. M. Cornu [1] a montré que ces changements de foyer sont dus à des variations périodiques dans la distance des traits du réseau.

Supposons, en effet, que, dans un réseau à traits rectilignes tracé sur une surface plane, la distance des traits varie d'une manière continue, et que i soit l'angle d'incidence.

Si l'intervalle des traits est e dans le voisinage d'un point M (*fig.* 115), situé à la distance x d'un point fixe, l'angle de dif-

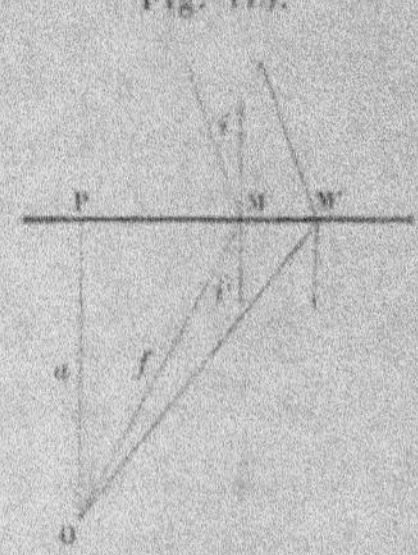

Fig. 115.

fraction i' est défini par l'équation (1) qui donne

$$\sin i' = n\frac{\lambda}{e} - \sin i.$$

Au point M', situé à la distance $x + dx$, l'angle de diffraction est $i' + di' = i' + \dfrac{di'}{dx}\,dx$ et l'on a

$$\cos i'\, di' = n\lambda\, d\frac{1}{e} = -\frac{n\lambda}{e^2}\,de.$$

En appelant f la distance MO du point de concours des rayons

[1] Cornu, *Assoc. franç. pour l'avancement des Sciences*; Nantes, 1877, p. 376.

MO et M'O, le triangle MM'O donne

$$dx \cos i' = f\, di';$$

par suite

$$\frac{1}{f} = \frac{-n\lambda}{e^2 \cos^2 i'}\frac{de}{dx} = \frac{n\lambda}{(n\lambda - e \sin i)^2 - e^2}\frac{de}{dx}.$$

Pour un petit intervalle MM', le réseau agit donc sur la lumière diffractée comme une lentille dont la longueur focale f satisferait à l'équation qui précède.

Si la distance e varie d'une manière continue dans toute l'étendue du réseau, les rayons paragéniques de même ordre provenant des différents points forment ainsi une caustique analogue aux caustiques de réflexion et de réfraction.

Pour l'incidence normale, on a simplement

$$\frac{1}{f} = \frac{n\lambda}{n^2\lambda^2 - e^2}\frac{de}{dx}$$

et, pour le minimum de déviation,

$$\frac{1}{f} = \frac{n\lambda}{\dfrac{n^2\lambda^2}{4} - e^2}\frac{de}{dx}.$$

Les traits du réseau se reproduisent généralement d'une manière périodique, à cause des défauts de la vis micrométrique qui a servi pour le tracé, lesquels sont périodiques par le mode même de construction.

Si les traits ainsi obtenus sont de trois espèces, les uns équidistants, correspondant à une fraction de tour régulière pour le pas de vis, les autres de distance décroissante, les derniers de distance croissante suivant une autre loi, on aura donc, avec un faisceau incident des rayons parallèles, trois images : l'une régulière, correspondant à des rayons diffractés parallèles, la seconde formée par des rayons convergents à la distance f, la troisième par des rayons divergents de la distance f'.

De l'autre côté des rayons incidents et pour le spectre de même ordre, la distance f' correspond à des rayons convergents et la distance f à des rayons divergents ; enfin la même dyssymétrie se reproduira pour les rayons diffractés par réflexion. Tous ces changements de foyer seront symétriques par rapport au plan du réseau ; c'est précisément le cas du réseau cité de Nobert.

L'observation des réseaux tracés à l'aide d'une machine à diviser fournit ainsi le moyen le plus délicat pour constater les défauts de construction de la vis.

Comptons la distance x du point M à partir du pied P de la perpendiculaire $OP = a$ abaissée du point O sur le plan du réseau. Pour que tous les rayons paragéniques de même ordre aboutissent au point O, il faut qu'on ait

$$x = a \tang i'$$

ou

$$\frac{dx}{x} = \frac{di'}{\sin i' \cos i'}$$

ce qui donne, pour l'incidence normale,

$$\frac{dx}{x} = -\frac{e\,de}{e^2 - n^2\lambda^2}, \qquad e^2 = \frac{A}{x} + n^2\lambda^2.$$

On peut remarquer directement que les vibrations émises par les fentes successives $C, C_1, \ldots, C_p$ (*fig.* 116) sont concordantes

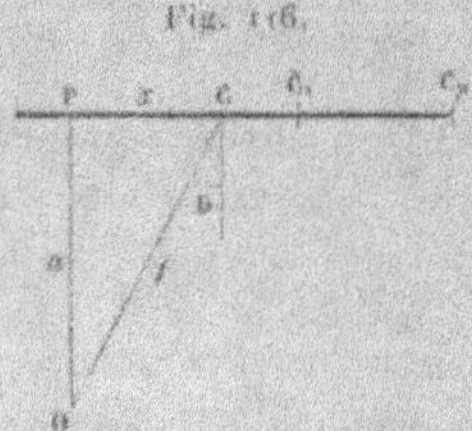

Fig. 116.

au point O si les chemins des rayons correspondants augmentent successivement de $n\lambda$.

Considérons seulement le cas de l'incidence normale. En appelant $x, x_1, \ldots, x_p$ les distances du point P aux fentes $C, C_1, \ldots, C_p$, et f_p la distance OC_p, on a

$$f_p = f + np\lambda,$$
$$a^2 = f^2 - x^2 = f_p^2 - x_p^2,$$
$$x_p^2 - x^2 = f_p^2 - f^2 = 2nfp\lambda\left(1 + \frac{np\lambda}{2f}\right).$$

Si la distance f n'est pas très petite, le dernier facteur ne diffère pas sensiblement de l'unité et l'on peut écrire, avec une grande approximation,

$$x_p^2 - x^2 = 2\,nfp\lambda.$$

La différence des carrés des distances au point P de deux fentes successives est donc une quantité constante Δ^2 et la longueur focale f, exprimée en fonction de cette quantité, est

$$f = \frac{\Delta^2}{2\,n\lambda} = \frac{\Delta^2}{2e\sin D}.$$

Les distances x_p varient alors comme les diamètres des anneaux de Newton. Le facteur $f\sin D = \dfrac{\Delta^2}{2e}$ étant constant, les rayons diffractés donnent sur une même droite PO normale au plan du réseau une série d'images pour lesquelles les inverses de la distance f au même point du réseau varient comme la suite des nombres entiers.

Lorsque les déviations D sont très petites, les distances x de ces images au plan du réseau varient suivant la même loi.

244. — Supposons enfin qu'avec le même réseau les rayons incidents émanent d'une source S (*fig.* 117) située sur la normale au point P à la distance φ du point C. Les rayons paragéniques d'ordre n sont encore concordants au point S', pour lequel on a

$$(\varphi_p - \varphi) + (\varphi'_n - \varphi') = np\lambda.$$

Les relations

$$\varphi_p^2 - \varphi^2 = \varphi'^2_p - \varphi'^2 = x_p^2 - x^2 = p\Delta^2$$

donnent, au même degré d'approximation que précédemment,

$$\varphi_p - \varphi = p\,\frac{\Delta^2}{\varphi_p + \varphi} = p\,\frac{\Delta^2}{2\varphi},$$

$$\varphi'_p - \varphi' = p\,\frac{\Delta^2}{\varphi'_p + \varphi'} = p\,\frac{\Delta^2}{2\varphi'}.$$

Il en résulte

$$\frac{1}{\varphi} + \frac{1}{\varphi'} = \frac{2\,n\lambda}{\Delta^2} = \frac{1}{f}.$$

Les distances φ et φ' sont donc conjuguées, comme les distances d'un objet et de son image à un objectif dont la longueur focale serait égale à f.

Lorsque les déviations sont très faibles, on a aussi

$$\frac{1}{b} + \frac{1}{b'} = \frac{1}{a}.$$

Fig. 117.

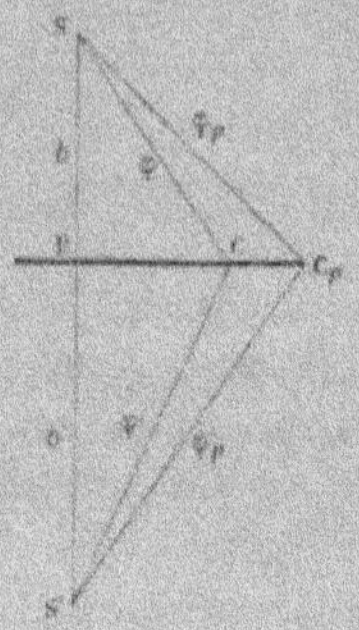

Les mêmes propriétés s'appliquent aux réseaux à traits courbes. Avec des traits circulaires concentriques au point P et tels que leurs rayons successifs x, x_1, ..., x_p varient comme les distances des traits rectilignes considérés précédemment, les rayons paragéniques d'ordre n, pour l'incidence normale, seraient concordants sur une perpendiculaire au réseau à la distance

$$a = f \cos i = \frac{\Delta^2}{2 n \lambda} \cos D.$$

Dans le cas actuel, ce point de concours est même une image véritable et non plus une ligne focale.

Pour des déviations très faibles, on aurait sur la droite PS' une série d'images dont les inverses des distances au plan du réseau seraient entre elles comme les nombres entiers consécutifs.

Enfin, en plaçant la source de lumière à une distance b du réseau, sur la normale passant par le centre des traits, l'image se trouverait à la distance conjuguée b'.

Pour les points situés sur la normale passant par le centre des traits circulaires, le réseau se comporte donc comme un système optique qui posséderait plusieurs longueurs focales différentes a liées par la relation

$$a_n = \frac{a}{n}.$$

La même propriété s'appliquerait à des rayons extrêmement peu écartés de la normale, mais les images ne tarderaient pas à devenir moins régulières.

245. — D'une manière plus générale, supposons qu'on se donne une ligne plane quelconque L qui soit le point de concours des images paragéniques d'ordre n dans un réseau plan parallèle à cette ligne, que l'on éclaire sous l'incidence normale, et proposons-nous de trouver la forme des traits.

Imaginons que l'on construise une série de surfaces-canal, à sections droites circulaires, ayant pour directrice commune la ligne L et pour rayons successifs f, $f + n\lambda$, $f + 2n\lambda$, ..., $f + pn\lambda$. L'intersection de ces différentes surfaces par le plan du réseau détermine une série de lignes l, l_1, l_2, ..., l_p, parallèles à L, qui représentent le tracé des traits.

En effet, les vibrations émises dans des directions normales aux traits sont concordantes sur la ligne L, puisque les différences de marche successives sont d'un nombre entier de longueur d'onde $n\lambda$. La différence des carrés des distances de ces lignes successives à la projection de la ligne L sur le plan du réseau est une quantité constante $\Delta^2 = 2\,fn\lambda$.

Si la ligne L est une droite, les surfaces-canal sont des cylindres concentriques, et l'on retrouve le cas des traits parallèles à distances inégales. Si cette ligne se réduit à un point, les surfaces-canal sont des sphères concentriques ; c'est le cas des traits circulaires concentriques.

Si la ligne L est un cercle, les surfaces-canal sont celles de tores ayant même directrice. Les traits sont alors des circonférences concentriques ayant pour centre la projection du centre du tore sur le plan du réseau.

La ligne L étant une ellipse, les traits seraient de même, des ellipses semblables concentriques à sa projection, etc.

On pourrait encore étendre ces considérations aux cas d'une incidence oblique sur des réseaux plans ou même aux réseaux tracés sur des surfaces courbes, mais les résultats deviendraient très complexes sans présenter un intérêt en rapport avec la difficulté de les vérifier par expérience.

246. *Réseaux croisés.* — Le problème des écrans successifs (199) est beaucoup plus simple dans le cas des ondes planes, lorsque les écrans ou les ouvertures sont situés sur différents systèmes de surfaces planes.

On doit, en effet, considérer la lumière qui a traversé un premier système d'ouvertures comme formant une série d'ondes planes d'intensités et de directions différentes; chacun de ces groupes d'ondes planes, en traversant un second système d'ouvertures, se comporte comme de la lumière fournie par une source de nature quelconque et la diffraction qu'il y subit ne dépend que de sa direction par rapport au nouveau système; on continuera ainsi de proche en proche.

Le problème pourra présenter des difficultés d'analyse, surtout si les plans des ouvertures ne sont pas parallèles entre eux, mais il suffira d'appliquer successivement les calculs aux différents groupes d'ondes planes dont on suivra les transformations. Toutefois, il est nécessaire que chaque système d'ouvertures soit entièrement couvert par la lumière qui provient du précédent dans la direction que l'on considère.

Supposons, par exemple, que deux réseaux par transmission à traits rectilignes, dont les distances des traits sont respectivement e et e', soient placés dans des plans parallèles, mais de manière que les directions des traits fassent un angle θ.

Avec une lumière incidente normale, le premier réseau donne une série d'ondes paragéniques dont l'angle de déviation i dans le plan principal est défini par la condition

$$n\lambda = e \sin i.$$

Pour chacun des groupes, cet angle i est l'angle d'incidence sur le second réseau; les rayons paragéniques correspondants sont déviés dans le nouveau plan principal et font avec la normale des angles i' qui satisfont à la condition

$$n'\lambda = e'(\sin i + \sin i').$$

Si φ et φ' sont les fractions de lumière transmise dans les deux cas, l'intensité de la lumière finale est une fraction $\varphi\varphi'$ de l'intensité primitive.

Lorsque les déviations i et i' restent très petites, toutes les images sont distribuées dans le plan focal de la lunette d'observation aux sommets d'un réseau de parallélogrammes dont les côtés, respectivement parallèles aux plans principaux des deux réseaux, ont pour longueurs $\dfrac{\lambda}{e}$ et $\dfrac{\lambda}{e'}$.

Les images situées sur les deux lignes qui passent par la normale, c'est-à-dire par l'image directe, sont naturellement plus intenses et l'éclat diminue graduellement sur celles qui ont été plus écartées par l'une ou l'autre des deux diffractions.

Dans le cas des déviations très faibles, l'image des rayons paragéniques émanés primitivement d'un point situé à une distance finie est sensiblement aplanétique. Si la source est limitée par un contour de forme quelconque, on obtiendra donc, dans le plan focal conjugué de la source, une série d'images de même forme disposées aux sommets d'un réseau de parallélogrammes, et dont les dimensions relatives à chaque couleur sont proportionnelles à la longueur d'onde.

Lorsque les réseaux sont identiques, les images sont situées aux sommets d'un réseau de losanges et celles qui ont subi deux fois le même ordre de paragénie se trouvent sur la bissectrice de l'angle des réseaux.

Enfin, quand on opère avec la lumière blanche, la superposition des images relatives à toutes les couleurs forme dans le plan focal une série de spectres plus ou moins purs, suivant les dimensions de la source, et qui sont tous orientés sur des droites passant par l'image directe.

Avec des réseaux au cinquantième de millimètre, par exemple, et en prenant comme source de lumière une ouverture circulaire vivement éclairée, on peut ainsi réaliser une des expériences d'Optique les plus brillantes.

ARC-EN-CIEL.

247. *Théorie de Descartes.* — Les gouttes d'eau suspendues dans l'air pendant la pluie sont généralement assez grosses pour donner lieu à des réfractions ou des réflexions régulières. Si elles sont éclairées par le Soleil, les rayons réfléchis une ou plusieurs fois dans l'intérieur des gouttes ne peuvent émerger indifféremment dans toutes les directions ; le nuage paraît ainsi plus lumineux sur certaines régions. Comme la direction limite des rayons réfléchis varie avec la longueur d'onde, le bord de la région brillante est irisé des couleurs du spectre et forme l'*arc-en-ciel*. Cette explication très ancienne a été complétée par Descartes (¹), qui a rendu compte de la distribution des couleurs, et par Newton (²), qui a calculé la déviation des arcs. Il est nécessaire d'en indiquer d'abord les conséquences avant d'examiner la diffraction qui intervient dans le phénomène.

Supposons qu'une sphère de substance réfringente soit éclairée par un système d'ondes planes. Le rayon $S_0 A$ (*fig.* 118) dirigé vers

Fig. 118.

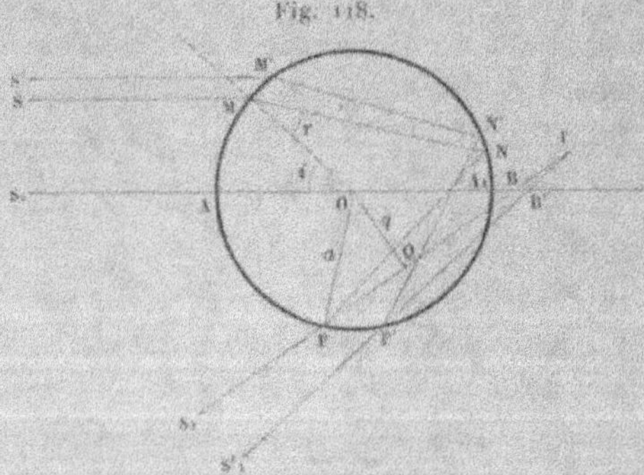

le centre O de la sphère, et qui subit un nombre quelconque de réflexions intérieures en A_1 et en A avant de sortir de la sphère, émerge, soit dans la direction primitive, soit en sens contraire, suivant que le nombre des réflexions est pair ou impair.

(¹) DESCARTES, *Les météores*, Discours huitième ; Leyde, 1638.
(²) NEWTON, *Optics*, Part II, Prop. IX ; 1704.

Pour un rayon SM dont l'angle d'incidence est i et l'angle de réfraction r, le rayon réfracté MN fait le même angle r avec la normale au point N, le rayon réfléchi NP tombe encore sous le même angle au point P et il en sera ainsi pour toutes les réflexions successives. Ce rayon, tel que PS_1, émergera finalement sous l'angle primitif i. Comme on l'a vu dans le cas des prismes (74), la rotation du rayon est $i - r$ pour chacune des réfractions à l'entrée et à la sortie; elle est de $\pi - 2r$ pour chacune des réflexions intérieures, de sorte que, s'il y a k réflexions successives, la rotation totale, ou la déviation D à partir du prolongement des rayons primitifs, est

$$(1) \qquad D = 2(i - r) + k(\pi - 2r) = k\pi + 2i - 2(k+1)r.$$

248. *Rayons efficaces.* — En posant $k + 1 = p$ et appelant n l'indice de réfraction de la sphère, le changement de déviation dD, relatif à une variation di de l'angle d'incidence, est

$$(2) \qquad dD = 2(di - p\,dr) = 2\left(1 - \frac{p\cos i}{n\cos r}\right)di.$$

La déviation passe par un minimum, correspondant aux rayons qu'on appelle *efficaces*, quand les angles d'incidence et de réfraction I et R satisfont à la condition

$$(3) \qquad p\cos I = n\cos R = \sqrt{n^2 - \sin^2 I},$$

qui donne

$$(4) \quad \sin^2 I = \frac{p^2 - n^2}{p^2 - 1}, \qquad \cos^2 I = \frac{n^2 - 1}{p^2 - 1}, \qquad \tan^2 I = \frac{p^2 - n^2}{n^2 - 1}.$$

Cette condition correspond à un minimum, car la dérivée seconde de la déviation

$$\frac{d^2 D}{di^2} = -2p\,\frac{d^2 r}{di^2} = \frac{2p}{n\cos r}\,\frac{n^2 - 1}{n^2\cos^2 r}\sin i$$

est toujours positive; sa valeur relative aux rayons efficaces est

$$\left(\frac{d^2 D}{di^2}\right)_1 = 2\,\frac{n^2 - 1}{p^2}\,\frac{\sin I}{\cos^2 I} = 2\,\frac{p^2 - 1}{p^2}\tan I = 2\,\frac{p^2 - 1}{p^2}\sqrt{\frac{p^2 - n^2}{n^2 - 1}}.$$

L'angle I n'est réel que si $p > n$ ou $k > n - 1$. Avec le diamant, dont l'indice est supérieur à 2, il faudrait au moins deux réflexions intérieures.

La déviation minimum est

$$(5) \qquad D_k = k\pi + 2(I - p R).$$

et, si l'on appelle r_0 l'angle de réfraction limite défini par la condition $n \sin r_0 = 1$, la déviation relative aux rayons tangents à la sphère, auquel cas l'angle $2i$ est égal à π, est

$$(6) \qquad D_0 = p(\pi - 2 r_0).$$

249. *Dispersion.* — Pour étudier la manière dont la direction des rayons efficaces varie avec la couleur, on doit considérer la déviation minimum D_k comme une fonction de l'indice de réfraction. Les équations (5) et (3), jointes à la relation $\sin I = n \sin R$, donnent alors

$$dD_k = 2(dI - p\,dR),$$
$$p \sin I\, dI = n \sin R\, dR - \cos R\, dn,$$
$$\cos I\, dI = n \cos R\, dR + \sin R\, dn;$$

il en résulte

$$\frac{dD_k}{dn} = \frac{2 \sin R}{\cos I} = \frac{2}{n} \operatorname{tang} I = \frac{2}{n} \sqrt{\frac{p^2 - n^2}{n^2 - 1}}.$$

Cette expression étant positive, la déviation minimum croît avec l'indice de réfraction ; elle est donc plus grande pour le violet que pour le rouge et l'espace plus éclairé sur le nuage paraîtra bordé d'une bande rouge.

250. *Distribution de la lumière.* — Si l'on appelle a le rayon de la sphère, x la distance $a \sin i$ des deux rayons SM et $S_0 A$, $d\theta$ l'angle de deux plans infiniment voisins passant par la droite $S_0 A$, Q la quantité de lumière qui correspond à l'unité de surface des ondes incidentes, la quantité de lumière qui tombe sur un élément de la surface sphérique au voisinage du point M peut être représentée par

$$Q\,d\theta\,x\,dx = Q\,d\theta\,a^2 \sin i \cos i\,di.$$

A part l'affaiblissement d'intensité dû aux réfractions et aux réflexions intérieures, cette quantité de lumière dans le voisinage du rayon réfracté PS_1 est distribuée dans l'angle $-dD\,d\vartheta$. La quantité de lumière relative à l'unité d'angle, ou la *clarté* de la région observée, est proportionnelle au nombre des gouttes qui interviennent dans le phénomène et à l'expression

$$E = Q\,a^2 \frac{\sin i \cos i\, di}{-dD} = Q\,\frac{a^2}{4}\,\frac{\sin 2i}{\dfrac{p\cos i}{n\cos r}-1}.$$

Toutes choses égales, l'éclat du nuage à ce point de vue est proportionnel au nombre des gouttes et à leur surface, c'est-à-dire à la surface totale de la nappe liquide utilisée.

Il est à remarquer que l'éclat est nul pour $\sin 2i = 0$, c'est-à-dire pour les rayons dirigés primitivement vers le centre des gouttes ou qui leur sont tangents.

L'éclat croît très rapidement, au contraire, au voisinage des rayons efficaces où le rapport $\dfrac{p\cos i}{n\cos r}$ se rapproche de l'unité. La valeur infinie donnée par le calcul pour les rayons efficaces montre que le phénomène est alors d'une nature toute différente, comme on le verra plus loin.

Néanmoins il existe dans cette région une bande lumineuse très brillante. Si l'on tient compte de l'angle apparent du Soleil, qui modifie la direction des différents systèmes d'ondes incidentes, on voit que l'angle apparent de cette bande est supérieur à celui du Soleil. Les différentes couleurs seront donc juxtaposées en empiétant l'une sur l'autre.

251. *Arcs de différents ordres.* — Si l'on s'en tient à ce premier mode de raisonnement, on peut déterminer la position des arcs de différents ordres, c'est-à-dire des arcs qui correspondent à un nombre croissant de réflexions intérieures.

Tous ces arcs paraissent évidemment circulaires, puisqu'ils sont déterminés par des droites qui font un angle constant avec la direction des rayons solaires.

L'arc de premier ordre correspond à $k = 1$ ou $p = 2$. Les indices de réfraction de l'eau relatifs aux principales raies du spectre, pour une température voisine de 15°, sont

B.	C.	D.	E.	F.	G.	H.
1,3317	1,3326	1,3343	1,3365	1,3386	1,3429	1,3448

On en déduit, pour les rayons efficaces des couleurs extrêmes,

$$
\begin{array}{ll}
\text{B.} & \text{H.} \\
I_1 = 59°\,29,1 & I_1 = 58°\,43,5 \\
R_1 = 40°\,19,1 & R_1 = 39°\,27,5 \\
D_1 = 137°\,41,8 & D_1 = 139°\,37,0
\end{array}
$$

Cet arc se montre donc à l'opposé du Soleil; son rayon apparent $D' = \pi - D_1$ est de $42°18'$ pour le rouge et de $40°23'$ pour le violet. Le rouge paraît à l'extérieur de l'arc et l'angle de dispersion est de $1°55'$ ou environ $2°$.

L'arc de second ordre correspond à $k = 2$, $p = 3$. On a alors

$$
\begin{array}{ll}
\text{B.} & \text{H.} \\
I_2 = 71°\,53 & I_2 = 71°\,28 \\
R_2 = 45°\,32 & R_2 = 44°\,50 \\
D_2 = 230°\,34 & D_2 = 233°\,56
\end{array}
$$

Comme la déviation est plus grande que $180°$, les rayons efficaces proviennent de rayons primitifs qui ont traversé d'abord la partie inférieure de la goutte. La déviation étant plus petite que $270°$, l'arc paraît encore à l'opposé du Soleil; son rayon apparent, $D' = D_2 - \pi$, est de $50°34'$ pour le rouge et de $53°56'$ pour le violet, de sorte que la dispersion atteint $3°22'$. L'éclat de l'arc de second ordre est beaucoup moindre que celui du premier, parce que la dispersion est presque doublée et que les rayons ont été très affaiblis par les deux réflexions.

La disposition apparente des couleurs est renversée, car le rouge paraît à l'intérieur de l'arc et le violet à l'extérieur. L'intervalle des deux arcs dessine sur le nuage une zone obscure d'environ $10°$ de largeur, dans laquelle les gouttes ne peuvent renvoyer à l'œil de l'observateur aucune lumière ayant subi une ou deux réflexions intérieures.

Les arcs de troisième et de quatrième ordre correspondent à des déviations de $318°$ et de $404°$, c'est-à-dire à des directions qui font respectivement avec le Soleil des angles de $360° - 318° = 42°$

et de $404° - 360° = 44°$. Les gouttes doivent alors être situées entre le Soleil et l'observateur; il faut une pluie particulièrement rare pour que toute lumière ne soit pas interceptée et qu'on puisse distinguer les colorations d'ailleurs très faibles de ces arcs.

Dans l'arc de cinquième ordre on a $D_5 = 486° = 3 \times 180° - 54°$; cet arc est un peu à l'extérieur du second et paraît avoir été quelquefois observé.

Les mesures faites sur les arcs-en-ciel naturels et sur ceux que l'on peut produire artificiellement, soit sur une sphère transparente ou une boule renfermant de l'eau, soit sur un filet d'eau tranquille ou une baguette de verre cylindrique ([1]), ont donné des résultats qui s'accordent avec le calcul au moins d'une manière approximative, car il est difficile de déterminer exactement les limites du phénomène.

Avec une baguette de verre, Babinet avait observé déjà sept arcs-en-ciel; Miller ([2]) en a distingué douze et Billet ([3]) a mesuré sur un filet d'eau la déviation des dix-neuf premiers arcs.

252. *Arcs surnuméraires.* — A la simple observation des arcs-en-ciel, on voit aisément que le phénomène est en réalité plus complexe. Outre la bande irisée des couleurs du spectre, on voit à l'intérieur du premier arc et à l'extérieur du second une série de franges colorées qu'on désigne sous le nom d'*arcs surnuméraires*. Ces franges, qui ont été signalées depuis longtemps ([4]), paraissent en effet la répétition de l'arc principal sur une moindre largeur et rappellent les franges de diffraction d'un écran à bord rectiligne.

Young ([5]) a indiqué le premier que l'on devait chercher l'explication des arcs surnuméraires dans l'interférence des rayons qui émergent parallèlement entre eux après avoir suivi des chemins différents dans la goutte, leurs angles d'incidence i_1 et i_2

([1]) BABINET, *Comptes rendus des séances de l'Académie des Sciences*, t. IV, p. 645; 1837.

([2]) MILLER, *Trans. of the Cambr. Phil. Soc.*, t. VII, p. 277; 1841.

([3]) BILLET, *Comptes rendus des séances de l'Académie des Sciences*, t. LVI, p. 999; 1864. — *Ann. de l'École Norm. sup.*, t. V, p. 67; 1868.

([4]) LANGWITH, *Phil. Trans. abridged*, t. VI, p. 623; 1722.

([5]) YOUNG, *Phil. Trans. L. R. S.*, p. 8; 1804.

étant situés de part et d'autre de l'angle limite I qui correspond
aux rayons efficaces.

253. *Caustique des rayons émergents.* — Les rayons qui
sortent de la goutte sont tangents à une surface caustique de révolution autour de la droite parallèle à la lumière primitive qui
passe par le centre de la sphère.

Pour déterminer la section méridienne de cette caustique, appelons b la distance OB (*fig.* 118) du point B où le prolongement du
rayon émergent PS, coupe l'axe et q la perpendiculaire OQ.

Le triangle OBP donne

$$(7) \qquad q = a \sin i = b \sin D.$$

Les deux rayons émergents PS_1 et $P'S'_1$, qui correspondent à
des rayons incidents SM et S'M' infiniment voisins, se rencontrent
sur la caustique en un point U.

Soit $u = $ BU ; le triangle BB'U donne

$$(8) \qquad \frac{db}{-dD} = \frac{u}{\sin D}.$$

On déduit de l'équation (7)

$$(7)' \qquad dq = \sin D \, db + b \cos D \, dD = a \cos i \, di.$$

Comparant avec (8) et (2), il en résulte

$$b \cos D - u = \frac{a \cos i}{2\left(1 - \dfrac{p \cos i}{n \cos r}\right)}.$$

La valeur u est infinie pour $i = $ I, c'est-à-dire que la caustique
est asymptote à la direction des rayons efficaces émergents.

Si l'on appelle ρ la distance QU, on a

$$(9) \qquad \rho = u - b \cos D = \frac{a}{2} \frac{\cos i}{\dfrac{p \cos i}{n \cos r} - 1}.$$

Le dénominateur du second membre est positif pour $i = $ 0,
égal à zéro pour $i = $ I et négatif pour $i > $ I ; la valeur de ρ est
positive ou négative suivant que l'angle d'incidence est plus petit

ou plus grand que celui des rayons efficaces. La caustique est donc formée de deux branches, l'une au-dessus, l'autre au-dessous de l'asymptote. Les extrémités de cette caustique correspondent à $i = 0$ et $i = \frac{\pi}{2}$.

Lorsque l'angle d'incidence i est infiniment petit, on déduit de l'équation (7)

$$\frac{b}{a} = \frac{i}{\sin\left[(p-1)\pi - 2\left(\frac{p}{n}-1\right)i\right]} = \frac{1}{2\left(\frac{p}{n}-1\right)}(-1)^p;$$

les valeurs de b et de ϱ sont alors minima.

Pour le premier arc, ou $p = 2$, l'indice de réfraction de l'eau étant sensiblement égal à $\frac{4}{3}$, il en résulte $b = a$. Le sommet de la caustique se trouve sur la surface de la sphère au point A_1.

Pour $i = \frac{\pi}{2}$, on a $\varrho = 0$. Comme le rayon émergent est tangent à la sphère, la caustique est aussi tangente à la sphère au point correspondant.

Enfin, pour les rayons efficaces et la lumière rouge, on a

$$\frac{b}{a} = \frac{\sin D}{\sin I} = 1,280,$$

$$\frac{q}{a} = \sin I = 0,8615.$$

Les surfaces d'onde relatives à différentes époques sont elles-mêmes de révolution, et leurs courbes méridiennes sont les développantes de la caustique.

Comme il est permis, pour le calcul des phénomènes ultérieurs, de considérer cette surface dans une quelconque de ses positions, nous prendrons celle qui passe par le pied C de la perpendiculaire OC (*fig.* 119) abaissée du centre sur l'asymptote. La courbe méridienne y présente un point d'inflexion ; si l'on rapporte la courbe à des axes rectangulaires Cx et Cy, dont le second est l'asymptote, l'ordonnée y est d'abord proportionnelle au cube de l'abscisse et l'on peut écrire

$$(10) \qquad y = H x^3 = \frac{h\,x^3}{3\,a^2},$$

h étant un facteur numérique qui dépend de l'indice de réfraction de la goutte et de l'ordre de l'arc considéré.

Il est facile de déterminer la constante h. On voit déjà que, pour les points très voisins de l'origine C, le rayon de courbure ρ se réduit à

$$\frac{1}{\rho} = \frac{y''}{(1+y'^2)^{\frac{3}{2}}} = \frac{2hx}{a^2},$$

$$(11) \qquad \frac{a^2}{2\rho x} = h.$$

D'autre part, la valeur de ρ donnée par l'équation (9) représente aussi très approximativement le rayon de courbure au point M.

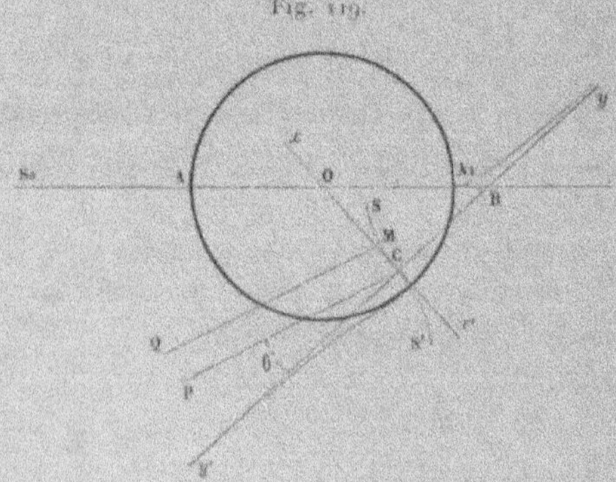

Fig. 119.

Cette équation peut s'écrire

$$\frac{a}{2\rho} = \frac{p}{n\cos r} - \frac{1}{\cos i}.$$

Le second membre est une fonction $f(i)$ de l'angle d'incidence, qui devient nulle pour les rayons efficaces.

Pour un rayon voisin, qui correspond à l'angle $I + \varepsilon$, on aura donc

$$f(i) = f(I + \varepsilon) = \varepsilon f'(I).$$

Or

$$f'(i) = \frac{p}{r}\frac{\sin r \cos i}{n\cos^3 r} - \frac{\sin i}{\cos^2 i} = \frac{\sin i}{\cos^2 i}\left(\frac{p\cos^3 i}{n^3\cos^3 r} - 1\right),$$

ce qui donne au voisinage des rayons efficaces

$$f'(1) = -\frac{p^2-1}{p^2}\frac{\sin 1}{\cos^2 1},$$

$$(12) \qquad \frac{a}{2\rho} = -\varepsilon\frac{p^2-1}{p^2}\frac{\sin 1}{\cos^2 1}.$$

Si l'on considère la région de la courbe très voisine du point C d'inflexion, l'arc s de la courbe CS, compté à partir de l'origine C, peut être confondu avec l'abscisse x correspondante, laquelle, abstraction faite de quantités négligeables, n'est autre chose que la variation $-dq$ donnée par l'équation $(7)'$; on a donc

$$(13) \qquad s = x = -dq = -2a\cos 1.$$

Comme la longueur de l'arc s est proportionnelle à la variation ε de l'angle d'incidence, l'amplitude de vibration sur l'onde varie d'une manière continue. En éliminant l'angle ε entre les équations (12) et (13), il vient

$$(14) \qquad \frac{a^2}{2\rho x} = \frac{p^2-1}{p^2}\frac{\sin 1}{\cos^2 1}.$$

La comparaison des équations (11) et (14) donne finalement

$$(15) \qquad h = \frac{p^2-1}{p^2}\frac{\sin 1}{\cos^2 1} = \frac{(p^2-1)^2}{p^2(n^2-1)}\sqrt{\frac{p^2-n^2}{n^2-1}} \qquad (^1).$$

Pour l'eau et le premier arc-en-ciel, on fera $n = \frac{4}{3}$ et $p = 2$, ce qui donne $h = 4,896$.

L'angle limite de réfraction étant $r_0 = 48°35'$, la déviation correspondante est

$$D_0 = 2(\pi - 2r_0) = 166°40'.$$

La distance de ces rayons extrêmes aux rayons efficaces est donc voisine de 30°.

254. *Franges de diffraction.* — La détermination de la lumière apparente au voisinage des rayons efficaces revient au calcul de la diffraction d'une onde dans une direction voisine de celle qui correspond aux points singuliers de la caustique et présente en général de grandes difficultés.

(^{1}) Cette expression est conforme à celle de M. Boitel (*Comptes rendus des séances de l'Académie des Sciences*, t. CVI, p. 1522; 1888).

On peut encore, en prenant pour plan de figure le plan qui passe par le centre de la goutte, par les rayons incidents S_0O et la direction CP suivant laquelle on envisage le phénomène, réduire l'onde à l'arc d'équateur SCS' et ne tenir compte que des premiers arcs élémentaires.

Comme la surface d'onde est de révolution, les fuseaux correspondants sont limités par des circonférences qui présentent le même caractère pour les deux portions CS et CS' de l'équateur. La substitution de l'arc d'équateur au fuseau entraîne de part et d'autre la même différence de phase (190) et il n'y a pas lieu d'en tenir compte.

Soit θ l'angle de la droite CP avec l'asymptote Cy'. La différence de marche des rayons MQ et CP est

$$\Delta = y \cos\theta - x \sin\theta = (H x^2 - x \operatorname{tang}\theta) \cos\theta.$$

Comme on peut remplacer l'arc ds par dx, la vibration résultante est, en appelant μ l'amplitude de la vibration émise par l'unité d'arc,

$$\xi = \mu \int dx \sin(\omega t - \delta),$$

et les intégrales qui déterminent l'intensité de la vibration sont

$$F = \int dx \sin\delta, \qquad G = \int dx \cos\delta.$$

Les éléments de ces intégrales diminuent très rapidement à mesure que x augmente au delà d'une certaine valeur, car la variation $x' - x$ relative à un arc élémentaire est

$$H(x'^2 - x^2) - (x' - x) \operatorname{tang}\theta = \frac{\lambda}{2\cos\theta},$$

$$x' - x = \frac{\lambda}{2\cos\theta} \frac{1}{H(x'^2 + xx' + x^2) - \operatorname{tang}\theta},$$

c'est-à-dire une quantité qui devient très petite dès que x prend une valeur notable.

Il est alors permis, sans altérer les phénomènes, d'étendre les intégrations de $-\infty$ à $+\infty$. Dans ce cas, $F = 0$ puisque les termes qui constituent cette intégrale sont deux à deux égaux et de signes contraires pour les éléments symétriques.

D'autre part, les éléments de G ne changent pas quand on remplace x par $-x$, de sorte que l'amplitude de la vibration résultante est simplement

$$A = 2\mu \int_0^\infty dx \cos\delta.$$

Si l'on pose

$$\frac{2\pi}{\lambda} H x^3 \cos\theta = \frac{\pi}{2} u^3, \qquad \frac{2\pi}{\lambda} x \sin\theta = \frac{\pi}{2} z u,$$

c'est-à-dire

$$u = x \left(\frac{4 H \cos\theta}{\lambda}\right)^{\frac{1}{3}},$$

$$z^3 = \left(\frac{4 \sin\theta}{\lambda} \frac{x}{u}\right)^3 = \frac{4^2}{H\lambda^2} \sin^2\theta \, \mathrm{tang}\,\theta,$$

la différence de phase est

$$\delta = 2\pi \frac{\Delta}{\lambda} = \frac{\pi}{2}(u^3 - z u).$$

En représentant par $f(z)$ l'intégrale définie

$$f(z) = \int_0^\infty \cos\frac{\pi}{2}(u^3 - z u)\, du,$$

on a

$$A = 2\mu \left(\frac{\lambda}{4 H \cos\theta}\right)^{\frac{1}{3}} f(z).$$

Le rapport $\dfrac{\sin^2\theta \, \mathrm{tang}\,\theta}{\theta^3}$ ne diffère pas de l'unité de plus de 0,0055 quand l'angle θ varie de $0°$ à $30°$; on pourra donc, dans cet intervalle, écrire sans erreur appréciable

$$(16) \qquad z^3 = \frac{4^2}{H\lambda^2}\theta^3, \qquad z = 2\theta\left(\frac{2}{H\lambda^2}\right)^{\frac{1}{3}} = 2\theta\left(\frac{6a^2}{b\lambda^2}\right)^{\frac{1}{3}}.$$

Si l'angle θ est négatif, ce qui correspond aux directions situées dans l'ombre géométrique des rayons efficaces, z prend également une valeur négative $- z'$. L'intégrale

$$f(z') = \int_0^\infty \cos\frac{\pi}{2}(u^3 + z' u)\, du$$

est évidemment positive, mais elle diminue rapidement à mesure que z' augmente et les éléments les plus importants sont ceux qui

correspondent au premier quadrant, depuis $u = o$ jusqu'à la valeur
donnée par l'équation

$$u(u^2 + z') = 1.$$

La lumière s'affaiblit donc graduellement, comme dans l'ombre
des écrans à bords rectilignes.

Pour $\theta > o$, l'intégrale $f(z)$ prend une série de valeurs positives ou négatives en passant par des minima nuls; il se produit
donc, dans la région éclairée, une série de franges brillantes séparées par des intervalles obscurs.

255. *Remarques générales*. — La nature du phénomène dépend de $f(z)$ et par conséquent de la variable z. Pour une frange
d'ordre déterminé, on a très sensiblement, d'après l'équation (16),

$$(17) \qquad \theta = \frac{z}{2}\left(\frac{h\lambda^2}{6a^2}\right)^{\frac{1}{3}} = \frac{z}{2}\left(\frac{h}{6}\right)^{\frac{1}{3}}\left(\frac{\lambda}{a}\right)^{\frac{2}{3}}.$$

La distance angulaire d'un minimum d'ordre déterminé à la direction théorique des rayons efficaces est donc proportionnelle à
la racine cubique du carré du rapport de la longueur d'onde au
diamètre de la goutte.

L'amplitude de la vibration est

$$(18) \qquad A = 2\mu\left(\frac{\lambda}{4H\cos\theta}\right)^{\frac{1}{3}} f(z) = \mu\left(\frac{6}{h\cos\theta}\right)^{\frac{1}{3}} (\lambda a^2)^{\frac{1}{4}} f(z).$$

Comme l'angle θ est toujours assez petit, on peut remplacer
$(\cos\theta)^{\frac{1}{3}}$ par l'unité, de sorte qu'à un facteur près, qui dépend des
conditions de l'expérience, l'amplitude peut être représentée par
$f(z)$ et l'intensité par $f^2(z)$.

L'intensité, étant proportionnelle à $(\lambda a^2)^{\frac{2}{3}}$, est d'autant moindre
que les dimensions de la goutte et la longueur d'onde sont plus
petites. C'est une nouvelle raison qui diminue l'importance relative des couleurs les plus réfrangibles et fait dominer le rouge.

Toutes les gouttes étant distribuées au hasard dans le phénomène naturel, l'intensité totale relative à chaque direction est
proportionnelle au nombre des gouttes utilisées.

236. *Calcul des intégrales.* — Sir G. Airy [1] a calculé d'abord par une méthode de quadratures les valeurs de l'intégrale $f(z)$ pour toutes les valeurs de z variant de deux en deux dixièmes depuis -4 jusqu'à $+4$.

Quelques années plus tard, il a étendu le calcul entre les limites $-5,6$ et $+5,6$ à l'aide des fonctions Γ, qui permettent de développer cette intégrale en série [2].

On abrégera l'écriture en posant

$$\frac{\pi}{2}u^3 = y^3, \qquad \frac{\pi}{2}zu = -vy,$$

ce qui donne

$$v = -z\left(\frac{\pi}{3}\right)^{\frac{1}{3}} = -\theta\left(\frac{6}{k}\right)^{\frac{1}{3}}\left(\frac{\pi a}{\lambda}\right)^{\frac{2}{3}},$$

$$f(z) = \left(\frac{3}{\pi}\right)^{\frac{1}{3}}\int_0^\infty \cos(y^3+vy)\,dy = \left(\frac{3}{\pi}\right)^{\frac{1}{3}}\varphi(v).$$

La nouvelle intégrale définie $\varphi(v)$ est la partie réelle de

$$V = \int_0^\infty e^{i(y^3+vy)}\,dy.$$

Développant en série suivant les puissances croissantes de v, on peut écrire, entre les mêmes limites,

$$V = \int e^{iy^3}\,dy + \frac{iv}{1}\int y\,e^{iy^3}\,dy + \dots \frac{(iv)^n}{n!}\int y^n e^{iy^3}\,dy.$$

Comme on a

$$\int_0^\infty e^{iy^3}y^n\,dy = \frac{1}{3}i^{\frac{n+1}{3}}\int_0^\infty e^{-x}x^{\frac{n-2}{3}}\,dx = \frac{1}{3}i^{\frac{n+1}{3}}\Gamma\left(\frac{n+1}{3}\right),$$

on voit que le terme général de V est multiplié par le facteur

$$i^n i^{\frac{n+1}{3}} = i^{\frac{4n+1}{3}}.$$

Ce facteur est égal à $i^{\frac{1}{3}}$ si $n=3p$, à $i^{\frac{5}{3}} = -i^{\frac{1}{3}}$ si $n=3p+1$ et à $i^3 = -i$ si $n=3p+2$. Dans ce dernier cas, les termes corres-

<hr>

[1] G. Airy, *Trans. of the Cambr. Phil. Soc.*, t. VI, Part III, p. 379; 1838.
[2] *Ibid.*, t. VIII, Part V, p. 593; 1848.

pondants sont purement imaginaires et on peut les négliger de suite sans qu'il soit nécessaire de les calculer.

Utilisant les propriétés connues

$$\Gamma\left(\frac{n+1}{3}\right) = \Gamma\left(\frac{1}{3}\right)\frac{1}{3}\frac{4}{3}\ldots\frac{n-2}{3}, \qquad \text{pour} \qquad n = 3p,$$

$$\Gamma\left(\frac{n+1}{3}\right) = \Gamma\left(\frac{2}{3}\right)\frac{2}{3}\frac{5}{3}\ldots\frac{n-2}{3}, \qquad \text{pour} \qquad n = 3p+1,$$

la valeur de $\varphi(v)$ est la partie réelle de l'expression

$$W = \frac{1}{3}\Gamma\left(\frac{1}{3}\right)\left[1 + \frac{v^3}{1.2.3}\frac{1}{3} + \ldots + \frac{v^{3p}}{(3p!)}\frac{1.4\ldots(3p-2)}{3^p}\right]i^{\frac{1}{3}}$$
$$- \frac{v}{3}\Gamma\left(\frac{2}{3}\right)\left[1 + \frac{v^3}{1.2.3.4}\frac{2}{3} + \ldots + \frac{v^{3p}}{(3p+1)!}\frac{2.5\ldots(3p-1)}{3^p}\right]i^{-\frac{1}{3}}.$$

Si l'on représente par S et T les deux séries comprises entre crochets et qui sont convergentes, on peut écrire

$$3W = i^{\frac{1}{3}}S\Gamma\left(\frac{1}{3}\right) - i^{-\frac{1}{3}}vT\Gamma\left(\frac{2}{3}\right).$$

On a d'ailleurs

$$i^{\frac{1}{3}} = \cos\frac{\pi}{6} + i\sin\frac{\pi}{6} = \frac{\sqrt{3}}{2} + \frac{i}{2},$$

$$i^{-\frac{1}{3}} = \cos\frac{\pi}{6} - i\sin\frac{\pi}{6} = \frac{\sqrt{3}}{2} - \frac{i}{2}.$$

Substituant les parties réelles de ces expressions dans W, il reste finalement

$$f(z) = \left(\frac{2}{\pi}\right)^{\frac{1}{3}}\varphi(v) = \frac{1}{\sqrt{3}(4\pi)^{\frac{1}{3}}}\left[S\Gamma\left(\frac{1}{3}\right) - vT\Gamma\left(\frac{2}{3}\right)\right].$$

Les Tables de Legendre donnent

$$\log\Gamma\left(\frac{1}{3}\right) = 0,4279627493,$$

$$\log\Gamma\left(\frac{2}{3}\right) = 0,1316564916.$$

En calculant les séries S et T pour une série de valeurs de v, on en déduira les valeurs correspondantes de $f(z)$.

Nous reproduirons seulement la partie la plus importante de la
Table d'Airy.

z	$f(z)$	I		z	$f(z)$	I
—5,6	—0,00011	0,0090		2,2	0,35366	0,1205
—5,0	0,00041	0		4	+0,11722	0,0137
—4,0	0,00297	0		6	—0,10815	165
—3,0	0,01750	0,0003		8	36137	0,1313
—2,0	7908	0,0063		3,0	56333	3172
—1,0	0,27283	0,0744		2	70876	5023
—0,2	57507	0,3307		4	78021	6088
0,0	66527	4426		6	76516	3855
0,2	75537	5706		8	66044	4362
0,4	84049	7203		4,0	47419	2249
0,6	91431	8360		2	—0,22645	0,0513
0,8	97012	9412		4	—0,05193	0,0027
1,0	1,00041	1,0008		6	32298	0,1041
2	0,99786	0,9957		8	54472	2968
4	95607	9141		5,0	68182	4619
6	87048	7577		2	79818	5015
8	73439	5467		4	61515	3784
2,0	0,56490	0,3191		6	—0,44460	0,1719

L'intensité est négligeable pour des valeurs négatives de z un
peu grandes et ne devient sensible qu'à partir de $z = — 3$. Elle
croît d'abord d'une manière continue jusqu'à un maximum représenté par 1,001 pour $z = 1,08$ environ; elle devient nulle pour
$z = 2,49$ et $z = 4,36$ en passant par deux maxima intermédiaires
pour $z = 3,47$ et $z = 5,14$.

La Table d'Airy ne comprend qu'une très petite partie du phénomène; car, avec un filet d'eau, Babinet avait déjà observé seize
arcs surnuméraires intérieurs au premier arc-en-ciel et neuf arcs
surnuméraires extérieurs au second. Une tige de verre observée
dans la lumière homogène montre un nombre considérable de
franges et j'ai pu, dans certains cas, mesurer facilement les déviations des 200 premières.

Pour $z > o$ ou $v < o$, les séries S et T sont formées de termes
alternativement positifs et négatifs; on peut alors les combiner de
manière à pousser plus loin les calculs, mais il est préférable de
traiter le problème par d'autres méthodes.

M. Stokes ([1]) a repris l'étude de l'intégrale d'Airy en la déve-

---

([1]) Stokes, *Trans. of the Cambr. Phil. Soc.*, t. IX, Part I, p. 166; 1850.

loppant en série suivant les puissances croissantes de $\frac{1}{z}$; les séries ainsi obtenues sont, il est vrai, divergentes, mais les premiers termes diminuent rapidement et fournissent une solution très approchée du problème. M. Stokes a calculé ainsi les valeurs de z qui correspondent aux cinquante premiers minima déterminés par la condition $f(z) = 0$ et aux dix premiers maxima définis par $f'(z) = 0$. Nous comparerons ces résultats avec ceux que donne une méthode plus élémentaire.

257. *Considérations géométriques.* — Pour les rayons diffractés dans une direction qui fait l'angle θ avec les rayons efficaces émergents, l'arc d'équateur SS' (*fig.* 120) de l'onde a deux pôles A et A' symétriques par rapport au point d'inflexion C.

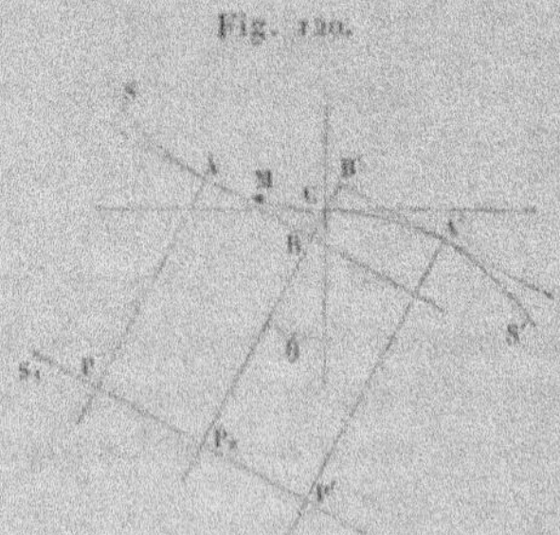

Fig. 120.

La vibration due à l'arc CS est proportionnelle à la vibration produite par le pôle, avec une perte de phase $\frac{\pi}{4}$, puisque la distance AP du pôle à une des positions S, de l'onde diffractée est un minimum (190); la vibration due à l'axe CS' est également proportionnelle à celle qui est produite par le pôle A', mais cette fois avec une avance de phase égale à $\frac{\pi}{4}$. En appelant Δ la différence de marche des rayons A'P' et AP, la différence de phase physique des vibrations à combiner est $\delta = 2\pi \frac{\Delta}{\lambda} - \frac{\pi}{2}$.

On a d'ailleurs

$$\Delta = B'B = 2CB.$$

La différence des chemins du rayon CP_0 et du rayon parallèle mené par un point M quelconque de la courbe AS, dont les coordonnées sont x et y, est

$$x \sin \theta - y \cos \theta = x \sin \theta - H x^3 \cos \theta.$$

L'angle θ restant invariable, cette expression devient maximum pour la condition

$$(19) \qquad \tang \theta = 3 H x^2 = h \frac{x^2}{a^2}$$

et détermine alors le retard CB relatif au point A.

On a donc

$$\Delta = 2 x \cos \theta (\tang \theta - H x^2) = \frac{4}{3 \sqrt{3 H}} \sin \theta \sqrt{\tang \theta} = \lambda \left(\frac{z}{3}\right)^{\frac{3}{2}},$$

$$\delta = 2 \pi \left[\left(\frac{z}{3}\right)^{\frac{3}{2}} - \frac{1}{4} \right].$$

Les vibrations émises par les pôles A et A' étant sensiblement égales, si μ_1 est l'amplitude due à chacun d'eux, l'amplitude de la vibration résultante est (155)

$$2 \mu_1 \cos \frac{\delta}{2} = 2 \mu_1 \cos \pi \left[\left(\frac{z}{3}\right)^{\frac{3}{2}} - \frac{1}{4} \right].$$

Enfin l'amplitude μ_1 est proportionnelle à la longueur s_1 du premier arc élémentaire à partir du pôle et l'intensité proportionnelle au carré de cet arc, c'est-à-dire à

$$s_1^2 = 2 p \frac{\lambda}{2} = p \lambda.$$

Les équations (11) et (19) donnent

$$p \lambda = \frac{a^2 \lambda}{2 h x} = \frac{a \lambda}{2} \sqrt{\frac{1}{h \tang \theta}}.$$

Si l'on remplace $\tang \theta$ par l'angle θ comme valeur approchée, on peut écrire

$$p \lambda = \frac{a \lambda}{2} (h \theta)^{-\frac{1}{2}} = \frac{1}{\sqrt{2}} \left(\frac{\sqrt{3}}{2} \frac{a^3 \lambda^2}{h^2} \right)^{\frac{1}{3}}.$$

L'intensité j de la lumière diffractée est évidemment proportionnelle à l'intensité J de la lumière incidente. En désignant par

β un facteur qui dépend du pouvoir réflecteur sur les gouttes et qui varie lentement avec l'angle θ, on obtient finalement

$$j = \beta J \frac{1}{\sqrt{z}} \left(\frac{a^2 \lambda}{h} \right)^{\frac{2}{3}} \cos^2 \pi \left[\left(\frac{z}{3} \right)^{\frac{3}{2}} - \frac{1}{4} \right].$$

Si l'on pose

$$\pi \left[\left(\frac{z}{3} \right)^{\frac{3}{2}} - \frac{1}{4} \right] = m \frac{\pi}{2},$$

l'intensité peut être considérée comme une fonction de m et l'on a

$$(20) \qquad z = 3 \left(\frac{2m+1}{4} \right)^{\frac{2}{3}}.$$

L'intensité est nulle quand m est un entier impair $2p+1$. Les maxima ont lieu sensiblement pour les directions intermédiaires qui correspondent aux valeurs paires $2p$ de m.

Les Tableaux suivants montrent avec quelle exactitude ces calculs approchés permettent de déterminer les directions des minima et des maxima.

Minima.

$m.$	D'après M. Stokes.	Calculs approchés.	Diff.	$m.$	D'après M. Stokes.	Calculs approchés.	Diff.
1	2,4955	2,4765	190	23	15,5059	15,5053	6
3	4,3631	4,3366	65	27	17,2187	17,2183	4
5	5,8922	5,8886	36	33	19,6399	19,6395	4
7	7,2436	7,2412	24	39	21,9199	21,9196	3
9	8,4788	8,4772	16	49	25,4785	25,4784	1
11	9,6300	9,6287	13	59	28,8037	28,8036	1
13	10,7161	10,7150	11	69	31,9467	31,9466	1
15	11,7496	11,7487	9	79	34,9420	34,9419	1
17	12,7395	12,7388	7	89	37,8139	37,8138	1
19	13,6924	13,6917	7	99	40,5805	40,5804	1

Maxima.

$m.$		Diff.	$m.$		Diff.
0	1,0845	1,1906	−1061	10	9,0599	9,0621	−22
2	3,4669	3,4812	143	12	10,1774	10,1791	17
4	5,1446	5,1512	66	14	11,2364	11,2378	14
6	6,5782	6,5823	41	16	12,2475	12,2487	12
8	7,8685	7,8713	28	18	13,2183	13,2193	10

L'erreur de la formule approchée n'atteint pas 0,01 pour la déviation du premier minimum et ne tarde pas à devenir négligeable. L'écart est un peu plus grand pour les maxima, qui sont en réalité plus rapprochés des rayons efficaces que le milieu des deux minima correspondants.

En remplaçant z par sa valeur tirée de l'équation (17) on trouve, pour les déviations relatives à une valeur déterminée de m,

$$(21) \qquad \theta = \frac{3}{2} \left(\frac{h}{6} \right)^{\frac{1}{3}} \left(\frac{2m+1}{4} \frac{\lambda}{a} \right)^{\frac{2}{3}}.$$

Pour une lumière donnée et des gouttes de mêmes dimensions, l'intensité des maxima est sensiblement en raison inverse de $\sqrt{z}$ ou de la quantité $(2m+1)^{\frac{1}{3}}$, dans laquelle m est un nombre pair $2p$, c'est-à-dire en raison inverse de la racine cubique de $4p+1$. L'affaiblissement est très lent, car l'éclat de la deux-centième frange de diffraction est encore presque le cinquième de celui de la première.

L'observation du phénomène sur une tige de verre cylindrique, dont on peut mesurer exactement le diamètre et l'indice de réfraction, confirme entièrement les prévisions de la théorie. Les erreurs que comporte la formule approchée (21) deviennent même inappréciables au delà de la seconde frange.

258. *Visibilité des arcs surnuméraires.* — Ces franges présentent une particularité curieuse. Quand on les examine à l'œil avec une lumière blanche sur une tige cylindrique éclairée par une fente étroite, on ne distingue d'abord que l'arc-en-ciel principal, et les franges d'interférence visibles sont d'un ordre d'autant plus élevé que la tige est plus épaisse.

La direction à partir de laquelle on a compté la déviation θ des franges varie en effet avec la longueur d'onde, de sorte que, si l'on considère les systèmes d'interférence relatifs aux différentes couleurs, à partir du rouge extrême, ces systèmes éprouvent une sorte de glissement latéral d'autant plus grand que la longueur d'onde est plus petite. La superposition des franges du violet avec celles de même ordre pour le rouge ne peut ainsi avoir lieu que pour les franges d'un ordre élevé.

La déviation des rayons efficaces étant D_k, la déviation d'une frange d'ordre déterminé, à partir de la direction primitive des rayons incidents, est $D_k + \theta$.

La déviation est la même pour les franges de même ordre, relatives à deux longueurs d'onde voisines, quand la dérivée de cette expression par rapport à la longueur d'onde est nulle, ce qui donne la condition

$$d D_k + \left(\frac{h}{6}\right)^{\frac{1}{3}}\left(\frac{2m+1}{4}\frac{\lambda}{a}\right)^{\frac{2}{3}}\frac{d\lambda}{\lambda} = 0.$$

D'après la valeur trouvée précédemment pour la dispersion des arcs (**249**), il en résulte

$$(22)\qquad \frac{2m+1}{4} = -\frac{a}{\lambda}\sqrt{\frac{6}{h}\left(2\tang 1\,\frac{\lambda}{n}\frac{dn}{d\lambda}\right)^{\frac{3}{2}}}.$$

Cette expression montre d'abord que l'ordre m de la frange *achromatique* (**129**), à la différence $\frac{1}{2}$ près, est proportionnel au rayon des gouttes.

La déviation θ_0 relative à la frange achromatique est, en remplaçant m par sa valeur tirée de l'équation (22),

$$(23)\qquad \theta_0 = \frac{3}{2}\left(\frac{h}{6}\right)^{\frac{1}{3}}\left(\frac{2m+1}{4}\frac{\lambda}{a}\right)^{\frac{2}{3}} = -3\tang 1\,\frac{\lambda}{n}\frac{dn}{d\lambda}.$$

Cette déviation est indépendante du rayon a; elle est uniquement définie par la nature du milieu.

L'angle apparent $\delta\theta$ d'une frange s'obtiendra par la variation de l'angle θ relative à un accroissement $\delta m = 2$, ou, comme il s'agit toujours de variations très petites, par la différentielle de l'angle θ; l'équation (21) donne alors

$$(24)\qquad \delta\theta = \left(\frac{h}{6}\right)^{\frac{1}{3}}\left(\frac{2m+1}{4}\frac{\lambda}{a}\right)^{-\frac{1}{3}}\frac{\lambda}{a} = \left[\frac{2h}{3(2m+1)}\right]^{\frac{1}{3}}\left(\frac{\lambda}{a}\right)^{\frac{2}{3}}.$$

Le coefficient h (**253**) variant très peu d'une couleur à l'autre, si la valeur de m est constante, ce qui a lieu au voisinage de la frange achromatique, la largeur des franges est proportionnelle à la racine cubique du carré de la longueur d'onde. Elle varie seulement de $0,63$ à 1, au lieu de $0,5$ à 1, d'une extrémité à l'autre du spectre; on comprend ainsi que le nombre des franges visibles à la lumière blanche soit sensiblement plus grand que dans les interférences ordinaires.

Le rayon a permet de calculer l'ordre de la frange achromatique ou la déviation correspondante θ_a par les équations (22) ou (23). En effet, si l'on représente la dispersion de l'eau par la formule simple

$$n = A + \frac{B}{\lambda^2},$$

les valeurs des indices (251) donnent, pour la longueur d'onde $\lambda = 0^\mu,56$,

$$\frac{\lambda}{n}\frac{dn}{d\lambda} = -\frac{1}{n}\frac{2B}{\lambda^2} = -2\frac{n-A}{n} = -0,01573.$$

On a, d'autre part, pour le premier arc-en-ciel,

$$h = 4,896, \qquad \tan^2 I = \frac{20}{7};$$

il en résulte

$$\frac{2m+1}{4} = \frac{a}{\lambda}\,0,0136,$$

$$\theta_a = 0,0797 = 4°34'.$$

Pour une goutte de 1^{mm} de diamètre, on aurait $m = 24$, c'est-à-dire que la frange achromatique serait située plus loin que le vingtième minimum.

Toutefois l'observation des arcs-en-ciel naturels est en réalité moins simple, parce que la lumière émise par le Soleil n'est pas formée de rayons parallèles. Même pour une lumière homogène, les arcs surnuméraires commencent à empiéter les uns sur les autres dès que la distance $\delta\theta$ de deux minima successifs est égale à l'angle apparent du Soleil, soit environ 30'. La limite de visibilité de ces arcs est donc déterminée approximativement par la condition

$$\delta\theta = \left[\frac{2h}{3(2m+1)}\right]^{\frac{1}{3}}\left(\frac{\lambda}{a}\right)^{\frac{2}{3}} = 30' = 0,0087,$$

$$2m+1 = \frac{2h}{3(0,0087)^3}\left(\frac{\lambda}{a}\right)^2.$$

Pour des gouttes de 1^{mm} de diamètre, on aurait

$$2m + 1 = 7,78, \qquad m = 3,89.$$

La visibilité s'arrêterait au quatrième arc surnuméraire. Cette cause d'extinction est donc prédominante et la frange achromatique elle-même ne paraît pas visible dans la nature. Comme d'ailleurs la valeur limite de m est à peu près en raison inverse de a^2, les arcs surnuméraires ne peuvent apparaître que si les gouttes sont assez petites et ils seront toujours colorés. Enfin il est nécessaire que les gouttes aient le même diamètre, au moins en grande majorité, sans quoi les arcs surnuméraires relatifs aux différentes dimensions des gouttes empiéteraient les uns sur les autres. Dans les cas les plus favorables, on distingue au plus quatre ou cinq arcs surnuméraires, et toutes les circonstances du phénomène sont conformes à la théorie.

259. *Arcs-en-ciel exceptionnels.* — Tandis que le rayon du premier arc-en-ciel est d'environ $42°$ pour le rouge et $40°$ pour le violet, on a souvent observé des angles notablement plus petits, de $38°$ à $41°,5$ pour le rouge; Bouguer a même mesuré dans les Cordillères un arc dont le rayon était seulement de $33°,5$.

Enfin il arrive quelquefois que l'arc paraît *blanc*, ou du moins que les irisations rougeâtres du bord sont à peine sensibles, particulièrement quand le nuage est très rapproché de l'observateur ou qu'on aperçoit le phénomène sur une brume au voisinage du sol.

Bravais a cherché à expliquer l'arc-en-ciel blanc en supposant que les gouttelettes auraient la forme de vésicules creuses, mais aucun phénomène ne justifie cette hypothèse. Toutes les apparences semblent d'ailleurs pouvoir s'expliquer par la théorie.

Remarquons d'abord que, pour un phénomène de nature déterminée, s'il existe N gouttes sur le trajet des rayons diffractés, l'intensité totale de la lumière est proportionnelle à

$$N(\lambda a^2)^{\frac{2}{3}} = N a^2 \left(\frac{\lambda^2}{a^2}\right)^{\frac{1}{3}}.$$

Pour une même quantité d'eau dans un espace donné, le produit $N a^3$ est constant. L'intensité totale est donc d'autant plus grande que les gouttes sont plus petites.

La valeur $z = 1,0845$ qui convient au premier maximum donne, pour le premier arc,

$$\theta = 0,5422 \left(\frac{h\lambda^2}{6a^2} \right)^{\frac{1}{3}} = 0,507 \left(\frac{\lambda}{a} \right)^{\frac{2}{3}}.$$

Avec des gouttes de $\frac{1^{mm}}{100}$, ou 10^9 de rayon, l'écart du maximum à partir des rayons efficaces est

$$\theta = 0,507 \left(\frac{0,56}{10} \right)^{\frac{2}{3}} = 0,117 = 6°53'.$$

Les dimensions des gouttes suffisent donc pour rendre compte des variations observées dans le rayon apparent des arcs-en-ciel; dans ces conditions, aucun arc surnuméraire n'est visible même avec des gouttes uniformes.

Enfin, quand les gouttes sont petites et de dimensions très inégales, il y a bien encore concentration de lumière sur une région du nuage, mais le maximum relatif à chaque couleur n'est plus défini et il varie facilement d'une goutte à l'autre d'une quantité plus grande que l'angle apparent du Soleil; l'observateur reçoit alors dans une même direction des maxima relatifs à toutes les couleurs et correspondant à des gouttes différentes. L'impression générale est donc de la lumière blanche et la seule teinte appréciable est la petite irisation rouge qui provient des gouttes les plus grosses. *L'arc-en-ciel blanc* s'explique ainsi sans qu'il soit nécessaire d'avoir recours à aucune hypothèse nouvelle sur la constitution des gouttes; les circonstances dans lesquelles on l'observe sont, en effet, celles qui conviennent pour la formation d'un nuage de structure inégale.

260. *Diffraction au voisinage des caustiques. — Ouverture rectangulaire.* — Comme complément à cette étude de l'arc-en-ciel, nous ajouterons quelques remarques sur les principaux caractères de la diffraction au voisinage des caustiques.

Considérons une onde de forme quelconque, comme celles qui seraient produites par un système optique affecté d'aberrations.

Si l'on prend pour plan de figure l'une des sections principales SS' en un point O (*fig.* 121), les rayons voisins de la normale OC rencontreront une ligne focale passant au centre de courbure C.

On peut encore remplacer l'onde par l'équateur SS′ lorsque les écrans qui limitent le faisceau dans une direction perpendiculaire à la section principale considérée laissent libre une étendue beaucoup plus grande que la région efficace de l'onde ou, plus simplement, lorsque la lumière traverse une ouverture rectangulaire de largeur $2a$.

Soient R le rayon de courbure OC, P un point situé à la distance angulaire très petite θ sur une perpendiculaire CP au rayon CO.

Si la courbe S était circulaire, la vibration au point P serait la

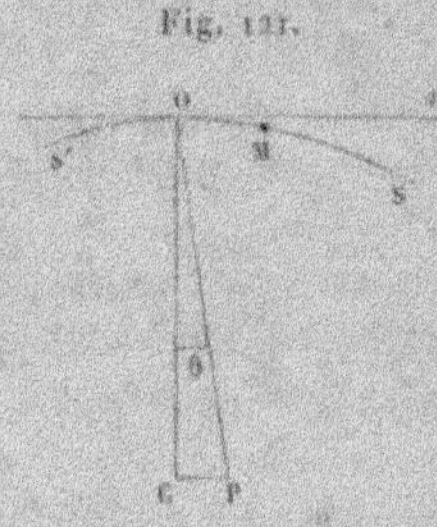

Fig. 121.

même que la vibration produite pour une déviation θ par la portion d'onde plane correspondant à l'ouverture, et la différence de marche relative à un point M de la courbe dont l'abscisse est x serait égale à θx.

Par suite des aberrations, cette différence de marche peut être représentée par une expression de la forme

$$\Delta = \theta x + b x^2 + c x^3 + f x^5 + \ldots,$$

dans laquelle la somme des termes $b x^2 + c x^3 + f x^5 + \ldots$ représente l'aberration, c'est-à-dire la distance du point M au cercle osculateur au point O. Le terme en x^2 est nul dans le cas actuel; on verrait aisément que les quantités $-c$ et $\dfrac{1}{8R^2} - f$ représentent les deux premières dérivées de la courbure par rapport à x au point O, c'est-à-dire pour $x = 0$.

La différence de phase est donc

$$\delta = \frac{2\pi}{\lambda} (\theta x + c x^3 + f x^5 + \ldots)$$

et la vibration au point P

$$\xi = \mu \int \sin(\omega t + \delta)\, dx.$$

261. *Cas général.* — Si le facteur c n'est pas nul, c'est-à-dire si le point C n'est pas un point singulier de la caustique, on pourra négliger les puissances de x supérieures au cube. Lorsque le point O est le centre de l'ouverture, l'intégrale $F = \int \sin\delta\, dx$ est encore nulle; la vibration en P a la même phase que si elle provenait uniquement du point O et l'amplitude est

$$A = \mu \int_{-a}^{+a} \cos\delta\, dx = 2\mu \int_0^a \cos\frac{2\pi}{\lambda}(cx^3 + \theta x)\, dx.$$

On retrouve ainsi l'intégrale d'Airy.

Si la portion libre de l'équateur est elle-même très grande par rapport à la région efficace, on pourra remplacer la limite a par $+\infty$; les phénomènes sont alors identiques à ceux de l'arc-en-ciel. La lumière diminue graduellement du côté de l'ombre de la caustique, où $\theta > 0$, et l'autre côté présente une série de franges avec des minima nuls.

Lorsque le faisceau de lumière est plus étroit, la limite supérieure a doit rester finie. En posant encore

$$\frac{4c}{\lambda}x^3 = u^3, \qquad \frac{4\theta}{\lambda}x = -zu, \qquad ca^3 = p\lambda,$$

il en résulte

$$z = -\frac{4\theta}{\lambda}\left(\frac{\lambda}{4c}\right)^{\frac{1}{3}} = -\theta\frac{2a}{\lambda}\left(\frac{2}{p}\right)^{\frac{1}{3}},$$

$$A = 2\mu a(4p)^{-\frac{1}{3}} \int_0^{(4p)^{\frac{1}{3}}} \cos\frac{\pi}{2}(u^3 - zu)\, du.$$

La méthode des quadratures employée par Airy pour le calcul de cette intégrale permet d'en connaître les valeurs quand la limite supérieure est finie. Lord Rayleigh [1] en a déduit la Table suivante:

---

[1] Lord Rayleigh, *Phil. Mag.*, [5], t. VIII, p. 404; 1879.

08   CHAPITRE V.

$$\text{Table des valeurs de } \int_0^m \cos\frac{\pi}{2}(u^2 - zu)\,du.$$

z.	$m=1$.	$m=1,26$.	$m=1,44$.	$m=\infty$.
$-4,0$	$+0,0929$	$-0,0692$	$+0,0588$	$+0,0030$
$-3,6$	783	$-0,0467$	$+0,0197$	62
$-3,2$	$+0,0343$	$+0,0142$	$-0,0309$	124
$-2,8$	$-0,0203$	849	$-0,0461$	239
$-2,4$	563	1320	$+0,0018$	444
$-2,0$	$-0,0430$	1399	1009	791
$-1,6$	$+0,0411$	1263	2095	1346
$-1,2$	1917	1377	2906	2184
$-0,8$	4140	2266	3462	3362
$-0,4$	6449	4185	4211	4886
$0,0$	8422	6873	5672	6653
$+0,4$	9570	9538	7898	8404
$0,8$	9559	$1,1120$	$1,0157$	9701
$1,2$	8307	$1,0748$	$1,1141$	9979
$1,6$	6024	8170	9681	8705
$2,0$	3161	$+0,3952$	$+0,5569$	5649
$2,4$	$+0,0303$	$-0,0679$	$-0,0060$	$+0,1172$
$2,8$	$-0,1988$	4390	5110	$-0,3624$
$3,2$	3309	5826	7545	7087
$3,6$	3521	5028	6485	7652
$+4,0$	$-0,2761$	$-0,2525$	$+0,2725$	$-0,4745$

Les valeurs de la Table pour $m=1$, ou $p=\frac{1}{4}$, correspondent au cas où l'aberration ca^3 relative au bord de l'ouverture est égale à $\frac{\lambda}{4}$; l'intensité maximum a lieu pour une direction voisine de $z=0,6$. Les deux colonnes qui suivent correspondent à des valeurs de p égales à $(1,26)^3$ et $(1,44)^3$, ou sensiblement 2 et 3. A mesure que la valeur de m augmente, les oscillations d'amplitude qui existent d'abord du côté de l'ombre disparaissent de plus en plus, et le maximum principal s'éloigne du bord de la caustique.

Le Tableau donne les résultats suivants pour les valeurs de z relatives aux deux premiers minima de part et d'autre de la frange centrale, leur différence δz et l'angle apparent ε de cette frange déterminée par la condition

$$\varepsilon = \frac{\lambda}{2a}\left(\frac{p}{2}\right)^{\frac{1}{3}}\delta z = \frac{\lambda}{a}\frac{m}{4}\delta z.$$

Angle apparent de la frange centrale.

	$m=1$	$m=1,20$	$m=1,41$
	$-\;1,795$	$-\;3,293$	$-\;2,415$
	$+\;2,453$	$+\;2,341$	$-\;2,396$
$\delta_2\ldots$	$4,148$	$5,634$	$4,811$
$x\ldots$	$\dfrac{\lambda}{a}1,637$	$\dfrac{\lambda}{a}1,775$	$\dfrac{\lambda}{a}1,732$

L'angle apparent de la tache centrale est donc plus grand que la valeur $\dfrac{\lambda}{a}$ qui correspondrait à la même ouverture rectangulaire dépourvue d'aberration. Le phénomène régulier d'interférence n'est modifié d'une manière sensible qu'à partir du moment où l'aberration relative au bord de l'ouverture est supérieure à un quart de longueur d'onde.

262. *Formation des foyers.* — Lorsque les aberrations sont symétriques, le point C est le foyer des rayons infiniment voisins situés dans la section principale considérée; si le point O est encore le centre de l'ouverture, la ligne focale correspondante est alors bordée de franges symétriques. A ce point de vue, le problème est donc plus simple, mais on est obligé d'avoir recours à des intégrales d'une autre forme et la phase de la vibration résultante au point P diffère de celle qui serait produite par le point O.

Le facteur c étant nul par raison de symétrie, on doit prendre les termes en x^4 dans la différence de phase, ce qui donne

$$\delta = \frac{2\pi}{\lambda}\,(f\,x^4 + \theta x).$$

Lorsque les limites de l'arc s sont encore $\pm a$, on posera

$$(25)\qquad \frac{2\pi f\,x^4}{\lambda} = y^4, \qquad \frac{2\pi\theta x}{\lambda} = vy, \qquad fa^4 = p\lambda = \lambda\,\frac{b^4}{2\pi},$$

et les intégrales qui déterminent l'amplitude de la vibration sont

$$F = \int_{-a}^{+a} \sin\delta\,dx = a(2p\pi)^{-\frac{1}{4}} \int_{-b}^{+b} \sin(y^4 + vy)\,dy,$$

$$G = \int_{-a}^{+a} \cos\delta\,dx = a(2p\pi)^{-\frac{1}{4}} \int_{-b}^{+b} \cos(y^4 + vy)\,dy.$$

Il est à remarquer que ces intégrales sont indépendantes du signe de f. Chacune d'elles doit être prise entre les mêmes limites o et b pour l'arc $y^3 + vy$ et pour l'arc $y^3 - vy$. Comme on a

$$\sin(y^3 + vy) + \sin(y^3 - vy) = 2\sin y^3 \cos vy,$$
$$\cos(y^3 + vy) + \cos(y^3 - vy) = 2\cos y^3 \cos vy,$$

il en résulte

$$F = 2a(2p\pi)^{-\frac{1}{2}} \int_0^b \sin y^3 \cos vy\, dy,$$

$$G = 2a(2p\pi)^{-\frac{1}{2}} \int_0^b \cos y^3 \cos vy\, dy,$$

$$G + iF = 2a(2p\pi)^{-\frac{1}{2}} \int_0^b e^{iy^3} \cos vy\, dy = 2a(2p\pi)^{-\frac{1}{2}} Y.$$

Développant $\cos vy$ en série

$$\cos vy = 1 - \frac{v^2}{1.2} y^2 + \frac{v^4}{1.2.3.4} y^4 - \ldots + \frac{(-1)^n v^{2n}}{2n!} y^{2n},$$

on voit que le terme général de la fonction Y est

$$Y_n = \frac{(-1)^n v^{2n}}{2n!} \int_0^b e^{iy^3} y^{2n}\, dy.$$

Si la portion libre de l'équateur est très grande, on peut remplacer a par $+\infty$, ce qui donne

$$Y_n = \frac{(-1)^n v^{2n}}{2n!} i^{\frac{2n+1}{3}} \int_0^\infty e^{-x^3} x^{2n}\, dx = \frac{(-1)^n v^{2n}}{2n!} \frac{i^{\frac{2n+1}{3}}}{4} \Gamma\left(\frac{2n+1}{4}\right),$$

et il serait facile d'exprimer encore les intégrales F et G à l'aide des fonctions $\Gamma\left(\frac{1}{4}\right)$ et $\Gamma\left(\frac{3}{4}\right)$.

Toutefois cette extension des limites des intégrales ne correspond pas à un phénomène physique dans le cas des lunettes et il est plus utile de considérer un faisceau limité. Pour avoir une idée des effets d'aberration, lord Rayleigh détermine seulement la vibration au sommet de la caustique, en faisant $\theta = o$ ou $v = o$; on a alors

$$G + iF = 2a(2p\pi)^{-\frac{1}{2}} \int_0^b e^{iy^3}\, dy.$$

Développant l'exponentielle en série

$$e^{iy^4} = 1 + \frac{iy^4}{1} + \frac{i^2 y^8}{1.2} + \ldots + \frac{i^n y^{4n}}{n!},$$

le terme général de l'intégrale est

$$\frac{i^n}{n!} \int_0^b y^{4n}\, dy = \frac{i^n}{n!} \frac{b^{4n+1}}{4n+1},$$

Il en résulte, en remarquant que $b = (2p\pi)^{\frac{1}{4}}$,

$$G = 2a\left[1 - \frac{1}{1.2}\frac{b^8}{9} + \frac{1}{4!}\frac{b^{16}}{17} - \ldots + \frac{(-1)^n}{2n!}\frac{b^{8n}}{8n+1}\right],$$

$$F = 2a.2p\pi\left[\frac{1}{5} - \frac{1}{1.2.3}\frac{b^8}{13} + \ldots + \frac{(-1)^n}{(2n+1)!}\frac{b^{8n}}{8n+5}\right].$$

Lorsqu'il n'y a pas d'aberration, $p = 0$ et l'on retrouve les valeurs connues $F = 0$ et $G = 2a$.

Les deux séries qui déterminent les valeurs de F et G convergent très rapidement. Si l'on donne à la variable p des valeurs égales successivement à $\frac{1}{8}$, $\frac{1}{4}$ et $\frac{1}{2}$, c'est-à-dire si l'aberration fa^3 relative au bord de l'ouverture est représentée respectivement par les mêmes fractions de longueur d'onde, on trouve que l'intensité au centre est réduite aux fractions $0,9576$; $0,8411$; $0,5255$ de celle qui correspondrait à une ouverture sans aberration. Cette diminution de l'intensité est nécessairement accompagnée d'un élargissement de la frange centrale; le phénomène est encore modifié d'une manière sensible dès que l'aberration relative au bord de l'ouverture atteint un quart de longueur d'onde.

Le problème pourrait être traité d'une manière plus complète, au moins quand l'aberration est très faible. On a, en effet,

$$Y = \int_0^b e^{iy^4}\cos vy\, dy = \frac{1}{2}\int_0^b e^{iy^4}(e^{ivy} + e^{-ivy})\, dy.$$

Si l'on développe la fonction

$$(26) \qquad V = \int_0^b e^{iy^4} e^{ivy}\, dy,$$

suivant les puissances de v, on voit que les termes d'ordre pair représenteront la fonction Y. L'intégration par parties donne successivement

$$V = \frac{1}{iv}\left[e^{i(b^2+vb)} - 1\right] - \frac{4}{v}\int_0^b y^3 e^{iy^2} e^{ivy}\, dy,$$

$$\int_0^b y^3 e^{iy^2} e^{ivy}\, dy = \frac{b^3}{iv} e^{i(b^2+vb)} - \frac{1}{iv}\int_0^b (4iy^5 + 3y^2) e^{iy^2} e^{ivy}\, dy, \quad \ldots$$

La dernière intégrale fournie par ces équations successives ne tend manifestement vers zéro que si la limite b est inférieure à l'unité; à moins que la déviation θ ne soit très petite, les termes du développement décroissent alors assez rapidement, car on a

$$v = \frac{2\pi\theta}{\lambda}\left(\frac{\lambda}{2\pi f}\right)^{\frac{1}{4}} = \theta\frac{a}{\lambda}\left(\frac{8\pi^3}{p}\right)^{\frac{1}{4}} = \theta\frac{2a}{\lambda}\left(\frac{\pi^3}{2p}\right)^{\frac{1}{4}}.$$

Pour une ouverture de 10^{cm} de diamètre et une déviation $\theta = 0',1 = 0,000029$ avec $p = 1$, il en résulte $v = 11,5$.

Si donc on continue le calcul suivant la marche indiquée, on éliminera d'abord les termes d'ordre impair dans la valeur de V et l'on obtient finalement, pour les premiers termes, en posant $x = \frac{2\pi a\theta}{\lambda}$, $8p\pi = 2b^3 = n$,

$$(27)\quad\left\{\begin{aligned}
\frac{F^2 + G^2}{4a^2} &= \left(1 + \frac{n^2}{x^2} + n^2\frac{n^2 - 81}{x^3}\right)\frac{\sin^2 x}{x^2} \\
&\quad + \frac{n^2}{x^3}\left(1 + 2\frac{n^2 - 6}{x^2}\right) + 6\frac{n^2}{x^4}\left(1 + \frac{3n^2 - 31}{x^2}\right)\frac{\sin 2x}{x}.
\end{aligned}\right.$$

On retrouve l'expression habituelle de l'amplitude relative à une ouverture rectangulaire (218) quand on suppose l'aberration nulle, c'est-à-dire $p = 0$.

Dans le cas actuel, l'intensité n'est jamais nulle. Si l'on fait, par exemple, $n = 1$, ou $p = \frac{1}{8\pi}$, l'intensité correspondant à la valeur $x = 2\pi$, qui donnerait le second minimum nul sans aberration, est sensiblement

$$\frac{1}{16\pi^4}\left(1 - \frac{10}{4\pi^2}\right) = \frac{3}{4}\left(\frac{1}{2\pi}\right)^4;$$

la position approchée du second minimum réel correspond alors à $x = 2\pi\left(1 + \frac{1}{17}\right)$.

Les aberrations ont donc pour résultat, ce qui était prévu, de faire disparaître les minima nuls et d'élargir la tache centrale.

263. *Ouverture circulaire.* — Lorsque la section du faisceau est circulaire et que les aberrations sont symétriques autour de l'axe, ce qui correspondrait au cas d'un objectif ordinaire, on a, en appelant r le rayon vecteur d'un point de l'ouverture,

$$\delta = \frac{2\pi}{\lambda}(fr^4 + \theta r),$$

$$\xi = 2\pi\mu \int_0^a \sin(\omega t + \delta)\, r\, dr.$$

Avec le même changement de variables (25) que précédemment, les intégrales qui définissent l'amplitude deviennent

$$F = a^2(2p\pi)^{-\frac{1}{2}} \int_0^b \sin(y^4 + cy)\, y\, dy,$$

$$G = a^2(2p\pi)^{-\frac{1}{2}} \int_0^b \cos(y^4 + cy)\, y\, dy,$$

$$G + iF = a^2(2p\pi)^{-\frac{1}{2}} \int_0^b e^{iy^4} e^{icy}\, y\, dy.$$

Pour obtenir la vibration sur l'axe, on fera $c = 0$, ce qui donne

$$G + iF = a^2(2p\pi)^{-\frac{1}{2}} \int_0^b e^{iy^4} y\, dy.$$

Développant encore e^{iy^4} en série, on trouve facilement

$$G = a^2\left[\frac{1}{2} - \frac{1}{1.2}\frac{b^8}{10} + \frac{1}{4!}\frac{b^{16}}{18} - \ldots + \frac{(-1)^n}{2n!}\frac{b^{8n}}{8n+2}\right],$$

$$F = a^2.2p\pi\left[\frac{1}{6} - \frac{1}{1.2.3}\frac{b^8}{14} + \ldots + \frac{(-1)^n}{(2n+1)!}\frac{b^{8n}}{8n+6}\right].$$

L'intensité est réduite aux fractions $0,9464$; $0,8003$; $0,3947$ de celle qui aurait lieu sans aberration quand le terme fa^4 est égal respectivement à $\frac{\lambda}{8}$, $\frac{\lambda}{4}$ et $\frac{\lambda}{2}$. Ici encore, les images sont troublées d'une manière sensible à partir du moment où l'aberration des rayons extrêmes atteint un quart de longueur d'onde.

Pour traiter le problème d'une manière plus complète, dans le cas des aberrations très faibles, il suffirait de remarquer que la fonction

$$W = \int_0^b e^{iy^2} e^{ivy} y\, dy$$

peut s'exprimer par la dérivée de la fonction V (26) étudiée précédemment, car on a

$$\frac{dV}{dv} = i \int_0^b e^{iy^2} e^{ivy} y\, dy = i W.$$

Le développement connu de V permettrait donc de calculer W et, par suite, les intégrales F et G.

Ces calculs ne présenteraient pas grande utilité, car les images des objectifs imparfaits s'améliorent beaucoup quand on les observe dans un plan un peu différent de celui qui correspond au foyer des rayons centraux.

Nous avons vu (215) qu'il est préférable, dans certains cas, de supprimer les rayons centraux, même pour une lunette aplanétique; il en est ainsi, à plus forte raison, quand les aberrations ne sont pas négligeables.

On peut ainsi se rendre compte, avec Lord Rayleigh, du trouble que peuvent produire sur les images les variations de température de l'air que renferme le tube d'une lunette. L'indice n de réfraction de l'air à la température t est

$$n - 1 = \frac{0,000293}{1 + 0,00367\,t},$$

ce qui donne, pour une variation de température de $1°$,

$$\delta(n - 1) = 1,1 \times 10^{-6}.$$

La longueur l nécessaire pour produire un retard d'un quart de longueur d'onde, en prenant $\lambda = 0^\mu,53$, serait

$$l = \frac{\lambda}{4\delta(n - 1)} = \frac{53^{cm}.10^{-6}}{4,4.10^{-6}} = 12^{cm}.$$

Une couche d'air plus chaude de $1°$ à la partie supérieure d'un tube de 12^{cm} suffirait donc pour altérer les images ; si la variation de température est uniforme d'un bord à l'autre du tube, il n'en résulte qu'un déplacement des images sans que la pénétration soit modifiée. En général, les deux effets se produisent simultanément et l'on conçoit que dans les tubes de grande longueur les moindres variations de température sont capables de nuire à la netteté des observations.

Nous n'insisterons pas davantage sur ces phénomènes, dont il a suffi de montrer le caractère général.

Nous signalerons, en terminant, les recherches de M. Lommel ([1]) et de M. H. Struve ([2]) sur l'étude de la diffraction des ouvertures circulaires par les fonctions de Fourier-Bessel, à l'aide desquelles on peut représenter d'une manière plus synthétique les résultats qui ont été exposés précédemment (155) par une autre méthode. Ces fonctions sont particulièrement propres à la discussion des phénomènes symétriques autour d'un axe et permettraient peut-être d'aborder le problème qui présente le plus d'intérêt, pour les instruments affectés d'aberration, c'est-à-dire de rechercher à quelle distance du foyer se trouve le plan dans lequel l'image centrale présente le plus petit diamètre, ou le plan qui correspond au maximum de pénétration, et comment se distribue la lumière dans ce plan.

([1]) LOMMEL, *Zeitschrift für Math. und Physik*, t. XV, p. 141; 1870.

([2]) H. STRUVE, *Mém. de l'Ac. des Sciences de Saint-Pétersbourg*, t. XXXIV, n° 5; 1886.

CHAPITRE VI.

INTERFÉRENCES PAR LES LAMES ISOTROPES.

264. *Caractère et position des franges.* — Les retards produits par les lames isotropes donnent lieu à des phénomènes d'interférence très variés, pour lesquels il n'est plus nécessaire de recourir à des sources de lumière dont l'angle apparent soit très petit ; c'est ce caractère particulier qu'il est nécessaire de mettre d'abord en évidence.

On a vu (121) qu'un ensemble de rayons indépendants peut être remplacé par des systèmes d'ondes sphériques indépendants ayant pour centres les différents points d'une surface arbitraire Σ, ou même plus généralement par une série de systèmes d'ondes de forme quelconque.

S'il se trouve, par suite des conditions de l'expérience, que les ondes sphériques ayant pour centre un point A (ou les rayons correspondants) puissent être décomposées en deux groupes entre lesquels existe une différence de marche définie, la vibration au point A, réelle ou virtuelle, sera la résultante de celles qui seraient dues aux deux systèmes d'ondes. Il pourra donc se produire en ce point une interférence totale ou partielle, suivant que les vibrations composantes auront la même intensité ou des intensités différentes.

Lorsque la même différence de marche Δ a lieu pour les deux groupes d'ondes sphériques ayant pour centres les différents points A, A', ... de la surface Σ, la vibration résultante a la même intensité en tous les points et la surface Σ paraîtra éclairée d'une manière uniforme. En outre, si le retard Δ est constant pour chacune des lumières homogènes qui constituent le faisceau général, la perte de phase correspondante $\delta = 2\pi \dfrac{\Delta}{\lambda}$ est variable, en général, avec la longueur d'onde, et l'éclairement de la surface est très inégal pour les différentes couleurs. La superposition de ces éclairements ne reproduira pas de la lumière blanche, sauf des cas exceptionnels ; la surface Σ paraîtra encore uniformément éclairée, elle présentera ce qu'on appelle une *teinte plate*, mais avec une couleur particulière définie par la loi de variation des pertes de phase.

Lorsque la différence de marche Δ est variable d'un point à l'autre, les points qui correspondent au même retard forment une frange de caractère déterminé, *localisée* sur la surface Σ. La forme de ces franges, qui présentent une série de maxima et de minima dans la lumière homogène, dépend des conditions de l'expérience. Quand on emploie la lumière blanche, la position des maxima n'est pas la même, en général, pour toutes les couleurs ; mais, si le déplacement n'est pas trop rapide, on obtiendra des franges irisées ou des franges de teintes variables dues à la superposition des systèmes relatifs aux différentes longueurs d'onde. La surface Σ apparaît alors comme si elle était recouverte d'une peinture véritable de couleurs plus ou moins pures.

Enfin, lorsque l'égalité de différence de marche Δ a lieu pour les deux groupes dans lesquels se décompose un système d'ondes planes (ou de rayons parallèles), l'interférence a lieu à l'infini dans une direction normale aux ondes ; le phénomène se reproduira suivant la même direction, soit dans le plan focal principal d'une lentille, soit sur la rétine d'un observateur dont l'œil est accommodé pour la vision éloignée.

Si tous les systèmes d'ondes planes de différentes directions donnent lieu au même retard Δ, le plan focal de la lentille ou la rétine de l'observateur recevront un éclairement uniforme avec la lumière homogène ou une teinte plate avec la lumière blanche.

Si la différence de marche est variable avec la direction des ondes planes, il se produira dans le plan focal de la lentille ou sur la rétine un système de franges de forme déterminée : ce sont des *franges à l'infini*. Ces franges peuvent également apparaître avec des irisations plus ou moins vives, quand on emploie la lumière blanche et que la perte de phase, pour une direction déterminée, ne varie pas trop rapidement d'une couleur à l'autre.

FRANGES LOCALISÉES.

265. *Lame unique. Anneaux de réflexion.* — La réflexion de la lumière blanche sur les lames minces de corps transparents donne souvent lieu à des colorations du plus vif éclat. Ce sont de véritables franges d'interférence *localisées*, dont la forme dépend de l'épaisseur du milieu en chaque point et de l'angle sous lequel on observe la lumière réfléchie. Telles sont les bulles de savon, les couches minces de corps gras à la surface de l'eau, les couches d'oxydes métalliques, les vides qui se trouvent entre les feuillets d'un cristal élevé, etc. Dans ces différents cas, les colorations se présentent comme si elles étaient réellement peintes à la surface des objets.

L'observation de ces couleurs est très ancienne et a donné lieu à un grand nombre de travaux. Pour déterminer les lois du phénomène, Newton [1] l'a reproduit dans des conditions plus régulières en mesurant les *anneaux colorés* qu'on aperçoit dans la couche d'air située entre un plan de verre et la surface convexe d'une lentille de verre placée sur ce plan.

Si les surfaces sont bien appliquées l'une sur l'autre, l'appareil étant éclairé par une lumière à peu près homogène ou observé au travers d'un verre rouge, on voit autour du point de contact une *tache noire* d'une certaine étendue, entourée par une bande annulaire brillante, puis un anneau sombre, et une succession d'anneaux alternativement brillants et obscurs qui se resserrent à mesure que leur diamètre augmente. Avec une lumière blanche, comme celle qui provient des nuages, le premier anneau brillant est bordé de bleu à l'intérieur, de rouge en dehors ; l'irisation augmente pour les suivants, qui ne tardent pas à empiéter l'un sur l'autre, en donnant une succession de couleurs tout à fait comparables à celles des franges d'interférence à centre noire (138), et le nombre des anneaux visibles est beaucoup moindre que dans une lumière homogène.

On n'aperçoit, en général, avec la lumière blanche, que huit ou

---

[1] NEWTON, *Optics*, liv. II, London, 1704.

dix anneaux ; mais Newton parvenait à distinguer des anneaux d'un ordre beaucoup plus élevé en observant le phénomène au travers d'un prisme. Si la dispersion des couleurs dans le prisme est de sens contraire à celle des anneaux, on peut ainsi ramener en coïncidence des franges de même ordre et les faire apparaître à une distance notable du centre.

Le phénomène présente cette circonstance remarquable qu'en rétablissant ainsi l'achromatisme des anneaux très éloignés de la tache centrale, on en distingue davantage et l'on peut les faire apparaître quand ils étaient invisibles. Newton en aperçut plus de quarante dans un appareil ordinaire ; en posant l'un sur l'autre deux objectifs assez écartés pour ne laisser voir qu'un éclairement uniforme, il y fit apparaître un très grand nombre d'anneaux par la vision au travers d'un prisme.

Si l'on observe d'abord les anneaux ordinaires dans une direction normale et qu'on s'en écarte de plus en plus, on les voit s'élargir progressivement.

Ils se resserrent, au contraire, quand on met une goutte d'eau entre les deux surfaces, c'est-à-dire quand on remplace la couche d'air par une couche d'eau ou d'un autre liquide.

Le diamètre des anneaux d'un ordre déterminé dépend donc de la nature et de l'épaisseur de la couche comprise entre les deux surfaces aux points correspondants et il augmente avec l'angle d'incidence.

La netteté du phénomène, en effet, tient en partie à cette circonstance que la pupille de l'observateur limite le faisceau de lumière réfléchie réellement utilisé. Les rayons émanés d'un point A de la surface inférieure (ou de la couche d'air), et qui arrivent à l'œil, forment un faisceau très étroit qui semble émaner de l'image A' de ce point vu au travers de la lentille. Ces rayons forment avec la normale à la lame des angles très peu différents et proviennent de rayons primitifs dont l'angle d'incidence était aussi sensiblement le même.

Le déplacement AA' de l'image a pour résultat de déformer les anneaux, en leur donnant une apparence elliptique, quand l'angle d'incidence est un peu grand ; mais le diamètre de l'anneau perpendiculaire au plan de réflexion n'est pas modifié d'une manière appréciable.

Newton déterminait ce diamètre en appliquant sur la face supérieure de la lentille les pointes d'un compas qu'il faisait coïncider avec les deux bords apparents d'un anneau ; il tenait compte, en outre, de l'erreur due à cette circonstance que la distance des pointes du compas est un peu moindre que le diamètre réel de l'anneau sur lequel l'œil les projette en même temps.

L'inclinaison était évaluée par des moyens graphiques. Enfin l'influence de l'indice de réfraction était déterminée en comparant les diamètres des anneaux de même ordre obtenus dans le même appareil avec une couche d'air et une goutte de liquide.

Pour de grandes valeurs de l'angle d'incidence, il est avantageux de remplacer la lentille par un prisme à section isoscèle dont la face hypoténuse, qui est posée sur le plan inférieur, est une surface sphérique de très grand rayon, et l'on observe dans un plan perpendiculaire à l'arête du prisme. L'angle des rayons avec la normale dans la couche mince peut alors se déterminer par la direction des rayons émergents et l'angle du prisme.

Si l'on veut obtenir des mesures plus précises, on place le système producteur d'anneaux sur le chariot d'une machine à diviser (¹), et l'on observe avec une lunette à réticule mobile sur un cercle vertical parallèle au plan de réflexion. La lunette est pointée à la distance voulue et l'un des fils du réticule est situé dans le plan vertical de la lunette. La vis de la machine permet d'amener successivement les bords des anneaux en contact avec le réticule.

Le nombre des tours de la vis, nécessaire pour passer d'un bord à l'autre, donne le diamètre des anneaux et le cercle de la lunette l'inclinaison correspondante. L'emploi d'une flamme d'alcool salé permet ainsi de mesurer des anneaux d'un ordre très élevé.

266. *Lois expérimentales.* — En éclairant son appareil avec des couleurs empruntées au spectre solaire, Newton a constaté que les anneaux obéissent aux lois suivantes :

1º Les carrés des diamètres varient comme les nombres pairs 0, 2, 4, ... pour les anneaux obscurs, et comme les nombres impairs 1, 3, 5, ... pour les anneaux brillants.

(¹) DE LA PROVOSTAYE et DESAINS, *Ann. de Chim. et de Phys.*, [3], t. XXVII, p. 423; 1849.

2° Le carré du diamètre d'un anneau d'ordre déterminé est en raison inverse du cosinus de l'angle d'inclinaison ou, plus généralement, de l'angle que fait le rayon avec la normale dans l'intérieur de la lame.

3° Pour des milieux différents et sous le même angle, les carrés des diamètres des anneaux de même ordre sont en raison inverse des indices de réfraction.

Remarquons d'abord que, si l'on appelle R le rayon de courbure de la surface S de la lentille (*fig.* 122), l'épaisseur e de la lame à

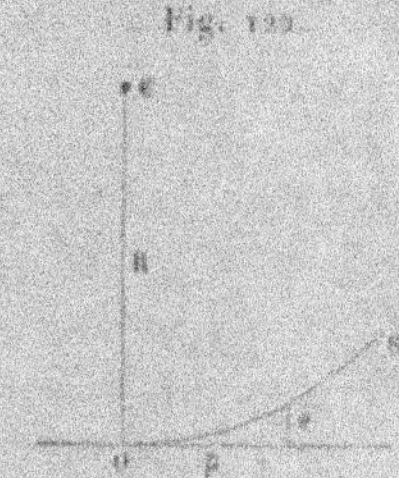

Fig. 122.

la distance p du point de contact satisfait à l'équation

$$p^2 = (2R - e)e,$$

qui donne sensiblement, le rapport $\dfrac{e}{R}$ étant très petit,

$$(1) \qquad p^2 = 2Re.$$

Le carré du diamètre d'un anneau étant proportionnel à l'épaisseur correspondante, si l'on appelle ε l'épaisseur relative au premier anneau brillant pour l'incidence normale, n l'indice de réfraction du milieu et r l'angle des rayons avec la normale, on peut résumer les lois qui précèdent en disant que l'épaisseur e de la lame qui produit un maximum ou un minimum est

$$(2) \qquad e = p\,\frac{\varepsilon}{n\cos r},$$

le facteur p étant pair pour les minima et impair pour les maxima.

267. *Théorie des anneaux.* — La difficulté d'expliquer les phénomènes de polarisation découverts par Huygens a détaché

Newton de l'hypothèse des ondulations qu'il avait adoptée d'abord et c'est pour rendre compte des anneaux colorés qu'il a imaginé la doctrine des accès (5).

Les molécules lumineuses qui arrivent à la première surface de la lame mince sont disposées, les unes à se réfléchir, les autres à se réfracter. Si l'épaisseur de la couche est nulle ou équivaut à un nombre entier de longueurs d'accès, c'est-à-dire à un nombre pair de demi-longueurs d'accès, les molécules transmises se trouveront de nouveau à la seconde surface dans un accès de facile réfraction, de sorte que le rayon réfléchi sera nul ou au moins très faible. La lumière émise par réflexion sur ces points ne comprend alors que les molécules réfléchies à la première surface, ce qui correspond aux minima.

Si l'épaisseur équivaut à un nombre impair de demi-longueurs d'accès, les molécules qui ont traversé la première surface se trouvent sur la seconde dans un accès de facile réflexion et reviennent en grande partie à la première, où elles sont de nouveau dans un accès de facile réfraction. Elles s'ajoutent alors à celles qui ont été réfléchies d'abord sur cette surface et donnent lieu à des maxima de lumière.

D'après cette manière de voir, la quantité $2e$, qui est variable d'une couleur à l'autre, représente la longueur d'accès dans l'air. L'épaisseur e se déduit du diamètre de l'anneau et du rayon de courbure de la lentille par l'équation (1), de sorte que les mesures de Newton avec les rayons du spectre lui ont permis de déterminer par l'équation (2) les longueurs d'accès relatives aux différentes couleurs.

Sans qu'il soit nécessaire de suivre les développements de cette théorie, il suffira de rappeler une expérience décisive par laquelle Fresnel ([1]) a démontré que les anneaux obscurs ne sont pas tels par un pur effet de contraste, mais correspondent réellement à une destruction de la lumière réfléchie sur la première surface. En produisant les anneaux à l'aide d'une lentille posée sur le bord d'un plan de verre dont la face inférieure est noircie, on observe les deux images de la flamme d'une bougie, ou de tout autre objet brillant peu étendu, réfléchies par ce verre et la seconde surface

---

([1]) FRESNEL, *Œuvres*, t. I, p. 133.

de la lentille. Si l'on compare les anneaux obscurs à l'image réfléchie par la seconde surface de la lentille, en dehors du verre plan, il est aisé de juger que l'œil reçoit beaucoup moins de lumière des anneaux obscurs. Ce résultat est en contradiction absolue avec l'explication de Newton.

On peut même éliminer toute lumière étrangère en plaçant le plan de verre, dont la face inférieure est noircie, sur un morceau de velours et produisant les anneaux sur le bord du plan à l'aide d'un prisme ; on constate alors, par comparaison avec le velours, que la tache centrale (et les minima dans la lumière homogène) est absolument *noire*.

C'est à Young ([1]) que revient la gloire d'avoir expliqué le phénomène des anneaux colorés par l'interférence des rayons réfléchis sur les deux surfaces de la lame mince. Dans ce cas, la différence de marche a pour expression (45)

$$\Delta = 2ne\cos r = p\,\frac{\lambda}{2},$$

et l'on retrouve bien les lois précédentes, puisque l'épaisseur relative à un phénomène déterminé est en raison inverse de $n\cos r$.

268. *Nature de l'interférence au centre des anneaux.* — Toutefois le calcul semble indiquer qu'il y aura maximum de lumière pour une valeur paire de p et minimum pour une valeur impaire, ce qui est exactement le contraire des faits observés. Young a levé cette difficulté par une explication ingénieuse.

Les deux réflexions subies par les rayons qui interfèrent sont de natures différentes. Pour la première, la lumière se propage d'abord dans un milieu plus réfringent (le verre) et se réfléchit sur la surface d'un milieu moins réfringent (l'air), tandis que l'inverse a lieu pour la seconde réflexion.

Par analogie avec le choc des billes élastiques ou avec la réflexion du son à l'extrémité d'un tuyau sonore, Young a admis (138) que la réflexion est accompagnée d'un changement de signe dans la vibration quand elle a lieu sur un milieu plus réfringent, ce qui est le cas de la seconde réflexion. Tout se passe donc comme si

---

([1]) Th. Young, *Phil. Trans. L. R. S.*, p. 12; 1802.

le phénomène physique ajoutait un retard d'une demi-longueur
d'onde au rayon réfléchi sur la seconde surface.

En tenant compte de cette circonstance, la différence de marche
physique doit être

$$(3) \qquad \Delta = 2\,ne\cos r + \frac{\lambda}{2} = (p+1)\frac{\lambda}{2},$$

expression entièrement conforme aux lois expérimentales établies
par Newton, puisque l'intensité est minimum ou maximum suivant que p est pair ou impair.

Young a confirmé l'exactitude de cette explication par une
expérience directe, où les deux réflexions sont de même nature,
en produisant les franges avec une lentille de crown et une plaque
de flint entre lesquelles il introduit un liquide tel que l'essence de
sassafras dont l'indice de réfraction est intermédiaire entre ceux
du crown et du flint.

Dans ce cas, les vibrations réfléchies changent de signe toutes
deux, ou ne changent pas de signe, de sorte que le retard optique
tient uniquement à la différence des chemins parcourus et la
tache centrale doit être *blanche*, ce qui est conforme à l'observation. Si le plan inférieur est formé de deux verres accolés, l'un en
flint, l'autre en crown, la lentille supérieure étant également en
crown, et qu'avec l'essence de sassafras, ou un mélange d'essence
de girofle et d'essence de laurier, le centre des anneaux se trouve
sur la ligne de jonction des deux parties du plan, on constate
que les anneaux des deux systèmes sont brillants d'un côté de
cette ligne et obscurs de l'autre, ou formés de teintes complémentaires. La tache centrale est donc encore noire quand le milieu qui forme la lame est plus réfringent que les deux milieux
entre lesquels il est compris.

La même expérience a été répétée par Arago (¹) avec une lentille de crown et un plan de flint entre lesquels il introduisait de
l'huile de cassia dont l'indice est supérieur à celui du flint.

Les longueurs d'accès mesurées par Newton représentent les
longueurs d'onde des différentes lumières ; car, pour le premier
anneau brillant par exemple, qui correspond à $p = 1$ dans l'équa-

---

(¹) Fresnel, *Œuvres*, t. I, p. 146.

tion (2) et dans l'équation (3), la longueur d'accès $2e$ et la longueur d'onde λ ont la même expression $2ne\cos r$.

269. *Influence des réflexions multiples.* — Les deux vibrations qu'Young considère n'ont pas la même intensité, puisque l'une d'elles provient des rayons qui n'ont subi qu'une réflexion et l'autre des rayons qui ont subi une réflexion équivalente et deux réfractions; leur interférence ne peut donc pas être complète comme l'exige l'obscurité absolue de la tache centrale.

Poisson [1] a montré qu'il est nécessaire, en effet, de faire intervenir les vibrations des rayons qui ont subi une série de réflexions intérieures dans la lame mince.

Si l'on prend pour unité l'amplitude de la vibration incidente et qu'on appelle a l'amplitude de la vibration réfléchie à la première surface, a' celle de la vibration réfractée, on a évidemment

$$(4) \qquad\qquad a^2 + a'^2 = 1,$$

puisque l'intensité totale de la lumière incidente se partage entre les deux faisceaux réfléchis et réfractés [2].

D'autre part, on peut considérer comme évident (et ce résultat conforme à la théorie est vérifié par l'expérience) que la fraction de lumière qui traverse une surface est indépendante du sens de la propagation; il en résulte alors que la fraction de lumière réfléchie sur une surface est indépendante du milieu dans lequel se fait la réflexion, de part ou d'autre, l'amplitude changeant de signe pour l'une de ces réflexions.

En désignant par b le coefficient par lequel on doit multiplier l'amplitude de la vibration incidente pour obtenir celle de la vibration réfléchie sur la face inférieure de la lame, l'amplitude relative au deuxième faisceau est $a'b$ après sa réflexion et $a'ba' = a'^2b$

---

[1] Poisson, *Ann. de Chim. et de Phys.*, [2], t. XXII, p. 337; 1823.

[2] Quand il s'agit de milieux différents, on ne peut plus dire que l'intensité de la lumière est proportionnelle au carré de l'amplitude, à moins d'admettre que la densité de l'éther soit la même dans les deux milieux. En réalité, l'intensité est proportionnelle au produit de la densité de l'éther par le carré de l'amplitude. Sans faire intervenir cette considération, il suffit de représenter par a' une quantité proportionnelle à l'amplitude de la vibration réfractée et qui correspondrait dans le premier milieu à un rayon de même intensité.

au retour dans le premier milieu (^{1}). La réflexion sur la première surface des rayons d'amplitude $a'b$ donne un troisième faisceau qui, après une nouvelle réflexion sur la seconde face et retour dans le milieu supérieur a pour amplitude $a'b(-ab)a' = -a'^2 b^2 a$; en général, l'amplitude de la vibration sera $\pm a'^2 b^{p+1} a^p$ pour $2p+1$ réflexions intérieures, les signes $+$ ou $-$ correspondant aux cas où p est pair ou impair.

Les rayons considérés restent sensiblement parallèles à cause de la faible courbure des surfaces qui limitent la lame et peuvent être considérés comme superposés à la sortie. Si toutes ces vibrations ont la même phase, l'amplitude a_1 de la résultante de celles qui se sont réfléchies dans la lame est

$$a_1 = a'^2 b [1 - ab + a^2 b^2 - a^3 b^3 + \ldots].$$

Comme les facteurs a^2 et b^2 sont plus petits que l'unité, l'expression comprise entre parenthèses est une progression géométrique décroissante dont la somme, si l'on fait intervenir toutes les réflexions en nombre illimité, est $\dfrac{1}{1 + ab}$.

En tenant compte de la lumière réfléchie sur la première surface, l'amplitude A de la vibration résultante est donc

$$(5) \qquad A = a + \frac{a'^2 b}{1 + ab} = a + \frac{(1 - a^2)b}{1 + ab} = \frac{a + b}{1 + ab}.$$

Si la différence de phase des vibrations successives est égale à π, la valeur de a_1 devient

$$a'_1 = a'^2 b [1 + ab + a^2 b^2 + \ldots] = \frac{a'^2 b}{1 - ab},$$

et l'amplitude A' de la vibration résultante

$$(5)' \qquad A' = a - a'_1 = \frac{a - b}{1 - ab},$$

(^{1}) On suppose ici que le rayon situé dans la lame jouit, après sa réflexion, des mêmes propriétés que le rayon primitif dans le premier milieu. Cette hypothèse, qui est évidemment exacte pour l'incidence normale, ne l'est pas toujours pour des incidences obliques, à cause des phénomènes de polarisation dont nous faisons abstraction pour le moment.

expression qui se déduit simplement de la première en changeant
le signe de b.

Lorsque le retard Δ relatif au rayon qui n'a subi qu'une réflexion intérieure est un nombre entier de longueurs d'onde λ, le
retard $p\Delta$ relatif au rayon réfléchi $2p - 1$ fois est aussi un nombre
entier de longueurs d'onde; toutes les vibrations sont alors concordantes et l'on doit employer la formule (5).

Quand Δ est un nombre impair de demi-longueurs d'onde, ses
multiples successifs sont alternativement un nombre impair et pair

de fois $\dfrac{\lambda}{2}$; c'est alors la formule (5)' qui convient.

Supposons d'abord que le troisième milieu soit de même nature
que le premier; on doit alors remplacer b par $-a$ (268) et l'on a

$$A = 0, \qquad A' = \frac{2a}{1 + a^2}.$$

Dans le premier cas, l'intensité est rigoureusement nulle; c'est
celui de la tache centrale et des anneaux obscurs.

Dans le second cas, on a

$$A'^2 = \frac{4a^2}{(1 + a^2)^2}.$$

Le facteur a étant très petit, l'intensité est sensiblement quadruple
de celle du rayon réfléchi sur la face supérieure.

Si l'indice de réfraction de la lame est intermédiaire entre ceux
des milieux qu'elle sépare, les coefficients a et b sont de même
signe. Suivant que le retard Δ est un nombre pair ou impair de
demi-longueurs d'onde, on a

$$A = \frac{a + b}{1 + ab} \qquad \text{ou} \qquad A' = \frac{a - b}{1 - ab}.$$

La tache centrale est alors un maximum; les minima prennent
la position des maxima primitifs et inversement, mais ces minima
ne sont plus nuls.

270. *Cas général.* — Le calcul de Poisson s'applique seulement aux cas où le retard Δ est un nombre entier de demi-longueurs
d'onde; Sir G. Airy ([1]) a traité le problème général.

---

[1] Sir G. Airy, *Trans. of the Cambr. Phil. Soc.*, t. IV, p. 419; 1830.

Si la vibration réfléchie sur la première surface est représentée par $a \cos \omega t$ et que δ soit la perte de phase du rayon réfléchi une fois sur la face inférieure, la vibration de ce rayon est

$$a'^2 b \cos(\omega t - \delta);$$

celle du rayon réfléchi trois fois

$$- a'^2 ab^2 \cos(\omega t - 2\delta) = a'^2 b(- ab) \cos(\omega t - 2\delta),$$

et ainsi de même pour les suivants.

Les vibrations des rayons réfléchis dans la lame sont successivement les parties réelles des expressions imaginaires $a'^2 b e^{i(\omega t - \delta)}$, $a'^2 b(- ab) e^{i(\omega t - 2\delta)}, \ldots$, qui forment une progression géométrique décroissante dont la raison est $- ab e^{-i\delta}$. La résultante x_1 de ces vibrations est donc

$$x_1 = a'^2 b \frac{e^{i(\omega t - \delta)}}{1 + ab e^{-i\delta}} = (1 - a^2) b \frac{e^{i\omega t}}{e^{i\delta} + ab}.$$

La résultante x de toutes les vibrations, y compris la première $a \cos \omega t$, ou $a e^{i\omega t}$, est alors

$$x = e^{i\omega t} \left[\frac{(1 - a^2) b}{e^{i\delta} + ab} + a \right] = \frac{b + a e^{i\delta}}{e^{i\delta} + ab} e^{i\omega t},$$

ou, en prenant les termes réels,

$$x = \frac{[a(1 + b^2) + b(1 + a^2) \cos \delta] \cos \omega t + b(1 - a^2) \sin \delta \sin \omega t}{1 + 2 ab \cos \delta + a^2 b^2}.$$

La valeur de x se trouve ainsi exprimée par la somme de deux vibrations conjuguées, qui sont les termes en $\sin \omega t$ et $\cos \omega t$. La perte de phase φ qu'elle présente par rapport à la vibration réfléchie sur la première surface est

$$(6) \quad \tan \varphi = \frac{b(1 - a^2) \sin \delta}{a(1 + b^2) + b(1 + a^2) \cos \delta} = \frac{1 - a^2}{1 + b^2} \frac{\sin \delta}{\frac{a(1 + b^2)}{b(1 + a^2)} + \cos \delta},$$

et l'amplitude A de la vibration résultante

$$(7) \quad A^2 = \frac{[a(1 + b^2) + b(1 + a^2) \cos \delta]^2 + b^2(1 - a^2)^2 \sin^2 \delta}{(1 + 2 ab \cos \delta + a^2 b^2)^2}.$$

Lorsque les milieux extrêmes sont identiques, on doit remplacer b par $-a$; il vient alors

$$(6)' \qquad \tang\varphi = -\frac{1-a^2}{1+a^2}\frac{\sin\delta}{1-\cos\delta} = -\frac{1-a^2}{1+a^2}\cot\frac{\delta}{2},$$

$$(7)' \qquad A^2 = \frac{4a^2}{1-2a^2\cos\delta+a^4}\sin^2\frac{\delta}{2}.$$

L'intensité est rigoureusement nulle quand la perte de phase δ est un nombre entier de circonférences ou le retard Δ un nombre entier de longueurs d'onde.

Si l'on considère seulement, dans un calcul approché, le rayon réfléchi à la face inférieure en lui supposant la même intensité qu'au rayon réfléchi sur la première surface, la vibration résultante serait

$$a[\cos\omega t - \cos(\omega t - \delta)] = 2a\sin\frac{\delta}{2}\cos\left(\omega t + \frac{\pi}{2} - \frac{\delta}{2}\right);$$

on aurait alors

$$\varphi = \frac{\delta}{2} - \frac{\pi}{2}, \qquad A = 2a\sin\frac{\delta}{2}.$$

Comme le coefficient a^2 est généralement petit pour les lames transparentes, on peut, sans grande erreur, le remplacer par zéro dans l'équation $(6)'$ et dans le dénominateur de l'équation $(7)'$; ces équations donnent alors les mêmes valeurs pour φ et A. Le raisonnement approché d'Young conduit donc à des résultats extrêmement voisins de la vérité.

271. *Vision par un prisme des franges localisées.* — Le mode de calcul utilisé pour l'étude de l'arc-en-ciel (258) permet d'expliquer comment l'emploi d'un prisme est capable de faciliter l'observation des anneaux dans la lumière blanche; nous examinerons le problème sous une forme un peu plus générale.

Supposons qu'un système de franges, localisé sur une surface S sensiblement plane, soit symétrique par rapport à une droite Ox (*fig.* 123) à laquelle les franges sont normales, que l'on observe le phénomène en armant l'œil d'un prisme P dont l'arête est perpendiculaire au plan de symétrie des franges, enfin que la réfraction ait lieu dans ce plan de symétrie.

Soient

x la distance OM du point observé M à un point fixe O;

h et a les distances PQ et OQ;

i et θ les angles que font avec la normale à la surface S le rayon considéré MP et le rayon réfracté correspondant PM';

D la déviation produite par le prisme pour la longueur d'onde λ, et l'indice de réfraction n.

La différence de marche Δ relative au point M est une fonction $f(x, i)$ des variables x et i et la déviation D une fonction $\varphi(i, n)$.

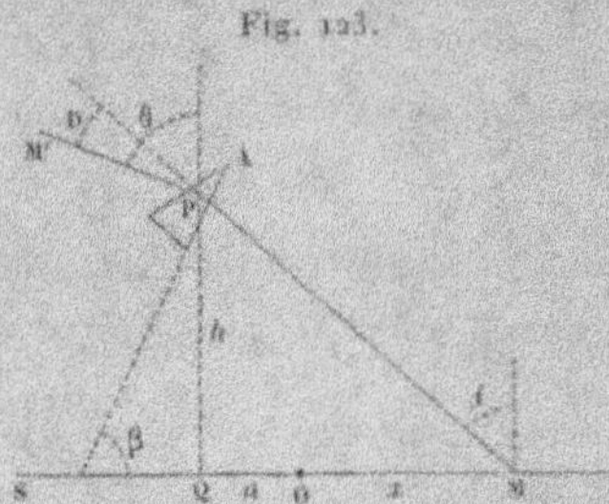

Fig. 123.

L'angle θ, qui détermine la direction suivant laquelle on voit le point M, est donné en fonction de x et λ, ou x et n, par les équations

$$(8) \qquad \begin{cases} \Delta = m\lambda = f(x, i), \\ a + x = h \tang i, \\ D = \theta - i = \varphi(i, n). \end{cases}$$

L'ordre m de la frange *achromatique* est défini par la condition que, pour une valeur constante de m, l'angle θ passe par un maximum ou un minimum. On a donc, en faisant $d\theta = 0$,

$$m\, d\lambda = \frac{\partial f}{\partial x}\, dx + \frac{\partial f}{\partial i}\, di,$$

$$dx = \frac{h}{\cos^2 i}\, di,$$

$$- di = \frac{\partial \varphi}{\partial i}\, di + \frac{\partial \varphi}{\partial n}\, dn;$$

$$m\left(1 + \frac{\partial \varphi}{\partial i} \right) = -\left(\frac{h}{\cos^2 i}\, \frac{\partial f}{\partial x} + \frac{\partial f}{\partial i} \right) \frac{\partial \varphi}{\partial n}\, \frac{dn}{d\lambda}.$$

Si l'on représente par L l'expression $-\lambda\dfrac{dn}{d\lambda}$ qui dépend de la nature du prisme, on peut écrire

$$(9) \qquad m\lambda\left(1+\frac{\partial\varphi}{\partial i}\right)=L\left(\frac{h}{\cos^2 i}\frac{\partial f}{\partial x}+\frac{\partial f}{\partial i}\right)\frac{\partial\varphi}{\partial n}.$$

Les équations (8) et (9) déterminent toutes les inconnues m, x, i et θ relatives à la frange achromatique.

La largeur apparente $\delta\theta$ d'une frange s'obtiendra, de même, en faisant $\delta m = 1$ et considérant λ et n comme des constantes, ce qui donne

$$\lambda=\frac{\partial f}{\partial x}\delta x+\frac{\partial f}{\partial i}\delta i,$$

$$\delta x=\frac{h}{\cos^2 i}\delta i,$$

$$\delta\theta-\delta i=\frac{\partial\varphi}{\partial i}\delta i;$$

$$(10)\qquad \lambda\left(1+\frac{\partial\varphi}{\partial i}\right)=\left(\frac{h}{\cos^2 i}\frac{\partial f}{\partial x}+\frac{\partial f}{\partial i}\right)\delta\theta.$$

Au voisinage de la frange achromatique, on doit tenir compte de l'équation (9); il en résulte

$$(11)\qquad \delta\theta=\frac{L}{m}\frac{\partial\varphi}{\partial n}.$$

Comme les facteurs L et $\dfrac{\partial\varphi}{\partial n}$ varient très lentement avec la longueur d'onde, on voit que, quelle que soit la loi $f(x, i)$ du phénomène d'interférence, la valeur de $\delta\theta$ est presque invariable au voisinage de la frange achromatique, de sorte qu'on apercevra un très grand nombre de franges.

Il est même possible, en choisissant d'une manière convenable l'inclinaison du prisme, de rendre la coïncidence encore plus parfaite, si les variations des deux facteurs L et $\dfrac{\partial\varphi}{\partial n}$ se compensent, c'est-à-dire si la dérivée de leur produit est nulle ou

$$(12)\qquad L\frac{\partial^2\varphi}{\partial n^2}+\frac{dL}{dn}\frac{\partial\varphi}{\partial n}=0.$$

En appelant A l'angle du prisme, r l'angle de réfraction à l'entrée, r' et i' les angles relatifs à la sortie, on a (76)

$$\frac{\partial \varphi}{\partial n} = \frac{\sin A}{\cos r \cos i'},$$

$$\frac{\partial^2 \varphi}{\partial n^2} = \sin A \left(\operatorname{tang} r \frac{dr}{dn} + \operatorname{tang} i' \frac{di'}{dn} \right)$$

$$= \sin A \left(\sin A \frac{\operatorname{tang} i'}{\cos r \cos i'} - \frac{\operatorname{tang}^2 r}{n} \right).$$

D'autre part, si β est l'angle de la première face du prisme avec la surface S, l'angle d'incidence à l'entrée est $\beta - i$.

L'équation (26) du n° 77 devient alors

$$\frac{\delta i'}{\delta i} = \frac{\cos(\beta - i)\cos r'}{\cos r \cos i'}.$$

On a d'ailleurs

$$\varphi = \beta - i + i' - A;$$

par suite,

$$1 + \frac{\partial \varphi}{\partial i} = \frac{\delta i'}{\delta i} = \frac{\cos(\beta - i)\cos r'}{\cos r \cos i'}.$$

Finalement, l'ordre de la frange achromatique, la distance angulaire des franges voisines et la condition de meilleur achromatisme deviennent

$$(9)' \qquad \frac{m\lambda}{L} = \left(\frac{h}{\cos^2 i} \frac{\partial f}{\partial x} + \frac{\partial f}{\partial i} \right) \frac{\sin A}{\cos(\beta - i)\cos r'},$$

$$(11)' \qquad \delta\theta = \frac{L}{m} \frac{\sin A}{\cos r \cos i'},$$

$$(12)' \qquad \frac{1}{L}\frac{dL}{dn} = \sin(\beta - i) \operatorname{tang} r \cos i' - \sin A \operatorname{tang} i'.$$

Cette dernière équation est indépendante de la loi du phénomène d'interférence. Comme les angles r et i' sont des fonctions de l'angle $\beta - i$ et que l'angle i est déterminé par la condition d'achromatisme, le second membre est en définitive une fonction de l'angle β.

Lorsque l'équation est satisfaite, et l'on y arrive au moins d'une manière approximative par tâtonnements, si les franges sont très serrées, on en aperçoit un si grand nombre que le phénomène est tout à fait comparable à celui que l'on observerait avec de la lumière homogène.

Il semble d'abord que l'on pourrait remplacer le prisme par un réseau, mais les résultats seraient tout différents. En effet, la déviation D doit alors être considérée comme une fonction $\varphi(i, \lambda)$ des variables i et λ; la condition d'achromatisme devient

$$m\left(1 + \frac{\partial \varphi}{\partial i}\right) = -\left(\frac{h}{\cos^2 i}\frac{\partial f}{\partial x} + \frac{\partial f}{\partial i}\right)\frac{\partial \varphi}{\partial i},$$

et l'angle apparent des franges voisines

$$\delta\theta = -\frac{\lambda}{m}\frac{\partial \varphi}{\partial \lambda}.$$

La déviation dans un réseau étant proportionnelle à la longueur d'onde, sa dérivée est une constante; l'angle apparent $\delta\theta$ est donc proportionnel à la longueur d'onde et le nombre des franges visibles n'est pas augmenté.

272. *Franges d'interférence.* — Considérons d'abord le cas des interférences ordinaires, que l'on recevra, par exemple, sur un verre dépoli ou sur un écran, de manière à pouvoir les observer très obliquement au travers d'un prisme. Le point O étant choisi au centre du phénomène, la différence de marche Δ est simplement proportionnelle à x et l'on a

$$m\lambda = f(x, i) = \alpha x,$$
$$\frac{\partial f}{\partial x} = \alpha, \qquad \frac{\partial f}{\partial i} = 0.$$

Il n'existe alors qu'une frange achromatique, dont l'ordre m et la distance x sont déterminés par les équations

$$\frac{m\lambda}{L} = \frac{h\alpha}{\cos^2 i}\frac{\sin A}{\cos(\beta - i)\cos r'},$$
$$x = \frac{m\lambda}{\alpha} = h\frac{L}{\cos^2 i}\frac{\sin A}{\cos(\beta - i)\cos r'}.$$

Ces valeurs de m et de x sont d'autant plus grandes, toutes choses égales, que le prisme est plus éloigné de la surface S.

Pour $i = 0$, c'est-à-dire dans la direction même des rayons qui interfèrent, on a

$$x = \frac{m\lambda}{\alpha} = hL\frac{\sin A}{\cos\beta \cos r'}.$$

M. — I.

Enfin, pour $i = o$ et $\beta = o$, il reste simplement

$$x = \frac{m\lambda}{2} = h\,\mathrm{L}\,\mathrm{tang}\,\mathrm{A}.$$

273. *Anneaux de Newton.* — Dans le cas des anneaux de Newton produits par une lame d'air entre des verres dont les surfaces sont sensiblement planes, si le point O est encore au centre du phénomène, on peut supposer que la distance e_0 des verres n'est pas nulle au centre et représenter l'épaisseur e d'air au point M par

$$(13) \qquad\qquad e = e_0 + \frac{x^2}{2\mathrm{R}}.$$

On a alors

$$m\lambda = 2e\cos i = \left(2e_0 + \frac{x^2}{\mathrm{R}}\right)\cos i,$$

$$\frac{\partial f}{\partial x} = \frac{2x}{\mathrm{R}}\cos i, \qquad \frac{\partial f}{\partial i} = -\,2e\sin i.$$

La condition d'achromatisme devient

$$(14) \qquad \frac{m\lambda}{2\mathrm{L}} = \left(\frac{hx}{\mathrm{R}\cos i} - e\sin i\right)\frac{\sin \mathrm{A}}{\cos(\beta - i)\cos r'},$$

ou, en remplaçant $m\lambda$ par $2e\cos i$,

$$(15) \quad e\left[\frac{\cos i}{\mathrm{L}} + \frac{\sin i\sin \mathrm{A}}{\cos(\beta - i)\cos r'}\right] = \frac{hx\sin \mathrm{A}}{\mathrm{R}\cos i\cos(\beta - i)\cos r'}.$$

Le problème est entièrement déterminé par les équations (8), (13), (14) et (15).

Il se présente même cette circonstance particulière que l'équation finale, qui détermine la distance x ou l'angle θ, n'est pas du premier degré; il peut donc exister plusieurs franges achromatiques distinctes et plusieurs groupes de franges visibles.

Pour $i = o$, par exemple, l'équation (15) se réduit à

$$e = \frac{\mathrm{L}h}{\mathrm{R}}\frac{\sin \mathrm{A}}{\cos\beta\cos r'}x,$$

$$x^2 - 2\mathrm{L}h\frac{\sin \mathrm{A}}{\cos\beta\cos r'}x + 2\mathrm{R}e_0 = o.$$

Le problème n'est possible que si la condition

$$2 R e_0 < L^2 h^2 \frac{\sin^2 A}{\cos^2 \beta \cos^2 r'}$$

est satisfaite et les deux valeurs de x sont positives.

Lorsque les surfaces qui limitent la couche d'air sont en contact, $e_0 = 0$; l'une des valeurs de x est nulle et l'autre

$$x = 2 L h \frac{\sin A}{\cos \beta \cos r'}.$$

La tache centrale reste alors achromatique et il se produit en même temps une frange achromatique d'ordre élevé.

Un effet de même ordre a lieu quand on remplace le verre supérieur de l'appareil producteur de franges par un prisme isoscèle dont la base est appliquée sur une lame de verre. Si les surfaces sont en contact, on aperçoit encore la tache centrale et un nombre de franges notablement plus grand que dans les conditions habituelles.

Le problème est moins simple quand on vise au travers du prisme en dehors de la section principale, ou que le plan d'incidence ne passe plus par le centre des anneaux, et le phénomène se complique encore par la considération des lignes focales produites par la réfraction. Il arrive quelquefois, en effet, que les franges achromatiques, au lieu d'être des portions d'anneaux situés dans le plan de symétrie, se présentent à droite et à gauche comme des fragments discontinus et symétriques.

274. *Couleurs et éclat des lames minces.* — Lorsque la lumière incidente n'est pas homogène, l'intensité totale de la lumière réfléchie dans une direction déterminée est la somme des intensités relatives aux différentes couleurs, c'est-à-dire

$$A^2 = 4 \sum \frac{a^2 u^2}{1 - 2 a^2 \cos \delta + a^4} \sin^2 \frac{\delta}{2};$$

si l'on connaît le coefficient a, on pourra ainsi calculer la couleur résultante (150) d'un système éclairé par la lumière blanche.

En assimilant la propagation de la lumière dans les milieux élastiques à la propagation du son dans l'air, Young était déjà parvenu à évaluer la fraction de lumière réfléchie à la surface de séparation de deux milieux.

Il admet, comme pour le son, que le carré de la vitesse de propagation de la lumière est proportionnel au quotient de l'élasticité de l'éther par sa densité et qu'en outre l'élasticité est la même dans tous les milieux. Ces deux hypothèses suffisent, au moins dans le cas de l'incidence normale, pour évaluer le coefficient a; nous y reviendrons plus tard dans la théorie de la réflexion.

En appelant n l'indice de réfraction du second milieu par rapport au premier, on a alors

$$a = -\frac{n-1}{n+1}$$

Quand il s'agit d'une lame d'air comprise entre deux verres identiques dont l'indice est n, on doit remplacer n par son inverse, ce qui change simplement le signe de a.

Avec la valeur $n = 1,53$ qui convient au crown, on a

$$a^2 = \left(\frac{0,53}{2,53}\right)^2 = 0,044,$$

$$\frac{1-a^2}{1+a^2} = \frac{2n}{n^2+1} = 0,916 = 1 - 0,084.$$

L'erreur commise par le calcul approché sur la phase φ et sur le carré de l'amplitude A^2 est donc inférieure à $\frac{1}{10}$. En outre, le coefficient a varie très lentement d'une couleur à l'autre; le calcul des teintes obtenues dans la lumière blanche par l'expression

$$A^2 = 4a^2 \sum u^2 \sin^2 \frac{\delta}{2}$$

est donc identique à celui qui a servi pour les interférences à centre noir (150) et la succession des couleurs se présentera dans le même ordre. C'est, en effet, par l'observation des anneaux colorés que Newton a donné la première échelle des teintes.

Toutefois les anneaux produits entre une lentille et un plan de verre ne donnent pas des couleurs très pures, parce qu'il est difficile d'éliminer la lumière réfléchie sur la seconde surface du plan inférieur et surtout à la première surface de la lentille, de sorte que les couleurs sont toujours mélangées d'une certaine quantité de lumière blanche.

Avec les bulles de savon il n'y a pas d'autres surfaces réfléchissantes que celles qui interviennent dans le phénomène et toute lumière étrangère se trouve éliminée ; les couleurs sont alors beaucoup plus pures et présentent un vif éclat. En outre, l'indice de l'eau étant environ $\frac{4}{3}$, on a

$$a^2 = \left(\frac{4-3}{4+3}\right)^2 = \frac{1}{49}, \qquad \frac{1-a^2}{1+a^2} = \frac{2n}{n^2+1} = \frac{24}{25} = 1 - 0,04 ;$$

le calcul approché pour les teintes est donc exact à moins de $\frac{1}{100}$ près, quelle que soit la différence de phase.

Avec une lame d'indice n comprise entre des milieux différents d'indices n' et n'', on aura

$$a = \frac{n'-n}{n'+n}, \qquad b = \frac{n-n''}{n+n''}.$$

Les amplitudes des maxima et des minima sont alors représentées par l'une ou l'autre des expressions (269)

$$\frac{a+b}{1+ab} = \frac{n'-n''}{n'+n''},$$
$$\frac{a-b}{1-ab} = \frac{n'n''-n^2}{n'n''+n^2}.$$

Pour une goutte d'eau entre deux verres de crown, on aurait $n' = n'' = 1,53$ et $n = 1,33$; les minima sont nuls et l'intensité des maxima est

$$\left(\frac{0,57}{4,11}\right)^2 = 0,019.$$

Cette intensité n'est que le dixième de celle $4 \times 0,044 = 0,176$ qui correspond à une lame d'air. Le phénomène est donc beaucoup plus pâle.

Pour de l'essence de sassafras entre un crown et un flint, qui donne des anneaux à centre blanc, on aurait environ

$$n' = 1,63, \qquad n = 1,59, \qquad n'' = 1,53.$$

Les intensités des maxima et des minima sont alors

$$\left(\frac{0,1}{3,16}\right)^2 = 0,00099,$$
$$\left(\frac{0,034}{5,022}\right)^2 = 0,000046.$$

Les maxima sont extrêmement faibles, puisque leur intensité est environ le $\frac{1}{200}$ de ceux que donne une lame d'air ; ils sont néanmoins visibles avec une grande netteté, parce qu'ils sont vingt fois plus éclatants que les minima.

275. *Anneaux de transmission.* — Lorsqu'on observe par transparence un appareil capable de produire les anneaux de réflexion, on aperçoit encore un système d'anneaux dont les diamètres sont du même ordre de grandeur que les premiers, mais beaucoup moins éclatants, parce qu'ils sont noyés dans un éclairement général. Les minima ne sont pas noirs, mais seulement plus pâles que les maxima, et la tache centrale, pour une épaisseur nulle, est un maximum, au lieu d'un minimum. D'une manière plus générale, les minima des anneaux réfléchis correspondent à des maxima des anneaux transmis dans la lumière homogène ; dans la lumière blanche, les anneaux transmis sont exactement complémentaires en chaque point des anneaux réfléchis sous la même incidence.

Ce résultat doit paraître évident puisque, pour une direction déterminée, la lumière incidente doit se retrouver dans les faisceaux réfléchis et transmis correspondants. La somme des intensités des rayons réfléchis et transmis est donc égale à l'intensité de la lumière incidente, quel que soit le phénomène d'interférence.

Arago [1] a vérifié cette propriété en plaçant deux verres producteurs d'anneaux dans un plan vertical au-dessus d'une feuille de papier blanc AB (*fig.* 124) uniformément éclairée. L'œil étant placé en O ne distingue entre les verres aucune coloration, et le système paraît uniformément éclairé, d'où il résulte que le phénomène produit en un point C par les rayons AC qui traversent la couche est exactement complémentaire du phénomène qui provient des rayons BC de même intensité. Il suffit de couvrir d'un papier noir la moitié AD ou la moitié DB pour apercevoir les anneaux de réflexion ou de transmission.

La différence de marche qui existe entre le rayon direct, qui a subi seulement deux réfractions, et celui qui a subi en outre deux réflexions intérieures, est égale à $2ne\cos r$, sans qu'il soit néces-

---

[1] ARAGO, *Œuvres complètes*, t. X, p. 16 (note).

saire d'y rien ajouter pour obtenir le retard physique, si les deux réflexions sont de même nature. Les rayons transmis donnent donc un maximum quand les rayons réfléchis donnent un minimum, et réciproquement.

On pourrait encore calculer l'intensité des rayons transmis en tenant compte de toutes les réflexions intérieures, mais il suffit de remarquer qu'ils sont complémentaires des rayons réfléchis correspondants.

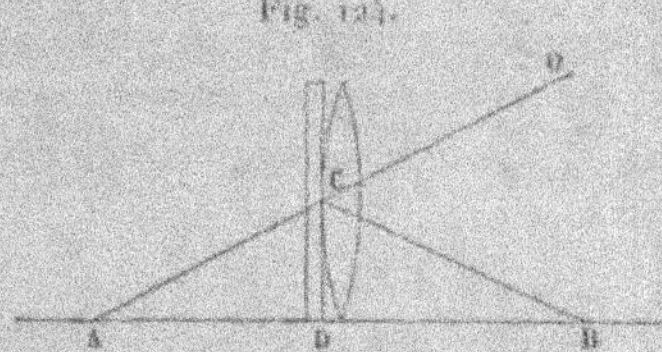

Fig. 124.

L'amplitude B des maxima des anneaux vus par transmission dans une lame comprise entre deux milieux identiques est donc la même que celle de la lumière incidente. L'amplitude B' des minima est

$$B'^2 = 1 - \frac{4a^2}{(1+a^2)^2} = \left(\frac{1-a^2}{1+a^2}\right)^2, \qquad B' = \frac{1-a^2}{1+a^2}.$$

Ces minima ne sont pas nuls; leur intensité diffère même très peu de l'unité (274).

Pour une lame d'air entre deux crowns, l'amplitude de vibration pour les minima est $0,916$ et l'intensité $0,839$ ne diffère que de $\frac{1}{6}$ de celle des maxima.

Pour une couche d'eau entre deux crowns, la différence des intensités des maxima et des minima n'est que $0,019$ et les anneaux de transmission sont très difficiles à distinguer; à plus forte raison deviennent-ils invisibles pour une couche d'essence de sassafras comprise entre un crown et un flint, où les variations d'intensité n'atteignent pas $\frac{1}{1000}$.

276. *Position des franges.* — Si l'épaisseur de la lame est extrêmement petite, de quelques longueurs d'onde, les rayons qui se réfléchissent sur une petite étendue des surfaces, même sous des inclinaisons un peu différentes, correspondent sensiblement au même retard optique. L'une ou l'autre des deux surfaces peut donc être considérée comme le siège des différences de marche et les franges paraissent localisées dans l'intervalle qui les sépare.

Le phénomène est cependant plus complexe et la difficulté de déterminer exactement la position des franges devient manifeste quand on observe dans la lumière homogène, sous une inclinaison notable, des franges d'un ordre élevé et même déjà quand on vise les premiers anneaux avec un microscope.

Supposons, par exemple, que les retards soient produits par une couche d'indice n, comprise entre une surface plane S et une surface courbe S′ (*fig.* 125); le milieu supérieur étant l'air, considérons les rayons dont le point de concordance est en A dans l'épaisseur de la couche.

Fig. 125.

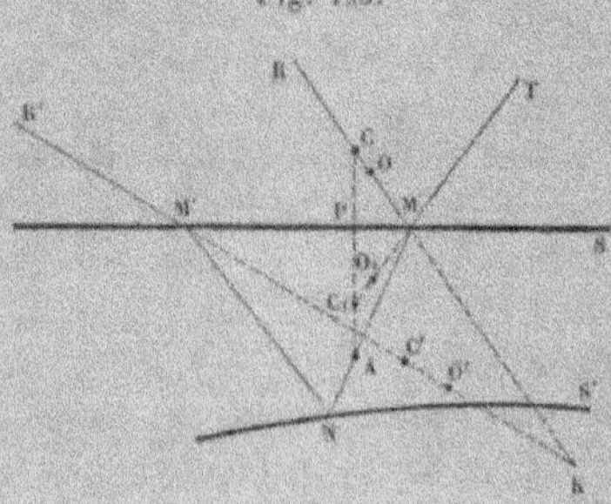

Pour un faisceau de petite largeur dont l'angle moyen d'incidence est i sur la surface S, les rayons primitifs TM sont dirigés vers deux lignes focales C_1 et O_1, la première normale à la surface et la seconde perpendiculaire au plan de réflexion, qui sont les images du point A par réfraction.

La partie du faisceau réfléchie sur la surface S passera donc par deux lignes focales C et O, symétriques des précédentes.

On a d'ailleurs, en posant $AP = h$ (65),

$$AM = \rho = \frac{h}{\cos r}, \qquad CM = p = \frac{\rho}{n}, \qquad OM = q = \rho \frac{\cos^2 i}{\cos^2 r}.$$

Le faisceau de rayons réfractés, passant par le point A, qui se réfléchit en N sur la surface S′, a aussi deux lignes focales; après s'être réfractés de nouveau sur la surface S, ces rayons émanent ensuite de deux nouvelles lignes focales C′ et O′, dont les directions dépendent de la forme de surface S′ au point N et sont en général très différentes de celles des lignes C et O.

Si la pupille de l'observateur, ou l'objectif de la lunette, reçoit une partie des deux faisceaux dont les directions moyennes sont MR et M′R′, la frange correspondant à leur retard ne paraîtra nette que si les faisceaux ont deux lignes focales sensiblement parallèles entre elles et tangentes à la frange d'interférence. Cette double condition n'étant réalisée que dans des cas très particuliers, les anneaux ne tardent pas à disparaître quand l'inclinaison augmente progressivement.

Pour les rayons voisins de la normale, le faisceau réfléchi sur la première surface S est aplanétique et l'on a

$$CP = \frac{h}{n}.$$

La courbure de la surface S′ étant toujours très faible, le faisceau qui s'y réfléchit reste à peu près normal et sensiblement aplanétique. Avec une ouverture limitée, on apercevra alors des franges très nettes sur un plan quelconque situé dans la couche ou au voisinage de ses surfaces.

Lorsque la réflexion a lieu dans un plan de symétrie de la surface S′, les lignes focales C et O, C′ et O′ sont respectivement parallèles deux à deux.

La surface S′ étant sphérique, si le plan de réflexion passe par le centre de la sphère, les lignes focales C et C′ se projettent sur le phénomène dans une direction perpendiculaire aux anneaux et ne peuvent être utilisées; les lignes focales O et O′ sont bien tangentes aux anneaux, mais elles ne feront apparaître les franges que si elles ne sont pas très éloignées du point de concours K des faisceaux.

Si le plan de réflexion est perpendiculaire au diamètre de l'anneau observé, les projections des lignes focales O et C′ sont tangentes à la frange d'interférence; elles se superposeront, au moins en partie, et l'on apercevra les anneaux avec plus de netteté dans le voisinage du point où la direction des rayons émergents qui se sont réfléchis sur la surface S′ rencontre le plan d'incidence. Le diamètre apparent des anneaux ne dépend alors que de l'épaisseur correspondante et de l'inclinaison. On voit, par cette remarque,

que la méthode de mesure employée par La Provostaye et Desains (265) se trouve entièrement justifiée.

Les mêmes considérations s'appliqueraient au cas où le point de concordance A du faisceau serait pris dans le milieu supérieur ou dans le milieu inférieur.

Le phénomène est plus ou moins net suivant le choix que l'on fait du point A, c'est-à-dire suivant la distance à laquelle on observe, et le choix de ce point dépend de la forme des franges elles-mêmes.

En résumé, les franges n'existent pas sur une surface définie : elles ne peuvent apparaître dans le voisinage de la couche qui produit les retards qu'à la faveur de deux circonstances, la faible épaisseur de cette couche et la limitation du faisceau par lequel se fait l'observation. Pour les directions obliques, on améliore beaucoup le phénomène en favorisant la formation du système de lignes focales parallèles aux franges considérées ; il suffit, pour cela, de diaphragmer la pupille ou l'objectif de la lunette d'observation par une fente perpendiculaire à la direction des franges.

Dans tous les cas, il n'y a pas à chercher quel est exactement le lieu de formation des franges, puisqu'elles n'ont pas d'existence réelle et ne sont pas rigoureusement localisées ; on ne peut déterminer en chaque point que les conditions de meilleure visibilité et ces conditions dépendent de la section du faisceau utilisé.

On devrait aussi, en toute rigueur, faire intervenir les réflexions multiples, mais les rayons correspondants ont une intensité très faible et ne modifient pas d'une manière appréciable la position apparente des franges.

277. *Lames mixtes.* — En posant l'un sur l'autre deux verres entre lesquels était une couche de buée, Young [1] aperçut par transmission des anneaux d'interférence beaucoup plus larges que ceux qui correspondraient à la même couche d'air. A l'inverse de ce qui a lieu pour les anneaux de Newton, ces anneaux d'Young se resserrent en marchant vers le centre à mesure que l'obliquité augmente. La différence de marche pour une même épaisseur augmente donc avec l'inclinaison.

---

[1] Young, *Phil. Trans. L. R. S.*, 1802, p. 387.

Brewster ([1]) obtenait les mêmes anneaux en laissant sécher sur une lame de verre une couche d'eau savonneuse ou de blanc d'œuf sur laquelle il appliquait ensuite un verre convexe.

La couche de buée ou de savon que l'on obtient ainsi est discontinue, de sorte que les rayons transmis ont traversé entre les deux verres des milieux différents et deux rayons très voisins peuvent interférer. Telle est, en effet, l'explication donnée par Young. La couche intermédiaire est une *lame mixte*, formée de deux parties distinctes dont les indices de réfraction sont n et n'.

Si l'on appelle r et r' les angles que font avec la normale deux rayons voisins correspondant à une même direction extérieure, la différence de marche est (42)

$$\Delta = e(n' \cos r' - n \cos r).$$

La tache centrale est blanche et les carrés des diamètres (ou les épaisseurs) des anneaux successifs, maxima et minima, varient comme la suite des nombres entiers.

Le retard Δ est toujours positif quand $n' > n$, et croît avec l'inclinaison; sa valeur minimum est $\Delta_0 = e(n' - n)$ pour l'incidence normale.

Si les rayons peuvent être rasants dans le milieu le moins réfringent, comme dans le cas d'une couche de buée entre deux verres, le retard maximum est alors

$$\Delta_1 = e\left(\sqrt{n'^2 - n^2} - n\right).$$

278. *Lames multiples.* — Quand on observe une lame de verre mince par réflexion dans une lumière homogène, à la flamme de l'alcool salé par exemple, elle paraît couverte de franges qui correspondent à des courbes d'égale épaisseur.

En superposant deux lames semblables, on voit l'ensemble des deux systèmes de franges qui appartiennent séparément aux deux lames et, dans certains cas, le système qui correspond à la couche d'air intermédiaire. Il se forme en outre un système complexe qui provient de l'interférence réciproque des deux premiers et ces franges nouvelles sont indépendantes de la couche d'air située dans l'intervalle des lames, car elles ne changent pas quand on presse l'une contre l'autre les deux lames.

([1]) BREWSTER, *Phil. Trans. L. R. S.*, 18 p. 73.

Considérons deux lames parallèles d'épaisseurs e et e' (*fig.* 126) et d'indices n et n', éclairées par des rayons qui correspondent aux angles de réfraction r et r'.

Fig. 126.

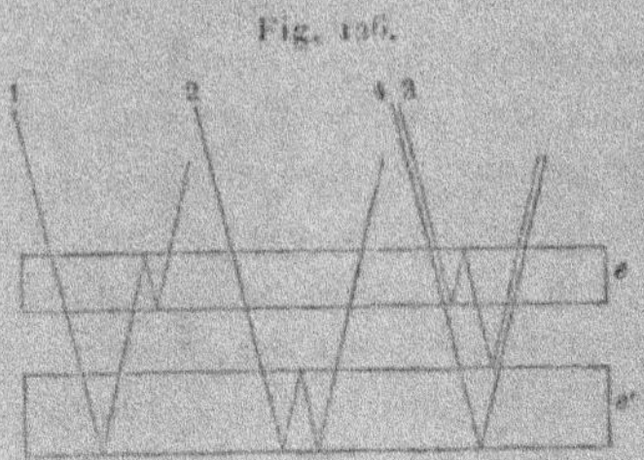

Les deux rayons 1 et 2, dont le trajet est indiqué sur la figure, ont traversé la même couche d'air intermédiaire ; ils ne diffèrent entre eux que parce que le premier a traversé deux fois de plus la première lame e et le second deux fois de plus la lame e'.

Les retards correspondants (45) sont $2ne\cos r$ et $2n'e'\cos r'$, de sorte que leur différence de marche est

$$\Delta = 2(n'e'\cos r' - ne\cos r),$$

ce qui donne, pour un angle d'incidence très petit,

$$\Delta = 2(n'e' - ne) + i^2\left(\frac{e}{n} - \frac{e'}{n'}\right).$$

Sous l'incidence normale, les franges dessinent le lieu des points où la différence $n'e' - ne$ des épaisseurs optiques des deux lames est constante.

Si l'on suppose $n'e' > ne$, la différence de marche croît avec l'angle d'incidence pour la condition $\dfrac{e}{n} > \dfrac{e'}{n'}$ et les franges se rapprochent des points où la différence des épaisseurs optiques est minimum ; le contraire a lieu pour $\dfrac{e}{n} < \dfrac{e'}{n'}$.

Le calcul s'applique également aux rayons 3 et 4 comparés entre eux, quoiqu'ils aient des intensités très différentes, puisqu'ils n'ont pas subi le même nombre de réflexions.

Enfin, on pourrait aussi considérer plusieurs autres couples de rayons à réflexions multiples, mais leur intensité est beaucoup plus faible et les franges correspondantes sont moins faciles à distinguer.

FRANGES A L'INFINI. INTERFÉRENCES DES ONDES PLANES.

279. *Mode d'observation.* — Lorsque les lames sur lesquelles
on opère ont des faces planes et parallèles, tous les rayons de
même inclinaison, ou les ondes planes correspondantes, subissent
la même différence de marche. Ces ondes ne donnent pas d'interférences localisées ; l'interférence aurait lieu à l'infini et on peut
l'observer soit dans le plan focal principal d'une lentille convergente placée sur leur trajet, soit sur la rétine d'un observateur
dont l'œil est accommodé pour la vision éloignée [1].

280. *Lame unique.* — *Anneaux de réflexion.* — Haidinger [2]
a observé des franges d'interférence à l'aide d'une lame mince de
mica, en plaçant entre la lame et l'œil, réglé pour la vision éloignée, une flamme d'alcool salé. Les courbes ainsi obtenues paraissent être des fractions de circonférence ; elles sont d'autant
plus écartées que l'angle d'incidence des rayons utilisés est plus
petit. Ce sont, en réalité, des anneaux circulaires dont le centre
est sur la normale à la lame passant par l'œil de l'observateur,
mais il est difficile de voir cette partie du champ, puisque la
flamme se trouverait alors sur le trajet de la lumière réfléchie.

L'observation devient facile si l'on fait tomber sur la lame e
(*fig.* 127) la lumière de la lampe S réfléchie par une lame transparente L. Les rayons réfléchis traversent en partie cette lame transparente et sont ensuite reçus, soit directement dans l'œil, soit par
une lunette M réglée sur l'infini. On voit alors une série d'anneaux
circulaires concentriques dont le centre correspond aux rayons
normaux à la lame e.

En laissant la lunette immobile et montant la lame e sur un
cercle divisé, on peut, par la rotation du cercle, amener successivement sur le réticule de la lunette les anneaux des différents
ordres et déterminer ainsi l'incidence qui correspond à chacun
d'eux. Il faut évidemment que l'axe optique de la lunette soit
perpendiculaire à l'axe de rotation du cercle et la lame parallèle à

---

[1] MASCART, *Ann. de Chim. et de Phys.*, [4], t. XXIII, p. 116; 1871.
[2] HAIDINGER, *Pogg. Ann.*, t. LXXVII, p. 219; 1849.

cet axe. Ce réglage s'obtient d'ailleurs aisément par l'observation du phénomène, puisque la rotation de la lame doit amener le centre des anneaux sur le réticule.

La différence de marche des rayons (ou des ondes planes) qui interfèrent est

$$\Delta = 2ne\cos r + \frac{\lambda}{2} = (p+1)\frac{\lambda}{2}.$$

L'intensité est maximum ou minimum lorsque p est un nombre entier, impair ou pair.

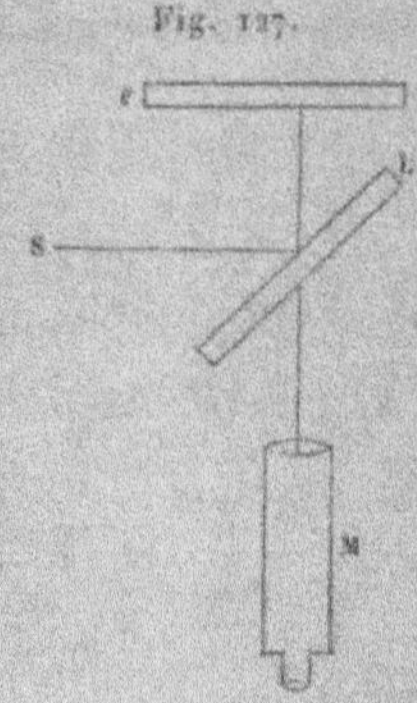

Fig. 127.

La différence de marche diminue quand l'incidence augmente; sa valeur pour la direction normale est

$$\Delta_0 = 2ne + \frac{\lambda}{2} = (p_0+1)\frac{\lambda}{2},$$

et l'on a

$$\Delta_0 - \Delta = (p_0 - p)\frac{\lambda}{2} = 2ne(1 - \cos r).$$

Remarquons que cette expression permet de calculer l'indice n si l'on connaît l'épaisseur e de la lame et l'ordre $p_0 - p$, à partir du centre, de la frange qui correspond à l'angle i d'incidence. On a, en effet,

$$n - n\cos r = \frac{p_0 - p}{2}\frac{\lambda}{2e}.$$

Si l'on représente par a le second membre de cette équation, qui est une quantité connue, il en résulte

$$(n-a)^2 = n^2 \cos^2 r = n^2 - \sin^2 i,$$

$$n = \frac{a^2 + \sin^2 i}{2a}.$$

Si l'axe optique de la lunette est perpendiculaire à la lame, on verra donc une série d'anneaux concentriques. La nature du phénomène sur la tache centrale dépend de Δ_0 ; comme cette valeur n'est pas nulle, les interférences ne seront visibles que dans la lumière homogène.

Pour les premiers anneaux, l'angle d'incidence reste très petit ; on peut écrire alors

$$\Delta_0 - \Delta = 2ne\frac{r^2}{2} = \frac{e}{n}i^2 = (p_0 - p)\frac{\lambda}{2},$$

$$i^2 = \frac{n}{e}(p_0 - p)\frac{\lambda}{2}.$$

Dans le plan focal de la lunette, les carrés des diamètres des anneaux de même nature que le centre varient comme la suite des nombres pairs : c'est la loi des anneaux de Newton. Le phénomène est entièrement comparable aux anneaux de réflexion à centre blanc ou aux anneaux de transmission correspondants, lorsque p_0 est un nombre entier, pair ou impair.

Pour une même variation $\Delta_0 - \Delta$ dans la différence de marche, le carré du diamètre de l'anneau est proportionnel à l'indice de réfraction, et en raison inverse de l'épaisseur de la lame.

281. *Franges d'Herschel.* — Quand on observe la lumière des nuées par réflexion sur la base d'un prisme isocèle (71), il n'y a pas de dispersion des couleurs, mais le champ paraît divisé en deux régions très inégalement éclairées : l'une supérieure, qui correspond à la réflexion totale ; l'autre inférieure, plus sombre, où la lumière est en partie transmise.

La ligne de séparation est formée par un maximum d'éclat dont la direction est variable avec la couleur et dont l'ensemble constitue une sorte d'arc-en-ciel, avec cette différence que la direction limite des rayons réfléchis totalement est plus voisine de la normale pour le bleu que pour le rouge, de sorte que la bordure bleue est beaucoup plus pure. Cette ligne paraîtrait circulaire si l'œil

était dans l'intérieur du prisme ; sa forme apparente est l'image
d'une circonférence vue par réfraction dans la face de sortie.

En plaçant un pareil prisme P sur un plan de verre L (*fig.* 128)

Fig. 128.

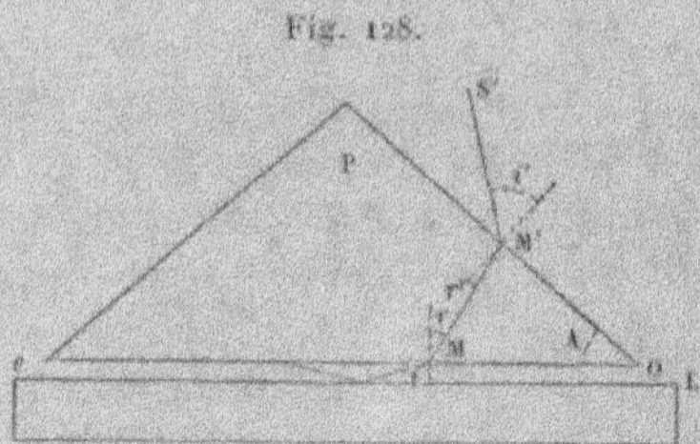

de manière qu'il reste entre les deux surfaces une couche d'air
d'épaisseur constante et assez petite, W. Herschel [1] aperçut de
belles franges d'interférence situées dans l'intérieur de l'arc, c'est-
à-dire en dehors du champ de réflexion totale, et parallèles à la
ligne de séparation des deux régions. Ces franges se voient nettement quand l'œil est accommodé par la vision éloignée : elles sont
donc produites par des interférences d'ondes planes.

Talbot [2] répéta la même expérience à l'aide de deux prismes
isoscèles à angle droit qu'il appliquait l'un sur l'autre de manière
que l'ensemble constituât un prisme à section carrée coupé suivant deux arêtes opposées.

Les franges d'interférence apparaissent dans la lumière réfléchie
quand on éclaire l'appareil par une des faces latérales. La lumière
transmise est séparée d'une région obscure correspondant à la
réflexion totale par une sorte de spectre bordé de rouge qui rap-
pelle exactement l'arc-en-ciel ; dans le voisinage de cette bande se
trouvent des franges d'interférence complémentaires de celles que
l'on observe par réflexion.

Avec un faisceau étroit de lumière solaire, les franges se dessinent naturellement avec assez de pureté et beaucoup d'éclat sur
un écran placé à quelque distance.

Les franges apparaissent également quand l'épaisseur de la
couche d'air n'est pas très petite et deviennent alors assez nom-

<hr>

[1] Sir W. Herschel, *Phil. Trans. L. R. S.*, 1809, p. 274.
[2] Talbot, *Phil. Mag.* (3), t. IX, p. 461; 1836.

breuses pour que Talbot ait pu en compter cent dix et même deux cents. C'est encore un système de franges achromatisées par la réfraction (271) dont le centre ne se trouve pas sur la limite de la réflexion totale.

Soient

e l'épaisseur de la lame d'air;
i l'angle d'incidence des rayons qui la traversent;
r l'angle de réfraction dans le prisme;
A l'angle du prisme;
n son indice de réfraction;
r' et i' les angles relatifs à la sortie des rayons considérés.

La différence de marche due à la réflexion sur les deux faces de la lame d'air est

$$(1) \qquad \Delta = m\lambda = 2e\cos i,$$

et l'on a les équations successives

$$(2) \qquad \begin{cases} \sin i = n\sin r, \\ r + r' = A, \\ n\sin r' = \sin i'. \end{cases}$$

La frange correspondante est achromatique lorsque la différentielle di' de l'angle d'émergence est nulle, en considérant l'ordre m de la frange comme une constante. Les équations (1) et (2) donnent alors

$$m\,d\lambda = -2e\sin i\,di,$$
$$\cos i\,di = n\cos r\,dr + \sin r\,dn,$$
$$dr + dr' = 0,$$
$$n\cos r'\,dr' + \sin r'\,dn = 0;$$

il en résulte, en représentant par L l'expression $-\lambda\dfrac{dn}{d\lambda}$,

$$\cot^2 i = \frac{-1}{n}\left(1 + \frac{\operatorname{tang} r'}{\operatorname{tang} r}\right)\lambda\frac{dn}{d\lambda} = L\frac{\sin A}{\sin i\cos r'},$$

$$(3) \qquad \frac{\cos^2 i}{\sin i} = L\frac{\sin A}{\cos r'}.$$

Cette équation, jointe aux précédentes, déterminera l'angle $\dfrac{\pi}{2} - i$

M. — I.   29

que font les rayons correspondant à la frange achromatique avec la surface de la lame d'air et l'ordre m de cette frange. On remarquera que l'angle i est indépendant de l'épaisseur e.

Si l'on désigne par R, R′ et I′ les valeurs des angles r, r' et i' relatifs à la réflexion totale, déterminées par les équations

$$n \sin R = 1,$$
$$R + R' = A,$$
$$n \sin R' = \sin I',$$

on pourra sans erreur sensible remplacer l'angle r' dans l'équation (3) par sa valeur limite R′, et l'on a très approximativement

$$(3)' \qquad \frac{\cos^2 i}{\sin i} = L \frac{\sin A}{\cos R'}.$$

L'angle apparent d'une frange est encore la variation $\delta i'$ qui correspond à $\delta m = 1$. Les équations

$$\lambda = -2 e \sin i \, \delta i,$$
$$\cos i \, \delta i = n \cos r \, \delta r,$$
$$\delta r = -\delta r',$$
$$n \cos r' \, \delta r' = \cos i' \, \delta i'$$

donnent alors, en tenant compte de (1),

$$(4) \qquad \delta i' = \frac{1}{m} \frac{\cos^2 i}{\sin i} \frac{\cos r'}{\cos r \cos i'} = m \frac{\lambda^2}{4 e^2} \frac{\cos r'}{\sin i \cos r \cos i'},$$

ou sensiblement

$$(4)' \qquad \delta i' = m \frac{\lambda^2}{4 e^2} \frac{\cos R'}{\cos R \cos I'}.$$

Comme le dernier facteur varie très lentement, les franges présentent donc cette circonstance singulière que leur largeur apparente, au moins pour les premières, est proportionnelle à l'ordre m et au carré du rapport de la longueur d'onde à l'épaisseur e. C'est une loi qu'on ne rencontre dans aucun autre phénomène.

Au voisinage de la frange achromatique, où l'angle i est déterminé par l'équation (3), on a

$$(5) \qquad \delta i' = \frac{L}{m} \frac{\sin A}{\cos r \cos i'}.$$

Cette condition est la même que celle qui a été obtenue précédemment (**271**) pour la vision par un prisme de franges localisées. On s'explique ainsi que la largeur apparente des franges voisines de la frange achromatique soit à peu près indépendante de la longueur d'onde dans une ouverture angulaire notable et qu'on en distingue un grand nombre.

On peut écrire encore, très approximativement,

$$(5)' \qquad \delta i' = \frac{L}{m} \frac{\sin A}{\cos R \cos I'}.$$

282. *Anneaux de transmission.* — Si l'on place une lame à faces parallèles entre l'œil et une source de lumière homogène, on aperçoit encore à l'infini des anneaux d'interférence, mais beaucoup plus pâles, parce que les minima ne sont pas nuls. On ne peut guère les distinguer qu'en déplaçant l'œil ou faisant tourner la lame, afin de leur donner un mouvement apparent. On sait, en effet, que ces déplacements rendent beaucoup plus manifestes les différences d'éclat ([1]). Les phénomènes ainsi obtenus correspondent aux anneaux de Newton par transmission.

La différence de marche des rayons qui interfèrent est

$$\Delta = 2\,n e \cos r.$$

Ces anneaux sont complémentaires de ceux que l'on voit par réflexion avec la même lame et suivent les mêmes lois.

283. *Lames mixtes.* — Pour obtenir les interférences analogues des lames mixtes, on pourrait couvrir par moitié la pupille de l'observateur ou l'objectif de la lunette avec une lame à faces parallèles, mais il vaut mieux disposer l'expérience de façon que les deux faisceaux de rayons parallèles qui interfèrent soient finalement superposés.

Deux lames L et L' (*fig.* 129) d'égale épaisseur E, comme dans l'appareil interférentiel de Jamin (**286**), sont rendues exactement parallèles et on les éclaire par une source latérale S de lumière homogène.

([1]) ARAGO, *Œuvres complètes*, t. V, p. 257.

Parmi les rayons qui proviennent d'un rayon incident SA, nous considérerons les rayons ABCC'S' et AA'B'C'S' dont le mode de réflexion est indiqué sur la figure et qui se trouvent de nouveau superposés à la sortie, sans différence de marche.

Fig. 129.

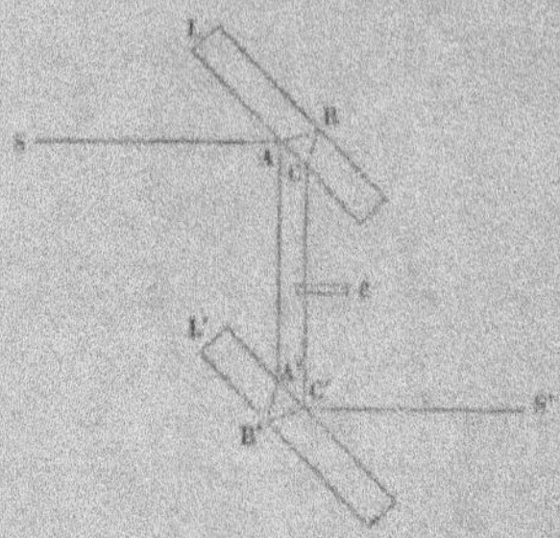

Pour un angle d'incidence I, leur déplacement latéral L_1 dans l'intervalle des lames est (45)

$$L_1 = E \frac{\sin 2I}{n \cos R}.$$

Si l'on coupe par moitié le faisceau intermédiaire AA'CC' par une lame e située sur le trajet de l'un des deux systèmes seulement, les rayons superposés en C'S' auront traversé, l'un la lame e, l'autre une couche d'air de même épaisseur, et leur différence de marche est (41)

$$\Delta = e(n \cos r - \cos i) = p \frac{\lambda}{2}.$$

On reçoit le faisceau émergent, soit directement dans l'œil accommodé pour la vision éloignée, soit dans une petite lunette qui vise à l'infini. On voit alors une série d'anneaux concentriques, dont le centre correspond à la normale à la lame.

La différence de marche augmente avec l'inclinaison à partir de la valeur qui correspond à l'incidence normale

$$\Delta_0 = (n - 1)e = p_0 \frac{\lambda}{2}.$$

Pour les premiers anneaux, on peut écrire, en supposant que

l'angle i reste très petit,

$$\Delta - \Delta_0 = e[\mathbf{1} - \cos i - n(\mathbf{1} - \cos r)]$$

$$= 2e\left(\sin^2\frac{i}{2} - n\sin^2\frac{r}{2}\right) = \frac{e}{2}\frac{n-1}{n}i^2,$$

$$i^2 = \frac{n}{n-1}\frac{2}{e}(\Delta - \Delta_0) = \frac{n}{n-1}(p - p_0)\frac{\lambda}{e}.$$

Les diamètres varient encore comme ceux des anneaux de Newton et sont en raison inverse de l'épaisseur de la lame ; on ne les distinguera qu'avec la lumière homogène.

En montant la lame sur un cercle divisé et observant avec une lunette à réticule, on pourra vérifier la loi générale pour des incidences quelconques, ou la loi de variation des diamètres pour les premiers anneaux.

Cette expérience permet également de déterminer l'indice de réfraction de la lame par l'ordre $p - p_0$, à partir du centre, de la frange qui correspond à l'angle d'incidence i, car elle donne la quantité $n - n\cos r$.

284. *Lames multiples.* — Supposons que deux lames à faces parallèles A et A' (*fig.* 130), dont les épaisseurs et les indices

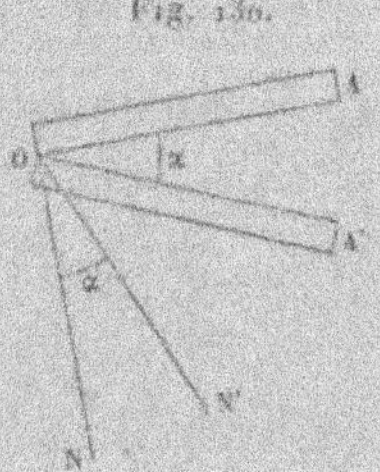

Fig. 130.

sont respectivement e et e', n et n', et qui font entre elles un angle α, soient placées sur le trajet d'une lumière homogène. On verra d'abord deux systèmes d'anneaux :

1° Les anneaux de réflexion sur la lame A et dont le centre est dans la direction de la normale N. Ils sont produits par les rayons réfléchis d'abord sur la lame A', puis sur les deux faces de la lame A' où se produit la différence de marche ;

2° Les anneaux de réflexion sur la lame A' que l'on verra par réflexion sur la lame A. Leur centre est sur la direction de la normale à la face A' réfléchie par la lame A, c'est-à-dire dans une direction ON' faisant l'angle z avec la première.

Ces deux systèmes d'anneaux empiètent l'un sur l'autre et interfèrent entre eux.

Si l'angle des lames est petit et que l'axe optique de la lunette soit bissecteur de l'angle NON', on aura dans le plan focal deux systèmes d'anneaux ayant pour centres les images B et B' des normales correspondantes (*fig.* 131).

Fig. 131.

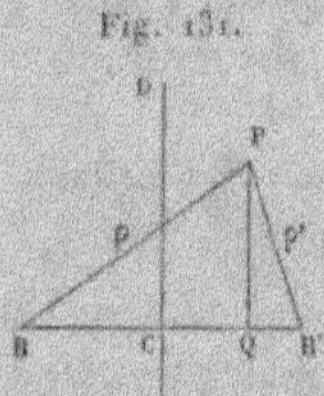

La différence de marche des rayons 1 et 2, issus d'un même rayon incident, est

$$\Delta = 2(n'e'\cos r' - ne\cos r).$$

Cette différence de marche est nulle pour la condition

$$n'e'\cos r' - ne\cos r.$$

Dans ce cas, les vibrations des deux systèmes s'ajoutent ; on obtiendra ainsi une frange maximum discontinue, formée de taches correspondant aux maxima des deux systèmes d'anneaux. Cette frange centrale sera bordée de deux lignes noires continues, sur lesquelles les anneaux des deux systèmes interfèrent ; il en sera de même des franges suivantes à droite et à gauche. Pour des lames d'épaisseurs ou de natures différentes, la position de la frange centrale est d'ailleurs variable avec la longueur d'onde.

Lorsque les deux lames sont identiques, la différence de marche est $\Delta = 2ne(\cos r' - \cos r)$ et la condition relative à la frange centrale se réduit à $r = r'$ ou $i = i'$. Elle est satisfaite pour tous les rayons qui sont, après la première réflexion, parallèles au plan bissecteur du supplément de l'angle z des lames. Après la seconde réflexion, ces rayons sont parallèles au plan bissecteur de l'angle NON' (*fig.* 130).

Dans le plan focal de la lunette, on aura donc une suite de taches brillantes sur la perpendiculaire CD (*fig.* 131) au milieu de la distance des centres des anneaux. Ces nouvelles franges d'interférence sont rectilignes.

Comme la différence de marche est en même temps nulle pour toutes les couleurs, le système de franges rectilignes s'apercevra avec la lumière blanche, quoique les anneaux y soient invisibles. Elles apparaîtront sur un fond gris, parce qu'il y a dans cette direction, en dehors de la lumière directement transmise qu'on peut éliminer, d'autres rayons réfléchis qui n'interviennent pas dans les interférences.

Pour un point P situé dans le voisinage des centres B et B', si

Fig. 132.

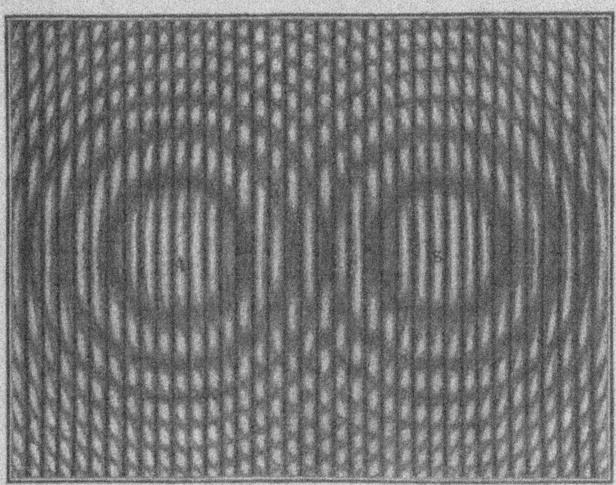

l'on appelle y la perpendiculaire PQ, x la distance CQ, $2a$ la distance BB', ρ et ρ' les distances PB et PB', i et i' les angles d'incidence correspondants, R la longueur focale de la lunette d'observation, on a

$$\Delta = \frac{e}{n}\,(i^2 - i'^2) = \frac{e}{n\mathrm{R}^2}\,(\rho^2 - \rho'^2),$$

$$\rho^2 = y^2 + (a + x)^2,$$

$$\rho'^2 = y^2 + (a - x)^2;$$

par suite,

$$\Delta = \frac{4\,ea}{n\mathrm{R}^2}\,x = \frac{2e}{n\mathrm{R}}\,a x.$$

Les franges rectilignes sont donc équidistantes ; leur distance est proportionnelle à l'indice de réfraction des lames, en raison inverse de leur épaisseur et de l'angle qu'elles font entre elles.

Avec une source de lumière homogène, ce phénomène est facile à observer et présente l'apparence remarquable indiquée par la *fig.* 132. En regardant cette figure obliquement, on distingue facilement le système de franges rectilignes.

L'appareil permet encore d'apercevoir les anneaux de transmission de chacune des lames, avec leurs interférences rectilignes, et plusieurs autres systèmes dans lesquels interviennent des réflexions multiples ; mais les franges sont alors beaucoup moins nettes et ne présentent pas d'intérêt.

285. *Franges de Brewster.* — En opérant avec la lumière blanche, Brewster ([1]) a découvert les franges colorées rectilignes.

L'appareil employé pour les observer se compose d'une paire de lames A et A' (*fig.* 133), montées à l'extrémité d'un tube T dont le bout opposé est fermé par un écran percé d'une fenêtre latérale O. A travers les lames, on voit en O' sur le fond noir du tube une image pâle de la fenêtre, qui provient de rayons réfléchis sur les deux lames ; c'est dans cette image que se produisent les franges, mais il faut avoir soin de viser à l'infini, et non sur le fond du tube, si on veut les voir avec le maximum de netteté. On élargit ou l'on resserre ces franges à volonté à l'aide d'une vis micrométrique qui permet de faire varier l'angle des lames.

Il est difficile de se procurer des lames assez parfaites pour donner de belles franges ; un petit artifice permet de les obtenir à

([1]) BREWSTER, *Edinb. Trans.*, t. VII, p. 435 ; 1817.

coup sûr. Une lame de verre à faces à peu près planes a le plus souvent la forme d'un prisme à angle très aigu ; les courbes d'égale

Fig. 133.

épaisseur f (*fig.* 134) vues par réflexion dans la lumière homogène sont à peu près rectilignes et parallèles.

En coupant cette lame suivant une ligne L perpendiculaire aux franges et rabattant les deux morceaux l'un sur l'autre autour de cette ligne comme axe, le système ainsi formé produira de très belles franges de Brewster, parce que les rayons qui interfèrent auront toujours traversé les lames aux points d'égale épaisseur.

Fig. 134.

On peut encore distinguer, mais plus difficilement, de part et d'autre des franges principales, deux systèmes très pâles, qui tiennent à des faisceaux réfléchis quatre fois.

286. *Appareils de Jamin.* — L'appareil d'interférences de Jamin ([1]) est une application de ces franges de Brewster. Il se

---

([1]) JAMIN, *Comptes rendus des séances de l'Académie des Sciences*, t. XLII, p. 482 ; 1857. — MASCART, *Ann. de Chim. et de Phys.*, [4], t. XXIII, p. 141 ; 1871.

compose de deux lames épaisses à faces parallèles L et L′ (*fig.* 135) aussi identiques que possible (on prend deux morceaux d'une même lame) dont les faces extérieures sont argentées pour augmenter l'intensité des rayons réfléchis.

La source S ayant des dimensions limitées, si les lames sont à peu près parallèles, on voit, en se plaçant sur le trajet du faisceau émergent qui provient des rayons réfléchis d'une lame à l'autre, plusieurs images de la source.

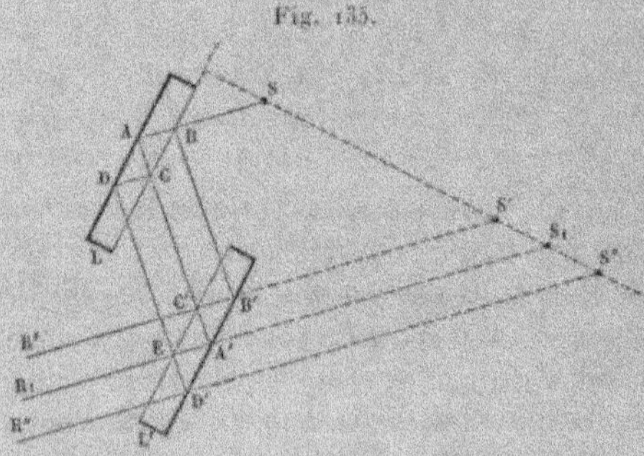

Fig. 135.

Pour simplifier la figure, nous remplacerons le rayon réfracté dans une lame et réfléchi sur la surface postérieure par un rayon équivalent qui se serait réfléchi sur une surface fictive parallèle (75). Toutes les images se trouveront sensiblement sur une normale aux lames passant par la source.

L'une de ces images S_1, très brillante, provient des rayons $SAA′R_1$ qui se sont réfléchis sur les deux faces argentées.

Une première image plus pâle S′ provient des rayons $SBB′R′$ ou $SAC′R′$ qui ont subi seulement une réflexion métallique et ont parcouru des chemins équivalents, à part l'effet produit par le défaut de parallélisme des lames. Une seconde image S″, située de l'autre côté de l'image principale S_1, provient des rayons $SACDD′R″$ ou $SAA′ED′R″$ qui ont subi trois réflexions métalliques, en même temps qu'une réflexion intérieure sur la première surface, et qui ont encore parcouru des chemins équivalents avec la même restriction. Il se produit aussi une série d'autres images sur lesquelles nous n'insisterons pas.

Lorsque les lames sont convenablement réglées, on aperçoit

dans les images latérales S' et S" un système de franges *rectilignes*
visibles à la lumière blanche; nous considérerons en particulier
les franges situées dans l'image S'.

Ces franges se déplacent dans un sens ou dans l'autre quand on
introduit un retard sur l'un des faisceaux interférents BB' ou CC'
dans l'intervalle des lames où ils sont séparés. On peut donc appliquer cette méthode à la mesure des retards produits dans différents phénomènes.

L'une des lames L étant fixe, l'autre lame L' est portée par une
monture qui permet de la faire tourner autour d'une droite normale au plan de réflexion et basculer autour d'une parallèle à la
lame située dans le plan de réflexion. Ces deux mouvements se
font par des vis de rappel et permettent de régler l'expérience.

La frange centrale correspond au cas où les rayons intermédiaires AA', BB', ... font des angles égaux avec les lames, c'est-
à-dire sont parallèles au plan bissecteur de l'angle obtus $\pi - \alpha$ des
lames. Si la réflexion a lieu dans un plan horizontal, comme on le
fait généralement, il faut donc que ce plan bissecteur soit horizontal, c'est-à-dire que l'intersection des lames soit horizontale et
chacune d'elles également inclinée sur la verticale, comme les
faces d'un toit. Ces deux conditions doivent être réalisées au moins
d'une manière très approchée.

Lorsque l'appareil est réglé à l'œil avec soin, l'angle α des lames
étant très petit, on peut trouver les franges après quelques tâtonnements, avec une source de lumière blanche, par le jeu des vis
de rappel; mais il est plus rapide d'employer d'abord une source
homogène, telle qu'une lampe d'alcool salé.

Dans ce cas, on aperçoit presque toujours des franges de formes
quelconques, et même des systèmes étrangers à celui dont il est
ici question [1]. Il est facile alors, en faisant basculer la lame L',
de rendre les franges horizontales dans leur partie moyenne. Une
rotation de la même lame fait monter ou descendre le système
de franges et l'on s'arrête quand elles paraissent à peu près rectilignes au milieu de l'image de la source. Après ce premier réglage,
si l'on remplace la lumière homogène par une lumière blanche,

---

[1] LUMMER, *Ann. der Phys. und Chim.*, t. XXIV, p. 417; 1885. — JOUBIN, *Journ.
de Phys.*, [2], t. V, p. 16; 1886.

on voit les franges colorées presque à coup sûr, ou bien on les fera apparaître par une petite rotation dans un sens ou dans l'autre. Les franges une fois obtenues, on peut les écarter ou les resserrer à volonté par un petit effet de bascule.

Si l'on continuait ce mouvement de manière à élargir les franges de plus en plus, on devrait les faire disparaître entièrement et obtenir une teinte plate uniforme quand les lames seraient rigoureusement parallèles. Le plus souvent les franges se déforment alors et prennent des apparences ondulées accusant toutes les imperfections des surfaces, les défauts d'homogénéité ou de la trempe des verres; il y a donc, pour chaque appareil, une limite d'écart des franges au delà duquel on peut difficilement les utiliser.

Pour les faisceaux autres que ceux de la frange centrale, la différence de marche est

$$\Delta = 2\,ne(\cos r' - \cos r).$$

Menons par le centre d'une sphère des droites parallèles aux différentes directions considérées et représentons chacune d'elles par le point correspondant sur la surface de la sphère.

Soient N et N' ($fig.$ 136) les normales aux deux lames, comptées

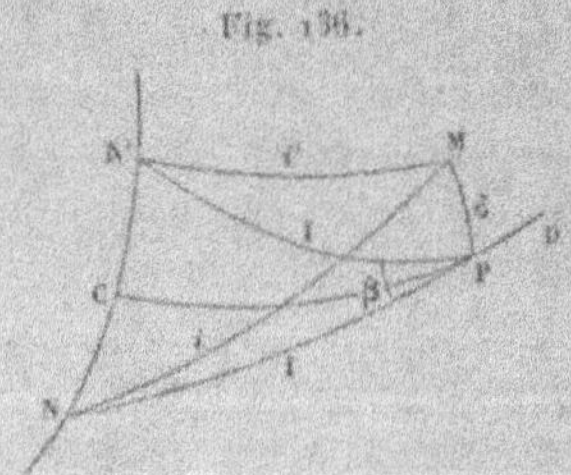

Fig. 136.

dans le sens de la propagation des rayons réfléchis sur la première.

La circonférence de grand cercle CD, perpendiculaire à l'angle NN' $= \alpha$, comprend les directions de tous les rayons intermédiaires aux lames qui donnent la frange centrale. Soient P l'un de ces rayons, I l'angle d'incidence correspondant PN ou PN'.

Pour une direction M, qui fait l'angle MP $= \delta$ avec le plan moyen, les angles d'incidence sont MN $= i$ et MN' $= i'$.

En appelant β l'angle NPN', le triangle sphérique isoscèle NPN' donne la relation

$$\sin\frac{\alpha}{2} = \sin I \sin\frac{\beta}{2}.$$

Dans les triangles NMP et N'MP, dont les angles en P sont respectivement $\frac{\pi}{2} + \frac{\beta}{2}$ et $\frac{\pi}{2} - \frac{\beta}{2}$, on a

$$\cos i = \cos I \cos\delta - \sin I \sin\delta \sin\frac{\beta}{2} = \cos I \cos\delta - \sin\delta \sin\frac{\alpha}{2},$$

$$\cos i' = \cos I \cos\delta + \sin I \sin\delta \sin\frac{\beta}{2} = \cos I \cos\delta + \sin\delta \sin\frac{\alpha}{2}.$$

On calculerait ainsi la différence de marche en fonction des angles α, I et δ, et l'on chercherait le lieu des points P qui correspondent à une différence de marche constante, c'est-à-dire à une interférence d'ordre déterminé.

Si les angles α et δ sont très petits, ce qui est le cas de l'expérience, on peut, en appelant di la variation d'incidence $i' - i$, négliger les termes d'ordre supérieur au premier.

Remarquant que

$$\cos i' - \cos i = d(\cos i) = -\sin i\, di = -\sin I\, di,$$

on peut écrire

$$\sin I\, di = \cos i - \cos i' = -\alpha\delta.$$

La différence de marche correspondante est

$$\Delta = 2\,ne\,d(\cos r) = -2\,ne\sin r\, dr = -2\,e\sin I\,\frac{\cos I}{n\cos R}\,di,$$

$$\Delta = 2\,e\,\frac{\cos I}{n\cos R}\,\alpha\delta.$$

La frange centrale sera parallèle à la direction du plan CD réfléchi par la lame L' et l'angle δ, vu aussi par réflexion, est la distance angulaire à la frange centrale de la frange qui correspond à la différence de marche Δ; ces franges sont donc équidistantes.

La distance de deux maxima

$$\delta_1 = \frac{1}{2\alpha}\,\frac{n\cos R}{\cos I}\,\frac{\lambda}{e}$$

est en raison inverse de l'angle des lames et de leur épaisseur.

La distance des deux faisceaux intermédiaires est maximum (45) lorsque l'angle d'incidence satisfait à la condition

$$\tan^2 I = \frac{n}{\sqrt{n^2 - 1}}.$$

En prenant pour l'indice de réfraction la valeur $n = 1,53$ qui convient au crown, il en résulte $I = 49°$ et la distance des faisceaux intermédiaires est

$$\frac{e}{n} \frac{\sin 2I}{\cos R} = 0,743\, e.$$

C'est donc pour une incidence moyenne de $40°$ à $60°$ que les faisceaux qui interfèrent seront les plus écartés.

On emploie généralement l'incidence de $45°$ qui ne donne pas tout à fait le maximum d'écart; mais il y a quelque avantage à se rapprocher de la normale, parce que les défauts des surfaces sont alors moins apparents.

287. *Miroirs rectangulaires.* — D'autres dispositions expérimentales permettent d'utiliser deux fois la même lame en faisant revenir sur elle les rayons qui y ont subi une première réflexion.

Si l'on reçoit le faisceau réfléchi par la lame A (*fig.* 137) sur un

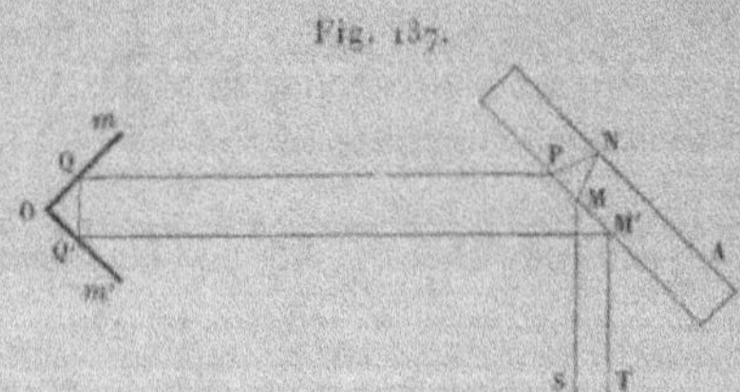

Fig. 137.

système mm' formé de deux miroirs plans à angle droit, le rayon SMNP, réfléchi sur la seconde face, reviendra sur cette lame en M' après avoir subi une double réflexion en Q et Q' sur le système des miroirs et émergera dans la direction M'T.

De même, le rayon TM' réfléchi d'abord sur la première face, puis sur les deux miroirs, enfin sur la deuxième face de la lame au retour, émergera dans une direction MS parallèle à la première.

Comme les rayons émergents reviennent sur le trajet des rayons primitifs, on place la source de lumière sur le côté et l'on éclaire l'appareil à l'aide de la lumière réfléchie par une lame transparente; on observe alors au travers de cette lame auxiliaire.

Quand l'appareil est bien réglé, on voit des franges d'interférence rectilignes, parallèles au plan de réflexion sur la lame A.

Pour discuter les conditions de cette expérience, nous rappellerons d'abord (59) que l'image d'un point, vue par une double réflexion sur deux miroirs rectangulaires, est le point symétrique du premier par rapport à l'arête d'intersection des miroirs. La direction finale du rayon doublement réfléchi est la même que s'il n'avait subi qu'une seule réflexion sur cette arête elle-même.

Si l'arête des miroirs mm' était rigoureusement parallèle à la plaque A, les rayons doublement réfléchis $Q'M'$ feraient avec cette lame à leur retour le même angle que les rayons PQ. L'angle d'incidence n'étant pas changé, les deux faisceaux que l'on fait interférer seraient concordants et le champ de vision paraîtrait uniformément éclairé.

Supposons maintenant que, la lame A étant verticale, l'arête des miroirs soit dans un plan vertical parallèle à la direction moyenne du faisceau intermédiaire PQ et fasse un petit angle α avec la verticale. Lorsque les faisceaux intermédiaires sont perpendiculaires à l'arête, ils reviennent sur eux-mêmes après la double réflexion et leur différence de marche est nulle. Il y aura donc une frange centrale blanche dans le plan réfléchi par la lame A d'un plan qui ferait l'angle α avec l'horizon. Cette frange est rectiligne et sensiblement horizontale.

Soient encore, sur une sphère, N ($fig.$ 138) la normale à la lame, P la normale à l'arête des miroirs située dans le plan vertical qui passe par cette droite, C sa projection horizontale, α l'angle PC. Le rayon P correspond à la frange centrale; soit I son angle d'incidence PN sur la lame.

Pour un rayon M situé dans le plan vertical PC, et faisant avec la droite P l'angle $\delta = MP$, l'angle d'incidence sur la lame A est $i = MN$ au départ et $i' = M'N$ au retour, le point M' étant symétrique de M par rapport à P.

En appelant β l'angle NPC, les triangles sphériques NPC, NMP et NPM' donnent

$$\operatorname{tang} \alpha = \operatorname{tang} I \cos \beta,$$
$$\cos i = \cos I \cos \delta - \sin I \sin \delta \cos \beta = \cos I \cos \delta - \sin \delta \cos I \operatorname{tang} \alpha,$$
$$\cos i' = \cos I \cos \delta + \sin I \sin \delta \cos \beta = \cos I \cos \delta + \sin \delta \cos I \operatorname{tang} \alpha.$$

Si les angles z et δ sont très petits, ces deux dernières équations sont les mêmes que pour le cas des lames parallèles (286), sauf que l'angle z est remplacé par $2z\cos I$.

La différence de marche est donc

$$\Delta = 4e\,\frac{\cos^2 I}{n\cos R}\,z\delta,$$

et les franges sont encore équidistantes.

Fig. 138.

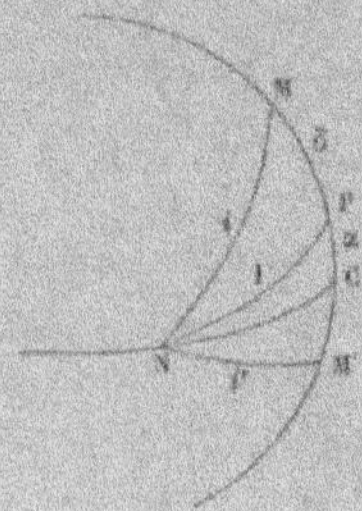

Cette disposition exige que les miroirs m et m' dont on argente la première surface soient très bien travaillés et forment exactement un angle droit.

288. *Lentille et miroir plan.* — On obtient un résultat équivalent en recevant le faisceau après sa première réflexion sur la lame A (*fig.* 139), par une lentille convergente L, près du foyer de laquelle se trouve un miroir plan m.

Le tracé de la figure montre que les rayons, tels que SM, qui

Fig. 139.

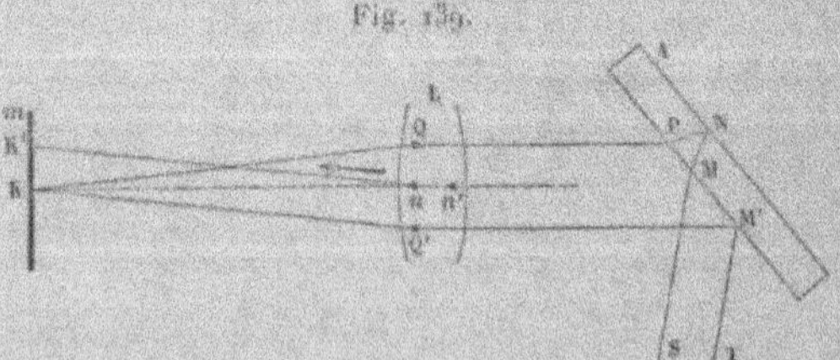

se réfléchissent sur la seconde surface et reviennent ensuite en M' sur la première, après avoir traversé la lentille L, émergent dans une direction voisine de la lumière incidente.

Si le miroir m est exactement dans le plan focal de la lentille, le rayon PQ et le rayon de retour Q'M' sont parallèles entre eux et à la droite qui joint le foyer K au point nodal n; la différence de marche correspondante est nulle. Il en serait de même pour une direction quelconque nK' et le champ serait uniformément éclairé d'une teinte plate.

Supposons maintenant que le miroir m soit en dehors du plan focal principal, par exemple un peu plus loin, à une distance ε (*fig.* 140), et considérons d'abord les rayons parallèles au plan horizontal.

Fig. 140.

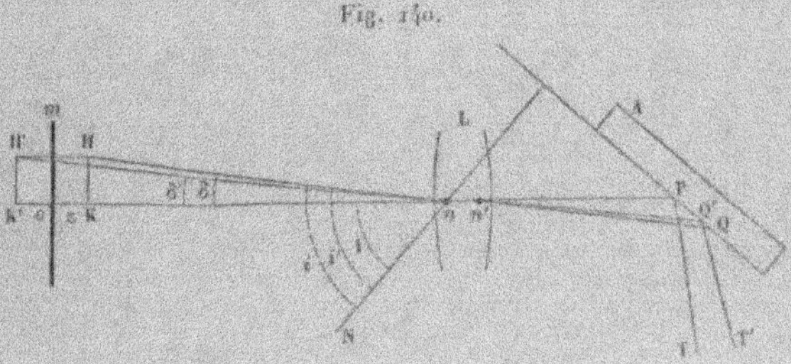

Les rayons primitifs dont la direction Pn' est normale au miroir, et dont l'angle d'incidence sur la lame A est I, convergent au point K; ils émanent ensuite de l'image K' et, traversant de nouveau la lentille, tombent en convergence sur la lame A sous des incidences un peu différentes, mais ils restent concordants entre eux au point où la vision les fera converger. Ces rayons correspondent à un point de la frange centrale.

Avant d'examiner la forme de cette frange, considérons un autre faisceau de rayons horizontaux, parallèle aux directions Qn' ou nH, qui fait avec le précédent l'angle δ et dont l'angle d'incidence est $i = I + \delta$.

Après s'être réfléchi sur le miroir m, le faisceau émane de l'image H'; son axe fait l'angle δ' avec la direction Kn et l'angle moyen d'incidence au retour sur la lame A est $i' = I + \delta'$.

Pour des valeurs très petites de δ et de ε, on a, en appelant F la longueur focale de la lentille,

$$HK = F\delta,$$
$$H'K' = HK = (F + 2\varepsilon)\delta';$$

M. — I.   30

par suite,

$$\delta' = \frac{F}{F + 2\varepsilon}\,\delta = \left(1 - \frac{2\varepsilon}{F}\right)\delta.$$

D'autre part,

$$di = i' - i = \delta' - \delta = -\frac{2\varepsilon}{F}\,\delta,$$

et la différence de marche correspondante est (286)

$$\Delta = -2e\,\frac{\sin I \cos I}{n \cos R}\,di = 2\,e\,\frac{\sin^2 I}{n \cos R}\,\frac{\varepsilon\delta}{F}.$$

La distance des franges consécutives parallèlement à l'horizon est donc en raison inverse du rapport de la distance ε à la longueur focale de la lentille.

Ces franges sont d'ailleurs verticales, car pour un faisceau parallèle au plan vertical qui passe par nK et qui fait l'angle très petit δ avec cette droite, l'angle d'incidence i relatif à l'axe de ce faisceau est donné par la relation

$$\cos i = \cos I \cos \delta = \left(1 - \frac{\delta^2}{2}\right)\cos I,$$

de sorte que les angles i et I ne diffèrent que d'une quantité du second ordre par rapport à l'angle δ.

Au retour des rayons sur la lame A, cet axe restera dans le même plan vertical et fera encore avec la droite Kn un angle très petit δ'; l'angle d'incidence correspondant i' ne diffère aussi de l'angle I que d'une quantité du second ordre. Le retard final Δ des rayons qui interfèrent est donc du second ordre.

Il en résulte que la frange centrale est tangente à la verticale et, par conséquent, que le phénomène observé est sensiblement un système de franges verticales.

Le résultat serait le même si le miroir m était en deçà du foyer principal K de la lentille.

289. *Lentille et miroir sphérique.* — Supposons enfin que le miroir m est sphérique; soit O' (*fig.* 141) le centre et ρ le rayon de courbure de sa surface. L'image H' du point H se trouve alors sur la droite O'H.

Aux quantités du second ordre près, la distance ε' de l'image au miroir est encore égale à ε et l'on a

$$\frac{H'K'}{HK} = \frac{\rho + \varepsilon'}{\rho - \varepsilon} = 1 + \frac{\varepsilon + \varepsilon'}{\rho} = 1 + \frac{2\varepsilon}{\rho},$$

$$\frac{\delta'}{\delta} = \frac{H'K'}{HK}\,\frac{F}{F + \varepsilon + \varepsilon'} = \left(1 + \frac{2\varepsilon}{\rho}\right)\left(1 - \frac{2\varepsilon}{F}\right) = 1 + 2\varepsilon\left(\frac{1}{\rho} - \frac{1}{F}\right);$$

il en résulte

$$di = \delta' - \delta = 2\left(\frac{1}{\rho} - \frac{1}{F}\right)\varepsilon\delta,$$

$$\Delta = 2e\,\frac{\sin 2I}{n\cos R}\left(\frac{1}{F} - \frac{1}{\rho}\right)\varepsilon\delta.$$

Fig. 141.

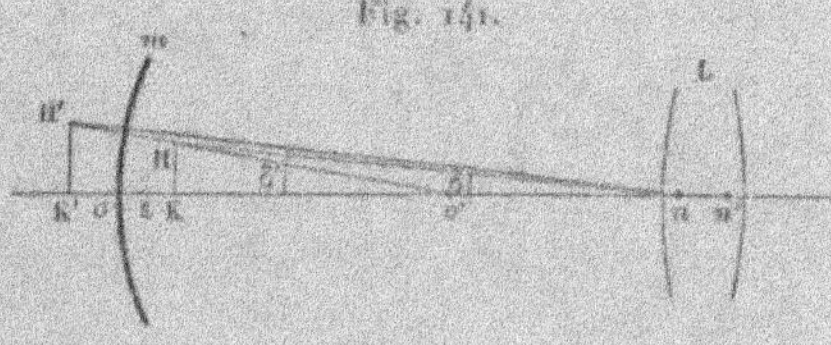

On peut dans cette expression donner aux quantités ρ et ε des valeurs positives ou négatives.

Un cas particulier est remarquable, c'est celui où $\rho = F$. La différence de marche est alors nulle pour toutes les directions; le centre de courbure O' coïncide avec le point nodal n de la lentille et l'on verrait directement que les angles d'incidence sur la lame A sont les mêmes pour l'aller et le retour des rayons.

290. *Plaques de spath d'Islande.* — Jamin a utilisé aussi le déplacement latéral (43) des deux rayons réfractés dans un milieu biréfringent à faces parallèles.

Deux plaques de spath d'Islande L et L' (*fig.* 142), identiques entre elles et obliques à l'axe, telles que des lames parallèles au clivage naturel, sont placées à la suite l'une de l'autre. Un rayon incident SA donne dans la première lame un rayon ordinaire AB et un rayon extraordinaire AC qui émergent en BB' et CC' parallèlement au rayon primitif, avec une certaine différence de marche.

Lorsque l'axe optique de la seconde lame est parallèle à celui de la première, le rayon BB' reste ordinaire dans la nouvelle réfraction et le rayon CC' extraordinaire; ils émergent encore parallèlement entre eux et leur différence de marche est doublée.

Mais, si l'on fait tourner la lame L' de 90° autour de sa normale, les réfractions changent de nature, le rayon C'C' devient ordinaire dans la nouvelle réfraction et le rayon B'B'', devenant ordinaire, se réfracte dans le plan normal qui passe par la nouvelle direction de l'axe ; les ondes planes correspondant aux rayons émergents R_1 et R_2 sont parallèles et leur retard n'est que la différence des retards produits par les deux lames.

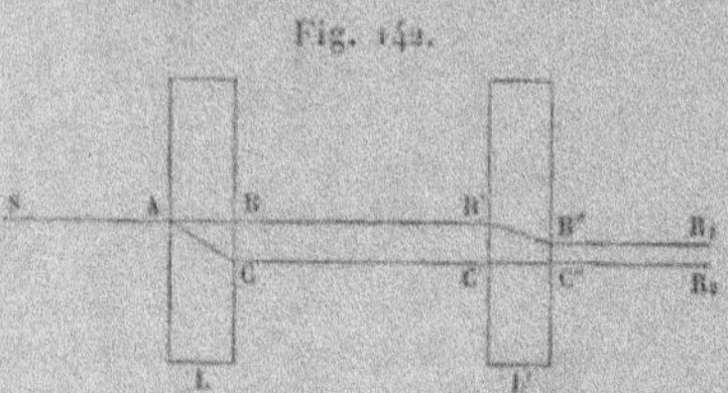

Fig. 142.

Lorsque ces lames sont parallèles, le retard résultant est toujours nul, quelle que soit la direction du faisceau.

Si les lames font un petit angle α, le retard est encore nul quand les ondes intermédiaires correspondant aux rayons BB' et CC' sont parallèles au plan bissecteur des sections principales.

La différence de marche ne sera plus nulle pour des rayons de directions différentes à droite et à gauche.

On est donc dans des conditions telles que l'observation à l'infini donne, avec la lumière blanche, un système de franges rectilignes parallèles à l'intersection des lames. Cette disposition présente même l'avantage que la presque totalité de la lumière intervient dans les faisceaux interférents, puisqu'il ne reste en dehors que la quantité très faible de lumière réfléchie.

Toutefois, à cause des phénomènes de polarisation, l'interférence n'est possible que si la lumière incidente est polarisée et la lumière émergente reçue dans un analyseur, de manière à n'observer que la lumière polarisée de nouveau dans un plan parallèle ou perpendiculaire au plan primitif de polarisation. Nous reviendrons plus loin sur cette condition. Dans tous les cas, la polarisation à l'entrée fait perdre la moitié de l'intensité de la lumière incidente et l'on perd encore la moitié de la lumière émergente par l'analyseur. L'intensité totale des faisceaux interférents est donc le quart de l'intensité primitive ; c'est encore beaucoup plus que dans les appareils à lames épaisses où l'on fait intervenir la réflexion sur une lame transparente.

ANALYSE SPECTRALE DES INTERFÉRENCES.

291. *Franges de réflexion.* — Une expérience très simple réalisée par de Wrede (¹) donne des spectres cannelés qui correspondent aux anneaux de réflexion.

Une lame de mica est courbée sur un tube de métal cylindrique évidé dans une partie de la région couverte par la lame. L'image, sur cette lame, d'une source de lumière d'étendue limitée, comme celle d'une fenêtre, est une ligne brillante parallèle aux génératrices. Quand on examine cette image au travers d'un prisme parallèle à sa direction, on aperçoit un spectre couvert de bandes d'interférence noires.

En effet, l'image est formée en réalité par les rayons réfléchis sur les deux surfaces. Sous l'angle d'incidence i les deux systèmes de rayons ont une différence de marche qui varie avec la nature de la lumière et qui a pour expression (268)

$$\Delta = 2 n e \cos r + \frac{\lambda}{2}.$$

Si p est l'ordre d'une frange obscure pour la longueur d'onde λ, m le nombre des franges obscures qui existent dans le spectre entre le point correspondant et celui d'une autre couleur dont la longueur d'onde λ' est plus petite, on aura

$$2 e n \cos r = p\lambda, \qquad 2 e n' \cos r' = (p + m)\lambda';$$

par suite

$$2 e \left(\frac{n' \cos r'}{\lambda'} - \frac{n \cos r}{\lambda} \right) = m,$$

et, pour l'incidence normale,

$$m = 2 e \left(\frac{n'}{\lambda'} - \frac{n}{\lambda} \right).$$

Les franges deviennent moins nettes quand on introduit un liquide dans le tube parce que les interférences ne sont plus complètes (269).

Lorsque le liquide intérieur est plus réfringent que la lame de mica, on aperçoit encore les mêmes bandes, mais les minima sont remplacés par des maxima et inversement.

(¹) DE WREDE, *Pogg. Ann.*, t. XXXIII, p. 377; 1834.

Si l'on reçoit la lumière réfléchie sur une deuxième lame de mica, également courbée sur une surface cylindrique dont les génératrices sont parallèles à celles de la première, on apercevra dans le spectre de la nouvelle image les bandes d'interférence de chacune des lames; en outre, ces deux systèmes interfèrent entre eux, comme pour les lames multiples (284), et fournissent un troisième système de minima à bandes plus larges.

On obtient ces franges d'interférence très facilement à l'aide d'un spectroscope ordinaire (¹), soit en éclairant la fente par de la lumière réfléchie sur une lame à faces parallèles, soit en plaçant cette lame obliquement à la suite de l'oculaire et visant le spectre par réflexion.

Pour faire des mesures, on place la lame e en avant de la fente f du spectroscope, perpendiculairement au plan de réfraction, et on l'éclaire par une lame transparente auxiliaire l, située entre la lame e et la fente, qui réfléchit la lumière d'une source S placée latéralement; les rayons réfléchis par la lame e traversent ensuite en partie la lame l et éclairent la fente du spectroscope.

Comme la différence de marche diminue à mesure que l'angle d'incidence augmente, l'ordre de la frange produite en un point du spectre est d'autant moins élevé que l'inclinaison est plus grande; les bandes marchent donc dans le spectre du violet vers le rouge lorsque la réflexion se rapproche de la normale, ce qui fournit le moyen de rendre la lame e exactement perpendiculaire à l'axe optique du collimateur. Si l'on pointe alors le réticule de la lunette sur une raie du spectre, de longueur d'onde λ, correspondant à un maximum, on aura

$$2\,ne = p\lambda.$$

Faisant tourner lentement la lame d'un angle i autour d'une droite perpendiculaire au plan de réfraction, on compte le nombre q des franges qui passent sur le réticule. L'équation

$$2\,ne \cos r = (p - q)\lambda$$

donne

$$q\lambda = 2\,en(1 - \cos r).$$

(¹) Mascart, *Journ. de Phys.*, t. 1, p. 177; 1872.

On peut ainsi calculer l'indice de réfraction n par les quantités q, λ et e déduites de l'observation (280).

Si l'on veut obtenir les spectres cannelés des lames multiples, il suffit de placer plusieurs lames devant la fente, ou les unes devant la fente et les autres derrière l'oculaire, et de viser par réflexion dans ces dernières.

L'empiètement réciproque des bandes dues aux différentes lames produit des cannelures périodiques comparables aux raies d'absorption de certains milieux colorés, tels que les vapeurs d'iode, de brome ou d'acide hypoazotique.

Cette méthode permet d'observer des interférences qui correspondent à des retards considérables. MM. Fizeau et Foucault ([1]), par exemple, faisant tomber les rayons solaires sur une lentille cylindrique, interceptaient le faisceau convergent, avant la formation de l'image linéaire très brillante, par une lame de verre à faces parallèles de $0^{mm},537$ d'épaisseur. L'image était ainsi reportée en avant de la lame par réflexion sur les deux faces et, en inclinant un peu le faisceau incident, il était possible d'en faire une analyse prismatique. Les bandes, d'une finesse extrême, n'ont pas été comptées, mais, d'après l'épaisseur de la lame et son indice de réfraction, le retard était de 3406 longueurs d'onde sur la raie F et de 3859 sur la raie G, ce qui donnait 453 bandes noires entre ces deux points.

292. *Transmission.* — Pour observer les bandes de transmission ([2]), il suffit de couvrir la fente du spectroscope par une lame à faces parallèles, ou de placer cette lame entre l'œil et l'oculaire, ou enfin entre le collimateur et la lunette. Les bandes sont complémentaires des précédentes et on peut les mesurer de la même manière, mais elles sont beaucoup plus pâles.

On obtiendrait aussi les systèmes de bandes multiples, soit en superposant deux ou plusieurs lames devant la fente, soit en plaçant les unes devant la fente, les autres derrière l'oculaire, ou en un point quelconque entre le collimateur et la lunette.

([1]) Fizeau et Foucault (1845), *Ann. de Chim. et de Phys.*, [3], t. XXVI, p. 144; 1849.

([2]) Erman, *Comptes rendus des séances de l'Académie des Sciences*, t. XIX, p. 830; 1844.

293. *Lames mixtes.* — L'observation des bandes relatives aux lames mixtes est plus délicate et l'on peut réaliser l'expérience de la manière suivante.

On prend comme source de lumière la fente f (*fig.* 143) d'un premier collimateur K derrière lequel est une lunette L qui donne une image en f' sur la fente parallèle d'un second collimateur K' appartenant au spectroscope. Entre les objectifs K et L,

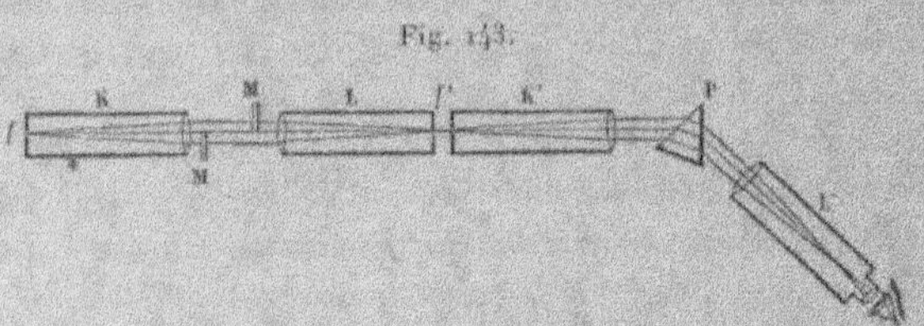

Fig. 143.

où les rayons sont parallèles, on interpose une lame M qui couvre la moitié du faisceau, d'un côté ou de l'autre.

Supposons, d'une manière plus générale, que la lame, d'épaisseur e et d'indice n, soit placée dans une cuve à faces parallèles contenant un liquide dont l'indice de réfraction est n_1.

Sous l'angle d'incidence i la différence de marche, pour la longueur d'onde λ, des rayons qui interfèrent est (**277**)

$$\Delta = e(n \cos r - n_1 \cos r_1) = p\lambda.$$

L'intensité est maximum si p est entier; le maximum d'ordre $p + m$ a lieu pour la longueur d'onde λ' qui satisfait à l'équation

$$e(n' \cos r' - n'_1 \cos r'_1) = (p + m)\lambda'.$$

Le nombre des franges qui existent entre les couleurs de longueurs d'onde λ et λ' est donc

$$\frac{m}{e} = \frac{n' \cos r' - n'_1 \cos r'_1}{\lambda'} - \frac{n \cos r - n_1 \cos r_1}{\lambda},$$

ce qui donne, pour l'incidence normale,

$$\frac{m}{e} = \frac{n' - n'_1}{\lambda'} - \frac{n - n_1}{\lambda},$$

et, lorsque la lame est simplement dans l'air,

$$\frac{m}{e} = \frac{n'-1}{\lambda'} - \frac{n-1}{\lambda},$$

La différence de marche augmentant avec l'inclinaison, dans le cas actuel, les franges se déplacent du rouge vers le violet à mesure que la réflexion se rapproche de la normale.

Pour l'incidence normale, si un maximum se produit au point où la longueur d'onde est λ, on a

$$e(n - n_1) = p\lambda.$$

Le nombre q des franges qui passent en ce point quand on fait tourner la lame d'un angle i satisfait à l'équation

$$e(n\cos r - n_1 \cos r_1) = (p + q)\lambda,$$

qui donne

$$\frac{q\lambda}{e} = n_1(1 - \cos r_1) - n(1 - \cos r),$$

et, si la lame est dans l'air,

$$n(1 - \cos r) = 1 - \cos i - \frac{q\lambda}{e},$$

équation qui permet encore de calculer l'indice de réfraction n par les données de l'expérience.

294. *Bandes de Talbot.* — On peut, dans certains cas, simplifier l'expérience; le phénomène présente alors une dissymétrie curieuse qu'il est nécessaire d'examiner.

Si l'on regarde un spectre sur un écran, ou celui qui est fourni par un appareil quelconque, en couvrant la moitié de la pupille par une lame, le spectre paraît quelquefois couvert de bandes dues à l'interférence des rayons qui ont traversé la lame avec ceux qui ont marché dans l'air. L'observation est due à Talbot ([1]); Brewster ([2]) a signalé cette circonstance singulière que la lame doit être située du même côté que les rayons rouges du spectre, et il crut d'abord que ce défaut de symétrie démontrait l'existence

---

([1]) TALBOT, *Phil. Mag.*, [3], t. X, p. 364; 1837.
([2]) BREWSTER, *B. A. Rep.*, p. 12, Part 2; 1837.

d'une nouvelle polarité de la lumière, contradictoire avec la théorie des ondulations.

Pour répéter l'expérience avec un spectroscope ordinaire, on placera une lame mince à faces parallèles, soit en l ou l' (*fig.* 144), du côté de l'arête du prisme, soit en l'' entre l'œil et l'oculaire, de manière à couvrir la moitié de la pupille, et du côté opposé. Les positions symétriques des précédentes par rapport au faisceau ne font apercevoir aucune bande.

Baden Powel a obtenu les mêmes résultats avec une lame de verre plongée dans un prisme à liquide et couvrant la moitié du faisceau. Les bandes apparaissent dans le spectre quand la lame est du côté de l'arête ou de la base du prisme, suivant qu'elle est plus réfringente ou moins réfringente que le liquide.

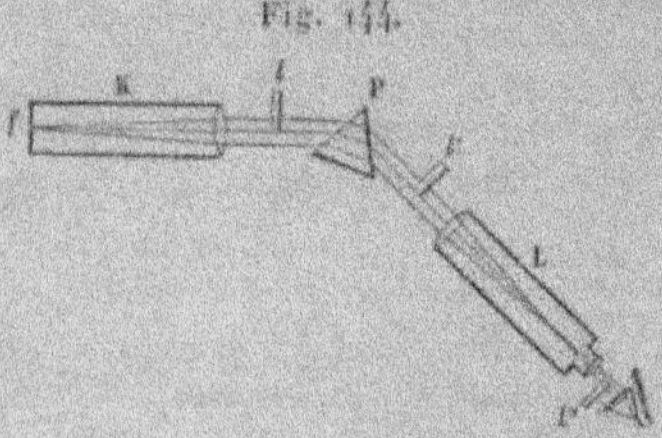

Fig. 144.

M. Stokes [1] place la lame dans une cuve à faces parallèles sur le trajet des faisceaux qui produisent le spectre. La lame doit être encore du côté des rayons rouges ou violets, suivant qu'elle est plus réfringente ou moins réfringente que le liquide.

Sir G. Airy [2] a montré que cette dissymétrie tient au sens dans lequel a lieu la dispersion et qu'elle s'explique facilement par la théorie ordinaire des ondulations.

Les calculs d'Airy se rapportent au cas très complexe où l'observation est faite dans un plan quelconque ; mais il suffit de considérer le phénomène dans le plan même où se produit un spectre pur, et les calculs sont alors beaucoup plus simples.

Supposons donc que la lumière est fournie par la fente S d'un collimateur (*fig.* 145) et que le faisceau qui sort de l'objectif

[1] STOKES, *Phil. Trans. L. R. S.*, p. 227; 1848.
[2] SIR G. AIRY, *Phil. Trans. L. R. S.*, Part II, p. 225, 1840; p. 1, 1841.

tombe sur un écran E percé d'une fente rectangulaire de largeur $2a$, pour être observé ensuite dans une lunette pointée sur l'infini. L'une des moitiés de cette fente, à droite par exemple, est couverte par une lame réfringente d'épaisseur e, ou, plus généralement, on établit sur une moitié de faisceau un retard Δ variable avec la longueur d'onde.

On se trouve alors dans le cas de deux fentes voisines (**128**), dont la distance des centres est a, les rayons qui traversent l'une d'elles éprouvant un retard Δ. Le calcul de la diffraction se ferait par les méthodes ordinaires (**232**); nous considérerons seulement la position des minima.

Chacune des fentes donne lieu à un phénomène de diffraction dont les minima sont équidistants, et la déviation δ_1 du premier minimum, d'intensité nulle, est

$$\delta_1 = \frac{\lambda}{a}.$$

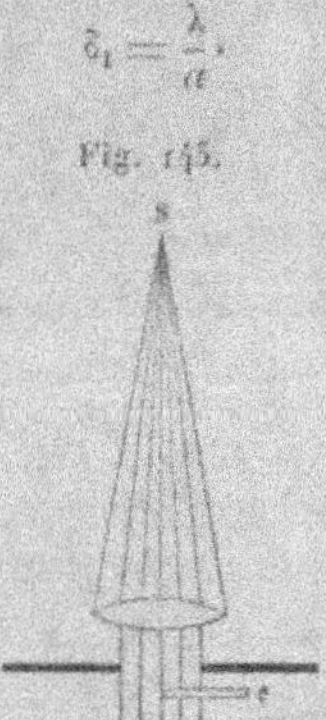

Fig. 145.

En outre, les deux fentes donnent des minima de seconde classe qui ont lieu pour des déviations θ, telles que

$$\frac{\Delta - a\theta}{\lambda} = \frac{2p-1}{2}.$$

Soit λ_0 la longueur d'onde pour laquelle le rapport $\frac{\Delta_0}{\lambda_0}$ est entier et prenons $p = \frac{\Delta_0}{\lambda_0}$. La déviation θ_0 du premier minimum de seconde classe est alors

$$\theta_0 = \frac{\lambda_0}{2a} = \frac{\delta_1}{2}.$$

Si le rapport $\frac{\Delta}{\lambda}$ est croissant à mesure que la longueur d'onde diminue, ce qui est le cas le plus fréquent, la déviation du premier minimum va en croissant à partir de θ_0.

Quand la longueur d'onde λ_1 satisfait à la condition

$$\frac{\Delta_1}{\lambda_1} = p + \frac{1}{2},$$

la déviation du minimum considéré est devenue

$$\theta_1 = \frac{\lambda_1}{a},$$

et il coïncide sensiblement avec le premier minimum de première classe, puisque, si le nombre p est un peu grand, la variation $\lambda_0 - \lambda_1$ de longueur d'onde est extrêmement petite. En même temps, un minimum ($\theta = 0$) est venu se placer dans la direction des rayons primitifs.

Pour mieux analyser le phénomène, nous détacherons les franges de diffraction relatives aux différentes longueurs d'onde voisines, en les plaçant dans des plans parallèles et ne considérant pour chacune d'elles que la partie comprise dans l'angle 2δ, des minima de première classe.

La courbe I (*fig.* 146), qui représente la variation des inten-

Fig. 146.

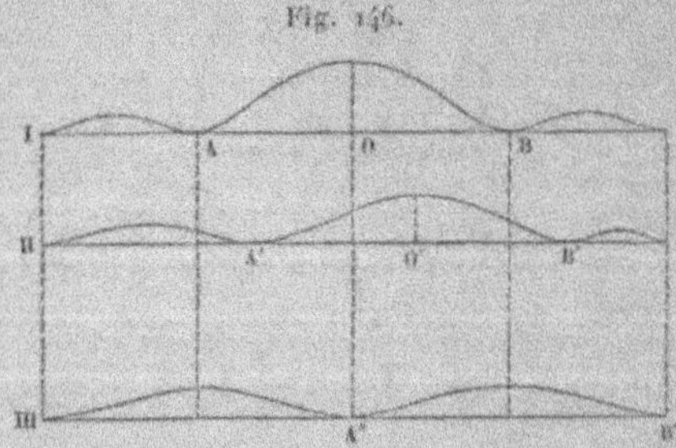

sités pour $\Delta_0 = p\lambda_0$, comprend deux minima symétriques de seconde classe A et B, dont la déviation est moitié moindre que celle des minima de première classe.

Sur la courbe II, pour laquelle le rapport $\frac{\Delta}{\lambda}$ est environ $p + \frac{1}{4}$, on voit que les minima de gauche et de droite, A′ et B′, ont glissé vers la droite, c'est-à-dire du côté de la lame e, d'un angle $\frac{\delta_1}{4}$; les franges de seconde classe se déplacent d'une manière continue.

La courbe III correspond à $\frac{\Delta_1}{\lambda_1} = p + \frac{1}{2}$; le glissement des minima A et B, qui sont venus en A″ et B″, est égal à $\frac{\delta_1}{2}$.

Il est clair que, si toutes ces couleurs ont la même direction primitive, comme on l'a supposé, les états variés d'interférence pour des longueurs d'onde voisines se superposent et l'on n'aperçoit que les franges de diffraction relatives à la fente de largeur a.

Supposons maintenant qu'on reçoive la lumière sur un prisme. Si les axes des faisceaux relatifs aux longueurs d'onde décroissantes sont déviés de plus en plus vers la droite, c'est-à-dire si l'arête du prisme est du côté opposé à celui de la lame e, les minima de première classe ne sont plus superposés et les minima de seconde classe s'écartent encore davantage les uns des autres; on n'apercevra donc aucune interférence.

Au contraire, si le prisme est placé en sens inverse, les minima de seconde classe se rapprocheront les uns des autres et pourront apparaître dans le spectre.

La superposition est complète lorsque les minima B, B′ et B″ sont ramenés dans la même direction ; dans ce cas, le spectre est couvert de bandes noires, au moins dans une certaine région.

L'angle α de deux bandes noires successives, c'est-à-dire l'angle de deux rayons entre lesquels le rapport $\frac{\Delta}{\lambda}$ a augmenté d'une unité, est alors égal à $AB = A″B″$, c'est-à-dire à la déviation δ_1 du premier minimum de première classe. La meilleure condition pour obtenir des bandes très nettes est donc

$$\alpha = \frac{\lambda}{a} \qquad \text{ou} \qquad a = \frac{\lambda}{\alpha}.$$

La largeur $2a$ de la fente doit être d'autant plus grande que les bandes sont plus serrées, c'est-à-dire que la différence de marche Δ est plus grande et la dispersion plus faible.

Si l'on ouvre la fente progressivement à partir de la largeur qui convient le mieux, on voit les franges s'affaiblir, disparaître, puis reparaître de nouveau avec des minima qui ne sont plus nuls, etc.;

ces alternatives, qui se reproduisent plusieurs fois, sont dues à l'empiètement réciproque des effets de diffraction relatifs aux couleurs voisines.

Comme le rapport $\frac{\Delta}{\lambda}$ augmente en général beaucoup plus rapidement, à part les phénomènes de dispersion anormale, pour le rouge que pour le violet, la distance α des bandes est plus petite dans le rouge et la meilleure largeur de fente 2α plus grande. C'est, en effet, dans cette région du spectre que les bandes de Talbot s'observent le plus facilement.

Soit, d'une manière générale, $D = \varphi(\lambda)$ la déviation prismatique comptée vers la gauche, c'est-à-dire du côté opposé au faisceau qui subit le retard Δ.

Si le rapport $\frac{\Delta}{\lambda} = f(\lambda)$ est un nombre très grand, la variation de longueur d'onde relative à deux bandes voisines est une quantité très petite $d\lambda$, et l'on peut écrire simultanément

$$d\frac{\Delta}{\lambda} = 1 = f'(\lambda)\, d\lambda,$$

$$dD = \alpha = \varphi'(\lambda)\, d\lambda = \frac{\varphi'(\lambda)}{f'(\lambda)};$$

la condition du maximum de netteté devient alors

$$\alpha = \frac{\lambda\, f'(\lambda)}{\varphi'(\lambda)}.$$

Lorsque les fonctions $f(\lambda)$ et $\varphi(\lambda)$ sont toutes deux croissantes à mesure que la longueur d'onde diminue, ce qui est le cas le plus fréquent, la théorie vérifie ainsi que le retard Δ doit être du côté apparent des rayons violets. L'effet est le même pour la lame l'' placée à la suite de l'oculaire (*fig.* 144), à cause du croisement des rayons dans la lunette, qui intervertit l'ordre apparent des couleurs.

Les valeurs absolues des dérivées $\varphi'(\lambda)$ et $f'(\lambda)$ peuvent être considérées respectivement comme caractérisant la dispersion spectrale du faisceau et la dispersion du retard Δ.

Si l'observation est faite avec un spectre de diffraction, pour lequel les déviations sont à peu près proportionnelles aux longueurs d'onde, la dérivée $\varphi'(\lambda)$ est sensiblement une constante

— A (puisque la déviation spectrale doit être comptée cette fois du côté de la lame des retards) et l'on a

$$z = -\frac{A}{f'(\lambda)}, \qquad a = -\frac{1}{A}\lambda f'(\lambda).$$

Lorsque les deux faisceaux, au lieu d'être en contact, comme nous l'avons supposé, sont séparés par un intervalle b, la largeur de chacun d'eux étant toujours a, la distance des centres est $a+b$ et la condition du maximum de netteté devient

$$a + b = \frac{\lambda}{z};$$

L'existence de l'intervalle b nuit donc à la largeur limite du faisceau et exige qu'on diminue beaucoup l'intensité générale.

Si les faisceaux qui interfèrent n'ont pas la même largeur, il existe encore des interférences de seconde classe et des bandes dans le spectre, mais l'intensité des minima n'est plus nulle.

M. H. Struve ([1]) a traité également le cas où les bandes de Talbot sont produites par une ouverture circulaire sur l'une des moitiés de laquelle on établit le retard Δ; les résultats sont tout à fait analogues à ceux qui précèdent.

Pour observer ces phénomènes avec un spectroscope, il est préférable de placer la lame des retards en l avant la dispersion, plutôt qu'en l' ou l'' après la dispersion, parce que, dans ces deux derniers cas, elle ne coupe la moitié du faisceau que pour une fraction du spectre.

Lorsque la lame e est assez épaisse pour produire un très grand nombre de bandes dans le spectre, la limitation du faisceau par les objectifs suffira pour obtenir des minima noirs. Si le retard est plus faible, ou la dispersion plus grande, de manière que les bandes soient plus écartées, il sera nécessaire de couper le faisceau par une fente de largeur convenable $2a$, placée de préférence avant l'appareil de dispersion.

([1]) H. STRUVE, *Mémoires de l'Académie des Sciences de Saint-Pétersbourg*, t. XXXI, n° 1; 1883.

INTERFÉRENCES DES RAYONS DIFFUSÉS OU DIFFRACTÉS.

295. *Expérience de Newton* (¹). — Lorsqu'on fait tomber sur un miroir concave M (*fig.* 147), formé d'une lame de verre argentée sur sa face postérieure, un faisceau de rayons solaires qui passe par une ouverture S située au centre de courbure, les rayons réfléchis vont former une image sur l'ouverture elle-même. Il suffit alors de couvrir la première surface du miroir d'une couche de

Fig. 147.

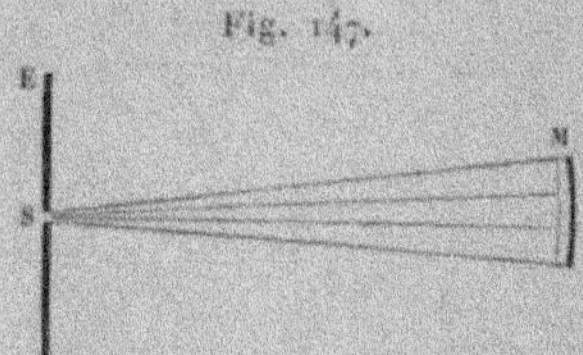

buée ou de poussières fines pour qu'un écran de blanc E passant par l'ouverture se couvre d'anneaux colorés d'un très grand éclat; c'est ce qu'on appelle les *anneaux colorés des plaques épaisses*. Les carrés des diamètres varient comme la suite des nombres pairs pour les anneaux brillants et comme les nombres impairs pour les anneaux obscurs.

Si l'ouverture S est placée un peu en dehors du centre de courbure, on observe sur l'écran un anneau blanc, d'intensité variable, qui passe par l'ouverture S et son image S′, puis une série d'anneaux concentriques intérieurs et extérieurs au premier. Les carrés des distances de ces anneaux au premier varient encore comme la série des nombres, pairs ou impairs, suivant qu'il s'agit de maxima ou de minima.

Les anneaux disparaissent quand on opère avec un miroir métallique; les deux surfaces de la lame interviennent donc dans le phénomène.

Ces anneaux sont dus à l'interférence des rayons qui se sont réfléchis sur la deuxième surface du miroir, les uns après s'être diffusés sur la première surface, les autres avant la diffusion. On

---

(¹) NEWTON, *Optics*, L. II, Part IV; 1704.

ne peut d'ailleurs, comme l'a fait remarquer M. Stokes, combiner que des rayons diffusés au même point, parce que la diffusion est accompagnée d'une différence de marche variable d'un point à l'autre sans aucune loi régulière.

296. *Calcul des retards.* — Nous examinerons d'abord le cas d'une lame à faces parallèles, d'épaisseur e (*fig.* 148), éclairée par un système d'ondes planes.

Fig. 148.

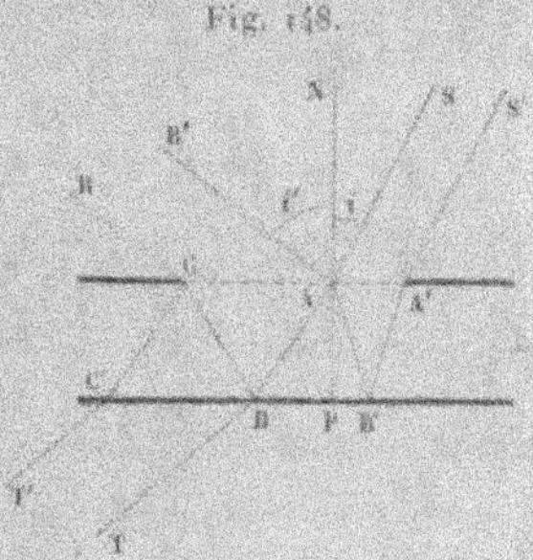

Appelons i l'angle d'incidence des rayons primitifs SA, i' l'angle que font avec la normale AN les rayons diffusés AR', situés ou non dans le plan d'incidence, r et r' les angles de réfraction correspondants dans la lame, et considérons les rayons SABCR et S'A'B'AR' qui se sont diffusés au même point A, par exemple en traversant une gouttelette liquide, pour émerger finalement dans la même direction. Leur différence de marche, en arrivant au point A, est la même que pour les anneaux de Newton par réflexion sous la même incidence, c'est-à-dire $2\,ne\cos r$; à partir du point A, ces rayons prennent, en sens contraire, une différence de marche $2\,ne\cos r'$, de sorte que le retard définitif est

$$\Delta = 2\,ne\,[\cos r - \cos r'] = p\frac{\lambda}{2},$$

ce qui donne

$$(1) \qquad\qquad \cos r' = \cos r - \frac{p\lambda}{4\,ne}.$$

On voit que, pour un même retard optique, l'angle r' et, par suite, l'angle correspondant i', ont des valeurs constantes. La lu-

<table><tr><td>M. — I.</td><td style="text-align:right">31</td></tr></table>

mière diffusée, vue au foyer principal d'une lentille, formera donc une série d'anneaux concentriques à la normale à la lame et l'anneau correspondant à une différence de marche nulle ($i' = i$) passera par la direction de la lumière réfléchie.

Les phénomènes ne sont généralement visibles que dans le voisinage de la lumière réfléchie, parce que la diffusion s'affaiblit très rapidement dans toute autre direction. Si l'angle d'incidence i a une valeur notable, on aura ainsi, en observant avec une lunette, des portions d'anneaux qui paraîtront former une série de franges rectilignes perpendiculaires au plan d'incidence, avec une frange centrale blanche correspondant à la lumière réfléchie. Le phénomène devient plus éclatant si l'on prend comme source de lumière une fente parallèle aux franges, en pointant la lunette sur l'image virtuelle de cette fente.

La distance des franges s'obtiendra en considérant le phénomène dans le plan d'incidence. Si l'on se borne aux premières franges, les angles $r' - r$ et $i' - i = \delta$ sont très petits, et l'on peut écrire

$$\frac{p\lambda}{2e} = 2n(\cos r - \cos r') = 4n \sin \frac{r + r'}{2} \sin \frac{r' - r}{2},$$

$$\frac{p\lambda}{2e} = 2(r' - r)\sin i.$$

On a d'ailleurs, par la loi de réfraction,

$$\cos i\, di = n \cos r\, dr \qquad \text{ou} \qquad \cos i . \delta = (r' - r)n\cos r;$$

par suite

$$\frac{p\lambda}{2e} = \frac{2 \sin i \cos i}{n \cos r}\delta = \frac{\sin 2i}{n \cos r}\delta,$$

$$\delta = \frac{n \cos r}{\sin 2i}\frac{p\lambda}{2e}.$$

Les franges sont donc équidistantes; leur distance est en raison inverse de l'épaisseur de la lame et diminue à mesure que l'angle d'incidence augmente.

Si l'angle d'incidence est très faible et qu'on se borne à observer la lumière diffusée dans le voisinage de la normale, on peut écrire l'équation (1) sous la forme

$$(2) \qquad \frac{p\lambda}{2e} = n(r'^2 - r^2) = \frac{(i + \delta)^2 - i^2}{n} = \frac{\delta(2i + \delta)}{n}.$$

Dans le cas de l'incidence normale, cette expression devient

$$\delta^2 = \frac{n}{e} \frac{p\lambda}{2},$$

Les carrés des diamètres des anneaux sont alors proportionnels à l'indice de réfraction de la lame et en raison inverse de son épaisseur; ils varient, d'ailleurs, conformément à l'observation de Newton, comme la série des nombres pairs ou impairs, suivant qu'ils sont brillants ou obscurs.

L'angle $2i$ correspond au diamètre de l'anneau blanc de différence de marche nulle. L'équation (2), mise sous la forme

$$\delta^2 = \frac{n}{e} \frac{p\lambda}{2} - 2i^2,$$

montre que la loi des nombres entiers est encore applicable aux carrés des distances δ à l'anneau blanc, tant que l'angle d'incidence i reste très petit.

On obtient les mêmes phénomènes par transmission en considérant les rayons $SABCC'T'$ et $S'A'B'ABT$ qui se sont diffusés au même point A et qui ont subi, en outre, le premier deux réflexions intérieures après la diffusion par transmission, le second une réflexion intérieure avant la diffusion par réflexion.

Toutefois les franges seront beaucoup plus pâles, parce que les rayons interférents sont très affaiblis et d'une manière inégale par les réflexions intérieures, et surtout parce qu'elles sont mélangées à la lumière diffusée directement.

297. *Différents modes d'observation.* — L'une des manières les plus commodes de réaliser ces expériences consiste à prendre une lame de verre M (*fig.* 149) argentée sur sa seconde face et d'y regarder à l'œil ou avec une lunette l'image d'une fente lumineuse perpendiculaire au plan de réflexion. On projette alors sur la lame, avec un pulvérisateur, un liquide peu volatil, ou un liquide qui laisse un résidu par évaporation, comme une dissolution de gomme laque dans l'alcool ou un vernis quelconque. L'image se borde de franges très brillantes.

Pour observer les anneaux dans le voisinage de la normale, on peut éclairer le miroir par la lumière qui provient d'une petite ouverture et qui s'est réfléchie sur une lame transparente au travers de laquelle on vise les anneaux.

On répétera l'expérience de Newton dans des conditions tout à fait théoriques en faisant passer la lumière incidente par une ouverture S située dans le plan focal principal d'une lentille L. Le

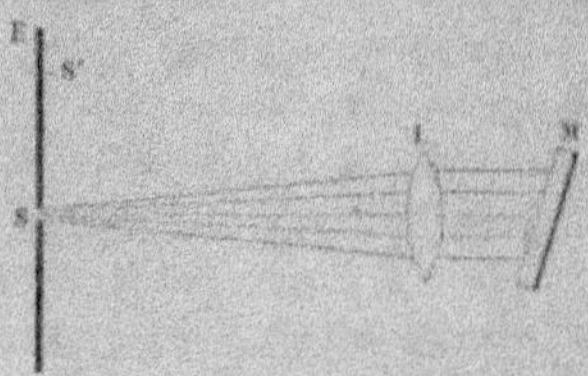

Fig. 149.

faisceau de rayons parallèles qui sort de la lentille tombe sur la lame M et revient ensuite à la lentille pour former une image S' sur l'écran E situé dans le plan de l'ouverture. Les anneaux se dessinent avec beaucoup d'éclat quand la première face de la lame est couverte de particules diffusantes.

On obtiendrait les franges analogues par transmission, d'ailleurs beaucoup plus faibles, en visant une source au travers d'une lame transparente dont l'une des faces serait ternie.

Nous avons dit que, au lieu d'observer à l'infini la lumière qui provient d'un faisceau de rayons incidents parallèles, on peut viser dans le plan où se forme l'image réelle ou virtuelle d'une source placée à quelque distance. En effet, les rayons réfléchis sont concordants sur cette image et, si le retard Δ n'est pas très grand, la déviation δ de la frange correspondante varie extrêmement peu pour des rayons qui correspondent à des incidences très voisines, comme ceux qu'on utilise pour observer à l'œil ou même avec une lunette. Les franges paraissent donc localisées à la même distance que l'image virtuelle.

La même remarque s'applique à l'expérience de Newton dans laquelle l'une des faces de la lame sert en même temps de miroir concave pour produire une image réelle de l'ouverture. On peut d'ailleurs diviser en deux parties distinctes la fonction de ce miroir, en le remplaçant par une lentille convergente qui rend d'abord parallèles les rayons qui tombent sur la lame et les fait converger ensuite dans le plan primitif. Les petits changements d'incidence et d'épaisseur qui en résulteraient ne modifient pas sensiblement la différence de marche calculée.

Cette expérience a été réalisée sous des formes très variées.

De Chaulnes [1] a obtenu les anneaux en plaçant devant un miroir métallique concave une lame de mica couverte de buée ou d'une couche laiteuse desséchée. C'est la lame d'air comprise entre le mica et le miroir qui intervient dans le phénomène.

Pouillet [2] remplaçait la lame ternie par un écran percé d'une ouverture ou par un écran à bord rectiligne. C'est alors la diffraction sur le bord de l'écran qui remplace la diffusion.

M. Stokes [3] obtient des anneaux dans l'air en plaçant une bougie au centre de courbure du miroir de Newton. Quand on se place plus loin que la bougie et qu'on la cache ainsi que son image avec des écrans, les anneaux sont pour ainsi dire aériens dans le plan de la source et de son image.

Il suffit d'ailleurs, comme le faisait Quetelet [4], de placer une bougie près de l'œil et de regarder son image dans une glace ordinaire ternie par une couche de buée, pour voir cette image entourée de franges rectilignes ou d'anneaux, suivant que l'œil est plus ou moins éloigné de la source de lumière.

298. *Interférences des couronnes.* — Si la diffusion des surfaces est remplacée par une diffraction régulière, comme dans le cas des couronnes, on peut obtenir des phénomènes d'interférence de seconde classe analogues à ceux qui se produisent avec deux ouvertures voisines.

Supposons, par exemple, que deux surfaces parallèles, couvertes d'écrans de mêmes dimensions, soient séparées par une couche d'épaisseur e et d'indice n, comme une lame de verre dont les deux faces seraient couvertes de poudre de lycopode.

Considérons des rayons incidents SA (*fig.* 150) sous l'angle i et la lumière diffractée BR dans la direction i', r et r' étant les angles

---

[1] De Chaulnes, *Mém. de l'Acad. des Sc.*, p. 136; 1755.
[2] Pouillet, *Ann. de Chim. et de Phys.*, [2], t. I, p. 87; 1816.
[3] Stokes, *Phil. Mag.* [4], t. II, p. 419; 1851.
[4] Quetelet, *Corresp. phys. et math.*, t. V, p. 394; 1829.

de réfraction correspondants, et soient $SAB'R'$, $S'A'BR$ deux rayons diffractés aux points A et B de la même normale, l'un sur la première surface, l'autre sur la seconde.

La vibration diffractée au point A sous l'angle r' est évidemment de même nature que celle qui est diffractée au point B sous l'angle i', puisque la réfraction n'introduit pas entre elles de différence de marche et que la diffraction est produite par des écrans de mêmes dimensions.

Fig. 150.

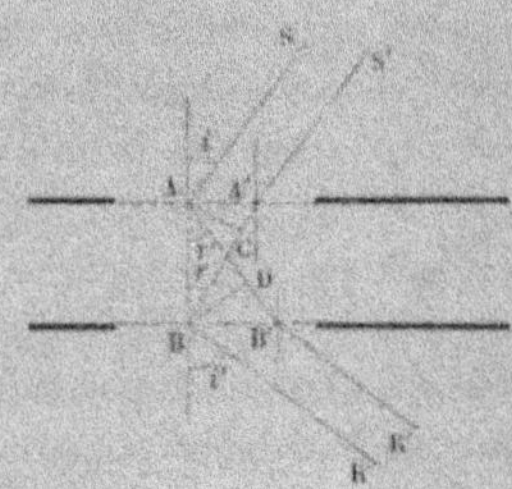

En abaissant les perpendiculaires AC et BD, qui sont respectivement sur les ondes planes réfractées, on voit que le retard définitif des rayons R et R' est

$$\Delta = n(\mathrm{BC} - \mathrm{AD}) = en(\cos r - \cos r') = q\lambda.$$

Pour un même retard entre les deux systèmes de rayons, l'angle i' sera donc constant, c'est-à-dire que l'on aura une série d'anneaux de seconde classe ayant pour centre la normale à la lame.

Le retard est nul quand $r' = r$ ou $i' = i$; il y a donc un anneau blanc pour un angle d'émergence égal à l'angle d'incidence.

La déviation δ du rayon diffracté dans le plan d'incidence est égale à $i + i'$.

Pour l'incidence normale, on a

$$\frac{q\lambda}{e} = n(1 - \cos r') = 2n\sin^2\frac{i'}{2}$$

et cette expression devient, lorsque les déviations restent très petites,

$$\frac{q\lambda}{e} = n\frac{r'^2}{2} = \frac{\delta^2}{2n}.$$

Comme les couronnes se présentent toujours sous des angles très petits, on voit que les carrés des diamètres des anneaux de seconde classe sont, comme ceux des lames épaisses (296), proportionnels à l'indice de réfraction de la lame, en raison inverse de son épaisseur, et varient comme la suite des nombres entiers pairs ou impairs, suivant que les anneaux considérés sont brillants ou obscurs.

Ces interférences de seconde classe peuvent intervenir comme facteur dans l'intensité des couronnes.

Verdet ([1]) a trouvé, par exemple, qu'avec la poudre de lycopode et la lumière rouge, la déviation du premier anneau obscur est de $1°29'45'$, ou $\delta_1 = 0,00831$, ce qui donne pour le second minimum

$$\delta_2 = \delta_1 \frac{206,9}{109,8} = 0,0157.$$

Avec une lame de 1^{cm} d'épaisseur, si l'on fait $n = 1,5$ et $\lambda = 0^\mu,67$, la déviation du premier minimum de seconde classe est

$$\delta = \sqrt{\frac{n\lambda}{e}} = \sqrt{\frac{1,005}{10000}} = 0,0100.$$

Le minimum de seconde classe tomberait donc entre les deux premiers minima de première classe.

299. *Interférences des ondes paragéniques.* — La diffraction par les réseaux donne lieu à des phénomènes tout à fait analogues aux anneaux des lames épaisses et aux interférences de seconde classe des couronnes.

Talbot ([2]) a constaté ainsi qu'en éclairant un réseau tracé sur une lame de verre dorée il se produit dans les spectres de diffraction de nombreuses bandes parallèles aux traits. Un second réseau semblable placé à la suite et croisé avec le premier transforme le phénomène en une sorte de tissu à mailles rectangulaires. Cette expérience ne réussit bien que si la face striée est en avant, et on l'observe quelquefois par réflexion ou par transmission avec les

---

([1]) Verdet, *Ann. de Chim. et de Phys.*, [3], t. XXXIV, p. 137; 1852.
([2]) Talbot, *Phil. Mag.*, [3], t. IX. p. 403; 1836.

réseaux gravés sur verre. L'interférence est due aux rayons qui ont subi des réflexions intérieures.

Considérons la *fig.* 148 comme s'appliquant au cas d'un réseau tracé sur la première face d'une lame de verre, et les rayons R et R′ comme paragéniques d'ordre p, provenant de la diffraction au point A, après une réflexion intérieure pour l'un des rayons incidents S′A′B′AR′, et avant cette réflexion intérieure pour l'autre rayon SABCR.

Si l'on représente par $q\lambda$ la différence de marche, on a

$$\Delta = q\lambda = 2\,ne(\cos r - \cos r').$$

On voit déjà qu'elle est nulle pour $r' = r$ ou $i' = i$, c'est-à-dire dans la direction de la lumière réfléchie.

Cette différence de marche peut être exprimée facilement en fonction de l'angle d'incidence i et de la déviation $\delta = i' - i$ du rayon diffracté, à partir du rayon réfléchi régulièrement, car

$$\Delta = 2e\left[\sqrt{n^2 - \sin^2 i} - \sqrt{n^2 - \sin^2(i + \delta)}\right].$$

Les spectres de diffraction sont donc traversés par des bandes d'interférence. Ces bandes seront, il est vrai, très pâles parce qu'elles proviennent de lumière affaiblie par la réflexion intérieure et qu'elles sont superposées aux rayons directement diffractés par le réseau. On peut cependant augmenter beaucoup leur éclat en argentant la seconde surface.

Comme la bande de différence de marche nulle est dans la direction de la lumière réfléchie, on voit qu'en tournant le réseau d'un certain angle, les bandes se déplacent d'un angle double et *dans le sens* de la rotation du réseau.

En désignant par ε la distance des traits du réseau, l'ordre p des ondes paragéniques dans la direction considérée étant donné par la condition

$$p\frac{\lambda}{\varepsilon} = \sin i' - \sin i,$$

il en résulte

$$q = p\,\frac{2e}{\varepsilon}\,\frac{n(\cos r - \cos r')}{\sin i' - \sin i}.$$

Il en serait de même si le réseau était tracé sur la seconde surface ; car, sans changer les chemins intérieurs, il suffit d'admettre que les points A' et A correspondent encore aux rayons incidents sous l'angle i, venus du côté opposé, et que les rayons R et R' sont remplacés par des rayons réfléchis en C et réfractés en A. Les faisceaux que l'on fait interférer ont alors subi deux réflexions intérieures, l'un en A' et B', l'autre en B et C; les bandes apparaîtront donc moins facilement.

Enfin les phénomènes de transmission conduisent encore à des résultats identiques. Il suffit alors de changer seulement le côté des rayons SA et S'A'.

Dans ce cas, l'un des faisceaux subit deux réflexions intérieures, en A' et B', et l'autre une seule en B. Outre que les bandes d'interférence sont superposées aux spectres directs, elles proviennent donc de rayons inégalement affaiblis par les réflexions intérieures. Il en serait encore de même si le réseau était tracé sur la première face, car il suffit alors de changer le côté des rayons R et R'.

Dans tous les cas, les bandes d'interférence ne seront bien visibles que si la surface striée conserve des portions inaltérées d'une certaine étendue, afin que la réflexion ou la réfraction régulière puisse y trouver place. Les réseaux très fins, où la surface primitive est presque entièrement enlevée par le tracé des traits, ne conviendrait pas aussi bien pour l'observation de ces phénomènes.

Les bandes sont d'ailleurs très larges. Pour l'incidence normale, par exemple, on a

$$\frac{q\lambda}{2ne} = 1 - \cos r' = 2\sin^2\frac{r'}{2},$$

et la direction du premier minimum est donnée par la condition

$$\sin\frac{r'}{2} = \frac{1}{2}\sqrt{\frac{\lambda}{2ne}}.$$

En faisant $\lambda = 0^{\mu},5$ et $n = 1,5$ on trouve, pour une lame de 1^{mm}, $r' = 0,0129$ et, par suite, $\delta = l' = 0,0193$, ce qui correspond à un angle supérieur à $1°$.

300. *Réseaux parallèles.* — On obtient [1] des interférences

[1] CROVA, *Comptes rendus des séances de l'Académie des Sciences*, t. LXXII. p. 855; 1871, et t. LXXIV, p. 932; 1872.

de seconde classe analogues à celles des couronnes avec deux réseaux à traits parallèles et de même écartement séparés par un milieu de nature quelconque (e, n).

La *fig.* 150 conviendra encore au cas actuel, en supposant que les traits sont perpendiculaires au plan de la figure et qu'on ne considère le phénomène que dans le plan d'incidence. La différence de marche des rayons R' et R, dont l'un s'est diffracté sur le premier réseau et l'autre sur le second, est

$$\Delta = en(\cos r - \cos r') = q\lambda.$$

Le retard est nul pour $r' = r$, ou $i' = i$, c'est-à-dire dans la direction du minimum de déviation. Les résultats sont d'ailleurs les mêmes que pour les bandes d'un réseau unique par réflexions intérieures, avec la seule différence qu'on y remplace $2e$ par e.

La déviation des rayons diffractés étant $\delta = i + i'$ et p l'ordre de paragénie dans la même direction, on a

$$q = p\frac{e}{2}\frac{n(\cos r - \cos r')}{\sin i + \sin i'} = p\frac{e}{e}\frac{\sqrt{n^2 - \sin^2 i} - \sqrt{n^2 - \sin^2(\delta - i)}}{2\sin\dfrac{\delta}{2}\cos\left(\dfrac{\delta}{2} - i\right)}.$$

Pour l'incidence normale, cette expression devient

$$q = \frac{2e}{\lambda}\left(n - \sqrt{n^2 - \sin^2\delta}\right) = p\frac{e}{e}\frac{n - \sqrt{n^2 - \sin^2\delta}}{\sin\delta},$$

et, si les réseaux sont séparés seulement par une couche d'air, auquel cas $r' = i' = \delta$,

$$q = \frac{2e}{\lambda}\sin^2\frac{\delta}{2} = p\frac{e}{e}\tan g\frac{\delta}{2}.$$

L'ordre de la frange q étant connu par le nombre des bandes qui existent entre la direction observée et la normale (ou la bande du minimum de déviation dans le cas général), on peut utiliser ces expressions, soit pour mesurer les longueurs d'onde, soit pour déterminer l'indice de réfraction du milieu interposé, tel qu'un liquide compris entre les lames des réseaux.

Comme les bandes ne seraient très fines qu'avec des épaisseurs considérables, la méthode ne convient que pour la mesure des indices. Dans ce cas, on déterminerait soit l'épaisseur e du milieu, soit le changement d'épaisseur $e' - e$ qui correspond au passage d'un nombre de franges $q' - q$ sur le réticule de la lunette d'observation. On aurait alors

$$n - \sqrt{n^2 - \sin^2 \delta} = \frac{q\lambda}{2e} = \frac{(q' - q)\lambda}{2(e' - e)}.$$

Le second membre étant une quantité connue b, on en déduit

$$n = \frac{b}{2} + \frac{\sin^2 \delta}{2b}.$$

Les bandes de deuxième classe, fournies par les réseaux parallèles identiques, ont des minima noirs, parce que les deux faisceaux diffractés qui prennent part à cette interférence sont de même intensité. Le phénomène a donc beaucoup d'éclat.

Dès que les traits des deux réseaux ne sont plus rigoureusement parallèles, les bandes d'interférence se déforment et ne tardent pas à disparaître.

Deux réseaux circulaires parallèles et de même écartement donnent aussi des interférences de seconde classe sous la forme d'anneaux concentriques.

Les distances de ces anneaux seraient déterminées également par les formules qui donnent les distances des bandes dans les réseaux à traits rectilignes.

Les spectres des réseaux vus par réflexion montreraient des bandes de même nature. Sans répéter les raisonnements, il suffit, en effet, de supposer dans la *fig.* 150 que les rayons incidents SA et S'A' changent de côté par rapport au système de réseaux et tombent aux mêmes points avec le même angle d'incidence extérieure. Les chemins intérieurs des rayons réfléchis en A et A' restent les mêmes, de sorte qu'il n'y a rien à changer dans le calcul de la différence de marche. Toutefois les bandes sont beaucoup moins visibles parce qu'elles sont noyées dans la lumière diffractée qui n'a subi aucune réflexion intérieure.

CHAPITRE VII.

APPLICATIONS DES INTERFÉRENCES.

301. *Compensateurs.* — On appelle ainsi des appareils destinés à établir sur un faisceau de rayons un retard variable à volonté, soit pour *compenser* les différences de marche qui se produisent dans certains phénomènes, soit pour en déterminer la valeur numérique.

Arago [1] a imaginé un premier compensateur formé de deux lames A et A' (*fig.* 151) mobiles autour d'un axe perpendiculaire

Fig. 151.

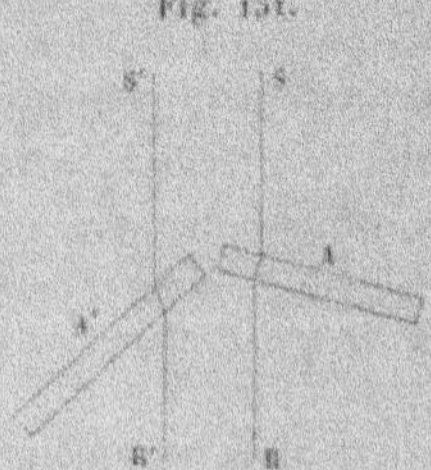

au plan des faisceaux interférents S et S'. Sous l'angle d'incidence i, les rayons qui traversent la lame A éprouvent un retard

$$\Delta = e(n \cos r - \cos i) = e f(i).$$

Pour des valeurs très petites de l'angle i, on a

$$\Delta = (n - 1) e \left(1 - \frac{i^2}{2n} \right);$$

la variation du retard est alors proportionnelle au carré de l'angle d'inclinaison de la lame.

---

[1] Arago, *Œuvres complètes*, t. X, p. 326.

D'une manière générale, si l'on fait tourner la lame d'un angle très petit $\tilde{o} = di$, la variation correspondante du retard

$$e f'(i)\, di = e \sin i \left(1 - \frac{\cos i}{n \cos r} \right) \tilde{o}$$

est proportionnelle à la rotation et varie d'autant plus rapidement que les rayons s'écartent plus de la normale.

La lame A' produira un retard analogue sur le second faisceau

$$\Delta' = e'(n' \cos r' - \cos i')$$

et la différence de marche $\Delta' - \Delta$ peut être modifiée à volonté par la rotation de l'une ou l'autre des lames.

Cette disposition présente l'inconvénient que chacun des faisceaux éprouve un déplacement latéral (41)

$$L = e\, \frac{\sin(i - r)}{\cos r},$$

variable avec l'inclinaison, qui peut modifier la position de la frange centrale et la distance des franges successives.

Arago évite cette difficulté en plaçant sur l'un des faisceaux deux lames identiques A et B que l'on peut faire mouvoir ensemble par une disposition mécanique convenable, telle qu'un parallélogramme articulé, de manière que le plan bissecteur de l'angle qu'elles forment entre elles reste invariable et perpendiculaire aux rayons incidents. Le déplacement latéral est alors nul et le retard $\Delta = 2e(n \cos r - \cos i)$ est compensé, soit par une lame unique placée normalement ou obliquement sur le second faisceau, soit par un autre système semblable de doubles lames.

On peut ainsi calculer l'effet du compensateur par l'angle d'incidence, l'épaisseur et l'indice des lames ; mais il est plus avantageux de graduer l'appareil par expérience. Les lames étant au zéro de l'échelle, c'est-à-dire parallèles, on observe un phénomène d'interférence produit par les deux faisceaux avec de la lumière homogène et l'on note avec un réticule la position d'une frange. On fait alors tourner l'un des systèmes lentement, en comptant le nombre p des franges qui passent au point considéré ; on connaît ainsi le retard $p\lambda$ correspondant à l'inclinaison $2i$ des lames, qui est donnée, soit par l'angle de rotation, soit par le nombre de divisions d'une échelle micrométrique. Une série de mesures semblables permettra de construire une Table continue des retards en fonction des divisions de l'échelle. Il est souvent préférable de compenser le premier retard observé $p\lambda$ en modifiant le second faisceau de manière à ramener le système de franges à l'état primitif et de provoquer ensuite un nouveau déplacement de p franges par le mouvement du compensateur; on répétera plusieurs fois la même opération.

Ce compensateur a été employé dans des conditions un peu différentes par Jamin [1].

Les deux lames A et A′ sont montées l'une à côté de l'autre sur un même axe (*fig.* 152) et font entre elles un angle constant $2i$. Si

Fig. 152.

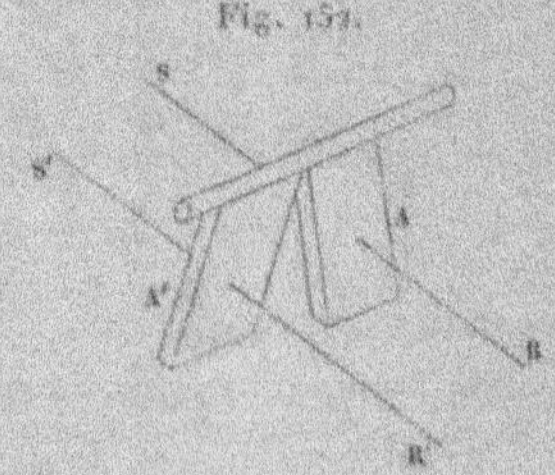

le plan bissecteur des lames fait un angle δ avec le plan perpendiculaire aux faisceaux S et S′, les angles d'incidence sont $i_1 = i + \delta$ pour l'une des lames et $i_2 = i - \delta$ pour l'autre. Le retard est alors

$$\Delta = e[f(i_1) - f(i_2)],$$

ce qui donne, pour une valeur très petite de l'angle δ,

$$\Delta = 2ef'(i)\delta;$$

le retard est simplement proportionnel à la rotation du système.

La sensibilité de l'appareil est variable à volonté avec l'angle $2i$, car, pour une rotation très petite $d\delta$ à partir d'une position quelconque, la variation du retard est

$$d\Delta = e[f'(i_1) - f'(i_2)]\,d\delta.$$

---

[1] JAMIN, *Ann. de Chim. et de Phys.*, [3], t. LII, p. 163; 1857.

Dans ce cas, le déplacement latéral des rayons est perpendiculaire au plan des faisceaux qui interfèrent et ne modifie pas la position des franges.

M. Fizeau (¹) avait mis, au contraire, le déplacement latéral à profit pour écarter d'abord les faisceaux, avant de leur faire subir des modifications différentes, et les rapprocher ensuite au moment où ils interfèrent, soit au moyen d'une lame unique B (*fig.* 153)

Fig. 153.

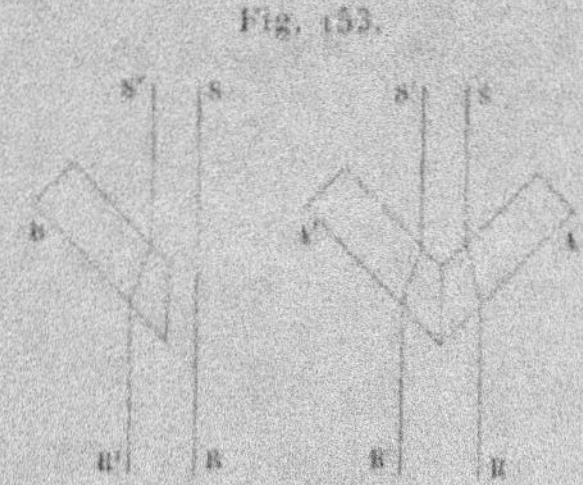

sur l'un des faisceaux, soit au moyen de deux lames A et A' respectivement sur le trajet des deux faisceaux.

Dans ce dernier cas, si l'angle des lames est $\pi - 2i$ et que les rayons fassent l'angle δ avec leur plan bissecteur, les angles d'incidence des rayons S et S' sont encore $i_1 = i + \delta$ et $i_2 = i - \delta$, et la différence de marche des faisceaux

$$\Delta = e[f(i_1) - f(i_2)].$$

Les variations de l'angle δ permettent encore de transformer le système en un compensateur. Il est vrai que la rotation de ce système modifie la distance des faisceaux, parce que l'un des déplacements augmente pendant que l'autre diminue d'une quantité un peu différente; mais on peut toujours en éliminer l'influence dans les expériences.

Les lames A et A' sont habituellement collées à angle droit et constituent ce qu'on appelle une *bilame*. L'écart ou le rapprochement, suivant le sens de la propagation, des faisceaux qui tra-

---

(¹) FIZEAU, *Comptes rendus des séances de l'Académie des Sciences*, t. XXXIII, p. 351; 1851.

versent séparément les deux pièces d'une bilame est alors

$$2e\,\frac{\sin(i-r)}{\cos r} = e\left(\sqrt{2} - \frac{2}{\sqrt{2n^2-1}}\right),$$

ce qui donne $0,372\,e$ pour $n = 1,53$.

On peut arriver à un écart beaucoup plus grand [1] à l'aide des lames taillées en parallélépipèdes, ou *rhombes*, que Fresnel a imaginées pour un autre objet.

L'un des faisceaux S (*fig.* 154) tombe sur le rhombe AB dont les

Fig. 154.

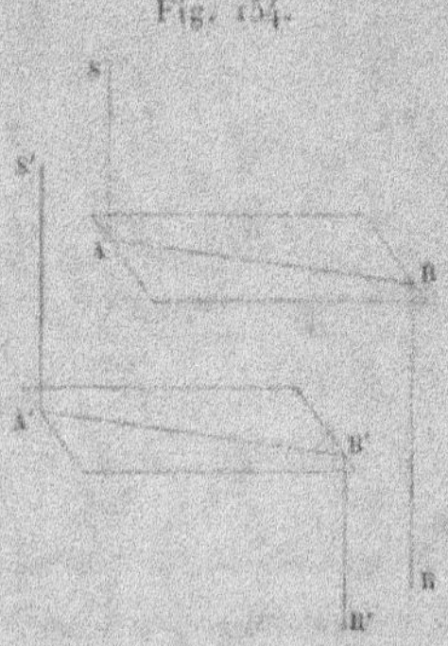

faces extrêmes A et B sont inclinées à 45° environ sur la longueur et émerge en BR parallèlement à sa direction primitive; l'autre faisceau est reçu de même sur un second rhombe A'B' identique au premier. Dans la région intermédiaire, la distance des faisceaux est égale à la longueur des rhombes et peut atteindre cinq ou même dix centimètres; la seule difficulté est de trouver un verre bien homogène.

L'appareil peut, en outre, servir de compensateur, car il suffit de faire tourner l'un des rhombes autour d'un axe perpendiculaire au plan des faisceaux, pour introduire un retard d'un côté ou de l'autre, sans modifier la direction des rayons émergents.

Il est clair que deux systèmes de miroirs parallèles A et B, A' et B', rempliraient le même objet, mais les difficultés de réglage rendent cette disposition presque irréalisable.

---

[1] MASCART, *Journal de Physique*, t. III, p. 310; 1874.

Billet [1] a fait usage d'un compensateur dont l'idée première remonte à Arago. L'organe principal de cet appareil est une lame prismatique A d'un angle très petit, d'un demi-degré environ, combinée avec une lame A' de même angle, tel qu'un morceau de la première, disposée en sens contraire (*fig.* 155).

Fig. 155.

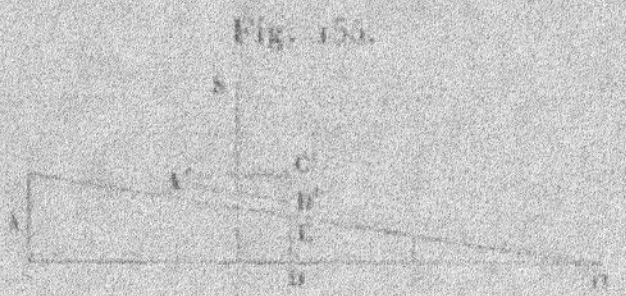

L'épaisseur totale de l'ensemble des lames pour un rayon S qui les traverse dans la partie commune est évidemment constante et égale à C'D' — CD ou $e' + e$. Appelant x la distance DO au sommet du prisme dont l'angle est z, on a

$$e_1 = e' + e = e' + x \tang z.$$

L'un des faisceaux interférents traverse ce système pendant que l'autre traverse une lame de verre à faces parallèles d'épaisseur e_1 et de même nature. La différence de marche

$$\Delta = n(e' - e_1 + x \tang z)$$

varie proportionnellement à la distance x, c'est-à-dire au déplacement d'une lame par rapport à l'autre. Une vis micrométrique permet de faire varier la distance x et une seule expérience donnera la constante de graduation $n \tang z$.

Billet [2] rendit cet appareil encore plus sensible en plongeant le compensateur tout entier ou seulement les pièces mobiles dans une cuve à faces parallèles renfermant un liquide dont l'indice de réfraction est n'. La variation du retard optique qui correspond à un déplacement $x' - x$ de la lame mobile est alors

$$(n' - n)(x' - x) \tang z = \frac{n' - n}{n} n (x' - x) \tang z,$$

et le rapport $\dfrac{n' - n}{n}$ peut être très petit.

[1] Billet, *Ann. de Chim. et de Phys.*, [3], t. LXIV, p. 493; 1862.

[2] Billet, *Comptes rendus des séances de l'Acad. des Sciences*, t. LXVII, p. 1000; 1868.

M. — I. 32

Les compensateurs sont très utiles pour introduire dans une expérience des retards variables à volonté, mais ils sont sujets à plusieurs causes d'erreur quand on veut les employer à la mesure de ces retards. La constante de l'appareil varie avec la température, surtout quand on fait intervenir un liquide; on ne peut donc s'en servir sans correction que pour des températures voisines de celle de graduation.

Les lames devraient être à faces rigoureusement planes, condition difficile à réaliser; il faut donc, quand on n'utilise pas toujours la même région, comme dans les compensateurs à lames prismatiques, faire une graduation expérimentale pour toute l'étendue de l'échelle.

Enfin la graduation n'a une valeur définie que pour une longueur d'onde déterminée. Avec la lumière blanche, en particulier, le déplacement apparent de la frange centrale, ou de la frange achromatique, peut conduire à une estimation très erronée de la différence de marche, à cause des effets de dispersion qui troublent le phénomène (129).

302. *Réfracteurs interférentiels.* — Fresnel et Arago ([1]) ont utilisé le déplacement des franges pour constater la différence des indices de réfraction n et n' de l'air humide et de l'air sec.

La substitution de l'un de ces gaz à l'autre dans un tube de longueur E donne une différence de marche $(n - n')$E; l'observation a montré que l'air sec est plus réfringent. Cette expérience a été le principe d'une méthode générale particulièrement propre à déterminer les variations qu'éprouve la vitesse de propagation de la lumière dans certains milieux.

Dans le premier appareil interférentiel d'Arago ([2]), la source est une fente éclairée S (*fig.* 156) placée au foyer principal d'un objectif K qui sert de collimateur. Les rayons parallèles qui émanent de cette lentille se partagent en deux faisceaux qui cheminent séparément, soit dans deux tubes renfermant des milieux différents, soit l'un à l'air libre et l'autre dans un tube.

Des glaces à faces parallèles qui ferment les tubes sont traver-

---

([1]) FRESNEL, *Œuvres*, t. II, p. 72.
([2]) ARAGO, *Œuvres complètes*, t. X, p. 321.

sées par les deux faisceaux de manière qu'il n'y ait de ce chef aucune différence de marche. Les rayons traversent ensuite deux ouvertures linéaires A et B parallèles à la fente primitive, puis les lames A' et B' du compensateur, et enfin l'objectif L d'une lunette dans le plan focal P de laquelle on observe un système de franges parallèles à la fente primitive.

Fig. 156.

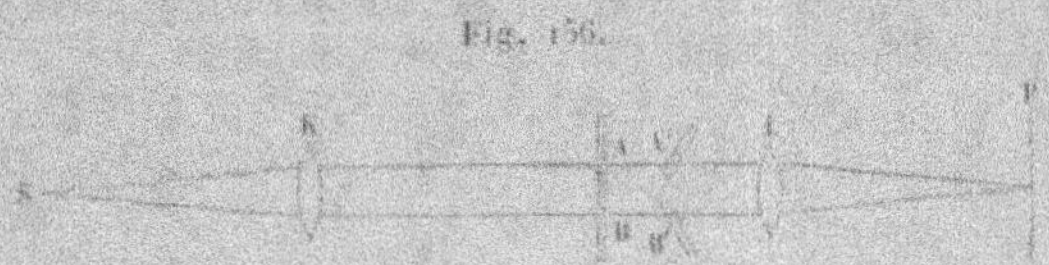

La substitution d'une double lame à chacune des lames du premier compensateur (*fig.* 151) évite le déplacement latéral des rayons; mais il suffit, dans le cas actuel, de mettre les fentes A et B à la suite du compensateur pour éliminer l'influence de ce déplacement.

Arago et Petit (1) ont appliqué cette méthode à la détermination des réfractions des gaz et des liquides. M. Fizeau (2) s'est servi du même appareil pour mesurer la différence des retards produits par un tube dans lequel on introduit alternativement de l'air sec et de l'air saturé d'humidité à la même pression et à la même température.

De la différence de marche $m\lambda$ correspondant à cette substitution d'un gaz à l'autre dans un tube de longueur l, on déduit la différence des indices de réfraction n et n' des deux milieux par la relation

$$(n - n')l = m\lambda,$$

Jamin (3) a utilisé d'abord les franges des miroirs de Fresnel. La lumière émanant d'une source S est reçue sur une lentille ou un miroir concave, de manière à produire une image réelle S', à la suite de laquelle est placé le système des deux miroirs. Deux tubes A et B renfermant des corps différents, par exemple un

(1) Arago et Petit, *Ann. de Chim. et de Phys.*, [2], t. I, p. 1; 1816.
(2) Arago, *Œuvres complètes*, t. XI, p. 724.
(3) Jamin, *Ann. de Chim. et de Phys.*, [3], t. XLIX, p. 282; 1856.

même gaz à des pressions différentes, sont placés sur le trajet du faisceau général avant la formation de l'image S'.

Pour déterminer la réfraction de la vapeur d'eau et les variations de réfraction de l'eau avec la pression, Jamin s'est servi des lames épaisses (286) qui donnent une disposition expérimentale plus simple : les tubes A et B sont placés sur le trajet des deux faisceaux interférents. Dans les deux cas, la différence de marche était évaluée par un compensateur.

Tous les autres appareils producteurs de franges, les biprismes, les demi-lentilles de Billet, etc., peuvent servir de la même manière, avec plus ou moins d'avantages. Toutefois, il importe de rappeler que la mesure des retards par le déplacement des franges ne peut être exacte que si la lumière est sensiblement homogène, par exemple en observant le phénomène au travers d'un verre rouge, ou plutôt en ayant recours à une flamme colorée par des sels de soude, de lithine ou de thallium.

303. *Emploi des spectres cannelés*. — La mesure des retards comporte une plus grande précision quand on observe le déplacement des bandes dans un spectre.

Si les faisceaux qui interfèrent sont naturellement superposés, comme pour les interférences par réflexion ou transmission, l'application du spectroscope ne présente aucune difficulté.

Si les faisceaux ne sont pas superposés, on peut les ramener l'un sur l'autre par l'emploi des lames épaisses de Jamin. Dans ce cas, les deux lames étant rigoureusement parallèles, on prendra comme source de lumière une fente au foyer principal d'un collimateur, en recevant la lumière émergente sur un prisme, et on l'observera avec une lunette. Les deux faisceaux qui proviennent de la lumière incidente, et qui sont séparés dans l'intervalle des plaques, ayant subi des modifications inégales, auront une différence de marche variable avec la longueur d'onde.

L'ordre p de la bande noire qui se produit en un point du spectre de longueur d'onde λ, où la différence de marche est Δ, satisfait à la relation

$$\Delta = (2p + 1)\frac{\lambda}{2},$$

et le nombre m de bandes situées entre deux points de longueur d'onde λ et λ_1 est

$$m = \frac{\Delta_1}{\lambda_1} - \frac{\Delta}{\lambda}.$$

Supposons maintenant qu'on modifie le retard produit par l'un des milieux interposés, par exemple en changeant la pression, et que l'on compte le nombre p' de franges qui passent sur le premier point. Le changement de marche correspondant est $\Delta' - \Delta = p'\lambda$, et le nombre m' de franges qui se trouvent actuellement entre les deux points considérés

$$m' = \frac{\Delta_1'}{\lambda_1} - \frac{\Delta'}{\lambda}.$$

On connaît ainsi par les nombres de bandes observées p', m et m' le changement de réfraction dû à la modification du milieu et la variation de ce changement avec la longueur d'onde, c'est-à-dire la dispersion du phénomène.

On arriverait au même résultat avec des plaques de spath d'Islande (290), mais l'expérience se complique par la polarisation de la lumière, ce qui exige l'introduction d'un polariseur et d'un analyseur.

Le phénomène des bandes de Talbot permet de donner aux appareils une disposition très simple ([1]). La lumière émise par une fente éclairée S située au foyer principal d'un collimateur K (*fig.* 157) tombe d'abord sur une bilame M qui la divise en deux

Fig. 157.

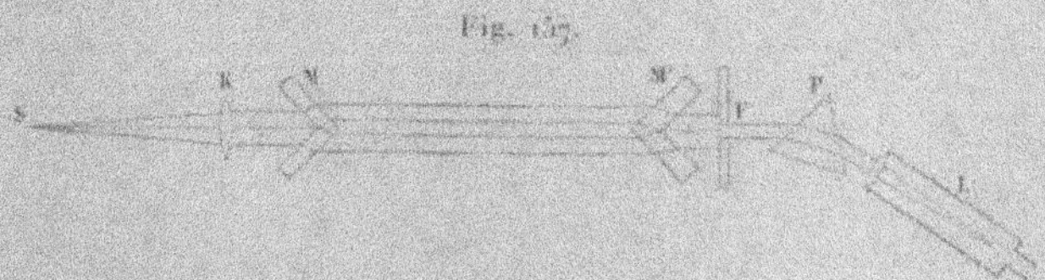

faisceaux parallèles écartés l'un de l'autre. Après avoir traversé des milieux différents, par exemple des tubes A et B renfermant des gaz ou des vapeurs, les faisceaux sont ramenés au contact par une bilame M' disposée en sens contraire de la première et de préférence plus épaisse, puis traversent une fente F de largeur con-

---

([1]) MASCART, *Journal de Physique*, t. I, p. 186; 1872.

venable $2a$; enfin on observe avec un système quelconque de prismes P et une lunette L.

La production des franges exigeant que le retard maximum ait lieu sur le faisceau le plus voisin de l'arête du prisme, il suffit de faire tourner l'une ou l'autre des bilames M' autour d'une perpendiculaire au plan de la figure pour faire apparaître les franges et leur donner la largeur convenable.

La plaque qui porte la fente F doit avoir un mouvement transversal qui permet de laisser passer des largeurs égales des deux faisceaux et une vis micrométrique pour produire la largeur de fente $2a$ qui donne aux franges le maximum de netteté.

304. *Anneaux de Newton.* — Les interférences des lames par réflexion donnent lieu à plusieurs applications importantes.

Pour obtenir des franges d'une grande netteté M. Fizeau [1] a imaginé une disposition (*fig.* 158) qui permet de n'utiliser pour chaque point M qu'un faisceau très étroit sous l'incidence normale.

Fig. 158.

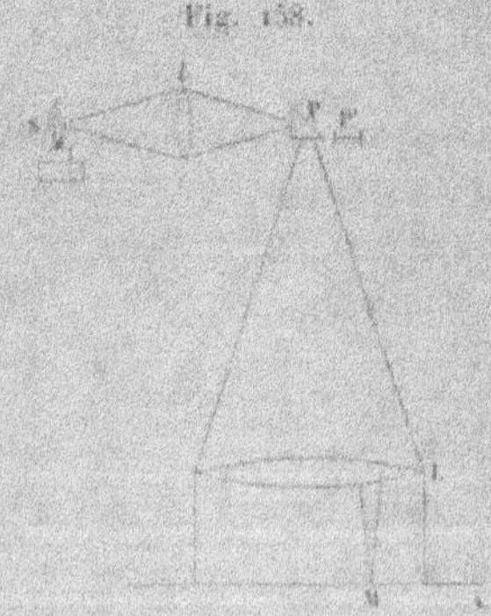

La lumière fournie par une source latérale sensiblement homogène, comme une flamme d'alcool salé, est reçue sur une lentille l. Au point P où se forme l'image de la source se trouve un petit prisme à réflexion totale, ou un miroir, qui renvoie la lumière sur une lentille L. Si le prisme est dans le plan focal principal de la lentille L, les rayons émergents forment entre eux des angles très

[1] Fizeau, *Ann. de Chim. et de Phys.*, [3], t. LXVI, p. 429; 1862.

petits dont le maximum est déterminé par les dimensions du prisme. Ils tombent ensuite sur un système quelconque A de surfaces à peu près planes et parallèles où se produisent des différences de marche. Si ces surfaces étaient exactement perpendiculaires à la droite qui joint le milieu du prisme au centre optique de la lentille, les rayons réfléchis retourneraient sur leur chemin primitif, mais un petit déplacement du prisme suffit pour les rejeter latéralement et former une image P' de ce prisme. L'œil placé en P' aperçoit un éclairement général sur la lentille L ou sur les surfaces A correspondantes.

Il est souvent plus commode de recevoir cette image P' sur un second prisme à réflexion totale qui renvoie la lumière latéralement sur une lunette réglée de manière à viser à la distance des franges. Le prisme P lui-même peut remplir cet office avec avantage, car il suffit d'éclairer le système par la lumière réfléchie obliquement sur une lame transparente et de viser les franges par transmission au travers de cette lame.

On voit aisément que les rayons utilisés pour un point M de l'appareil à franges doivent former un cône assez petit pour qu'en suivant en sens contraire la marche des rayons incidents il tombe entièrement sur le prisme P. Le phénomène est d'autant plus pur que ce cône est plus étroit et on peut l'améliorer encore, aux dépens de l'éclairage général, en limitant par un petit orifice la portion utilisée de l'image P'.

305. *Recherches de M. Fizeau.* — Supposons que A soit une surface à peu près plane, ainsi que la surface inférieure de la lentille L ; on observe alors les franges dues aux variations d'épaisseur aux différents points de la couche d'air intermédiaire.

M. Fizeau a cherché jusqu'à quelle limite on peut augmenter cette épaisseur. La lame A est portée par une vis micrométrique qui permet de l'abaisser d'une manière continue. Visant un point du champ, on compte le nombre de franges qui passent pour un changement d'épaisseur.

Avec la lumière de l'alcool salé, l'expérience montre que les franges sont d'abord très nettes pour une épaisseur très petite ; elles se troublent ensuite peu à peu jusqu'à ce qu'il en ait passé un millier environ, auquel cas la surface paraît uniformément éclairée. En continuant d'augmenter l'épaisseur, les franges reparaissent, deviennent très nettes, disparaissent de nouveau pour reparaître ensuite un certain nombre de fois. Les périodes de trouble ont lieu, lorsque les systèmes de franges relatifs aux deux lumières de longueurs d'onde λ_1 et λ_2 émises par la soude sont exactement complémentaires, la différence de marche en un point étant, par exemple, d'un nombre pair de demi-longueurs d'onde pour la première et d'un nombre impair pour la seconde. L'épaisseur d'air e qui rétablit la pureté des franges satisfait à la condition

$$\Delta = 2e = p\lambda_1 = (p+1)\lambda_2,$$

$$\frac{\lambda_1 - \lambda_2}{\lambda_2} = \frac{1}{p} = \frac{\lambda_1}{2e}.$$

M. Fizeau a trouvé ainsi que la différence des longueurs d'onde est $\frac{1}{983}$ de leur valeur. Il a observé jusqu'à cinquante-deux séries d'anneaux distincts, auquel cas la distance des verres atteint 15^{mm} environ et la différence de marche 50 000 longueurs d'onde.

Pour obtenir des interférences d'un ordre aussi élevé, il est nécessaire d'employer une lumière entièrement faible, une petite flamme d'alcool ordinaire ou d'esprit-de-bois contenant des traces de sel marin, ou encore de l'alcool qui renferme un sel moins volatil tel que le phosphate de soude. Ces franges sont d'ailleurs extrêmement mobiles parce qu'elles sont modifiées par les moindres variations de pression ou de température de la couche d'air.

La flamme rouge due à l'addition d'un sel de lithine, quand on l'observe avec un verre rouge pour éliminer la lumière jaune, ne produit pas de périodes, mais on a cessé d'apercevoir les franges vers 14 000 longueurs d'onde.

On aurait une lumière plus homogène avec de l'alcool renfermant un sel de thallium, ou mieux avec une petite étincelle entre deux fils de thallium.

306. *Étude des surfaces.* — La même expérience est fréquemment employée dans l'étude des surfaces.

Pour constater, par exemple, si une lame à faces parallèles est bien travaillée, il suffit de la placer sur un fond noir, comme un morceau de velours, et d'observer les franges dues à la réflexion sur les deux faces. Ces franges donnent les courbes d'égale épaisseur.

Si l'on observe le phénomène produit entre deux surfaces de corps différents, comme celles de deux lentilles, les franges figurent les courbes d'égale distance. L'une des lentilles étant portée par un trépied à vis calantes, il est facile de maintenir dans le champ une courbe complète et de centrer le phénomène. Avec des surfaces de révolution, les courbes sont circulaires et les distances des anneaux donnent la différence des courbures; en effet, pour un anneau d'ordre p, à partir du centre, dont le rayon est r et la variation d'épaisseur correspondante ε, on a, en appelant R et R' les rayons des deux surfaces,

$$p\lambda = 2\varepsilon = r^2\left(\frac{1}{R} - \frac{1}{R'}\right),$$

$$\frac{1}{R} - \frac{1}{R'} = \frac{p\lambda}{r^2}.$$

Les anneaux cessent d'être circulaires quand les surfaces ne sont pas de révolution ou qu'étant de révolution leurs axes ne sont pas en coïncidence.

Si l'une des surfaces est connue, un plan par exemple, les anneaux donnent exactement la forme de l'autre surface [1].

D'une manière plus générale, on peut déterminer complètement l'état de trois surfaces A, B, C, très voisines d'être planes, mais dont aucune n'est connue. On choisit sur ces surfaces trois points P, Q, R formant un triangle, et l'on superpose les surfaces deux à deux en ayant soin dans chaque cas que les points considérés soient respectivement en regard l'un de l'autre. Il est facile, par les vis de rappel, de régler l'expérience de manière qu'une même frange passe par les points P, Q et R.

On sait d'ailleurs, par le sens dans lequel le mouvement d'une vis déplace le phénomène, si une frange quelconque correspond à une épaisseur d'air plus grande ou plus petite que pour la frange de repère. Considérons un point M des trois surfaces et appelons α, β et γ les distances de ce point, pour chaque surface, au plan qui passe par les points P, Q et R.

L'ordre de la frange, à partir de la frange de repère, qui passe

---

[1] LAURENT, *Journal de Physique*, [2], t. II, p. 411; 1883.

au point M, dans chaque cas, donne les trois épaisseurs

$$c = \alpha + \beta,$$
$$a = \beta + \gamma,$$
$$b = \gamma + \alpha,$$

d'où l'on déduit séparément les trois distances α, β et γ.

On connaît ainsi par un nombre d'observations convenable la forme complète de chaque surface. L'observation devient ensuite beaucoup plus rapide quand on dispose d'une surface qui soit bien plane ou dont on connaisse exactement les défauts.

307. *Étude des dilatations.* — Les anneaux de Newton ont fourni à M. Fizeau l'idée d'une méthode très précise pour déterminer les dilatations des corps.

Un trépied en platine iridié, formé d'une plate-forme (*fig.* 159) munie de trois vis calantes, est posé sur un plan et porte une lentille dont la face inférieure est presque plane.

Fig. 159.

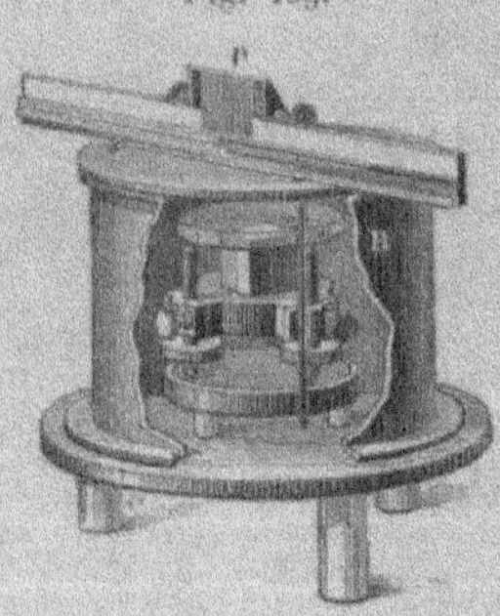

Un petit morceau du corps à essayer, terminé par deux faces parallèles dont l'une est convenablement polie, est placé sur la plate-forme. Entre ce corps et la lentille se trouve une couche d'air dans laquelle peuvent se produire des anneaux de Newton.

Sur la face inférieure de la lentille on a gravé un grand nombre de points disposés en quinconces pour servir de repères à la position des franges, de manière à multiplier les lectures.

Enfin l'appareil est complété par le prisme réflecteur P et les accessoires nécessaires à l'éclairage et à l'observation.

Le trépied est placé dans une étuve en cuivre rouge B renfermant un thermomètre dont on peut lire les divisions sur une tige recourbée en dehors. On détermine d'abord, avec une précision qui peut atteindre le centième de frange, la position des franges par rapport aux repères à la température t_1; puis on échauffe progressivement l'étuve jusqu'à la température t_2 en comptant toutes les franges qui passent dans un sens ou dans l'autre, et l'on détermine leur position finale. Si le déplacement total est de p franges, la différence de marche a varié de $\Delta = p\lambda$.

Supposons qu'on ait mesuré d'abord au sphéromètre l'épaisseur A du corps à étudier et la distance B de la plate-forme à la lentille; l'épaisseur primitive de la couche d'air est $e_1 = B - A$.

Soient a et b les coefficients moyens de dilatation du corps et du trépied entre les températures t_1 et t_2, dont la différence est $t_2 - t_1 = \delta t$, la variation d'épaisseur de l'air est

$$e_2 - e_1 = (Bb - Aa)\,\delta t.$$

Dans le vide, on aurait simplement

$$Bb - Aa = \frac{p\lambda}{2\,\delta t},$$

mais il est nécessaire de tenir compte du changement $\delta n = n_1 - n_2$ que subit l'indice de réfraction de l'air dans les conditions de l'expérience. Les deux valeurs du chemin optique sont

$$2n_1 e_1 = 2n_1(B - A), \qquad 2n_2 e_2 = 2n_2[B - A + (Bb - Aa)\,\delta t],$$

ce qui donne

$$\frac{p\lambda}{2\,\delta t} = n_1(Bb - Aa) - (B - A)\frac{\delta n}{\delta t} - (Bb - Aa)\,\delta n.$$

On peut remplacer n_1 par l'unité, si la longueur d'onde λ est évaluée dans l'air à la température primitive t_1, et supprimer le dernier terme, qui est généralement négligeable; il en résulte

$$b - a\frac{A}{B} = \frac{p\lambda}{2\,B\,\delta t} + \left(1 - \frac{A}{B}\right)\frac{\delta n}{\delta t}.$$

Considérant comme connues les variations très petites d'ailleurs de la réfraction de l'air, on déterminera le coefficient moyen b de dilatation du trépied dans une première expérience où l'on ne placera aucun corps entre la plate-forme et la lentille. Le nombre p_0 de franges observées pour une épaisseur B_0, et une différence de température δt_0, à la même température moyenne, donne

$$b = \frac{p_0 \lambda}{2 B_0 \, \delta t_0} + \frac{\delta n_0}{\delta t_0}.$$

On déduit alors de la comparaison des expériences

$$b \frac{B}{A} - a = \frac{p \lambda}{2 A \, \delta t} + \left(\frac{B}{A} - 1 \right) \frac{\delta n}{\delta t}.$$

Comme on rend l'épaisseur d'air e, extrêmement petite pour avoir de plus belles franges, on peut écrire, en posant

$$\varepsilon = \frac{e}{A} = \frac{B}{A} - 1,$$

$$b - a = \frac{p \lambda}{2 A \, \delta t} - \varepsilon \left(b - \frac{\delta n}{\delta t} \right).$$

Le terme de correction étant très petit, l'expérience donne ainsi l'excès $(b - a)$ du coefficient moyen de dilatation du trépied sur celui du corps. Cet excès est positif ou négatif suivant le signe de p, c'est-à-dire suivant que le déplacement des franges correspond à un accroissement ou à une diminution de l'épaisseur d'air. Il faut donc, avant chaque expérience, s'assurer, par un petit mouvement d'une des vis, du sens dans lequel se meuvent les franges quand la différence de marche est croissante.

La dilatation, entre les températures o et t, d'un corps dont la longueur à zéro est égale à l'unité, peut s'exprimer en général sous la forme $\alpha t + \alpha' t^2$, de sorte qu'entre les températures t_1 et t_2 la dilatation est

$$\alpha(t_2 - t_1) + \alpha'(t_2^2 - t_1^2) = [\alpha + \alpha'(t_1 + t_2)](t_2 - t_1)$$

et le coefficient moyen a de dilatation

$$a = \alpha + \alpha'(t_1 + t_2) = \alpha + 2\alpha' \frac{t_1 + t_2}{2}.$$

Les coefficients a ainsi définis sont donc des fonctions linéaires de la température moyenne $\theta = \frac{t_1 + t_2}{2}$ et seraient représentés graphiquement par des lignes droites, ce qui est conforme aux observations. M. Fizeau les distingue par l'indice θ qui indique la température moyenne; une série de relations, telles que

$$a_\theta = \alpha + 2\alpha'\theta,$$

permettraient de déterminer les coefficients habituels α et α'.

Le facteur $2\alpha'$ représente la variation $\dfrac{\Delta a}{\Delta\theta}$ du coefficient a pour une variation de $1°$ dans la température moyenne et l'on peut écrire, pour deux températures différentes θ et θ',

$$a_{\theta'} = a_\theta + \frac{\Delta a}{\Delta\theta}(\theta' - \theta).$$

M. Fizeau a calculé les deux quantités a_θ et $\dfrac{\Delta a}{\Delta\theta}$, en prenant comme valeur initiale $\theta = 40°$.

308. *Dilatation des cristaux.* — Cette méthode de M. Fizeau, n'exigeant que des corps de très petites dimensions, présente des avantages particuliers pour l'étude de la dilatation des cristaux. Mitscherlich (¹) avait déjà montré, par la mesure des angles, que la forme du spath d'Islande se rapproche du cube par une élévation de température, en même temps que la double réfraction du cristal diminue, que les cristaux à un axe ont des dilatations différentes suivant les directions parallèles ou transversales à l'axe et que, pour un prisme rhomboïdal droit à base rectangle, les dilatations parallèles aux trois espèces d'arêtes sont inégales.

Quelques remarques préliminaires sont nécessaires. Les propriétés physiques d'un milieu quelconque homogène et homoédrique (34) sont symétriques par rapport aux trois axes rectangulaires, en tant du moins qu'il s'agit de déformations très petites. Pour les dilatations, en particulier, cette propriété est générale.

L'homogénéité d'un milieu exige, en effet, que tous les éléments de volume se dilatent de la même manière. Il est donc évident, ou l'on peut considérer comme un fait d'observation, que les arêtes naturelles des cristaux restent rectilignes à toute température,

---

(¹) MITSCHERLICH, *Ann. de Chimie et de Phys.*, [2], t. XXV, p. 195; 1824, et t. XXXII, p. 144; 1826.

pourvu que cette température soit uniforme dans toute l'étendue
du milieu; une surface plane quelconque doit donc rester plane.
Il en résulte qu'une surface algébrique conserve le même degré à
toute température, puisque le nombre de ses points de rencontre
avec une droite ne change pas; par suite, une surface sphérique se
transforme en une surface fermée du second degré, c'est-à-dire en
un ellipsoïde, pour une variation quelconque de température δt.

Si l'on prend pour axes de coordonnées dans le milieu les droites
qui sont devenues les axes de l'ellipsoïde, on voit que, pour ces trois
directions rectangulaires, la dilatation d'une droite parallèle à l'un
des axes est dirigée suivant la droite elle-même ou *radiale*.

Une droite quelconque OM passant par l'origine O des coordonnées change de direction dans le cas général. Les coordonnées du
point M étant x, y et z, la distance OM est $r = \sqrt{x^2 + y^2 + z^2}$; si
les coefficients moyens de dilatation relatifs aux trois axes sont
respectivement a, b et c, les coordonnées x', y' et z' de la nouvelle
position M' occupée par le point M sont

$$x' = x + \delta x = x(1 + a\,\delta t),$$
$$y' = y + \delta y = y(1 + b\,\delta t),$$
$$z' = z + \delta z = z(1 + c\,\delta t).$$

Comme les dilatations sont toujours très petites, on peut écrire

$$r\,\delta r = x\,\delta x + y\,\delta y + z\,\delta z = (ax^2 + by^2 + cz^2)\,\delta t,$$

on, en appelant α, β et γ les cosinus des angles du rayon vecteur
OM avec les axes,

$$\delta r = r(a\alpha^2 + b\beta^2 + c\gamma^2)\,\delta t.$$

Le coefficient moyen ρ de dilatation de la droite OM est donc

$$\rho = a\alpha^2 + b\beta^2 + c\gamma^2.$$

Considérons l'ellipsoïde E, ou plus généralement la surface du
second degré

$$ax^2 + by^2 + cz^2 = 2\varphi,$$

qui passe par le point M. En posant

$$\mathrm{K}^2 = \left(\frac{d\varphi}{dx}\right)^2 + \left(\frac{d\varphi}{dy}\right)^2 + \left(\frac{d\varphi}{dz}\right)^2,$$

les cosinus α', β' et γ' des angles que fait la normale à cette surface
avec les axes sont

$$\mathrm{K}\alpha' = \frac{\partial \varphi}{\partial x} = a x = \frac{\delta x}{\delta t},$$

$$\mathrm{K}\beta' = \frac{\partial \varphi}{\partial y} = b y = \frac{\delta y}{\delta t},$$

$$\mathrm{K}\gamma' = \frac{\partial \varphi}{\partial z} = c z = \frac{\delta z}{\delta t}.$$

Les variations δx, δy et δz étant respectivement proportionnelles
aux cosinus α', β' et γ', le déplacement MM' du point M est normal
à la surface E.

En outre, le plan tangent en M à cette surface a pour équation,
en désignant par X, Y et Z les coordonnées courantes,

$$a x \mathrm{X} + b y \mathrm{Y} + c z \mathrm{Z} = 2 \varphi,$$

et la perpendiculaire p abaissée du centre sur ce plan est

$$p = \frac{2 \varphi}{\sqrt{a^2 x^2 + b^2 y^2 + c^2 z^2}} = \frac{2 \varphi\, \delta t}{\sqrt{(\delta x)^2 + (\delta y)^2 + (\delta z)^2}} = \frac{2 \varphi}{\mathrm{MM}'}\, \delta t,$$

d'où il résulte

$$\mathrm{MM}' = \frac{2 \varphi}{p}\, \delta t.$$

Le déplacement MM' est donc en raison inverse de p, c'est-
à-dire proportionnel au rayon vecteur de la surface polaire réciproque de E.

L'angle θ du déplacement MM' avec le rayon vecteur OM est
donné par l'équation

$$\cos\theta = \frac{\delta r}{\mathrm{MM}'} = \frac{p r}{2 \varphi} (a \alpha^2 + b \beta^2 + c \gamma^2) = r \frac{a x^2 + b y^2 + c z^2}{\sqrt{a^2 x^2 + b^2 y^2 + c^2 z^2}}.$$

Si les coefficients a, b et c ne sont pas tous de même signe, le
dernier par exemple étant de signe contraire aux deux autres, la
surface E

$$a x^2 + b y^2 - c z^2 = 2 \varphi$$

est un hyperboloïde à une ou deux nappes, suivant le signe de φ.
Dans ce cas, il existe des directions pour lesquelles la dilatation

est nulle, c'est lorsque le déplacement MM' est perpendiculaire au rayon vecteur. Le plan tangent au point M à la surface E passe alors par l'origine et $\varphi = 0$, c'est-à-dire que le rayon vecteur OM est situé sur le cône

$$a x^2 + b y^2 - c z^2 = 0.$$

Les cosinus α_1, β_1 et γ_1 des angles que fait le rayon vecteur avec les axes de coordonnées satisfont à la condition

$$a \alpha_1^2 + b \beta_1^2 - c \gamma_1^2 = 0.$$
$$(a + c)\alpha_1^2 + (b + c)\beta_1^2 = c.$$

Pour le *spath d'Islande*, par exemple, les coefficients a et b relatifs à des directions perpendiculaires à l'axe sont négatifs et égaux à $- 540.10^{-8}$ et le coefficient c suivant l'axe $+ 3621.10^{-8}$. L'angle ψ que font avec l'axe les directions de dilatation nulle est

$$\tang \psi = \sqrt{\frac{c}{-a}}, \text{ ou } \psi = 65°35'.$$

Pour l'*émeraude* (béryl) qui est aussi un cristal à un axe, on a, de même, $c = - 106.10^{-8}$ et $b = a = + 137.10^{-8}$.

La dilatation moyenne dans une direction déterminée est nulle pour la condition

$$a_0 + \frac{\Delta a}{\Delta \theta}(\theta' - \theta) = 0.$$
$$\theta' = \theta - \frac{a_0}{\dfrac{\Delta a}{\Delta \theta}}.$$

309. *Dilatations cubiques.* — Quand il s'agit de corps isotropes, cette température θ' correspond à un maximum de densité. M. Fizeau a trouvé ainsi les températures suivantes :

Diamant..............................	$- 42°,3$
Protoxyde de cuivre	$- 4°,3$

Pour les corps anisotropes, l'accroissement du volume d'un parallélépipède dont les côtés x, y et z sont parallèles aux axes est, en négligeant les termes du second ordre,

$$(x + \delta x)(y + \delta y)(z + \delta z) - x y z = x y z (a + b + c)\delta t;$$

le coefficient moyen de dilatation cubique est donc la somme des coefficients principaux de dilatation linéaire.

On peut appeler *dilatation linéaire moyenne* d'un corps anisotrope la dilatation uniforme qu'il devrait avoir pour éprouver le même changement de volume.

Le coefficient l relatif à cette dilatation est évidemment

$$l = \frac{a + b + c}{3}.$$

Il existe dans tout milieu une direction suivant laquelle la dilatation réelle est égale à cette dilatation linéaire moyenne. Si l'on pose, en effet,

$$\rho = a\alpha^2 + b\beta^2 + c\gamma^2 = \frac{a + b + c}{3},$$

cette condition est satisfaite pour

$$\alpha^2 = \beta^2 = \gamma^2 = \frac{1}{3}.$$

La direction qui correspond à la dilatation linéaire moyenne fait donc des angles égaux de $54°44'$ avec les axes principaux de dilatation ; elle est normale aux faces d'un octaèdre régulier dont les diagonales sont parallèles aux axes.

Les expériences de M. Fizeau ont été étendues à un très grand nombre d'espèces minéralogiques et ont fourni plusieurs résultats imprévus [1]. Nous citerons seulement les particularités que présente l'*iodure d'argent*.

Lorsque ce corps est à l'état cristallin, les valeurs des coefficients sont, en les multipliant par 10^8 pour simplifier l'écriture,

$$c = -397, \qquad \frac{\Delta c}{\Delta \theta} = -4.27,$$

$$b = a = +65, \qquad \frac{\Delta a}{\Delta \theta} = +1.38.$$

A l'état fondu, sa dilatation linéaire est

$$a = -139, \qquad \frac{\Delta a}{\Delta \theta} = -1.4.$$

Enfin, quand il a été comprimé après la fusion, il se comporte comme un cristal à un axe symétrique par rapport à la ligne de

---

[1] *Voir l'Annuaire du Bureau des Longitudes.*

compression et donne

$$c = -166,25, \qquad \frac{\Delta c}{\Delta \theta} = -2,01,$$

$$b = a = -122,25, \qquad \frac{\Delta a}{\Delta \theta} = -1,38.$$

Dans ce dernier cas, sa dilatation linéaire moyenne est

$$l = \frac{a + b + c}{3} = -137, \qquad \frac{\Delta l}{\Delta \theta} = -1,6.$$

Ainsi, non seulement l'iodure d'argent se contracte par une élévation de température, mais la valeur absolue du coefficient l augmente avec la température moyenne θ.

310. *Détermination des axes principaux.* — Pour connaître la direction des axes principaux de dilatation d'un milieu anisotrope, il faut déterminer les axes de la surface du second degré E, et l'équation de cette surface rapportée à des coordonnées arbitraires renferme six coefficients indéterminés.

Six expériences dans des directions différentes seraient donc nécessaires en général, mais le problème se simplifie quand les milieux possèdent des plans de symétrie cristalline. Il est clair, en effet, que les plans principaux doivent être parallèles aux plans de symétrie et que les dilatations perpendiculaires à deux plans de symétrie équivalents sont égales.

Dans les cristaux appartenant au système *cubique*, les trois dilatations principales sont égales et le milieu est isotrope.

Les corps qui cristallisent en *prismes droits à base carrée* ou en *rhomboèdres* ont un axe de symétrie. Toutes les dilatations perpendiculaires à l'axe sont égales entre elles et la surface E des dilatations est de révolution autour de l'axe.

Le *prisme rhomboïdal droit* présente trois plans de symétrie différents. Les axes principaux de dilatation sont respectivement perpendiculaires à ces plans et leurs coefficients sont inégaux.

Le *prisme rhomboïdal oblique* n'a plus qu'un plan de symétrie. La direction d'un des axes principaux seulement est déterminée et les deux autres sont situés dans le plan de symétrie. Le problème consiste alors à déterminer les axes de la courbe d'intersection de la surface E par le plan de symétrie.

Considérons dans ce plan deux axes rectangulaires x et y et supposons que l'on détermine les coefficients de dilatation l, m et n suivant trois directions OL, OM et ON, qui font respectivement avec l'axe des x les angles λ, μ et ν. Pour que les axes de coordonnées soient des axes principaux de dilatation dont les coefficients sont respectivement a et b, il faut qu'on ait

$$l = a\cos^2\lambda + b\sin^2\lambda = a + (b - a)\sin^2\lambda,$$
$$m = a\cos^2\mu + b\sin^2\mu = a + (b - a)\sin^2\mu,$$
$$n = a\cos^2\nu + b\sin^2\nu = a + (b - a)\sin^2\nu;$$

par suite,

$$P = \frac{l - m}{l - n} = \frac{\sin^2\lambda - \sin^2\mu}{\sin^2\lambda - \sin^2\nu} = \frac{\sin(\lambda + \mu)\sin(\mu - \lambda)}{\sin(\lambda + \nu)\sin(\nu - \lambda)},$$
$$P = \frac{\sin(2\lambda + \mu - \lambda)\sin(\mu - \lambda)}{\sin(2\lambda + \nu - \lambda)\sin(\nu - \lambda)}.$$

Comme les angles $\mu - \lambda$ et $\nu - \lambda$ sont connus, il en résulte

$$\tan 2\lambda = 2\frac{p\sin^2(\nu - \lambda) - \sin^2(\mu - \lambda)}{\sin 2(\mu - \lambda) - p\sin 2(\nu - \lambda)},$$

équation qui donne pour λ deux valeurs qui diffèrent de $90°$.

Choisissant l'une de ces valeurs, on déduira les coefficients a et b des expériences combinées deux à deux.

Au point de vue expérimental, il sera plus avantageux de faire $\mu - \lambda = 45°$ et $\nu - \lambda = 90°$, c'est-à-dire que les directions OL et ON sont rectangulaires et la troisième direction OM à $45°$ sur chacune d'elles ; on aura alors

$$\tan 2\lambda = 2\left(p - \frac{1}{2}\right) = 2\frac{l - m}{l - n} - 1 = \frac{l - 2m + n}{l - n}.$$

Nous citerons, comme exemple, les résultats des expériences relatives au *feldspath orthose*, pour lequel on a

$$a = -203, \qquad \frac{\Delta a}{\Delta \theta} = +1,38,$$
$$b = +1905, \qquad \frac{\Delta b}{\Delta \theta} = -1,06,$$
$$c = -151, \qquad \frac{\Delta c}{\Delta \theta} = +1,46,$$
$$a + b + c = +1551, \qquad \frac{\Delta(a + b + c)}{\Delta \theta} = -3,80.$$

La dilatation moyenne linéaire, déterminée dans une direction normale aux faces de l'octaèdre régulier dont les diagonales sont parallèles aux axes, a donné

$$ l = + 517, \qquad \frac{\Delta l}{\Delta \theta} = + 1,37. $$

La relation indiquée plus haut (309) se trouve donc rigoureusement vérifiée, puisque les valeurs déduites des dilatations principales seraient respectivement 517 et 1,267.

Enfin le *prisme doublement oblique* n'a plus de symétrie cristalline, et rien ne fait prévoir la direction des axes de cristallisation. L'expérience présenterait alors de grandes difficultés.

Remarquons aussi qu'en l'absence d'une symétrie cristalline les directions des axes de dilatation ne sont pas invariables ; elles dépendent des conditions de l'expérience. Si la température s'élève d'une manière continue, par exemple, les axes principaux de dilatation correspondant à des variations infiniment petites de la température se déplacent eux-mêmes d'une manière continue par rapport aux directions cristallines, lorsqu'ils ne sont pas définis par la symétrie du milieu.

Pour le prisme rhomboïdal oblique, les variations Δl, Δm et Δn des coefficients relatifs à trois directions différentes, pour une variation $\Delta \theta$ de la température moyenne, déterminent la variation correspondante $\Delta \lambda$ de la direction des axes principaux dans le plan de symétrie.

Dans le cas le plus général, le problème est encore défini si l'on connaît les coefficients moyens de dilatation dans six directions distinctes, ainsi que leurs variations ; mais, en supposant que l'expérience ait pu être réalisée, les calculs porteraient sur des différences extrêmement petites et ne pourraient fournir que des résultats très douteux.

CHAPITRE VIII.

POLARISATION.

---

311. *Expérience d'Huygens.* — Lorsqu'un rayon de lumière S (*fig.* 160) tombe normalement sur une des faces naturelles d'un rhomboèdre *e* de spath d'Islande, il se divise en deux, l'un ordinaire et l'autre extraordinaire, le premier AB continuant sa marche en ligne droite, le second AC dévié latéralement, et ils

Fig. 160.

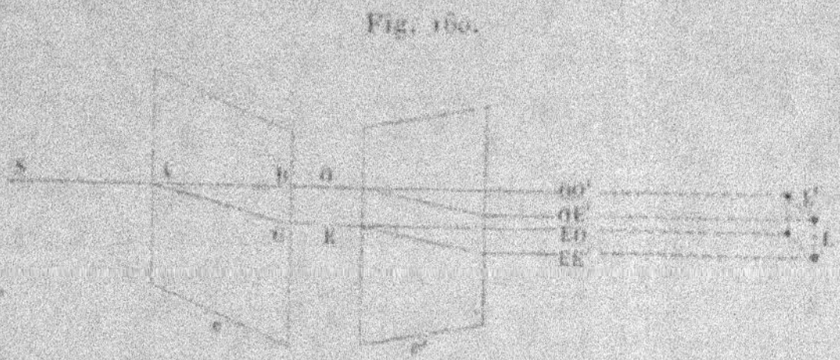

émergent parallèlement à la direction primitive si la face de sortie est parallèle à la face d'entrée. A part une petite différence dans les pertes de lumière par réflexion, les deux rayons ordinaire O et extraordinaire E sont d'égale intensité lorsque le rayon primitif est formé de lumière dite *naturelle*, comme la lumière directe du soleil ou celle d'une lampe.

En tombant sur un second rhomboèdre *e'*, le rayon O donne en général deux rayons émergents, l'un ordinaire OO', l'autre extra-ordinaire OE' et le rayon E donne, de même, deux rayons EO', EE'. Le déplacement latéral L des rayons O et E est proportionnel à l'épaisseur *e* du premier rhomboèdre et dans le plan normal parallèle à l'axe du cristal, c'est-à-dire dans la *section principale*; le déplacement L', produit par le second, est proportionnel à l'épaisseur *e'* et dans la section principale de ce cristal. Sur un écran perpendiculaire à leur direction, un faisceau étroit de rayons incidents donnerait donc quatre images aux sommets d'un parallélogramme dont les côtés L et L′ ont des longueurs constantes, parallèles respectivement aux sections principales des deux cristaux, et qui devient un losange si les épaisseurs e et e' sont égales.

Ces quatre images n'ont des intensités égales que si les sections principales sont à 45°; elles se réduisent à deux, OO′ et EE′, quand les sections principales sont parallèles, aux deux autres, OE′ et EO′, quand les sections principales sont à angle droit. Si l'on fait tourner le second cristal depuis la première position jusqu'à la seconde autour de la normale, l'image OO′, due au rayon O, s'affaiblit graduellement, pendant que la seconde image OE′ apparaît et augmente d'éclat. L'inverse a lieu pour les images EO′ et EE′ qui proviennent du rayon E.

Après avoir décrit cette expérience *merveilleuse*, Huygens signale toutes les difficultés qu'elle présente dans la théorie des ondulations. « Il semble qu'on est obligé de conclure que les ondes de lumière, pour avoir passé le premier cristal, acquièrent certaine forme ou disposition, par laquelle en rencontrant le tissu du second cristal, dans certaine position, elles puissent émouvoir les deux différentes matières qui servent aux deux espèces de réfraction ; et, en rencontrant ce cristal dans une autre position, elles ne puissent émouvoir que l'une de ces matières. Mais, pour dire comment cela se fait, je n'ay rien trouvé jusqu'icy qui me satisfasse (¹). » L'expérience montre en effet qu'un rayon fourni par la réfraction dans le spath d'Islande ne jouit pas des mêmes propriétés dans tous les azimuts ; cette circonstance paraît inconciliable avec l'hypothèse de vibrations dans le sens du rayon, les seules dont on avait eu l'idée d'abord ; Newton (²) la considère comme une objection irréfutable et en conclut qu'un rayon de lumière est constitué par des molécules douées d'une sorte de *polarité*.

312. *Polarisation.* — Malus (³) appelle *rayons polarisés* ceux qui sont produits par la double réfraction ou ceux qui ont acquis

---

(¹) Huygens, *Traité de la lumière*, p. 91.
(²) Newton, *Optics*. Prop. XXV.
(³) Malus, *Mém. des Savants étrangers*, t. II, p. 303 ; 1811.

le même caractère dans un phénomène quelconque. Le rayon ordinaire O est polarisé dans la section principale, par définition, et toutes ses propriétés sont symétriques par rapport à ce plan, quand même l'incidence ne serait pas normale.

Le rayon extraordinaire se comporte de la même manière par rapport à un plan perpendiculaire au premier; il est donc polarisé dans un plan perpendiculaire à la section principale.

Le mot de *polarisation* a pour origine l'hypothèse de l'émission, mais on peut le conserver sans inconvénient, si l'on fait abstraction de son *étymologie* et si l'on considère les expressions *lumière polarisée* et *plan de polarisation* comme définies par des faits d'expérience.

313. *Loi de Malus.* — En comparant les intensités des images, Malus a trouvé que les phénomènes se représentent par une loi très simple. L'intensité du rayon ordinaire fourni dans un cristal par un rayon polarisé est proportionnelle au cosinus carré de l'angle de son plan de polarisation avec la section principale du cristal; l'intensité du rayon extraordinaire est proportionnelle au sinus carré du même angle.

Dans l'expérience d'Huygens, si l'on néglige les pertes de lumière par réflexion, le faisceau primitif, étant formé de lumière dite *naturelle*, se partage en deux parties égales dans le premier cristal. En appelant I l'intensité de ce faisceau et s l'angle des sections principales des deux cristaux, les intensités des différents faisceaux sont

$$O = E = \frac{1}{2},$$

$$OO' = \frac{1}{2}\cos^2 s, \qquad EO' = \frac{1}{2}\sin^2 s,$$

$$OE' = \frac{1}{2}\sin^2 s; \qquad EE' = \frac{1}{2}\cos^2 s.$$

La somme des deux premiers et celle des quatre derniers reproduisent l'intensité primitive I.

On remarquera seulement que les rayons OO' et EE' se superposent lorsque les spaths sont d'égale épaisseur et que l'angle s est égal à π, c'est-à-dire que, les sections principales étant parallèles, les cristaux sont orientés en sens contraires.

Pour avoir des images plus nettes, on limite le faisceau incident par une petite ouverture A située au voisinage du premier spath ; on reçoit les quatre faisceaux émergents sur une lentille et l'on observe les images dans le plan conjugué de l'ouverture A.

Il est nécessaire alors que les morceaux de spath aient une grande épaisseur, si l'on veut donner aux rayons émergents assez d'écart pour que les quatre images soient distinctes.

On arrive au même résultat par l'emploi de cristaux plus minces taillés en prisme P (*fig.* 161), afin d'obtenir une séparation angulaire des deux systèmes de rayons réfractés, et l'on achromatise le faisceau extraordinaire, qui présente la moindre dispersion.

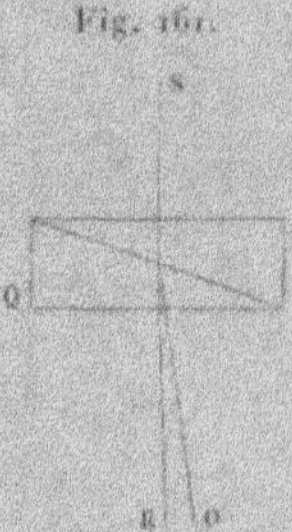

Fig. 161.

par un prisme de crown Q disposé en sens inverse. Le rayon extraordinaire E, ainsi achromatisé, traverse l'appareil dans une direction voisine de sa direction primitive, tandis que le rayon ordinaire O conserve une déviation notable avec une faible dispersion. Les polarisations ne sont pas sensiblement modifiées et, en recevant sur un second prisme semblable les rayons qui sortent du premier, on obtient quatre images dans des directions différentes, deux de ces images étant légèrement irisées sur les bords.

Si l'ouverture A est assez grande pour que deux images issues d'un même faisceau, par exemple OO' et OE', empiètent l'une sur l'autre, l'intensité de la région commune reste constante pendant qu'on modifie chacune des images en changeant l'angle des sections principales. Si les quatre images ont une région commune, l'intensité dans cette région est aussi constante et sensiblement la même que si les prismes biréfringents étaient supprimés. Ces quatre images n'en donnent plus qu'une seule, par la superposition des faisceaux OE′ et EO′ quand, les prismes biréfringents étant identiques, leurs sections principales sont parallèles, mais orientées en sens contraires.

314. *Polarisation par réflexion.* — Malus [1] découvrit que la lumière du soleil, réfléchie à la surface de l'eau ou sur une lame de verre, donne, dans un spath d'Islande, deux images inégales, dont l'intensité varie suivant l'angle de la section principale avec le plan d'incidence. L'image ordinaire présente une intensité maximum lorsque le plan d'incidence et la section principale du cristal sont parallèles, mais sans que l'image extraordinaire disparaisse entièrement ; la lumière réfléchie peut donc être considérée comme renfermant une portion de lumière naturelle et une portion de lumière polarisée dans le plan d'incidence. On dit qu'elle est *partiellement polarisée* dans le plan d'incidence ou, pour abréger, dans le *premier azimut*.

Sur les substances transparentes dont l'indice de réfraction est inférieur à 2,5, telles que l'eau, la plupart des verres et des cristaux, il y a même un angle d'incidence pour lequel la lumière réfléchie paraît totalement polarisée. C'est l'angle de *polarisation complète* ou d'*incidence principale*. Pour le verre ordinaire, la direction correspondante fait avec la surface un angle d'environ 35°,5 qu'on appelle *angle de polarisation*, de sorte que l'incidence principale est de 54°,5.

La réflexion exerce donc sur la lumière naturelle une action analogue à celle de la double réfraction ; elle produit également le même effet sur la lumière polarisée. Lorsqu'un rayon de lumière polarisée tombe sur une lame de verre sous l'incidence principale, l'intensité du rayon réfléchi dépend de l'azimut dans lequel a lieu la réflexion.

Si l'on appelle I l'intensité de la lumière réfléchie quand le plan de réflexion est parallèle au plan de polarisation, l'intensité I′ relative au cas où ces deux plans font l'angle s est encore

$$I' = I\cos^2 s,$$

conformément à la loi de Malus.

---

[1] MALUS, *Mém. de la Soc. d'Arcueil*, t. II, p. 149; 1809.

Quand la lumière incidente est partiellement polarisée, l'intensité du rayon réfléchi sous l'incidence principale est encore variable avec l'azimut s du plan de polarisation partielle ; elle peut être représentée par la somme de deux termes, $a + b\cos^2 s$, de sorte que la loi de variation des intensités permettrait de déterminer le rapport des quantités a et b.

On emploie, pour ces expériences, soit des prismes de verre, soit des lames de verre noir, afin d'éliminer les rayons réfléchis sur d'autres surfaces que la première.

La réflexion intérieure conduit aux mêmes résultats. On observera le phénomène en faisant tomber la lumière normalement sur une des faces latérales d'un prisme à section isoscèle ; les rayons réfléchis sur la base traversent normalement la face de sortie, et une série de prismes d'angles différents permettront de faire varier l'angle d'incidence. Pourvu que la réflexion ne soit pas totale, le rayon émergent se montre encore polarisé plus ou moins complètement dans le plan d'incidence.

La réflexion sous un angle différent de l'incidence principale agit encore sur la lumière polarisée comme la réflexion principale, mais d'une manière incomplète ; l'intensité de la lumière réfléchie est maximum quand le plan de polarisation est parallèle au plan d'incidence et minimum quand ces deux plans sont rectangulaires, sans que l'extinction soit absolue.

Sur la surface des corps très réfringents, comme le diamant, sur les surfaces métalliques ou dans le cas de la réflexion totale, la lumière réfléchie peut paraître encore partiellement polarisée ; mais la polarisation n'est jamais complète, et le phénomène est en réalité d'une nature toute différente.

315. *Polarisation par réfraction.* — La réfraction polarise aussi la lumière et, cette fois, dans un plan perpendiculaire au plan d'incidence ou dans le *second azimut.* La polarisation est toujours partielle et va croissant depuis la direction normale jusqu'à l'incidence rasante.

On peut réaliser l'expérience en faisant tomber la lumière normalement sur une des faces d'un prisme et observant le rayon réfracté sur la seconde face, ou en faisant marcher la lumière en sens contraire, c'est-à-dire en choisissant l'incidence primitive de façon que le rayon émerge normalement à la face de sortie. Dans les deux cas, la lumière est polarisée de la même manière.

Il suffit donc de considérer un rayon qui traverse une lame à faces parallèles. Les deux réfractions, qui ont lieu sous le même angle, ajoutent leurs effets et augmentent la fraction de lumière polarisée dans le second azimut.

Enfin la réfraction agit partiellement sur la lumière polarisée en donnant une intensité maximum ou minimum suivant que la polarisation du rayon primitif est perpendiculaire ou parallèle au plan de réfraction.

316. *Loi d'Arago*. — Cette polarisation, au moins partielle, dans le phénomène de réfraction était à prévoir, puisque l'ensemble des rayons réfléchis et réfractés doit reproduire la lumière primitive. Arago [1] a montré, en effet, que les rayons réfléchi et réfracté, qui proviennent d'un même rayon incident, renferment des quantités égales de lumière polarisée. Une lame de verre L (*fig.* 162

Fig. 162.

étant installée normalement au-dessus d'une feuille de papier blanc AB uniformément éclairée, l'œil placé en O et visant dans une direction quelconque OI reçoit les rayons émis par le point B qui sont transmis par la lame et les rayons réfléchis qui proviennent du point A.

On place sur le trajet du rayon visuel un diaphragme noir E percé d'une ouverture S, que l'on regarde au travers d'un prisme

---

[1] Arago (1812), *Œuvres complètes*, t. VII, p. 293 et 379.

biréfringent P. Quelle que soit l'orientation de ce prisme, les deux images S′ et S′ de l'ouverture conservent des intensités égales. Le faisceau émergent ne présente donc aucune trace apparente de polarisation, c'est-à-dire que les quantités de lumières polarisées à angle droit qu'il renferme sont équivalentes.

Il est vrai que le phénomène est un peu complexe, parce qu'il y aurait lieu de tenir compte des réflexions multiples à l'intérieur de la lame : il serait facile de répéter l'expérience avec une lame prismatique dans laquelle le faisceau BI entrerait normalement ; mais la vérification serait en réalité un peu moins satisfaisante, à cause de la dispersion et de l'affaiblissement inévitable du rayon réfracté à la première surface.

Comme l'intensité de la lumière réfléchie sur les corps transparents est toujours beaucoup plus faible que celle de la lumière réfractée, on voit ainsi pourquoi cette dernière ne peut présenter qu'une polarisation partielle.

317. *Lois de Malus et de Brewster.* — Malus ([1]) avait déjà reconnu par expérience que les incidences principales i et i', pour lesquelles la polarisation est complète par réflexion extérieure ou intérieure à la surface d'un milieu d'indice n, satisfont à la loi de Descartes

$$\sin i = n \sin i'.$$

Un rayon qui se propage dans le second milieu en sens contraire du rayon réfracté correspondant à l'incidence extérieure principale donne donc aussi par réflexion intérieure de la lumière complètement polarisée.

La loi du phénomène a été énoncée d'une manière plus complète par Brewster ([2]). *La tangente de l'incidence principale est égale à l'indice de réfraction du second milieu par rapport au premier.*

Si n et n' sont les indices du premier et du second milieu et i l'incidence principale dans le premier, on aura

$$\tan i = \frac{n'}{n} \qquad \text{ou} \qquad n \sin i = n' \cos i.$$

([1]) MALUS, *Mém. d'Arcueil*, t. II, p. 143; 1808.

([2]) BREWSTER, *Phil. Trans. L. R. S.*, 1815, p. 125.

L'angle i' de réfraction correspondante satisfaisant à la loi de Descartes, il en résulte

$$\cos i = \sin i' \qquad \text{ou} \qquad i + i' = \frac{\pi}{2}.$$

On peut donc énoncer la loi de Brewster sous cette autre forme : *pour l'incidence de polarisation complète, le rayon réfracté est perpendiculaire au rayon réfléchi.*

Remarquons encore que, si cette condition est réalisée pour la lumière SA (*fig.* 163) qui tombe sur la première surface d'une lame à faces parallèles, elle l'est également pour le rayon réfracté

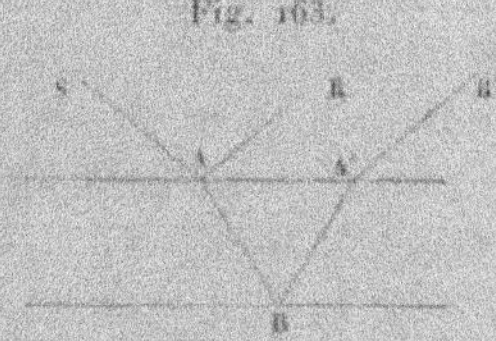

Fig. 163.

correspondant AB sur la seconde surface. Le rayon BA', qui provient de la réflexion intérieure, est donc complètement polarisé et, comme la réfraction en A' ne change pas son état, par raison de symétrie, le rayon émergent A'R' est aussi polarisé dans le plan d'incidence. Il en serait de même pour un nombre quelconque de réflexions intérieures, de sorte que le faisceau complexe réfléchi dans la direction AR est entièrement polarisé.

318. *Réflexion et réfraction de la lumière polarisée.* — Lorsque la lumière polarisée se réfléchit sous l'incidence principale, le rayon réfléchi est de nouveau polarisé dans le plan d'incidence et son intensité obéit à la loi de Malus. Si la lumière polarisée se réfléchit sous une incidence différente ou se réfracte dans une direction quelconque, le rayon réfléchi ou réfracté reste encore polarisé ; mais la relation qui existe entre l'azimut du plan de polarisation et l'azimut primitif ne peut être établie que par une théorie plus complète de la réflexion et de la réfraction.

Cette relation est évidente dans le cas particulier où le plan de polarisation est parallèle ou perpendiculaire au plan d'incidence. En effet, le rayon modifié conserve alors, par raison de symétrie, la même polarisation, parallèle ou perpendiculaire au plan d'incidence, et l'affaiblissement qu'il éprouve est variable avec l'azimut de polarisation.

319. *Propriétés de la tourmaline.* — En étudiant l'action de la tourmaline sur la lumière, Biot ([1]) a reconnu dans ce cristal la singulière propriété d'éteindre, en proportions très inégales, les deux rayons produits par la double réfraction.

La tourmaline est un milieu à un axe dont les cristaux appartiennent au système rhomboédrique. Une lame à faces perpendiculaires à l'axe est presque absolument opaque, sous une épaisseur de 1^{mm} ou 2^{mm}, suivant la coloration du cristal, pour des rayons qui la traversent normalement. Sous une épaisseur analogue, une lame parallèle à l'axe ne laisse passer qu'un rayon réfracté, lequel est polarisé dans un plan perpendiculaire à la section principale; c'est donc le rayon extraordinaire.

Une lame parallèle à l'axe agit de la même manière sur un rayon polarisé : elle le laisse passer ou l'éteint, suivant que le plan de polarisation est perpendiculaire ou parallèle à la section principale; si la polarisation primitive est dans un azimut quelconque, l'intensité du rayon obéit à la loi de Malus.

Plusieurs autres cristaux colorés se comportent de la même manière. L'un des plus remarquables est un sel de quinine obtenu par Herapath en faisant cristalliser, par l'addition de quelques gouttes d'alcool iodé, une solution de bisulfate de quinine dans l'acide acétique. Les cristaux produits lentement se présentent sous la forme de lamelles d'un reflet métallique verdâtre, colorées en violet clair par transparence, qui jouissent de la propriété d'absorber l'un des rayons réfractés sous une épaisseur beaucoup moindre que la tourmaline ([2]).

320. *Polariseurs et analyseurs.* — On appelle ainsi des appareils qui permettent de *polariser* la lumière naturelle; ils jouissent en même temps de la propriété réciproque, quand ils reçoivent de la lumière polarisée, de donner un rayon d'intensité

([1]) Biot, *Ann. de Chimie*, t. XCIV, p. 191; 1815.
([2]) Stokes, *B. A. R.*, 1852. Part II. p. 15.

variable avec l'azimut de polarisation ; ils permettent donc aussi d'*analyser* la lumière, c'est-à-dire de reconnaître si un rayon est polarisé, ou renferme une fraction de lumière polarisée, et de déterminer l'azimut de polarisation.

La réflexion sous un angle différent de l'incidence principale et la réfraction simple peuvent déjà jouer le rôle de polariseurs, mais elles ne donnent que de la lumière partiellement polarisée. D'autre part, si l'on utilise l'une de ces opérations comme analyseur, on pourra bien distinguer un rayon naturel d'un rayon polarisé et déterminer l'azimut de polarisation, mais sans reconnaître si la polarisation est totale ou partielle.

La réflexion par une glace noire sous l'incidence principale fournit un polariseur très commode, quoiqu'elle affaiblisse beaucoup la lumière et donne une grande déviation.

Delezenne (¹) élimine ce dernier inconvénient par une nouvelle réflexion sur un miroir qui ramène le rayon dans sa direction primitive et ne conserve plus qu'une déviation latérale.

Toutefois la polarisation ne paraît bien complète que quand on emploie une lumière modérée, comme la lumière diffuse du jour ou la lumière des nuées ; avec des sources très intenses, telles qu'un faisceau de rayons solaires, on reconnaît aisément qu'une seconde réflexion sous le même angle ne permet pas d'éteindre d'une manière absolue les rayons réfléchis sur le polariseur. La réflexion sous l'incidence principale ne produit donc, en réalité, qu'une polarisation imparfaite.

321. *Pile de glaces.* — On peut augmenter beaucoup l'intensité de la lumière polarisée par réflexion au moyen d'une série de lames parallèles, constituant ce qu'on appelle une *pile de glaces*. Sous l'incidence principale, la lumière est polarisée par toutes les réflexions sur l'une quelconque des surfaces intérieures du système; la lumière réfléchie, transmise ensuite au travers des lames précédentes dans le premier milieu, reste polarisée dans le plan d'incidence par raison de symétrie.

L'intensité de la lumière réfléchie augmente alors avec le nombre des lames, puisque le faisceau transmis diminue de plus en plus.

(¹) Delezenne, *Mém. de la Soc. des Sciences de Lille*, p. 129; 1834.

La polarisation est incomplète pour des directions différentes de l'incidence principale.

Les piles de glaces conviennent surtout pour obtenir de la lumière polarisée par réfraction. Supposons que les rayons primitifs ne soient pas très éloignés de l'incidence principale. La réfraction sur la première surface donne une quantité A de lumière polarisée dans le second azimut et une quantité B de lumière qui reste naturelle, la somme A + B représentant l'intensité totale de lumière réfractée. Sur la seconde face, le rayon polarisé A se transmet plus facilement que la lumière naturelle, puisque la réflexion serait nulle pour l'incidence principale, et donnera une quantité mA de lumière qui reste polarisée. La lumière naturelle B donne un rayon réfracté plus faible nB ($n < m$) comprenant une fraction pnB de lumière polarisée et le reste $(1-p)n$B de lumière naturelle.

En ne tenant pas compte des réflexions intérieures, le rapport de la lumière naturelle à la lumière polarisée, qui était $\dfrac{B}{A}$ après la première réfraction, a diminué après la seconde, puisqu'il a pour expression

$$\frac{(1-p)n\mathrm{B}}{m\mathrm{A}+pn\mathrm{B}}=\frac{\mathrm{B}}{\mathrm{A}}\frac{(1-p)\dfrac{n}{m}}{1+p\dfrac{n}{m}\dfrac{\mathrm{B}}{\mathrm{A}}}.$$

Si l'intensité du faisceau primitif est prise pour unité, la première lame en polarise une fraction $f = m\mathrm{A} + pn\mathrm{B}$ et laisse une fraction plus petite $\varphi = (1-p)n\mathrm{B}$ à l'état naturel.

La lumière polarisée étant toujours plus apte à la réfraction, une nouvelle lame donnera, comme lumière polarisée, d'abord une fraction ff' ($f' > f$) provenant de f, puis $f\varphi$, et la lumière naturelle sera φ^2. Le rapport de la lumière naturelle à la lumière polarisée, qui était $\dfrac{\varphi}{f}$ après la première lame, devient, après la seconde,

$$\frac{\varphi^2}{f(f'+\varphi)}=\frac{\varphi}{f}\frac{\varphi}{f'+\varphi}.$$

Pour une pile de N lames, ce rapport serait $\dfrac{\varphi}{f}\left(\dfrac{\varphi}{f'+\varphi}\right)^{N-1}$ et il tend rapidement vers zéro, à mesure que le nombre des lames augmente. Le faisceau de lumière polarisée ainsi obtenu pourra donc avoir une ouverture angulaire très notable.

Le seul inconvénient de la pile de glaces est qu'une partie de la lumière est diffusée et échappe à la polarisation quand les surfaces ne sont pas extrêmement propres ; en outre, la polarisation est troublée si les verres présentent des traces de trempe.

322. *Polariseurs biréfringents.* — Toutefois, on a recours le plus souvent à la double réfraction. Une lame de tourmaline parallèle à l'axe convient dans un grand nombre de cas et elle peut s'intercaler facilement dans tous les appareils ; son seul inconvénient est d'affaiblir beaucoup la lumière. Elle présente encore l'avantage que la polarisation est sensiblement complète, non seulement pour les rayons normaux à l'axe, mais aussi pour des rayons très inclinés sur cette direction, de sorte que le champ angulaire de polarisation est très étendu.

Une lame de spath d'Islande à faces parallèles est le meilleur des polariseurs, mais les deux rayons émergents sont parallèles au rayon incident. On ne peut les séparer qu'en prenant un faisceau incident assez étroit et en interceptant par un corps opaque l'un des faisceaux réfractés.

L'emploi d'un prisme de spath achromatisé par un prisme inverse de crown (313) permet d'obtenir des rayons réfractés dans des directions différentes, l'un ordinaire et l'autre extraordinaire. C'est une forme de polariseur très commode, et l'on peut facilement, s'il est nécessaire, intercepter l'un ou l'autre des deux rayons polarisés à angle droit.

Nous reviendrons plus loin sur les polariseurs biréfringents dans lesquels on élimine un des rayons réfractés.

323. *Interférence des rayons polarisés.* — Fresnel reconnut d'abord que les rayons polarisés subissent la diffraction et interfèrent entre eux comme la lumière naturelle.

Il suffit, pour s'en assurer, de répéter l'expérience des miroirs sous l'incidence principale ou d'employer, pour une expérience quelconque d'interférence, de la lumière primitivement polarisée dans un azimut arbitraire. Les franges existent dans tous les cas et aux mêmes points que pour la lumière naturelle.

Fresnel (¹) a cherché ensuite, pour une série d'expériences ingénieuses, s'il est possible de faire interférer deux rayons polarisés à angle droit, tels que les rayons ordinaire et extraordinaire du spath d'Islande.

Une première expérience consiste à prendre comme source de lumière un point S (ou une fente) situé dans le voisinage d'un rhomboïde de spath, de faible épaisseur, de manière à obtenir deux images virtuelles très rapprochées.

Le rayon ordinaire O est en retard sur le rayon extraordinaire E, mais on peut compenser ce retard en plaçant une lame de verre e d'épaisseur convenable sur le trajet du dernier. En inclinant un peu cette lame on fait varier la différence de marche qu'elle produit, de manière à corriger par tâtonnements les petites erreurs de calcul ou de construction.

Dans une seconde expérience, les deux rayons réfractés O et E ont été reçus sur une lame de verre. Le rayon extraordinaire E réfléchi sur la seconde face et le rayon ordinaire O' réfléchi sur la première peuvent avoir parcouru des chemins équivalents, pour une épaisseur et une direction convenables de la lame, et se trouver dans les conditions propres à la production des franges.

Enfin le rhomboïde de spath a été coupé en deux et l'un des morceaux placé à la suite de l'autre en croisant les sections principales. Dans ce cas, les deux rayons émergents OE' et EO' ont parcouru exactement le même chemin pour la direction normale, et les chemins diffèrent extrêmement peu l'un de l'autre quand on s'écarte de la normale.

Néanmoins, avec quelque soin qu'aient été faites ces différentes expériences, il fut impossible d'apercevoir aucune trace d'interférence dans la région commune aux deux faisceaux. Fresnel en conclut « que les deux systèmes d'ondes dans lesquels se divise la lumière en traversant les cristaux n'avaient aucune action l'un sur l'autre, ou du moins que leur influence mutuelle ne pouvait pas produire de résultat apparent ».

(¹) FRESNEL, Œuvres, t. I, p. 385, 410 et 509.

Fresnel et Arago se sont ensuite associés pour examiner de plus près les résultats de cette expérience imprévue.

Ils construisirent « deux piles de glace identiques composées chacune de quinze feuilles de mica prises deux à deux dans une même lame et placées de façon à faire correspondre les parties voisines, afin que les épaisseurs traversées par les deux faisceaux lumineux fussent le moins différentes possible ».

Ces piles, qui polarisent presque complètement la lumière pour une direction de 30° avec la surface, furent installées séparément devant les deux fentes qui servent à produire les franges d'Young.

Lorsque les plans d'incidence étaient parallèles, on apercevait les franges ordinaires, à la vérité très irrégulières, sans doute à cause de l'imperfection des piles de lames. Quand on disposa les plan d'incidence à angle droit, les franges disparurent complètement, sans qu'il fût possible d'en distinguer la moindre trace, même en faisant varier lentement l'inclinaison d'une des piles, afin de compenser les différences d'épaisseur.

Une expérience plus facile, et qui conduit à la même conclusion, consiste à placer une lame de gypse ou de quartz devant les deux fentes. Les franges ne sont pas modifiées; il devrait cependant exister deux systèmes de franges à droite et à gauche du système central, puisque les rayons ordinaires émanant de l'une des fentes présentent une différence de marche avec les rayons extraordinaires de l'autre et réciproquement.

Fresnel choisit alors une lame de gypse limpide de 1^{mm} d'épaisseur environ, qu'il coupa en deux parties pour les placer respectivement devant les fentes A et B, de manière que leurs sections principales soient rectangulaires. On aperçoit alors deux systèmes de franges séparés par un intervalle blanc considérable : l'un d'eux est produit par l'interférence des rayons ordinaires A_o de l'une des fentes avec les rayons extraordinaires B_e de la seconde; l'autre par les rayons A_e et B_o. Le système central n'existe plus, parce que les rayons A_o et B_o, A_e et B_e, dont la différence de marche est nulle, sont polarisés à angle droit.

Les systèmes latéraux s'évanouissent, au contraire, et le système central reparaît quand les sections principales des deux lames de gypse sont parallèles.

Pour savoir s'il est possible de faire interférer deux rayons polarisés à angle droit en les ramenant au même azimut de polarisation, on peut observer les franges au travers d'un analyseur formé d'un rhomboèdre de spath d'Islande, ou mieux d'un prisme de spath achromatisé pour mieux séparer les deux images. Si la section principale du spath est à 45° sur celle du gypse, chacun des rayons, tel que A_o fourni par l'une des fentes, donnera deux rayons A_{oo} et A_{oe} dans l'analyseur. Il y aura donc à la sortie de l'analyseur huit faisceaux d'intensités égales.

Lorsque les gypses situés derrière les fentes sont parallèles, les rayons A_o et B_o, A_e et B_e, producteurs du système de franges médian, apparaissent dans l'image ordinaire $(A_o B_o)_o$, $(A_e B_e)_o$, et dans l'image extraordinaire $(A_o, B_o)_e$, $(A_e, B_e)_e$ sans différence de marche nouvelle et reproduisent dans ces deux images un système de franges médian. Quant aux rayons A_o et B_e, A_e et B_o, ils sont bien ramenés aux mêmes azimuts de polarisation $(A_o, B_e)_o$, $(A_e, B_o)_o$ et $(A_o, B_e)_e$, $(A_e, B_o)_e$, chacun des groupes de rayons deux à deux conservant sa différence de marche primitive, mais les franges latérales n'apparaissent pas encore.

De même, quand les gypses sont à angle droit, l'examen du faisceau commun par un analyseur dont la section principale est à 45° sur celles des gypses conserve les franges latérales, mais ne fait pas apparaître le système médian.

Il y a donc ici une circonstance très remarquable à signaler, c'est que des rayons, quoique polarisés dans le même plan, sont devenus incapables d'interférence; cela tient à ce qu'ils proviennent d'un faisceau primitif de lumière naturelle.

Il suffit, en effet, de recommencer l'expérience en polarisant la lumière primitive dans un azimut de 45° sur la section principale des gypses pour voir apparaître les systèmes de franges latéraux quand les gypses sont parallèles et le système médian quand les gypses sont à angle droit. L'analyseur montre, dans les deux cas, trois systèmes de franges dans chacune des images, c'est-à-dire en tout six systèmes de franges.

Il est important d'examiner la nature de la frange centrale dans les systèmes de franges rétablis par l'analyseur. Si la section principale de l'analyseur est parallèle au plan primitif de polarisation, la frange centrale des systèmes rétablis est blanche dans l'image ordinaire et noire dans l'image extraordinaire. L'inverse a lieu si la section principale de l'analyseur est perpendiculaire au plan primitif de polarisation.

En d'autres termes, la frange centrale des systèmes rétablis est blanche ou noire suivant que les rayons sont ramenés à une polarisation parallèle ou perpendiculaire à leur polarisation primitive.

Cette inversion permet d'expliquer pourquoi les franges n'apparaissaient pas avec une lumière primitive naturelle. On peut considérer, en effet, la lumière naturelle comme la superposition de lumières polarisées à angle droit. Si l'on choisit les deux azimuts de polarisation primitive des rayons qui constituent la lumière naturelle, l'un parallèle et l'autre perpendiculaire à la section principale de l'analyseur, on voit que la frange centrale d'un système rétabli sera blanche pour une des moitiés et noire pour l'autre moitié du faisceau primitif, de sorte que toute interférence disparaîtra par leur superposition.

Les expériences de Fresnel et Arago peuvent se résumer ainsi :

1° Deux rayons polarisés dans le même plan agissent l'un sur l'autre comme des rayons naturels.

2° Deux rayons polarisés à angle droit ne peuvent interférer.

3° Deux rayons polarisés à angle droit et ramenés au même plan de polarisation interfèrent s'ils proviennent d'un faisceau primitivement polarisé et n'interfèrent pas si le faisceau primitif est naturel.

4° Deux rayons polarisés à angle droit et ramenés ensuite au même plan de polarisation donnent une frange centrale blanche ou noire, suivant que la polarisation nouvelle est parallèle ou perpendiculaire à l'azimut primitif. Dans ce dernier cas, le retard physique des deux rayons est égal à la différence des chemins optiques augmentée d'une demi-longueur d'onde.

324. *Mode d'observation.* — Il est important de pouvoir répéter facilement cette expérience capitale. Le moyen le plus commode consiste à prendre une lame de gypse clivé (¹) ou une lame de quartz parallèle à l'axe et à la couper en deux à 45° de la

---

(¹) Une lame de gypse clivé se comporte comme une lame d'un cristal à un axe taillée parallèlement à l'axe. Outre le clivage habituel le plus facile, le gypse

section principale; on rapproche ensuite les deux fragments M
et N (*fig.* 164), après avoir retourné l'un d'eux face pour face, et
on les colle sur un petit support. Les sections principales des deux
fragments sont alors rectangulaires.

On utilise ensuite un appareil d'interférence quelconque, miroirs adossés, biprisme inverse, bilames, demi-lentilles, etc., capable de produire deux images réelles A et B d'une source ayant

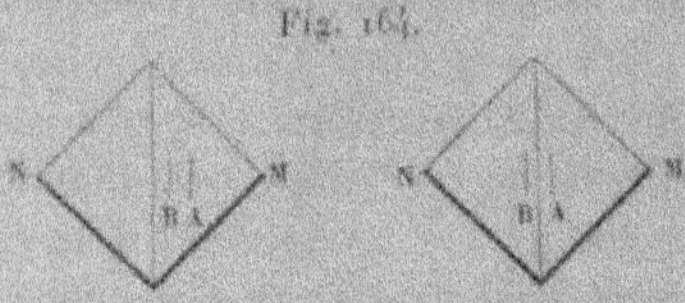

Fig. 164.

l'empiètement des faisceaux et la production des franges, et l'on
place la lame coupée dans le voisinage du plan où se forment les
images réelles. Si les deux images A et B tombent sur la même
lame M, on se trouve dans le cas de l'expérience de Fresnel et
Arago avec des lames de gypse parallèles. Si les images A et B
tombent sur des lames différentes, on est dans le cas des gypses
croisés. L'appareil étant ainsi disposé, il suffit de polariser la lumière primitive dans un plan parallèle ou perpendiculaire aux
fentes, et de placer la section principale de l'analyseur dans l'une
ou l'autre de ces directions, pour apercevoir les trois systèmes de
franges dans chacune des images.

325. *Vibrations transversales.* — Fresnel ne tarda pas à reconnaître ([1]) que les lois relatives à l'interférence des rayons po-

---

présente deux autres clivages, l'un fibreux et l'autre vitreux faisant entre eux
un angle de 65°51'. Si l'on clive une lame de gypse en rhombe, de manière que
les côtés AB et AC (*fig.* 165) qui correspondent respectivement à ces deux cli-

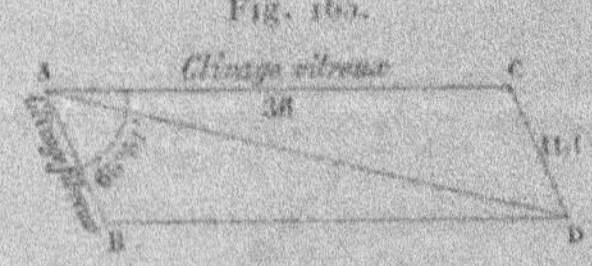

Fig. 165.

vages soient dans le rapport de 11,1 à 36, la section principale est parallèle à la
diagonale AD.

([1]) FRESNEL, *Œuvres*, t. I, p. 629.

larisés ont pour conséquence nécessaire que dans un rayon de lumière polarisée la vibration est rectiligne et perpendiculaire au rayon, c'est-à-dire *transversale*; elle est d'ailleurs symétrique par rapport au plan de polarisation (parallèle ou perpendiculaire).

Comme la lumière naturelle se transforme sans perte d'intensité totale en deux faisceaux polarisés à angle droit, on en conclut aussi qu'un rayon de lumière naturelle ne renferme pas de vibrations longitudinales, car ces vibrations n'auraient pu disparaître par la polarisation et elles se retrouveraient dans l'un ou l'autre des rayons polarisés qui en résultent. Cette conclusion inattendue a soulevé une vive controverse, particulièrement avec Poisson qui considérait la permanence des vibrations transversales dans un milieu comme incompatible avec la dynamique des fluides; Arago lui-même ne put se décider à suivre son collaborateur dans les conséquences de leurs expériences communes.

La non-interférence des rayons polarisés à angle droit prouve d'abord que la vibration sur un de ces rayons n'a pas de composante longitudinale, car ces composantes donneraient au moins des interférences partielles. La vibration est donc dans un plan perpendiculaire au rayon.

Comme elle est symétrique par rapport au plan de polarisation, on peut la décomposer en ses deux projections, a et b, l'une parallèle et l'autre perpendiculaire au plan de polarisation. Pour deux rayons polarisés à angle droit, les vibrations auraient ainsi deux composantes a et b, a' et b', les composantes a et b', b et a', étant respectivement parallèles. Ces composantes devraient donner entre elles au moins des interférences partielles; comme il n'en est pas ainsi, d'après l'expérience, il faut que les vibrations résultantes restent rectangulaires, c'est-à-dire que l'une des composantes, a ou b, doit être nulle.

Le calcul permet de préciser ce raisonnement synthétique.

Si l'on considère une onde plane et qu'on rapporte la vibration à trois axes rectangulaires dont deux, x et y, sont dans le plan de l'onde et le troisième z dans le sens de la propagation, les composantes de la vibration sont de la forme

$$(\text{I}) \qquad \begin{cases} x = a \sin(\omega t + \alpha), \\ y = b \sin(\omega t + \beta), \\ z = c \sin(\omega t + \gamma). \end{cases}$$

Pour une onde plane différente superposée à la première, les composantes de la vibration seront, de même,

$$(2) \quad \begin{cases} x' = a' \sin(\omega t + \alpha'), \\ y' = b' \sin(\omega t + \beta'), \\ z' = c' \sin(\omega t + \gamma'), \end{cases}$$

et les carrés des amplitudes A, B, C des projections de la vibration résultante sont de la forme

$$A^2 = a^2 + a'^2 + 2aa' \cos(\alpha - \alpha') = (a - a')^2 + 4aa' \cos^2 \frac{\alpha - \alpha'}{2}.$$

Lorsque les ondes considérées émanent primitivement de la même source, les différences de phase $\alpha - \alpha'$, $\beta - \beta'$ et $\gamma - \gamma'$, relatives aux trois projections, proviennent de la différence des chemins parcourus et ont la même valeur δ. L'amplitude résultante R est donc

$$R^2 = (a - a')^2 + (b - b')^2 + (c - c')^2 + 4(aa' + bb' + cc') \cos^2 \frac{\delta}{2}.$$

Pour que l'interférence soit complète, il faut que cette expression puisse être nulle, c'est-à-dire que les amplitudes A, B et C soient nulles séparément, ce qui exige qu'on ait en même temps

$$a = a', \qquad b = b', \qquad c = c',$$

et les amplitudes seront nulles pour $\delta = (2p + 1)\pi$.

Les vibrations sont donc identiques, sauf la différence de phase : c'est la condition ordinaire des interférences.

Pour que la première vibration (1) soit polarisée dans le plan des xz, il faut que la trajectoire de la projection sur le plan de l'onde

$$\frac{x^2}{a^2} + \frac{y^2}{b^2} - 2\frac{xy}{ab} \cos(\alpha - \beta) = \sin^2(\alpha - \beta)$$

soit une ellipse symétrique par rapport aux axes des x et des y, c'est-à-dire qu'on ait

$$(3) \quad \cos(\alpha - \beta) = 0 \quad \text{ou} \quad \sin(\alpha - \beta) = \pm 1.$$

Si les vibrations (1) et (2) sont identiques, sauf une rotation du plan de polarisation de 90° autour de l'axe des z et une différence de phase commune δ, on pourra remplacer les équations (2) par les suivantes :

$$(2)' \quad \begin{cases} x' = y = b\sin(\omega t + \beta - \delta), \\ y' = -x = -a\sin(\omega t + \alpha - \delta), \\ z' = z = c\sin(\omega t + \gamma - \delta). \end{cases}$$

Les amplitudes des projections de la vibration résultante sont alors

$$A^2 = a^2 + b^2 + 2ab\cos(\alpha - \beta + \delta),$$
$$B^2 = a^2 + b^2 - 2ab\cos(\alpha - \beta - \delta),$$
$$C^2 = 2c^2(1 + \cos\delta),$$

et le carré de l'amplitude résultante

$$R^2 = 2(a^2 + b^2 + c^2) + 2c^2\cos\delta + 4ab\sin(\alpha - \beta)\sin\delta,$$

ou, en vertu des équations (3) qui définissent la lumière polarisée,

$$R^2 = 2(a^2 + b^2 + c^2) + 2c^2\cos\delta \pm 4ab\sin\delta.$$

Puisque les deux rayons sont polarisés à angle droit, aucune interférence n'a lieu, et l'intensité doit être constante ; il faut donc qu'on ait séparément

$$c = 0 \quad \text{et} \quad ab = 0.$$

La première condition montre qu'il n'existe pas de composante longitudinale ; la seconde exige que l'une des amplitudes a ou b soit nulle.

La vibration d'un rayon polarisé est donc transversale, rectiligne et parallèle ou perpendiculaire au plan de polarisation.

Les vibrations sont aussi transversales, sans être rectilignes, dans une lumière de nature quelconque, puisqu'elle se décompose totalement en deux faisceaux polarisés à angle droit.

La conclusion est encore vraie si l'on ne suppose pas les vibrations pendulaires, car le même raisonnement s'applique aux vibrations simples de différentes périodes dans lesquelles un mouvement périodique quelconque peut être décomposé.

326. *Conséquences.* — La loi de Malus se justifie alors très facilement. Prenons pour plan de figure le plan d'une onde polarisée et l'axe des x dans la direction de la vibration, qui est

$$x = a \sin(\omega t + z).$$

Si l'on fait tomber le rayon normalement sur un spath d'Islande dont la section principale SS' (*fig.* 166) fait l'angle i avec

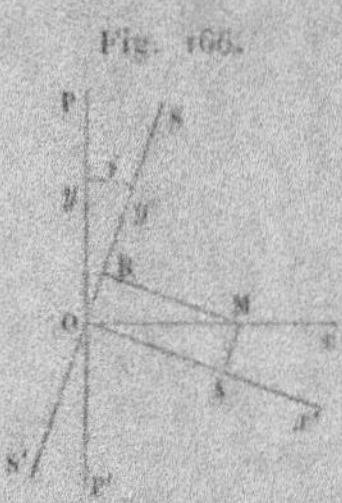

Fig. 166.

le plan PP' normal à la vibration, on peut décomposer la vibration primitive OM en deux autres

$$OA = x' = a \cos i \sin(\omega t + z),$$
$$OB = y' = a \sin i \sin(\omega t + z).$$

Ces deux vibrations étant situées, l'une dans la section principale et l'autre dans un plan perpendiculaire, donneront séparément, par raison de symétrie, les deux rayons réfractés. Si l'on appelle I l'intensité du rayon primitif, I' et I'' les intensités correspondant aux vibrations x' et y', et qu'on désigne par m'^2 et m''^2 deux coefficients plus petits que l'unité, qui dépendent de la quantité de lumière réfléchie, on aura

$$I' = m'^2 I \cos^2 i,$$
$$I'' = m''^2 I \sin^2 i.$$

Si la vibration est dans le plan de polarisation, la section principale SS' fait l'angle $SO x = i' = \dfrac{\pi}{2} - i$ avec le plan primitif $O x$ de polarisation; la vibration OB correspond au rayon ordinaire, la vibration OA au rayon extraordinaire, et les intensités correspondantes O et E donnent

$$O = m'^2 I \cos^2 i',$$
$$E = m'^2 I \sin^2 i'.$$

Si la vibration est perpendiculaire au plan de polarisation, PP'
est le plan primitif et OA correspond au rayon ordinaire; par
suite,

$$O = m'^2 I \cos^2 i,$$
$$E = m''^2 I \sin^2 i.$$

Comme les coefficients m'^2 et m''^2 diffèrent très peu de l'unité,
on reconnaît la loi de Malus dans les deux cas. Il est clair que
le même raisonnement s'applique à la lumière réfléchie sur une
lame de verre sous l'incidence principale, ou à celle qui traverse
une pile de glaces.

La quatrième loi de Fresnel et Arago, relative aux rayons polarisés à angle droit, issus d'un rayon primitivement polarisé, et
qu'on ramène dans un même plan de polarisation, est une simple
conséquence des projections des vibrations.

Si l'on décompose la vibration primitive OM (*fig.* 167) en deux
vibrations rectangulaires OA et OB suivant des droites Ox' et Oy',
ces vibrations correspondront à deux rayons polarisés à angle droit.

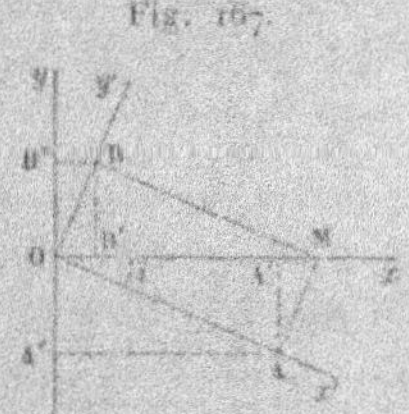

Fig. 167.

A l'aide d'un polariseur dont la section principale est, par exemple,
parallèle au plan primitif de polarisation, on décomposera de
nouveau chacune des vibrations OA et OB en deux autres OA' et
OA'', OB' et OB'', parallèles et perpendiculaires à la vibration
primitive. Les vibrations OA' et OB' sont évidemment ramenées
dans le plan primitif de polarisation; elles sont de même sens et
leur différence de marche ne dépendra que des chemins parcourus;
la frange centrale sera maximum et la même pour toutes les couleurs, c'est-à-dire blanche.

Les vibrations OA'' et OB'', au contraire, dont l'azimut de polarisation est perpendiculaire au plan primitif, ont des directions
opposées. Elles interfèrent donc pour une différence de chemin

nulle, de sorte que la frange centrale est noire. Dans ce cas, il faut ajouter un retard d'une demi-longueur d'onde à l'un des rayons, pour obtenir la différence de marche apparente.

327. *Lumière naturelle.* — La lumière naturelle ne doit renfermer également que des vibrations transversales, car un ensemble de rayons polarisés indifféremment dans tous les azimuts jouit des mêmes propriétés qu'un rayon de lumière naturelle. D'autre part, un rayon naturel donne dans un cristal biréfringent deux rayons réfractés polarisés à angle droit dont les vibrations sont transversales; s'il existait dans le rayon primitif des vibrations longitudinales, elles ne pourraient passer que dans la lumière réfléchie et celle-ci devrait présenter au plus haut degré le caractère de lumière naturelle, tandis qu'elle se rapproche au contraire de la lumière polarisée. On doit donc admettre que la lumière naturelle est formée par des vibrations transversales de formes différentes et que ces vibrations se succèdent à des intervalles très rapprochés par rapport à la durée des impressions sur la rétine ou des actions photographiques.

Nous citerons, avec Verdet (¹), l'opinion émise sur ce sujet par Fresnel (²) dans ses *Considérations mécaniques sur la polarisation de la lumière :*

« Si la polarisation d'un rayon lumineux consiste en ce que toutes ses vibrations s'exécutent suivant une même direction, il résulte de mon hypothèse sur la génération des ondes lumineuses qu'un rayon émanant d'un seul centre d'ébranlement se trouve toujours polarisé suivant un certain plan à un instant déterminé. Mais un instant après la direction du mouvement change, et avec elle le plan de polarisation, et ces variations se succèdent aussi rapidement que les perturbations des vibrations de la particule éclairante; en sorte que, lors même qu'on pourrait séparer la lumière qui en émane de celle des autres points lumineux, on n'y reconnaîtrait sans doute aucune apparence de polarisation. Si l'on considère maintenant l'effet produit par la réunion de toutes

---

(¹) VERDET, *Œuvres*, t. I, p. 281.
(²) FRESNEL, *Œuvres*, t. II, p. 635.

les ondes qui émanent des différents points d'un corps éclairant, on sentira qu'à chaque instant, et pour un point déterminé de l'éther, la résultante générale de tous les mouvements qui s'y exercent aura une direction déterminée, mais que cette direction variera d'un instant à l'autre. Ainsi la lumière directe (naturelle) peut être considérée comme la réunion et, plus exactement, comme la succession rapide de systèmes d'ondes polarisés suivant toutes les directions. »

Si l'on ajoute à l'idée de Fresnel ce complément essentiel que chaque vibration est en général elliptique, il reste à déterminer les conditions auxquelles doivent satisfaire une série de vibrations elliptiques successives pour présenter à l'observation les caractères de la lumière naturelle.

Il faut d'abord que les intensités moyennes des deux composantes rectangulaires soient toujours égales, car un rayon naturel, à part les pertes par réflexion, donne dans un cristal biréfringent orienté dans un azimut quelconque deux rayons réfractés d'égale intensité.

Pour une vibration en particulier, les projections sur deux axes rectangulaires sont de la forme

$$(4) \qquad \begin{cases} x = a \sin(\omega t + \alpha), \\ y = b \sin(\omega t + \beta). \end{cases}$$

Si l'on considère une série de vibrations, la moyenne M des intensités pendant un temps très court en valeur absolue, mais très grand par rapport à la période, doit être la même pour les deux composantes, c'est-à-dire

$$(4)' \qquad M(a^2) = M(b^2).$$

Cette condition est indépendante de la direction des axes. En rapportant les vibrations à un système d'axes rectangulaires x_1 et y_1 qui fait l'angle i avec le premier, les amplitudes a_1 et b_1 des nouvelles composantes sont (158)

$$(5) \qquad \begin{cases} a_1^2 = a^2 \cos^2 i + b^2 \sin^2 i + ab \sin 2i \cos(\alpha - \beta), \\ b_1^2 = a^2 \sin^2 i + b^2 \cos^2 i - ab \sin 2i \cos(\alpha - \beta). \end{cases}$$

Les images resteront d'égale intensité,

$$(4)'' \qquad\qquad M(a_1^2) = M(b_1^2).$$

pour la condition

$$(5)' \qquad\qquad M[ab\cos(\alpha - \beta)] = 0.$$

Enfin, d'après la troisième loi de Fresnel et Arago, les faisceaux $M(a^2)$ et $M(b^2)$, polarisés à angle droit, sont incapables d'interférer quand on les ramène dans le même plan de polarisation.

Si l'on impose à l'une des composantes, y par exemple, une perte de phase quelconque δ, comme celle qui se produirait dans un cristal, l'intensité de l'image dans un azimut arbitraire θ doit être indépendante des angles i et δ, ce qui donne la nouvelle condition

$$(6) \qquad\qquad M[ab\cos(\alpha - \beta + \delta)] = 0$$

ou, en tenant compte de $(5)'$,

$$(6)' \qquad\qquad M[ab\sin(\alpha - \beta)] = 0.$$

Les équations $(4)'$, $(5)'$ et $(6)'$ définissent donc la lumière naturelle. Il est facile de montrer que, si elles sont satisfaites pour un système quelconque d'axes rectangulaires, elles sont indépendantes du choix des axes.

En effet, si l'on représente par

$$a_1\sin(\omega t + \alpha_1) \quad \text{et} \quad b_1\sin(\omega t + \beta_1)$$

les composantes d'une vibration rapportée aux axes x_1 et y_1 dans l'azimut i, on a (158)

$$a_1 b_1 \cos(\alpha_1 - \beta_1) = ab\cos 2i\cos(\alpha - \beta) - \frac{a^2 - b^2}{2}\sin 2i,$$

$$a_1 b_1 \sin(\alpha_1 - \beta_1) = ab\sin(\alpha - \beta);$$

par suite, en tenant compte de $(4)'$, $(5)'$ et $(6)'$,

$$(5)'' \qquad\qquad M[a_1 b_1 \sin(\alpha_1 - \beta_1)] = 0,$$

$$(6)'' \qquad\qquad M[a_1 b_1 \cos(\alpha_1 - \beta_1)] = 0.$$

328. *Cas de deux vibrations.* — Il y a une infinité de ma-

nières de concevoir un système de vibrations successives qui produisent de la lumière naturelle; il est intéressant de chercher comment on peut satisfaire aux conditions de la manière la plus simple. Une vibration unique ne suffit pas évidemment; il faut au moins deux vibrations d'espèces différentes

$$x = a\sin(\omega t + \alpha), \qquad x' = a'\sin(\omega t + \alpha'),$$
$$y = b\sin(\omega t + \beta); \qquad y' = b'\sin(\omega t + \beta');$$

qui se succèdent régulièrement.

On peut supposer, par un choix convenable des phases, que les amplitudes a, b, a' et b' sont toutes positives.

En appelant τ la période de succession de ces deux vibrations, m et m' les fractions de la durée τ qui correspondent respectivement à chacune d'elles, les équations de condition, appliquées à l'intervalle de temps τ, deviennent

$$ma^2 + m'a'^2 = mb^2 + m'b'^2,$$
$$mab\cos(\alpha - \beta) + m'a'b'\cos(\alpha' - \beta') = 0,$$
$$mab\sin(\alpha - \beta) + m'a'b'\sin(\alpha' - \beta') = 0.$$

Il en résulte

$$m^2a^2b^2 = m'^2a'^2b'^2,$$

ce qui correspond à deux solutions

(A) $$mab + m'a'b' = 0,$$
(B) $$mab - m'a'b' = 0.$$

La première (A) ne peut être satisfaite que si les deux termes sont nuls, c'est-à-dire si

$$b = 0 \quad \text{et} \quad a' = 0$$

ou

$$a = 0 \quad \text{et} \quad b' = 0.$$

Les deux vibrations sont alors rectilignes, polarisées à angle droit, et leurs intensités sont en raison inverse de leurs durées respectives, car on a

$$ma^2 = m'b'^2 \quad \text{ou} \quad m'a'^2 = mb^2.$$

La seconde solution (B) donne d'abord

$$\alpha' - \beta' = \alpha - \beta \pm \pi.$$

et

$$\frac{ab}{a^2 - b^2} = \frac{a'b'}{b'^2 - a'^2} \qquad \text{ou} \qquad \frac{a}{b} = \frac{b'}{a'} = k;$$

par suite,

$$\frac{m}{m'} = \frac{a'b'}{ab} = \frac{b'^2}{a^2} = \frac{a'^2}{b^2}.$$

Les vibrations sont elliptiques et les directions des axes sont déterminées par les équations

$$\tan 2\theta = \frac{2ab}{a^2 - b^2} \cos(\alpha - \beta).$$

$$\tan 2\theta' = \frac{2a'b'}{a'^2 - b'^2} \cos(\alpha' - \beta').$$

Comme les sinus et cosinus des angles $\alpha - \beta$ et $\alpha' - \beta'$ sont égaux et de signes contraires, on voit que ces axes sont parallèles et que les vibrations sont *conjuguées* (169). C'est ce que M. Stokes [1] appelle des vibrations *contrairement polarisées*.

Leurs intensités sont aussi en raison inverse de leurs durées respectives, car on a

$$\frac{m}{m'} = \frac{b'^2}{a^2} = \frac{a'^2}{b^2} = \frac{a'^2 + b'^2}{a^2 + b^2}.$$

Il est clair qu'un ensemble quelconque de couples de vibrations conjuguées reproduit aussi de la lumière naturelle, mais il n'est pas nécessaire que les vibrations soient ainsi groupées par couples.

329. *Expérience de Dove.* — Si les vibrations sont toutes rectilignes, suivant la conception de Fresnel, on peut supposer, en admettant que les amplitudes a et b seront positives ou négatives, que l'on a toujours $\alpha - \beta = 0$; les conditions se réduisent alors à

$$M(a^2) = M(b^2),$$
$$M(ab) = 0.$$

A cette combinaison se rattache une expérience par laquelle Dove [2] a montré que, si l'on fait tourner rapidement un pola-

---

[1] Stokes, *Phil. Mag.*, [4], t. II, p. 346; 1852.
[2] Dove, *Pogg. Ann.*, t. LXXI, p. 97; 1847.

riseur éclairé par de la lumière naturelle, le faisceau émergent conserve toutes les propriétés de la lumière naturelle.

Toutefois, sir G. Airy [1] a fait remarquer qu'au point de vue d'une théorie rigoureuse l'expérience de Dove est plutôt une imitation qu'une reproduction exacte de lumière naturelle.

Considérons, en effet, d'une manière plus générale, une vibration elliptique dont les axes sont mobiles et dont les composantes rapportées aux axes sont

$$\xi = a \sin \omega t,$$
$$\eta = b \cos \omega t.$$

Les projections de la vibration sur deux axes fixes rectangulaires x et y qui font l'angle i avec les axes de l'ellipse sont

$$x = a \cos i \sin \omega t - b \sin i \cos \omega t,$$
$$y = a \sin i \sin \omega t + b \cos i \cos \omega t.$$

Ces projections peuvent s'écrire

$$2x = + a[\sin(\omega t + i) + \sin(\omega t - i)]$$
$$- b[\sin(\omega t + i) - \sin(\omega t - i)],$$
$$2y = - a[\cos(\omega t + i) - \cos(\omega t - i)]$$
$$+ b[\cos(\omega t + i) + \cos(\omega t - i)];$$
$$2x = + (a - b)\sin(\omega t + i) + (a + b)\sin(\omega t - i),$$
$$2y = - (a - b)\cos(\omega t + i) + (a + b)\cos(\omega t - i).$$

Si les axes de l'ellipse tournent d'une manière uniforme, c'est-à-dire si l'angle i est proportionnel au temps, $i = mt$, on a

$$x = + \frac{a - b}{2} \sin(\omega + m)t + \frac{a + b}{2} \sin(\omega - m)t,$$
$$y = - \frac{a - b}{2} \cos(\omega + m)t + \frac{a + b}{2} \cos(\omega - m)t.$$

Il est manifeste que ces expressions représentent deux vibrations circulaires de sens contraires, d'amplitudes $\dfrac{a - b}{2}$ et $\dfrac{a + b}{2}$

---

[1] Sir G. Airy, *Undulatory theory of Light*, art. 185 (3ᵉ édition).

et de périodes différentes T_1 et T_2 définies par les équations

$$\frac{1}{T_1} = \frac{\omega + m}{2\pi} = \frac{1}{T} + \frac{m}{2\pi} = \frac{1}{T}\left(1 + \frac{mT}{2\pi}\right),$$

$$\frac{1}{T_2} = \frac{\omega - m}{2\pi} = \frac{1}{T} - \frac{m}{2\pi} = \frac{1}{T}\left(1 - \frac{mT}{2\pi}\right).$$

On aurait ainsi deux vibrations circulaires de longueurs d'onde ou de couleurs différentes, mais le terme $\frac{mT}{2\pi}$ n'est jamais assez grand, c'est-à-dire la période $\frac{2\pi}{m}$ de rotation du polariseur assez petite par rapport à la période T des vibrations lumineuses, pour que cette espèce particulière de dispersion soit appréciable.

330. *Combinaison de vibrations elliptiques.* — Il y a également une infinité de manières de combiner des vibrations elliptiques pour constituer de la lumière naturelle, mais il est nécessaire que des vibrations de sens contraires existent simultanément. En effet, le sens d'une vibration elliptique dépend du signe de l'expression $ab\sin(\alpha - \beta)$ et il serait impossible de satisfaire à la condition $M[ab\sin(\alpha - \beta)] = 0$ si toutes les vibrations elliptiques étaient de même sens. Cette conséquence se trouve encore vérifiée par une expérience de Dove.

Une lame biréfringente placée à la suite d'un polariseur produit évidemment une vibration elliptique d'un sens déterminé puisqu'elle introduit une perte de phase sur l'une des composantes de la vibration rectiligne primitive. En faisant tourner rapidement un polariseur suivi d'une lame de mica, Dove a constaté que la lumière émergente présente les caractères au moins partiels d'une vibration circulaire.

Airy fait remarquer à ce sujet que, si les modifications des vibrations elliptiques qui se produisent dans une lumière naturelle avaient lieu d'une manière continue, par une série de variations infiniment petites dans la direction et le rapport des axes des ellipses, chacune de ces variations serait accompagnée, comme pour le cas d'une rotation continue, d'un changement de longueur d'onde. L'existence d'une lumière naturelle absolument homogène n'est donc compatible qu'avec des changements brusques et discontinus dans l'état vibratoire en chaque point.

331. *Lumière partiellement polarisée*. — Lorsque les conditions d'une lumière naturelle ne sont pas satisfaites, on a, par rapport à deux axes rectangulaires,

$$M(a^2) = A,$$
$$M(b^2) = B,$$
$$M[ab\cos(\alpha - \beta)] = C,$$
$$M[ab\sin(\alpha - \beta)] = D.$$

La lumière est alors *partiellement polarisée* et ses propriétés sont définies par les coefficients A, B, C, D, dont les deux premiers sont essentiellement positifs.

Si l'on suppose $A > B$, on peut considérer la lumière comme formée de deux parties, un faisceau de lumière naturelle

$$M_1(a^2) = M_1(b^2) = A',$$
$$M_1[ab\cos(\alpha - \beta)] = 0,$$
$$M_1[ab\sin(\alpha - \beta)] = 0,$$

et un faisceau résiduel

$$M_2(a^2) = A - A',$$
$$M_2(b^2) = B - A',$$
$$M_2[ab\cos(\alpha - \beta)] = C,$$
$$M_2[ab\sin(\alpha - \beta)] = D.$$

Ce dernier équivaut à une vibration unique permanente

$$a^2 = A - A',$$
$$b^2 = B - A',$$
$$ab\cos(\alpha - \beta) = C,$$
$$ab\sin(\alpha - \beta) = D,$$

et la constante A' est déterminée par la condition

$$C^2 + D^2 = a^2 b^2 = (A - A')(B - A'),$$

qui donne

$$(7) \qquad A' = \frac{A + B}{2} \pm \frac{1}{2}\sqrt{(A - B)^2 + 4(C^2 + D^2)}.$$

Pour que la vibration résiduelle soit rectiligne, il faut qu'on ait

$$\sin(\alpha - \beta) = 0 \qquad \text{ou} \qquad D = 0.$$

La lumière primitive est alors formée d'un faisceau de lumière naturelle d'intensité $2A'$ et d'un faisceau polarisé d'intensité $A + B - 2A'$. La lumière est *partiellement polarisée* et le plan de polarisation partielle est celui de la vibration résiduelle.

L'azimut de cette vibration est donné par l'équation

$$\tan^2 i = \frac{b^2}{a^2} = \frac{B - A'}{A - A'}.$$

Lorsque le coefficient D diffère de zéro, la vibration résiduelle est circulaire ou elliptique. On peut dire que le faisceau est *en partie polarisé circulairement ou elliptiquement*.

La direction des axes de la vibration elliptique résiduelle et leur rapport sont donnés par les équations

$$\tan 2\theta = \frac{2ab\cos(\alpha - \beta)}{a^2 - b^2} = \frac{2C}{A - B},$$

$$\sin 2\varphi = \frac{2ab\sin(\alpha - \beta)}{a^2 + b^2} = \frac{2D}{A + B - 2A'}.$$

Enfin, la vibration résiduelle est circulaire quand on a

$$A + B - 2A' = 2D.$$

Il est clair, comme on pourrait facilement le vérifier, que le résultat final de cette décomposition est indépendant du choix des axes qui ont servi à évaluer les coefficients A, B, C et D. Tous les systèmes de rayons qui ont les mêmes coefficients par rapport à deux axes rectangulaires sont donc *équivalents*.

332. — Pour ne pas interrompre le raisonnement, nous avons supposé que l'équation (7) ne donne pour A' qu'une valeur positive plus petite que B. Comme la somme $A + B - 2A'$ est égale à $a^2 + b^2$ et par suite positive, on voit déjà qu'il faut prendre le signe — devant le radical, c'est-à-dire la plus petite des racines de l'équation (7). Cette racine devant être positive, il est nécessaire que l'on ait

$$(8) \qquad\qquad AB - (C^2 + D^2) > 0,$$

condition qui est toujours réalisée pour une succession de vibrations quelconques.

En effet, si l'on appelle m, m', m'', ... les fractions de la période de succession τ relatives à chacune d'elles, on a

$$A = \Sigma m a^2,$$
$$B = \Sigma m b^2,$$
$$AB = \Sigma m a^2 \Sigma m b^2 = \Sigma m^2 a^2 b^2 + \Sigma m m' a^2 b'^2;$$

d'autre part,

$$C^2 + D^2 = [\Sigma m a b \cos(\alpha - \beta)]^2 + [\Sigma m a b \sin(\alpha - \beta)]^2$$
$$= \Sigma m^2 a^2 b^2 + 2 \Sigma m m' a b a' b' \cos[(\alpha - \beta) - (\alpha' - \beta')],$$

et la condition (8) se réduit à

$$\Sigma m m' a^2 b'^2 - 2 \Sigma m m' a b a' b' \cos[(\alpha - \beta) - (\alpha' - \beta')] > 0.$$

Si l'on remplace le second terme par la quantité plus grande $2\Sigma m m' a b a' b'$, on a encore

$$\Sigma m m' a^2 b'^2 - 2 \Sigma m m' a b a' b' = \Sigma m m' (a b' - a' b)^2 > 0.$$

La condition (8) est donc *a fortiori* satisfaite.

Enfin, lorsque l'on a

$$AB - (C^2 + D^2) = 0,$$

il en résulte

$$A' = 0;$$

le système équivaut à une vibration permanente unique, pour laquelle la direction et le rapport des axes sont donnés par les équations

$$\tan 2\theta = \frac{2C}{A - B},$$

$$\sin 2\varphi = \frac{2D}{A + B} = \frac{2\sqrt{AB - C^2}}{A + B}.$$

Cette vibration est circulaire quand $2D = A + B$; elle est rectiligne quand $D = 0$ et, par suite, $C^2 = AB$.

333. *Direction des vibrations*. — Le phénomène des interférences laisse indéterminée la question de savoir si le plan de vibration, qui passe par le rayon et la vibration d'une lumière polarisée, est parallèle ou perpendiculaire au plan de polarisation; cette question a donné lieu à un grand nombre de travaux sans

conduire à une démonstration définitive. Toutefois Fresnel [1] avait déjà montré que certaines conditions de symétrie et différents phénomènes physiques semblent devoir faire prévaloir l'hypothèse que ces deux plans sont rectangulaires.

1° Dans un cristal à un axe, comme le spath d'Islande, la vitesse de propagation des ondes planes est constante ou variable avec la direction, suivant que ces ondes sont ordinaires ou extraordinaires. Or rien ne distingue deux ondes parallèles d'espèces différentes si ce n'est la direction de la vibration, laquelle est rectiligne dans les deux cas. Si, comme il paraît évident, la vitesse de propagation dépend de la direction de la vibration par rapport à l'axe de symétrie du cristal, la vibration ordinaire doit faire un angle constant avec cet axe. Comme cette vibration est polarisée dans la section principale, c'est-à-dire dans un plan normal à l'onde et parallèle à l'axe, elle ne peut faire un angle constant avec l'axe que si elle est perpendiculaire à la section principale; la vibration ordinaire est alors perpendiculaire à l'axe, quelle que soit la direction du plan de l'onde et, par suite, elle est perpendiculaire au plan de polarisation.

Pour l'onde extraordinaire, la vibration est située dans la section principale et son inclinaison sur l'axe est variable avec la direction de l'onde.

2° Les propriétés de la tourmaline conduisent à la même conclusion. Ce cristal est opaque sous une faible épaisseur pour les rayons parallèles à l'axe; puisque les vibrations sont transversales, il éteint donc rapidement les vibrations perpendiculaires à l'axe et l'on doit admettre que le coefficient d'extinction d'un système de rayons ne dépend que de la direction des vibrations par rapport à l'axe de symétrie du milieu. D'autre part, une lame parallèle à l'axe ne laisse passer que le rayon extraordinaire et éteint le rayon ordinaire. Cette propriété ne s'explique physiquement que si les vibrations ordinaires restent perpendiculaires à l'axe, c'est-à-dire si elles sont perpendiculaires au plan de polarisation.

3° Enfin plusieurs autres phénomènes physiques, tels que le dichroïsme, la réflexion, la réfraction, la diffusion, etc., condui-

[1] FRESNEL, *Œuvres*, t. I, p. 637.

sent encore aux mêmes conclusions, relativement à la direction des vibrations dans un milieu isotrope.

On doit signaler cependant une difficulté relative aux cristaux. L'onde ordinaire étant toujours normale au rayon dans les milieux à un axe, les vibrations restent dans le plan de l'onde, qu'on suppose le plan de vibration perpendiculaire ou parallèle à la section principale. Pour l'onde extraordinaire, qui est en général oblique au rayon, la vibration serait bien encore normale au rayon et dans le plan de l'onde si on la supposait perpendiculaire à la section principale, c'est-à-dire dans le plan de polarisation; mais, si la vibration est dans la section principale du cristal, l'une au moins des deux conditions précédentes ne peut être satisfaite.

En réalité, la théorie de l'élasticité montre que la vibration du rayon extraordinaire est oblique au rayon et au plan de l'onde : elle peut être située soit dans l'angle de la normale au rayon avec sa projection sur le plan de l'onde, soit même en dehors de cet angle. Il en sera de même pour les deux ondes d'un cristal qui ne possède pas d'axe de symétrie.

La double réfraction étant toujours très faible, l'angle du rayon extraordinaire avec le plan de l'onde diffère très peu de 90°, de sorte que l'on peut, sans erreur sensible, considérer la vibration comme étant dans le plan de l'onde ou normale au rayon. La vibration du rayon extraordinaire est alors dirigée suivant la projection du rayon sur le plan de l'onde.

CHAPITRE IX.

DOUBLE RÉFRACTION.

334. *Tentatives pour généraliser la loi d'Huygens.* — La double réfraction du spath d'Islande, dont la découverte est due à Erasme Bartholin [1], se retrouve avec les mêmes caractères dans tous les cristaux qui possèdent un axe de symétrie [2]. Huygens a vérifié, dans un certain nombre de cas simples, que ce phénomène s'explique d'une manière complète en admettant que l'onde caractéristique se compose de deux surfaces distinctes, une sphère et un ellipsoïde de révolution, tangentes sur l'axe.

La loi d'Huygens ne fut pas adoptée par Newton et resta longtemps dans l'oubli jusqu'à ce qu'elle fût confirmée par les expériences de Wollaston [3]. Dans l'hypothèse de l'émission, on doit considérer la double surface d'Huygens comme le lieu des points auxquels les molécules lumineuses parviennent au bout de temps égaux ; la vitesse de propagation du rayon extraordinaire serait en raison inverse du rayon vecteur correspondant de l'ellipsoïde.

Laplace [4] a montré que le principe de la moindre action permet alors de déterminer la direction des deux rayons réfractés ; il en résulte aussi que l'action du milieu sur les molécules du rayon ordinaire est constante, tandis que sur les molécules du rayon extraordinaire elle varie par un terme proportionnel au carré du sinus de l'angle que le rayon fait avec l'axe [5].

Dans les cristaux qui ne présentent pas la symétrie à un axe, on a cru pendant longtemps que l'un des rayons réfractés suivait la loi de Descartes et restait ordinaire, et l'on cherchait à géné-

---

[1] E. Bartholin, *Experim. cristalli Islandici;* Amsdelodami, 1670.
[2] Brewster, *Phil. Trans. L. R. S.,* p. 199; 1818.
[3] Wollaston, *Phil. Trans. L. R. S.,* p. 381, 1802.
[4] Laplace, *Mém. de la 1re classe de l'Institut,* t. X, p. 306; 1809.
[5] *Voir* J. Herschel, *Traité d'Optique,* trad. franç., t. II, p. 8.

raliser la construction d'Huygens pour traduire la marche du rayon extraordinaire, par exemple en remplaçant l'ellipsoïde de révolution par un ellipsoïde à trois axes inégaux.

335. *Expériences de Fresnel.* — Fresnel ([1]) a montré d'abord qu'il n'y a plus de rayon ordinaire dans la topaze et que les vitesses de propagation des ondes réfractées sont toutes deux variables avec la direction des rayons.

Nous résumerons rapidement ces expériences capitales.

Désignons par Ox, Oy et Oz trois directions rectangulaires, respectivement normales aux trois plans de symétrie de la topaze, dont l'un est parallèle aux faces du clivage. Une lame parallèle à l'un des plans de symétrie se comporte, au moins pour des rayons voisins de la normale, comme si elle était taillée parallèlement à l'axe dans un milieu à un axe ; les deux rayons réfractés sont polarisés dans les deux autres plans de symétrie.

On taille dans un même cristal deux lames A et B ($fig.$ 168)

Fig. 168.

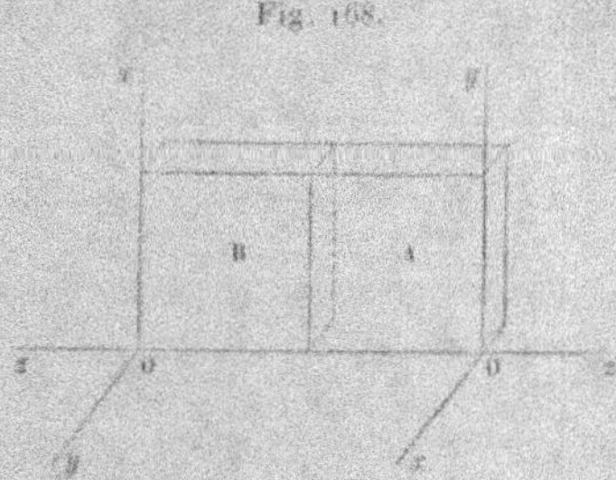

respectivement perpendiculaires à deux directions Ox et Oy ; on fait dans chacune d'elles une coupe perpendiculaire à la direction commune z, et on les rapproche l'une de l'autre. Ces lames sont travaillées ensemble et leurs faces simplement doucies pour qu'on puisse leur donner sensiblement la même épaisseur ; en les plaçant sur un verre plan et appuyant sur elles la surface légèrement convexe d'un prisme, on peut déterminer par les positions rela-

---

([1]) FRESNEL, *OEuvres*, t. II, n°s XXXVIII et XXXIX.

tives des anneaux de même ordre, de part et d'autre de la ligne de jonction, la différence de leurs épaisseurs : cette différence n'était que de deux ou trois ondulations.

Les lames sont alors enduites d'une couche légère de térébenthine et serrées entre deux plaques de verre à faces parallèles. La térébenthine rend d'abord le douci transparent (**229**), comme si les faces avaient été polies ; en outre, l'essence qui comble le vide laissé par la différence des épaisseurs rétablit sensiblement l'égalité des chemins optiques, puisque l'indice de réfraction du liquide diffère très peu des indices de la topaze.

L'appareil ainsi préparé, on le place devant les fentes d'Young dans une expérience d'interférences. Si les deux fentes sont couvertes par le même cristal, A ou B, on n'aperçoit encore qu'un système de franges, sans modification appréciable, à moins que l'ensemble des lames n'ait une forme légèrement prismatique.

Si les faisceaux de lumière traversent respectivement les deux morceaux A et B de topaze, on aperçoit au contraire deux systèmes de franges, dont l'un occupe la position primitive, à part un petit déplacement d'une fraction de frange qui s'explique par la couche supplémentaire de térébenthine correspondant à la différence des épaisseurs ; le centre de l'autre système est déplacé, au contraire, d'un grand nombre p de longueurs de franges, une vingtaine, par exemple, pour une épaisseur de 4^{mm} à 5^{mm}.

On reconnaît en outre, avec un analyseur, que le système central est polarisé parallèlement à l'axe commun Oz des deux topazes, c'est-à-dire dans le plan zOx pour la lame A et dans le plan zOy pour la lame B, tandis que le système latéral est polarisé dans un plan parallèle à la ligne de jonction, c'est-à-dire dans le plan xOy pour les deux lames. Les vitesses de propagation parallèles à x dans la lame A étant b et c, pour les rayons polarisés dans les plans xOy et xOz, les vitesses parallèles à Oy dans la lame B sont c et a pour les rayons polarisés dans les plans yOz et yOx. Si donc il existe un rayon ordinaire, sa vitesse est c et la direction z est l'axe du cristal.

En combinant la lame B avec une troisième lame C de même épaisseur perpendiculaire à la direction Oz, on aurait encore un système de franges central polarisé parallèlement à la direction Ox commune et un système latéral correspondant à un autre déplacement ; il y a donc suivant la direction Oz deux vitesses de propagation différentes a et b'.

Par suite, la vitesse de propagation ne reste constante pour aucun des rayons et il n'y a pas de rayon ordinaire.

Enfin, si l'on combinait les deux lames A et C, on obtiendrait également un système de franges latéral correspondant à la différence des vitesses a et c et un système sans déplacement, d'où il résulte que les vitesses b et b' sont égales.

Fresnel a vérifié directement cette conséquence par une autre expérience : dans un phénomène d'interférences avec les miroirs ou les fentes d'Young, on emploie de la lumière polarisée et l'on intercepte le faisceau par la lame C dont on incline les plans de symétrie à 45° sur le plan de polarisation. On n'aperçoit d'abord qu'un système de franges ; mais, si l'œil est muni d'un analyseur parallèle au plan primitif de polarisation, il apparaît deux autres groupes de franges à droite et à gauche, pour lesquels le déplacement des centres correspond à la différence des vitesses a et b'. Or ce déplacement correspond au même nombre p de franges que dans la première expérience où il était dû à la différence des vitesses a et b. Les rayons qui sont perpendiculaires aux plans de symétrie se propagent donc avec trois vitesses différentes a, b et c, groupées deux à deux.

336. *Double prisme de topaze.* — Pour mettre ces variations de vitesse en évidence, Fresnel a fait tirer d'une même topaze deux prismes taillés dans des directions différentes ; on les a réunis par une surface plane et travaillés ensemble pour leur donner sensiblement le même angle réfringent. Ils ont été ensuite collés à la térébenthine entre deux prismes de crown d'un seul morceau disposés de manière que les faces opposées, par lesquelles entre et sort la lumière, fussent parallèles entre elles et au plan bissecteur de l'angle réfringent des cristaux accouplés. Les prismes de topaze se trouvent ainsi presque entièrement achromatisés, mais la déviation reste encore supérieure à 15° pour un angle réfringent de 92°,5.

On vise au travers de ce système une fente parallèle à l'arête des prismes. Chacun d'eux fournit deux images ; s'il existait un rayon ordinaire, la déviation pour l'une d'elles serait indépendante de la direction de la taille par rapport aux plans de symétrie. En observant alternativement au travers de l'un ou l'autre prisme, ou en les plaçant tous deux devant l'objectif d'une lunette, deux des images seraient toujours superposées, tandis que cette coïncidence n'a lieu que dans des cas exceptionnels. En outre, comme les indices des rayons diffèrent très peu, il est évident que la distance angulaire des images est proportionnelle à leur différence ; en mesurant cette distance dans le cas du minimum de déviation, on pourra donc évaluer la différence des vitesses de propagation, deux à deux, des rayons qui traversent le cristal dans une direction perpendiculaire au plan bissecteur de l'angle réfringent.

337. *Ellipsoïde de polarisation.* — Il n'est donc plus possible de conserver la sphère d'Huygens et d'essayer de transformer l'ellipsoïde pour une généralisation ultérieure. Fresnel [1] a tourné cette difficulté d'une manière très heureuse en montrant que, par la considération des ondes planes substituée à celle de l'onde caractéristique, on peut représenter par un seul ellipsoïde de révolution, que Cauchy a appelé plus tard *ellipsoïde de polarisation,* toutes les propriétés des cristaux à un axe.

Considérons, en effet, l'ellipsoïde

$$(1) \qquad a^2 x^2 + b^2 (y^2 + z^2) = 1$$

dont les axes OA et $OB_1 = OB$ (*fig.* 169) sont respectivement $\frac{1}{a}$ et $\frac{1}{b}$; cherchons son intersection avec un plan P_0 qui passe par l'axe des y et dont l'équation est

$$(2) \qquad x \cos\theta + z \sin\theta = 0.$$

Cette intersection est une ellipse dont l'un des axes OB parallèle à y est égal à $\frac{1}{b}$ et dont l'autre axe OC, situé dans le plan xz, est donné par l'intersection de la droite (2) avec l'ellipse

$$a^2 x^2 + b^2 z^2 = 1.$$

En multipliant successivement cette dernière équation par $\sin^2\theta$

---

[1] Fresnel, *Œuvres,* t. II, p. 526.

et $\cos^2\theta$ et tenant compte de la précédente (2), on en déduit

$$x^2(a^2\sin^2\theta + b^2\cos^2\theta) = \sin^2\theta,$$
$$z^2(a^2\sin^2\theta + b^2\cos^2\theta) = \cos^2\theta;$$
$$\overline{OC}^2 = x^2 + z^2 = \frac{1}{a^2\sin^2\theta + b^2\cos^2\theta}.$$

On reconnait à ces expressions que les axes OB et OC de l'ellipse d'intersection représentent (50) respectivement les inverses des vitesses de propagation V' et V'' des ondes planes ordinaire et extraordinaire parallèles au plan P_0.

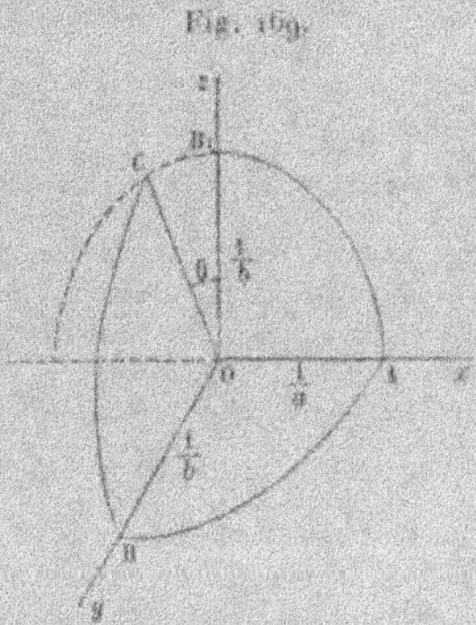

Fig. 169.

En outre, l'onde ordinaire est polarisée dans le plan xz perpendiculaire à l'axe OB. Si l'on admet la conception de Fresnel (333) relative à la direction des vibrations dans un rayon polarisé, l'axe OB est parallèle aux vibrations de l'onde ordinaire.

L'axe OC est aussi dans le plan de vibration de l'onde extraordinaire ; mais il n'est plus permis de dire en toute rigueur qu'il soit parallèle à la vibration extraordinaire, puisque, celle-ci ne pouvant être en même temps normale au rayon et située dans le plan de l'onde, on ignore pour le moment quelle est sa véritable direction.

Dans tous les cas, l'axe OC est parallèle à la projection, sur le plan de l'onde, de la vibration extraordinaire.

338. *Définition géométrique de la surface d'onde.* — Il suffit maintenant, pour aborder le problème des cristaux à deux

axes, de généraliser cette propriété en admettant avec Fresnel que l'ellipsoïde de polarisation a trois axes inégaux et une équation de la forme

$$(3) \qquad\qquad a^2 x^2 + b^2 y^2 + c^2 z^2 = 1.$$

Les axes de cet ellipsoïde sont respectivement $\dfrac{1}{a}$, $\dfrac{1}{b}$ et $\dfrac{1}{c}$; nous supposerons $a > b > c$.

Toutefois, Fresnel n'a pas tardé à abandonner cette méthode d'induction physique si remarquable pour essayer de constituer une théorie mathématique de la structure moléculaire des corps qui fût capable de conduire au même résultat. En s'appuyant sur un ensemble d'hypothèses dont quelques-unes au moins sont très contestables, il a trouvé que les propriétés mécaniques d'un milieu peuvent être représentées par un ellipsoïde auquel il a donné le nom d'*ellipsoïde des élasticités* et qui jouit des mêmes propriétés que l'ellipsoïde de polarisation par rapport à la propagation des mouvements vibratoires.

L'exactitude de ses travaux ultérieurs à ce sujet pouvait ainsi paraître subordonnée à celle de sa théorie de l'élasticité; c'est seulement après la publication de Mémoires inédits, dans les *Œuvres de Fresnel*, que l'on put connaître et apprécier la véritable marche de ses idées.

Si l'on appelle α, β, γ les cosinus des angles que fait, avec les axes, la normale N à un système d'ondes planes, on obtiendra les deux vitesses de propagation correspondantes en menant par le centre de l'ellipsoïde de polarisation un plan P_0

$$\alpha x + \beta y + \gamma z = 0$$

et déterminant les axes de l'ellipse E d'intersection. Les vitesses de propagation V_1 et V_2 sont respectivement égales aux inverses de ces axes, et le plan de vibration d'une onde est parallèle à l'axe correspondant de l'ellipse; les deux plans de vibration sont rectangulaires.

La surface d'onde est l'enveloppe des plans menés à des distances de l'origine égales aux vitesses de propagation. C'est donc l'enveloppe des plans

$$V = \alpha x + \beta y + \gamma z,$$

avec la condition que la valeur de V représente l'inverse de l'un des axes de l'ellipse E.

339. *Sections principales*. — Sans qu'il soit nécessaire de déterminer l'équation de la surface d'onde, on en connaît déjà les sections principales.

En effet, si les ondes sont parallèles à l'axe des x, on a $z = o$; l'un des axes de l'ellipse E est alors constant et égal à $\frac{1}{a}$; le second axe b' est donné par l'intersection de la droite $\beta y + \gamma z = o$ avec l'ellipse

$$b^2 y^2 + c^2 z^2 = 1,$$

dont les axes sont $\frac{1}{b}$ et $\frac{1}{c}$. Il en résulte, pour les deux vitesses de propagation,

$$V_1 = a,$$
$$V_2^2 = b^2 \gamma^2 + c^2 \beta^2.$$

La section de la surface d'onde par le plan des yz (*fig.* 170) est donc une circonférence de rayon a et une ellipse dont les axes c et b sont dirigés suivant les axes de coordonnées y et z. L'un des rayons suit la loi de Descartes et se comporte comme un rayon ordinaire avec l'indice de réfraction $n_1 = \frac{1}{a}$.

La vibration de ce rayon ordinaire est parallèle à l'axe des x; le plan de vibration yz du rayon extraordinaire est perpendiculaire à l'axe des x.

De même, la section de la surface d'onde par le plan des zx est une circonférence de rayon b et une ellipse dont les axes a et c sont respectivement parallèles aux coordonnées z et x. L'un des rayons est encore ordinaire avec l'indice $n_2 = \frac{1}{b}$.

Enfin la section par le plan des xy est encore une circonférence de rayon c et une ellipse dont les axes b et a sont parallèles aux coordonnées x et y. Dans ce cas, le rayon ordinaire a pour indice $n_3 = \frac{1}{c}$.

Ces quantités n_1, n_2 et n_3 sont les *indices principaux* de réfraction du milieu.

340. *Axes optiques.* — Remarquons que, dans la section principale xz perpendiculaire à l'axe moyen $\frac{1}{b}$ de l'ellipsoïde de polarisation, la circonférence de rayon b et l'ellipse dont les axes sont a et c se coupent en deux points au-dessus du plan des xy. Il y a donc deux directions pour lesquelles les tangentes à l'ellipse et au cercle se confondent; les deux vitesses V_1 et V_2 sont alors égales à b. Ces directions correspondent évidemment au cas où le plan P_0 est parallèle aux plans cycliques de l'ellipsoïde de polarisation.

Fig. 170.

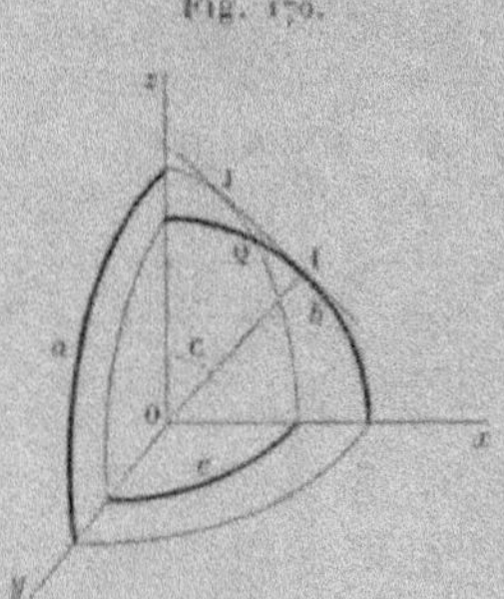

L'équation (3) de cet ellipsoïde peut s'écrire

$$(3)' \quad [b^2(x^2+y^2+z^2)-1] + [(a^2-b^2)x^2-(b^2-c^2)z^2] = 0;$$

les plans cycliques ont pour équation

$$(a^2-b^2)x^2-(b^2-c^2)z^2 = 0,$$

puisque leur intersection avec l'ellipsoïde est la même qu'avec la sphère de rayon $\frac{1}{b}$.

Pour les ondes parallèles aux plans cycliques de l'ellipsoïde de polarisation, il n'y a qu'une vitesse de propagation b, de sorte que la double réfraction est supprimée. Les normales à ces ondes jouissent donc de propriétés analogues à celles de l'axe dans les milieux à un axe de symétrie; ces directions ont été appelées les *axes optiques* et les milieux sont alors dits *à deux axes*.

La normale OI (*fig.* 170) aux plans cycliques est déterminée par la condition

$$\frac{x^2}{a^2 - b^2} = \frac{\gamma^2}{b^2 - c^2} = \frac{1}{a^2 - c^2},$$

et l'angle C qu'elle fait avec l'axe des z est

$$\operatorname{tang}^2 C = \frac{x^2}{\gamma^2} = \frac{a^2 - b^2}{b^2 - c^2}.$$

Cette normale passe par le point de contact I de la tangente commune avec la circonférence de rayon b.

Le plan tangent au point I touche la surface dans le plan des xz en un second point J ; il y a donc, pour une même vitesse de propagation b, au moins deux rayons différents.

On peut ainsi résoudre directement la plupart des problèmes, par la seule considération des sections principales, mais il est nécessaire de recourir à la surface d'onde quand la normale aux ondes planes n'est plus dans un des plans de symétrie.

341. *Problème général.* — Considérons l'intersection de l'ellipsoïde de polarisation (3) par la sphère

$$(4) \qquad \qquad V^2(x^2 + y^2 + z^2) = 1.$$

En retranchant membre à membre les équations (3) et (4), on voit que les points d'intersection satisfont à l'équation

$$(5) \qquad (V^2 - a^2)x^2 + (V^2 - b^2)y^2 + (V^2 - c^2)z^2 = 0$$

qui représente un cône du second degré.

Par un point M (*fig.* 171) de l'intersection L de la sphère (4) avec l'ellipsoïde, menons un plan P_0 tangent au cône (5) ; désignant encore par α, β, γ les cosinus directeurs de la normale N, ce plan a pour équation

$$\alpha x + \beta y + \gamma z = 0$$

et il coupe l'ellipsoïde suivant une ellipse E.

La tangente MT à cette ellipse est en même temps tangente au cône et à l'ellipsoïde ; par suite, elle est tangente à la courbe sphérique L d'intersection de ces deux surfaces et normale au rayon OM. Cette droite OM est donc un des axes de l'ellipse et

M. — I. 36

son inverse représente la vitesse de propagation V d'une onde parallèle au plan P_0.

Si le plan P_0 est tangent au cône (5), la projection

$$(V^2 - a^2)x^2 + (V^2 - b^2)y^2 + (V^2 - c^2)\left(\frac{\alpha x + \beta y}{\gamma}\right)^2 = 0$$

de l'intersection du plan avec le cône sur le plan des xy se réduit à une droite, c'est-à-dire que le premier membre de l'équation est un carré parfait ; il en résulte la condition

$$\left(\frac{V^2 - a^2}{\alpha^2} + \frac{V^2 - c^2}{\gamma^2}\right)\left(\frac{V^2 - b^2}{\beta^2} + \frac{V^2 - c^2}{\gamma^2}\right) = \left(\frac{V^2 - c^2}{\gamma^2}\right)^2.$$

Fig. 171.

En supprimant le terme commun $\left(\frac{V^2 - c^2}{\gamma^2}\right)^2$, puis multipliant par $\alpha^2\beta^2\gamma^2$ et divisant par le produit $(V^2 - a^2)(V^2 - b^2)(V^2 - c^2)$, il vient

$$(6) \qquad \frac{\alpha^2}{V^2 - a^2} + \frac{\beta^2}{V^2 - b^2} + \frac{\gamma^2}{V^2 - c^2} = 0.$$

Les deux racines V_1^2 et V_2^2 de cette équation donneront les axes $\frac{1}{V_1}$ et $\frac{1}{V_2}$ de l'ellipse, c'est-à-dire les vitesses V_1 et V_2 des ondes parallèles à P_0. Le premier membre devant renfermer un ou deux termes négatifs, on voit que l'une des racines est comprise entre a^2 et b^2, l'autre entre b^2 et c^2.

Comme la droite OM est dans le plan P_0 et sur le cône (5), ses cosinus directeurs l, m et n satisfont aux conditions

$$\alpha l + \beta m + \gamma n = 0,$$
$$(V^2 - a^2)l^2 + (V^2 - b^2)m^2 + (V^2 - c^2)n^2 = 0.$$

En comparant avec l'équation (6), il en résulte

$$(7) \qquad \frac{V^2 - a^2}{\alpha} l = \frac{V^2 - b^2}{\beta} m = \frac{V^2 - c^2}{\gamma} n.$$

342. *Équation de la surface d'onde.* — La surface d'onde est l'enveloppe des plans dont l'équation est

$$(8) \qquad \alpha x + \beta y + \gamma z = V,$$

les cosinus α, β et γ satisfaisant aux conditions (6) et

$$(9) \qquad \alpha^2 + \beta^2 + \gamma^2 = 1.$$

Fresnel, arrêté par des difficultés de calcul, n'a obtenu l'équation de cette surface qu'en la supposant *a priori* du quatrième degré. Quoiqu'il ait justifié son hypothèse par des raisons très plausibles, la méthode était insuffisante au point de vue mathématique. Ampère ([1]) est le premier qui ait réussi à résoudre le problème sans aucune restriction, mais par une analyse très longue, quoique très symétrique. Une méthode beaucoup plus rapide a été indiquée par Archibald Smith ([2]).

Si l'on différentie les équations (6), (8) et (9), en considérant comme variables les quantités α, β, γ et V, on obtient

$$(6)' \qquad \frac{\alpha\, d\alpha}{V^2 - a^2} + \frac{\beta\, d\beta}{V^2 - b^2} + \frac{\gamma\, d\gamma}{V^2 - c^2} = K\, dV.$$

$$(8)' \qquad x\, d\alpha + y\, d\beta + z\, d\gamma = dV,$$

$$(9)' \qquad \alpha\, d\alpha + \beta\, d\beta + \gamma\, d\gamma = 0,$$

avec la condition

$$(10) \qquad K = \left[\frac{\alpha^2}{(V^2 - a^2)^2} + \frac{\beta^2}{(V^2 - b^2)^2} + \frac{\gamma^2}{(V^2 - c^2)^2} \right] V.$$

Une de ces équations devant être la conséquence des deux autres, si l'on ajoute les deux extrêmes, $(6)'$ et $(9)'$, après les avoir multipliées respectivement par des coefficients indéterminés

---

([1]) Ampère, *Ann. de Chim. et de Phys.*, [2], t. XXXIX, p. 113; 1828.
([2]) A. Smith, *Phil. Mag.*, t. XII, p. 335; 1838.

A et B, et qu'on identifie avec $(8)'$, on doit avoir

$$(11) \quad \begin{cases} x = A\alpha + \dfrac{B\alpha}{V^2 - a^2}, \\[2mm] y = A\beta + \dfrac{B\beta}{V^2 - b^2}, \\[2mm] z = A\gamma + \dfrac{B\gamma}{V^2 - c^2}, \end{cases}$$

$$(12) \qquad 1 = BK.$$

Il suffira alors d'éliminer les six inconnues α, β, γ, V, A et B entre les sept équations (6), (8), (9), (11) et (12).

Si l'on multiplie les équations (11) respectivement par α, β et γ et qu'on les ajoute en tenant compte de (6), (8) et (9), il reste

$$V = A.$$

Ces mêmes équations élevées au carré et ajoutées donnent, en représentant par r^2 la somme $x^2 + y^2 + z^2$,

$$r^2 = V^2 + B^2 \frac{K}{V} = V^2 + \frac{B}{V},$$

$$B = V(r^2 - V^2).$$

Avec ces valeurs de A et B, la première des équations (11) devient

$$x = V\alpha \left[1 + \frac{r^2 - V^2}{V^2 - a^2} \right] = V\alpha \frac{r^2 - a^2}{V^2 - a^2},$$

$$\frac{x}{r^2 - a^2} = \frac{V\alpha}{V^2 - a^2} = \frac{x - V\alpha}{r^2 - V^2}.$$

La même transformation répétée pour les autres coordonnées conduirait à des expressions analogues, par raison de symétrie, et l'on peut écrire

$$(11)' \quad \begin{cases} \dfrac{x}{r^2 - a^2} = \dfrac{x - V\alpha}{r^2 - V^2}, \\[2mm] \dfrac{y}{r^2 - b^2} = \dfrac{y - V\beta}{r^2 - V^2}, \\[2mm] \dfrac{z}{r^2 - c^2} = \dfrac{z - V\gamma}{r^2 - V^2}. \end{cases}$$

Il suffit maintenant d'ajouter ces équations, après les avoir mul-

tipliées respectivement par x, y, z en tenant compte de (8), pour
obtenir l'équation de la surface d'onde S

$$(14) \qquad \frac{x^2}{r^2 - a^2} + \frac{y^2}{r^2 - b^2} + \frac{z^2}{r^2 - c^2} = 1.$$

Si l'on remplace l'unité par $\dfrac{x^2 + y^2 + z^2}{r^2}$, le terme en x^2 est

$$x^2 \left(\frac{1}{r^2 - a^2} - \frac{1}{r^2} \right) = \frac{a^2 x^2}{r^2 (r^2 - a^2)}.$$

Répétant la même opération sur les autres termes et supprimant le diviseur commun r^2, on a

$$(14)' \qquad \frac{a^2 x^2}{r^2 - a^2} + \frac{b^2 y^2}{r^2 - b^2} + \frac{c^2 z^2}{r^2 - c^2} = 0.$$

Enfin, si l'on chasse les dénominateurs et qu'on supprime le
facteur commun $r^2 = x^2 + y^2 + z^2$, on trouve encore

$$(14)'' \quad \left\{ \begin{aligned} & r^2 (a^2 x^2 + b^2 y^2 + c^2 z^2) - a^2 (b^2 + c^2) x^2 \\ & - b^2 (c^2 + a^2) y^2 - c^2 (a^2 + b^2) z^2 + a^2 b^2 c^2 = 0. \end{aligned} \right.$$

On obtient ainsi trois formes différentes (14), (14)' et (14)''
pour l'équation de la surface d'onde ; c'est la dernière qui avait
été donnée par Fresnel.

343. *Surface d'onde réciproque* [1]. — Soient S la surface
d'onde (*fig.* 172), PM le plan tangent, OP $=$ V sa distance au
centre, OM $= r$ le rayon vecteur du point de contact M.

Si l'on prend sur la normale OP une longueur $r' = \mathrm{OM}' = \dfrac{1}{\mathrm{V}}$,
le lieu des points M' est la surface polaire réciproque S' de la surface d'onde S. Le plan tangent M'P' à cette surface est perpendiculaire au rayon conjugué OM et la normale OP' est égale à $\dfrac{1}{r}$.

L'équation de la surface S' s'obtient immédiatement ; car, si l'on
remplace dans (6) les cosinus α, β, γ par les coordonnées x', y',

z' du point M' qui leur sont proportionnelles et V par $\dfrac{1}{r'}$, on a

$$(15) \qquad \frac{x'^2}{a^2 r'^2 - 1} + \frac{y'^2}{b^2 r'^2 - 1} + \frac{z'^2}{c^2 r'^2 - 1} = 0.$$

Cette équation ne diffère de $(14)'$ que par le remplacement des longueurs a, b et c par leurs inverses $\dfrac{1}{a}$, $\dfrac{1}{b}$, $\dfrac{1}{c}$.

Fig. 173.

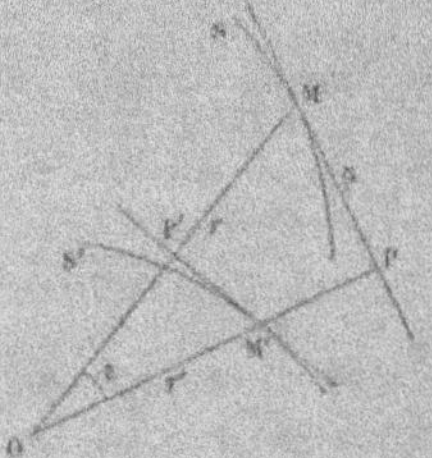

La surface S', polaire réciproque de S, est donc la surface d'onde qui correspondrait à l'ellipsoïde de polarisation

$$\frac{x^2}{a^2} + \frac{y^2}{b^2} + \frac{z^2}{c^2} = 1,$$

lequel est polaire réciproque de l'ellipsoïde (3).

Cette surface S' joue par rapport aux rayons OM le même rôle que la surface S par rapport aux normales OP, ou aux vitesses de propagation des ondes planes.

344. *Propriétés de la surface d'onde.* — Si l'on appelle p la distance PM du pied de la normale au plan d'onde à son point de contact avec la surface S; λ, μ, ν les cosinus directeurs de cette droite; α', β', γ' les cosinus du rayon vecteur OM, les projections des chemins OM et OPM sur les axes de coordonnées donnent

$$(16) \qquad \begin{cases} r\alpha' = V\alpha + p\lambda, \\ r\beta' = V\beta + p\mu, \\ r\gamma' = V\gamma + p\nu. \end{cases}$$

Comparant avec les équations (11) dans lesquelles on remplacera

x, y, z par $r\alpha'$, $r\beta'$, $r\gamma'$ et Λ par V, il en résulte

$$
(17)\quad
\begin{cases}
\rho\lambda = \dfrac{B\alpha}{V^2 - a^2} = \dfrac{1}{K}\dfrac{\alpha}{V^2 - a^2},\\[2ex]
\rho\mu = \dfrac{B\beta}{V^2 - b^2} = \dfrac{1}{K}\dfrac{\beta}{V^2 - b^2},\\[2ex]
\rho\nu = \dfrac{B\gamma}{V^2 - c^2} = \dfrac{1}{K}\dfrac{\gamma}{V^2 - c^2}.
\end{cases}
$$

On voit, d'après les équations (7), que les directions λ, μ, ν et l, m, n sont parallèles. La projection PM du rayon OM sur le plan de l'onde est donc parallèle à l'axe correspondant de l'ellipse d'intersection E de l'ellipsoïde de polarisation. Par suite, le *plan de vibration* d'une onde plane, ou du rayon correspondant, est le plan projetant du rayon sur l'onde.

Si l'on ajoute les équations (17) après les avoir élevées au carré, on a, en tenant compte de (10),

$$
\rho^2 = \frac{1}{K^2}\frac{K}{V} = \frac{1}{KV},
$$

$$
(18)\qquad \frac{1}{\rho^2} = V^2\left[\frac{\alpha^2}{(V^2 - a^2)^2} + \frac{\beta^2}{(V^2 - b^2)^2} + \frac{\gamma^2}{(V^2 - c^2)^2}\right].
$$

L'angle ε du rayon OM avec la normale OP, ou l'*angle de conjugaison*, est donc

$$
(19)\qquad \cot^2\varepsilon = \frac{V^2}{\rho^2} = V^4\left[\frac{\alpha^2}{(V^2 - a^2)^2} + \frac{\beta^2}{(V^2 - b^2)^2} + \frac{\gamma^2}{(V^2 - c^2)^2}\right].
$$

Quand on se donne la direction α, β, γ d'une onde plane, les vitesses de propagation V_1 et V_2, qui sont les inverses des axes de l'ellipse correspondante dans l'ellipsoïde de polarisation, sont déterminées par l'équation (6). On en déduira ρ^2, puis $r^2 = V^2 + \rho^2$ et enfin la direction α', β', γ' du rayon par les équations (16).

Les plans de vibration des deux ondes correspondant à la même direction sont rectangulaires.

Inversement, si l'on connaît la direction α', β', γ' d'un rayon OM (*fig.* 173), on déterminera à l'aide de la surface d'onde réciproque S', c'est-à-dire par l'équation

$$
(20)\qquad \frac{\alpha'^2}{U^2 - \dfrac{1}{a^2}} + \frac{\beta'^2}{U^2 - \dfrac{1}{b^2}} + \frac{\gamma'^2}{U^2 - \dfrac{1}{c^2}} = 0,
$$

les distances normales $U_1 = OP'_1$ et $U_2 = OP'_2$ aux plans tangents correspondants, c'est-à-dire les vitesses $r_1 = \dfrac{1}{U_1}$ et $r_2 = \dfrac{1}{U_2}$ des deux rayons qui se propagent suivant la même droite; leurs plans de vibration $OP'_1 M_1$ et $OP'_2 M_2$ sont encore rectangulaires.

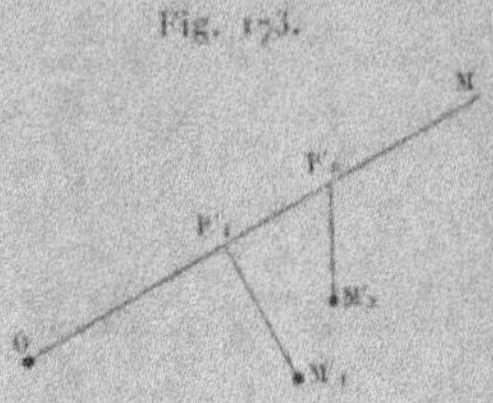

Fig. 173.

Enfin les points de contact M_1 et M_2 des plans tangents à la surface S' qui sont perpendiculaires à la droite OM déterminent les normales $r'_1 = OM_1$ et $r'_2 = OM_2$ aux ondes planes correspondantes et leurs vitesses de propagation $V_1 = \dfrac{1}{r'_1}$, $V_2 = \dfrac{1}{r'_2}$.

A toute propriété de la surface S relative aux ondes planes correspond ainsi une propriété de la surface réciproque S' relative aux rayons, et inversement.

345. *Réfractions coniques.* — Comme on l'a vu déjà (340), les ondes parallèles aux plans cycliques de l'ellipsoïde de polarisation ont la même vitesse de propagation $V = b$.

Si l'on prend l'équation de la surface d'onde sous la forme $(14)''$, les points pour lesquels le plan tangent est parallèle à l'axe des y s'obtiendront en égalant à zéro la dérivée partielle du premier membre par rapport à y, ce qui donne

$$2y\left[b^2(x^2 + y^2 + z^2) - b^2(c^2 + a^2) + a^2 x^2 + b^2 y^2 + c^2 z^2\right] = 0.$$

En dehors de la solution $y = 0$ qui correspond aux points situés dans le plan des xz, lesquels satisfont évidemment au problème, cette équation représente un ellipsoïde et peut s'écrire sous la forme

$$(21) \qquad \left\{ \begin{aligned} &\left[2b^2(x^2 + y^2 + z^2) - b^2(c^2 + a^2)\right] \\ &\quad + \left[(a^2 - b^2)x^2 - (b^2 - c^2)z^2\right] \end{aligned} \right\} = 0.$$

Il est manifeste que cet ellipsoïde a les mêmes plans cycliques que l'ellipsoïde de polarisation (3). Les ondes planes parallèles aux plans cycliques, et dont l'équation est

$$(22) \qquad x\sqrt{a^2-b^2} \pm z\sqrt{b^2-c^2} = b\sqrt{a^2-c^2},$$

coupent l'ellipsoïde (21) suivant une circonférence: la courbe de contact avec la surface d'onde est donc *circulaire*.

Pour avoir l'équation du cône qui passe par la courbe de contact, il suffit de combiner (21) et (22) de manière à obtenir une fonction homogène par rapport aux coordonnées.

L'équation

$$(b^2+a^2)\,x^2 + 2\,b^2 y^2 + (b^2+c^2)\,z^2 = \frac{a^2+c^2}{a^2-c^2}\left(x\sqrt{a^2-b^2} \pm z\sqrt{b^2-c^2}\right)^2$$

représente deux cônes à section droite elliptique pour lesquels le plan des xz est un plan de symétrie.

Quand on y fait $y=0$, le rapport $\frac{x}{z}$ représente la tangente de l'angle de l'axe des z avec l'une des génératrices du cône situées dans le plan de symétrie.

Si l'on considère seulement les valeurs positives de ce rapport qui correspondent aux directions situées dans l'angle xOz, l'équation qui en résulte

$$a^2(b^2-c^2)\left(\frac{x}{z}\right)^2 - (a^2+c^2)\sqrt{(a^2-b^2)(b^2-c^2)}\,\frac{x}{z} + c^2(a^2-b^2) = 0,$$

$$\frac{x}{z} = \frac{a^2+c^2 \pm (a^2-c^2)}{2\,a^2}\sqrt{\frac{a^2-b^2}{b^2-c^2}},$$

détermine les deux angles C et D de l'axe optique OI (*fig.* 174) et de la droite OJ avec l'axe des z. On a donc

$$\operatorname{tang} C = \sqrt{\frac{a^2-b^2}{b^2-c^2}}, \qquad \cos^2 C = \frac{b^2-c^2}{a^2-c^2}, \qquad \sin^2 C = \frac{a^2-b^2}{a^2-c^2},$$

$$\operatorname{tang} D = \frac{c^2}{a^2}\sqrt{\frac{a^2-b^2}{b^2-c^2}} = \frac{c^2}{a^2}\operatorname{tang} C.$$

L'angle $2\varphi = C - D$ du cône est

$$\tan 2\varphi = \frac{b^2 - c^2}{b^2} \tan C = \frac{\sqrt{(a^2 - b^2)(b^2 - c^2)}}{b^2}.$$

L'axe optique OI de la surface d'onde S passe par l'ombilic Q' de la surface d'onde réciproque S', puisqu'à une seule valeur de V correspond une seule valeur de r'.

De même, l'axe optique OI' de la surface d'onde S' passe par l'ombilic Q de la surface S.

Les angles C' et D' que font avec l'axe Oz les droites OI' et OJ' aboutissant aux points de contact du plan tangent singulier à la surface d'onde S' s'obtiendront en remplaçant les longueurs a, b et c par leurs inverses dans les expressions relatives aux angles C et D. On a ainsi

$$\tan C' = \frac{c}{a} \sqrt{\frac{a^2 - b^2}{b^2 - c^2}} = \frac{c}{a} \tan C,$$

$$\tan D' = \frac{a^2}{c^2} \tan C' = \frac{a}{c} \tan C,$$

et l'angle $2\varphi' = D' - C'$ du cône I'OJ' est

$$\tan 2\varphi' = \frac{b^2 - c^2}{c^2} \tan C' = \frac{1}{ab} \sqrt{(a^2 - b^2)(b^2 - c^2)}.$$

Lorsque le cristal est placé dans un milieu isotrope, les ondes perpendiculaires à l'axe optique émergent dans une direction unique qui est celle des *axes optiques extérieurs*. Si la surface de séparation est un plan perpendiculaire à la bissectrice Oz des axes optiques et que n soit l'indice de réfraction du milieu extérieur, l'angle $2C_1$ des axes optiques extérieurs est donné par la condition

$$n \sin C_1 = \frac{1}{b} \sin C = \frac{1}{b} \sqrt{\frac{a^2 - b^2}{a^2 - c^2}}.$$

Il peut arriver, en particulier quand l'angle C est supérieur à 45°, que l'angle C_1 soit imaginaire; il est alors plus avantageux d'observer la direction des axes optiques extérieurs sur une lame perpendiculaire à la bissectrice Ox. En appelant A l'angle de l'axe optique OI avec cette bissectrice, on a

$$\sin^2 A = \cos^2 C = \frac{b^2 - c^2}{a^2 - c^2},$$

et l'angle d'incidence A_1 de l'axe optique extérieur est

$$n \sin A_1 = \frac{1}{b} \sin A = \frac{1}{b} \sqrt{\frac{b^2 - c^2}{a^2 - c^2}}.$$

Si un rayon de lumière tombe sur le cristal dans la direction extérieure de l'axe optique, les rayons réfractés dans le cristal forment un cône circulaire IOJ ; c'est le phénomène de la *réfraction conique intérieure*. L'axe optique OI est appelé quelquefois l'axe de réfraction conique intérieure.

Fig. 174.

Inversement, si un rayon intérieur est parallèle à la direction OQ de l'ombilic, les normales aux ondes planes correspondantes sont les génératrices du cône circulaire I'OJ' relatif à la surface d'onde réciproque S', et les rayons réfractés forment un cône correspondant ; c'est la *réfraction conique extérieure*. L'axe de cette réfraction conique est l'axe optique OI' de l'onde réciproque.

Ces propriétés curieuses de la surface d'onde ont été découvertes par Hamilton [1].

Comme le plan de vibration passe toujours par le rayon et la normale à l'onde plane correspondante, si l'on considère sur une sphère la circonférence IJ (*fig.* 175) qui représente les rayons de

---

[1] Sir W. Hamilton, *Irish Trans.*, t. XVII, p. 152 ; 1832.

réfraction conique intérieure, le plan de vibration d'un rayon M passe par l'axe optique OI (*fig.* 174) et son plan de polarisation par la droite OJ diamétralement opposée, qui correspond au deuxième point de contact du plan tangent singulier dans le plan des axes. Lorsque le rayon M décrit la circonférence IJ, le plan de vibration tourne de 180° autour de l'axe optique OI et le plan de polarisation tourne de 180° autour de la droite OJ.

Fig. 175.

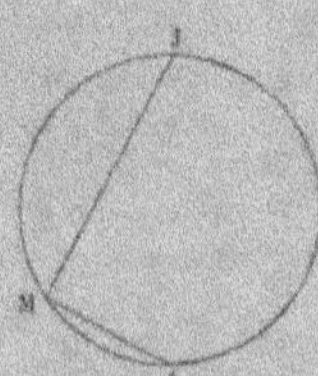

De même, pour les ondes planes qui correspondent au rayon intérieur OQ, les plans de vibration passent par l'axe optique OI' de l'onde réciproque et les plans de polarisation par la droite OJ'; cette polarisation se retrouve dans la réfraction conique extérieure.

346. *Direction de la vibration par rapport aux axes optiques.* — La vibration est évidemment définie par les angles que fait la normale aux ondes avec les axes optiques. Soient

OI_1 et OI_2 (*fig.* 176) les axes optiques;
ON la normale à une onde plane P;
E l'ellipse d'intersection de l'ellipsoïde de polarisation par un plan parallèle à l'onde;
C_1 et C_2 les circonférences d'intersection du même ellipsoïde par des plans perpendiculaires aux axes optiques OI_1 et OI_2.

Les rayons vecteurs OD_1, OD_2 des points d'intersection D_1 et D_2 de ces circonférences avec l'ellipse E sont égaux entre eux et à $\frac{1}{b}$, puisqu'ils sont les rayons des cercles C_1 et C_2. L'axe OA de l'ellipse E est donc bissectrice de l'angle $D_1 O D_2$.

Soient OF_1 et OF_2 les intersections des plans NOI_1 et NOI_2 avec le plan de l'ellipse E.

La droite OD_1, étant perpendiculaire aux droites ON et OI_1, est perpendiculaire au plan NOI_1 et, par suite, à la droite OF_1; de même OD_2 est perpendiculaire à OF_2. Les angles D_1OF_1 et D_2OF_2 étant droits, les angles D_2OF_1 et D_1OF_2 sont égaux, ainsi que les angles AOF_1 et AOF_2.

Fig. 176.

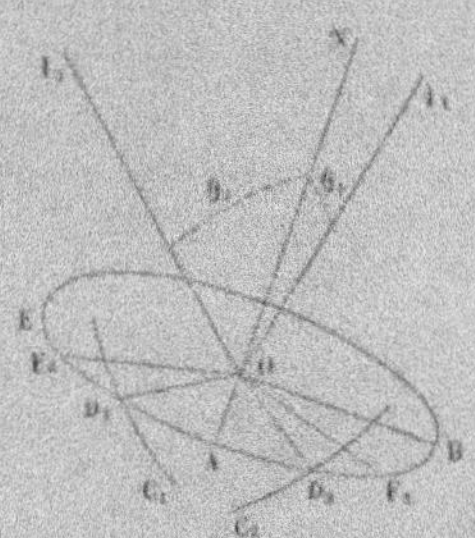

Les plans de vibration NOA et NOB des deux ondes normales à ON sont donc bissecteurs des deux plans NOI_1 et NOI_2, c'est-à-dire des plans qui passent par la normale ON et les axes optiques, ou les axes de réfraction conique intérieure.

Si l'on considère, au contraire, les rayons dirigés suivant une droite OM (*fig.* 177), on sait que le plan de vibration est le même que pour une onde plane P', perpendiculaire à cette droite, par rapport à la surface d'onde inverse S'.

Fig. 177.

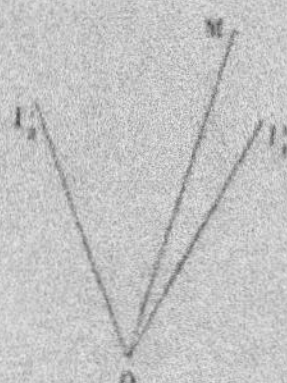

Les plans de vibration des deux rayons sont donc bissecteurs des plans MOI_1 et MOI_2, c'est-à-dire des deux plans qui passent par la direction des rayons et par les axes de réfraction conique extérieure.

347. *Vitesse de propagation d'une onde en fonction des angles de sa normale avec les axes optiques.* — En chassant les dénominateurs dans l'équation (6), elle devient

$$(23) \quad \begin{cases} V^4 - V^2[(b^2+c^2)\alpha^2 + (c^2+a^2)\beta^2 + (a^2+b^2)\gamma^2] \\ \qquad\qquad + b^2c^2\alpha^2 + c^2a^2\beta^2 + a^2b^2\gamma^2 = 0 \end{cases}$$

ou, remplaçant β^2 par $1 - \alpha^2 - \gamma^2$,

$$(23)' \quad \begin{cases} V^4 - V^2[(b^2-a^2)\alpha^2 + (c^2+a^2) + (b^2-c^2)\gamma^2] \\ \qquad\qquad + c^2(b^2-a^2)\alpha^2 + c^2a^2 + a^2(b^2-c^2)\gamma^2 = 0. \end{cases}$$

On peut exprimer les cosinus α, β et γ en fonction des angles θ_1 et θ_2 que fait la normale ON (*fig.* 176) à l'onde avec les axes optiques OI_1 et OI_2. Désignant par α_1 et γ_1, $-\alpha_1$ et γ_1 les cosinus directeurs des axes optiques OI_1 et OI_2, on a

$$\alpha_1^2 = \frac{a^2-b^2}{a^2-c^2}, \qquad \gamma_1^2 = \frac{b^2-c^2}{a^2-c^2},$$
$$\cos\theta_1 = +\alpha\alpha_1 + \gamma\gamma_1, \qquad \cos\theta_1 + \cos\theta_2 = 2\gamma\gamma_1,$$
$$\cos\theta_2 = -\alpha\alpha_1 + \gamma\gamma_1, \qquad \cos\theta_1 - \cos\theta_2 = 2\alpha\alpha_1;$$

par suite

$$\alpha^2 = \frac{1}{\alpha_1^2}\left(\frac{\cos\theta_1 - \cos\theta_2}{2}\right)^2 = \frac{a^2-c^2}{a^2-b^2}\left(\frac{\cos\theta_1 - \cos\theta_2}{2}\right)^2,$$
$$\gamma^2 = \frac{1}{\gamma_1^2}\left(\frac{\cos\theta_1 + \cos\theta_2}{2}\right)^2 = \frac{a^2-c^2}{b^2-c^2}\left(\frac{\cos\theta_1 + \cos\theta_2}{2}\right)^2.$$

Substituant ces valeurs dans l'équation $(23)'$, il en résulte

$$V^4 - V^2[a^2 + c^2 + (a^2 - c^2)\cos\theta_1\cos\theta_2]$$
$$+ a^2c^2 + \frac{a^2-c^2}{4}[a^2(\cos\theta_1 + \cos\theta_2)^2 - c^2(\cos\theta_1 - \cos\theta_2)^2] = 0.$$

Le terme constant peut s'écrire

$$a^2c^2 + \frac{(a^2-c^2)^2}{4}(\cos^2\theta_1 + \cos^2\theta_2) + \frac{a^4-c^4}{2}\cos\theta_1\cos\theta_2.$$

La quantité qui se trouve sous le radical dans les valeurs des racines de cette équation est un carré parfait, car elle se réduit à

$$(a^2-c^2)^2(1 + \cos^2\theta_1\cos^2\theta_2 - \cos^2\theta_1 - \cos^2\theta_2) = (a^2-c^2)^2\sin^2\theta_1\sin^2\theta_2.$$

On a donc

$$2\,V^2 = a^2 + c^2 + (a^2 - c^2)\cos\theta_1\cos\theta_2 \pm (a^2 - c^2)\sin\theta_1\sin\theta_2$$
$$= a^2 + c^2 + (a^2 - c^2)\cos(\theta_1 \mp \theta_2).$$

Les vitesses V_1 et V_2 relatives à cette direction donnent alors

$$(24) \qquad \begin{cases} V_1^2 - V_2^2 = (a^2 - c^2)\sin\theta_1\sin\theta_2, \\ V_1^2 + V_2^2 = a^2 + c^2 + (a^2 - c^2)\cos\theta_1\cos\theta_2. \end{cases}$$

348. *Vitesses de propagation suivant les rayons.* — En appelant θ_1 et θ_2 les angles d'un rayon avec les axes de réfraction conique extérieure, ou les axes optiques de la surface d'onde réciproque, U la vitesse de propagation des ondes par rapport à cette surface d'onde et remarquant que $U r = 1$, on peut, dans les valeurs précédentes, remplacer V par $\frac{1}{r}$ et les longueurs a et c par leurs inverses; il en résulte

$$\frac{2}{r^2} = \frac{1}{a^2} + \frac{1}{c^2} + \left(\frac{1}{a^2} - \frac{1}{c^2}\right)\cos(\theta_1' \mp \theta_2'),$$

$$(25) \qquad \begin{cases} \dfrac{1}{r_1^2} - \dfrac{1}{r_2^2} = \left(\dfrac{1}{a^2} - \dfrac{1}{c^2}\right)\sin\theta_1'\sin\theta_2', \\[2mm] \dfrac{1}{r_1^2} + \dfrac{1}{r_2^2} = \dfrac{1}{a^2} + \dfrac{1}{c^2} + \left(\dfrac{1}{a^2} - \dfrac{1}{c^2}\right)\cos\theta_1'\cos\theta_2'. \end{cases}$$

On retrouverait évidemment, comme cas particuliers, les résultats connus pour les cristaux à un axe.

En faisant, par exemple, $c = b$, les deux axes optiques se confondent avec la droite Ox et l'on a

$$(24)' \qquad V''^2 - V'^2 = (a^2 - b^2)\sin^2\theta,$$

$$(25)' \qquad \frac{1}{r''^2} = \frac{1}{b^2} + \left(\frac{1}{b^2} - \frac{1}{a^2}\right)\sin^2\theta'.$$

Si l'on fait, au contraire, $b = a$, les deux axes optiques se confondent avec la droite Oz.

349. *Signes des cristaux à deux axes.* — Pour trouver dans les milieux à deux axes quelque phénomène comparable à ceux qui servent à distinguer les deux espèces de cristaux à un axe, il faut examiner la manière dont varie la vitesse de propagation d'une onde plane qui reste perpendiculaire à l'un des plans de symétrie.

Si l'onde considérée est d'abord perpendiculaire à l'axe moyen Oy et qu'on l'incline en la laissant parallèle à Oz, l'un des rayons est ordinaire et sa vitesse c est inférieure à celle du rayon extraordinaire ; l'inverse a lieu si l'onde reste parallèle à Ox, puisque la vitesse a du rayon ordinaire est plus grande que celle du rayon extraordinaire. La droite Oy ne présente donc aucune analogie avec les directions particulières des cristaux à un axe.

Si l'onde est parallèle à l'axe moyen Oy, la vitesse b du rayon ordinaire est plus grande ou plus petite que celle du rayon extraordinaire, suivant les cas, puisque le cercle et l'ellipse se coupent dans la section principale correspondante de la surface d'onde.

Supposons maintenant que l'onde, étant d'abord perpendiculaire à Oz, reste parallèle à Ox, la vitesse a du rayon ordinaire est toujours plus grande que celle du rayon extraordinaire et leur différence va croissant avec l'inclinaison ; la direction Oz est donc comparable avec celle de l'axe dans les cristaux à un axe positif.

Si l'onde, d'abord perpendiculaire à Ox, reste parallèle à Oz, la vitesse c du rayon ordinaire est cette fois inférieure à celle du rayon extraordinaire, et leur différence croît avec l'inclinaison ; par suite, la direction Ox est comparable à celle de l'axe dans les cristaux négatifs à un axe.

On peut ainsi considérer la bissectrice Oz des axes optiques comme *positive* et la bissectrice Ox comme *négative*. On dit alors que les cristaux à deux axes sont positifs ou négatifs suivant que la bissectrice de l'angle *aigu* des axes optiques est positive ou négative, c'est-à-dire qu'elle coïncide avec l'axe maximum $\frac{1}{c}$ ou avec l'axe minimum $\frac{1}{a}$ de l'ellipsoïde de polarisation.

Dans les cristaux positifs, l'angle C des axes optiques avec la droite Oz doit être plus petit que $45°$ et l'on a

$$a^2 - b^2 < b^2 - c^2.$$

Les cristaux sont donc positifs ou négatifs suivant qu'ils satisfont à l'une ou l'autre des conditions

$$a^2 + c^2 \lessgtr 2b^2,$$

c'est-à-dire

$$\frac{1}{n_1^2} + \frac{1}{n_3^2} \lessgtr \frac{2}{n_2^2}.$$

350. *Différence de marche des ondes planes.* — Supposons qu'une onde plane tombe sur une lame perpendiculaire à l'axe positif du cristal. Appelons i l'angle d'incidence, φ l'angle du plan d'incidence avec le plan zx des axes, r l'angle de la normale à l'une des ondes réfractées avec la normale à la lame, et posons

$$\rho = \sin i = \frac{\sin r}{V},$$

$$u = \frac{\cos r}{V},$$

d'où il résulte

$$\frac{1}{V^2} = u^2 + \rho^2.$$

Les cosinus directeurs α, β et γ de la normale à l'onde sont alors

$$\alpha = \sin r \cos \varphi = \rho \, V \cos \varphi,$$
$$\beta = \sin r \sin \varphi = \rho \, V \sin \varphi,$$
$$\gamma = \cos r = u \, V.$$

Si l'on substitue ces valeurs dans l'équation (23), après l'avoir divisée par V^4, elle devient

$$(u^2 + \rho^2)\left[c^2 \rho^2 (b^2 \cos^2 \varphi + a^2 \sin^2 \varphi) + a^2 b^2 u^2 \right]$$
$$= \rho^2 (b^2 \cos^2 \varphi + a^2 \sin^2 \varphi) + c^2 \rho^4 + (a^2 + b^2) u^2 - 1,$$

ou, en ordonnant par rapport à u et posant

$$c'^2 = b^2 \cos^2 \varphi + a^2 \sin^2 \varphi,$$
$$a^2 b^2 u^4 - u^2 \left[a^2 + b^2 - \rho^2 (c^2 c'^2 + a^2 b^2) \right] + (1 - \rho^2 c^2)(1 - \rho^2 c'^2) = 0.$$

La quantité qui se trouvera sous le radical dans l'expression des racines est

$$P^2 = (a^2 - b^2)^2 - 2\rho^2 \left[(a^2 + b^2)(c^2 c'^2 + a^2 b^2) - 2 a^2 b^2 (c^2 + c'^2) \right]$$
$$+ \rho^4 (c^2 c'^2 - a^2 b^2)^2;$$

par suite

$$(26) \qquad a^2 b^2 u^2 = \frac{a^2 + b^2 - \rho^2 (c^2 c'^2 + a^2 b^2) \pm P}{2}.$$

On pourra ainsi calculer les valeurs u' et u'' des racines et déterminer la différence de marche $\Delta = e(u' - u'')$ relative à l'épaisseur

M. — I.

e de la lame (51). On a d'ailleurs

$$a^2 b^2 (u'^2 - u''^2) = \mathrm{P}.$$

Lorsque l'angle d'incidence est assez petit pour que les termes en ρ^2 soient négligeables, on peut écrire

$$\mathrm{P} = a^2 - b^2 - \rho^2 \frac{(a^2 + b^2)(c^2 c'^2 + a^2 b^2) - 2 a^2 b^2 (c^2 + c'^2)}{a^2 - b^2}.$$

La somme $u' + u''$ différant très peu de sa valeur relative à l'incidence normale $\dfrac{1}{a} + \dfrac{1}{b} = \dfrac{a + b}{ab}$, on peut remplacer $a^2 b^2 (u' + u'')$ dans l'expression de P par $ab(a + b) = \dfrac{ab(a^2 - b^2)}{a - b}$; par suite

$$\frac{\Delta}{e} = \frac{1}{b} - \frac{1}{a} - \rho^2 \frac{(a^2 + b^2)(c^2 c'^2 + a^2 b^2) - 2 a^2 b^2 (c^2 + c'^2)}{ab(a + b)(a^2 - b^2)}.$$

Si le plan d'incidence est parallèle au plan zx des axes, ou a $\sin \varphi = 0$, $c'^2 = b^2$, et

$$\frac{\Delta}{e} = \frac{1}{b} - \frac{1}{a} - \rho^2 \frac{b(a^2 - c^2)}{a(a + b)} = \frac{1}{b} - \frac{1}{a} - bc \frac{a + c}{a + b} \left(\frac{1}{c} - \frac{1}{a} \right) \rho^2$$

ou sensiblement

$$(27) \qquad \frac{\Delta}{e} = \frac{1}{b} - \frac{1}{a} - c^2 \left(\frac{1}{c} - \frac{1}{a} \right) \rho^2,$$

Ces résultats sont conformes à ceux que l'on trouverait directement par la section principale de la surface d'onde dans le plan des zx. On aurait, en effet,

$$1 = \frac{b^2}{\mathrm{V}'^2} = u'^2 + b^2 \rho^2,$$

$$1 = \frac{a^2 \cos^2 r + c^2 \sin^2 r}{\mathrm{V}''^2} = a^2 u''^2 + c^2 \rho^2,$$

ce qui donne, pour des angles d'incidence très petits,

$$u' = \frac{1}{b} - \frac{b}{2} \rho^2,$$

$$u'' = \frac{1}{a} - \frac{c^2}{2 a} \rho^2,$$

$$(27)' \qquad u' - u'' = \frac{1}{b} - \frac{1}{a} - \frac{c^2}{2} \left(\frac{b}{c^2} - \frac{1}{a} \right) \rho^2.$$

Les expressions (27) et (27)' sont équivalentes au degré d'approximation adopté; car, si l'on pose

$$1 + z = \frac{\dfrac{b}{c^2} - \dfrac{1}{a}}{2\left(\dfrac{1}{c} - \dfrac{1}{a}\right)} = \frac{ab - c^2}{2c(a - c)},$$

il en résulte

$$2z = \frac{a}{a - c}\left(\frac{b}{c} + \frac{c}{a} - 2\right).$$

On voit que cette quantité z est très petite, puisque les rapports $\dfrac{b}{c}$ et $\dfrac{c}{a}$ sont l'un plus grand et l'autre plus petit que l'unité.

Il suffira de permuter les lettres dans les expressions (26) et (27) pour obtenir les valeurs relatives à une lame parallèle à l'un quelconque des plans de symétrie.

VÉRIFICATIONS EXPÉRIMENTALES.

351. *Expériences de Wollaston et de Malus.* — Le procédé employé par Wollaston consistait à mesurer les angles sous lesquels se produit la réflexion totale du rayon ordinaire et du rayon extraordinaire dans le spath d'Islande. En mettant successivement le cristal en contact avec différents liquides, il obtint un grand nombre de résultats conformes à la construction d'Huygens.

Quelques années après, Malus [1] eut recours à des méthodes plus précises. Le cristal étant taillé en prismes parallèles à l'axe, il vérifia d'abord que les indices de réfraction des rayons, mesurés par le minimum de déviation, conservent les mêmes valeurs, quel que soit l'angle du prisme. Dans ce cas, les deux rayons suivent donc la loi de Descartes.

Une seconde méthode, d'un caractère plus général, est fondée sur l'emploi de cristaux à faces parallèles, comme sont les rhombes de spath obtenus par clivage.

Sur une plaque de cuivre, Malus trace un triangle rectangle

---

[1] MALUS, *Théorie de la double réfraction.* Paris, 1810. — *Mémoires des savants étrangers*, t. II, p. 303; 1810.

ABC (*fig.* 178) dans lequel les côtés AB et BC de l'angle droit,
qui sont dans le rapport de 10 à 1, sont divisés en parties d'égale
longueur. Une plaque de spath d'épaisseur e étant placée sur ce
triangle, on aperçoit au travers du cristal deux images abc, $a'b'c'$
du triangle, sur lesquelles un point M est commun à la diagonale
$a'c'$ du second triangle et au côté ab du premier. Les divisions
correspondantes des deux droites font ainsi connaître les points M'
et M″ du triangle primitif dont les rayons M'O et M″O, l'un ordinaire et l'autre extraordinaire, aboutissant au point O, émergent
suivant la même direction OS. Un rayon extérieur SO, marchant
en sens contraire, donnerait deux rayons réfractés OM' et OM″
aboutissant aux points M' et M″ du triangle ABC.

Fig. 178.

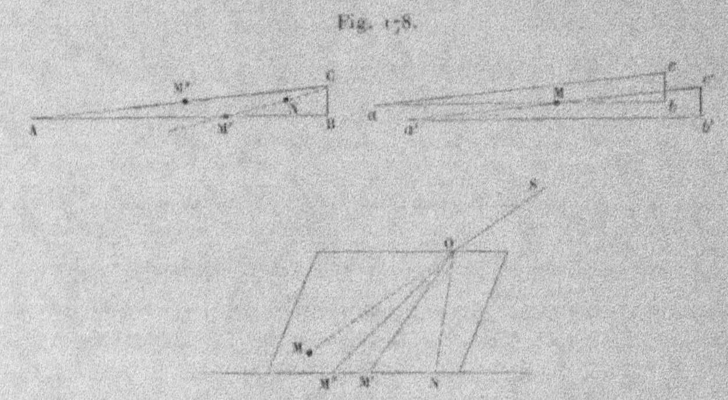

Le cristal avec la plaque de cuivre est posé sur une plate-forme
horizontale, qui peut tourner autour d'un axe vertical, et l'on vise
avec une lunette mobile dans un plan vertical. Deux fils croisés
ou deux traits sur la face supérieure permettent de déterminer le
point O d'incidence et l'on règle l'appareil de façon que ce point
soit sur l'axe de la plate-forme, ce qu'il est facile de vérifier. On
peut ainsi marquer le pied N de la normale au point O d'incidence
et, comme l'un des rayons est ordinaire, la trace NM' du plan d'incidence passe par le point M'. Les trois points N, M' et M″ déterminent complètement la marche des deux rayons.

L'angle i d'incidence extérieure est donné par l'inclinaison de
la lunette sur la verticale. L'angle de réfraction du rayon ordi-

naire étant i', on a

$$n' \sin i' = \sin i,$$

$$\text{NM} = e \tan i' = e \frac{\sin i}{\sqrt{n'^2 - \sin^2 i}}.$$

Si l'on suppose connu l'indice ordinaire n', cette expression donnera la distance M'N et, par suite, le point N; dans le cas contraire, on a

$$n'^2 = \frac{1}{b^2} = \sin^2 i \left(1 + \frac{e}{\overline{\text{M'N}}^2} \right).$$

D'autre part, l'angle i_1 du rayon extraordinaire avec la normale est donné par la relation

$$\tan i_1 = \frac{\text{M'N}}{e};$$

son azimut φ_1 par rapport au plan d'incidence est l'angle M'NM'.

Malus rapportait l'ellipsoïde de réfraction extraordinaire à trois axes de coordonnées rectangulaires, dont l'un était la normale à la lame et un autre la projection de l'axe sur la surface. On peut alors traduire algébriquement la construction d'Huygens et calculer tous les éléments qui définissent le rayon.

La marche suivante conduirait au même résultat. Les angles φ et ψ (51) qui définissent la direction de l'axe par rapport au plan d'incidence étant donnés, l'angle θ du rayon extraordinaire avec l'axe satisfait à l'équation

$$\frac{\cos \theta}{V^e} = a^2 \cos \psi + \sin \psi \cos \varphi \sin i.$$

En représentant par $\frac{1}{h}$ le second membre de cette équation, qui est déterminé par les données de l'expérience et la valeur de a'', on a successivement

$$V''^2 = h^2 \cos^2 \theta = b^2 \cos^2 \theta + a^2 \sin^2 \theta,$$

$$\tan^2 \theta = \frac{h^2 - b^2}{a^2},$$

$$V''^2 = \frac{a^2 h^2}{a^2 + h^2 - b^2},$$

$$\sin i'' = V'' \sin i.$$

En représentant ces directions sur une sphère (*fig.* 179) qui a
pour centre le point d'incidence, N sera la normale à la plaque,
A l'axe du cristal, P la normale à l'onde extraordinaire, NP le
plan d'incidence, ψ et φ les angles qui définissent la direction de
l'axe, M″ le rayon extraordinaire, φ_1 son azimut, $i_1 = $ NM″ et
$\varepsilon = $ M″P les angles qu'il fait avec la normale à la plaque et la normale à l'onde.

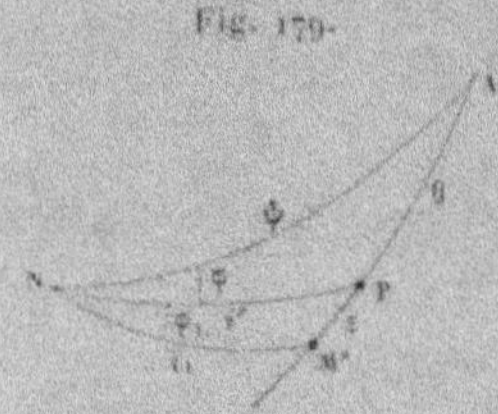

Fig. 179.

En appelant θ' l'angle $\theta + \varepsilon$ du rayon avec l'axe, on peut calculer l'angle ε soit par l'ellipsoïde d'Huygens, soit par l'ellipsoïde
inverse pour lequel M″ et P seraient respectivement les directions
de la normale à l'onde et du rayon dans le phénomène corrélatif.
On a ainsi

$$\tan\varepsilon = \frac{(a^2 - b^2)\tan\theta}{b^2 + a^2\tan^2\theta} = -\frac{(a^2 - b^2)\tan\theta'}{a^2 + b^2\tan^2\theta'}$$

ou

$$\tan\theta' = \frac{a^2}{b^2}\tan\theta.$$

Enfin les angles i_1 et φ_1 seront déterminés par les relations

$$\cos i'' = \cos\psi \, \cos\theta + \sin\psi \, \sin\theta \, \cos A,$$
$$\cos i_1 = \cos\psi \, \cos\theta' + \sin\psi \, \sin\theta' \, \cos A,$$
$$\cos\varepsilon = \cos i_1 \, \cos i'' + \sin i_1 \, \sin i'' \, \cos\varphi_1.$$

On pourra ainsi vérifier si les valeurs des angles i_1 et φ_1 con-
cordent avec celles qui sont déduites des observations. Le rayon
vecteur r'' correspondant au point M″ est d'ailleurs

$$r'' = \frac{V''}{\cos\varepsilon},$$

On choisit de préférence des cas particuliers dans lesquels l'observation et le calcul sont plus faciles. On peut toujours, par

exemple, faire passer le plan d'incidence par le côté AB du triangle.
Si ce plan est une section principale, les points M' et M" sont situés
tous deux sur le même côté AB.

Pour les autres cristaux, Malus s'est borné à la mesure des indices principaux par la première méthode, considérant toujours le
plus réfracté comme ordinaire, de sorte que l'existence de deux
espèces de cristaux à un axe lui a échappé.

352. *Expériences de Biot.* — Biot [1] reconnut d'abord que,
pour une même incidence, le rayon qui se rapproche le plus de
l'axe dans le quartz est extraordinaire et établit la distinction des
cristaux *attractifs* et *répulsifs*. Il a employé ensuite [2], pour
l'étude du quartz, une méthode analogue à celle de Malus, mais en
utilisant des lames prismatiques, parce que la double réfraction
est beaucoup plus faible.

Le cristal est porté par un support horizontal H mobile le long
d'une règle graduée CX (*fig.* 180) en face de laquelle se trouve
une seconde règle graduée CY perpendiculaire à la première.

Fig. 180.

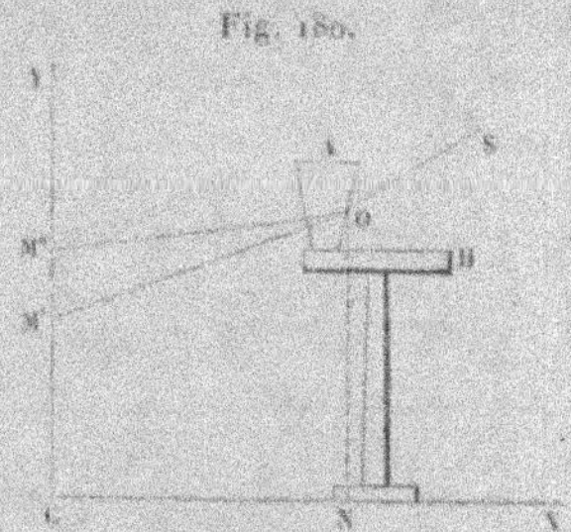

Si les deux réfractions ont lieu dans le plan des règles, on vise
à l'œil les divisions M' et M" dont les images se superposent. Un
repère placé en O sur la face antérieure du prisme donne le point
d'incidence des rayons SO dont les rayons réfractés aboutissent
aux divisions M' et M".

Les positions des points M', M" et du pied N de la verticale au
point O déterminent tous les éléments du problème.

[1] Biot, *Mém. de la première classe de l'Institut*, t. XIII, p. 1; 1812.
[2] Biot, *Mém. de l'Acad. des Sciences*, t. III, p. 177; 1819.

Pour déterminer les deux indices principaux, Biot employait un simple prisme, mais la dispersion chromatique ne permet alors d'utiliser que des angles très petits. Dans la plupart des cas, le prisme de quartz était achromatisé par un prisme de verre, de manière que les faces d'entrée et de sortie des rayons dans le système fussent sensiblement parallèles; on peut alors opérer avec des angles quelconques. En maintenant toujours la réfraction ordinaire dans le plan des règles, il peut arriver que la réfraction extraordinaire ait lieu latéralement. Biot plaçait alors, dans un plan perpendiculaire à la règle CX, une seconde règle Y' à laquelle on donnait une inclinaison convenable pour que son image extraordinaire vînt se superposer à l'image ordinaire de la règle Y. Les expériences ont été extrêmement variées; il ne paraît pas utile de les discuter dans le détail, parce que les méthodes actuelles comportent une précision beaucoup plus grande.

Biot s'est attaché surtout à mesurer l'angle des deux rayons réfractés qui lui donnait la différence de leurs vitesses, dans l'hypothèse de l'émission. Il a vérifié ainsi que le carré de la vitesse du rayon extraordinaire varie comme le sinus carré de l'angle que fait ce rayon avec l'axe; c'est l'équation (24) du n° 347 convenablement interprétée.

Enfin Biot a constaté également que la réflexion intérieure est conforme à la règle d'Huygens.

Si l'on veut soumettre le phénomène à une discussion rigoureuse, il est nécessaire de rapporter les mesures à la lumière homogène, et la considération des ondes planes conduit à une méthode de calcul beaucoup plus simple. Nous examinerons ce problème d'une manière spéciale.

353. *Réfraction dans un prisme anisotrope.* — Il est clair que, dans les cristaux à un axe, le rayon ordinaire se comporte comme si le milieu était isotrope et que la déviation produite par un prisme est indépendante de la direction de l'arête réfringente. C'est ainsi qu'utilisant la méthode imaginée par Fresnel (336), Brewster (¹) a constaté que dans deux prismes accolés de même angle, mais taillés suivant des directions différentes, les deux images

---

(¹) BREWSTER, *Brit. Ass. Rep.*, p. 7; 1843.

ordinaires d'une mire parallèle à l'arête sont situées sur le prolongement l'une de l'autre.

Avec la lumière de l'alcool salé [1], Swann a mesuré l'indice de réfraction ordinaire dans des prismes dont l'arête faisait avec l'axe les angles $0°$, $45°$, $60°$ ou $90°$, et les différences n'atteignent pas $0,00002$, c'est-à-dire une quantité de même ordre que les erreurs d'observation.

Pour étudier la réfraction extraordinaire, nous remarquerons d'abord que, si la lumière incidente est formée d'ondes planes, parallèles à l'arête d'un prisme homogène de nature quelconque, les ondes réfractées sont également planes et parallèles à cette arête. On peut donc appliquer les résultats obtenus précédemment (67) pour la déviation dans un prisme isotrope [2], à la condition de remplacer les rayons dans l'intérieur du prisme par les normales aux ondes et de considérer l'indice n comme une fonction de la direction des ondes par rapport aux plans de symétrie du milieu (40). On a encore

$$(1) \qquad r + r' = \mathrm{A},$$
$$(2) \qquad \mathrm{D} = i + i' - \mathrm{A}.$$

Les équations

$$(3) \qquad \begin{cases} \sin i = n \sin r, \\ \sin i' = n \sin r' \end{cases}$$

donnent, par addition et soustraction,

$$(4) \qquad \begin{cases} \sin \dfrac{i + i'}{2} \cos \dfrac{i - i'}{2} = n \sin \dfrac{r + r'}{2} \cos \dfrac{r - r'}{2}, \\ \sin \dfrac{i - i'}{2} \cos \dfrac{i + i'}{2} = n \sin \dfrac{r - r'}{2} \cos \dfrac{r + r'}{2}; \end{cases}$$

$$(5) \qquad \tang \frac{r - r'}{2} = \tang \frac{\mathrm{A}}{2} \frac{\tang \dfrac{i - i'}{2}}{\tang \dfrac{i + i'}{2}}.$$

Si l'on a déterminé les angles d'entrée et de sortie i et i' ou

---

[1] Swann, *Edinb. Trans.*, t. XVI, p. 375; 1847.
[2] Stokes, *Br. Ass. Rep.*, Part I, p. 253; 1862.

l'un de ces angles en même temps que la déviation D, les équations (1) et (5) donnent les angles r et r'. L'indice n sera déterminé alors, soit par l'une des équations (3) ou (4), soit par la relation (68),

$$(6) \qquad n^2 = \frac{\sin^2 i + \sin^2 i' + 2 \sin i \sin i' \cos A}{\sin^2 A},$$

soit, en multipliant les équations (4) membre à membre, par

$$(7) \qquad n^2 = \frac{\sin(i + i')}{\sin(r + r')} \frac{\sin(i - i')}{\sin(r - r')} = \frac{\sin \dfrac{A + D}{2}}{\sin \dfrac{A}{2}} \frac{\sin(i - i')}{\sin(r - r')}.$$

On connaîtra ainsi la vitesse $V = \dfrac{1}{n}$ des ondes planes dans le prisme pour une direction déterminée.

354. *Contour apparent de la surface d'onde.* — La vitesse V est la perpendiculaire abaissée du centre de la surface d'onde caractéristique sur le plan tangent parallèle aux ondes planes. Dans la section droite du prisme, la trace de ce plan est une tangente T au contour apparent L (*fig.* 181) de la surface d'onde

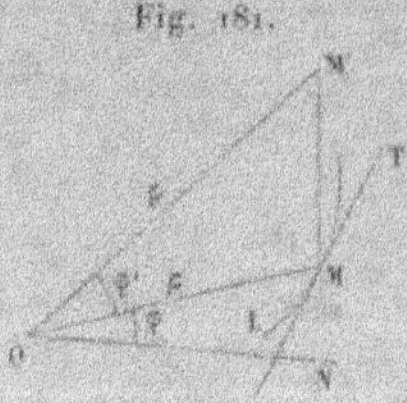

Fig. 181.

parallèlement à l'arête du prisme. L'enveloppe des tangentes T déterminerait le contour apparent L [1].

Les équations (1) et (3) donnent, en considérant l'indice n comme variable,

$$(1)' \qquad dr + dr' = 0,$$

$$(3)' \qquad \begin{cases} \cos i\, di = n \cos r\, dr + \sin r\, dn, \\ \cos i'\, di' = n \cos r'\, dr' + \sin r'\, dn. \end{cases}$$

---

[1] CORNU, *Ann. de l'École Normale sup.*, [2], t. I, p. 231; 1872.

Il en résulte

$$(8) \qquad \cos i \cos r' \, di + \cos i' \cos r \, di' = \sin A \, dn,$$

$$(9) \qquad \frac{dn}{di} = \frac{1}{\sin A} \left(\cos i \cos r' + \cos i' \cos r \frac{di'}{di} \right) = \frac{P}{\sin A},$$

ou, en remplaçant di par sa valeur en fonction de dr et de dn,

$$(10) \qquad \left(\cos i - P \frac{\sin r}{\sin A} \right) \frac{dn}{dr} = P \frac{n \cos r}{\sin A}.$$

Le facteur P, étant déduit de l'observation, détermine la dérivée $\frac{dn}{dr}$ ou $- n^2 \frac{dV}{dr}$.

Si l'on appelle φ l'angle que fait avec la normale ON le rayon vecteur OM $= \rho$ qui aboutit au point d'intersection M de deux tangentes infiniment voisines qui correspondent aux angles r et $r + dr$, on a

$$V = \rho \cos(\varphi - r),$$
$$dV = \rho \sin(\varphi - r) \, dr;$$

par suite,

$$\rho^2 = V^2 + \left(\frac{dV}{dr} \right)^2 = \frac{1}{n^2} + \frac{1}{n^4} \left(\frac{dn}{dr} \right)^2,$$

$$\operatorname{tang}(\varphi - r) = \frac{1}{V} \frac{dV}{dr} = - \frac{1}{n} \frac{dn}{dr}.$$

On connaîtra ainsi la direction et la grandeur du rayon vecteur ρ qui aboutit au contact de la tangente avec la courbe L, c'est-à-dire à la projection du point de contact de l'onde plane avec la surface d'onde caractéristique.

Dans le cas général, il y a encore un minimum de déviation défini par la condition

$$(2)' \qquad di + di' = 0.$$

Les équations $(2)'$ et (8) donnent alors

$$(10) \qquad \cos r \cos i' - \cos i \cos r' = - \frac{\sin(i + i')}{n^2} \frac{dn}{dr} = - \sin A \frac{dn}{di}.$$

Si les valeurs de V ou de n en fonction de l'angle r sont connues par la nature du milieu et l'orientation du prisme, les équations (1), (2) et (10) détermineront les angles i, r, r' et i'. Inversement, si l'on observe le minimum de déviation, on aura, par une seule expérience, les valeurs de n et de V et leurs dérivées

$$\frac{dn}{di}, \quad \frac{dn}{dr} \quad \text{et} \quad \frac{dV}{dr} = -\frac{1}{n^2}\frac{dn}{dr}.$$

Une série d'expériences analogues avec des prismes taillés dans différentes directions permettrait donc de déterminer une série de contours apparents de la surface d'onde caractéristique et, par suite, cette surface elle-même.

355. *Forme de l'image.* — Lorsque la source de lumière est un objet situé à l'infini ou au foyer d'un collimateur, les rayons émis par les différents points forment encore des ondes planes, mais qui ne sont plus parallèles à l'arête du prisme.

Pour un faisceau dont la direction primitive est définie par les angles h et x (70), la direction du faisceau réfracté, dans un prisme d'angle $A = 2a$, est déterminée par les angles h et x' qui satisfont aux équations

$$(11) \qquad \begin{cases} \sin(a+x) = m\sin(a+y), \\ \sin(a+x') = m\sin(a-y), \end{cases}$$

en posant

$$(12) \qquad m^2 = \frac{n^2 - \sin^2 h}{\cos^2 h} = n^2 + (n^2-1)\tan^2 h.$$

Pour une direction infiniment voisine de la première, on remplacera h et x par $h+dh$ et $x+dx$ et l'indice n par $n+dn$, la variation dn étant une fonction de dh et dx; si l'on élimine les différentielles dm et dy entre les équations

$$(13) \qquad \begin{cases} \cos(a+x)\,dx = m\cos(a+y)\,dy + \sin(a+y)\,dm, \\ \cos(a+x')\,dx' = -m\cos(a-y)\,dy + \sin(a-y)\,dm, \\ m\,dm = (1+\tan^2 h)n\,dn + (n^2-1)\dfrac{\tan h}{\cos^2 h}\,dh, \end{cases}$$

on en déduira pour dx' une expression de la forme

$$dx' = H\,dh + X\,dx + N\,dn.$$

Le cas le plus intéressant est celui où l'objet est une fente

étroite rectiligne, telle que les rayons émis par le milieu de la
fente soient perpendiculaires à l'arête du prisme; on devra pour
cette direction faire $h = 0$. Les angles $a + x$, $a + r$, $a - r$,
$a + x'$ représentent respectivement les angles désignés plus haut
par i, r, r', i' et l'on a $m = n$. Les équations (13) se réduisent
aux équations (2)' et l'équation (8) est encore applicable, avec
cette différence que, l'indice n étant une fonction des variables x
et h, on doit remplacer dn par l'expression

$$\frac{\partial n}{\partial x} dx + \frac{\partial n}{\partial h} dh = \frac{\partial n}{\partial i} di + \frac{\partial n}{\partial h} dh.$$

La relation $\sin h = n \sin k$ donne d'ailleurs

$$\cos h \, dh = n \cos k \, dk + \sin k \, dn,$$

c'est-à-dire dans le cas actuel, où h et k sont nuls,

$$dh = n \, dk.$$

Les angles apparents ψ et ψ' de l'arête du prisme avec la fente
et son image sont respectivement

$$\tan g \psi = \frac{dx}{dh} = \frac{di}{dh}, \qquad \tan g \psi' = -\frac{dx'}{dh} = -\frac{di'}{dh}.$$

En substituant ces valeurs dans l'équation (8), on obtient

$$(14) \quad \left(\cos i \cos r' - \sin A \frac{\partial n}{\partial i} \right) \tan g \psi - \cos i' \cos r \tan g \psi' = \sin A \frac{\partial n}{\partial h}.$$

Quand la fente est parallèle à l'arête du prisme, l'inclinaison de
l'image, donnée par l'équation

$$\tan g \psi' = -\frac{\sin A}{\cos i' \cos r} \frac{\partial n}{\partial h},$$

ne s'annule que si l'axe du cristal est perpendiculaire ou parallèle
à l'arête du prisme.

Dans le cas du minimum de déviation, $\psi + \psi' = 0$. La fente et
son image paraissent également inclinées de part et d'autre sur
l'arête du prisme.

Lorsque l'objet est limité par une courbe de forme quelconque,
on peut appliquer le raisonnement à tous les rayons vecteurs de
la courbe de contour.

Comme la réfraction dans le prisme ne change pas la valeur de h, les quantités di et dh, $-di'$ et dh représentent les angles apparents ξ et η, ξ' et η' des coordonnées de la courbe primitive et de son image. En substituant ces valeurs dans l'équation (14), on a

$$\eta' = \eta,$$

$$\cos i' \cos r\, \xi' = \sin A \frac{\partial n}{\partial h} \eta + \left(\sin A \frac{\partial n}{\partial i} - \cos i \cos r' \right) \xi.$$

Les coordonnées ξ' et η' étant des fonctions linéaires des coordonnées ξ et η, ce qui était évident puisque ces quantités sont infiniment petites, le contour de l'image est une courbe de même degré que celui de l'objet. Si l'objet est un cercle $\xi^2 + \eta^2 = \rho^2$, l'image est une ellipse

$$\left(\xi' \cos i' \cos r - \eta' \sin A \frac{\partial n}{\partial h} \right)^2 = \left(\sin A \frac{\partial n}{\partial i} - \cos i \cos r' \right)^2 (\rho^2 - \eta'^2).$$

Dans le cas du minimum de déviation, cette ellipse se réduit, d'après l'équation (9), à

$$\left(\xi' - \eta' \frac{\sin A}{\cos i' \cos r} \frac{\partial n}{\partial h} \right)^2 + \eta'^2 = \rho^2.$$

356. *Contact de la surface d'onde avec son plan tangent.* — Comme le coefficient $\dfrac{\partial n}{\partial i}$ est donné par la mesure des angles i et i' dans la section droite du prisme, la mesure des azimuts φ et φ' d'une droite et de son image détermine, par l'équation (14), le coefficient

$$\frac{\partial n}{\partial h} = \frac{1}{n} \frac{\partial n}{\partial k} = - n \frac{\partial V}{\partial k}$$

et, par suite, la variation de l'indice n ou de la vitesse V avec les angles r et k.

On peut ainsi connaître le point de contact du plan tangent avec la surface d'onde caractéristique.

Soient, en effet,

M' (*fig.* 181) le point d'intersection du plan considéré avec deux plans tangents infiniment voisins correspondant à $y + dy$ et $k + dk$;

ρ' le rayon vecteur OM';

φ' l'angle que fait cette droite avec la section droite du prisme;

φ l'angle de sa projection $\rho = \rho' \cos\varphi'$ avec la normale N.

En appelant χ l'angle de ce rayon vecteur avec la normale OR à l'onde réfractée (*fig*. 38), on a

$$\cos\chi = \cos\varphi' \sin\varphi \cos k \sin(a + y)$$
$$+ \cos\varphi' \cos\varphi \cos k \cos(a + y) + \sin\varphi' \sin k,$$

ou

$$\cos\chi = \cos\varphi' \cos k \cos[\varphi - (a + y)] + \sin\varphi' \sin k,$$
$$V = \rho' \cos\chi.$$

On en déduit

$$\frac{\partial V}{\partial y} = \rho' \cos\varphi' \cos k \sin[\varphi - (a + y)] = \rho \cos k \sin[\varphi - (a + y)],$$

$$\frac{\partial V}{\partial k} = \rho' \sin\varphi' \cos k - \rho' \cos\varphi' \sin k \cos[\varphi - (a + y)],$$

ou, en faisant $k = o$ et $a + y = r$,

$$V = \rho' \cos\varphi' \cos(\varphi - r) = \rho \cos(\varphi - r),$$
$$\frac{\partial V}{\partial r} = \rho' \cos\varphi' \sin(\varphi - r) = \rho \sin(\varphi - r),$$
$$\frac{\partial V}{\partial k} = \rho' \sin\varphi' = \rho \tang\varphi'.$$

Il en résulte

$$\rho^2 = V^2 + \left(\frac{\partial V}{\partial r}\right)^2 = \frac{1}{n^2} + \frac{1}{n^4}\left(\frac{\partial n}{\partial r}\right)^2,$$

$$\rho'^2 = \rho^2 + \left(\frac{\partial V}{\partial k}\right)^2 = \rho^2 + \frac{1}{n^2}\left(\frac{\partial n}{\partial h}\right)^2,$$

$$\tang(\varphi - r) = \frac{1}{V}\frac{\partial V}{\partial r} = -\frac{1}{n}\frac{\partial n}{\partial r},$$

$$\tang\varphi' = \frac{1}{\rho}\frac{\partial V}{\partial k} = -\frac{1}{n\rho}\frac{\partial n}{\partial h}.$$

On connaît ainsi, par les données de l'expérience, tous les éléments qui définissent le point de contact des ondes réfractées avec l'onde caractéristique, de manière à compléter les renseignements fournis déjà par la réfraction dans la section droite du prisme,

pour arriver à une détermination expérimentale de la surface
d'onde, point par point.

357. *Expériences sur les cristaux à un axe.* — En réalité,
l'expérience pure permettrait difficilement d'arriver à l'équation
de la surface d'onde, sans une idée préconçue, et l'on s'est proposé surtout de vérifier l'exactitude des formes indiquées par
d'autres considérations ou par la théorie.

Dans les cristaux à un axe, si l'axe fait l'angle θ avec sa projection OB sur la section droite du prisme (*fig.* 182), le contour ap-

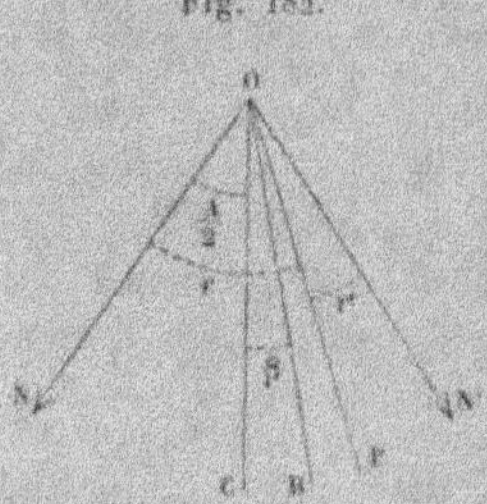

Fig. 182.

parent L de l'onde extraordinaire est une ellipse dont l'un des
axes, suivant la droite OB, est $b' = \sqrt{b^2 \cos^2\theta + a^2 \sin^2\theta}$ et l'autre
suivant la direction perpendiculaire est a. En appelant β l'angle de
la projection OB avec la bissectrice OC de l'angle $A = NON'$ des
normales aux faces du prisme, comptées dans le sens de la propagation de la lumière, on aura

$$V^2 = b'^2 \cos^2\left(r - \beta - \frac{A}{2}\right) + a^2 \sin^2\left(r - \beta - \frac{A}{2}\right) = \frac{1}{n^2}.$$

Un seul prisme permet ainsi d'obtenir un grand nombre de
vérifications entre les deux limites de l'angle r qui correspondent
à la réflexion totale.

On a d'ailleurs

$$2V\frac{dV}{dr} = (a^2 - b'^2)\sin 2\left(r - \beta - \frac{A}{2}\right)$$

$$= (a^2 - b^2)\cos^2\theta \sin 2\left(r - \beta - \frac{A}{2}\right).$$

Dans le cas du minimum de déviation, l'équation (10) devient

$$\cos r \cos i' - \cos i \cos r'$$
$$= \frac{n(a^2 - b^2)}{2} \cos^2\theta \sin(i + i') \sin(2r - 2\beta - A).$$

M. Stokes ([1]) a déterminé ainsi les valeurs de n pour la raie D suivant différentes directions dans le spath d'Islande. Ces valeurs ont varié entre les indices ordinaire et extraordinaire du cristal $n' = 1,65850$ et $n'' = 1,48635$.

Les angles θ et β qui définissent la direction de l'axe étant déterminés par les angles des faces du prisme avec une face naturelle du cristal, les plus grands écarts entre le calcul et l'observation ne dépassaient pas $0,00013$; la surface d'Huygens se trouvait ainsi vérifiée avec une approximation de $\frac{1}{12000}$.

Les mêmes expériences ont été répétées par M. Glazebrook ([2]) sur les raies brillantes de l'hydrogène et ont montré que l'approximation est encore plus grande.

Chacun des prismes était observé dans un sens et dans l'autre avec des angles d'incidence qui variaient de $4°$ en $4°$ depuis l'incidence rasante jusqu'au minimum de déviation. Pour la raie rouge C, par exemple, dont les indices ordinaire et extraordinaire ont été $n' = 1,65436$ et $n'' = 1,48456$, l'écart moyen de soixante observations était de $\frac{1}{120000}$ et l'auteur estime que l'erreur possible sur la surface d'onde extraordinaire ne dépasse pas $\frac{1}{10000}$.

De petites variations de température suffiraient pour expliquer une partie de ces différences, en dehors des erreurs inévitables d'observation.

On doit remarquer, en outre, que l'image d'une fente ne reste pas parallèle à sa direction primitive; il serait donc nécessaire d'y mettre un repère, en employant par exemple une fente en croix, et de s'assurer que le point visé correspond exactement aux rayons perpendiculaires à l'arête du prisme.

358. *Cristaux à deux axes.* — Les expériences de Biot sur la topaze, par la méthode indiquée plus haut, ont été faites seulement

---

([1]) Stokes, *Proc. L. R. S.*, t. XX, p. 443; 1872.
([2]) Glazebrook, *Phil. Trans. L. R. S.*, p. 421; 1880.

avec des prismes perpendiculaires au plan des axes optiques du cristal et, par conséquent, pour des rayons situés dans le plan des axes. Biot a constaté ainsi que l'un des rayons se propage avec une vitesse constante, comme s'il était ordinaire, tandis que la vitesse de l'autre varie entre deux valeurs différentes, correspondant aux cas où ce rayon est parallèle à l'une ou l'autre des bissectrices des axes optiques.

Pour deux directions particulières, les rayons ordinaire et extraordinaire ont la même vitesse. Enfin, suivant une droite quelconque, le carré de la vitesse extraordinaire varie comme le produit des sinus des angles de cette droite avec les directions de vitesse unique, conformément à la première des équations (24) du n° 347, interprétée dans l'hypothèse de l'émission.

La confiance des physiciens dans l'existence générale d'un rayon ordinaire a sans doute empêché Biot d'étendre ses mesures à des prismes taillés suivant d'autres directions.

Les valeurs des indices de réfraction principaux n_1, n_2 et n_3 de la topaze ou de leurs inverses a, b et c, déterminées par les expériences de Biot, permirent à Fresnel de soumettre son explication du déplacement des franges à un contrôle numérique.

Dans l'expérience des deux topazes A et B de même épaisseur e (*fig.* 168) dont l'une B est parallèle au plan des axes optiques et l'autre A perpendiculaire à une bissectrice Ox de ces axes, les vitesses des rayons qui se propagent parallèlement aux axes Ox ou Oy sont respectivement c et b ou c et a. Les premiers sont polarisés dans les plans xz ou yz, c'est-à-dire parallèlement à l'axe commun Oz des deux lames et donnent le système de franges central. Quant aux franges latérales, qui sont polarisées dans le plan commun xy perpendiculaire à la seconde bissectrice Oz, elles sont dues à la différence des vitesses a et b des rayons qui se propageraient parallèlement à l'axe Oz et dont les indices sont n_1 et n_2. Le retard optique est donc

$$\Delta = (n_2 - n_1)e = \left(\frac{1}{b} - \frac{1}{a}\right)e.$$

Fresnel a constaté que le déplacement avait lieu du côté de la lame A, c'est-à-dire de celle qui a le plus grand indice pour les rayons considérés et que sa valeur numérique était conforme au résultat du calcul. Toutefois, même en corrigeant l'effet dû aux inégalités d'épaisseur et en rapportant la frange centrale apparente du système latéral au milieu des interférences produites par une seule topaze, le déplacement observé avec des lames de $4^{mm},41$ d'épaisseur n'a été que de 17,3 franges au lieu du nombre 21 déduit des mesures de Biot.

Toutes les topazes n'ayant pas exactement les mêmes propriétés optiques, les nombres de Biot pouvaient ne pas convenir au cristal employé par Fresnel. « En outre, il serait possible [1] que la dispersion de double réfraction, c'est-à-dire la différence d'énergie de la double réfraction pour les rayons des diverses couleurs, modifiât tellement la superposition des franges produites par ces divers rayons, qu'il en résultât des méprises sur la position de la bande centrale, et que ce fût à une pareille cause d'erreur que tint en partie la discordance dont il s'agit ». On a vu plus haut (129) comment cette interprétation se justifie.

Dans une autre série d'expériences, Fresnel détermine la différence des deux indices n_1 et n_2 par le déplacement des franges et utilise ensuite cette valeur pour comparer les autres résultats avec la théorie; il élimine ainsi l'erreur d'achromatisme et les vérifications ont été beaucoup plus satisfaisantes.

Rudberg [2] a étudié avec un soin particulier la double réfraction dans l'aragonite et la topaze blanche. Pour chacun des cristaux, il fit tailler trois prismes respectivement perpendiculaires aux plans de symétrie et polis sur leurs trois faces, de manière à observer la déviation des rayons qui avaient traversé le milieu dans des directions différentes. Il a reconnu qu'il y avait, pour chaque prisme, un rayon à vitesse constante polarisé parallèlement à l'arête, c'est-à-dire dans un plan perpendiculaire au plan de symétrie, conformément à la théorie de Fresnel. Les indices de réfraction ainsi déterminés sur deux angles différents, dans le voisinage du minimum de déviation, étaient identiques à moins d'une unité du quatrième chiffre décimal, c'est-à-dire à $\frac{1}{14000}$ près, et les erreurs pouvaient s'expliquer par la difficulté de réaliser la taille exactement dans les directions convenables.

---

[1] FRESNEL, *Œuvres*, t. II, p. 268.
[2] RUDBERG, *Ann. de Chim. et de Phys.*, [2], t. XLVIII, p. 225; 1831.

359. *Expériences de réfraction conique.* — L'observation des phénomènes de réfraction conique, que Lloyd [1] entreprit sur la demande d'Hamilton, parut aux physiciens la plus éclatante confirmation des vues de Fresnel.

Lloyd a choisi pour ces expériences l'aragonite parce que le grand écart de l'un des indices principaux de ce cristal, déterminés par Rudberg, faisait prévoir que le phénomène y serait facilement observable.

Sur une lame e (*fig.* 183) perpendiculaire à la bissectrice de

Fig. 183.

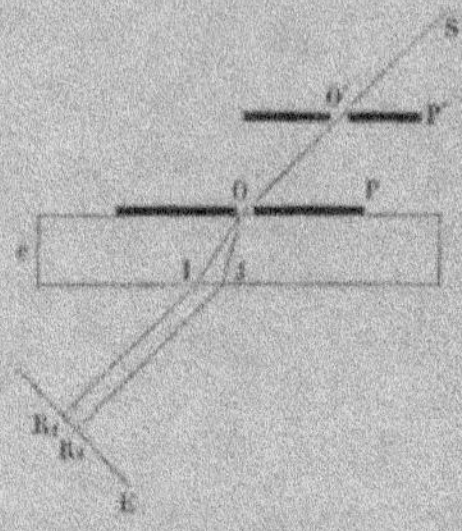

l'angle aigu des axes optiques, et dans un plan d'incidence parallèle aux axes, on fait tomber un rayon de lumière SO, limité par deux orifices très étroits O et O′ dans des feuilles de métal, l'une extérieure fixe P′, l'autre P collée sur le cristal. En recevant sur un écran E le faisceau des rayons émergents IR_1 et JR_2, qui sont parallèles au rayon primitif SO, on observe habituellement deux images distinctes R_1 et R_2, l'une ordinaire et l'autre extraordinaire. Mais, si l'on déplace lentement la lame de manière à faire varier l'angle d'incidence, on voit pour une certaine position les deux images s'élargir en croissants, puis se rejoindre et former un anneau continu. Le rayon incident SO, qui donne ainsi dans le cristal un cône circulaire IOJ de rayons réfractés à la première surface, est parallèle à la direction extérieure de l'axe optique. Le rayon réfléchi au point O donne l'angle d'incidence B et le diamètre de l'image $R_1 R_2$ l'angle du cône de réfraction intérieure.

---

[1] LLOYD, *Irish Trans.*, t. XVII, p. 145; 1833.

En réalité, l'image $R_1 R_2$ n'est pas rigoureusement circulaire. L'équation du cône OIJ (345) montre aisément que, pour la courbe elliptique IJ, le rapport des carrés des axes parallèles à x et y a pour expression

$$\frac{b^2}{a^2} \frac{a^2 - c^2}{b^2 - c^2} = \frac{b^2}{a^2} \frac{1}{\cos^2 C},$$

et l'angle IOJ du cône dans le plan des xz est égal à $C - D$.

La section droite du cylindre $IR_1 R_2 J$ est elle-même une ellipse pour laquelle le rapport des axes est

$$h = \frac{b}{a} \frac{\cos C_1}{\cos C},$$

et qui diffère extrêmement peu d'un cercle.

Le diamètre $R_1 R_2$ de l'image est

$$R_1 R_2 = IJ \cos C_1 = e \cos C_1 (\operatorname{tang} C - \operatorname{tang} D) = e \left(1 - \frac{c^2}{a^2} \right) \cos C_1 \operatorname{tang} C.$$

Nous avons supposé ici que le cristal est positif. S'il s'agit, au contraire, d'un cristal négatif, on devra faire l'expérience sur une lame perpendiculaire à la bissectrice négative Ox. Dans ce cas, les génératrices OI et OJ du cône prennent une position inverse (*fig.* 184); leurs angles A et B avec la normale sont

$$\operatorname{tang} A = \cot C = \sqrt{\frac{b^2 - c^2}{a^2 - b^2}},$$

$$\operatorname{tang} B = \cot D = \frac{a^2}{c^2} \operatorname{tang} A.$$

L'angle $B - A$ conserve la même valeur $C - D$ et l'angle d'incidence A_1 des rayons extérieurs est

$$n \sin A_1 = \frac{1}{b} \sin A.$$

Le rapport des carrés des axes de l'ellipse IJ est

$$\frac{b^2}{c^2} \frac{a^2 - c^2}{a^2 - b^2} = \frac{b^2}{c^2} \frac{1}{\cos^2 A}$$

et le rapport des axes de l'image $R_1 R_2$

$$k = \frac{b}{c} \frac{\cos A_1}{\cos A}.$$

Enfin le diamètre $R_1 R_2$ de l'image est

$$R_1 R_2 = \mathrm{IJ} \cos A_1 = e \cos A_1 (\tang B - \tang A) = e\left(\frac{a^3}{c^2} - 1\right) \cos A_1 \tang A.$$

L'aragonite est un cristal négatif. D'après les mesures de Rudberg, les constantes relatives à la raie E du spectre sont

$$n_1 = 1{,}53264, \qquad a = 0{,}65247, \qquad a^2 = 0{,}42572;$$
$$n_2 = 1{,}68634, \qquad b = 0{,}59300, \qquad b^2 = 0{,}35165,$$
$$n_3 = 1{,}69084; \qquad c = 0{,}59143; \qquad c^2 = 0{,}34978.$$

Fig. 184.

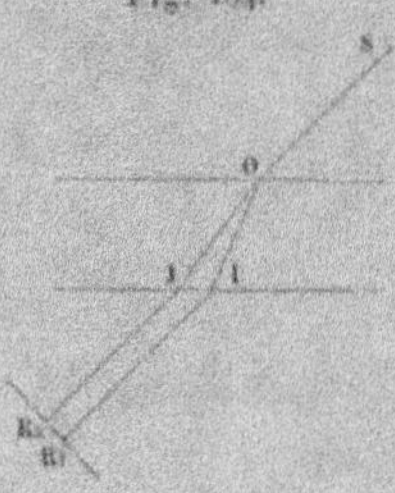

Le calcul des angles donne alors, en opérant dans l'air ($n = 1$).

$$A = 9°\,4'{,}7, \qquad B - A = 1°55', \qquad k = 0{,}979;$$
$$B = 10°56'{,}7, \qquad A_1 = 15°20'{,}6, \qquad \frac{R_1 R_1}{\ell} = 0{,}0332.$$

La section du cylindre des rayons émergents est donc circulaire à 0,02 près, et son diamètre est $\frac{1}{30}$ de l'épaisseur du cristal.

Lloyd a trouvé par expérience $A_1 = 15°40'$ et $B - A = 1°50'$; les petites différences de $+ 19'$ pour l'angle d'incidence et $- 5'$ pour l'angle du cône correspondent à des erreurs relatives 0,02 et 0,05; elles s'expliquent facilement par le défaut de précision des observations et par l'emploi de la lumière blanche.

Au lieu de recevoir l'image $R_1 R_2$ sur un écran, on peut l'observer directement avec une loupe qui vise l'image virtuelle de l'orifice O. Cette image paraît double en général et chacune d'elles se déforme ensuite pour constituer un anneau fermé à mesure que l'on approche de la direction convenable.

L'emploi d'une loupe permet de supprimer le premier orifice O' en le remplaçant par un œilleton très étroit, ce qui rend le réglage plus facile. Lorsque l'œilleton O' (*fig.* 185) est au foyer de la loupe *l*, il ne pourra être traversé que par des rayons IR_1, JR_2 dont la direction primitive SO est parallèle à l'axe principal. Si ces rayons correspondent à la réfraction conique intérieure, on verra une image circulaire de l'ouverture O.

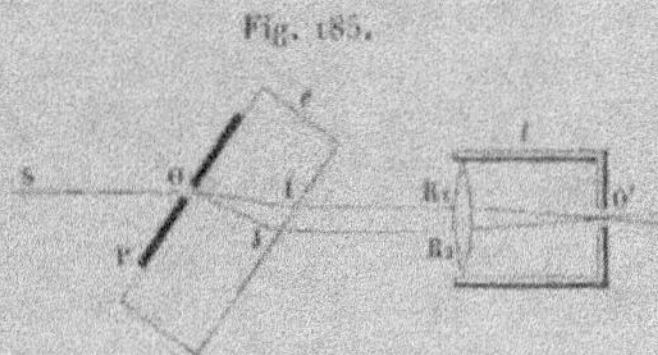

Fig. 185.

En portant le cristal par une monture qui permet de le faire tourner autour d'une droite passant par le point O et perpendiculaire au plan des axes optiques, on déterminera par tâtonnements la direction qui convient pour l'observation du phénomène.

Si la longueur focale de la loupe est de 1^{cm}, l'angle apparent de l'anneau pour une épaisseur de 1^{cm} est $0,0324$ ou d'environ $2''$, c'est-à-dire très facile à distinguer.

Dans l'aragonite, l'angle $2A$ des axes optiques augmente, à mesure que la longueur d'onde diminue, depuis $17°58'22''$ pour la raie rouge B, jusqu'à $18°26'52''$ pour la raie violette H. Si donc on fait croître d'une manière continue l'angle d'incidence des rayons sur la lame observée, à partir de la normale, l'anneau $R_1 R_2$ de réfraction conique se formera d'abord pour les rayons rouges et se brisera en dernier lieu pour les rayons violets. En interposant un verre violet qui laisse passer la lumière des deux extrémités du spectre, on peut voir simultanément un anneau rouge complet avec deux taches violettes ou un anneau violet avec deux taches rouges.

Quand on observe l'image au travers d'un analyseur, elle paraît interrompue par une tache noire, qui parcourt l'anneau tout entier pendant que l'analyseur tourne de $180°$. On vérifie ainsi la polarisation variable de chacun des rayons émergents.

Pour mettre en évidence la réfraction conique extérieure, il faut que le cristal soit traversé par un rayon unique parallèle à la droite OQ (*fig.* 186), qui passe par l'ombilic de la surface d'onde et qui est l'axe optique de la surface réciproque.

A l'aide d'une lentille L on fait converger les rayons solaires sur une petite ouverture O à la face supérieure de la lame d'aragonite et on limite le faisceau de rayons réfractés par une autre ouverture Q sur la face inférieure.

Le faisceau émergent donne en général deux rayons respectivement parallèles aux rayons incidents, mais, pour une certaine direction de la droite OQ, ces rayons forment un cône et dessinent sur un écran E un anneau circulaire $R_1 R_2$. Si l'image O formée par la lentille est assez étroite, on peut supprimer l'écran P' et régler l'appareil par le glissement ou l'inclinaison du cristal. L'observation à l'aide d'un analyseur montre encore que l'image $R_1 R_2$ est interrompue par une tache noire qui décrit l'anneau tout entier pendant que l'analyseur tourne de 180°.

Fig. 186.

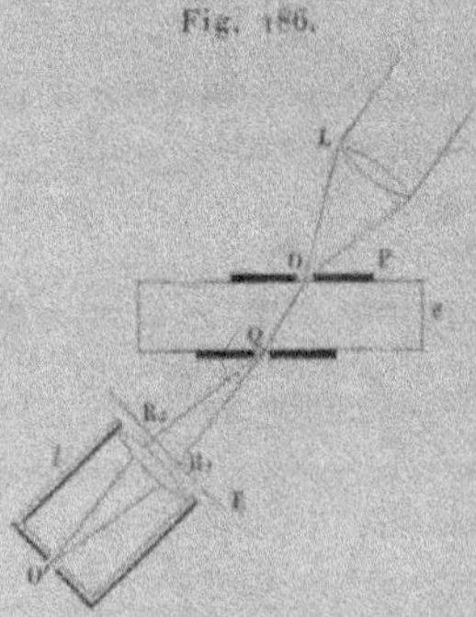

Dans l'observation avec une loupe, on peut encore supprimer le diaphragme qui porte l'ouverture Q sur la face postérieure, à condition que l'œilleton O' de la lampe soit au foyer conjugué d'un point Q de la seconde face du cristal. Cet œilleton ne peut être traversé que par des rayons qui émanent du point Q. En éclairant l'appareil par une lumière quelconque, si l'on fait tourner le cristal autour d'une droite passant par le point O et perpendiculaire au plan des axes optiques, on trouvera une direction pour laquelle l'image de ce trou paraît circulaire, et qui correspond à la réfraction conique extérieure.

L'angle $R_1 Q R_2$ est l'écart des rayons réfractés ordinaire et extraordinaire qui correspondent au rayon OQ. L'angle C_1 du rayon ordinaire avec la normale est

$$n \sin C_1 = \frac{1}{b} \sin C'.$$

La normale à l'onde extraordinaire est la droite conjuguée OJ' (*fig.* 174); elle fait avec l'axe des z l'angle D' et la vitesse de propagation correspondante est

$$V = \frac{OQ}{\cos 2\varphi'} = \frac{b}{\cos 2\varphi'}.$$

Comme on a

$$\cos^2 2\varphi' = \frac{1}{1 + \tan g^2 2\varphi'} = \frac{a^2 c^2}{b^2 (a^2 + c^2 - b^2)},$$

il en résulte

$$\frac{1}{V} = \frac{\cos 2\varphi'}{b} = \frac{ac}{b^2 \sqrt{a^2 + c^2 - b^2}}.$$

L'angle D_1 d'émergence est

$$n \sin D_1 = \frac{ac}{b^2 \sqrt{a^2 + c^2 - b^2}} \sin D',$$

et l'angle du cône $R_1 Q R_2 = D_1 - C_1$.

Si le cristal est négatif, on doit faire l'observation sur une lame perpendiculaire à la bissectrice négative Ox, c'est-à-dire remplacer les angles C' et D' par les angles complémentaires A' et B'. Les angles d'émergence A_1 et B_1 sont alors

$$n \sin A_1' = \frac{1}{b} \sin A',$$

$$n \sin B_1' = \frac{ac}{b^2 \sqrt{a^2 + c^2 - b^2}} \sin B',$$

et l'angle du cône est $R_1 Q R_2 = A_1' - B_1'$.

Avec l'aragonite, on a, pour la raie E,

$$C = 90^\circ - A = 80^\circ 58',3$$

et les autres angles sont donnés par les relations (345)

$$\tan g A' = \cot C = \frac{a}{c} \cot C = \frac{a}{c} \tan g A,$$

$$\tan g B' = \cot D' = \frac{c}{a} \cot C = \frac{c}{a} \tan g A.$$

Les nombres relatifs à l'aragonite pour la raie E du spectre donnent, quand on opère dans l'air,

$$A' = 9°56',5, \qquad A'_1 = 16°55',6, \qquad \frac{A'_1 + B'_1}{2} = 15°24',6,$$

$$B' = 8°11',3; \qquad B'_1 = 13°53',5; \qquad A'_1 - B'_1 = 3°2',1.$$

En se servant de la lumière blanche, Lloyd a trouvé pour l'angle du cône les deux valeurs 2°44' et 3°14', dont la moyenne 2°59' ne diffère du calcul que de 0.02. L'angle moyen d'émergence a été de 15°58', soit une erreur de 33',4 ou de 0.636.

360. *Polarisation dans la réfraction conique.* — La polarisation des rayons qui ont subi la réfraction conique est troublée par la réfraction oblique sur les faces de sortie. Si l'on veut se mettre à l'abri de cette cause d'erreur, il faut faire tomber la lumière normalement sur une lame perpendiculaire à l'axe optique [1]. Le rayon SO (*fig.* 187) donne encore un cône IOJ

Fig. 187.

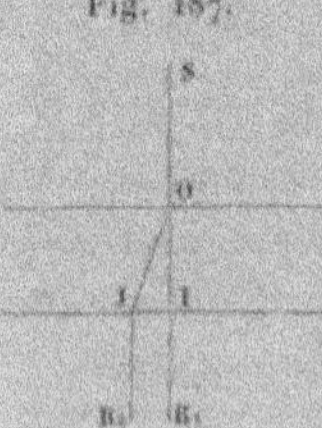

par réfraction sur la première surface, mais les ondes planes correspondantes restent toutes parallèles à la face de sortie et émergent sans altération de manière à former un cône cylindrique, IR₁ et JR₂, de rayons parallèles à la direction primitive. En négligeant la perte inégale de lumière dans les réflexions, l'image annulaire IMJ (*fig.* 188) est uniformément éclairée. Le plan de vibration au point M est MI et le plan de polarisation MJ.

Si l'on appelle α l'angle MJI, l'angle au centre correspondant MCI est égal à 2α; pour l'ensemble des rayons qui correspondent à un arc MM' $= ds$ de l'anneau au point M, l'amplitude de la vibration peut être représentée par $a\,d\alpha$, car la superposition de

---

[1] BEER, *Pogg. Ann.*, t. LXXXIII, p. 194, et t. LXXXV, p. 67; 1852.

vibrations indépendantes ainsi distribuées uniformément dans
tous les azimuts reproduirait la lumière primitive naturelle.

Si l'on observe avec un analyseur dont le plan de polarisation
JP fait l'angle i avec la droite JM, l'amplitude au point M devient
$a\,dz\cos i$. L'intensité est, en général, proportionnelle au cosinus
carré de la distance angulaire de la droite JM avec le plan JP de
l'analyseur; elle est maximum au point P et nulle à l'extrémité N
du diamètre PN de l'image, sur une perpendiculaire JN au plan
de l'analyseur.

Fig. 188.

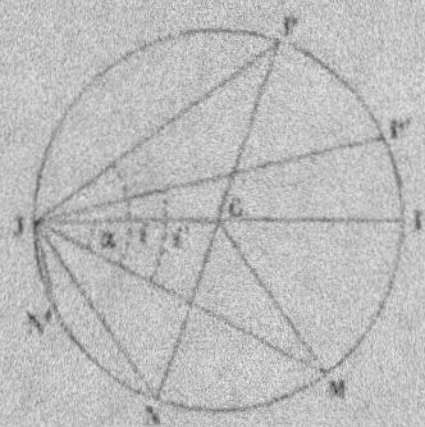

Inversement, si des rayons parallèles isogènes, correspondant à
la même distribution des intensités sur l'image annulaire, marchent en sens contraire en traversant d'abord le polariseur, la vibration relative à l'arc ds d'anneau au point M conserve la même
amplitude

$$a\,dz\cos i = a\cos i\,di.$$

Toutes ces vibrations, se propageant dans le cristal sur la même
onde plane, n'éprouvent pas de différence de marche, et il suffira
de combiner algébriquement leurs amplitudes sur le rayon émergent OS.

Si l'on projette ces vibrations sur deux axes, l'un y parallèle au
plan de polarisation JP et l'autre x dans une direction perpendiculaire, les résultantes parallèles aux axes seront

$$y = a\int_0^\pi \cos i\sin i\,di = 0,$$

$$x = a\int_0^\pi \cos^2 i\,di = a\int_0^\pi \frac{1+\cos 2i}{2}\,di = \frac{\pi}{2}a;$$

la lumière reste polarisée dans le même plan, et, en appelant A son amplitude primitive, on a

$$a = \frac{2}{\pi} A.$$

Supposons maintenant que l'on fasse de nouveau marcher cette lumière polarisée dans le premier sens, suivant la direction SO; on retrouvera les mêmes intensités respectives aux différents points de l'anneau produit par la réfraction conique et par conséquent la tache noire au point N. Les apparences seront les mêmes que si la lumière avait été d'abord naturelle et observée par un analyseur.

Enfin, si la lumière est d'abord polarisée et qu'on l'observe avec un analyseur JP' qui fait l'angle i' avec le plan JM, l'amplitude de vibration sur l'arc ds dans l'analyseur devient

$$a \cos i \, di \cos i' = \frac{2}{\pi} A \cos i \cos i' \, di.$$

L'intensité étant proportionnelle au produit $\cos^2 i \cos^2 i'$, on observera deux taches noires N et N' correspondant au polariseur et à l'analyseur.

Le phénomène est symétrique par rapport aux angles i et i', de sorte que l'on peut permuter les azimuts du polariseur et de l'analyseur, conformément à la règle générale (177).

361. *Réfraction des ondes planes.* — On doit remarquer toutefois que l'observation de la réfraction conique par des rayons isolés ne comporte pas une grande précision et que l'existence même des réfractions coniques ne démontre pas d'une manière suffisante l'exactitude de la surface d'onde de Fresnel. Si l'on suppose, en effet, que la propagation des ondes parallèles aux trois plans de symétrie soit déterminée comme elle l'est par expérience et que l'une des vitesses soit constante toutes les fois que l'onde est perpendiculaire à l'un des plans de symétrie, il en résulte bien que les sections principales de la surface d'onde ont une courbe circulaire, que les autres courbes sont symétriques par rapport aux coordonnées et que leurs diamètres maximum et minimum sont connus, mais rien ne prouve que ces courbes soient elliptiques; on peut concevoir une infinité d'autres formes qui satisferaient aux mêmes conditions.

Le véritable contrôle de la surface d'onde consiste donc à déterminer les vitesses de propagation des ondes planes par la méthode si précise des déviations prismatiques (353).

Le Mémoire de Rudberg renferme déjà un grand nombre de mesures sur les rayons extraordinaires situés dans les plans de symétrie qui permettraient d'en calculer l'indice de réfraction; malheureusement ces résultats n'ont pas été comparés aux valeurs que l'on pourrait calculer si facilement par la forme elliptique des sections correspondantes de la surface d'onde, en connaissant les indices principaux de réfraction.

M. Glazebrook ([1]) a repris cette étude délicate pour l'aragonite. Un cristal a été taillé de manière à donner les vitesses de propagation dans le voisinage des axes optiques et dans un plan perpendiculaire au plan des axes. Sur un autre cristal les observations étaient faites dans un plan incliné à $60°$ sur le plan des axes et comprenaient presque un quadrant de la surface d'onde. L'accord des expériences avec la théorie est en général très satisfaisant; cependant les différences ont été jusqu'à $\frac{3}{15000}$ avec le premier prisme et même $\frac{9}{15000}$ avec le second, c'est-à-dire 5 ou 9 unités sur le quatrième chiffre décimal des indices de réfraction, et ne paraissent pas devoir être attribuées aux erreurs d'observation, malgré la difficulté de déterminer exactement la direction de la taille des prismes.

La surface de Fresnel, si elle n'est pas absolument rigoureuse, représente donc les phénomènes avec une telle approximation qu'il est difficile de la supposer en défaut.

APPLICATIONS.

362. *Polariseurs à réflexion totale.* — On peut profiter de l'inégale vitesse de propagation des ondes planes dans un prisme biréfringent pour isoler les deux rayons dans le voisinage de la réflexion totale. Si l'on suppose, par exemple, que le plan d'incidence reste perpendiculaire à l'axe dans le spath d'Islande, et que les rayons rencontrent obliquement la face de sortie, qui sépare le cristal d'un milieu extérieur dont l'indice de réfraction est n,

---

([1]) GLAZEBROOK, *Phil. Trans. L. R. S.*, p. 287; 1879.

les angles limite d'incidence j' et j'' qui correspondent à la réflexion totale sont déterminés par les conditions

$$(1) \qquad n = n' \sin j' = n'' \sin j''.$$

Les indices ordinaire et extraordinaire du spath étant, pour la raie D,

$$n' = 1,658,$$
$$n'' = 1,486,$$

les valeurs des angles j' et j'' pour le cas où le milieu extérieur est de l'air sont

$$j' = 37°5', \qquad j'' = 42°20'.$$

Lorsque l'angle d'incidence intérieur sera compris entre ces deux valeurs, c'est-à-dire pour un intervalle de $5°15'$, le rayon ordinaire est réfléchi totalement, tandis que le rayon extraordinaire se réfracte au moins en très grande partie. La lumière transmise sera donc complètement polarisée dans le plan de réfraction et la lumière réfléchie presque complètement polarisée dans un plan perpendiculaire au plan de réflexion.

Le champ intérieur $j'' - j'$ qui correspond aux rayons polarisés varie avec le milieu extérieur.

Le champ extérieur de polarisation est compris entre la surface et le rayon émergent qui correspond à l'angle j' pour le rayon extraordinaire. Ce champ est $\frac{\pi}{2} - i'$, la valeur de i' étant donnée par la condition

$$\sin i' = \frac{n'' \sin j'}{n} = \frac{n''}{n'},$$

qui donne

$$i' = 63°40', \qquad \frac{\pi}{2} - i' = 26°20'.$$

Le champ extérieur est donc indépendant de la nature du second milieu; mais, si ce milieu n'est pas l'air, il faut se préoccuper de la direction finale du faisceau polarisé.

Pour que les deux rayons dans le spath soient capables d'éprouver la réflexion totale, il faut évidemment que l'indice n soit inférieur aux deux indices n' et n''. S'il leur est intermédiaire, le champ intérieur de polarisation $\frac{\pi}{2} - f'$ est

$$\cos\left(\frac{\pi}{2} - f'\right) = \sin f' = \frac{n}{n'}.$$

Le problème est moins simple quand l'axe du cristal est situé dans une direction quelconque : il est alors nécessaire de recourir à la construction d'Huygens ou aux formules analytiques.

On a imaginé un grand nombre de combinaisons pour utiliser, dans des conditions très variées, cette séparation des deux espèces de rayons par la réflexion totale.

363. *Prisme de Nicol.* — Le prisme de Nicol ([1]) est formé d'un cristal de spath coupé dans une direction convenable, et dont on réunit les deux morceaux par du baume de Canada. Le cristal est taillé en prisme par clivage de manière que la base ABCD (*fig.* 189) soit un losange et que la hauteur BA' soit un peu moins de quatre fois le côté AD.

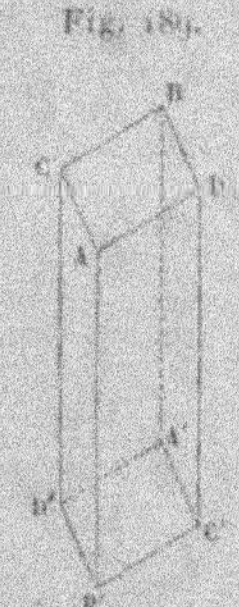

Fig. 189.

On le coupe suivant un plan parallèle à la grande diagonale CD de la base et passant par les angles obtus A et A'. Les deux faces de section étant polies, on les réunit par une mince couche de baume dans leur position primitive. Un rayon SO (*fig.* 190) qui tombe sur la base dans une direction voisine de celle des arêtes du prisme donne un rayon extraordinaire OPP'R, qui traverse le

---

([1]) Nicol, *Pogg. Ann.*, t. XXIX, p. 182; 1833.

baume et le cristal, et un rayon ordinaire OQ plus dévié qui se réfléchit totalement sur le baume pour être absorbé par les faces latérales dépolies et noircies. Le rayon émergent R est donc polarisé dans un plan perpendiculaire à la section principale, c'est-à-dire parallèlement à la grande diagonale CD de la base.

Pour des rayons incidents situés dans le plan de figure, qui est la section principale, la réflexion totale du rayon ordinaire com-

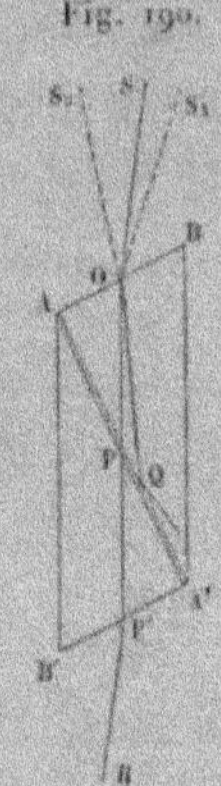

Fig. 190.

mence à partir d'une direction S_1O et celle du rayon extraordinaire à partir de la direction S_2O. Les rayons incidents compris dans l'angle S_1OS_2 ne donnent donc qu'un rayon transmis extraordinaire; cet angle, qui définit le champ de polarisation, est d'environ 30°.

Quand on regarde une surface uniformément éclairée au travers d'un prisme de Nicol, et visant à l'infini, on voit un champ très éclairé de lumière qui paraît naturelle, bordé d'une irisation rouge sur la ligne où elle se sépare d'un autre champ de lumière polarisée dont l'éclairement est moitié moindre et qui se termine sur une région obscure par une coloration bleue; cette seconde partie du champ ne renferme que des rayons extraordinaires.

On peut remarquer, en outre, que les bords rouge et bleu du champ intermédiaire sont accompagnés, du côté de la région éclairée, par une série de belles franges d'interférence plus ou moins larges et régulières. Ce sont des anneaux de transmission analogues aux franges d'Herschel (**281**) au voisinage de la réflexion totale; elles paraissent d'autant plus serrées que la couche de baume est plus épaisse.

La coloration bleue située au bord du champ polarisé montre que la réflexion totale commence d'abord par les rayons rouges, à l'inverse de ce qui a lieu habituellement, parce que la dispersion extraordinaire du spath est inférieure à celle du baume, de sorte que l'indice de réfraction relative croît du violet au rouge.

En dehors du champ polarisé lumineux, il existe encore des rayons transmis de réfrangibilités plus grandes, appartenant à l'ultra-violet, et dont on peut reconnaître l'existence par la Photographie ou la fluorescence. Le prisme de Nicol fournit ainsi un moyen d'isoler ces radiations extrêmes.

Le prisme de Nicol donne au rayon transmis un déplacement latéral qui présente quelques inconvénients dans certaines expériences. Il exige, en outre, un cristal relativement long, de sorte que, pour obtenir un large faisceau polarisé, il faut employer des morceaux de spath de dimensions tout à fait exceptionnelles.

Foucault ([1]) a remplacé le baume de Canada par une simple couche d'air. La longueur du prisme est réduite au tiers pour la même largeur, mais le champ de polarisation diminue à peu près dans le même rapport, car il n'est plus que de $8°$.

Les champs sont alors limités tous deux par une teinte rouge auprès de laquelle se trouve encore un système de franges d'interférence quand la lame d'air est très mince.

364. *Dimensions des prismes.* — Considérons le cas général d'un prisme dont le plan de symétrie $ABA'B'$ contient l'axe et supposons la coupe AA' perpendiculaire au plan de symétrie (*fig.* 191). Soient ON la normale à la face d'entrée AB du cristal, SO le rayon incident, i l'angle d'incidence.

L'angle de réfraction i' des rayons ordinaires est donné par la condition $n' \sin i' = \sin i$. En appelant β l'angle de la coupe AA' faite dans le cristal avec la face d'entrée, l'angle d'incidence sur le baume est $\beta - i'$; l'angle limite j' d'incidence sur le baume et

---

([1]) FOUCAULT, *Comptes rendus des séances de l'Académie des Sciences*, t. XLV, p. 239; 1857.

l'angle i_1 correspondant d'incidence extérieure seront donc déterminés par les conditions

$$(1) \qquad n = n' \sin f' = \sin(\beta - i'),$$
$$(2) \qquad \sin i_1 = n' \sin i'.$$

Pour le calcul des rayons extraordinaires, il faut préciser la position de l'ellipsoïde. Soient α l'angle que fait l'axe OI du cristal avec la normale ON, i'' l'angle de réfraction N''ON relatif à l'onde

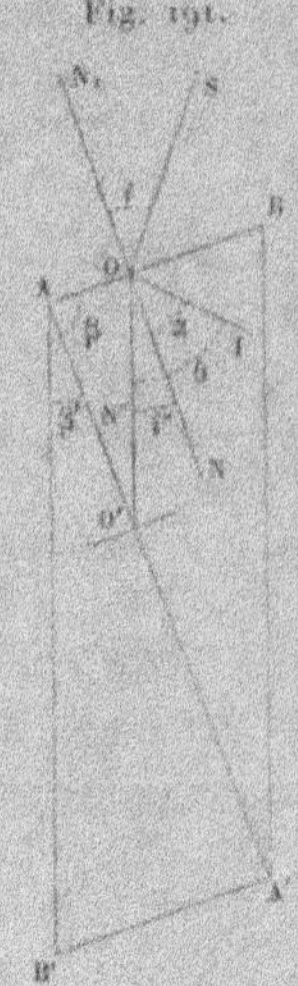

Fig. 191.

extraordinaire, θ l'angle N''OI de la normale à cette onde avec l'axe du cristal. La vitesse V'' de propagation est

$$V''^2 = a^2 \sin^2\theta + b^2 \cos^2\theta = \frac{\sin^2\theta}{n''^2} + \frac{\cos^2\theta}{n'^2}.$$

On a d'ailleurs $i'' = \theta - \alpha$ et la loi de réfraction donne

$$(3) \qquad \sin^2 i = \frac{\sin^2 i''}{V''^2} = \frac{\sin^2(\theta - \alpha)}{a^2 \sin^2\theta + b^2 \cos^2\theta}.$$

L'angle d'incidence au point O' sur le baume est encore $\beta - i'' = \beta + \alpha - \theta$ et l'angle limite f'' de la réflexion totale est déterminé par l'équation

$$n^2 = \frac{\sin^2 i''}{V''^2} = \frac{\sin^2(\alpha + \beta - \theta)}{a^2 \sin^2\theta + b^2 \cos^2\theta},$$

qui donne

$$[n^2 a^2 - \cos^2(\alpha + \beta)]\tang^2\theta + \sin 2(\alpha + \beta)\tang\theta + n^2 b^2 - \sin^2(\alpha + \beta) = 0,$$

$$(4) \quad \begin{cases} [n^2 a^2 - \cos^2(\alpha + \beta)]\tang\theta = -\dfrac{\sin 2(\alpha + \beta)}{2} \\[2ex] \qquad \pm \dfrac{n}{n' n^2}\sqrt{n^2 - n'^2 - (n'^2 - n''^2)\sin^2(\alpha + \beta)}. \end{cases}$$

Cette équation, dont les racines ne sont réelles que pour la condition

$$\sin^2(\alpha + \beta) < \frac{n^2 - n'^2}{n'^2 - n''^2},$$

détermine l'angle θ; on en déduira l'angle limite i_2 par l'équation (3) ou par la relation

$$(5) \qquad \frac{\sin i_2}{n} = \frac{\sin i''}{\sin j''} = \frac{\sin(\theta - \alpha)}{\sin(\alpha + \beta - \theta)}$$

En appelant β' l'angle de la coupe avec les arêtes AB' du prisme, le rapport de la hauteur AB' à la diagonale AB située dans le plan de symétrie est

$$\frac{AB'}{AB} = \frac{\sin\beta}{\sin\beta'}.$$

Pour le spath d'Islande, les angles dièdres égaux AC (*fig.* 192) qui forment le sommet A du rhomboèdre primitif sont de 105°5′. On en déduit

$$DAC = 101°55′, \qquad \frac{AB}{AC} = 1.26.$$

La section principale ABA'B' est un parallélogramme dont les angles A et A' sont de 109°8′,2 et les angles B et B' de 70°51′,8; enfin l'axe de cristallisation AI, situé dans ce plan, fait avec l'arête AB' un angle de 63°44′,7 et un angle de 45°23′,5 avec la face supérieure ACBD.

L'indice de réfraction du baume de Canada, pour la raie D, est

$$n = 1,549.$$

L'angle limite d'incidence sur le baume, pour le rayon ordinaire, déterminé par l'équation (1) est $j' = 69°7'$.

Dans le prisme de Nicol, les faces du cristal sont celles de clivage ; on a alors

$$B = 70°51',8,$$
$$\alpha = 90° - 45°23',5 = 44°36',5,$$

et l'angle de la normale ON avec l'arête AB' est

$$90° - B = 19°8',2.$$

Fig. 192.

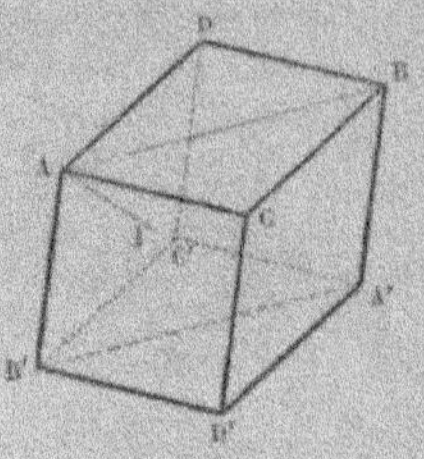

Pour que la bissectrice du cône de polarisation soit à peu près parallèle aux arêtes AB' du prisme, on peut déterminer l'angle de coupe β par la condition que la direction limite OS_1 des rayons ordinaires soit à 15° de ces arêtes, ou

$$i_1 = 15° + 19°8',2 = 34°8',2,$$
$$i' = 19°47';$$
$$\beta = i' + j' = 88°54',$$
$$\beta' = A - \beta = 20°14',2$$
$$\alpha + \beta = 133°30',5;$$

et les équations (4) et (5) donnent

$$\theta = 48°23',$$
$$i_2 = 5°52',$$
$$i_1 - i_2 = 29°16'.$$

L'angle moyen d'incidence est $\dfrac{i_1 + i_2}{2} = 20°$, de sorte que la bissectrice du cône de polarisation ne fait avec les arêtes qu'un angle de $52'$.

Enfin les dimensions relatives du prisme sont

$$\frac{AB'}{AB} = 2,897, \qquad \frac{AB'}{AC} = 2,897 \times 1,26 = 3,65.$$

La valeur 3,7 adoptée dans la pratique pour ce dernier rapport donne un champ d'environ 30°. On étend un peu le champ en augmentant l'angle β, mais les conditions de symétrie sont moins satisfaisantes et le prisme devient encore plus long.

Pour économiser la matière, on diminue souvent l'angle β, jusqu'à 80° par exemple; le rapport de la longueur du prisme au petit côté peut être réduit à 2,5, mais le champ atteint à peine 25°.

Remarquons encore que le déplacement latéral du rayon extraordinaire dans le plan de symétrie du nicol varie un peu avec l'angle d'incidence et avec la longueur d'onde; les images d'un objet seront donc irisées et un peu déformées.

Comme les rayons incidents dans le cône utile sont obliques à la face d'entrée, ce qui a pour inconvénient d'affaiblir beaucoup la lumière dans une partie du champ, on termine quelquefois les bases du prisme de Nicol par une face perpendiculaire aux longues arêtes AB' : l'angle B est alors droit. Si l'on conserve la même coupe intérieure, on a

$$\beta = 69° 46',$$
$$\alpha = 63° 44',7,$$
$$i' = 69° 46' - 69° 7' = 39',$$
$$i_1 = 1° 5'.$$

Les angles $\alpha + \beta$ et θ conservent les mêmes valeurs et

$$i_2 = -24° 20',$$
$$i_1 - i_2 = 25° 25'.$$

Le champ est diminué, mais les rayons du cône utile sont situés de part et d'autre de la normale et l'éclairement est plus uniforme; toutefois l'angle moyen d'incidence est $11° 32'$, de sorte qu'on doit viser dans une direction oblique. Le rapport de la longueur du prisme à l'arête latérale est alors 3,30.

Les faces artificielles dans des directions autres que celles du clivage sont très altérables, à cause des lamelles cristallines qui s'en détachent facilement, et il est bon de les protéger par des lames de verre collées aux extrémités du prisme.

En modifiant l'indice de la couche intermédiaire, on peut encore améliorer le champ dans des limites très étroites, mais il y a surtout intérêt à diminuer la longueur du prisme aux dépens de l'étendue du champ.

Quand on remplace le baume par une couche d'air, l'angle de réflexion totale j' pour le rayon ordinaire est $37°5'$.

Avec le rapport $\dfrac{AB'}{AC} = 1,25$ indiqué par Foucault, on a

$$\frac{AB'}{AB} = \frac{1,25}{1,26}$$

ou sensiblement l'unité. Les angles β et β' sont alors égaux entre eux et à $\dfrac{109°8'}{2} = 54°32'$; on trouve ainsi

$$i_1 = 29°49',$$
$$i_2 = 21°11'.$$

Le champ est de $8°38'$, l'incidence moyenne $25°30'$ et l'angle du rayon moyen avec les arêtes $6°22'$.

En prenant $\dfrac{AB'}{AC} = 1,15$, on obtient

$$i_1 = 23°8',$$
$$i_2 = 15°48';$$

le champ est réduit à $7°20'$; mais l'angle du rayon moyen avec les arêtes n'est plus que de $20'$ et l'incidence moyenne $19°28'$.

365. *Différentes formes du prisme de Nicol.* — On a proposé plusieurs autres dispositions pour les prismes polariseurs, mais elles présentent le double inconvénient de donner lieu à des déchets importants de matière et de terminer les prismes par des faces différentes du clivage naturel.

Dans les prismes de MM. Hartnack et Prazmowski (^{1}), la coupe

---

(^{1}) HARTNACK et PRAZMOWSKI, *Ann. de Chim. et de Phys.*, [4], t. VII, p. 181; 1866.

MM' (*fig.* 193) est perpendiculaire à l'axe du cristal. Les faces
d'entrée et de sortie, MN et M'N', sont perpendiculaires à la longueur MN' et l'angle β qu'elles font avec la coupe est variable avec
la nature du collage, d'après le tableau suivant, dans lequel la

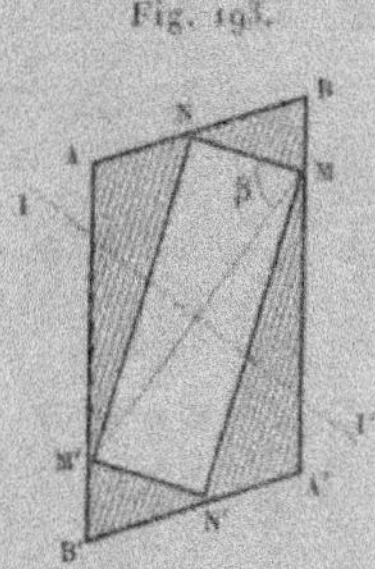

Fig. 193.

longueur du prisme est exprimée en fonction de l'arête latérale :

Collage.	Indice.	β.	Champ.	Longueur.
		°	°	
Baume de Canada.........	1,549	79,0	33	5,2
Baume de copahu........	1,507	76,5	35	3,7
Huile de lin.............	1,485	73,5	35	3,4
Huile de pavot...........	1,465	71,0	28	3,0

Si la coupe et la face d'entrée sont parallèles à l'axe, les deux
rayons suivent la loi de Descartes dans le plan de symétrie, qui
est perpendiculaire à l'axe ([1]).

Avec le baume de Canada, le rayon extraordinaire n'éprouve
jamais la réflexion totale et l'angle limite i_1 d'incidence des rayons
ordinaires est donné encore par la condition

$$\sin i_1 = n' \sin i' = n' \sin(\beta - 69°7').$$

La valeur maximum de l'angle i' relatif aux rayons extraordinaires est $42°20'$. Il peut alors se présenter deux cas.

Si l'angle β est supérieur à $90° - 42°20'$ ou $47°40'$, les rayons
extraordinaires rencontrent le baume jusqu'à la direction rasante;

([1]) S.-P. Thompson, *Séances de la Société de Physique*, p. 100; 1887.

l'angle d'incidence limite i_2 est alors

$$\sin i_1 = n'' \cos \beta$$

et l'ouverture du champ $i_1 + i_2$.

Pour $\beta = 90°$ par exemple, on aurait $i_1 = 36°17'$, $i_2 = 0$ et l'incidence moyenne serait $18°8',5$. En admettant que le rayon moyen fasse un angle de $2°$ avec les arêtes du prisme, il en résulte $\beta' = 20°8'$ et

$$\frac{AB'}{AB} = \frac{1}{\sin \beta'} = 2,90.$$

La longueur de l'appareil est de même ordre que celle du nicol.

Si l'angle β est inférieur à $47°42'$, l'incidence des rayons extraordinaires peut être rasante ou $i_2 = 90°$; l'angle i_1 est négatif pourvu que la différence $69°7' - \beta$ soit inférieure à $37°5'$.

Les prismes ainsi construits, en faisant $\beta = 19°$, paraissent présenter quelques avantages : le champ de polarisation est étendu, très régulier et le déplacement latéral des images est très faible; mais, par contre, ils entraînent une trop grande perte de matière. M. S. Thompson indique différents autres modes de taille dans lesquels on s'est proposé surtout d'économiser la matière et d'utiliser les morceaux résultant des différentes coupes; la multiplication des surfaces artificielles ne peut que nuire à la perfection finale de la lumière polarisée.

Pour certaines applications, telles que l'observation des cristaux au microscope, on attache plus d'importance à l'étendue du champ qu'à la pureté de la lumière polarisée. M. E. Bertrand ([1]) coupe un prisme de flint, de même indice que l'ordinaire du spath, par une face faisant l'angle de $76°43'$ avec les bases et intercale entre les deux fragments une lamelle de spath clivé convenablement orientée, par un collage dont l'indice est égal ou supérieur à celui du flint. Par suite de la réflexion totale du rayon extraordinaire sous certaines incidences, on obtient un polariseur dont le champ est voisin de $45°$.

Cette construction permet un autre perfectionnement. Si l'angle de coupe d'un premier prisme est de $63°26'$, on peut le couper de

---

[1] E. BERTRAND, *Comptes rendus des séances de l'Académie des Sciences*, t. XCIX, p. 538; 1884.

nouveau dans une direction symétrique de la première et rapprocher les morceaux après introduction d'un nouveau clivage de spath. On obtient ainsi un polariseur moitié moins long que le prisme de Nicol et dont le champ atteint 98°41′.

On peut enfin intercaler une lame de nitre ou d'azotate de soude suivant une coupe convenable dans un morceau de spath et répéter la même opération dans une coupe symétrique, de manière à obtenir des champs de polarisation qui dépassent 120°.

366. *Analyseurs à pénombre.* — L'emploi des analyseurs à extinction complète pour déterminer l'azimut de polarisation présente quelques inconvénients, surtout quand l'intensité des rayons sur lesquels on opère n'est pas très grande, car l'intensité observée est proportionnelle au sinus carré de l'angle de l'analyseur avec la direction qui produit l'extinction absolue. La lumière reste alors insensible pendant un déplacement notable de l'analyseur et il est nécessaire de prendre la moyenne des directions pour lesquelles la lumière reparaît d'une manière appréciable par une rotation dans les deux sens. La difficulté augmente encore si l'analyseur est imparfait ou la polarisation primitive incomplète, car on ne peut plus observer qu'une intensité minimum mal définie.

La précision des mesures devient plus grande lorsqu'il est possible de remplacer l'appréciation d'un minimum d'éclat par celle de l'égalité de deux teintes voisines.

Quand on fait tomber un faisceau de lumière d'intensité I, polarisée dans la direction OP (*fig.* 194), sur une lame cristalline dont la section principale OA est dans l'azimut α, les intensités de l'image ordinaire et de l'image extraordinaire sont respectivement $I\cos^2\alpha$ et $I\sin^2\alpha$. En recevant cette lumière sur un analyseur dont le plan de polarisation OQ est dans l'azimut β par rapport au plan primitif, si la lame est assez épaisse pour qu'il n'y ait pas à tenir compte de l'interférence des faisceaux qui sont ramenés à la même polarisation, l'intensité totale est

$$J = I[\cos^2\alpha \cos^2(\alpha - \beta) + \sin^2\alpha \sin^2(\alpha - \beta)]$$

$$= I\left[\cos^2\beta - \frac{1}{2}\sin 2\alpha \sin 2(\alpha - \beta)\right].$$

Supposons que, pour une seconde lame identique, placée à

côté de la première, l'azimut de la section principale OA' soit α';
l'intensité dans l'analyseur des rayons qui ont traversé cette
lame est

$$J' = I\left[\cos^2\beta - \frac{1}{2}\sin 2\alpha' \sin 2(\alpha' - \beta)\right].$$

Les deux images auront le même éclat pour la condition

$$\sin 2\alpha \sin 2(\alpha - \beta) = \sin 2\alpha' \sin 2(\alpha' - \beta),$$

qui détermine deux directions rectangulaires pour chacun des
éléments OQ, OA et OA' en fonction des deux autres.

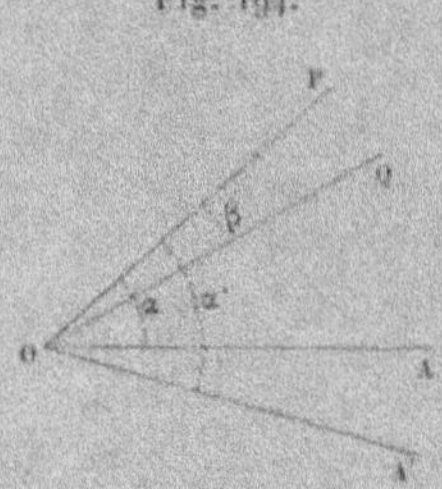

Fig. 194.

Lorsque l'analyseur est parallèle ou perpendiculaire à la bissectrice des sections principales des deux lames, c'est-à-dire pour

$$2\beta = \alpha + \alpha' + n\pi,$$
$$\sin 2(\alpha - \beta) = -\sin 2(\alpha' - \beta),$$

l'égalité des images exige que l'on ait aussi

$$\sin 2\alpha = -\sin 2\alpha',$$

c'est-à-dire que le plan primitif de polarisation est aussi parallèle
ou perpendiculaire à la bissectrice des sections principales.

Pour ces orientations particulières, en appelant ω l'angle $\alpha' - \alpha$
des sections principales des deux lames, les intensités des images
peuvent s'écrire

$$J = I\left[\cos^2\beta + \frac{1}{2}\sin(2\beta - \omega - n\pi)\sin(\omega - n\pi)\right],$$
$$J' = I\left[\cos^2\beta - \frac{1}{2}\sin(2\beta + \omega - n\pi)\sin(\omega - n\pi)\right].$$

Le rapport de la différence des intensités des deux images à leur valeur moyenne est

$$(6) \qquad 2\frac{J-J'}{J+J'} = \frac{2\cos\omega\sin(2\beta-n\pi)\sin(\omega-n\pi)}{2\cos^2\beta-\sin\omega\cos(2\beta-n\pi)\sin(\omega-n\pi)}.$$

Si l'on fait $n = 0$, le plan de polarisation de l'analyseur est bissecteur des sections principales, et, l'angle ω étant supposé petit, les images égales ont le moindre éclat, sous forme de *pénombres*, quand l'analyseur et le polariseur sont croisés.

En posant $\beta = \frac{\pi}{2} - \delta$, l'équation (6) devient alors

$$2\frac{J-J'}{J+J'} = \frac{\sin 2\omega \sin 2\delta}{2\sin^2\delta - \sin^2\omega\cos 2\delta} = \frac{\sin 2\omega \sin 2\delta}{1 - \cos^2\omega\cos 2\delta}.$$

Lorsque l'angle δ, qui représente l'erreur de réglage, est très petit, on a sensiblement

$$(7) \qquad 2\frac{J-J'}{J+J'} = \frac{4\delta}{\tang\omega} = \frac{4\delta}{\omega}.$$

La variation relative d'éclat est donc proportionnelle à l'angle d'écart et en raison inverse de l'angle des sections principales.

Pour que le second membre atteigne $\frac{1}{15}$ par exemple, avec une déviation δ d'une minute, il faut que l'angle ω ne soit pas supérieur à 4°.

On ne peut pas diminuer ce dernier angle au delà d'une certaine limite sans affaiblir outre mesure les deux images à comparer; mais on voit aisément qu'un appareil formé par l'ensemble de deux lames cristallines et d'un analyseur permettra de déterminer d'une manière beaucoup plus exacte la direction du plan de polarisation totale ou partielle d'un faisceau lumineux.

Cette combinaison a été imaginée par M. Jellett ([1]), qui a réalisé d'abord l'appareil à l'aide d'un prisme droit de spath d'Islande présentant deux faces perpendiculaires aux arêtes de clivage. Le prisme étant coupé suivant la section principale des bases, on use en biseau les surfaces de section et on les rapproche ensuite par un collage.

([1]) JELLETT, *Br. Ass. Rep.*, IIᵉ Partie, p. 13; 1860.

Il est plus simple encore d'utiliser pour le même objet des lames de quartz parallèles à l'axe de quelques millimètres d'épaisseur ou même des lames de gypse obtenues par clivage.

M. Cornu ([1]) arrive au même résultat en coupant un prisme de Nicol suivant les petites diagonales des bases et rapprochant ensuite par collage les deux parties symétriques après avoir enlevé sur chacune d'elles un biseau d'environ $2°,5$; l'angle ω des plans de polarisation des deux moitiés du champ est alors de $5°$.

Si l'on reçoit sur cet analyseur un faisceau polarisé I dans l'azimut $\frac{\pi}{2} - \delta$ par rapport à la bissectrice de l'angle ω, les intensités des deux images sont

$$J = I \sin^2(\omega - \delta),$$
$$J' = I \sin^2(\omega + \delta),$$

ce qui donne

$$2\frac{J - J'}{J + J'} = \frac{\sin 2\omega \sin 2\delta}{\sin^2\omega \cos^2\delta + \cos^2\omega \sin^2\delta} = \frac{\sin 2\omega \sin 2\delta}{\sin^2\delta + \sin^2\omega \cos 2\delta}.$$

Pour des valeurs très petites de l'angle δ, ce rapport se réduit à la même expression (7) que précédemment.

Le prisme de M. Cornu fournit directement deux faisceaux en contact polarisés dans des plans très voisins l'un de l'autre et l'appareil de M. Jellett traversé par la lumière en sens opposé au précédent donne très sensiblement le même résultat. Dans les expériences où le plan de polarisation éprouve une rotation indépendante de sa direction primitive, on pourra donc se servir avec avantage de ces instruments comme polariseurs et recevoir la lumière finale sur un analyseur ordinaire. L'azimut de l'analyseur qui produit l'égalité des teintes au voisinage de l'extinction permettra de déterminer la rotation du plan de polarisation avec une grande exactitude.

367. *Prismes à double image.* — On a souvent mis à profit l'écartement angulaire des deux images produites par un prisme anisotrope pour mesurer des angles très petits.

Dans ce cas, le quartz convient mieux, parce que la double ré-

----

([1]) CORNU, *Bulletin de la Société chimique*, t. XIV, p. 140; 1870.

fraction est beaucoup plus faible et que la matière risque moins
de subir des altérations.

Le *prisme de Rochon* (¹) est formé de deux prismes de quartz
égaux dont la base est un triangle rectangle et qui sont collés par
les faces opposées à l'angle droit de manière à constituer un parallélépipède rectangle. Dans l'un de ces prismes ABCA'B'C' (*fig.* 195),
l'axe du cristal est parallèle au côté AC; dans l'autre prisme
BCDB'C'D' l'axe est parallèle aux arêtes DD'.

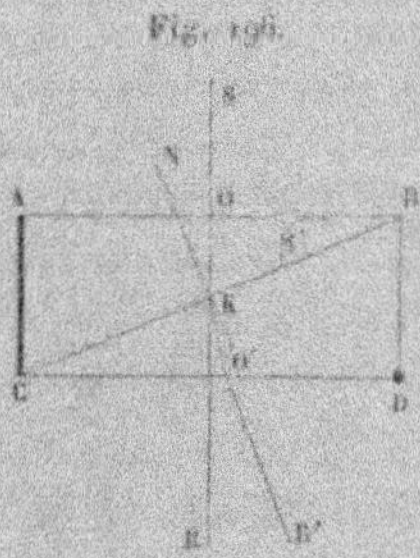

Fig. 195.

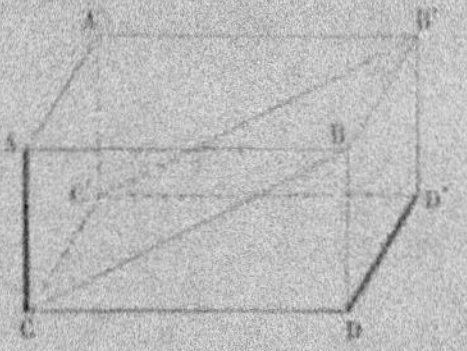

Si l'on considère une section perpendiculaire aux arêtes des
prismes, un rayon incident SO (*fig.* 196) normal à la face d'entrée
se propage dans le premier cristal avec une vitesse constante,
puisqu'il est parallèle à l'axe.

Fig. 196.

Au point K, sur la surface de séparation des deux prismes,
l'un des rayons reste ordinaire et continue sa marche sans déviation, l'autre est réfracté, mais en suivant la loi de Descartes, et
devient extraordinaire.

Appelant β l'angle ABC des prismes, *r* l'angle de réfraction au

---

(¹) Rochon, *Journal de Physique*, t. LIII, p. 192; 1801.

point K du rayon extraordinaire et i l'angle d'émergence du rayon O'R', on aura

$$n' \sin\beta = n'' \sin r,$$
$$n'' \sin(\beta - r) = \sin i;$$

il en résulte

$$\sin i = \sin\beta (n'' \cos r - n' \cos\beta) = \frac{\sin\beta}{\cos r}\left(n'' - n'\frac{\cos\beta}{\cos r}\right).$$

Comme la double réfraction du quartz est très faible, l'angle $\beta - r$ est très petit; on peut remplacer $\cos r$ par $\cos\beta$, ce qui donne sensiblement

$$\sin i = (n'' - n') \tang\beta,$$
$$(8) \qquad i = (n'' - n') \tang\beta.$$

L'angle i, qui mesure la distance angulaire des rayons émergents R et R', est à peu près indépendant de la couleur et ne varie pas d'une manière appréciable quand la direction de la lumière primitive s'écarte de petites quantités à droite ou à gauche de la normale SO à la face d'entrée.

La vision d'un objet au travers du prisme fournira donc deux images très voisines et à peu près achromatiques.

Le *prisme de Wollaston* ne diffère du précédent que par le sens de propagation de la lumière.

Les rayons tombent sur la face AC (*fig.* 197) parallèle à l'axe et pour laquelle l'axe est perpendiculaire aux arêtes du prisme. Un rayon incident normal SO ne donne encore qu'un rayon réfracté OK dans le premier prisme, mais qui correspond à deux espèces d'ondes se propageant avec des vitesses différentes.

Sur les surfaces de séparation CB, les ondes ordinaires qui sont polarisées dans le plan d'incidence deviennent extraordinaires, et réciproquement. En appelant γ l'angle BCA, i' et i'' les angles de réfraction des ondes ordinaire et extraordinaire qui suivent encore la loi de Descartes, on a

$$n' \sin\gamma = n'' \sin i'',$$
$$n'' \sin\gamma = n' \sin i'.$$

Les angles des normales KO_1 et KO_2 aux ondes ordinaire et extraordinaire avec la normale à la face de sortie BD sont respectivement $i' - \gamma$ et $\gamma - i''$. Les angles correspondants i_1 et i_2 d'émergence sont donc

$$\sin i_1 = n' \sin(i' - \gamma),$$
$$\sin i_2 = n'' \sin(\gamma - i''),$$

La même transformation que précédemment donne encore, d'une manière approximative,

$$i_2 - i_1 = (n'' - n')\tang\gamma.$$

Enfin la déviation angulaire des rayons R_1 et R_2

$$(9) \qquad i_1 + i_2 = 2(n'' - n')\tang\gamma$$

est à peu près indépendante de la direction des rayons incidents, pourvu qu'ils s'écartent très peu de la normale.

Fig. 197.

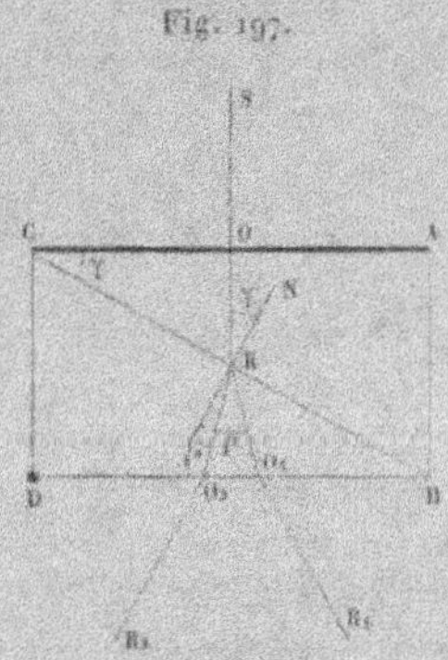

Pour une même valeur de l'angle du prisme, la déviation est donc doublée dans le prisme de Wollaston, mais les deux images sont légèrement colorées d'une manière symétrique.

Si l'on fait marcher les rayons en sens contraire dans les prismes de Rochon ou de Wollaston, l'écartement des faisceaux émergents reste sensiblement le même, mais le calcul des réfractions devient plus complexe.

368. *Prisme de Senarmont.* — Pour obtenir avec un prisme de spath d'Islande deux faisceaux polarisés à angle droit et de directions différentes, dont l'un peut être éliminé dans les expériences, on complète habituellement l'appareil par un prisme de

crown (**322**) qui achromatise le rayon extraordinaire en le ramenant à peu près dans la direction primitive. On peut achromatiser au contraire le rayon ordinaire par un second prisme de même angle que le premier et disposé en sens contraire.

Considérons, par exemple, un appareil comme celui de Rochon, les axes BC et CD (*fig.* 198) des prismes étant situés dans

Fig. 198.

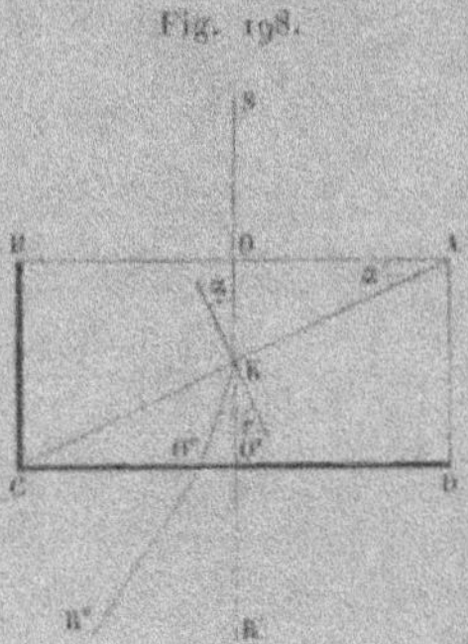

le plan d'incidence sur la surface de jonction. Un rayon normal à la face d'entrée est ordinaire dans le premier prisme; le rayon ordinaire qu'il donne dans le second prisme n'est pas dévié et émerge normalement à la sortie, en O'R'; le rayon extraordinaire éprouve une déviation au point K et une seconde déviation à la sortie. Si α est l'angle BAC du prisme, r l'angle de réfraction du rayon extraordinaire en K, l'angle de la normale aux ondes, avec l'axe du cristal dans le second prisme, est $\dfrac{\pi}{2} - r + \alpha$ et la vitesse de propagation V'' est

$$V''^2 = \frac{\sin^2(r - \alpha)}{n'^2} + \frac{\cos^2(r - \alpha)}{n''^2}.$$

En appelant i l'angle d'émergence, les équations

$$n' \sin\alpha = \frac{\sin r}{V''},$$

$$\sin i = \frac{1}{V''} \sin(r - \alpha) = \sin\alpha \left(n' \cos\alpha - \frac{\cos r}{V''} \right)$$

déterminent la déviation du rayon extraordinaire.

Cette disposition est réalisée au moins d'une manière très approximative dans le prisme imaginé par de Senarmont ([1]).

L'axe du spath d'Islande (364) fait un angle δ de $45°23',5$ ou sensiblement de $45°$ avec les faces naturelles. Soit ABA'B' (*fig.* 109)

Fig. 109.

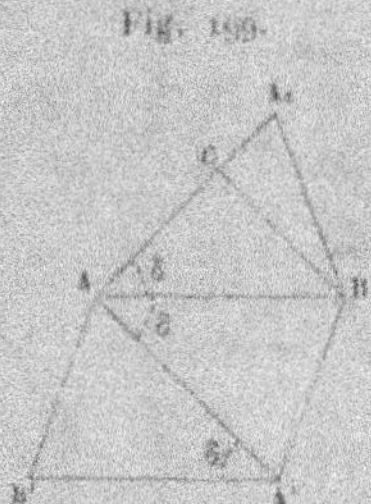

la section principale d'un morceau de spath obtenu par clivage, AA' la direction de l'axe. Coupant le cristal par un plan passant par l'axe et perpendiculaire à la section principale, on replace le morceau inférieur AB'A', après l'avoir fait tourner de 180° autour d'une perpendiculaire à la base A'B', sur la face supérieure AB, de manière que le point A' vienne en A et le point B' en B; les deux pièces ABA' et ABA, sont symétriques par rapport au plan AB, leurs axes AA' et AA, étant sensiblement rectangulaires $(90°\,47')$. Il suffit alors de couper l'une d'elles par un plan BC parallèle à la coupe primitive AA' de l'autre pour obtenir un appareil qui donne au travers des faces parallèles BC et AA' un faisceau ordinaire parfaitement achromatique sans déviation et un rayon extraordinaire fortement coloré dont la déviation est de 9° à 10°. La construction présente encore l'inconvénient que les faces utilisées n'appartiennent pas au clivage et s'altèrent facilement.

La face normale à l'axe doit être tournée vers le rayon incident quand l'appareil fonctionne comme polariseur; on la tourne vers l'œil quand il sert d'analyseur.

369. *Lunette de Rochon.* — Si l'on interpose un prisme à double image entre l'objectif et le foyer d'une lunette astronomique, on

---

([1]) DE SENARMONT, *Annales de Chimie et de Physique*, [3], t. L, p. 480; 1857.

obtient deux images de l'objet observé et, en modifiant la distance du prisme à l'objectif, on peut faire en sorte que ces deux images soient en contact par leurs bords opposés.

En appelant F la longueur focale de l'objectif, f et f' les distances de l'objet I et de son image I' aux plans principaux correspondants (87) ou sensiblement au centre optique, l'angle apparent α de l'objet, abstraction faite du renversement de l'image et quand il s'agit d'angles très petits, est

$$(10) \qquad \alpha = \frac{I}{f} = \frac{I'}{f'}.$$

Si δ est l'angle de séparation du prisme et l la distance à laquelle on doit le placer du plan focal pour amener les images en contact, la relation $I' = l\delta$ donne

$$(11) \qquad \alpha = \delta\frac{l}{f'} = \delta\frac{l}{F}\left(1 - \frac{F}{f}\right).$$

Les objets sont généralement assez éloignés pour que le rapport $\frac{F}{f}$ soit négligeable, c'est-à-dire que les images se forment sensiblement au foyer principal ; l'équation (11) montre que la valeur de α est proportionnelle à l.

Comme le calcul suppose l'épaisseur des prismes très petite et que la mesure directe de la distance l serait très difficile, on estime le déplacement du prisme par une échelle divisée dont le zéro correspond à la position qui laisse l'image simple et l'on détermine l'une des divisions par l'observation d'un objet d'angle apparent connu.

Si l'on connaît au contraire la grandeur I de l'objet, la valeur de l'angle apparent α déterminera sa distance f.

Le grossissement par l'oculaire a pour effet d'augmenter la coloration apparente de l'une des images fournies par le prisme et rend plus difficile l'appréciation de leur contact, et il est toujours fâcheux d'introduire dans une lunette une pièce qui altère la pureté des images. Pour remédier à cet inconvénient, Arago [1] plaça

---

[1] Arago, *Comptes rendus des séances de l'Académie des Sciences*, t. XXIV, p. 400; 1847.

le prisme entre l'œil et l'oculaire et fit d'abord varier le grossissement de la lunette en modifiant la distance des verres de l'oculaire
composé pour obtenir le contact des images. Il trouva ensuite
préférable de laisser l'oculaire invariable et d'employer une série
de prismes dont les déviations varient de 30″ ou même seulement
de 15″. L'angle apparent de l'image dans la lunette étant égal au
produit du grossissement G par l'angle apparent α de l'objet, il
suffit de chercher quel est le prisme qui établit le contact et l'on a

$$\alpha = \frac{\delta}{G}.$$

Cette méthode exige que l'on ait à sa disposition une série continue de prismes à double image, mais elle convient beaucoup
mieux pour les observations astronomiques.

On pourrait, sans doute, remplacer les prismes biréfringents
par un simple prisme ordinaire d'angle très petit recevant la moitié
du faisceau de lumière, ou par un biprisme analogue à celui de
Fresnel. En plaçant cet appareil dans l'intérieur de la lunette à
une distance convenable où décroît l'oculaire, on pourrait encore
mettre en contact les deux images qui seraient vues séparément
par les deux moitiés de la pupille; mais l'une des images au
moins serait encore colorée et l'ajustement de l'œil pour les distinguer à la fois serait plus délicat.

FIN DU TOME PREMIER.

TABLE

DES MATIÈRES.

CHAPITRE I.

PRÉLIMINAIRES.

CHAPITRE II.

SYSTÈMES OPTIQUES.

CHAPITRE III.

INTERFÉRENCES.

CHAPITRE IV.

PROPRIÉTÉS DES VIBRATIONS.

CHAPITRE V.

DIFFRACTION.

ÉCRANS A BORDS RECTILIGNES.

FENTES ET STRIES PARALLÈLES.

RÉSEAUX.

ARC-EN-CIEL.

CHAPITRE VI.

INTERFÉRENCES PAR LES LAMES ISOTROPES.

FRANGES LOCALISÉES.

CHAPITRE VII.

APPLICATIONS DES INTERFÉRENCES.

CHAPITRE VIII.

POLARISATION.

CHAPITRE IX.

DOUBLE RÉFRACTION.

FIN DE LA TABLE DES MATIÈRES.

18591 Paris. — Imprimerie GAUTHIER-VILLARS ET FILS, quai des Grands-Augustins, 55.